KREISELGEBLÄSE UND KREISELVERDICHTER

RADIALER BAUART

VON

FRIEDRICH KLUGE †

DR.-ING. HABIL., VDI, VDEH, ASME
OLEAN, N. Y. (USA)

MIT 377 ABBILDUNGEN

SPRINGER-VERLAG

BERLIN / GÖTTINGEN / HEIDELBERG

1953

ISBN-13:978-3-642-94615-8   e-ISBN-13:978-3-642-94614-1
DOI: 10.1007/978-3-642-94614-1

ALLE RECHTE, INSBESONDERE DAS DER ÜBERSETZUNG
IN FREMDE SPRACHEN, VORBEHALTEN.
OHNE AUSDRÜCKLICHE GENEHMIGUNG DES VERLAGES IST ES AUCH NICHT GESTATTET,
DIESES BUCH ODER TEILE DARAUS AUF PHOTOMECHANISCHEM WEGE (PHOTOKOPIE,
MIKROKOPIE) ZU VERVIELFÄLTIGEN.
Softcover reprint of the hardcover 1st edition 1953

Vorwort.

Mein Buch richtet sich sowohl an den Studierenden, der sich über die theoretischen und konstruktiven Grundlagen der Kreiselgebläse und Kreiselverdichter unterrichten will, wie auch an den Ingenieur der Praxis, den Berechnungs-, den Konstruktions-, den Projekt-, den Planungs- und den Versuchsingenieur. Dem Wissenschaftler soll es Anregung geben zur Erforschung bisher ungeklärter oder nicht völlig geklärter Probleme.

Das Buch ist ursprünglich auf Anregung des Vereins Deutscher Ingenieure entstanden als Erweiterung von Vorträgen, die ich auf Fachtagungen des VDI, des VDEh, des Hauses der Technik Essen und an den Deutschen Hochschulen gehalten habe, und von Aufsätzen, die ich in deutschen wissenschaftlichen und Fach-Zeitschriften veröffentlicht habe.

Das ursprüngliche Manuskript wurde in den Kriegsjahren 1942–1944 im Ruhrgebiet geschrieben. Das Manuskript befand sich zu Kriegsende beim VDI und ist trotz Ausbrennens des VDI-Hauses in Berlin erhalten geblieben.

Eine Drucklegung war nach Kriegsende zunächst nicht möglich. – Inzwischen hatte mich der Weg ins Ausland geführt, zunächst nach England, anschließend nach USA, wo ich in reichem Maße Gelegenheit fand, die Arbeits- und Konstruktionsmethoden auf dem gleichen Fachgebiet in Ländern kennenzulernen, von denen wir in Deutschland durch die Kriegsereignisse jahrelang abgeschnitten waren.

Auf Anregung des Springer-Verlages, der schließlich die Drucklegung in die Hände nahm, habe ich eine wesentliche Kürzung des ursprünglichen Umfanges vorgenommen.

Inzwischen erschienene Bücher gestatteten mir, mich in den die Grundlagen behandelnden Teilen (Thermodynamik, Strömungslehre und -forschung) wesentlich kürzer zu fassen. Die Herausgabe des ebenfalls im Springer-Verlag kürzlich erschienenen Werkes von C. PFLEIDERER über „Kreiselpumpen für Flüssigkeiten und Gase" veranlaßte mich, auch in theoretischen Teilen des Buches, die dort ausführlich behandelt sind, erhebliche Kürzungen vorzunehmen. Auch in Ausführungsbeispielen, zu denen mir in entgegenkommender Weise übersandtes Material reiche Auswahl bot, habe ich mich wesentlich beschränkt, um den Umfang des Buches zu begrenzen. Andererseits mußte dem neuesten Stand Rechnung getragen und das inzwischen erschienene Entwicklungs-Schrifttum durch Ergänzung berücksichtigt werden.

Ich hoffe, daß trotz der vorgenommenen Kürzungen das vorliegende Buch seinen Zweck erfüllt!

Den Firmen und den Fachkollegen, die mich mit Material unterstützt haben, möchte ich an dieser Stelle meinen verbindlichsten Dank aussprechen. Wertvolle Anregungen verdanke ich Herrn Dr.-Ing. W. GRUN, der mir seinen reichen Schatz an Erfahrungen stets rückhaltlos zur Verfügung gestellt hat.

Auch meiner früheren Mitarbeiter in Deutschland gedenke ich, die viele Jahre in treuer Verbundenheit, zum Teil unter sehr erschwerten Verhältnissen bis Kriegsende mit mir gearbeitet haben.

Es war mein Wunsch, daß das Buch in dem Lande erscheinen möge, in dem und in dessen Sprache ich es geschrieben habe. Dem Springer-Verlag danke ich für die Verwirklichung dieses Wunsches und für die sorgfältige Ausführung und Ausstattung des Buches.

Olean, N. Y., USA, August 1950. **Friedrich Kluge.**

Herr Dr.-Ing. KLUGE ist (bei Beginn der Drucklegung dieses Buches) am 11. Juli 1951 an den Folgen eines schweren Autounfalles gestorben. Schon vor dem Kriege hatte sich Herr Dr.-Ing. A. LEITNER im Auftrag des Vereins Deutscher Ingenieure mit dem ursprünglichen Manuskript beschäftigt und es kritisch und redaktionell durchgearbeitet. Im Einverständnis mit Frau DOROTHEA KLUGE übertrug ihm nach dem Tod des Verfassers der Springer-Verlag die letzte Durchsicht des Manuskriptes und die Überwachung der Korrektur und Revision des Satzes. Für die von Herrn Dr. LEITNER geleistete mühevolle Arbeit schuldet ihm der Verlag aufrichtigen Dank.

September 1952. **Springer-Verlag.**

Inhaltsverzeichnis.

A. Allgemeines 1

    a) Kolben-, Rotations- und Kreiselverdichter 1

    b) Geschichtliche Entwicklung des Kreiselgebläse- und Kreiselverdichterbaues 2

B. Physikalische Grundlagen 7

    I. Aus der Thermodynamik 7

        1. Arbeitsprozeß des Luftverdichters 7

        2. Arbeitsprozeß des Luftverdichters im T,s-Diagramm 10

        3. Ermittlung des Polytropen-Exponenten der Verdichtung 11

    II. Aus der Strömungslehre und Strömungsforschung 13

        a) Reibungsfreie volumenbeständige Strömung 13

            1. Einleitung 13

            2. Stromlinien, Stromfäden, Stromröhren 13

            3. Kontinuität 13

            4. Druckgleichung (Bernoullische Gleichung) 14

            5. Geschwindigkeitspotential, Potentiallinien, Potentialströmung 14

            6. Zirkulation 14

            7. Impulssatz 14

        b) Reibungsbehaftete volumenbeständige Strömung 14

            1. Ähnlichkeit, REYNOLDSSCHE Zahl 14

            2. Strömung im Rohr 15

            3. Strömung im Kanal beliebigen Querschnitts 16

            4. Düsen- und Diffusorströmung 16

                Geschwindigkeitsprofile beschleunigter und verzögerter Strömungen S. 17; Strömungsverlauf im Diffusor S. 17; Anlauf- und Auslaufstrecke von Diffusoren S. 19; Erweiterungswinkel von Diffusoren S. 19; Wirkungsgrad des Diffusors S. 20; Ablösungserscheinungen bei Diffusoren S. 22

            5. Strömung in gekrümmten Rohren und Kanälen 23

        c) Strömungen bei veränderlicher Dichte 23

            1. Grundgleichungen 23

            2. Düsen 24

            3. Fortpflanzung plötzlicher Druckänderungen in Gasen 25

            4. Verdichtungsstoß 25

            5. Strömungsgeschwindigkeiten in Schallgeschwindigkeitsnähe 26

            6. Überschalldiffusor 26

C. Einstufige Kreiselgebläse ... 27

I. Energieumwandlung im einstufigen Kreiselgebläse ... 27

a) Reibungsfreie volumenbeständige Strömung ... 27
1. Einleitung ... 27
2. Definition der Förderhöhe ... 27
3. Theoretische Förderhöhe ... 28
4. Einfluß des Schaufelwinkels auf die theoretische Förderhöhe ... 30
5. Reaktionsgrad ... 31
6. Theoretischer Verlauf der Kennlinie ... 32
7. Der Laufradkanal ... 33
8. Strömung in umlaufenden Kanälen ... 34
   Relativbewegung bei Drehung des Bezugssystems S. 34; Druckverlauf in gleichförmig umlaufenden Kanälen S. 36; Der Kanal gleichen Querschnittsdruckes S. 40
9. Einfluß endlicher Schaufeldicke und endlicher Schaufelzahl ... 40
   Einfluß der Schaufeldicke S. 40; Einfluß der endlichen Schaufelzahl S. 42
10. Leitvorrichtungen ... 44
    Der ringförmige schaufellose Diffusor S. 44; Leitschaufeln S. 49; Das Spiralgehäuse S. 50; Spiralgehäuse mit parallelen Seitenwänden S. 52; Spiralgehäuse mit konischen Seitenwänden S. 53; Spiralgehäuse mit Kreisquerschnitt S. 54; Konischer schaufelloser Diffusor mit Spiralgehäuse S. 54
11. Der Radeinlauf ... 55
12. Das konische Druckrohr ... 56

b) Reibungsbehaftete volumenbeständige Strömung ... 57
1. Einfluß der Reibung auf die Strömung im Laufrad ... 57
2. Einfluß der Reibung auf die Strömung in der Leitvorrichtung ... 59
   Der ringförmige schaufellose Diffusor S. 59; Leitschaufeln S. 59; Spiralgehäuse S. 59
3. Radreibung ... 60
   Reibungswiderstand rotierender Scheiben S. 60; Einfluß der Radreibung beim einstufigen Gebläse S. 62

c) Einfluß der Zusammendrückbarkeit des Fördermittels ... 63

d) Geänderte Fördermenge bei konstanter Drehzahl ... 63
1. Eintritt am Laufrad ... 63
2. Austritt am Laufrad ... 64
   Der schaufellose Diffusor bei Belastungsänderungen S. 64; Die Leitschaufel bei Belastungsänderungen S. 65; Die Spirale bei Belastungsänderungen S. 66; Pumperscheinung S. 67

e) Der wirkliche Verdichtungsvorgang im einstufigen Gebläse ... 69
1. Die Verluste im einstufigen Gebläse ... 69
   Hydraulische Verluste S. 69; Spaltverluste S. 70; Radreibungsverlust S. 70; Austauschverlust S. 71; Mehraufwand an Verdichtungsarbeit S. 71; Mechanische Verluste S. 71; Wärmeleitung und Wärmestrahlung S. 72
2. Der Verdichtungsvorgang im Entropie-Diagramm ... 72
3. Die Wärmebilanz des ungekühlten Gebläses ... 73
4. Die wirkliche Förderhöhe ... 73
5. Zusammenstellung der Förderhöhen und Druckhöhen ... 73
6. Leistungen ... 74

Inhaltsverzeichnis.

7. Wirkungsgrade 75
   Volumetrischer Wirkungsgrad S. 75; Innerer Wirkungsgrad S. 75; Innerer Temperaturwirkungsgrad S. 75; Hydraulischer Wirkungsgrad S. 77; Mechanischer Wirkungsgrad S. 77; Gesamtwirkungsgrad S. 77

8. Die wirkliche Kennlinie 77
   Minderleistung infolge endlicher Schaufelzahl S. 78; Kanalreibung einschließlich Umlenkungs- und Umsetzungsverluste S. 78; Stoßverluste S. 80; Stoßverluste am Laufradeintritt S. 80; Stoßverluste am Leitschaufeleintritt S. 82; Resultierende Kennlinie S. 83

9. Bestimmung der Kennlinie durch Versuch 83

10. Kennzahlen 84
    Druckumsetzungszahl und Druckzahl S. 84; Förderzahl S. 84; Schnelläufigkeit – Spezifische Drehzahl S. 85

11. Kennlinien ausgeführter einstufiger Gebläse 88

12. Kennlinien bei verschiedener Drehzahl 89

13. Einfluß des Schaufelaustrittswinkels 92

14. Drehzahlsteigerung bei einstufigen Gebläsen 94

15. Zugehörigkeit von Laufraddurchmesser und Drehzahl 95

16. Nutzbarmachung des Verdichtungsstoßes für die Verdichtung 96

II. Ausgeführte einstufige Gebläse 97
   a) Unterscheidungsmerkmale 97
   b) Luftgebläse 98
      1. Normale Bauart 98
      2. Sonderbauarten 100
         Spülluftgebläse S. 100; Flugmotorenlader S. 101; Turbo-Strahltriebwerke S. 102
   c) Gasgebläse 103
      1. Normale Bauart 103
      2. Sonderbauarten 104
         Gebläse zur Förderung verunreinigter Gase S. 104; Gebläse zur Förderung aggressiver Gase S. 105; Umwälzgebläse für hohe Drücke S. 106; Gebläse für Gase hoher Temperatur S. 108; Gebläse für hohen Druck und hohe Temperatur S. 108

D. Mehrstufige Kreiselgebläse 110

Einleitung 110

I. Energieumwandlung im mehrstufigen Kreiselgebläse 111
   a) Laufräder und Leitvorrichtungen 111
      1. Laufräder 111
      2. Leitvorrichtungen 111
      3. Umlenk- und Rückführkanäle 111
   b) Abstufung der Laufräder 112
      1. Einleitung 112
      2. Gesichtspunkte für die Abstufung 113
         Technische Gesichtspunkte S. 113; Wirtschaftliche Gesichtspunkte S. 115
      3. Der Einfluß der Radreibung beim mehrstufigen Gebläse 116
         Gleiche Laufraddurchmesser S. 116; Abgestufte Laufraddurchmesser S. 117; Linear abgestufte Laufraddurchmesser S. 118

c) Wirkungsgrade des mehrstufigen Gebläses 119
    1. Stufenwirkungsgrade 119
    2. Gebläsewirkungsgrade 119
    3. Beziehung zwischen dem inneren Gebläsewirkungsgrad und den inneren Stufenwirkungsgraden 119

d) Entstehen der Kennlinie des mehrstufigen Gebläses 122
    1. Laufräder der Stufen vollkommen gleich 122
    2. Laufräder im Durchmesser gleich, in der Breite verschieden 124
    3. Laufräder in Durchmesser und Breite verschieden 126

e) Kennlinien ausgeführter mehrstufiger Gebläse 127

f) Kennzahlen mehrstufiger Gebläse 128

g) Drehzahlsteigerung bei mehrstufigen Gebläsen 129

II. Ausgeführte mehrstufige Gebläse 129

a) Hochofen- und Stahlwerksgebläse 129
    1. Der Luftbedarf im Hochofenbetrieb 129
    2. Der Luftbedarf im Stahlwerk 130
    3. Ausgeführte Hochofen- und Stahlwerksgebläse 130
    Bauformen und Stufenzahl S. 130; Form der Gehäuse S. 131

b) Gassauger und Ferngasgebläse 135

c) Mehrstufige Gebläse für Sonderzwecke 136

E. Kreiselverdichter 138

Einleitung 138

I. Energieumwandlung im Kreiselverdichter 138

a) Stufenzahl und Gehäusezahl 138
    1. Eingehäusige Bauart 139
    2. Mehrgehäusige Bauart 141

b) Abstufungsgesetz des isothermischen Verdichters 143

c) Kühlung 147
    1. Oberflächenkühlung 147
    Innenkühlung S. 147; Kombinierte Innen- und Außenkühlung S. 150; Außenkühlung S. 151
    2. Einspritzkühlung 152
    Einspritzkühlung beim Luft- bzw. Gasverdichter S. 152; Einspritzkühlung beim Dampfverdichter S. 155

d) Wärmebilanz des gekühlten Verdichters 155

e) Leistungen 156
    1. Radreibungsleistung 156
    2. Innere Leistung 156
    3. Mechanische Verlustleistung 156

Inhaltsverzeichnis.

    4. Kupplungsleistung 157
    5. Nutzleistung 157
  f) Wirkungsgrade von Verdichtern 157
    1. Stufenwirkungsgrade 157
    2. Gruppenwirkungsgrade 157
    3. Verdichterwirkungsgrade 158
        Wirkungsgrad der Kühlung S. 158; Äußerer volumetrischer Wirkungsgrad S. 160; Innerer Wirkungsgrad S. 160; Mechanischer Wirkungsgrad S. 160; Isothermischer Kupplungswirkungsgrad S. 160
  g) Kennlinien von Kreiselverdichtern 160
    1. Entstehen der Kennlinie eines Kreiselverdichters 160
    2. Kennlinien-Diagramme 161
  h) Kennzahlen von Kreiselverdichtern 162

II. Ausgeführte Kreiselverdichter 163
  a) Kreiselverdichter mit Innenkühlung 163
  b) Kreiselverdichter mit kombinierter Innen- und Außenkühlung 166
  c) Kreiselverdichter mit Außenkühlung 167
  d) Kreiselverdichter für verschiedene Anwendungsgebiete 173
    1. Kreiselverdichter für Drucklufterzeugung 173
    2. Kreiselverdichter für Gase 176
    3. Wärmepumpen 177
    4. Kälteverdichter 181
    5. Drucklufterzeugung in Verbindung mit Klimatisierung und Kühlung von Gruben 184
    6. Vakuum-Kreiselverdichter 188
        Kennlinien S. 188; Auspumpen eines Behälters S. 189; Sonderfälle S. 191; Ausgeführte Vakuum-Kreiselverdichter S. 192; Wirkungsgrad S. 194; Das Anfahren S. 196
    7. Verdichter mit Abwärmeverwertung 196
    8. Entnahmeverdichter 197
    9. Zweidruckverdichter 197
    10. Verdichter für Gasturbinen 198

III. Versuchsergebnisse an Kreiselverdichtern 199

F. Regelung von Kreiselgebläsen und Kreiselverdichtern 205

I. Betriebsverhalten der Kreiselgebläse und Kreiselverdichter 205

II. Regelung im stabilen Gebiet 206
  a) Regelung auf gleichbleibenden Verdichter-Enddruck 207
  b) Regelung auf gleichbleibendes Ansaugegewicht 208
  c) Regelung auf gleichbleibenden Druck an einer Entnahmestelle des Netzes 209
  d) Regelung auf gleichbleibende Leistungsaufnahme 210

Inhaltsverzeichnis.

	Seite
III. Regelung im instabilen Gebiet	210
a) Abblaseregelung	210
1. Regelung auf gleichbleibenden Verdichter-Enddruck	210
2. Regelung auf gleichbleibende Menge	211
b) Umblaseregelung	212
1. Allgemeines	212
2. Umblaseregelung in Verbindung mit Entspannungsturbine	212
3. Pumpgrenzregelung mit Hilfe der Entspannungsturbine des Kondensationssatzes	213
c) Aussetzerregelung	213
d) Vergleich der Regelungen im instabilen Gebiet	215
IV. Regelung zur Verstellung der natürlichen Pumpgrenze	217
a) Abschaltregelung	217
b) Umschaltregelung	218
c) Diffusorregelung	218
V. Parallelarbeiten von Kreiselgebläsen oder Kreiselverdichtern auf ein gemeinsames Netz	219
a) Zuschalten zum Netz	220
b) Parallelarbeiten ohne besondere Regelung	221
c) Parallelarbeiten bei Regelung auf konstanten Druck	222
d) Parallelarbeiten gegen veränderlichen, in Abhängigkeit von der durchgesetzten Menge stehenden Enddruck der Verdichtung	222
e) Parallelarbeiten bei konstanter Gesamtmenge	223
G. Maschinenelemente der Kreiselgebläse und Kreiselverdichter	**224**
I. Läufer	224
a) Laufräder	224
1. Konstruktive Ausbildung der Laufräder	224
Laufrad-Bauarten S. 224; Schaufeln S. 225; Herstellung zusammengebauter Laufräder S. 226	
2. Beanspruchung der Laufräder	226
Die gleichförmig umlaufende Scheibe veränderlicher Scheibendicke S. 226; Die Scheibe gleicher Beanspruchung S. 228; Die Scheibe gleicher Dicke S. 228; Scheibe gleicher Dicke ohne Bohrung S. 228; Scheibe gleicher Dicke mit Innenbohrung S. 229; Scheibe gleicher Dicke mit Innenbohrung und Randspannungen S. 230; Ermittlung der Beanspruchung einer gegebenen Scheibe beliebiger Form S. 230; Genietete Deckscheibe, bestehend aus Deckblech und Ring S. 232; Schaufelbeanspruchung S. 233; Nietbeanspruchung S. 233	
3. Werkstofffragen der Konstruktionselemente des Laufrades	234
Laufradscheiben S. 234; Deckscheiben S. 235; Schaufeln S. 235; Nieten S. 235	
4. Schleudern und Zerschleudern von Laufrädern	235
Schleudern von Laufrädern S. 235; Zerschleudern von Laufrädern S. 237	

Inhaltsverzeichnis.

b) Wellen 238
    1. Bemessung der Wellen 238
    2. Drehschwingungen 240
    3. Biegeschwingungen 240

c) Zwischenbuchsen, Distanzbuchsen 241

d) Ausgleichkolben 242
    1. Axialschub und Schubausgleich 242
    2. Konstruktive Ausbildung der Ausgleichkolben 244

e) Zusammenbau des Läufers 245

f) Wuchten 246

II. Konstruktive Ausbildung der Leitvorrichtungen 246

  a) Leitvorrichtungen zur Druckumsetzung unmittelbar hinter dem Laufrad 246
    1. Schaufelloser ringförmiger Diffusor 246
    2. Leitschaufeln 246
    3. Spiralen 247

  b) Leitvorrichtungen zum Umlenken und Rückführen 247

III. Gehäuse 248

IV. Zwischenkühler 250

V. Lagerung der Gebläse und Verdichter 252

VI. Innere und äußere Dichtung 253

  a) Einleitung 253
  b) Theorie der Spaltdichtung 253
  c) Theorie der Labyrinthdichtung 255
  d) Labyrinthspaltdichtung 259
  e) Vorausberechnung der Lässigkeit von Dichtungen 261
  f) Gemessene Dichtungsverluste an Maschinen im Betrieb 262
  g) Ausführungsbeispiele für innere und äußere Dichtung 262
    1. Innere Dichtung 262
    2. Äußere Dichtung 263
      Wellenabdichtungen S. 263; Ausgleichkolben S. 264

VII. Kupplungen 264

VIII. Getriebe 267

IX. Fundamente 268

  a) Aufgabe und Belastung des Fundamentes 268
  b) Fundamentschwingungen 269
  c) Gesichtspunkte für die Konstruktion und Herstellung der Fundamente ... 271

X. Rohrleitungsführung 272

H. Montage und Betrieb 274

    a) Werksmontage 274

    b) Prüffelderprobung 275

        1. Einfluß abweichender Drehzahl 276

        2. Einfluß abweichenden Enddruckes 276

        3. Einfluß abweichender Ansaugemenge 277

        4. Einfluß abweichenden spez. Gewichtes 277

        5. Einfluß abweichender Ansaugetemperatur 278

        6. Einfluß abweichender Kühlwasserverhältnisse 278

    c) Montage 278

    d) Inbetriebsetzen 279

    e) Probebetrieb und Abnahme 279

    f) Betriebsführung und Betriebsüberwachung 280

    g) Betriebsstörungen 281

        1. Unruhiger Lauf 281

        2. Schäden am Läufer 281

        3. Lagerschäden 282

        4. Schäden an den Kühlern 282

        5. Schäden an den Gehäusen 282

J. Sonderfragen 283

    a) Geräuschminderung und Schalldämpfung 283

        1. Allgemeines 283

        2. Entstehen der Geräusche 283

        3. Messen von Maschinengeräuschen 285

        4. Maßnahmen zum Vermeiden von Maschinengeräuschen 286

        5. Nachträgliches Beseitigen von Maschinengeräuschen 288

    b) Wandrauhigkeit bei Kreiselgebläsen und Kreiselverdichtern 288

    c) Reynoldssche Zahlen der Strömung in den Kanälen der Laufräder und Leitvorrichtungen 291

    d) Betrieb vom Anfahren bis zum Erreichen des Beharrungszustandes 294

Schrifttumsverzeichnis 295

Sachverzeichnis 300

Zusammenstellung der wichtigsten Bezeichnungen.

A. Begriffe der Mechanik.

G = Gewicht kg
P = Kraft kg
C = Fliehkraft kg
E = Ergänzungskraft kg
M = Moment kg m
m = Masse kg s²/m
g = Erdbeschleunigung m/s²
b = Beschleunigung m/s²
n = Drehzahl U/min
n_e = Eigenschwingungszahl
n_k = kritische Drehzahl
ω = Winkelgeschwindigkeit 1/s
ε = Winkelbeschleunigung 1/s²
l = Länge m

r = Radius m
d = Durchmesser m
L = Arbeit mkg
N = Leistung PS, kW
I = Impuls kg s
D = Drall (Impulsmoment) mkg s
φ = Drehwinkel
τ = Zeit s
σ = Normalspannung kg/cm²
σ_t = Tangentialspannung kg/cm²
σ_r = Radialspannung kg/cm²
τ = Schubspannung kg/cm²
ε = Dehnung %

B I. Begriffe der Thermodynamik.

P bzw. p = Druck kg/m² bzw. kg/cm²
T bzw. t = Temperatur °K bzw. °C
V = Volumen m³
G = Gewicht kg
R = Gaskonstante mkg/kg grd
v = spezifisches Volumen m³/kg
γ = spezifisches Gewicht (Wichte) kg/m³
c_p = spezifische Wärme bei konstantem Druck kcal/kg grd
c_v = spezifische Wärme bei konstantem Volumen kcal/kg grd
$\varkappa = \dfrac{c_p}{c_v}$ = Adiabatenexponent
n = Polytropenexponent
L = Arbeit mkg

Q = Wärme kcal
$A = 1/427$ = mechanisches Wärmeäquivalent kcal/mkg
h_{is} = isothermische Verdichtungsarbeit mkg/kg
h_{ad} = adiabatische Verdichtungsarbeit mkg/kg
h_{pol} = polytropische Verdichtungsarbeit mkg/kg
i = Wärmeinhalt (Enthalpie) kcal/kg
u = innere Energie kcal/kg
s = Entropie kcal/kg grd
r = Verdampfungswärme kcal/kg
x = Wassergehalt kg/kg (für Dampfluftgemische)

B II. Begriffe der Hydrodynamik und Gasdynamik.

w = Strömungsgeschwindigkeit m/s
x, y, z = räumliche Koordinaten
u, v, w = Strömungsgeschwindigkeiten in räumlichen Koordinaten
r, φ = Polarkoordinaten
ϱ = Dichte kg s²/m⁴
F = Querschnitt m²
Φ = Geschwindigkeitspotential
Γ = Zirkulation
μ = dynamische Zähigkeit kg s/m²
ν = kinematische Zähigkeit m²/s

Re = Reynoldssche Zahl
λ = Widerstandszahl
d_{hydr} = hydraulischer Durchmesser m
ϑ = halber Öffnungswinkel beim Diffusor °
a = Schallgeschwindigkeit m/s
a_k = kritische Schallgeschwindigkeit m/s
μ = Ausflußkoeffizient von Düsen
φ = Geschwindigkeitszahl bei Düsen
$Ma = w/a$ = Machsche Zahl
α = Machscher Winkel

XIV Zusammenstellung der wichtigsten Bezeichnungen.

C. Begriffe für einstufige Gebläse und einzelne Stufen mehrstufiger Gebläse und Verdichter.

d = Durchmesser m
b = Kanalbreite m
s = Schaufeldicke m
t = Schaufelteilung m

Geschwindigkeiten.

u = Umfangsgeschwindigkeit m/s
w = Relativgeschwindigkeit m/s
c = Absolutgeschwindigkeit m/s
c_u = Komponente der Absolutgeschwindigkeit in Umfangsrichtung m/s
c_m = Komponente der Absolutgeschwindigkeit in radialer Richtung m/s
β = Schaufelwinkel gegen den Umfang
α = Richtung der Absolutgeschwindigkeit gegen den Umfang

Indizes für die Geschwindigkeiten.

Index 0 bezieht sich auf axialen Zulauf zum Rad
Index 1 bezieht sich auf Eintritt in die Beschaufelung des Laufrades
Index 2 bezieht sich auf Austritt aus der Beschaufelung des Laufrades
Index 3 bezieht sich auf { Eintritt in schaufellosen Diffusor / Eintritt in die Leitschaufel
Index 4 bezieht sich auf Austritt aus der Leitvorrichtung (Leitschaufel, schaufellosen Diffusor oder Spirale)
Index 5 bezieht sich auf Eintritt ins konische Druckrohr
Index 6 bezieht sich auf Austritt aus dem konischen Druckrohr
Index s bezieht sich auf Saugzustand vor Stufe
Index d bezieht sich auf Endzustand hinter Stufe
Index S bezieht sich auf Saugzustand des Gebläses
Index D bezieht sich auf Endzustand des Gebläses

P_S, p_S = Ansaugedruck kg/m² bzw. kg/cm²
P_D, p_D = Enddruck kg/m² bzw. kg/cm²
t_S bzw. t_D = Ansauge- bzw. Endtemperatur °C
V_S = Ansaugevolumen m³, m³/h
G_S = Ansaugegewicht kg, kg/h

Förderhöhen.

h_{ad} = adiabatische Druckhöhe mkg/kg oder m
h_{pol} = polytropische Druckhöhe mkg/kg oder m
$H_{th\infty}$ = theoretische Förderhöhe bei unendlicher Schaufelzahl m
H_{th} = theoretische Förderhöhe bei endlicher Schaufelzahl m
H_i = innere Förderhöhe m
H = Förderhöhe m
H_{stat} = statische Förderhöhe m
H_{dyn} = dynamische Förderhöhe m
H_{ges} = gesamte auf 1 kg Fördermittel bezogene äußere Arbeit mkg/kg

Verluste.

ΣH_v = hydraulische Verluste mkg/kg oder m
L_{Sp-a} = äußerer Spaltverlust mkg/kg
L_{Sp-i} = innerer Spaltverlust mkg/kg
L_r = Radreibungsverlust mkg/kg
L_a = Austauschverlust mkg/kg
L_M = Mehraufwand an reiner Verdichtungsarbeit mkg/kg
L_m = mechanische Verlustarbeit mkg/kg

Leistungen.

N_n = Nutzleistung PS
N_i = innere Leistung PS
N_a = Austauschverlustleistung PS
N_M = Mehrleistung an reiner Verdichtungsleistung PS
N_{ad} = adiabatische Verdichtungsleistung PS
N = Kupplungsleistung PS

Zusammenstellung der wichtigsten Bezeichnungen.

Wirkungsgrade.

η = Wirkungsgrad
η_{v-i} = innerer volumetrischer Wirkungsgrad
η_{v-a} = äußerer volumetrischer Wirkungsgrad
η_v = volumetrischer Wirkungsgrad
η_i = innerer Wirkungsgrad
η_{i_T} = innerer Temperatur-Wirkungsgrad
η_{ad-i_T} = innerer adiabatischer Temperatur-Wirkungsgrad
η_{pol-i_T} = innerer polytropischer Temperatur-Wirkungsgrad
$\eta_{h_{Sch}}$ = hydraulischer Schaufelwirkungsgrad
$\eta_{h_{St}}$ = hydraulischer Stufenwirkungsgrad
η_m = mechanischer Wirkungsgrad
η_{ad-K} = adiabatischer Kupplungswirkungsgrad
η_{pol-K} = polytropischer Kupplungswirkungsgrad

D. Mehrstufige Gebläse.

Außer den für einstufige Gebläse gebrauchten Bezeichnungen bedeuten
i = Stufenzahl
hierbei bezeichnet Index I, II, III ... i die betreffende Stufe I, II, III ... i
$\left(\frac{p_d}{p_s}\right)_I$, $\left(\frac{p_d}{p_s}\right)_{II}$ ... die Verdichtungsverhältnisse der Stufen I, II, ... i
p_D/p_S = das Verdichtungsverhältnis des mehrstufigen Gebläses
$\Sigma u^2 = u_I^2 + u_{II}^2 + \cdots u_i^2$ die Summe der Quadrate der auf den äußeren Umfang der Laufräder bezogenen Umfangsgeschwindigkeiten

E. Verdichter.

Außer den für ein- und mehrstufige Gebläse gebrauchten Bezeichnungen bedeutet
ϱ = Gruppenzahl, wobei Index $A, B, C \ldots$ die jeweilige Radgruppe kennzeichnet
h_{is} = isothermische Druckhöhe   mkg/kg oder m
η_k = Wirkungsgrad der Kühlung
η_{is-K} = isothermischer Kupplungswirkungsgrad

F. Kennzahlen.

ε = Reaktionsgrad
ε = Leistungsziffer bei Kälteprozessen
χ = Verengungsfaktor
β = Radreibungskoeffizient
ζ = Verlustzahl
λ = Widerstandszahl
Re = Reynoldssche Zahl
Ma = Machsche Zahl
k = Druckumsetzungszahl $\dfrac{m^2/s^2}{mkg/kg}$

ψ = Druckzahl, ψ_{is} bezogen auf isoth., ψ_{ad} bezogen auf adiab. Verdichtung
φ = Förderzahl
$\bar{\varphi}$ = Förderzahl
n_s = spezifische Drehzahl U/min, bezogen auf 1 PS und 1 m Förderhöhe
n_q = spezifische Drehzahl U/min, bezogen auf 1 m³/s und 1 m Förderhöhe
σ = Schnelläufigkeitszahl

Anmerkung.

In Anpassung an das vielseitige Schrifttum ließ es sich nicht vermeiden, daß einige Buchstabenbezeichnungen in verschiedener Bedeutung auftreten; z. B. bedeuten:

i = Wärmeinhalt	und	Stufenzahl
n = Polytropenexponent	und	Drehzahl
r = Verdampfungswärme	und	Radius
s = Entropie	und	Strecke
t = Temperatur	und	Teilung
u = innere Energie	und	Umfangsgeschwindigkeit
x = Wassergehalt	und	räumliche Koordinate
β = Radreibungskoeffizient	und	Schaufelwinkel

ε = Leistungsziffer bei Kälteprozessen und Reaktionsgrad und Dehnung und Winkelbezeichnung
φ = Förderzahl und Winkel in Polarkoordinaten und Geschwindigkeitszahl bei Düsen
μ = dynamische Zähigkeit und Ausflußkoeffizient bei Düsen
σ = Schnelläufigkeitszahl und Normalspannung
τ = Zeit und Schubspannung

Das verwendete Maßsystem ist das technische Maßsystem.

A. Allgemeines.

a) Kolben-, Rotations- und Kreiselverdichter.

Das älteste Arbeitsprinzip der Verdichtung ist das Verdrängerprinzip der *Kolbenmaschine* mit hin- und hergehendem Kolben (Kolbenverdichter). Neueren Datums ist der gleichfalls auf dem Verdrängerprinzip beruhende Verdichter mit rotierendem Kolben, der sog. *Rotationsverdichter*, der kinematisch und konstruktiv in sehr mannigfaltiger Weise ausgeführt worden ist.

Völlig verschieden in Bauart und Wirkungsweise ist der *Kreiselverdichter*. Er ist eine Strömungsmaschine mit gleichförmig strömendem Strömungsmittel, bei dem unter Einführung mechanischer Energie von außen an einen gleichförmig umlaufenden Rotor Energie vom Rotor an das Strömungsmittel abgegeben wird, die dabei unter möglichst geringen Verlusten teils in Druckenergie, teils in Geschwindigkeitsenergie des strömenden Mittels (Fördermittels) umgewandelt wird. Ist die Hauptrichtung der Strömung beim Durchfluß durch den Rotor axial, so spricht man von einem *Axialverdichter*, ist sie radial, so spricht man von einem *Radialverdichter*.

Besondere charakteristische Merkmale und Eigenschaften dieser verschiedenen Verdichterbauarten sind:

Für **Kolbenverdichter**: hin- und hergehender Arbeitskolben; intermittierende Förderung des einzelnen Arbeitszylinders (Saug- und Druckseite), die jedoch durch größere Zylinderzahl und geeignete Kurbelversetzung teilweise ausgeglichen werden kann; Ventile oder Schieber als Ein- und Auslaßorgane; Auftreten von Massenkräften, die das Steigern der Drehzahlen begrenzen; daher relativ niedrige Drehzahlen; praktisch unbegrenzte Drucksteigerungsmöglichkeit bei Hintereinanderschalten einer relativ geringen Zahl von Arbeitszylindern; relativ hohes Maschinengewicht, hoher Platz- und Raumbedarf, relativ hohe Wartungskosten.

Für **Rotationsverdichter**: gleichförmig umlaufender Rotor (Drehkolben) meist in Verbindung mit kleinen hin- und hergehenden Abdichtungselementen; keine Ventile; intermittierende Förderung des einzelnen Arbeitsraumes (Arbeitszelle), jedoch meist stetige und konstante oder nahezu konstante Förderung der Summe der gleichzeitig arbeitenden Arbeitsräume; Auftreten von im allgemeinen nur kleinen Massenkräften; daher höhere Drehzahlen; Abdichtungsschwierigkeiten der Arbeitsräume gegeneinander, daher begrenzte Drucksteigerungsmöglichkeit; geringeres Maschinengewicht, geringerer Platz- und Raumbedarf als Kolbenmaschinen; hoher Verschleiß von Abdichtungselementen.

Für **Kreiselverdichter**: gleichförmig umlaufender Rotor; keine Ventile; stetige und gleichförmige Förderung; keine Massenkräfte; hohe Drehzahlen; begrenzte Förderhöhe je Stufe; Hintereinanderschalten einer größeren Zahl von Stufen zum Erreichen höherer Drucksteigerungen; niedriges Maschinengewicht, geringer Platz- und Raumbedarf; geringe Wartungskosten.

Weitere Unterschiede der verschiedenen Bauarten bestehen im *Betriebsverhalten*.

Der *Kolbenverdichter* fördert, unabhängig von der Drehzahl, gegen den vorgeschriebenen Druck und paßt sich schwankenden Betriebsdrücken selbsttätig an, unabhängig oder nahezu unabhängig vom angesaugten Volumen.

Der *Rotationsverdichter* verhält sich ähnlich mit der Einschränkung, daß innere volumetrische Verluste das Bild stark verschieben können und daß dadurch die Drucksteigerungsmöglichkeit sehr begrenzt sein kann.

Beim *Kreiselverdichter* besteht eine Wechselbeziehung und Zugehörigkeit zwischen der Fördermenge, der Förderhöhe und der Drehzahl. Der *Kreiselverdichter* fördert *nicht* unabhängig von der

Drehzahl gegen den vorgeschriebenen Druck, und bei einer gegebenen Drehzahl läßt sich der Druck über einen bestimmten Höchstwert *nicht* steigern.

Aus vorstehendem ergeben sich die praktischen *Anwendungsgebiete* der verschiedenen Verdichterbauarten,

des *Kolbenverdichters* für kleinere und mittlere Ansaugevolumina und hohe und höchste Drücke,

des *Rotationsverdichters* für kleine Ansaugevolumina und mittlere Drücke,

des *Kreiselverdichters* für kleine, mittlere und große Ansaugemengen und niedrige und mittlere Drücke.

b) Geschichtliche Entwicklung des Kreiselgebläse- und Kreiselverdichterbaues.

Bis zur Jahrhundertwende wurden zur Verdichtung von Luft und Gasen auf Drücke oberhalb 1 m Wassersäule Überdruck ausschließlich Kolbenkompressoren angewendet, und lediglich für Drücke unterhalb 1 m Wassersäule wurden sog. Kreiselgebläse benutzt mit vom Fördermittel radial von innen nach außen durchströmten Laufrädern, die auch als Radialräder bezeichnet werden.

Als erster erkannte RATEAU, nachdem er sich längere Zeit mit den Eigenschaften der Kreiselgebläse beschäftigt hatte, daß man mit dieser Maschinenart hinsichtlich Druckerhöhung und Wirkungsgrad wesentlich mehr erreichen kann, als bis zur damaligen Zeit angenommen wurde. RATEAU berichtet über seine ersten Versuchsarbeiten, die mit einer ersten, im Jahre 1899 in den Werkstätten von Sautter, Harlé & Co. in Paris gebauten Versuchsmaschine begannen, in der Zeitschrift des Vereins Deutscher Ingenieure [1a].

„Infolge der eigenartigen Konstruktion des Kreiselrades", führt RATEAU hierbei aus, „ist es möglich, 250 m/sec Umfangsgeschwindigkeit zu erreichen und sogar zu überschreiten."

Die erste Versuchsmaschine RATEAUs war ein einstufiges Gebläse zur Verdichtung von Luft für eine Druckerhöhung von 5,8 m WS und für ein Ansaugevolumen von etwa 2000 m³/h. Diese Druckerhöhung wurde bei einer Umfangsgeschwindigkeit von 264 m/s mit einem Laufrad von 250 mm Durchmesser bei 20200 U/min erzielt.

Weitere bemerkenswerte Erstausführungen von RATEAU sind:

Zwei im Jahre 1903 erbaute und aufgestellte einstufige Hochofengebläse für das Stahlwerk Commentry für je 10000 m³/h und für eine Druckerhöhung von 3400 mm WS bei 14500 U/min und Gebläse ähnlicher Größe für eine Zuckerraffinerie im Jahre 1904.

Der in einem Kreiselrad erreichbare Enddruck ist von der Umfangsgeschwindigkeit des Laufrades abhängig und ist durch die Konstruktion und durch die Festigkeitseigenschaften der Werkstoffe begrenzt. Um unabhängig hiervon zu sein, baute RATEAU in Anlehnung an den Kreiselpumpenbau zur Erzielung höherer Drücke Gebläse mit mehreren hintereinandergeschalteten Kreiselrädern, wobei ihm eine Verwendung für Stahlwerke und Bergwerksbetriebe vorschwebte.

Das erste mehrstufige Gebläse dieser Art war ein aus 5 auf einer Welle sitzenden Kreiselrädern bestehendes Gebläse für 2500 m³/h mit einem Druck von 4 m WS bei $n = 4500$ U/min, das im Jahre 1905 von Sautter, Harlé & Co. erbaut wurde.

Bereits im folgenden Jahr, im Jahre 1906, kam in den Bergwerken von Béthune eine besonders bemerkenswerte Maschine in Betrieb, eine mit vielen Laufrädern ausgerüstete Maschine, die Luft bis auf 6—7 atü verdichtete. Die Laufräder waren auf 4 getrennte Gehäuse verteilt, die nacheinander von der Luft durchströmt wurden. Zwischen den einzelnen Kreiselrädern waren Wasserkammern zur Herabminderung der Temperaturen der durch die Verdichtung erhitzten Luft vorgesehen. Die angesaugte Luftmenge betrug etwa 3200 m³/h, der Enddruck 7 atü, die Drehzahl 5000 U/min. Je 2 Gehäuse wurden durch eine Dampfturbine, die Abdampf von Fördermaschinen verarbeitete, angetrieben.

Ungefähr gleichzeitig mit RATEAU beschäftigte sich noch ein anderer bedeutender Konstrukteur, A. PARSONS, mit der Entwicklung einer Strömungsmaschine zur Verdichtung von Luft. Er wählte, in Anlehnung an den Turbinenbau, eine Durchströmung der Maschine in axialer Richtung. Die Ergebnisse der nach diesem Prinzip gebauten Maschinen waren aber hinsichtlich des Wirkungsgrades und der Stabilität der Förderung nicht befriedigend, so daß PARSONS nach Ausführung von etwa 30 Maschinen seine Arbeiten wieder einstellte. Erst mehrere Jahrzehnte später erkannte man, daß man unter Anwendung der Erkenntnisse der Strömungsforschung auch mit dieser von PARSONS erstmalig vorgeschlagenen und erbauten Maschinenart, die man heute als Axialverdichter bezeichnet, bei entsprechender Ausbildung der Beschaufelung vorzügliche Wirkungsgrade erreichen kann, die unter bestimmten Verhältnissen sogar die heute mit Radialverdichtern erreichbaren Wirkungsgrade übersteigen, so daß heute beide Maschinenarten, der Radialverdichter wie der Axialverdichter, weite Anwendung finden.

Zunächst aber war, wie bereits oben gesagt, der Axialverdichter von PARSONS selbst als ungeeignet aufgegeben worden, während die Arbeiten und Erfolge RATEAUs allgemeines Aufsehen erregten und zur Folge hatten, daß eine Reihe von Firmen, die sich von diesem Zeitpunkt bis zur Jetztzeit mit dem Bau ein- und mehrstufiger Gebläse bzw. Verdichter für Luft und Gase befaßten, Lizenzen für RATEAUs Patente erwarben, so im Jahre 1905 die Fa. Kühnle, Kopp & Kausch in Frankenthal, die Fa. Brown, Boveri & Cie. in Baden im Jahre 1906, die Gutehoffnungshütte im Rheinland im Jahre 1906. Eine Reihe anderer Firmen begann auf eigenen Wegen die Entwicklung und den Bau von Kreiselverdichtern; so nahm die Frankfurter Maschinenbau AG. vorm. Pokorny & Wittekind im Jahre 1907 unter W. GRUN den Kreiselverdichterbau (gleichzeitig mit dem Dampfturbinenbau) auf, die AEG, Berlin, setzte im gleichen Jahr mit den Vorarbeiten zur Entwicklung von Kreiselverdichtern ein, die Fa. Jaeger, Leipzig, begann ungefähr zur gleichen Zeit mit dem Bau von Gebläsen und etwas später mit dem Bau von Verdichtern, nachdem sie bereits im Jahre 1902 Versuche und Vorarbeiten in dieser Richtung eingeleitet hatte.

Die in den ersten Jahren der Entwicklung (1906—1910) von den verschiedenen Firmen erbauten Kreiselverdichter für höheren Enddruck (6—7 at) hatten folgende gemeinsame Kennzeichen:

1. Die je Maschineneinheit zu verdichtenden Volumina waren, verglichen mit den heutigen Einheiten, klein (3000 bis etwa 12000 m³/h) und lagen größtenteils in einem Bereich, in dem man heute andere Verdichterarten (Drehkolbenverdichter, Rotationsverdichter, Kolbenverdichter) anzuwenden pflegt.

2. Die Umfangsgeschwindigkeiten der Laufräder wurden niedrig gehalten. Es war darum eine große Zahl Laufräder zur Erzielung der gewünschten Enddrücke erforderlich, die nur auf mehrere Wellen und Gehäuse verteilt untergebracht werden konnten. Die Bauarten aus dieser Zeit zur Verdichtung von Luft von 1,0 ata auf 7—8 ata weisen daher eine sehr hohe Laufradzahl, z. T. über 30 hintereinandergeschaltete Laufräder auf, die auf mehrere, und zwar gewöhnlich 3 Gehäuse verteilt wurden, die meist in einer Achse mit der Antriebsmaschine aufgestellt wurden. Diese Aggregate bauten außerordentlich lang. Eine ausgeführte Maschine zur Verdichtung von 6000 m³/h Luft von 1,0 ata auf 7 ata wies beispielsweise bei 3000 U/min bei 3gehäusiger Bauart und insgesamt 33 Laufrädern eine gesamte Baulänge einschließlich Antriebsmotor von etwa 13,5 m auf [1b].

Die Kühlung der Maschinen wurde als sog. Gehäusekühlung ausgebildet. Die Kühlflächen lagen in den Gehäuseteilen zwischen den einzelnen Laufrädern. Es bereitete bei den zahlreichen Laufrädern keine Schwierigkeiten, die für die Kühlung erforderlichen Kühlflächen im Gehäuse unterzubringen.

Die hohe Laufradzahl wurde hinsichtlich der dadurch bedingten großen Baulänge und des hohen Materialaufwandes als Nachteil erkannt. Es stellte daher einen beachtlichen Schritt vorwärts dar, als die Frankfurter Maschinenbau AG. vorm. Fa. Pokorny & Wittekind im Jahre 1909 einen Kreiselverdichter zur Verdichtung von 7000 m³/h von 1,0 ata auf 7 ata erbaute (Aufstellungsort Grube Itzenplitz, Saargebiet), der nur 12 hintereinandergeschaltete Stufen besaß, die auf 2 Gehäuse unter Zwischenschaltung eines zwischen beiden Gehäusen aufgestellten Zwischenkühlers aufgeteilt waren. Die Aufstellung eines Zwischenkühlers wurde erforderlich wegen der durch die verringerte Stufenzahl bedingten Verkleinerung der Kühlfläche des Gehäuses.

Einen anderen bemerkenswerten Weg, eine wirksame Kühlung bei verringerter Stufenzahl ohne außerhalb des Gehäuses angeordneten Kühlern zu erzielen, beschritt die Fa. C. H. Jaeger, Leipzig, durch Anwendung von innerhalb der Gehäuse angeordneten, halbkreisförmig gebogenen Rohrbündeln. Diese Art der Kühlung ermöglichte die Unterbringung von verhältnismäßig großen

Kühlflächen bei guter Kühlwirkung, so daß auch bei nur zweigehäusiger Ausführung bei 8facher Verdichtung ein Zwischenkühler entbehrlich war [1c].

Einen bemerkenswerten Schritt in Richtung größerer Einheiten tat die Frankfurter Maschinenfabrik im Jahre 1910 mit einem ersten großen Kreiselverdichter für normal 36000 m³/h für einen Anfangsdruck von 0,83 ata und einen Enddruck von 9,3 ata (bestimmt für die Victoria Falls and Transvaal Power Company, Rand Mines, Südafrika). Diese Maschine war aus Gründen eines günstigen Wirkungsgrades 4gehäusig gebaut (2 parallelgeschaltete Niederdruckteile, 1 Mitteldruck- und 1 Hochdruckteil). Die mit dieser Maschine erreichten Wirkungsgrade können als sehr günstig bezeichnet werden (Langer [1d]). Im Jahre 1911 lieferten die AEG und die GHH einige Maschinen ähnlicher Leistung (3000 kW) nach Südafrika an die Victoria Falls and Transvaal Power Company, im Jahre 1914 die AEG 3 Maschinen für je 7000 kW an den gleichen Kunden. Die Entwicklung des Kreiselverdichterbaues der Jahre 1910—1920 ist gekennzeichnet durch eine allgemeine Bewegung in der Richtung größerer Einheiten und in der Herabsetzung der Stufen- und Gehäusezahlen durch Anwenden höherer Umfangsgeschwindigkeiten zum Zweck der Vereinfachung der Maschinen, der Verringerung des Baugewichtes und des Platzbedarfs und der Senkung der Anschaffungskosten sowie zur Erleichterung der Betriebsführung. Eine außergewöhnlich große Maschine, ein Kreiselverdichter für 100000 m³/h zur Verdichtung von Luft auf 10—12 ata Enddruck wurde von der AEG im Jahre 1913 für die Victoria Falls and Transvaal Power Co. fertiggestellt. Dieser Verdichter, der seinen Antrieb durch eine Dampfturbine von 3000 U/min erhielt, bestand aus einem 2flutigen Niederdruckteil, einem Mitteldruck- und einem Hochdruckteil, war also noch 3gehäusig ausgeführt und außer mit Gehäusekühlung noch mit Zwischenkühlung zwischen den Gehäusen versehen. Im Zuge der Weiterentwicklung entstand durch Steigerung der Umfangsgeschwindigkeiten aus der 3gehäusigen Maschine der 2gehäusige und schließlich der 1gehäusige Verdichter. Hierbei war es im allgemeinen nicht mehr möglich, mit der ursprünglich angewendeten Gehäusekühlung allein auszukommen. Es wurden zusätzlich Zwischenkühler erforderlich. Im Jahre 1911 entwickelte die AEG einen 9stufigen, 1gehäusigen Verdichter für 7fache Verdichtung und für eine Ansaugemenge von 15000—18000 m³/h, der mit Gehäusekühlung und zusätzlicher Außenkühlung durch 2 Zwischenkühler ausgerüstet war. Der erste dieser Verdichter kam im Jahre 1912 auf der Zeche Möller-Schächte in Betrieb.

Ungefähr gleichzeitig im Jahre 1912 erbaute BBC einen 1gehäusigen Turboverdichter mit Gehäusekühlung und zusätzlicher Kühlung durch 2 Zwischenkühler.

Im Jahre 1913 verließ BBC die Gehäusekühlung und ging grundsätzlich zur Außenkühlung über, die in einer Zwischenkühlung durch mehrere Zwischenkühler besteht. Die Zahl der Zwischenkühler war für normale Druckerhöhungen (1—8 ata) im allgemeinen drei. Die Stufenzahl war dabei noch hoch (15—16 Laufräder), aber sie wurde bald weiter verringert, denn 1915 ging BBC für Verdichtung von Luft von 1 ata auf 8 ata auf eine 11stufige, 1gehäusige, außengekühlte Bauart über mit 3facher Zwischenkühlung.

Einige Firmen, wie die AEG und C. H. Jaeger, folgten im Laufe der Jahre dem Beispiel von BBC im Übergang zur reinen Außenkühlung, während andere Firmen, wie die FMA und GHH, zunächst an der Innenkühlung festhielten und diese, wenn nötig, mit einer Außenkühlung kombinierten.

Die nun folgende Entwicklung des Kreiselgebläse- und Kreiselverdichterbaues ist gekennzeichnet durch eine weite allgemeine Verbreitung und Anwendung dieser Maschinenart auf allen Gebieten der Technik. In Bergwerksbetrieben führte sich der Kreiselverdichter allgemein ein. Der wachsende Luftbedarf der Gruben erforderte immer größere Einheiten. In Stahl- und Hochofenwerken fand das Kreiselgebläse mehr und mehr Eingang. Und auch zur Verdichtung von Gasen erwiesen sich die Kreiselgebläse zunächst als Gassauger als sehr geeignet.

Inzwischen hatte auch die Maschinenfabrik Meyer in Mülheim a. d. Ruhr im Jahre 1910 den Kreiselverdichterbau begonnen, der dann einige Jahre später während des 1.Weltkrieges mit dem Aufgehen der Maschinenfabrik Meyer in der Demag, Duisburg, von dieser Firma übernommen und weitergeführt wurde. Auch die Maschinenfabrik Thyssen in Mülheim a. d. Ruhr hatte inzwischen im Rahmen ihres Turbomaschinenbaues den Bau von Kreiselgebläsen und Kreiselverdichtern aufgenommen. Im Jahre 1920 baute Thyssen Kreiselverdichter im kleineren Umfang.

Im Jahre 1929 erbaute BBC den bisher größten Kreiselverdichter (130000—150000 m³/h, 11000 kW) für die Anlage Rosherville der Victoria Falls and Transvaal Power Co. in 2gehäusiger Ausführung mit Außenkühlung zur Verdichtung von Luft von 0,85 ata auf 9,5 ata. Bemerkenswert sind die im Jahre 1930 bei der FMA entwickelten Kreiselverdichter für je 80000—90000 m³/h Ansaugeleistung der Anlage Canada Dam der Victoria Falls and Transvaal Power Co. Südafrika [73], die für 10fache Verdichtung von Luft mit 9 Stufen in 1gehäusiger Bauart mit kombinierter Innen- und Außenkühlung gebaut wurden. Zwei dieser Aggregate lieferte die FMA in den Jahren 1931 und 1932, während zwei weitere Maschinen für dieses große Preßluftwerk von der Demag, Duisburg, in den Jahren 1933 und 1936 geliefert wurden, nachdem die FMA in der Krisenzeit im Jahre 1932 ihren Turbomaschinenbau an die Demag und die GHH abgegeben hatte. In der Demag, in der bereits zuvor der Kreiselgebläse- und Kreiselverdichterbau der Maschinenfabriken Meyer und Thyssen aufgegangen war, hielt man jedoch bis auf obige Maschinen an der dort inzwischen bereits eingeführten Außenkühlung fest. Unter Anwendung hoher Umfangsgeschwindigkeiten bei Verwendung hochwertiger Stähle wurde hier die 9stufige, in Einzelfällen auch 8stufige Bauart für Luftverdichter (9—11fache Verdichtung) allgemein eingeführt, bei 3facher Zwischenkühlung (Außenkühlung). Die zur Zeit größten Maschinen dieser 1gehäusigen Bauart wurden 1936 für die Anlage Rosherville der Victoria Falls and Transvaal Power Co. in Südafrika mit einer maximalen Ansaugeleistung von 100000—110000 m³/h je Maschine bei 10facher Verdichtung gebaut und 1937 aufgestellt und in Betrieb genommen [72].

Die Demag hat sich seit 1932 auch besonders mit der Entwicklung von Gebläsen zur Verdichtung von Luft und Gasen bei Anwendung hoher Umfangsgeschwindigkeiten beschäftigt, 1stufige Gebläse bis zu 2facher Verdichtung, 2stufige Gebläse bis zu 2,6facher Verdichtung für Luft.

Im Laufe des letzten Jahrzehntes stiegen auch im deutschen Bergbau die Anforderungen an die Größen der Luftverdichter, so daß Maschineneinheiten von 50000—60000 m³/h und von 60000—72000 m³/h allgemein üblich geworden sind. In Einzelfällen sind aber auch größere Einheiten erstellt worden. Am Ende des zweiten Weltkrieges befanden sich 1gehäusige Einheiten von 100000—120000 m³/h für 8fache Verdichtung für deutsche Bergwerksbetriebe bei den Firmen AEG, BBC und Demag im Bau.

In Hüttenwerken erforderte die Steigerung der Einheiten der Hochöfen auch immer größere Gebläseeinheiten. An der Lieferung von Hochofen- und Stahlwerksgebläsen hat besonders die BBC hohen Anteil. Eine Größtleistung für BBC stellen die Hochofengebläse für Magnitogorsk und Kusnezk dar (M. SCHATTSCHNEIDER [64]), die für 190000 m³/h und 2,6—3,4fache Verdichtung im Jahre 1932 gebaut wurden. Ebenso bemerkenswert sind in diesem Zusammenhang die Hochofengebläse der GHH, die von dieser Firma bis zu Einheiten von 270000 m³/h gebaut wurden.

Ein weiteres Anwendungsgebiet fand der Kreiselverdichter in der Kältetechnik für große Kälteleistungen. Eine bemerkenswerte Leistung stellt der von BBC für Kaisersroda gelieferte Kältekompressor mit 8000000 kcal stündlicher Kälteleistung dar. $V_S = 10350$ m³/h, Ammoniakgewicht 5,65 kg/s, Verdampfdruck 2,4 ata, Verflüssigungsdruck 11,9 ata, Verdampftemperatur —15°C, Verflüssigungstemperatur +30°C, Drehzahl 6000 U/min [83].

Die zunehmende Bedeutung und der fortschreitende Ausbau der chemischen Großindustrie erschlossen dem Kreiselgebläse und -verdichter weitere große Arbeitsgebiete zur Verdichtung der verschiedensten Gase auf die verschiedensten Drücke. Bemerkenswerte Leistungen auf diesem Gebiet stellen ein im Jahre 1927 von Escher Wyss, Zürich, erbauter kleinerer mehrgehäusiger Kreiselverdichter zur Verdichtung eines leichten Gases von 1,0 ata auf 30,0 ata dar (B. LENDORFF [76b]) und ein von der GHH im Jahre 1937 erbauter mehrgehäusiger Gasverdichter für eine größte Ansaugemenge von 50000 m³/h zur Verdichtung eines leichten Gases ($\gamma_S = 0,7$ kg/m³) von 1,0 ata auf 31 ata. Der Ausbau der Hydrierwerke in Deutschland stellte dem Kreiselverdichterbau neue Aufgaben. Im Jahre 1937 erbaute die Demag für ein solches Werk mehrere Gaskreiselverdichter zur Verdichtung von Synthesegas ($\gamma_S = 0,65$ kg/m³) von 1,0 ata auf 9—11 ata in 1gehäusiger Bauart unter Anwendung von nur 13 Stufen, eine für die hohe Verdichtung eines solchen leichten Gases außergewöhnliche Leistung (F. KLUGE [79]), und in den Jahren 1939—1943 weitere größere Gasverdichter (50000—60000 m³/h von 1 ata auf 12,0 ata) für ein ähnliches Gas in 2gehäusiger

Bauart. Auch die GHH und andere Werke waren maßgebend an der Lieferung solcher Gasverdichter beteiligt.

Eine erstmalig für eine Ferngasversorgung ausgeführte Verdichteranlage für besonders leichtes Gas ($\gamma_S = 0{,}44$ kg/m³) bei einer Ansaugemenge von 30 000 m³/h und 9facher Verdichtung lieferte die AEG. Diese bemerkenswerte Anlage wurde im Jahre 1939 in Betrieb genommen.

In den letzten Jahren hat der Kreiselverdichter auch als Vakuumverdichter Bedeutung erlangt (F. KLUGE [87a]).

Ein großes Anwendungsgebiet von immer zunehmender Bedeutung wurde dem Kreiselgebläse in Verbindung mit der Entwicklung der Verbrennungsmotoren erschlossen, wobei dem Gebläse die Aufgabe der Vorverdichtung der Verbrennungsluft und des Spülens der Arbeitszylinder zufiel. Führend auf diesem Gebiet war die Fa. BBC, die im Jahre 1916 das erste Spülluftkreiselgebläse für Dieselmotoren an Gebr. Sulzer, Winterthur, und im Jahre 1917 den ersten Kreiselverdichter für Flugzeugmotoren (mechanischer Antrieb) an das Flugzeugwerk Staaken lieferte. Auch die erste Aufladung von Dieselmotoren mit Abgasturbine und Kreiselgebläse wurde von BBC ausgeführt (im Jahre 1923 für die Schweiz. Lokomotiv- und Maschinenfabrik, Winterthur).

Auf dem Arbeitsgebiet ein- und mehrstufiger Gebläse sind außer den bereits genannten Firmen heute in Deutschland u. a. die Firmen Enke, Leipzig, Jaeger, Leipzig, Kühnle, Kopp & Kausch in Frankenthal, Schiele, Eschborn im Taunus und Büttner-Werke, Krefeld, tätig.

Auf dem Gebiet der Sondergebläse und Sonderverdichter (Gasgebläse und -verdichter, Dampfverdichter, Dampfumwälzpumpen, Kälteverdichter) hat sich besonders die Fa. Escher Wyss, Zürich, hervorgetan, und seit etwa 10 Jahren ist auch die Fa. Escher Wyss, Ravensburg, auf diesem Gebiet tätig.

An der Entwicklung der Sondergebläse (Heißgasumwälzgebläse, Heißgashochdruckgebläse u. dgl.) haben auch die Fa. Schiele, Eschborn im Taunus und die Fa. Kühnle, Kopp & Kausch in Frankenthal regen Anteil.

Wie aus vorstehendem hervorgeht, ist die Entwicklung des Kreiselverdichters in Deutschland und im kontinentalen Europa durch zwei große Abnehmerkreise sehr stark beeinflußt worden, durch den *Kohlenbergbau* auf dem Gebiet der Luftverdichtung und durch die *chemische Großindustrie* auf dem Gebiet der Luft- und der Gasverdichtung, letztere insbesondere in Verbindung mit dem Ausbau der Hydrierwerke.

In Großbritannien und in USA ist der Einfluß dieser beiden Gruppen nicht so stark gewesen. Darum ist auch dort die Entwicklung z. T. in anderer Richtung gegangen.

In Großbritannien sind die Kohlenzechen nicht so zentral gelegen wie in Deutschland im Ruhrgebiet, in Oberschlesien und an der Saar. Die Zechen verteilen sich in Großbritannien über das ganze Land und sind meist kleiner als in Deutschland. Darum ist der Luftbedarf der britischen Zechen geringer, und die erstellten Luftverdichteranlagen sind nach deutschen Begriffen kleine oder mittlere Einheiten. Da sich für solche Maschinengrößen die Innenkühlung bewährt hatte, blieb man in Großbritannien weit länger bei der innengekühlten Verdichterbauart stehen, und erst in neuerer Zeit richtet sich, wohl auch im Hinblick auf den südafrikanischen Markt, das Augenmerk mehr auf außengekühlte Bauarten.

Für die synthetische Treibstofferzeugung lag in Großbritannien kein Anreiz vor und daher auch kein solch starker Bedarf an Gasverdichtern für die chemische Großindustrie. Erwähnung verdient ein Kreiselverdichter zur Verdichtung von Gasen der Fa. Daniel Adamson in Dukinfield, der für Synthetic Ammonia and Nitrates Ltd. in größerer Zahl geliefert wurde. Diese Verdichter sind 2gehäusig gebaut (nach Lizenzen der FMA), mit Innenkühlung ausgerüstet und verdichten je Einheit 38 000 m³/h Gas bei einem Druckverhältnis von etwa 16.

In USA sind die Kohlenzechen größtenteils elektrifiziert. Daher besteht für diese kein großer Bedarf an Druckluft. Ein großer Bedarf an Kreiselverdichtern besteht in USA an Sonderbauarten für die Kältetechnik, die Öl- und Gasindustrie u. a., und an Gebläsen für die Stahl erzeugenden Industrien.

Die synthetische Treibstofferzeugung hat in USA erst in jüngster Zeit Beachtung gefunden. Eine wegen ihrer Größe bemerkenswerte Verdichteranlage ist die im Jahre 1949 erstellte und am Anfang des Jahres 1950 in Betrieb gesetzte Anlage in Texas, die zwei Luftverdichtereinheiten für je 190000 m³/h Ansaugevolumen und 7,5fache Verdichtung aufweist, jede Einheit bestehend aus 3 Gehäusen, von denen zwei in Parallelbetrieb als Niederdruckteil und eines, diesen in Strömungsrichtung nachgeschaltet, als Hochdruckteil arbeitet [87f]. Zwischen Niederdruck- und Hochdruckteil wird eine einmalige Zwischenkühlung vorgenommen. Alle 3 Gehäuse sind in einer Längsachse gemeinsam aufgestellt und erhalten ihren Antrieb durch eine gemeinsame Turbine von etwa 17000 kW (Erbauer der Verdichter: Clark Bros., Olean N. Y.).

Im Zusammenhang hiermit sind weiter erwähnenswert die auf der gleichen Anlage, der zur Zeit größten Sauerstofferzeugungsanlage der Welt, aufgestellten Kreiselverdichter zur Verdichtung von Sauerstoff (Ansaugvolumen etwa 15000 m³/h, Ansaugedruck 1,15 ata, Enddruck etwa 23 ata, die gleichfalls von Clark Bros. erbaut, aus drei in Strömungsrichtung hintereinandergeschalteten Gehäusen bestehen, einem Niederdruck-, einem Mitteldruck- und einem Hochdruckteil, die in einer Längsachse aufgestellt sind und Antrieb von einer gemeinsamen Turbine erhalten. Die Kühlung hierbei ist eine kombinierte Innen- und Außenkühlung.

In Verbindung mit der Entwicklung der Gasturbine sind bemerkenswert die neueren Entwicklungsarbeiten in der Schweiz bei Escher Wyss [87d] und Oerlikon [87c], bei denen Kreiselverdichter radialer Bauart Verwendung finden.

B. Physikalische Grundlagen.

I. Aus der Thermodynamik.

Einleitung. Die thermodynamischen Grundlagen werden als bekannt vorausgesetzt, und es wird auf die einschlägigen Werke verwiesen [2].

Es wird an dieser Stelle nur dasjenige aus der Thermodynamik gebracht, was sich auf den Verdichtungsvorgang selbst bezieht.

Im folgenden bezeichnen:

P, p	Drücke in kg/m² bzw. kg/cm²	c_p	spezifische Wärme bei konstantem Druck kcal/kg grd
V	Volumen m³	c_v	spezifische Wärme bei konstantem Volumen kcal/kg grd
G	Gewicht kg	n	Polytropenexponent
R	Gaskonstante	u bzw. U	innere Energie kcal/kg bzw. kcal
T, t	Temperatur °K bzw. °C	i bzw. J	Wärmeinhalt (Enthalpie) kcal/kg bzw. kcal
v	spezifisches Volumen m³/kg	L	Arbeit mkg
γ	spez. Gew. (Wichte) kg/m³	Q	Wärme kcal
$\varkappa = \dfrac{c_p}{c_v}$ Adiabatenkoeffizient		s	Entropie kcal/kg grd
		h_{is}	isotherme Verdichtungsarbeit mkg/kg
		h_{ad}	adiabatische Verdichtungsarbeit mkg/kg

1. Arbeitsprozeß des Luftverdichters.

Der Arbeitsvorgang im Luftverdichter (Abb. 1) setzt sich aus mehreren Zustandsänderungen zusammen, dem Ansaugevorgang 0–1, dem eigentlichen Verdichtungsvorgang 1–2 (bei isothermischer Verdichtung) bzw. 1–2' (bei adiabatischer Verdichtung) und dem Ausschubvorgang 2–3 bzw. 2'–3. Dieser Arbeitsvorgang wird beschrieben durch die Zustandsänderung 0–1 bei konstantem Druck $P_S = P_1$ (Ansaugen), durch die Verdichtung von P_1 auf P_2 (Isotherme oder Adiabate oder Polytrope oder dgl.) und durch die Zustandsänderung 2–3 bzw. 2'–3 bei konstantem Druck $P_D = P_2$ (Ausschieben).

Die für den gesamten Verdichtungsvorgang aufzuwendende Arbeit ergibt sich aus den Einzelarbeiten der Zustandsänderungen:

1. aus der Ansaugearbeit

$$L_{01} = \int_0^1 P_1 \, dV = P_1 V_1,$$

dargestellt durch die Fläche $0AB1$ in Abb. 1;

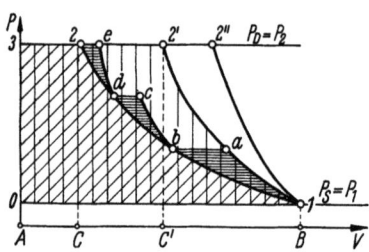

Abb. 1. Arbeitsvorgang des Luftverdichters im P,V-Diagramm. ///// Arbeit bei isothermischer Verdichtung. ||||| Arbeit bei adiabatischer Verdichtung. ≡≡≡ Mehrarbeit gegenüber isothermischer Verdichtung bei zweimaliger Rückkühlung bis auf Ansaugetemperatur und bei adiabatischer Verdichtung innerhalb der Gruppen. 1—2 Isotherme, 1—2' Adiabate, 1—2'' Polytrope $n > \varkappa$, 1—a Adiabate, b—c Adiabate, d—e Adiabate.

2. aus der absoluten Verdichtungsarbeit

$$L_{12} = \int_1^2 P \, dV \quad \text{bzw.} \quad L_{12'} = \int_1^{2'} P \, dV,$$

dargestellt durch die Fläche $12CB$ bzw. $12'C'B$;

3. aus der Ausschubarbeit

$$L_{23} = \int_2^3 P_2 \, dV = P_2 V_2$$

bzw.

$$L_{2'3} = \int_{2'}^3 P_2 \, dV = P_2 V_{2'},$$

dargestellt durch die Fläche $23AC$ bzw. $2'3AC'$.

Die gesamte technische Nutzarbeit, die durch die Fläche 0123 bzw. $012'3$ dargestellt ist, ergibt sich zu

$$L_{12\,\text{ges}} = L_{12} + L_{23} - L_{01}$$

bzw.

$$L_{12'\,\text{ges}} = L_{12'} + L_{2'3} - L_{01}.$$

Diese Gesamtarbeit kann auch einfacher erhalten werden durch die Integration

$$L_{12\,\text{ges}} = \int_1^2 V \, dP \quad \text{bzw.} \quad L_{12'\,\text{ges}} = \int_1^{2'} V \, dP.$$

Bei *isothermischer Verdichtung* beträgt die gesamte theoretische Verdichtungsarbeit

$$L_{12\,\text{ges}} = G h_{\text{is}} = \int_1^2 V \, dP = G R T_1 \ln \frac{P_2}{P_1} = P_1 V_1 \ln \frac{P_2}{P_1} = P_1 V_1 \ln \frac{p_2}{p_1} \tag{1}$$

und die während der Verdichtung im Kühlwasser abzuführende Wärme

$$Q_{12} = A L_{12}. \tag{2}$$

Bei *adiabatischer Verdichtung* beträgt die gesamte theoretische Verdichtungsarbeit allgemeine

$$\left.\begin{aligned}L_{12\,\text{ges}} = G h_{\text{ad}} &= P_1 V_1 \frac{\varkappa}{\varkappa-1}\left[\left(\frac{P_2}{P_1}\right)^{\frac{\varkappa-1}{\varkappa}} - 1\right] = P_1 V_1 \frac{\varkappa}{\varkappa-1}\left[\left(\frac{p_2}{p_1}\right)^{\frac{\varkappa-1}{\varkappa}} - 1\right] \\ &= P_1 V_1 \frac{\varkappa}{\varkappa-1}\left(\frac{T_2}{T_1} - 1\right) = G R \frac{\varkappa}{\varkappa-1}(T_2 - T_1) = G R \frac{\varkappa}{\varkappa-1}(t_2 - t_1).\end{aligned}\right\} \tag{3}$$

Die abzuführende Wärme ist in bezug auf Abb. 1

$$Q_{12'} = 0. \tag{4}$$

Bei *polytropischer Verdichtung* tritt in Gl. (3) für $L_{12\,\text{ges}}$ an Stelle von $\varkappa$ der Polytropenexponent n. Die abzuführende Wärmemenge ist

$$Q_{12''} = \frac{\varkappa - n}{\varkappa - 1} \frac{1}{n} A L_{12}. \tag{5}$$

Spielt sich der Verdichtungsvorgang sehr langsam ab und ist dabei vollkommener Wärmeaustausch mit der Umgebung möglich, dann verläuft er verlustlos bei konstanter Temperatur (Isotherme), und die aufzuwendende Verdichtungsarbeit erreicht den günstigsten und kleinstmöglichen Wert. Da der praktische Verdichtungsvorgang aber im allgemeinen sehr rasch verläuft, so nähert sich der Verlauf der verlustlosen Verdichtung der Adiabate, wenn nicht besondere

Vorkehrungen zur Abführung der Wärme während der Verdichtung getroffen werden. Die Verdichtungsarbeit der Adiabate ist wesentlich größer als die der Isotherme. Für den praktischen Gebrauch seien die Tabellen von HINZ [3] empfohlen. In diesen sind die gesamten Verdichtungsarbeiten, bezogen auf 1 m³ angesaugten Volumens und auf $p_S = p_1 = 1{,}0$ ata, graphisch dargestellt:

$$L_{\text{is ges}}/V_1 = P_1 \ln \frac{p_2}{p_1} \quad \text{mkg/m}^3 \tag{6}$$

$$L_{\text{ad ges}}/V_1 = P_1 \frac{\varkappa}{\varkappa - 1}\left[\left(\frac{p_2}{p_1}\right)^{\frac{\varkappa-1}{\varkappa}} - 1\right] \quad \text{mkg/m}^3. \tag{7}$$

Abb. 2 zeigt den Verlauf der adiabatischen und isothermischen Verdichtungsarbeit

$$L_{12\text{ges}} = \int_1^2 V\, dP \quad \text{mkg/m}^3$$

bezogen auf $V_S = V_1 = 1\,\text{m}^3$ und einen Anfangsdruck $p_S = p_1 = 1{,}0$ ata, in Abhängigkeit vom Verdichtungsenddruck p_D.

Da bei hohen Verdichtungen die Unterschiede in den Verdichtungsarbeiten der Isotherme und der Adiabate erheblich sind, und da zudem bei der Adiabate die Endtemperaturen sehr hoch liegen, führt man bei hohen Verdichtungen durch besondere Einrichtungen (Gehäusekühlung, Zwischenkühlung u. dgl.) während der Verdichtung Wärme nach außen ab.

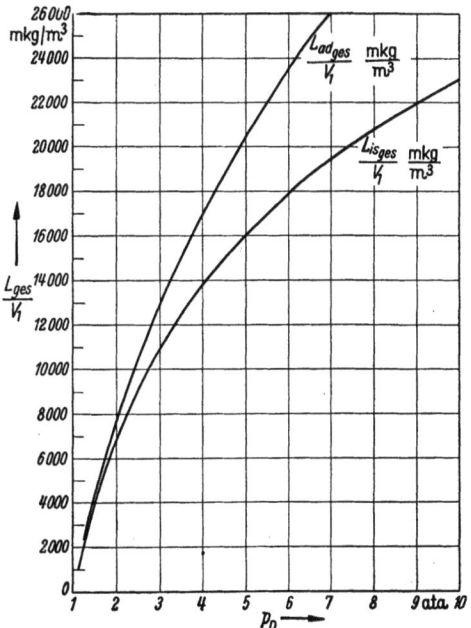

Abb. 2. Vergleich der Verdichtungsarbeiten L_{ges} bei isothermischer und adiabatischer Verdichtung, bezogen auf 1 m³ angesaugten Volumens, bei einem Anfangsdruck $p_S = p_1 = 1$ ata, in Abhängigkeit vom Verdichtungsenddruck p_D.

Die gesamte Verdichtung werde durch Zwischenkühlung auf mehrere Verdichtungsstufen I, II, III, ... i aufgeteilt, die hintereinandergeschaltet sind.

Die Verdichtungsverhältnisse der einzelnen Stufen werden durch p_d/p_s und durch Index I, II, ... i gekennzeichnet:

$$\left(\frac{p_d}{p_s}\right)_{\text{I}},\ \left(\frac{p_d}{p_s}\right)_{\text{II}},\ \ldots\ \left(\frac{p_d}{p_s}\right)_i.$$

Das Verdichtungsverhältnis der gesamten Maschine sei zum Unterschied hiervon mit p_D/p_S bezeichnet.

Wird die gesamte Verdichtung von $p_S = p_1$ auf $p_D = p_2$ auf i Verdichtungsstufen unterteilt, deren Verdichtungsverhältnisse einander gleich sind:

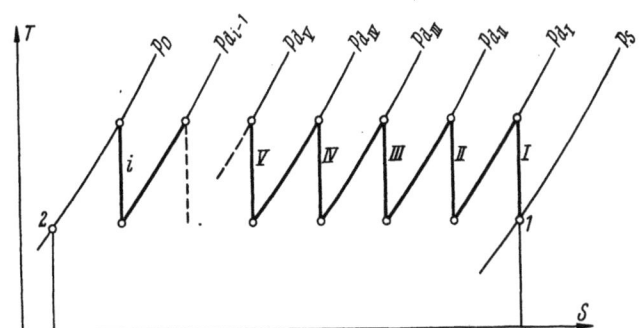

Abb. 3. Idealprozeß des Kreiselverdichters mit Zwischenkühlung.

$$\left(\frac{p_d}{p_s}\right)_{\text{I}} = \left(\frac{p_d}{p_s}\right)_{\text{II}} = \left(\frac{p_d}{p_s}\right)_{\text{III}} = \cdots = \left(\frac{p_d}{p_s}\right)_i = \sqrt[i]{\frac{p_D}{p_S}} = \sqrt[i]{\frac{p_2}{p_1}}, \tag{8}$$

und hinter denen jeweils verlustlos bis auf Ansaugetemperatur zurückgekühlt wird:

$$t_{s_{\text{I}}} = t_{s_{\text{II}}} = \cdots = t_{s_i}, \tag{9}$$

und nimmt man an, daß die Verdichtung in den einzelnen Stufen adiabatisch erfolgt (Abb. 3), dann ist mit Gl. (3) die adiabatische Verdichtungsarbeit der einzelnen Stufen

$$L_{\text{ad}} = GRT_1 \frac{\varkappa}{\varkappa - 1}\left(\frac{T_d}{T_s} - 1\right) = GRT_1 \frac{\varkappa}{\varkappa - 1}\left[\left(\frac{p_d}{p_s}\right)^{\frac{\varkappa-1}{\varkappa}} - 1\right] \tag{10}$$

und die Summe der Stufenarbeiten bei i Stufen, d. h. bei $(i-1)$ Kühlungen,

$$L_{\text{ges}} = \sum_1^i L_{\text{ad}} = GRT_1 \frac{\varkappa}{\varkappa-1} \sum_1^i \left[\left(\frac{p_d}{p_s}\right)^{\frac{\varkappa-1}{\varkappa}} - 1\right] = GRT_1 \frac{\varkappa}{\varkappa-1} i \left[\left(\frac{p_D}{p_S}\right)^{\frac{\varkappa-1}{i\varkappa}} - 1\right]. \tag{11}$$

Der Summenausdruck

$$\sum_1^i \left[\left(\frac{p_D}{p_S}\right)^{\frac{\varkappa-1}{i\varkappa}} - 1\right] = i \left[\left(\frac{p_D}{p_S}\right)^{\frac{\varkappa-1}{i\varkappa}} - 1\right] \tag{12}$$

ist bei i Stufen für den Grenzfall $i = \infty$ unbestimmt. Er strebt dem Grenzwert

$$\frac{\varkappa-1}{\varkappa} \ln \frac{p_D}{p_S} \tag{13}$$

und damit die Gesamtarbeit dem Grenzwert

$$L_{\text{ges}} = \sum_1^\infty L_{\text{ad}} = GRT_1 \ln \frac{p_D}{p_S} \tag{14}$$

der isothermischen Verdichtungsarbeit zu.

Abb. 4 zeigt für verschiedene Verdichtungsverhältnisse p_D/p_S von Verdichtern, deren Verdichtung durch $(i-1)$ Zwischenkühlungen in i Stufen unterteilt ist, die Summenausdrücke

$$\sum_1^i \left[\left(\frac{p_D}{p_S}\right)^{\frac{\varkappa-1}{i\varkappa}} - 1\right], \tag{15}$$

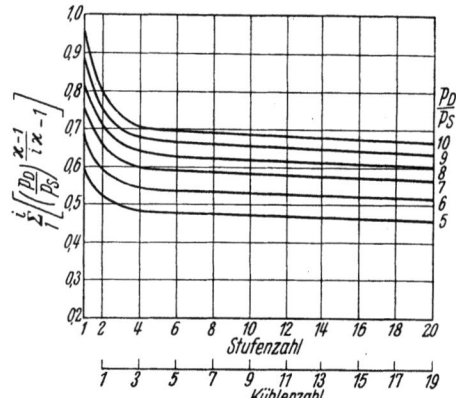

Abb. 4. Einfluß von Kühlerzahl (bzw. Stufenzahl) und Verdichtungsverhältnis p_D/p_S auf den Summenausdruck

$$\sum_1^i \left[\left(\frac{p_D}{p_S}\right)^{\frac{\varkappa-1}{i\varkappa}} - 1\right].$$

die ein Maß für die erforderliche Verdichtungsarbeit darstellen, vgl. Gl. (11), als Funktion der Verdichtungsstufenzahl i bzw. der Kühlerzahl $(i-1)$.

Der gesamte für die Verdichtung eines verlustlosen Verdichters erforderliche Arbeitsaufwand wird also um so geringer, je größer die Zahl der Verdichtungsstufen, hinter denen jeweils gekühlt wird, gewählt wird. Bei sehr großer Kühlerzahl nähert sich die notwendige Verdichtungsarbeit dem äußerst möglichen Grenzwert der Isotherme.

Man pflegt bei ungekühlten Verdichtern als Vergleichsprozeß für die verlustlose Maschine die adiabatische Verdichtung und bei gekühlten Verdichtern als Vergleichsprozeß für die verlustlose Maschine die isothermische Verdichtung heranzuziehen. Die vorstehenden Ausführungen zeigen, daß, da ein Verdichter nur eine endliche Kühlerzahl (meist sogar nur eine geringe Kühlerzahl) hat, die Isotherme einen Vergleichsprozeß darstellt, der auch bei völlig verlustloser Maschine praktisch niemals erreichbar ist. Diese Tatsache ist wichtig bei der Beurteilung von Verdichter-Wirkungsgraden, wenn man diese, wie allgemein üblich, auf die Isotherme als Vergleichsprozeß bezieht.

2. Arbeitsprozeß des Luftverdichters im T, s-Diagramm.

Die gesamte theoretische Verdichtungsarbeit des Verdichters setzt sich (Abb. 1) zusammen aus der Ansaugearbeit L_{01}, der absoluten Verdichtungsarbeit L_{12} (bei isothermischer Verdichtung) bzw. $L_{12'}$ (bei adiabatischer Verdichtung) bzw. $L_{12''}$ (bei polytropischer Verdichtung, $n > \varkappa$) und aus der Ausschubarbeit L_{23} bzw. $L_{2'3}$ bzw. $L_{2''3}$.

Bei *isothermischer Verdichtung* ist die Ansaugearbeit gleich der Ausschubarbeit:

$$L_{01} = L_{23} = P_1 V_1 = P_2 V_2. \tag{16}$$

Es ist also hier die gesamte theoretische Verdichtungsarbeit $\int_1^2 V\,dP$ des Verdichters gleich der absoluten Verdichtungsarbeit $\int_1^2 P\,dV$. Im Wärmemaß ist

$$A L_{12\,ges} = A\int_1^2 V\,dP = GT(s_2 - s_1) \quad [\text{kcal}]. \tag{17}$$

Diese Arbeit ist im T,s-Diagramm (Abb. 5) für 1 kg durch die unterhalb 1—2 gelegene Fläche 12 DC dargestellt.

Bei *adiabatischer Verdichtung* ist die gesamte theoretische Verdichtungsarbeit des Verdichters im Wärmemaß nach Gl. (3)

$$A L_{12'\,ges} = A\int_1^{2'} V\,dP = AGR\frac{\varkappa}{\varkappa-1}(T_{2'} - T_1)$$
$$= G c_p (T_{2'} - T_1) \quad [\text{kcal}]. \tag{18}$$

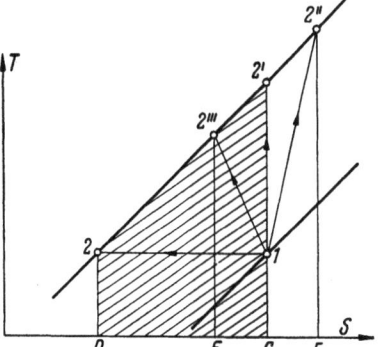

Abb. 5. Darstellung der Arbeiten und Wärmebewegungen für adiabatische und polytropische Zustandsänderung im Temperatur-Entropie-Diagramm.

Diese Arbeit erscheint im T,s-Diagramm (Abb. 5) für 1 kg als die unterhalb 2—2′ gelegene Fläche 2′2 DC. Der Unterschied zwischen isothermischer und adiabatischer Verdichtung ergibt sich durch die Fläche 122′.

Bei *polytropischer Verdichtung* $n > \varkappa$ ist die gesamte theoretische Verdichtungsarbeit des Verdichters im Wärmemaß nach Gl. (3)

$$A L_{12''\,ges} = A\int_1^{2''} V\,dP = GR\frac{n}{n-1}(T_{2''} - T_1) \quad [\text{kcal}]. \tag{19}$$

Nach dem ersten Hauptsatz der Wärmelehre ist

$$dQ = dU + AP\,dV = dJ - AV\,dP = G c_p\,dT - AV\,dP; \tag{20}$$

somit

$$A L_{12''} = A\int_1^{2''} V\,dP = G c_p (T_{2''} - T_1) - Q_{12''} = G c_p(T_{2''} - T_1) - G(s_{2''} - s_1)\frac{T_1 + T_{2''}}{2} \quad [\text{kcal}]. \tag{21}$$

Für 1 kg wird das erste Glied der rechten Seite dieser Gleichung im T,s-Diagramm dargestellt durch die Fläche 2″2DE (Abb. 5), das zweite Glied, die während der Verdichtung zugeführte Wärme, durch die Fläche 12″EC.

Die Verdichtungsarbeit $A\int_1^{2''} v\,dP$, die für 1 kg bei polytropischer Verdichtung $n > \varkappa$ aufzuwenden ist, wird dargestellt durch die Fläche 12″2DC. Bei Kreiselgebläsen und Kreiselverdichtern erfolgt während der Verdichtung eine Wärmezufuhr durch Reibungswärme (Radreibung), die in Form von mechanischer Arbeit an der Kupplung der Maschine außer der für die Verdichtung erforderlichen Arbeit eingeleitet werden muß. In diesem Fall ist die gesamte für 1 kg aufzuwendende Arbeit durch die Fläche 22″ED erfaßt, wovon ein Teil (12″EC) auf Reibungsverluste, der übrige Teil auf die eigentliche Verdichtung entfällt.

Bei *polytropischer Zustandsänderung* $n < \varkappa$ (Abb. 5) ist bei Verdichtung Wärme abzuführen. Die Zustandsänderung verläuft im T,s-Diagramm von 1 nach 2‴. Die je 1 kg abzuführende Wärmemenge wird dargestellt durch die Fläche 12‴FC, die gesamte aufzuwendende Arbeit durch die Fläche 12‴2DC, reibungsfreie Zustände vorausgesetzt.

3. Ermittlung des Polytropen-Exponenten der Verdichtung.

Sind Anfangs- und Endzustand der Verdichtung durch Messung bekannt, z. B. durch Messung von Drücken und Temperaturen, so kann der mittlere Polytropenexponent unmittelbar errechnet werden. Aus der Polytropengleichung $PV^n =$ konstant erhält man durch Logarithmieren

$$\lg P_1 + n \lg V_1 = \lg P_2 + n \lg V_2 \tag{22}$$

und
$$n = \frac{\lg P_1 - \lg P_2}{\lg V_2 - \lg V_1} \tag{23}$$

bzw.
$$\lg T_1 - \lg T_2 = \frac{n-1}{n}(\lg P_1 - \lg P_2) \tag{24}$$

und
$$n = \frac{1}{1 - \dfrac{\lg(T_2/T_1)}{\lg(p_2/p_1)}}. \tag{25}$$

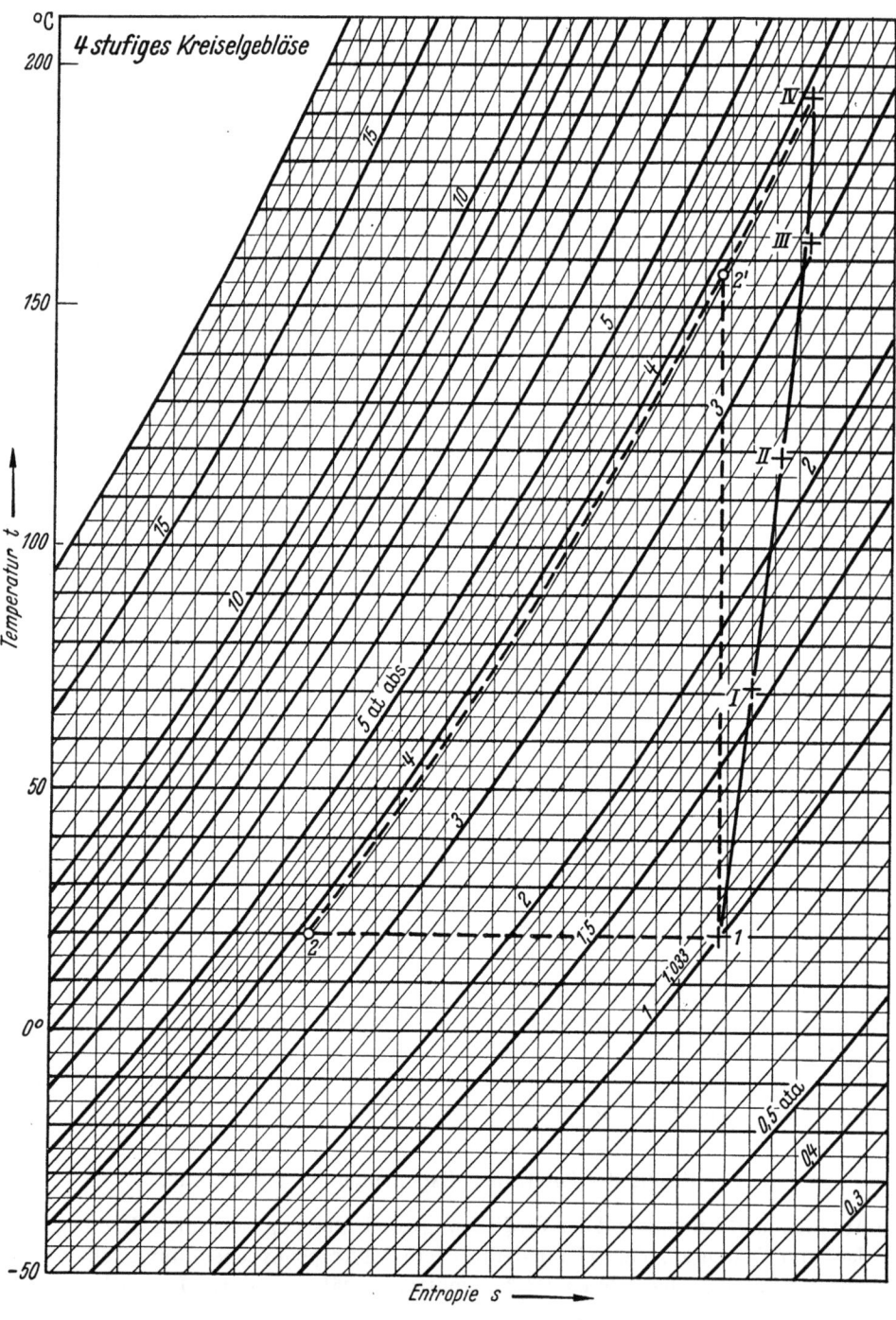

Abb. 6. Temperatur-Entropie-Diagramm (für Luft) eines vierstufigen Kreiselgebläses.

Bei mehrstufigen Maschinen ist es möglich, durch Messen der Drücke und Temperaturen vor und hinter den einzelnen Stufen den Verlauf des Polytropen-Exponenten n während der gesamten Verdichtung zu ermitteln (Abb. 6 und 7).

Den Verlauf der Zustandsänderung in einem 4stufigen ungekühlten Kreiselgebläse stellt Abb. 6 im T,s-Diagramm, Abb. 7 im P,v-Diagramm dar. Vergleichsweise sind isothermische Verdichtung 1—2 und adiabatische Verdichtung 1—2' eingetragen.

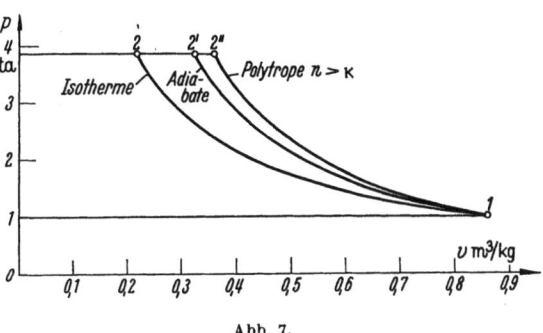

Abb. 7.
Druck-Volumen-Diagramm eines vierstufigen Kreiselgebläses.

II. Aus der Strömungslehre und Strömungsforschung.

Die Grundlagen der Strömungslehre und Strömungsforschung werden als bekannt vorausgesetzt, und es wird auf die einschlägigen Werke [4] verwiesen.

Es werden an dieser Stelle lediglich einige wichtige Beziehungen angegeben. Auf die Strömungsvorgänge in Diffusoren wird hingegen ausführlich eingegangen wegen ihrer außerordentlichen Bedeutung für den Kreiselgebläse- und Kreiselverdichterbau.

a) Reibungsfreie volumenbeständige Strömung.

1. Einleitung.

Bei kleinen Strömungsgeschwindigkeiten (bis ≈ 50 m/s) können strömende Gase im allgemeinen unter Vernachlässigung der mit geringen Druckänderungen verbundenen kleinen Volumenänderungen wie Flüssigkeiten behandelt werden (volumenbeständige Strömungen). Bei hohen Strömungsgeschwindigkeiten können jedoch diese Änderungen nicht vernachlässigt werden. Bei Strömungsgeschwindigkeiten in Größe der Schallgeschwindigkeit tritt starke Beeinflussung, oberhalb der Schallgeschwindigkeit völlige Veränderung des Verhaltens der Strömung ein.

2. Stromlinien, Stromfäden, Stromröhren.

In Richtung der Strömung verlaufende Linien bezeichnet man als Stromlinien. Bei stationärer Strömung decken sich die Stromlinien mit den zurückgelegten Wegen der Flüssigkeitsteilchen. Man kann sie in einem sog. Stromlinienbild durch photographische Zeitaufnahmen von auf der Oberfläche schwimmenden Teilchen festhalten. Die räumliche stationäre Strömung denkt man sich aus einer großen Zahl von durch Stromlinien begrenzten Stromfäden bestehend, den sog. Stromröhren.

3. Kontinuität.

Kontinuität besteht, wenn durch jeden Querschnitt eines Stromfadens in der Zeiteinheit die gleiche Masse fließt. Sind F_1 und F_2 die Querschnitte eines Stromfadens an den Stellen 1 und 2, w_1 und w_2 die zugehörigen Strömungsgeschwindigkeiten, ϱ_1 und ϱ_2 die zugehörigen Dichten des strömenden Mittels, so lautet die Bedingung für Kontinuität in eindimensionaler Betrachtung

$$F_1 w_1 \varrho_1 = F_2 w_2 \varrho_2 = F w \varrho \tag{1}$$

und für volumenbeständige Strömung ($\varrho_1 = \varrho_2 = \varrho$)

$$F_1 w_1 = F_2 w_2 = F w. \tag{2}$$

In dreidimensionaler Betrachtung lautet die entsprechende Gleichung

$$\frac{\partial u}{\partial x} + \frac{\partial v}{\partial y} + \frac{\partial w}{\partial z} = 0, \tag{3}$$

wobei u, v, w die Geschwindigkeiten in den Richtungen x, y, z sind.

4. Druckgleichung (Bernoullische Gleichung).

Für jeden Punkt der Stromlinie der idealen, d. h. der reibungslosen und unzusammendrückbaren Flüssigkeit ist die Summe von Druckhöhe P/γ, Ortshöhe z und Geschwindigkeitshöhe $c^2/2g$ konstant

$$\frac{P}{\gamma} + z + \frac{c^2}{2g} = \text{const.} \tag{4}$$

5. Geschwindigkeitspotential, Potentiallinien, Potentialströmung.

Unter dem Geschwindigkeitspotential zweier innerhalb einer Strömung gelegener, um eine Strecke ds voneinander entfernter Punkte versteht man den Wert

$$\Phi_{AB} = \int_A^B w' \, ds, \tag{5}$$

wobei w' die in die Richtung $A-B$ fallende Komponente der Strömungsgeschwindigkeit ist. Den Wert $\int_A^B w' \, ds$ bezeichnet man auch als Linienintegral. Durch die Ableitung des Potentials in einer beliebigen Richtung erhält man die Geschwindigkeit in dieser Richtung

$$\frac{\partial \Phi}{\partial s} = c'. \tag{6}$$

Potentiallinien sind Linien konstanten Potentials, das sind Normallinien zu den Stromlinien.

Jede aus der Ruhe entstandene Flüssigkeitsbewegung einer idealen Flüssigkeit besitzt ein Potential. Eine solche Bewegung bezeichnet man als Potentialströmung. Eine Potentialströmung ist drehungsfrei.

6. Zirkulation.

Unter der Zirkulation versteht man den Betrag des Linienintegrals längs einer geschlossenen Linie,

$$\Gamma = \oint w' \, ds. \tag{7}$$

7. Impulssatz.

Der Impulssatz besagt, daß die zeitliche Änderung der Bewegungsgröße (Produkt aus Masse m und Geschwindigkeit c) gleich der Resultierenden der äußeren Kräfte $\mathfrak{P}$ ist.

$$\frac{d(mc)}{d\tau} = \mathfrak{P}_{res}. \tag{8}$$

Bei Kreiselmaschinen pflegt man mit den Impulsmomenten zu rechnen. Das Impulsmoment (auch Drall genannt) der Masse m am Hebelarm r ist

$$D = m c_u r,$$

wobei c_u die in Richtung des Umfangs fallende Komponente von c ist. Die Anwendung des Impulssatzes auf die Kreiselmaschinen liefert

$$M = D_2 - D_1 = m(c_{u_2} r_2 - c_{u_1} r_1), \tag{9}$$

d. h., das Moment der äußeren Kräfte ist gleich dem Zuwachs des Impulsmomentes. Dieser Satz wird auch *Flächensatz* genannt.

b) Reibungsbehaftete volumenbeständige Strömung.

1. Ähnlichkeit, REYNOLDSsche Zahl.

Die Strömung der wirklichen Flüssigkeit weicht von der der idealen Flüssigkeit ab wegen des Auftretens der *inneren*, durch die Zähigkeit der Flüssigkeitsteilchen hervorgerufenen *Reibung*. Infolgedessen sind die Strömungsformen, die sich beim Umströmen geometrisch ähnlicher Körper einstellen, normalerweise nicht geometrisch ähnlich. Geometrische Ähnlichkeit der Strömung besteht nur dann, wenn an geometrisch ähnlichen Stellen der verglichenen Körper das Verhältnis der auftretenden Druck-, Reibungs- und Trägheitskräfte gleich ist.

Diese Bedingung wird, wie sich zeigen läßt, erfüllt, wenn für geometrisch ähnliche Stellen der verglichenen Körper das Verhältnis

$$\frac{l_1 w_1}{\nu_1} = \frac{l_2 w_2}{\nu_2} = \text{const} = Re \tag{10}$$

konstant ist. Man bezeichnet dieses Verhältnis als die REYNOLDSsche Zahl. Hierbei bedeuten

$l_1, l_2 \ldots$ bestimmte Längenmaße,
$w_1, w_2 \ldots$ bestimmte Geschwindigkeiten,
$\nu_1, \nu_2 \ldots$ kinematische Zähigkeiten.

Dieses Ähnlichkeitsgesetz ist von außerordentlicher Bedeutung für die Durchführung von Modellversuchen an Modellen verschiedener Größe, für Versuche mit verschiedenen Strömungsmitteln u. a.

2. Strömung im Rohr.

Bei kleinen Strömungsgeschwindigkeiten verläuft die Strömung im Rohr laminar (Stromfäden völlig geordnet, parallel zur Rohrwand), bei hohen Strömungsgeschwindigkeiten turbulent (unter Bildung vieler kleiner Wirbel).

Der Übergang von der laminaren in die turbulente Strömung hängt, wie REYNOLDS nachwies, von dem Verhältnis $\frac{w\, d_0}{\nu}$ ab, welches man als die REYNOLDSsche Zahl bezeichnet. Hierbei ist d_0 der Rohrleitungsdurchmesser. Die Zahl, bei der der Übergang von der laminaren in die turbulente Bewegung erfolgt, bezeichnet man als die kritische REYNOLDSsche Zahl. Sie hängt von der Art des Einlaufs ab und ist

$Re_{kr} \approx 2320$ bei unregelmäßigem Einlauf,
$Re_{kr} \approx 2800$ bei scharfer Kante des Einlaufs,
$Re_{kr} \approx 40\,000$ bei guter Abrundung.

Bei *laminarer Strömung* im Rohr ergibt sich parabolischer Verlauf der Geschwindigkeit in Abhängigkeit vom Radius. Diese Geschwindigkeitsverteilung stellt sich aber erst nach Zurücklegen einer sog. Anlaufstrecke ein, die nach Versuchen von SCHILLER beträgt [5].

$$l_0 = 0{,}03\, d_0\, Re. \tag{11}$$

Der Druckabfall einer Rohrleitung der Länge l, des Durchmessers d_0 und der mittleren Strömungsgeschwindigkeit w_m beträgt

$$\Delta P = \frac{32 \mu\, w_m\, l}{d_0^2}. \tag{12}$$

Hierbei ist μ die dynamische Zähigkeit der Flüssigkeit.

Bei *turbulenter Strömung* ist der Druckverlust etwa proportional dem Quadrat der Strömungsgeschwindigkeit

$$\Delta P = \lambda \frac{l}{d_0} \frac{\gamma}{2g} w_m^2, \tag{13}$$

wobei die Widerstandszahl λ für glatte Rohre nur von der Re-Zahl abhängt. Für die turbulente Strömung in glatten Rohren gilt

bis $Re \approx 80\,000$ nach Versuchen von BLASIUS [6]

$$\lambda = \frac{0{,}3164}{\sqrt[4]{Re}}, \tag{14}$$

bis $Re \approx 1\,000\,000$ nach Versuchen von HERMANN [7]

$$\lambda = 0{,}0054 + 0{,}396/Re^{0,3}. \tag{15}$$

Weitere Versuche mit glatten Rohren siehe [8] und [9].

Die Geschwindigkeitsverteilung ist eine Exponentialfunktion von r_0, die Größe des Exponenten hängt von der REYNOLDSschen Zahl ab [10].

Beim *rauhen Rohr* kommt als weitere charakteristische Länge das Verhältnis Wanderhebung: Halbmesser $= k/r_0$ hinzu, wobei HOPF [11] nach Wandrauhigkeit und nach Wandwelligkeit unterscheidet.

Nach Versuchen von NIKURADSE [12] an rauhen Rohren verschiedener Rauhigkeit ist die Widerstandszahl λ oberhalb bestimmter Re-Zahlen unabhängig von $Re = \dfrac{w\,d_0}{\nu}$ und nur abhängig von der Rauhigkeit k/r_0 (Abb. 8). Für dieses Gebiet konstanter λ-Werte gilt nach NIKURADSE

$$\lambda = \frac{1}{(2\lg r_0/k + 1{,}74)^2}\,. \tag{16}$$

Bei *laminarer Strömung* tritt der Einfluß der Rauhigkeit nicht in Erscheinung. Bei *turbulenter Strömung* gilt das BLASIUSsche Gesetz, welches für glatte Rohre ermittelt wurde, für ein um so größeres Bereich REYNOLDSscher Zahlen, je kleiner die Rauhigkeiten sind.

Durch Einführen einer geeigneten Rauhigkeitsfunktion [13] ist es PRANDTL gelungen, für Rohre verschiedener Rauhigkeit eine klare Trennung nach glatter und rauher Wand herbeizuführen. Über den Einfluß der Rauhigkeit bei Strömungsmaschinen siehe [14].

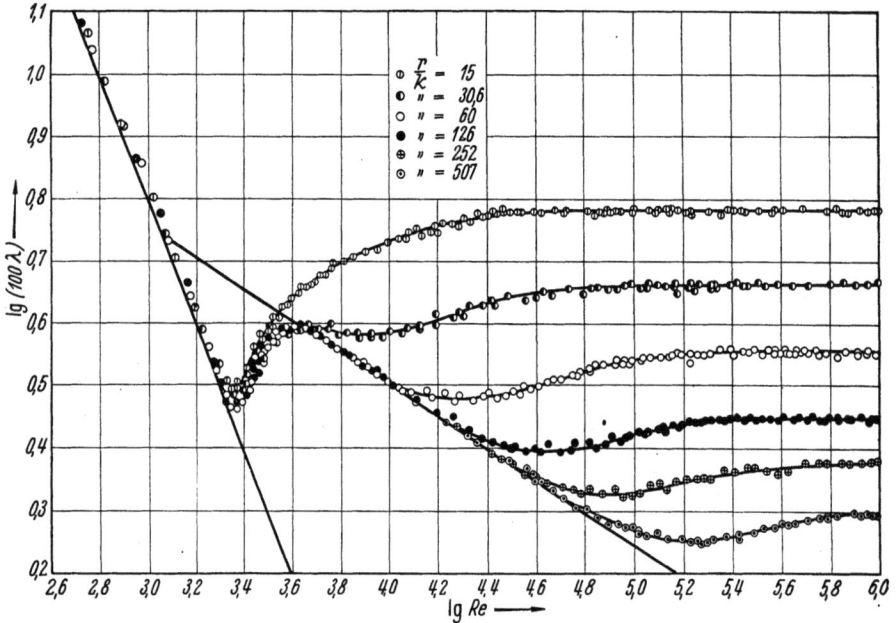

Abb. 8. Abhängigkeit der Widerstandszahl λ von der Re-Zahl für rauhe Rohre nach NIKURADSE [12].

3. Strömung im Kanal beliebigen Querschnitts.

Wie durch Versuch und Rechnung nachgewiesen, kann für turbulente Strömung in geraden, unrunden Rohren die Beziehung Gl. (13) für den Druckabfall benutzt werden, wenn dabei als Durchmesser

$$d_0 = \frac{4F}{U} = d_{\text{hydr}} \tag{17}$$

gesetzt wird, wobei F der Querschnitt, U der Umfang des Querschnitts des betreffenden unrunden Rohres ist. Man bezeichnet diesen Durchmesser [Gl. (17)] als *hydraulischen Durchmesser*.

4. Düsen- und Diffusorströmungen.

Die Düse ist das Mittel zur Erzielung der Beschleunigung einer Strömung und zur Umsetzung von Druck in Geschwindigkeit. Bei gut abgerundeter Düse ergibt sich wirbelfreier laminarer Verlauf der Stromlinien.

Die Verzögerung eines strömenden Mittels durch eine spiegelbildliche Gegendüse und die Umsetzung der Geschwindigkeitsenergie in Druckenergie ist jedoch im allgemeinen nicht möglich, sondern nur unter bestimmten Bedingungen und bis zu einem gewissen Grade [15]. Die nähere Untersuchung derartiger Strömungen zeigt, daß bei der beschleunigten Strömung in einer gut abgerundeten Düse nahezu keine Energieverluste eintreten, hingegen ergeben sich bei der verzögerten Diffusorströmung stets durch Wirbelbildung hervorgerufene Energieverluste, deren Höhe von der Ausbildung des Diffusors abhängt. Aus diesen Betrachtungen erkennt man sofort den großen Unterschied der Probleme des Turbinenbaus und des Verdichterbaus. Während der Turbinenbau hauptsächlich nur mit Düsenströmungen zu tun hat, die mit geringen Verlusten verwirklicht werden können, arbeitet der Gebläse- und Verdichterbau in der Hauptsache mit verzögerten Strömungen (Diffusorströmungen), die stets mit Verlusten behaftet sind. Da ein Kreiselverdichter aus einer Reihe von hintereinandergeschalteten Diffusoren (in den Laufrädern und Leitvorrichtungen) besteht, kommt der Ausbildung der Diffusoren die größte Bedeutung zu.

α) *Geschwindigkeitsprofile beschleunigter und verzögerter Strömungen.*

Nach Messungen von DÖNCH [17] und NIKURADSE [18] wird das Geschwindigkeitsprofil nach der Mitte zu bei verzögerter Strömung (erweitertem Kanal) spitzer, bei beschleunigter Strömung (verengtem Kanal) flacher. Aus der dimensionslosen Darstellung (Abb. 9), in der die jeweiligen Strömungsgeschwindigkeiten w auf die maximale Geschwindigkeit w_{max} und die jeweils von der Kanalmitte aus gerechneten Abstände y auf die halbe Kanalbreite $b/2$ bezogen sind, geht dies eindeutig hervor. Die Geschwindigkeitsprofile sind nach diesen Versuchen symmetrisch zur Längsachse des Diffusors bis zu einem halben Öffnungswinkel von $\vartheta = 4°$. Für $\vartheta = 5°$ ergibt sich ein unsymmetrisches Profil, die Strömung befindet sich an der Grenze der Ablösung; für $\vartheta = 6°$ ergibt sich ausgeprägte Ablösung.

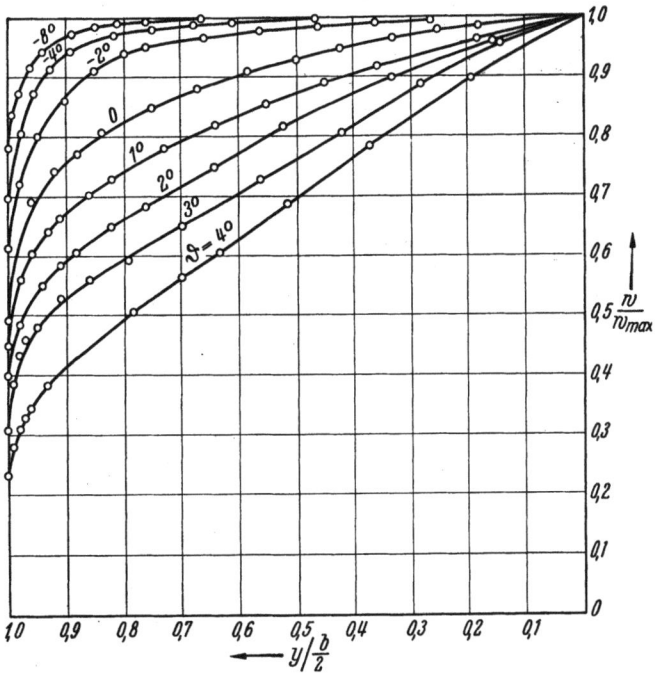

Abb. 9. Geschwindigkeitsverteilung w/w_{max} in erweiterten und verengten Kanälen bei verschieden großem Öffnungswinkel 2ϑ über die halbe Kanalbreite. Halber Öffnungswinkel ϑ im Bereich von 0° bis 4° (erweiterter Kanal) und von 0° bis —8° (verengter Kanal) nach NIKURADSE [18]. Erläuterung im Text.

β) *Der Strömungsverlauf im Diffusor.*

Wie Versuche von RIFFART [16] gezeigt haben, unterscheidet sich die Strömung im Diffusor sehr wesentlich von der idealen Strömung. Der Strahl füllt den Kanal nicht gleichmäßig aus. Man kann bei freiem Ausströmen im wesentlichen drei Zonen im Strahlquerschnitt unterscheiden (Abb. 10a):

1. Eine **Kernzone** im mittleren Teil, in der der Strahl infolge der ihm innewohnenden Energie mit hoher Geschwindigkeit fließt. Am Diffusoreintritt nimmt die Kernzone ziemlich vollständig den gesamten Eintrittsquerschnitt ein. Die Kernzone verjüngt sich gegen Diffusorende immer mehr und hat Kegelstumpfform. Diese entsteht dadurch, daß sich immer mehr Stromfäden von der Kernzone ablösen.

2. Eine **Wirbelzone** zwischen Kernzone und Wand, in der die Gesamtenergie nach der Diffusorwand hin rasch abnimmt. Hier tritt starke Wirbelbildung ein, offenbar infolge verschiedener

Stärke der einzelnen Ablösungsfäden. In der Wirbelzone können oft ganz erhebliche Druckunterschiede an dicht benachbarten Punkten, die auf dem gleichen Halbmesser gelegen sind, festgestellt werden.

3. Eine Unterdruckzone, unmittelbar an der Diffusorwand gelegen. Am Anfang des Diffusors ist der Gesamtdruck über den Eintrittsquerschnitt gleich hoch. Nur unmittelbar am Rand, wo die Geschwindigkeit null und daher auch der dynamische Druck null ist, herrscht lediglich der statische Druck, so daß hier bei freiem Ausströmen des Diffusors Unterdruck herrscht, jedoch nur unmittelbar an der Wand. Mit fortschreitender Strömung bildet sich am Rand eine Unterdruckzone von zunehmender Breite aus, wobei die Unterdrücke selbst geringer werden. Nach Erreichen einer bestimmten Breite nimmt die Unterdruckzone wieder ab.

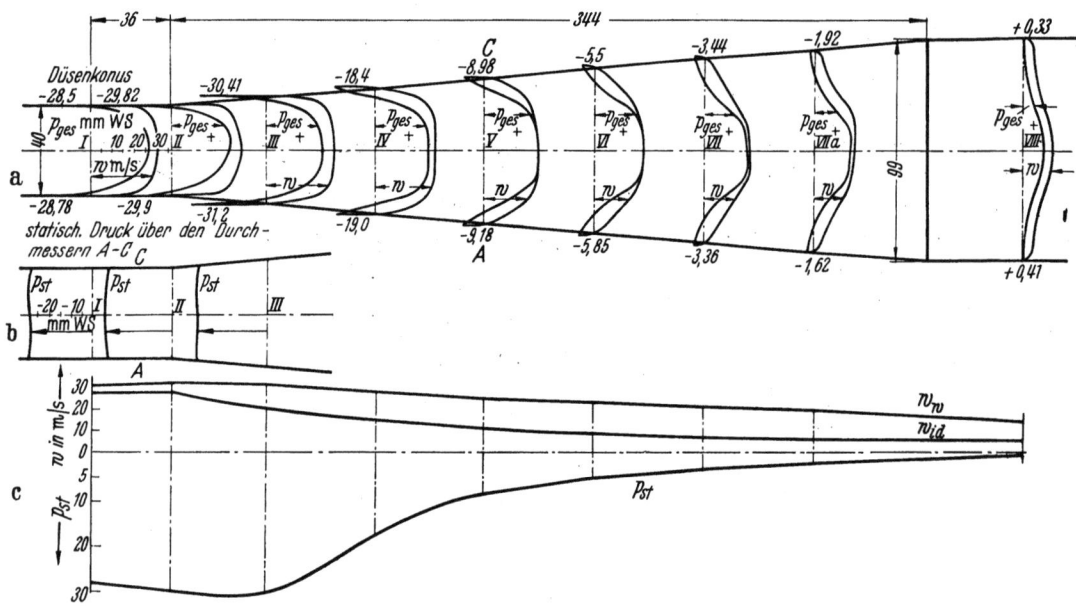

Abb. 10a. Gesamtdruck p_{ges} und Geschwindigkeit w im Düsenkegel (jeweils für den senkrechten Durchmesser A–C) bei freiem Ausströmen nach RIFFART [16].

b. Statischer Druck p_{st} im senkrechten Durchmesser A–C bei freiem Ausströmen.

c. Statischer Druck p_{st} und Geschwindigkeit w in der Achse des Düsenkegels bei freiem Ausströmen.

w_w = wirkliche, w_{id} = ideale Geschwindigkeit.

Abb. 10 gilt für freies Ausströmen am Ende des Diffusors.

In Abb. 10a sind für verschiedene Schnitte eines kegelförmigen Diffusors die Geschwindigkeitsprofile und der Verlauf des Gesamtdruckes

$$p_{ges} = p_{st} + p_{dyn} = p_{st} + \gamma w^2/2g \text{ mm WS}$$

für den senkrechten Durchmesser A–C dargestellt, wobei

p_{st} der statische Druck mm WS,
p_{dyn} der dynamische Druck mm WS,
w die Geschwindigkeit m/s.

In Abb. 10b ist der Verlauf des statischen Druckes p_{st} für einige Schnitte des Beispiels Abb. 10a gezeigt.

Abb. 10c zeigt den Verlauf des statischen Druckes p_{st} und der Geschwindigkeit w in der Achse des Diffusorkegels bei freiem Ausströmen des Diffusors.

Die Diffusorströmung bei gedrosseltem Ausströmen ist (nach [16]) günstiger als bei freiem Ausströmen. Die Kernzone verbreitet sich mit zunehmender Drosselung, die Geschwindigkeitsverteilung über den Querschnitt wird gleichmäßiger, Wirbel- und Unterdruckzone nehmen ab, und der Wirkungsgrad erhöht sich.

γ) *Anlaufstrecke und Auslaufstrecke von Diffusoren.*

Nach Versuchen von PETERS [19] an kegelförmigen Diffusoren mit konstantem Öffnungsverhältnis und variierten Öffnungswinkeln (halber Öffnungswinkel ϑ variiert von 2,5 bis 90°) bei Änderung der Geschwindigkeitsverteilung am Diffusoreintritt zwischen Rechteckverteilung und ausgebildeter turbulenter Strömung, die durch Änderung der Anlaufstrecke l herbeigeführt wurde, wird die Druckumsetzung im Diffusor wesentlich durch die Geschwindigkeitsverteilung am Eintritt beeinflußt, hingegen der Wirkungsgrad der Gesamtanlage nur wenig berührt. Die Energieumsetzung ist im Endquerschnitt des Diffusors nicht beendet; bis zur vollständigen Druckumsetzung ist noch eine Auslaufstrecke l_a erforderlich, deren Länge von dem Öffnungswinkel und von der Geschwindigkeitsverteilung am Eintritt des Diffusors abhängt. Der Wirkungsgrad des Diffusors allein und der Wirkungsgrad des Diffusors einschließlich Auslaufstrecke unter-

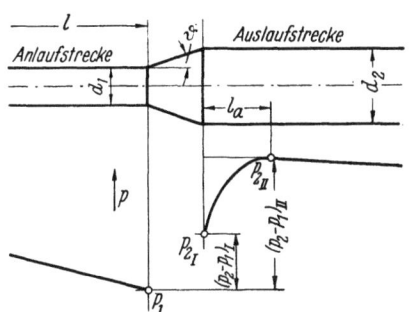

Abb. 11. Druckverlauf an der Rohrwand in der Anlauf- und Auslaufstrecke eines Diffusors nach PETERS [19].

scheiden sich z. T. beträchtlich, wobei als Wirkungsgrad das Verhältnis der Zunahme an Druckenergie zur Differenz der kinetischen Energie der mittleren Geschwindigkeit definiert ist [Gl. (20)].

Abb. 11 zeigt den Druckverlauf an der Rohrwand in der Anlaufstrecke und in der Auslaufstrecke eines Diffusors nach Versuchen von PETERS [19].

δ) *Erweiterungswinkel von Diffusoren.*

Nach Versuchen von ANDRES [20] an kegelförmigen Diffusoren gibt es einen bestimmten günstigsten Erweiterungswinkel, bei dem die Summe der Verluste, die sich aus den Reibungsverlusten und den Ablösungsverlusten zusammensetzen, am kleinsten werden. Bei großen Erweiterungswinkeln überwiegen die Ablösungsverluste gegenüber den Reibungsverlusten um ein Mehrfaches. Der günstigste Erweiterungswinkel (2ϑ) liegt nach diesen Versuchen je nach Größe der Rauhigkeit der Wand zwischen 7° und 9°. WEDERNIKOFF [21] beobachtete an rechteckigen, erweiterten Kanälen eine Ablösung der Strömung bei einem halben Öffnungswinkel von 7°. Der günstigste halbe Öffnungswinkel liegt nach diesen Versuchen bei 4 bis 5°, der günstigste volle Öffnungswinkel zwischen 8 und 10°.

Nach Versuchen von NIKURADSE [18] an rechteckigen Kanälen liegt die Erweiterungsgrenze schon bei einem halben Öffnungswinkel von 4°. Bei größeren Winkeln tritt nach diesen Versuchen Instabilität der Strömung auf, die zu einem unsymmetrischen Geschwindigkeitsprofil führt.

Bei diesen scheinbar widersprechenden Ergebnissen verschiedener Forscher ist als charakteristische Größe der Erweiterungswinkel des Diffusors verwandt. NIKURADSE bildet einen dimensionslosen Parameter, der unabhängig von der speziellen geometrischen Gestalt des Kanals ist:

$$\Gamma_1 = \frac{1}{\varrho}\frac{dP}{dx}\frac{\delta^{5/4}}{\nu^{1/4}\bar{u}^{7/4}}; \tag{18}$$

hierbei ist

$\dfrac{dP}{dx}$ das Druckgefälle,

$\bar{u}$ eine charakteristische Geschwindigkeit (z. B. $w_{\max}$),

ν die kinematische Zähigkeit,

δ eine charakteristische Länge.

Durch diese Zahl Γ_1 ist die Gestalt des Geschwindigkeitsprofils charakterisiert. Bei verschiedenen REYNOLDSschen Zahlen und verschiedenen Öffnungswinkeln stellt sich ein ähnliches Geschwindigkeitsprofil ein, wenn die Zahl Γ_1 gleichbleibt. Dies ist der Fall, wenn

$$\Gamma_1 \approx \vartheta \sqrt[4]{Re}, \qquad (19)$$

wobei ϑ der halbe Öffnungswinkel ist.

Dieses Ähnlichkeitsgesetz hat durch Vergleich der von DÖNCH mit Luft durchgeführten Versuche [17] mit den von NIKURADSE mit Wasser durchgeführten Versuchen eine sehr gute Bestätigung erhalten.

ε) Wirkungsgrad des Diffusors.

Unter dem Diffusorwirkungsgrad versteht man das Verhältnis der Zunahme an Druckenergie $(P_2 - P_1)$ zum Unterschied der kinetischen Energie $\frac{\varrho}{2}(w_{1_m}^2 - w_{2_m}^2)$. Man schreibt diesen Wirkungsgrad im allgemeinen in der Form (die Indizes 1 beziehen sich auf den Eintritt, 2 auf den Austritt)

$$\eta = \frac{P_2 - P_1}{\frac{\varrho}{2}(w_{1_m}^2 - w_{2_m}^2)} = \frac{P_2 - P_1}{\frac{\varrho}{2} w_{1_m}^2 \left[1 - \left(\frac{F_1}{F_2}\right)^2\right]}, \qquad (20)$$

wobei F_1 und F_2 die Diffusorquerschnitte, w_{1_m} und w_{2_m} die mittleren Geschwindigkeiten am Eintritt bzw. Austritt sind.

Die Verluste setzen sich zusammen aus Reibungsverlusten und Ablösungsverlusten. Bei größeren Erweiterungswinkeln übersteigen nach Versuchen von ANDRES [20] die Ablösungsverluste mehrfach die Reibungsverluste. Hierbei sind nach ANDRES [20] und HOCHSCHILD [22] die Verluste proportional dem Quadrat der Geschwindigkeit, d. h., der Wirkungsgrad ist unabhängig von der Geschwindigkeit.

Nach Versuchen von RIFFART [16] und anderen Forschern an verschiedenen Diffusoren kreisrunden und rechteckigen Querschnitts ist der Wirkungsgrad abhängig vom Düsenöffnungswinkel und von der Form des Einlaufs. Vorherige Einschnürung des Diffusors scheint den Wirkungsgrad zu verbessern.

Die Wirkungsgradbestimmung [Gl. (20)] ist nicht eindeutig, da

1. die Geschwindigkeitsverhältnisse am Eintritt (Querschnitt *1*) je nach Länge der Anlaufstrecke sehr verschieden sein können, d. h. je nachdem, ob unausgebildete, teilweise ausgebildete oder völlig ausgebildete Strömung am Einlauf vorliegt, und je nachdem, ob es sich um reine axial gerichtete Strömung handelt oder ob sich der Strömung eine Drehbewegung (Drall) überlagert;

2. die Druckumsetzung im Diffusor im Endquerschnitt *2* noch nicht beendet ist, sondern erst nach Zurücklegen einer gewissen Auslaufstrecke (Abb. 11). Unter Auslaufstrecke ist hierbei der Weg verstanden, nach dessen Durchlaufen hinter Diffusoraustritt (Querschnitt *2*) das Druckmaximum erreicht wird.

Da diese Einflüsse in obiger Gleichung nicht in Erscheinung treten, streuen die auf Grund dieser Gleichung ausgewerteten Versuche außerordentlich stark.

Bei beliebiger Verteilung der kinetischen Energie über den Querschnitt ist für stationäre Strömung, wenn c die absolute, w die axiale Geschwindigkeit bezeichnet, nach dem Energiesatz

$$\int^{F_1}\left(P_1 + \frac{\varrho}{2} c_1^2\right) w_1 \, dF - \int^{F_2}\left(P_2 + \frac{\varrho}{2} c_2^2\right) w_2 \, dF - E_v = 0, \qquad (21)$$

wobei E_v die Verlustleistung ist, so daß der Gesamtwirkungsgrad [19]

$$\eta_{\text{ges}} = \frac{\int\limits_{F_1}^{F_2} P_2 w_2 \, dF - \int\limits_{F_2}^{F_1} P_1 w_1 \, dF}{\int \frac{\varrho}{2} c_1^2 w_1 \, dF - \int \frac{\varrho}{2} c_2^2 w_2 \, dF} = 1 - \frac{E_v}{\int\limits^{F_1} \frac{\varrho}{2} c_1^2 w_1 \, dF - \int\limits^{F_2} \frac{\varrho}{2} c_2^2 w_2 \, dF} \qquad (22)$$

ist. Bei reiner Axialströmung ist $c = w$ und der Druck $P = $ const über den ganzen Querschnitt, so daß

$$\eta_{\text{ges}} = \frac{(P_2 - P_1)\, w_{1_m} F_1}{\int\limits^{F_1} \frac{\varrho}{2} w_1^3\, dF - \int\limits^{F_2} \frac{\varrho}{2} w_2^3\, dF} \tag{23}$$

oder mit

$$\int\limits^{F_1} \frac{\varrho}{2} w_1^3\, dF = A\, \frac{\varrho}{2} w_{1_m}^3 F_1 \quad \text{und} \quad \int\limits^{F_2} \frac{\varrho}{2} w_2^3\, dF = B\, \frac{\varrho}{2} w_{2_m}^3 F_2, \tag{24}, (25)$$

wird

$$\eta_{\text{ges}} = \frac{(P_2 - P_1)\, w_{1_m} F_1}{A\, \frac{\varrho}{2} w_{1_m}^3 F_1 - B\, \frac{\varrho}{2} w_{2_m}^3 F_2} \quad \text{oder} \quad \eta_{\text{ges}} = \frac{P_2 - P_1}{\frac{\varrho}{2} w_{1_m}^2 \left[A - B\left(\frac{F_1}{F_2}\right)^2 \right]}. \tag{26}$$

Für nahezu rechteckige Geschwindigkeitsverteilung ist $w_1 = w_{1_m}$ und $w_2 = w_{2_m}$, $A \approx B \approx 1$, und Gl. (26) geht über in die Gleichung (20)

$$\eta_{\text{ges}} = \frac{P_2 - P_1}{\frac{\varrho}{2} w_{1_m}^2 \left[1 - \left(\frac{F_1}{F_2}\right)^2\right]} = \eta. \tag{27}$$

Für turbulente Strömungen gilt für große Re-Zahlen der PRANDTLsche Ansatz

$$\frac{w}{w_{\max}} = \left(1 - \frac{r}{r_0}\right)^{\frac{1}{7}}, \tag{28}$$

wobei $w_{\max}$ die Geschwindigkeit in der Rohrachse ist und die mittlere Geschwindigkeit

$$w_m = 0{,}816\, w_{\max},$$

so daß

$$A = \frac{1}{F_1} \int\limits^{F_1} \frac{w_1^3}{w_{1_m}^3}\, dF = 1{,}06. \tag{29}$$

Nach Versuchen von PETERS [19] ist

$$w_m / w_{\max} = 0{,}875 \quad \text{und} \quad A = 1{,}045$$

und

$$B = \frac{1}{F_2} \int\limits^{F_2} \left(\frac{w_2}{w_{2_m}}\right)^3 dF = 1{,}025 \text{ bis } 1{,}035. \tag{30}$$

Für ein Querschnittsverhältnis $F_2/F_1 = 2{,}34$ errechnet PETERS für turbulente Geschwindigkeitsverteilung im Einlauf einen Gesamtwirkungsgrad

$$\eta_{\text{ges}} = \frac{\eta}{1{,}05}, \tag{31}$$

wobei η der nach Gl. (20) definierte Wirkungsgrad ist.

Um den Einfluß der Auslaufstrecke auf den Gesamtwirkungsgrad noch näher hervorzuheben, kann man nach PETERS zwei Wirkungsgrade unterscheiden:

η_{I} für den Diffusor allein,

η_{II} für den Diffusor mit Auslaufstrecke.

Nach Versuchen von PETERS besteht eine Beeinflussung der Auslaufstrecke l_a/d_2 durch die Anlaufstrecke l/d_1 und durch den Öffnungswinkel. Für Anlaufstrecken $l/d_1 > 30$ ist die Auslaufstrecke $l_a/d_2 = $ const $= 6$, unabhängig von der Größe des Öffnungswinkels.

Abb. 12 gibt den Vergleich der Versuche von PETERS [19] und von GIBSON für kegelförmige Diffusoren bei gleicher Anlaufstrecke $l/d_1 = 2$ und bei verschiedenem Öffnungswinkel. Im Bereich von 3 bis 5° für den halben Öffnungswinkel ϑ oder 6 bis 10° für den vollen Öffnungswinkel 2ϑ haben die verschiedenen Diffusoren einen Höchstwert des Wirkungsgrades, bei größeren Winkeln fällt der Wirkungsgrad ab wegen der durch die Ablösung hervorgerufenen Verluste. Im Bereich kleiner Winkel ($2\vartheta < 6°$) nehmen die Reibungsverluste zu, und diese scheinen gegenüber den Ablösungsverlusten zu überwiegen.

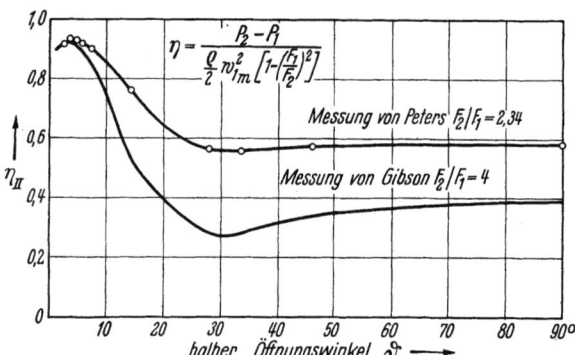

Abb. 12. Abhängigkeit des Diffusor-Wirkungsgrades η_{II} vom halben Öffnungswinkel ϑ für zwei Öffnungsverhältnisse F_2/F_1. Nach PETERS [19]. Anlaufstrecke $l/D_1 = 2$.

Für Diffusoren gleichen Druckverhältnisses wird sich daher ein günstigster Öffnungswinkel 2ϑ ergeben, dem eine günstigste Diffusorlänge und ein günstigster Wirkungsgrad entspricht. Bei größerem Öffnungswinkel treten Ablösungsverluste ein, der Wirkungsgrad fällt. Bei kleinerem Öffnungswinkel wird der Diffusor lang, die Reibungsverluste nehmen zu, und damit nimmt der Wirkungsgrad ab.

Durch Einbau eines Drallapparates in die Anlaufstrecke hat schließlich PETERS [19] den Einfluß einer der axialen Strömung überlagerten Drallströmung auf die Energieumsetzung untersucht. Durch den Drall wird der Wirkungsgrad erheblich verbessert.

ζ) Ablösungserscheinungen bei Diffusoren.

POLZIN [23] untersucht ebene Diffusoren rechtwinkligen Querschnitts mit verstellbarem Öffnungswinkel (Eintrittsfläche F_1 des Diffusors quadratisch, $a = 100$ mm; zwei Seitenwände des Diffusors feststehend, zueinander parallel im Abstand 100 mm; zwei Seitenwände beweglich, drehbar um ein Lager, so daß jeder Winkel zwischen 0 und 20° mit der Längsachse einstellbar war).

Die Untersuchung erstreckt sich auf REYNOLDSsche Zahlen $Re = wd/\nu$ zwischen $5 \cdot 10^3$ und $75 \cdot 10^3$, bezogen auf den Eintrittsquerschnitt F_1 des Diffusors, wobei

$w_1 = V/F_1$ die Eintrittsgeschwindigkeit   m/s,
V das strömende Volumen   m³/s,
F_1 der Eintrittsquerschnitt des Diffusors   m²,
$d_1 = 4 F_1/U_1$ der hydraulische Durchmesser am Eintritt   m,
U_1 der Umfang des Eintrittsquerschnitts   m.

Die Anlaufstrecke betrug $120\, d_1$.

POLZIN stellt durch Beobachten von Temperaturschlieren fest, daß jeder Diffusor bei genügender Länge zu einer Ablösung führt und daß bis zum Augenblick der Ablösung bereits erhebliche Geschwindigkeitsverlagerungen vorausgehen. Schon kurz hinter dem Eintritt in den Diffusor bildet sich die Strömung gegenüber der reinen Parallelströmung grundsätzlich um. Bei einem Querschnittsverhältnis $F_x/F_1 = 1{,}26$ tritt an der Wand ein starkes Flackern der Strömung ein, und es beginnen sich in Zeitabständen kleine Wirbel abzulösen. Mit zunehmendem Querschnittsverhältnis nimmt das Ablösen von Wirbeln immer mehr zu, und bei $F_x/F_1 = 2{,}0$ tritt ununterbrochene Ablösung auf. Hier setzt gleichzeitig der Punkt der Rückströmung ein. Dieser Punkt wird gewöhnlich in Forschungsberichten als Ablösungspunkt bezeichnet (gefunden durch Staurohrmessung, dynamischer Druck gleich null). Bei $F_x/F_1 = 2{,}45$ tritt dann ununterbrochenes Rückströmen auf.

Abb. 13 zeigt die Verhältnisse in einer Darstellung des Flächenverhältnisses F_x/F_1 in Abhängigkeit vom Öffnungswinkel 2ϑ für $Re = 40000$ nach POLZIN. Oberhalb eines Öffnungswinkels $2\vartheta = 20°$ schlägt die Ablösung sprungartig auf den Eintrittsquerschnitt über, so daß hier eine Ablösung am Eintritt des Diffusors entsteht.

Der Einfluß der Wandrauhigkeit (bei den Versuchen hervorgerufen mit aufgelegtem Sandpapier) äußert sich in einer Verschlechterung der Strömungsverhältnisse, d. h. in einem früheren Ablösen der Strömung von der Wand. Der Einfluß der Rauhigkeit auf den Beginn des Ablösens wird um so ungünstiger, je größer das Querschnittsverhältnis F_x/F_1 ist.

Der Einfluß der REYNOLDSschen Zahl wirkt sich aus in einer Begünstigung der Ablösung mit steigender REYNOLDSscher Zahl, d. h., der Ablösungspunkt wandert bei gleichem Öffnungswinkel 2ϑ mit steigender Re-Zahl stromaufwärts. Siehe auch [24].

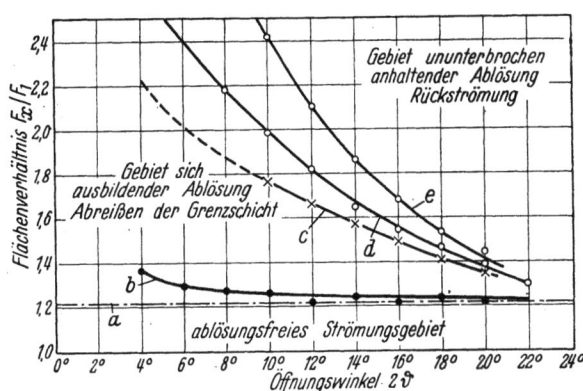

Abb. 13. Kennlinien-Diagramm eines ebenen Diffusors bei $Re = 40000$ nach POLZIN [23, Abb. 18]. a errechneter Beginn der Ablösung nach POHLHAUSEN [24]; b erster Beginn der vorübergehend wechselnden Wandablösung bei Wandabstand $y = 5$ mm; c ununterbrochene Ablösung, extrapoliert, für $y = 0$; d ununterbrochene Ablösung bei $y = 5$ mm; e ununterbrochene Ablösung bei $y = 15$ mm.

5. Strömung in gekrümmten Rohren und Kanälen.

In einer Krümmung ergeben sich infolge auftretender Fliehkräfte Druckunterschiede senkrecht zur Strömung, Unterdrücke auf der Innenseite, Überdrücke auf der Außenseite der Krümmung gegenüber der Mittelströmung. Infolgedessen tritt nach Gl. (4) auf der Innenseite eine Vergrößerung, auf der Außenseite eine Verkleinerung der Strömungsgeschwindigkeiten ein (Verdichtung bzw. Verdünnung der Stromlinien). Unter Einfluß der Reibung treten Wirbel auf, und zwar vornehmlich an den Stellen verzögerter Strömung, das sind in Strömungsrichtung gesehen, die erste Krümmungshälfte außen (äußerer Wirbel) und die zweite Krümmungshälfte innen (innerer Wirbel). Der äußere Wirbel wird in der zweiten Krümmungshälfte durch die Fliehkraft wieder zum Anliegen an die Wand gebracht, während der innere Wirbel sich hinter der Krümmung stark ausbildet. Außerdem treten in einem Krümmer spiralförmige Sekundärströmungen auf, die darauf beruhen, daß Teilchen hoher Strömungsgeschwindigkeit (das sind die Mittelschichten) in höherem Maße ihre ursprüngliche Geschwindigkeitsrichtung beibehalten als Teilchen niederer Strömungsgeschwindigkeit (das sind die Randschichten). Die Energieverluste in einem Krümmer bestehen daher aus Verlusten infolge Reibung, Wirbelbildungen und Sekundärströmungen. Diese Verluste können verringert werden durch Vergrößern des inneren Krümmungsradius und durch Verkleinern des Austrittsquerschnitts des Krümmers gegenüber dem Eintrittsquerschnitt, d. h. durch Beschleunigen der Hauptströmung im Krümmer.

c) Strömungen bei veränderlicher Dichte.

1. Grundgleichungen.

Infolge der mit Druckänderungen verbundenen Volumenänderungen gelten für Gase strenggenommen die für die Strömung von idealen Flüssigkeiten entwickelten Gleichungen (2) und (4) nicht. Jedoch können diese Gleichungen im Bereich geringer Strömungsgeschwindigkeiten mit hinreichender Genauigkeit auf gasförmige Strömungsmittel angewandt werden. Bei hohen Strömungsgeschwindigkeiten können jedoch die mit Druckänderungen verbundenen Volumenänderungen nicht mehr vernachlässigt werden.

Die *Kontinuitätsgleichung* [Gl. (2)] nimmt bei veränderlicher Dichte $\varrho = 1/(vg)$ des Strömungsmittels für zwei benachbarte Querschnitte F und $(F + \mathrm{d}F)$ die Form an

$$Fw\varrho = (F + \mathrm{d}F)(w + \mathrm{d}w)(\varrho + \mathrm{d}\varrho) \tag{32}$$

oder bei Vernachlässigung der kleinen Größen zweiter Ordnung

$$-\frac{\mathrm{d}v}{v} + \frac{\mathrm{d}w}{w} + \frac{\mathrm{d}F}{F} = 0. \tag{33}$$

Die BERNOULLIsche Gleichung [Gl. (4)] lautet bei reibungsfreier Strömung veränderlicher Dichte

$$\int \frac{dP}{\varrho} + zg + \frac{w^2}{2} = \text{const} \qquad (34\,\text{a})$$

und für horizontale Strömung ($z = \text{const}$)

$$\int \frac{dP}{\varrho} + \frac{w^2}{2} = \text{const.} \qquad (34\,\text{b})$$

Für *beschleunigte und verzögerte reibungsfreie Strömung* veränderlicher Dichte ϱ folgt aus den Gleichungen (33) und (34b) und aus der Gleichung der Adiabate eine Beziehung für die Querschnittsänderung dF in Abhängigkeit vom Druck P und von der Dichte ϱ

$$\frac{dF}{F} = \left(\frac{1}{\varrho w^2} - \frac{1}{\varkappa P}\right) dP, \qquad (35)$$

aus der man erkennt, daß die mit einer Querschnittsänderung dF verbundene Druckänderung dP in entscheidender Weise abhängt davon, ob

$$\frac{1}{\varrho w^2} \gtreqless \frac{1}{\varkappa P} \quad \text{oder} \quad w \lesseqgtr \sqrt{\frac{\varkappa P}{\varrho}} \qquad (36)$$

ist. Der Wert

$$\sqrt{\frac{\varkappa P}{\varrho}} = \sqrt{\varkappa g P v} = \sqrt{\varkappa g R T} = a \qquad (37)$$

ist die Schallgeschwindigkeit im Gas. Ist die Strömungsgeschwindigkeit w kleiner als die Schallgeschwindigkeit ($w < a$), dann ist mit einer *Querschnittsvergrößerung* [Gl. (35)] eine *Druckerhöhung* verbunden (*Diffusor* bei *Unterschall*geschwindigkeit), mit einer *Querschnittsverringerung* eine *Drucksenkung (Unterschalldüse)*.

Ist $w > a$, dann ist mit einer *Querschnittsvergrößerung* eine *Druckminderung* verbunden (*Düse für Überschall*geschwindigkeit, erweiterter Teil einer LAVAL-Düse), mit einer *Querschnittsverringerung* eine *Druckerhöhung (Überschalldiffusor)*.

2. Düsen.

Die Geschwindigkeit w an beliebiger Stelle einer Düse beträgt bei reibungsfreier Strömung und unter Zugrundelegung mittlerer Strömungsgeschwindigkeiten über die Strömungsquerschnitte

$$w = \sqrt{\frac{2g}{A} \cdot (i_1 - i)} \; \text{m/s}. \qquad (38)$$

Dies folgt aus dem Energiesatz und aus der Druckgleichung [Gl. (34b)] bei adiabatischer Zustandsänderung. Für unveränderliche spezifische Wärme ist

$$w = \sqrt{\frac{2g}{A} c_p (T_1 - T)} = \sqrt{\frac{2g}{A} c_p T_1 \left\{1 - \left(\frac{p}{p_1}\right)^{\frac{\varkappa-1}{\varkappa}}\right\}} \qquad (39)$$

und der erforderliche Düsenquerschnitt F an beliebiger Stelle für einen Durchfluß von G kg/s

$$F = G : \sqrt{2g \frac{\varkappa}{\varkappa - 1} \frac{P_1}{v_1} \left[\left(\frac{p}{p_1}\right)^{\frac{2}{\varkappa}} - \left(\frac{p}{p_1}\right)^{\frac{\varkappa+1}{\varkappa}}\right]}, \qquad (40)$$

der ein Minimum erreicht für ein Druckverhältnis

$$\frac{p}{p_1} = \left(\frac{2}{\varkappa + 1}\right)^{\frac{\varkappa}{\varkappa - 1}} = \frac{p_k}{p_1}, \qquad (41)$$

das sog. kritische Druckverhältnis (für Luft ist $p_k/p_1 = 0{,}53$). In diesem Querschnitt ist die Geschwindigkeit

$$w_k = \sqrt{2g\frac{\varkappa}{\varkappa+1}P_1v_1} = \sqrt{g\varkappa P_k v_k} = \sqrt{\frac{\varkappa P_k}{\varrho_k}} = \sqrt{g\varkappa R T_k}, \qquad (42)$$

das ist [vgl. Gl. (38)] die Schallgeschwindigkeit a_k in dem betreffenden Gas beim kritischen Zustand (P_k, v_k, T_k).

Abweichungen von den theoretischen Verhältnissen unter den Einflüssen der Reibung wird Rechnung getragen durch den Ausflußkoeffizienten μ für den Gewichtsdurchfluß und durch die Geschwindigkeitszahl φ für die Geschwindigkeit.

Für Druckverhältnisse p_2/p_1 größer und kleiner als p_k/p_1 sind nachstehend die Koeffizienten μ und φ getrennt angegeben.

	p_2/p_1	
	$> p_k/p_1$	$< p_k/p_1$
μ	0,95—1,0	0,97—1
φ	0,92—0,96	0,96

3. Fortpflanzung plötzlicher Druckänderungen in Gasen.

Plötzliche Druckänderungen pflanzen sich in einem *ruhenden Gas* mit der Schallgeschwindigkeit a nach allen Seiten gleichförmig, d. h. auf konzentrischen Kugeloberflächen fort. Im *strömenden Gas* erfolgt die Ausbreitung relativ zur Strömung gleichfalls mit der Schallgeschwindigkeit a, d. h. relativ zum ruhenden Raum auf konzentrischen Kugelflächen, deren Mittelpunkte sich mit der Strömung verschieben. Relativ zum ruhenden Raum ist die Ausbreitungsgeschwindigkeit in Strömungsrichtung $(a+w)$, entgegen der Strömungsrichtung $(a-w)$.

Ist $w < a$ (Unterschallströmung), dann breiten sich irgendwelche von einer Störungsstelle ausgehenden Druckwellen über den ganzen Raum aus und gleichen sich innerhalb der Strömung rasch aus.

Ist $w > a$ (Überschallströmung), dann pflanzen sich solche Druckwellen im Raum auf der Oberfläche eines Kegels aus, der übrige Raum bleibt unberührt. Das Verhältnis w/a bezeichnet man als MACH*sche Zahl*, den Kegelwinkel des Ausbreitungswinkels $\alpha = \arcsin a/w$ als den MACH*schen Winkel*. Aus durch Meßverfahren bestimmten Winkeln α kann man sofort die zugehörige Strömungsgeschwindigkeit w bestimmen.

4. Verdichtungsstoß.

Für jeden Strömungsquerschnitt sind zwei Strömungsarten möglich, eine unterkritische und eine überkritische Strömung (siehe z. B. die LAVAL-Düse). Ein *unstetiger Übergang* von der einen in die andere Strömungsart ist nach dem Kontinuitätsgesetz möglich. Nach dem zweiten Hauptsatz der Wärmelehre ist ein solcher unstetiger Übergang, der unter Verlusten mechanischer Energie und unter Umwandlung dieser Energie in Wärme erfolgt, nur in einer Richtung möglich, und zwar in der Richtung von Überschall auf Unterschall. Diesen unstetigen irreversiblen Übergang bezeichnet man als *Verdichtungsstoß*. Liegt dabei die Stoßebene senkrecht zur Strömungsrichtung, so erhält man einen *senkrechten Verdichtungsstoß*. Die Beziehung für die Geschwindigkeiten w_1 und w_2 vor und hinter einem solchen Verdichtungsstoß lautet

$$w_1 w_2 = a_k^2. \qquad (43)$$

Hierbei ist a_k die kritische Schallgeschwindigkeit, das ist die Schallgeschwindigkeit des strömenden Gases bei der dabei herrschenden Temperatur.

Erfährt eine Überschallströmung durch ein Hindernis eine Richtungsänderung, so erhält man einen *schrägen Verdichtungsstoß*. Hierbei gilt für die Geschwindigkeitskomponenten w_1' und w_2' senkrecht zur Stoßfläche die Beziehung Gl. (43) für den senkrechten Verdichtungsstoß

$$w_1' w_2' = a_k^2, \qquad (44)$$

während die Geschwindigkeitskomponenten parallel zur Stoßfläche unverändert bleiben.

Mit einem Verdichtungsstoß sind außer den vorerwähnten Verlusten noch andere Energieverluste (Ablösung der Grenzschicht, instabile Vorgänge) verbunden [25].

5. Strömungsgeschwindigkeiten in Schallgeschwindigkeitsnähe.

Das Verhalten von Unterschall- und Überschallströmungen ist nach vorstehendem sehr verschieden. Bei Strömungen in der Nähe der Schallgeschwindigkeit treten eine Reihe Schwierigkeiten auf, die darauf beruhen, daß in Nähe der Schallgeschwindigkeit kleine Änderungen des Querschnitts beträchtliche Änderungen der Geschwindigkeit zur Folge haben und daß bei Annäherung an die Schallgeschwindigkeit der Widerstand ganz beträchtlich ansteigt, oft bis auf ein Vielfaches des sonstigen Widerstandes. Hinzu kommt das Auftreten von Verdichtungsstößen beim Übergang von Überschallgeschwindigkeit in Unterschallgeschwindigkeit in Strömungen mit stellenweise Überschall-, stellenweise Unterschallgeschwindigkeit [24].

Für Strömungsmaschinen ist darum der Bereich schallnaher Geschwindigkeiten möglichst zu vermeiden, da er mit dem Auftreten von Verlusten verbunden ist.

6. Überschalldiffusor.

Ein vollkommener Überschalldiffusor ist theoretisch möglich, wenn Überschallströmung am Diffusoreintritt als hergestellt vorausgesetzt wird. Wenn die Möglichkeit der Herstellung dieser Überschallgeschwindigkeit untersucht wird, findet man, daß dies, ausgehend von niedrigen MACH-Zahlen, nicht möglich ist und daß Überschallströmung in den Diffusor nur erreicht werden kann durch Herabsetzen der Geschwindigkeit von einer weit höheren MACH-Zahl oder durch Änderung der geometrischen Gestalt des Diffusors.

Während der Übergang von Unterschall in Überschall (Düse) immer stetig verläuft, treten beim Übergang von Überschall auf Unterschall (Diffusor) leicht Verdichtungsstöße auf, die mit Ablösung der Strömung verbunden sind. Infolgedessen kann ein vollkommener Überschalldiffusor (das ist ein solcher, in dem adiabatische Verdichtung auftritt) praktisch nicht verwirklicht werden.

Überschalldiffusoren verschiedener geometrischer Gestalt wurden bei verschiedenen MACH-Zahlen von NEUMANN und LUSTWERK untersucht [26, 27]. Die besten Wirkungsgrade unter den untersuchten Formen erbrachte eine Bauart mit anfangs abnehmendem, anschließend auf eine gewisse Strecke konstantem und schließlich stetig zunehmendem Querschnitt, wobei der Querschnitt kreisförmig war. Der gesamte Öffnungswinkel des sich erweiternden Teiles des Diffusors betrug hierbei 6°, der gesamte Verengungswinkel des sich verjüngenden Teiles 15°, das Verhältnis des Austrittsdurchmessers zum Eintrittsdurchmesser des Diffusors 1,8 und das Verhältnis des Durchmessers der engsten Stelle zum Eintrittsdurchmesser 0,907, 0,900 und 0,870. Die Gesamtlänge des Diffusors betrug etwa das 17,5 bis 19fache und die des zylindrischen Innenstückes etwa das 10,5fache des Eintrittsdurchmessers des Diffusors.

In Abhängigkeit von der MACH-Zahl Ma ergaben sich für diese Bauart Diffusorwirkungsgrade η

Ma	η
2,16	0,775
2,32	0,750
2,99	0,620

C. Einstufige Kreiselgebläse. [28]

I. Energieumwandlung im einstufigen Kreiselgebläse.

a) Reibungsfreie volumenbeständige Strömung.

1. Einleitung.

Die dem Laufrad eines Kreiselgebläses von außen zugeführte Arbeit wird in den Laufschaufeln teils in kinetische, teils in potentielle Energie des zu verdichtenden Mittels (Luft, Gas, Dampf) umgewandelt. In den den Laufschaufeln nachgeschalteten Leitvorrichtungen (Leitschaufeln, Diffusoren, Spiralen u. dgl.) erfolgt eine weitere Umwandlung kinetischer in potentielle Energie.

Wird in den Laufschaufeln bei gleichem Druck nur Geschwindigkeitsenergie erzeugt, während in den Leitvorrichtungen die Umwandlung der kinetischen in potentielle Energie erfolgt, so spricht man von Gleichdruckrädern. Wird hingegen im Laufrad die eingeleitete mechanische Arbeit teilweise in potentielle Energie umgewandelt, so daß der Druck am Laufradaustritt größer ist als am Laufradeintritt, so spricht man von Überdruckrädern.

Durchströmt das zu verdichtende Mittel das Laufrad in axialer Richtung, dann liegt axiale Bauart vor. Hierbei ist die Umfangsgeschwindigkeit am Eintritt gleich der Umfangsgeschwindigkeit am Austritt des Laufrades. Erfolgt jedoch die Strömung im Laufrad in radialer Richtung, dann spricht man von Laufrädern radialer Bauart. Hierbei sind die Umfangsgeschwindigkeiten am Eintritt und Austritt des Laufrades verschieden. Im folgenden werden nur Gebläse und Verdichter radialer Bauart behandelt.

2. Definition der Förderhöhe.

Bei der Förderung wird der Energieinhalt des geförderten Mittels durch Aufwendung äußerer Arbeit erhöht. Die Zunahme des Energieinhaltes einer Gewichtseinheit des Fördermittels bezeichnet man als Förderhöhe H (Dimension mkg/kg oder m). Die Förderhöhe läßt sich mit den Bezeichnungen von Abb. 14 nach BERNOULLI schreiben

$$H = h_p + \frac{c_D^2 - c_S^2}{2g} + z \quad \text{mkg/kg oder m,} \qquad (1)$$

wobei h_p = Druckhöhe = verlustlose Arbeit zur Erhöhung des Druckes von

$$p_S \text{ auf } p_D = \int_S^D v \, dP \quad \text{mkg/kg}$$

$$\frac{c_D^2 - c_S^2}{2g} = \text{Geschwindigkeitshöhe} \quad \text{m}$$

z = Höhenunterschied der Meßstellen S und D m.

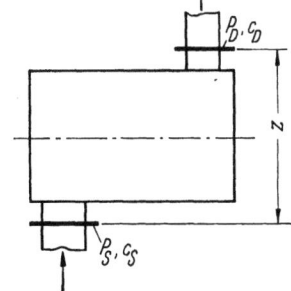

Abb. 14. Förderung im Gebläse.

Bei Förderung von Gasen und Dämpfen ist der Höhenunterschied z im allgemeinen vernachlässigbar, so daß

$$H = h_p + \frac{c_D^2 - c_S^2}{2g} \quad \text{mkg/kg oder m.} \qquad (1\,\text{a})$$

Sind außerdem die Unterschiede in den Strömungsgeschwindigkeiten c_D und c_S gleich null oder vernachlässigbar klein, so ist die Förderhöhe H gleich der Druckhöhe h_p

$$H = h_p = \int_S^D v \, dP \quad \text{mkg/kg oder m.} \qquad (1\,\text{b})$$

Sind die Druckunterschiede $(P_D - P_S)$ klein, so daß die Änderungen des spezifischen Volumens vernachlässigt werden können, so ist

$$h_p = v(P_D - P_S) = \frac{1}{\gamma}(P_D - P_S) \qquad (1\,c)$$

(wie bei Flüssigkeiten).

Bei Verdichtung vom Druck P_S auf den Druck P_D ohne Kühlung ist der verlustlose Vorgang die adiabatische Verdichtung und

$$h_p = \int_S^D v\,dP = h_{ad} = v_S P_S^{1/\varkappa} \int_S^D \frac{dP}{P^{1/\varkappa}} = \frac{\varkappa}{\varkappa-1} P_S v_S \left[\left(\frac{P_D}{P_S}\right)^{\frac{\varkappa-1}{\varkappa}} - 1\right] \quad \text{mkg/kg}. \qquad (2)$$

Erfolgt die Verdichtung vom Druck P_S auf den Druck P_D unter Wärmeabfuhr durch Kühlung, so ist die verlustlose Zustandsänderung (unter Zugrundelegung einer vollkommenen Kühlung während der Verdichtung bis auf die Ausgangstemperatur) die isothermische Verdichtung und

$$h_p = \int_S^D v\,dP = h_{is} = P_S v_S \ln \frac{p_D}{p_S} \quad \text{mkg/kg}. \qquad (3)$$

3. Theoretische Förderhöhe.

Das zu verdichtende Mittel (Luft, Gas, Dampf ...) werde dem Laufrad innen zugeführt. Es werde zunächst volumenbeständige und reibungsfreie Strömung vorausgesetzt. Das Laufrad sei mit einer unendlich großen Zahl von Schaufeln unendlich kleiner Blechstärke versehen. Es ent-

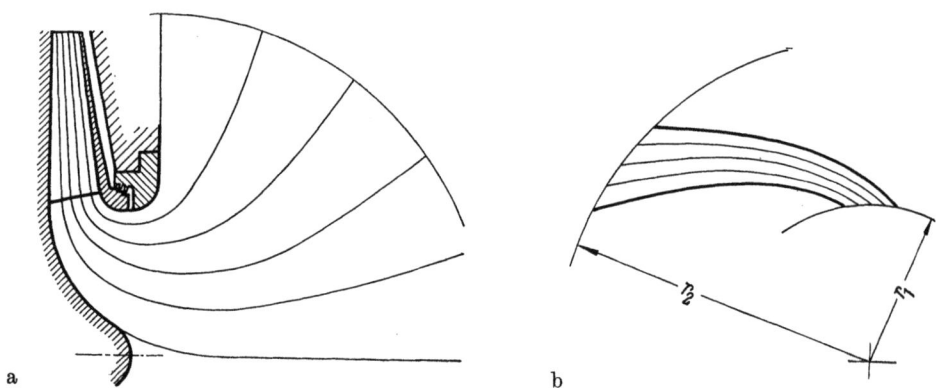

Abb. 15. Verlauf der Stromfäden im Laufradkanal nach der Stromfadentheorie.
a längs der Wellenachse geschnitten; b senkrecht zur Wellenachse geschnitten.

stehen hierdurch eine große Zahl schmaler Kanäle, die beim Umlaufen des Rades von innen nach außen von dem Fördermittel durchströmt werden. Die Stromlinien des Gases fallen unter dieser Voraussetzung zusammen mit der Form der Schaufeln (Abb. 15). Der Eintritt in die Beschaufelung des Laufrades liege auf dem Radius r_1, der Austritt aus dem Laufrad auf dem Radius r_2. Das Laufrad laufe mit der Drehzahl n U/min um. Die Umfangsgeschwindigkeit am Eintritt beträgt dann

$$u_1 = r_1 \omega = r_1 \frac{\pi n}{30}, \qquad (4)$$

die Umfangsgeschwindigkeit am Austritt

$$u_2 = r_2 \omega = r_2 \frac{\pi n}{30}. \qquad (5)$$

Ein mit den Stromlinien mitbewegtes Teilchen hat relativ zum umlaufenden Kanal an einem beliebigen Punkt im Abstand r von der Drehachse die Relativgeschwindigkeit w, während am Eintritt des Kanals die Relativgeschwindigkeit w_1 und am Austritt die Relativgeschwindigkeit w_2 herrschen. Durch geometrische Addition der jeweiligen Umfangsgeschwindigkeit u und der zugehörigen Relativgeschwindigkeit w erhält man die zugehörige Absolutgeschwindigkeit c (Abb. 16). Durch den Winkel β_1 bzw. β_2 der Schaufel gegen die jeweilige Tangente an dem Umfang ist die Richtung von w_1 und w_2 bestimmt. Es sei — wie gesagt — vollkommen reibungsfreie Strömung vorausgesetzt. Der Eintritt in die Beschaufelung erfolge stoßfrei, d. h. tangential zur Schaufelrichtung.

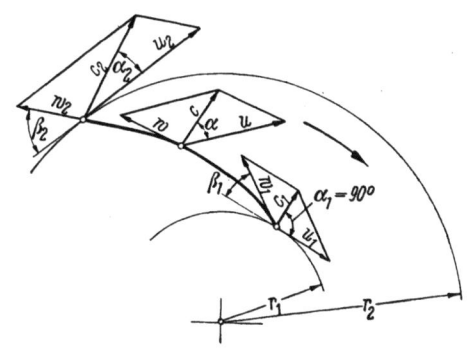

Abb. 16.
Die Geschwindigkeitsverhältnisse längs des Laufradkanals.

Nach dem Impulssatz muß der Zuwachs des Impulsmomentes auf dem Weg zwischen Laufradein- und -austritt gleich dem von außen in das Laufrad eingeleiteten Drehmoment M sein. Für einen Durchfluß von G kg ist daher das eingeleitete Drehmoment

$$M = \frac{G}{g}(c_2 \cos \alpha_2 r_2 - c_1 \cos \alpha_1 r_1) \quad \text{mkg}. \tag{6}$$

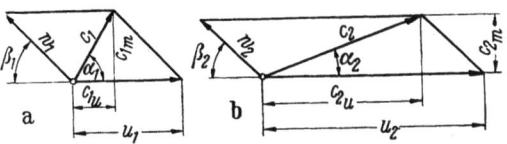

Abb. 17. Geschwindigkeitsplan für Eintritt (a) und Austritt (b).

Die übertragene Leistung ist dann

$$N = \frac{G}{g}(u_2 c_{2u} - u_1 c_{1u}) \quad \text{mkg/s}, \tag{7}$$

wobei

$$\left.\begin{array}{r} r_2 \omega = u_2 \\ r_1 \omega = u_1 \end{array}\right\} \tag{8}$$

und die in tangentiale Richtung fallenden Komponenten (Abb. 17)

$$\left.\begin{array}{r} c_1 \cos \alpha_1 = c_{1u} \\ c_2 \cos \alpha_2 = c_{2u} \end{array}\right\} \tag{9}$$

gesetzt sind.

Die auf 1 kg/s übertragene Leistung folgt aus (7)

$$L_{12} = \frac{1}{g}(u_2 c_{2u} - u_1 c_{1u}) \quad \frac{\text{mkg/s}}{\text{kg/s}} \text{ oder } \frac{\text{mkg}}{\text{kg}} \text{ oder m}.$$

Man bezeichnet sie auch als die theoretische Förderhöhe

$$H_{\text{th}\infty} = \frac{1}{g}(u_2 c_{2u} - u_1 c_{1u}) \quad \text{mkg/kg oder m}. \tag{10}$$

Hierbei kennzeichnet Index ∞ die vorausgesetzte unendliche Schaufelzahl. Diese bereits von EULER angegebene Gleichung nennt man die Hauptgleichung.

Diese Gleichung kann man durch einfache Umrechnung auch in anderer Form schreiben. Es ist nach den Geschwindigkeitsdiagrammen

$$w_1^2 = c_1^2 + u_1^2 - 2 c_1 u_1 \cos \alpha_1 = c_1^2 + u_1^2 - 2 c_{1u} u_1,$$

$$w_2^2 = c_2^2 + u_2^2 - 2 c_2 u_2 \cos \alpha_2 = c_2^2 + u_2^2 - 2 c_{2u} u_2$$

oder

$$u_1 c_{1u} = \frac{1}{2}(u_1^2 + c_1^2 - w_1^2),$$

$$u_2 c_{2u} = \frac{1}{2}(u_2^2 + c_2^2 - w_2^2).$$

Hiermit erhält Gl. (10) folgende Form:

$$H_{th_\infty} = \frac{1}{2g}[(u_2^2 - u_1^2) + (w_1^2 - w_2^2) + (c_2^2 - c_1^2)] \quad [\text{m}]. \tag{11}$$

Diese Gleichung läßt sich in folgender Weise deuten:

Würde der Strömungskanal beiderseitig am Eintritt und am Austritt abgeschlossen sein, so würde man zwischen *1* und *2* eine Zunahme der Druckhöhe erhalten:

$$(u_2^2 - u_1^2)/2g. \tag{12}$$

Das Ergebnis bleibt das gleiche, wenn das Gas relativ zum Kanal strömt, solange der Kanalquerschnitt gleich ist. Meist vergrößert sich dieser auf dem Wege vom Eintritt zum Austritt, so daß die Relativgeschwindigkeit von w_1 auf w_2 abnimmt und eine Umsetzung von Geschwindigkeit in Druck stattfindet.

Die Zunahme der Druckhöhe bei verlustloser Umsetzung beträgt

$$(w_1^2 - w_2^2)/2g.$$

Die im Laufrad erzeugte statische Förderhöhe H_{stat}, auch *Spaltüberdruck* genannt, ist dann

$$H_{\text{stat}_\infty} = \frac{u_2^2 - u_1^2}{2g} + \frac{w_1^2 - w_2^2}{2g}. \tag{13}$$

Das Gas tritt mit der Absolutgeschwindigkeit c_1 in das Laufrad ein und mit der Absolutgeschwindigkeit c_2, die größer ist als c_1, aus dem Laufrad aus. Es wäre daher in den dem Laufrad nachgeschalteten Leitvorrichtungen bei verlustfreier Umsetzung möglich, theoretisch an Druckhöhe zu gewinnen:

$$H_{\text{dyn}_\infty} = (c_2^2 - c_1^2)/2g, \tag{14}$$

so daß die gesamte theoretische Förderhöhe wird $H_{th_\infty} = H_{\text{stat}_\infty} + H_{\text{dyn}_\infty}$

$$H_{th_\infty} = \frac{u_2^2 - u_1^2}{2g} + \frac{w_1^2 - w_2^2}{2g} + \frac{c_2^2 - c_1^2}{2g}.$$

4. Einfluß des Schaufelwinkels auf die theoretische Förderhöhe.

Die theoretische Förderhöhe hängt nach Gl. (10) vor allem von der Umfangsgeschwindigkeit und dem Schaufelwinkel ab. Für radialen Eintritt ($c_{1_u} = 0$), der häufig vorliegt, vereinfacht sich Gl. (10):

$$H_{th_\infty} = \frac{1}{g} u_2 c_{2_u} \quad [\text{m}]. \tag{15}$$

Nach Abb. 4, S. 10, ist

$$c_{2_u} = c_2 \cos \alpha_2 = u_2 \frac{\sin \beta_2 \cos \alpha_2}{\sin(\alpha_2 + \beta_2)} = u_2 \frac{\operatorname{tg} \beta_2}{\operatorname{tg} \alpha_2 + \operatorname{tg} \beta_2} = \tau u_2 \quad [\text{m/s}] \tag{16}$$

und

$$H_{th_\infty} = \frac{1}{g} u_2^2 \tau = \frac{u_2^2}{k_{th_\infty}}, \tag{17}$$

wobei

$$\tau = \frac{\operatorname{tg} \beta_2}{\operatorname{tg} \alpha_2 + \operatorname{tg} \beta_2} \tag{18}$$

$$k_{th_\infty} = g/\tau_\infty \quad [\text{m/s}^2]. \tag{19}$$

Der Schaufelaustrittswinkel β_2 kann schwanken in den Grenzen zwischen 0° und 180°. Es bedeuten:

$0° < \beta_2 < 90$ gegen die Drehrichtung rückwärtsgekrümmte Schaufel,

$\beta_2 = 90°$ Schaufel mit radialem Austritt,

$90° < \beta_2 < 180°$ gegen die Drehrichtung vorwärtsgekrümmte Schaufel.

Abb. 18 zeigt die Darstellung der Größe τ als Funktion von α_2 und β_2 für α_2 und β_2 im Bereich von 0° bis 90°.

An Stelle der nicht dimensionslosen Kenngröße k [Gl. (17), (19)] benutzt man auch häufig die dimensionslose Kennzahl (Druckzahl)

$$\psi = \frac{H}{u_2^2/2g} = \frac{\Delta P}{\frac{\gamma}{2g}u_2^2}. \qquad (20)$$

Es ist dann mit Gl. (15) und (19)

$$\psi_{\mathrm{th}_\infty} = \frac{H_{\mathrm{th}_\infty}}{u_2^2/2g} = \frac{2c_{2u}}{u_2} = 2\tau = \frac{2g}{k_{\mathrm{th}_\infty}}. \qquad (21)$$

Im Wärmemaß lautet Gl. (11)

$$h_{u_\infty} = \frac{A}{2g}\left\{(u_2^2 - u_1^2) + (w_1^2 - w_2^2) + (c_2^2 - c_1^2)\right\} \left[\mathrm{m}\frac{\mathrm{kcal}}{\mathrm{m\,kg}}\right]. \qquad (22)$$

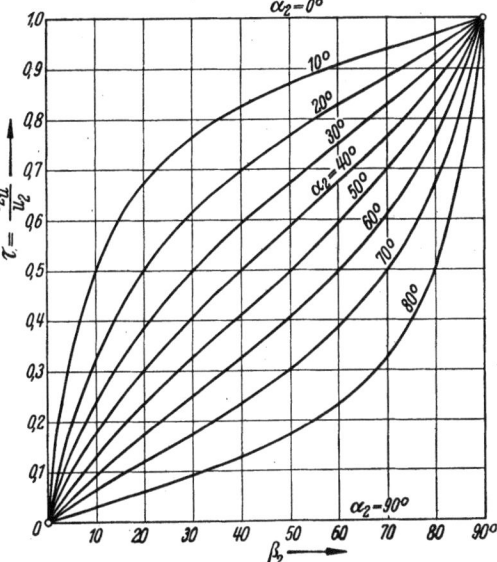

Abb. 18. Abhängigkeit der dimensionslosen Kennzahl $\tau = \frac{c_{2u}}{u_2}$ (Druckzahl) von den Winkeln α_2 und β_2 des Austrittsdreiecks.

h_{u_∞} kann man als das Gesamtgefälle kcal/kg des Rades bezeichnen, welches sich zusammensetzt aus dem Laufradgefälle

$$h_{u_{\mathrm{stat}\infty}} = \frac{A}{2g} \cdot \left\{(u_2^2 - u_1^2) + (w_1^2 - w_2^2)\right\} = h'_{u_\infty} \qquad (23)$$

und dem Leitradgefälle

$$h_{u_{\mathrm{dyn}\infty}} = \frac{A}{2g}(c_2^2 - c_1^2) = h''_{u_\infty}, \qquad (24)$$

so daß

$$h_{u_\infty} = h_{u_{\mathrm{stat}\infty}} + h_{u_{\mathrm{dyn}\infty}} = h'_{u_\infty} + h''_{u_\infty}. \qquad (25)$$

5. Reaktionsgrad.

Unter dem Reaktionsgrad eines Gebläses versteht man das Verhältnis des statischen Überdruckes hinter dem Laufrad (Spaltüberdruck) H_{stat} zu der gesamten Förderhöhe H_{ges}:

$$\varepsilon_{\mathrm{th}_\infty} = \frac{H_{\mathrm{stat}_\infty}}{H_{\mathrm{th}_\infty}}. \qquad (26)$$

Nach Gl. (13) ist

$$H_{\mathrm{stat}_\infty} = \frac{u_2^2 - u_1^2}{2g} + \frac{w_1^2 - w_2^2}{2g};$$

für radialen Eintritt ist $w_1^2 = u_1^2 + c_1^2$, daher

$$H_{\mathrm{stat}_\infty} = \frac{u_2^2 + c_1^2 - w_2^2}{2g}. \qquad (27)$$

Für Laufräder, bei denen $c_{1_m} = c_{2_m}$ ist – eine Bedingung, die im allgemeinen nicht vollkommen zutrifft, die aber durch entsprechende Wahl der Schaufelaustrittsbreite erfüllt werden kann –, läßt sich Gl. (27) weiter vereinfachen, da $c_{1_m} = c_1$ für radialen Eintritt:

$$H_{\mathrm{stat}_\infty} = \frac{u_2^2 + c_{2_m}^2 - w_2^2}{2g} = \frac{u_2^2 - (u_2 - c_{2u})^2}{2g} = \frac{2u_2 c_{2u} - c_{2u}^2}{2g}. \qquad (28)$$

Hiermit nimmt der Reaktionsgrad unter Verwendung der Gl. (26, 28, 15 und 16) folgende Form an:

$$\varepsilon_{th_\infty} = \frac{H_{stat_\infty}}{H_{th_\infty}} = \frac{2u_2 c_{2_u} - c_{2_u}^2}{2u_2 c_{2_u}} = 1 - \frac{c_{2_u}}{2u_2} = 1 - \frac{\tau}{2}, \quad (29)$$

und die Druckzahl [Gl. (21)] wird

$$\psi_{th_\infty} = \frac{H_{th_\infty}}{u_2^2/2g} = \frac{2c_{2_u}}{u_2} = 2\tau$$

$$\psi_{stat_\infty} = \frac{H_{stat}}{u_2^2/2g} = \frac{\left(1-\frac{\tau}{2}\right)\frac{1}{g} u_2 c_{2_u}}{u_2^2/2g} = \frac{\left(1-\frac{\tau}{2}\right)\cdot 2 c_{2_u}}{u_2} = 2\tau\left(1-\frac{\tau}{2}\right) = 2\tau - \tau^2. \quad (30)$$

ψ_{th_∞} nimmt mit τ linear zu, während ψ_{stat_∞} nach einer Parabel verläuft, für $\tau = 0$ und $\tau = 2$ den Wert null annimmt und für $\tau = 1$ ein Maximum erreicht (Abb. 19).

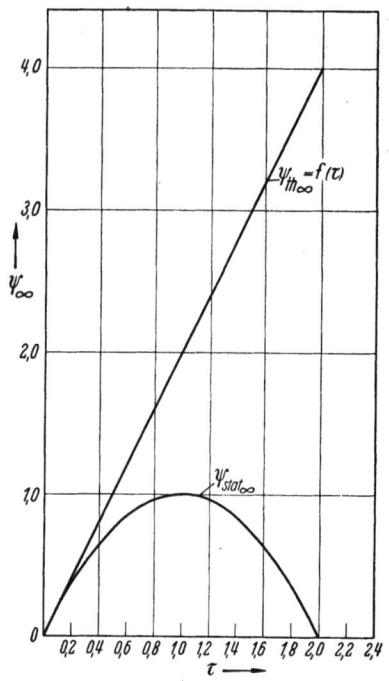

Abb. 19. Abhängigkeit der dimensionslosen Druckzahl ψ_{th_∞} und $\psi_{th\text{-}stat_\infty}$ von der Kennzahl τ.

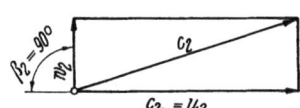

Abb. 20. Austrittsplan bei radialem Schaufelaustrittswinkel β_2; $c_{2_u} = u_2$.

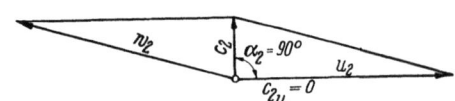

Abb. 21. Austrittsplan bei radial gerichteter Austrittsgeschwindigkeit ($\alpha_2 = 90°$); $c_{2_u} = 0$.

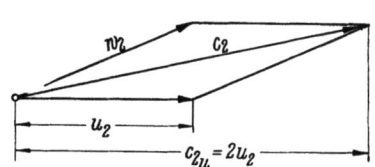

Abb. 22. Austrittsdiagramm bei $c_{2_u} = 2u_2$.

Die statische Förderhöhe erreicht dabei ihren Höchstwert für $\tau = c_{2_u}/u_2 = 1$, d. h. für radialen Austritt $\beta_2 = 90°$ (Abb. 20). Der Reaktionsgrad ist hier $\varepsilon = 0,5$; d. h., 50% der gesamten Förderhöhe finden sich am Laufradaustritt als potentielle Energie und 50% in Form kinetischer Energie.

Für $\tau = 0$ ist $c_{2_u} = 0$; d. h., die absolute Austrittsgeschwindigkeit ist radial zum Umfang gerichtet. Hier ist die Förderhöhe null (Abb. 21).

Für $\tau = 2$ ist $c_{2_u} = 2u_2$ (Abb. 22). Hier ist die Gesamtförderhöhe doppelt so hoch wie bei radialem Schaufelaustritt ($\tau = 1$), jedoch am Laufradaustritt ist die gesamte Energie in Form kinetischer Energie vorhanden.

6. Theoretischer Verlauf der Kennlinie.

Die bisherigen Betrachtungen galten einem einzigen Betriebspunkt des Gebläses. Diesem Punkte gehören ganz bestimmte Geschwindigkeiten am Eintritt und am Austritt des Laufrades zu, so daß das Gebläse hierbei eine theoretische Förderhöhe

$$H_{th_\infty} = \frac{u_2 c_{2_u}}{g}$$

und eine bestimmte Fördermenge liefert:

$$V_{th} = \pi d_1 b_1 c_{1_m}$$
$$\approx \pi d_2 b_2 c_{2_m} \quad \text{(bei kleinen Druckerhöhungen des Gebläses).}$$

Wird bei $u = $ const die Fördermenge geändert und bleiben dabei die zunächst getroffenen Voraussetzungen der Stromfadentheorie bestehen, dann äußert sich diese Änderung der Fördermenge in einer Änderung der relativen Austrittsgeschwindigkeit w_2, während deren Richtung, durch den Schaufelaustrittswinkel gegeben, bestehenbleibt.

Es ist:

$$H_{th_\infty} = \frac{u_2 c_{2_u}}{g} = \frac{u_2^2}{g} - \frac{u_2 c_{2_m}}{g \, \text{tg} \, \beta_2} = \frac{u_2^2}{g} - \frac{u_2 V_{th}}{g \pi d_2 b_2 \, \text{tg} \, \beta_2} = A_1 + A_2 V_{th}, \tag{31}$$

wobei $\quad c_{2_u} = u_2 - \dfrac{c_{2_m}}{\text{tg} \, \beta_2} \quad (32) \qquad\qquad A_1 = \dfrac{u_2^2}{g} \quad (34)$

und $\quad c_{2_m} = \dfrac{V}{\pi d_2 b_2} \quad (33) \qquad\qquad A_2 = -\dfrac{u_2}{g \pi d_2 b_2 \, \text{tg} \, \beta_2}. \quad (35)$

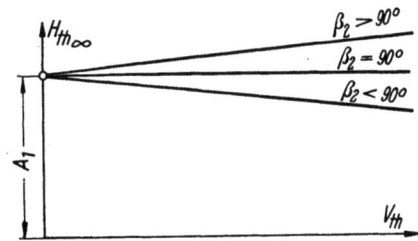
Abb. 23.
Theoretischer Verlauf der Kennlinie (Druck-Volumen-Kurve).

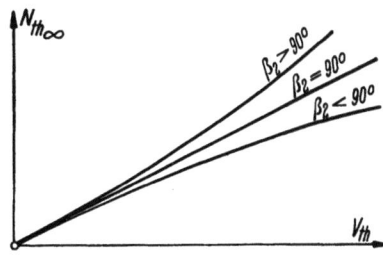
Abb. 24.
Theoretischer Verlauf der Leistungskurve.

Die theoretische Kennlinie, die für $n = $ const die theoretische Förderhöhe in Abhängigkeit von der Fördermenge wiedergibt, ist somit eine Gerade, deren Neigung vom Austrittswinkel β_2 abhängt.

Für $\beta_2 = 90°$ ist nach Gl. (31) $H_{th_\infty} = u_2^2/g = $ const unabhängig von der Fördermenge.

Für $\beta_2 < 90°$ nimmt die Förderhöhe linear mit der Fördermenge ab.

Für $\beta_2 > 90°$ nimmt die Förderhöhe linear mit der Fördermenge zu (Abb. 23).

Die theoretische Leistung, die aufzuwenden ist, beträgt

$$N_{th} = \frac{H_{th_\infty} V_{th} \gamma}{75} = B_1 V + B_2 V^2 \quad \text{(Parabel)}.$$

Für $\beta_2 = 90°$ ist $N_{th} = B_1 V$ (eine durch den Koordinatenanfang gehende Gerade).

$\beta_2 < 90° \quad N_{th} = $ Parabel unterhalb der Geraden,

$\beta_2 > 90° \quad N_{th} = $ Parabel oberhalb der Geraden (Abb. 24).

7. Der Laufradkanal.

Nach der EULERschen Gleichung [Gl. (11)] über die theoretische Förderhöhe eines Laufrades ist die theoretische Förderhöhe lediglich abhängig von den Geschwindigkeitsverhältnissen am Ein- und Austritt des Rades. Irgendwelche Beeinflussungen der Strömung auf dem Weg vom Eintritt bis zum Austritt des Rades kommen in dieser Gleichung nicht zum Ausdruck. Es ist hiernach vollkommen gleichgültig, welche Bahn der Stromfaden auf seinem Weg vom Eintritt zum Austritt durchläuft, wenn nur die Ein- und Austrittswinkel, die in der EULERschen Gleichung enthalten sind, erhaltenbleiben.

Für die wirkliche Förderhöhe eines Laufrades, die sich aus der theoretischen Förderhöhe nach Abzug sämtlicher Verluste ergibt, ist jedoch der Verlauf der Stromfäden auf dem Weg vom

Eintritt zum Austritt des Laufrades keineswegs belanglos. Die Laufradkanäle sind in ihrer allgemeinsten Form Kanäle veränderlichen Querschnitts mit gekrümmter Hauptachse. Für die Beurteilung der Strömungsvorgänge in diesen Kanälen gelten bis zu einem gewissen Grade die auf Grund der Strömungsforschung gewonnenen Erkenntnisse über Strömungen in Kanälen veränderlichen Querschnitts und in gekrümmten Leitungen. Um die Verluste auf dem Weg vom Eintritt zum Austritt zum Erzielen einer großen Förderhöhe und eines guten Wirkungsgrades möglichst niedrig zu halten, muß man daher eine Reihe von Punkten beachten:

1. Plötzliche Richtungsänderungen der Strömung sind zu vermeiden. Die Neigung der Hauptachse des Kanals darf also nur stetig geändert werden, dabei sind möglichst große Krümmungshalbmesser anzustreben.

2. Plötzliche Querschnittsveränderungen sind zu vermeiden. Es handelt sich bei diesen Kanalströmungen um in Richtung des Austritts verzögerte Strömungen (Diffusorströmungen). Wie die Untersuchungen an Diffusoren gezeigt haben, erfordern diese Diffusorströmungen eine ganz besondere Beachtung. Der Wirkungsgrad der Druckumsetzung ist vom Erweiterungswinkel in hohem Maße abhängig. Das Auftreten des Ablösens der Strömung, das vermieden werden muß, steht in Abhängigkeit vom Erweiterungswinkel, vom Querschnittsverhältnis zwischen Ein- und Austritt, von der REYNOLDSschen Zahl und von der Rauhigkeit der Oberfläche. Der Laufradkanal muß daher auf dem Weg vom Eintritt zum Austritt hin ganz stetig erweitert werden, wobei der halbe Erweiterungswinkel, bezogen auf den Kreisquerschnitt, möglichst nicht über 4° zu wählen ist.

3. Die Oberflächenbeschaffenheit des Kanals, in dem hohe Strömungsgeschwindigkeiten herrschen, muß möglichst so gewählt werden, daß die Wand als hydraulisch glatt bezeichnet werden kann.

Abb. 25 gibt einige praktisch in Anwendung kommende Kanalformen mit

a gerader Radialschaufel,
b gerader Rückwärtsschaufel,
c rückwärtsgekrümmter Schaufel.
d zeigt die Abwickung dieser 3 Schaufelkanäle.

Die Strömungsvorgänge in ruhenden Kanälen lassen sich jedoch nicht vollständig auf rotierende Kanäle übertragen wegen des Auftretens zusätzlicher Kräfte.

8. Strömung in umlaufenden Kanälen.

α) Relativbewegung bei Drehung des Bezugssystems.

Die Bewegung eines Massenteilchens bei der Drehbewegung des Laufrades um seine Drehachse ist eine Relativbewegung bei Drehung des Bezugssystems.

Zur Zeit τ habe die relative Bahn eines Teilchens (Stromfaden längs der Schaufel) die Lage *I*. Nach der Zeit $d\tau$ hat sich OA (Abb. 26) um den Winkel $d\varphi$ um die Achse O gedreht und nimmt die Lage OM ein, während die relative Bahn aus der Lage *I* in die Lage *III* gelangt ist. Die Drehbewegung um die Achse O mit Winkelgeschwindigkeit ω können wir ersetzen durch eine Verschiebung der relativen Bahn aus der Lage *I* in eine Zwischenlage *II* mit der Geschwindigkeit $u = r\omega$ und durch eine mit gleicher Winkelgeschwindigkeit ω verlaufende Drehbewegung um die zu O parallele Drehachse M im Abstand r von O in die Endlage *III* [*29* u. *30*].

Ist w (in Abb. 27) die relative Geschwindigkeit eines betrachteten Massenteilchens dm längs der relativen Bahn *I*,

$u = r\omega$ die Verschiebegeschwindigkeit,

c die absolute (resultierende) Geschwindigkeit des Massenteilchens dm,

so würde das Teilchen dm in der Zeit $d\tau$ auf Grund des Trägheitsgesetzes unter alleiniger Wirkung von w den Weg $\overline{AB}$ in Richtung w, unter alleiniger Wirkung von u den Weg $\overline{AC}$ in Richtung u, unter gleichzeitiger Wirkung von w und u den absoluten Weg $\overline{AD} = c\,d\tau = w\,d\tau \mapsto u\,d\tau$ zurücklegen[1] (Abb. 27). Das Teilchen dm bewegt sich aber in der Zeit $d\tau$ tatsächlich relativ zur Schaufel von A nach E und bei obiger Zerlegung der Bewegung infolge der Verschiebung mit der Ge-

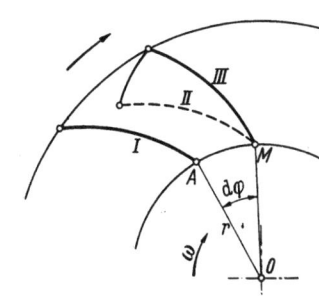

Abb. 26.
Änderung der Lage eines Stromfadens in der Zeit $d\tau$.

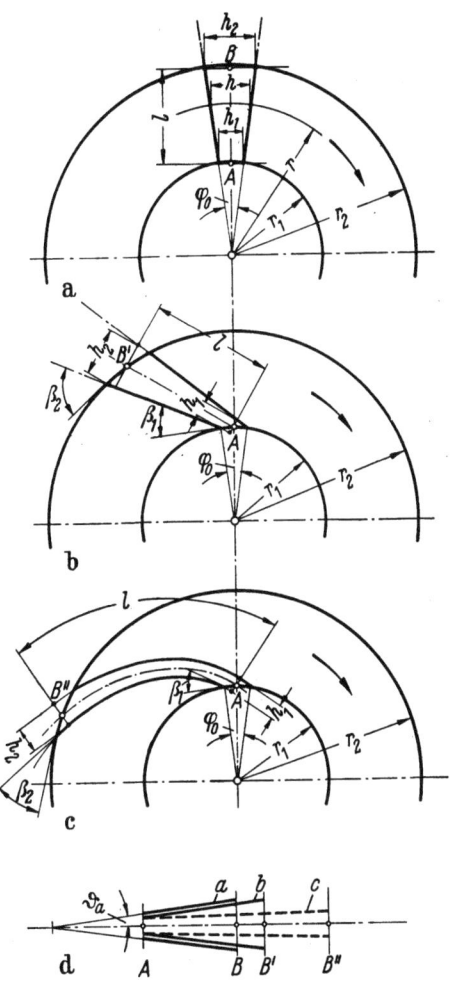

Abb. 25. Verschiedene Kanalformen von Laufrädern.
a Radialer Kanal.   b Schräger gerader Kanal.
c Schräger gekrümmter Kanal.
d Abwicklung der Kanäle a, b und c.

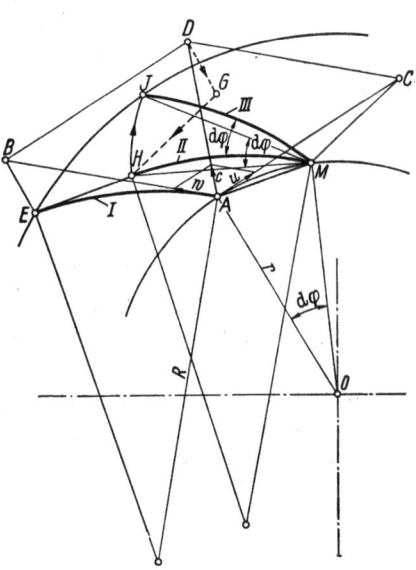

Abb. 27. Zerlegung der in der Zeit $d\tau$ zurückgelegten Strecke eines Massenteilchens in die Trägheitswege und Beschleunigungswege.

schwindigkeit u von E nach H auf Lage II und schließlich infolge der Drehung um M von H nach J auf Endlage III.

Die Endlage J kann man sich erreicht denken durch Zurücklegen der Trägheitswege $\overline{AB}$ und $\overline{AC}$ und der Beschleunigungswege $\overline{BE} = \overline{DG}$, $\overline{CM} = \overline{GH}$ und $\overline{HJ}$. Der gesamte Beschleunigungsweg ist dabei

$$\overline{DJ} = \overline{DG} \mapsto \overline{GH} \mapsto \overline{HJ}$$

oder

$$b_{\mathrm{abs}}\frac{d\tau^2}{2} = b_{\mathrm{rel}}\frac{d\tau^2}{2} \mapsto b_f\frac{d\tau^2}{2} \mapsto b_z\frac{d\tau^2}{2}.$$

Die gesamte Beschleunigung, die ein Massenteilchen erfährt, setzt sich somit aus drei Teilen zusammen:

$$b_{\mathrm{abs}} = b_{\mathrm{rel}} \mapsto b_f \mapsto b_z. \tag{36}$$

---

[1] Das Zeichen $\mapsto$ ist für vektorielle Addition gebraucht.

Hierbei ist
$$b_{\text{rel}} = \frac{dw}{d\tau} \mapsto \frac{w^2}{R} \tag{37}$$

die relative Beschleunigung entsprechend der Relativbewegung in der Zeit $d\tau$ ($dw/d\tau$ in Richtung von w, w^2/R normal zu w),

$$b_f = r\omega^2 \mapsto \frac{r\,d\omega}{d\tau} = r\omega^2 \mapsto r\varepsilon \tag{38}$$

die Beschleunigung des Punktes, der augenblicklich mit dem bewegten Massenteilchen zusammenfällt ($r\omega^2$ normal zu u, $r\,d\omega/d\tau$ in Richtung u),

$$b_z = 2w\omega \sin\alpha \quad \text{(normal zur relativen Bahn)} \tag{39}$$

die Zusatzbeschleunigung (Coriolisbeschleunigung), wobei

r = Abstand des bewegten Punktes von der Drehachse,
R = Krümmungshalbmesser der relativen Bahn,
ω = Winkelgeschwindigkeit
$\varepsilon = d\omega/d\tau$ = Winkelbeschleunigung $\Big\}$ um die Drehachse,
w = Relativgeschwindigkeit des betrachteten Massenteilchens,
α = Winkel, den die relative Bahn im betrachteten Zeitelement mit der Drehachse bildet, d. h. Winkel zwischen Relativgeschwindigkeit w und Drehachse.

Für $\alpha = 90°$ (ebener Kanal) wird
$$b_z = 2w\omega; \tag{40}$$
b_z hat die Richtung von H nach J.

Den verschiedenen Beschleunigungen entsprechen Massenkräfte dP, die den Beschleunigungen entgegengerichtet sind:

$$d\mathfrak{P}_{\text{Res}} = dm\, b_{\text{abs}} = dm\, b_{\text{rel}} \mapsto dm\, b_f \mapsto dm\, b_z = d\mathfrak{P}_{\text{rel}} \mapsto dE_1 \mapsto dE_2. \tag{41}$$

Die Kraft $dE_1 = dm\, b_f$ bezeichnet man als erste Ergänzungskraft, die Kraft $dE_2 = dm\, b_z$ als zweite Ergänzungskraft.

Diese beiden Ergänzungskräfte sind keine wirklichen Kräfte. Sie werden nur hinzugefügt, um von der Drehbewegung des Bezugsraumes absehen zu können. Nachdem sie angebracht sind, kann man so verfahren, als ob der Bezugsraum stillstände.

Die erste Ergänzungskraft ist nach vorstehenden Gleichungen

$$dE_1 = dm\, b_f = dm\left(r\omega^2 \mapsto r\frac{d\omega}{d\tau}\right). \tag{42}$$

Im Falle gleichförmiger Drehbewegung ($\omega = \text{const}$) ist

$$dE_1 = dm\, r\omega^2. \tag{43}$$

Die zweite Ergänzungskraft ist

$$dE_2 = dm\, b_z = 2\,dm\, w\omega \sin\alpha \tag{44}$$

und im Falle eines ebenen Kanals ($\alpha = 90°$)

$$dE_2 = 2\,dm\, w\omega. \tag{45}$$

β) *Druckverlauf in gleichförmig umlaufenden Kanälen.*

Es sei ein langer schmaler Kanal vorausgesetzt, der von dem strömenden Gas völlig ausgefüllt ist. Der Kanal sei eben und habe die konstante Breite b. Die Änderung des spez. Gewichtes des strömenden Gases unter dem Einfluß des Druckes werde vernachlässigt. Auf ein Massenteilchen im Abstand r von der Drehachse,

$$dm = \frac{\gamma}{g}\, ds\, dn\, b, \tag{46}$$

dessen Längenabmessungen b, dn und ds sind, wirken folgende Kräfte, wenn man, wie vorstehend ausgeführt, den Einfluß der Drehbewegung ersetzt durch Anbringen von Ergänzungskräften, so daß der Bezugsraum als stillstehend angesehen werden kann:

I. Relative Beschleunigungskräfte entsprechend der Relativbewegung

1.
$$d\mathfrak{P}_{rel_1} = dm \frac{dw}{d\tau} \qquad (47)$$

tangential gerichtet der Relativgeschwindigkeit w, entgegengesetzt gerichtet $dw/d\tau$.

2.
$$d\mathfrak{P}_{rel_2} = dm \frac{w^2}{R} \qquad (48)$$

normal zu w (R = Krümmungshalbmesser der Schaufel).

II. Erste Ergänzungskräfte.

3.
$$dE_{1_r} = dm\, r\, \omega^2 \qquad (49)$$

normal zu u.

4.
$$dE_{1_t} = dm\, r\, d\omega/d\tau \qquad (50)$$

in Richtung u (für ω = const ist $dE_{1_t} = 0$).

III. Zweite Ergänzungskraft.

5.
$$dE_2 = 2dm\, w\, \omega \quad (\alpha = 90°) \qquad (51)$$

normal zu w; in Richtung von H nach J (Abb. 27).

IV. Der Druckänderung entsprechende Oberflächenkräfte.

6.
$$dO_t = \frac{\partial P}{\partial s} ds\, dn\, b \qquad (52)$$

tangential zur Schaufel, entgegengesetzt gerichtet zu w.

7.
$$dO_n = \frac{\partial P}{\partial n} dn\, ds\, b \qquad (53)$$

normal gerichtet zur Schaufel und zu w.

In Abb. 28 sind alle diese Kräfte am Massenteilchen dm angebracht.

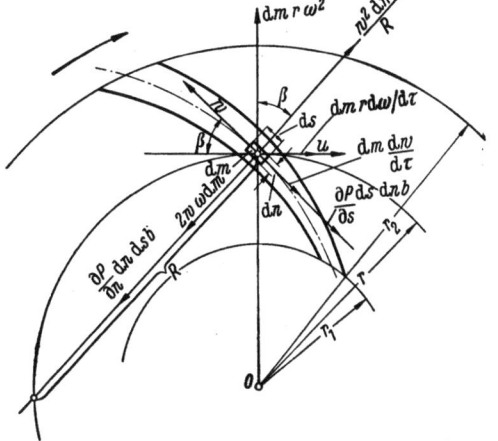

Abb. 28.
An einem Massenteilchen dm wirksame Kräfte.

1. Kräfte senkrecht zur Strömungsrichtung. Die Gleichgewichtsbedingung für die Kräfte (Abb. 28) senkrecht zur Strömungsrichtung lautet unter Verwendung von Gl. (47 bis 53) für die rückwärtsgekrümmte Schaufel

$$\frac{\partial P}{\partial n} dn\, ds\, b = \frac{dm\, w^2}{R} + dm\, r\, \omega^2 \cos\beta - 2w\omega\, dm, \qquad (54)$$

so daß die Druckänderung senkrecht zur Strömungsrichtung mit Gl. (46)

$$\frac{\partial P}{\partial n} = \frac{\gamma}{g}\left[+\frac{w^2}{R} + r\omega^2 \cos\beta - 2w\omega\right] \qquad (55)$$

wird oder mit $\cos\beta = dr/dn$

$$\frac{\partial P}{\partial n} = \frac{\gamma}{g}\left[+\frac{w^2}{R} + r\omega^2 \frac{dr}{dn} - 2w\omega\right]. \qquad (56)$$

Für die gerade Schaufel ($R = \infty$) ergibt sich

$$\frac{\partial P}{\partial n} = \frac{\gamma}{g}\left[r\omega^2 \cos\beta - 2w\omega\right] \qquad (57)$$

und für die gerade Radialschaufel ($R = \infty$, $\beta = 90°$)

$$\frac{\partial P}{\partial n} = -\frac{\gamma}{g} 2w\omega. \qquad (58)$$

2. Kräfte in Strömungsrichtung. Die Gleichgewichtsbedingung für die Kräfte (Abb. 28) in Strömungsrichtung lautet für die rückwärtsgekrümmte Schaufel

$$\frac{\partial P}{\partial s} ds\, dn\, b + dm \frac{dw}{d\tau} - dm\, r\, \omega^2 \sin\beta = 0, \tag{59}$$

so daß die Druckänderung in Strömungsrichtung

$$\frac{\partial P}{\partial s} = \frac{\gamma}{g}\left[r\,\omega^2 \sin\beta - \frac{dw}{d\tau}\right] \tag{60}$$

wird oder mit

$$\sin\beta = dr/ds \quad \text{und} \quad w = ds/d\tau$$

$$\frac{\partial P}{\partial s} = \frac{\gamma}{g}\left[r\,\omega^2 \frac{dr}{ds} - w \frac{dw}{ds}\right]. \tag{61}$$

Für die gerade Radialschaufel ($\beta = 90°$) ergibt sich

$$\frac{\partial P}{\partial s} = \frac{\gamma}{g}\left[r\,\omega^2 - w \frac{dw}{ds}\right]. \tag{62}$$

Aus den Gleichungen (56) und (61) erhält man durch Differentiieren der ersten Gleichung nach ds und der zweiten nach dn und durch Gleichsetzen

$$\frac{d}{ds}\left(r\,\omega^2 \frac{dr}{dn}\right) - \frac{d}{ds}\left(w \frac{dw}{dn}\right) = \frac{d}{ds}\left(\frac{w^2}{R} + r\,\omega^2 \frac{dr}{dn} - 2w\omega\right)$$

oder

$$2\omega - \frac{dw}{dn} - \frac{w}{R} = 0. \tag{63}$$

Diese Gleichung gibt eine Beziehung zwischen Relativgeschwindigkeit und Krümmungshalbmesser.

Für gerade Schaufeln ($R = \infty$) ist

$$2\omega = dw/dn \quad \text{und} \quad w = w_0 + 2\omega n, \tag{64}$$

das heißt, es ergibt sich bei der geraden Schaufel linear ansteigende Geschwindigkeitsverteilung über den Querschnitt (Abb. 29).

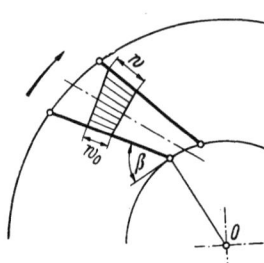

Abb. 29. Theoretische Geschwindigkeitsverteilung innerhalb des Laufradkanals bei gerader Schaufel.

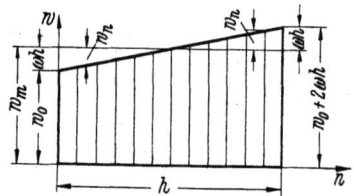

Abb. 30. Zusammensetzung der linearen Geschwindigkeitsverteilung nach Abb. 29 aus einer mittleren Geschwindigkeit w_m und einer überlagerten Geschwindigkeit $w_n = \omega(2n-h)$.

w_0 folgt aus der Durchflußmenge:

$$V = \int_0^n w\, b\, dn = b \int_0^n (w_0 + 2\omega n)\, dn$$

$$= b\, w_0\, n + b\, \omega\, n^2$$

$$w_0 = \frac{V - b\,\omega\, n^2}{b\, n}. \tag{65}$$

Man kann sich die in Abhängigkeit von der Kanalweite n linear veränderliche Geschwindigkeit [Gl. (64)]

$$w = w_0 + 2\omega n$$

zusammengesetzt denken aus einer mittleren, über den ganzen Querschnitt konstanten Geschwindigkeit

$$w_m = \frac{1}{f} \int w\, df = \frac{1}{b\,h} b \int_0^h (w_0 + 2\,\omega\,n)\,dn$$
$$= w_0 + \omega\,h \qquad (64\,\text{a})$$
$(b = \text{Kanalbreite}, h = \text{Kanalweite im Radius } r)$

und einer überlagerten Geschwindigkeit

$$w_n = \omega\,(2\,n - h), \quad (\text{Abb. 30}) \qquad (64\,\text{b})$$

so daß

$$w = w_m + w_n \qquad (64\,\text{c})$$

ist, d. h., es überlagert sich der nach der Stromfadentheorie über den ganzen Querschnitt konstant vorausgesetzten Geschwindigkeit (Abb. 31a) in Wirklichkeit noch eine Drehbewegung entgegen der Drehrichtung des Laufrades (Abb. 31 b). Man bezeichnet diese Drehbewegung als den relativen Kanalwirbel. Diesen kann man sich auch entstanden denken durch Umlauf eines verschlossenen Schaufelkanals, wobei die Förderung des Rades wegfällt. Bei reibungsfreier Strömung zeigt der im Schaufelkanal befindliche Inhalt das Bestreben, seine Lage im Raum bei Umlauf des Rades beizubehalten, d. h. relativ zum Rad sich entgegen dem Drehsinn des Rades mit der Winkelgeschwindigkeit $-\omega$ zu drehen. Bei Förderung des Rades (geöffneter Kanal) überlagert sich also der relative Kanalwirbel der nach der Stromfadentheorie vorausgesetzten gleichmäßigen Strömung von gleicher Geschwindigkeit über den ganzen Querschnitt, und es tritt demzufolge eine Verdichtung der Stromlinien und Stromfäden auf der Schaufelrückseite ein (Abb. 31c). Ähnliche Verhältnisse wie bei der geraden Schaufel stellen sich auch bei der gekrümmten Schaufel ein (Abb. 32a bis c).

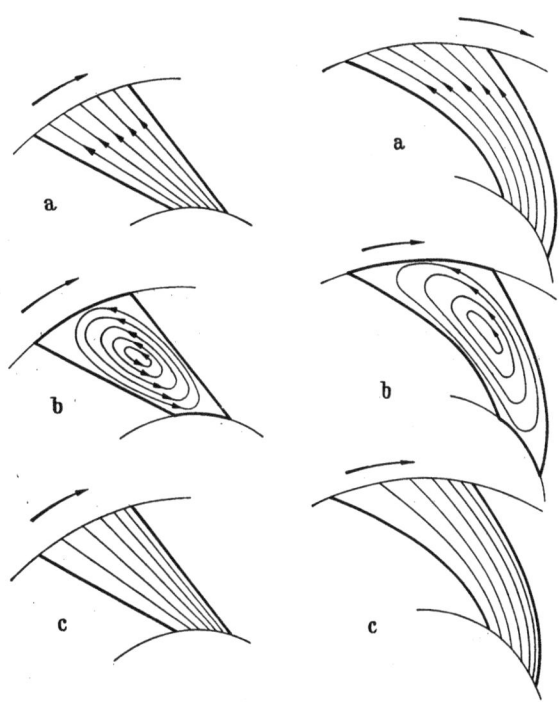

Abb. 31 u. 32. Verlauf der Stromlinien bei gerader und gekrümmter Schaufel: a nach der Stromfadentheorie; b bei abgeschlossenem Kanal (relativer Kanalwirbel); c bei Überlagerung von a und b.

Eine Reihe theoretischer Untersuchungen hat sich mit der Feststellung des Verlaufs der Relativströmung der reibungsfreien Flüssigkeit in umlaufenden Kanälen beschäftigt. Man setzt hierbei die resultierende Strömung, entsprechend Abb. 31 und 32, aus zwei voneinander unabhängigen Einzelströmungen zusammen, der reinen Rotationsströmung (Kanalwirbel) und der Durchflußströmung. Für ein Laufrad mit geraden radialen, bis zum Mittelpunkt reichenden Schaufeln hat KUCHARSKI [31] eine strenge Lösung für die reibungsfreie Strömung angegeben. Für praktisch angewandte Laufradkanäle in rückwärtsgekrümmter Form ist die exakte mathematische Lösung sehr erschwert. SPANNHAKE [32] führte Untersuchungen mit Hilfe der konformen Abbildung durch.

Untersuchungen der reibungsbehafteten Strömung in umlaufenden Kanälen (Absch. CIb, S. 57) haben ergeben, daß der Einfluß der Reibung so entscheidend ist und der Strömungsverlauf so grundlegend beeinflußt wird, daß auf die verfeinerten theoretischen Untersuchungen der reibungsfreien Strömung hier nicht weiter eingegangen werden soll.

γ) *Der Kanal gleichen Querschnittsdruckes.*

Die Druckänderung senkrecht zur Strömungsrichtung in einem ebenen, mit konstanter Winkelgeschwindigkeit ω umlaufenden Kanal ist nach Gl. (55)

$$\frac{\partial P}{\partial n} = \frac{\gamma}{g}\left[\frac{w^2}{R} + r\omega^2 \cos\beta - 2w\omega\right].$$

Die Drücke längs der Kanalweite n sind im allgemeinen verschieden. Diese Druckunterschiede führen zu Unsymmetrie der Strömung, begünstigen das Auftreten von Sekundärströmungen und haben Reibungs- und Wirbelverluste zur Folge. Ein Mittel, diesen Wirkungen entgegenzutreten, ist, die Druckunterschiede längs der Kanalweite durch geeignete Wahl der Schaufelform zum Verschwinden zu bringen [33].

Die Forderung $\partial P/\partial n = 0$ führt auf eine Beziehung für den Krümmungshalbmesser R der Schaufel:

$$R = \frac{w^2}{2w\omega - r\omega^2 \cos\beta} = \frac{w^2}{\omega(2w - r\omega \cos\beta)}. \tag{66}$$

Diese Gleichung gibt eine Beziehung zwischen dem Krümmungshalbmesser R der Schaufel, dem Abstand r des bewegten Punktes von der Drehachse, dem Schaufelwinkel β und der Relativgeschwindigkeit w des betrachteten Massenteilchens. Die Auswertung dieser Gleichung kann durch ein Näherungsverfahren schrittweise erfolgen.

9. Einfluß endlicher Schaufeldicke und endlicher Schaufelzahl.

α) *Einfluß der Schaufeldicke.*

Die bisherigen Betrachtungen galten unter der Voraussetzung unendlich kleiner Schaufeldicke. In Wirklichkeit besitzt aber die Schaufel eine gewisse endliche Dicke, die sich aus Gründen der Festigkeit, der Befestigungsart, der Widerstandsfestigkeit gegenüber Verschleiß und anderen ergibt. Die Dicke der Schaufel hat eine Querschnittsverringerung des zwischen den Schaufeln gebildeten Kanals zur Folge.

Der Verengungsfaktor infolge der Schaufeldicke ist

$$\chi = \frac{f_K}{f_K + f_{\text{Sch}}} = \frac{1}{1 + \frac{s}{n}}. \tag{67}$$

Dabei bedeuten:

$f_{\text{Sch}} = bs$ Schaufelquerschnitt im Halbmesser r
$f_K = bn$ Kanalquerschnitt im Halbmesser r
s Schaufeldicke
n Kanalweite
b Kanalbreite.

Die Kanalweite n ist im allgemeinen veränderlich mit dem Radius. Die Schaufeldicke wird häufig über die ganze Schaufellänge konstant gehalten, kann aber auch veränderlich sein. Der Verengungsfaktor χ [Gl. (67)] ist daher veränderlich mit dem Radius, und zwar nimmt sein Wert im allgemeinen von innen nach außen zu. Demzufolge tritt eine Beeinflussung der Kanalgeschwindigkeiten ein derart, daß unter Einfluß der endlichen Schaufeldicke eine stärkere Abnahme der Relativgeschwindigkeit auf dem Wege durch den Schaufelkanal erfolgt, als sich bei Zugrundelegung unendlich dünner Schaufeln ergibt.

Die endliche Schaufeldicke zieht Querschnitts- und Geschwindigkeitsänderungen am Eintritt und am Austritt gegenüber unendlich dünnen Schaufeln nach sich.

Eintritt: Der Zustand unmittelbar vor Eintritt (unverengt) sei mit Index 1, der verengte Zustand unmittelbar nach Eintritt mit Index 1 und durch einen Stern bezeichnet.

Bedeutet (Abb. 33)

- s_1 Schaufeldicke
- t_1 Schaufelteilung } am Eintritt
- β_1 Schaufelwinkel

c_{1_m} und $c_{1_m}^*$ Meridiankomponenten der Geschwindigkeiten c_1 und c_1^* (Abb. 34)

und ist $r_1 \approx r_1^*$,

und $u_1 \approx u_1^*$,

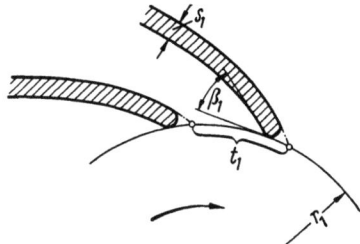

Abb. 33. Die Eintrittsverhältnisse bei Berücksichtigung der Schaufeldicke.

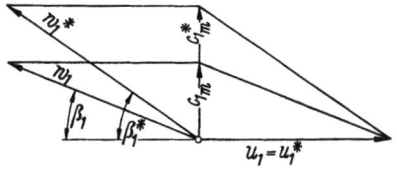

Abb. 34. Die Beeinflussung des Eintrittsplanes durch die Schaufeldicke.

so gilt bei Vernachlässigung der Kontraktion

$$c_{1_m}^* = c_{1_m} \frac{t_1}{t_1 - \frac{s_1}{\sin \beta_1}} = \frac{c_{1_m}}{1 - \frac{s_1}{t_1 \sin \beta_1}}, \tag{68}$$

wobei

$$t_1 = \frac{2 \pi r_1}{z}$$

ist.

Auf dem kleinen Weg 1 bis 1* ergibt sich eine ziemlich plötzliche Geschwindigkeitszunahme, und es empfiehlt sich zur Vermeidung von Verlusten, die Schaufelenden am Eintritt gut abzurunden (Abb. 33). Den Geschwindigkeitsplan für radialen Eintritt zeigt Abb. 34.

Austritt: Am Austritt ergibt sich durch die endliche Schaufeldicke eine Geschwindigkeitsabnahme. Der verengte Zustand vor Austritt sei mit Index 2 und durch einen Stern bezeichnet, der unverengte Zustand unmittelbar nach Austritt durch Index 2.

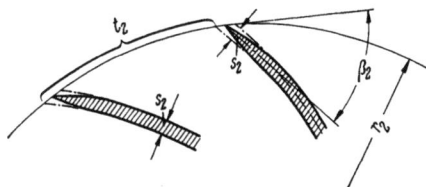

Abb. 35. Die Austrittsverhältnisse bei Berücksichtigung der Schaufeldicke.

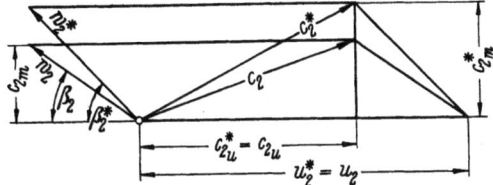

Abb. 36. Die Beeinflussung des Austrittsplanes durch die Schaufeldicke.

Bedeutet (Abb. 35)

- s_2 Schaufeldicke
- t_2 Schaufelteilung } am Austritt
- β_2 Schaufelwinkel

c_{2_m} und $c_{2_m}^*$ Meridiankomponenten der Geschwindigkeiten c_2 und c_2^* (Abb. 36)

und ist $r_2 \approx r_2^*$

und $u_2 \approx u_2^*$,

so gilt

$$c_{2_m} = c_{2_m}^* \frac{t_2 - \frac{s_2}{\sin \beta_2}}{t_2} = c_{2_m}^* \left(1 - \frac{s_2}{t_2 \sin \beta_2}\right), \tag{69}$$

wobei

$$t_2 = \frac{2\pi r_2}{z}$$

ist.

Den Geschwindigkeitsplan am Austritt für den Übergang vom Zustand 2* auf 2 zeigt Abb. 36. Es empfiehlt sich, am Austritt die Schaufeln ganz allmählich zuzuschärfen, da plötzliche Querschnittsänderungen für verzögerte Strömungen sehr schädlich sind und zu Wirbelbildungen führen. Man gibt darum den Schaufelenden eine sich verjüngende Form (Abb. 35), ähnlich den Tragflügelprofilen, so daß sich dann eine Berücksichtigung der endlichen Schaufeldicke am Austritt erübrigt und als Austrittswinkel ein mittlerer Winkel zwischen der Vorder- und der Rückseite der Schaufel eingesetzt werden kann.

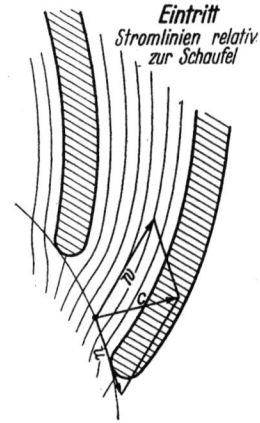
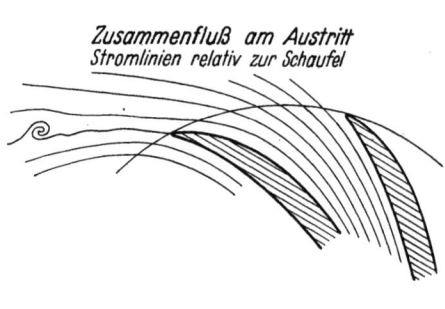

Abb. 37. Verlauf der Stromlinien relativ zur Schaufel am Laufradeintritt.

Abb. 38. Verlauf der Stromlinien relativ zur Schaufel am Laufradaustritt.

Bei zugeschärfter Schaufel mit allmählichem Übergang wird

$$c^*_{2_m} = c_{2_m}.$$

Den Verlauf der Stromlinien, relativ zur Schaufel, zeigen Abb. 37 und 38 für Ein- und Austritt.

β) Einfluß der endlichen Schaufelzahl.

Wie die Betrachtungen über Strömungen in umlaufenden Kanälen gezeigt haben, überlagert sich der nach der Stromfadentheorie über den ganzen Kanalquerschnitt konstant vorausgesetzten Strömungsgeschwindigkeit eine Drehbewegung, der Kanalwirbel, der relativ zum Schaufelkanal entgegengerichtet ist der Drehbewegung des Rades. Unter Einfluß dieses Wirbels wird die am Austritt herrschende relative Austrittsgeschwindigkeit w_2 nach Größe und Richtung geändert. Die unter Wirkung dieses Wirbels sich ergebende, über den Querschnitt ausgeglichene relative Austrittsgeschwindigkeit sei w'_2. Die absolute Austrittsgeschwindigkeit ändert sich unter dem Einfluß des Kanalwirbels entsprechend von c_2 auf c'_2, so daß sich die in die Umfangsrichtung fallende Komponente c_{2_u} um $\varkappa_2 u_2$ auf c'_{2_u} verringert. Hierbei ist $c_{2_m} = c'_{2_m}$, da das gleiche Volumen angesaugt und gefördert wird, volumenbeständige Strömung vorausgesetzt (Abb. 39).

Es ist also

$$c'_{2_u} = c_{2_u} - \varkappa_2 u_2. \tag{70}$$

Die theoretische Förderhöhe unter Berücksichtigung der endlichen Schaufelzahl ist dann gemäß Gl. (15), S. 30, für radial gerichtete Eintrittsgeschwindigkeit c_1

$$H_{th} = \frac{u_2 c'_{2_u}}{g} = \frac{u_2 c_{2_u}}{g} - \frac{\varkappa_2 u_2^2}{g} = H_{th_\infty} - \frac{\varkappa_2 u_2^2}{g} \quad [m] \tag{71}$$

und die Leistungsabnahme infolge endlicher Schaufelzahl

$$H_{th_\infty} - H_{th} = \frac{\varkappa_2 u_2^2}{g} \quad [\text{m}]. \tag{72}$$

Die Ursache für die Minderleistung, die sich in einer Verringerung der theoretischen Förderhöhe

von H_{th_∞} bei unendlicher Schaufelzahl

auf H_{th} bei endlicher Schaufelzahl äußert,

bildet der Druckunterschied Δh zwischen Vorder- und Rückseite der Schaufel. Zur rechnerischen Ermittlung der Minderleistung stellt PFLEIDERER [34] ein Näherungsverfahren auf.

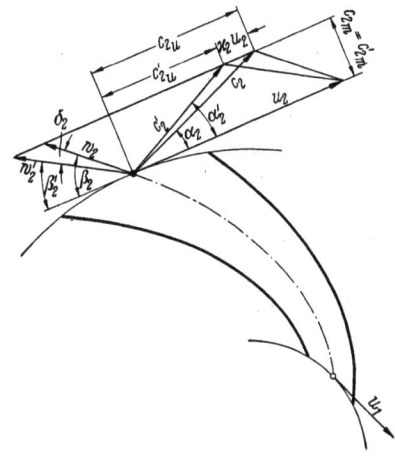

Abb. 39.
Austrittsplan unter Berücksichtigung der Ablenkung infolge ungleicher Geschwindigkeitsverteilung über den Kanalquerschnitt.

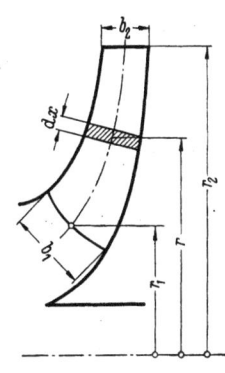

Abb. 40.
Darstellung zur Berechnung des Schaufeldruckes.

Unter der vereinfachenden Annahme, daß die von der Längeneinheit der Schaufel auf das Strömungsmittel ausgeübte Kraft

$$K = \gamma \Delta h\, b \quad [\text{kgm}] \tag{73}$$

über die ganze Länge der Schaufel gleich bleibt, ist das von den Schaufeln übertragene Moment (Abb. 40)

$$M = z \int_{r_1}^{r_2} \gamma \Delta h\, b\, \mathrm{d}x\, r = z K \int_{r_1}^{r_2} r\, \mathrm{d}x = z K S \quad [\text{kg m}], \tag{74}$$

wobei S das statische Moment des mittleren Stromfadens ist, welches für die Radialschaufel ist

$$S = \int_{r_1}^{r_2} r\, dr = \frac{1}{2}(r_2^2 - r_1^2) \quad [\text{m}^2]. \tag{75}$$

Das übertragene Moment ist andererseits gleich der sekundlichen Schaufelarbeit:

$$M = \gamma V H_{th} \quad [\text{kg m}]. \tag{76}$$

Unter einer Reihe von Vereinfachungen ergibt sich die theoretische Förderhöhe H_{th} bei endlicher Schaufelzahl

$$H_{th} = \frac{H_{th_\infty}}{1 + \psi' \dfrac{r_2^2}{z S}} \quad [\text{m}]. \tag{77}$$

Für Pumpen mit Austrittsleitrad rechnet PFLEIDERER mit

$$\psi' = 0{,}55 \text{ bis } 0{,}68 + 0{,}6 \sin \beta_2.$$

10. Leitvorrichtungen.

Die Luft bzw. das Gas tritt aus dem Laufad mit hoher absoluter Geschwindigkeit c_2 aus. Bei endlicher Schaufelzahl des Laufrades tritt an Stelle der Absolutgeschwindigkeit c_2 die Absolutgeschwindigkeit c_2' (Abb. 39). Würde man diese Geschwindigkeit nicht zur Druckerzeugung heranziehen, so würde ein erheblicher Energieverlust entstehen. Aufgabe besonderer Einrichtungen, der Leitvorrichtungen, ist es, diese Geschwindigkeitsenergie möglichst weitgehend wiederzugewinnen. Inwieweit dies möglich ist, sollen die folgenden Ausführungen zeigen. Mittel zum Erreichen dieses Zieles sind

1. der ringförmige, schaufellose Diffusor, Abb. 41,
2. der mit Leitschaufeln besetzte Diffusor (Leitrad genannt), Abb. 50,
3. die Spirale, Abb. 52 bis 55.

Allen drei Einrichtungen ist gemeinsam, daß sie das Laufrad umschließen, um die absolute Austrittsgeschwindigkeit c_2 des Laufrades auf einen möglichst kleinen Betrag c_4 am Austritt der Leitvorrichtung herabzusetzen.

α) *Der ringförmige schaufellose Diffusor.*

Der dem Laufrad nachgeschaltete Diffusor ist ein Raum, der durch die Wandungen des Gehäuses gebildet wird. Das Gas tritt mit hoher absoluter Geschwindigkeit in den Diffusor ein. Diese Eintrittsgeschwindigkeit ist nach Größe und Richtung gleich der absoluten Austrittsgeschwindigkeit c_2 am Laufradaustritt. Da sich der Querschnitt des Diffusors in Strömungsrichtung vergrößert, erhalten wir eine verzögerte Strömung im Diffusor und eine Umsetzung von Geschwindigkeitsenergie in Druckenergie. Wird die absolute Geschwindigkeit am Austritt des Diffusors c_4 genannt, so ist der theoretisch im Diffusor erreichbare Anteil an Förderhöhe

$$H_{\text{th-dyn}_{2\,4}} = \frac{c_2^2 - c_4^2}{2g} \quad [\text{m}]. \tag{78}$$

Die Änderung des Diffusorquerschnittes in Strömungsrichtung möge stetig erfolgen.

Es werde stationäre und volumbeständige Strömung vorausgesetzt, und es sei weiterhin angenommen, daß am Diffusoreintritt am ganzen Umfang gleicher Druck und gleiche Geschwindigkeit c_2 herrsche, deren Richtung an allen Stellen des Umfangs gegen die Umfangsrichtung den gleichen Neigungswinkel α_2 habe.

Die Durchtrittsquerschnitte des Diffusors bestehen aus Zylindermantelflächen, die konzentrisch um die Drehachse des Laufrades liegen und die von dem Gas unter einem gegenüber der Umfangsrichtung veränderlichen Neigungswinkel α durchströmt werden. Aus der Betrachtung der einzelnen Stromfäden, die untereinander unter obigen Voraussetzungen kongruent sind, folgt, daß innerhalb des Diffusors die konzentrischen Kreise um den Mittelpunkt O Linien gleichen Druckes (Niveaulinien) sind. Hieraus folgt, daß nur in radialer Richtung im Diffusor eine Drucksteigerung möglich ist. Auf die strömenden Teilchen wirken daher nur Radialkräfte. Die Bewegung ist eine Zentralbewegung. Für den Bezugspunkt O verschwindet daher das statische Moment der Kräfte. Nach dem Flächensatz muß der Drall dauernd konstant sein:

$$\frac{dD}{d\tau} = 0; \quad D = r\,m\,c\cos\alpha = \text{const} \quad [\text{kg m s}].$$

Die Anwendung des Flächensatzes auf den ringförmigen schaufellosen Diffusor liefert

$$r_2 c_{2_u} = r_4 c_{4_u} = r\,c_u. \tag{79}$$

Die tangentiale Komponente c_u in Umfangsrichtung nimmt nach dieser Gleichung mit zunehmendem Halbmesser ab.

Ist für einen gegebenen Diffusor die Eintrittsgeschwindigkeit c_2 nach Größe und Richtung gegeben, womit auch die Komponenten in tangentialer und radialer Richtung c_{2_u} und c_{2_m} bekannt sind, so sind auch die entsprechenden Komponenten am Diffusoraustritt c_{4_u} und c_{4_m} bekannt.

Aus der Kontinuitätsgleichung folgt
$$c_{4_m} = \frac{G}{\gamma_4 f_4}.$$

Aus dem Flächensatz [Gl. (79)] folgt
$$c_{4_u} = c_{2_u} \frac{r_2}{r_4}.$$

Der im Diffusor theoretisch erreichbare Anteil an Förderhöhe kann daher mit Gl. (78) und (79) geschrieben werden.

$$\left. \begin{array}{l} H_{\text{th}-\text{dyn}_{2-4}} = \dfrac{1}{2g}\left(c_2^2 - c_{4_m}^2 - c_{4_u}^2\right) \\ \qquad\qquad = \dfrac{1}{2g}\left(c_2^2 - c_{4_m}^2 - c_{2_u}^2 \dfrac{r_2^2}{r_4^2}\right). \end{array} \right\} \quad (80)$$

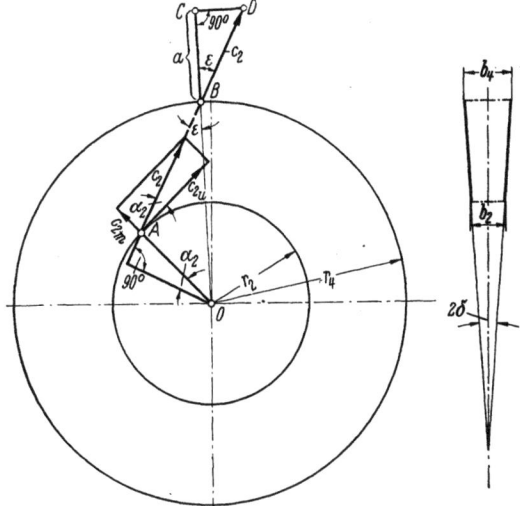

Abb. 41.
Konisch erweiterter schaufelloser Diffusor.

Mit den Bezeichnungen der Abb. 41 ist
$$c_{2_u} = c_2 \cos \alpha_2 \quad \text{und} \quad \frac{r_2}{r_4} = \frac{\sin \varepsilon}{\cos \alpha_2}. \tag{81}$$

Daher ist
$$c_2^2 - c_{2_u}^2 \frac{r_2^2}{r_4^2} = c_2^2 (1 - \sin^2 \varepsilon) = c_2^2 \cos^2 \varepsilon = a^2 \quad [\text{m}^2/\text{s}^2]. \tag{82}$$

Die im Diffusor theoretisch erreichbare Förderhöhe ist somit
$$H_{\text{th}-\text{dyn}_{2-4}} = \frac{1}{2g}\left(a^2 - c_{4_m}^2\right) \quad [\text{m}]. \tag{83}$$

Die größte im Diffusor bei verlustloser Druckumsetzung überhaupt erzielbare Förderhöhe ergibt sich für den Fall eines sehr großen Diffusors ($c_{4_m} \approx 0$) zu
$$H_{\text{th}-\text{dyn}_{2-4\max}} = \frac{1}{2g} a^2 \quad [\text{m}]. \tag{84}$$

Von der Geschwindigkeitsenergie $c_2^2/2g$ am Laufradaustritt kann also im günstigsten Fall im ringförmigen Diffusor lediglich der Teil
$$\frac{c_2^2}{2g} \cos^2 \varepsilon = \frac{a^2}{2g} \tag{85}$$

in Druck umgesetzt werden, während der Teil
$$\frac{c_{2_u}^2}{2g} \frac{r_2^2}{r_4^2} \tag{86}$$

nicht in Druck umgesetzt werden kann.

Eine hohe Druckumsetzung im ringförmigen Diffusor kann erzielt werden,

1. wenn die Radialkomponente c_{4_m} der Geschwindigkeit am Diffusoraustritt klein ist, was erreichbar ist durch großen Halbmesser r_4 des Diffusoraustritts gegenüber dem Eintrittshalbmesser r_2 und durch Erweiterung des Diffusors.

2. wenn $c_{2_u}^2 \, r_2^2/r_4^2$ klein ist. Da c_{2_u} bei den üblichen Schaufelaustrittswinkeln nicht viel verschieden von c_2 ist, wird diese Forderung erfüllt, wenn r_2/r_4 klein ist. Diese Forderung deckt sich mit der Forderung 1.

Die Größe a, die charakteristisch ist für die Druckumsetzung eines ringförmigen Diffusors, findet man durch einfache graphische Konstruktion (Abb. 41). Trägt man im Schnittpunkt B der Richtung der Geschwindigkeit c_2 mit dem Kreis um O mit dem Halbmesser r_4 die Geschwindigkeit c_2 als Strecke $\overline{BD}$ auf, so erhält man $a = c_2 \cos \varepsilon$ als Strecke $\overline{BC}$ in dem rechtwinkligen Dreieck BCD.

Der Neigungswinkel α_4 der Absolutgeschwindigkeit c_4 am Diffusoraustritt ergibt sich bei verlustloser Strömung aus

$$\operatorname{tg} \alpha_4 = \frac{c_{4_m}}{c_{4_u}} = \frac{c_{2_m} \dfrac{r_2}{r_4} \dfrac{b_2}{b_4}}{c_{2_u} \dfrac{r_2}{r_4}} = \frac{c_{2_m}}{c_{2_u}} \frac{b_2}{b_4} \tag{87}$$

und für einen beliebigen Punkt des Diffusors im Abstand r vom Mittelpunkt O aus

$$\operatorname{tg} \alpha = \frac{c_{2_m}}{c_{2_u}} \frac{b_2}{b} = \frac{c_{2_m}}{c_{2_u}} \frac{b_2}{b_2 + 2(r - r_2) \operatorname{tg} \delta}, \tag{88}$$

wobei δ der halbe Öffnungswinkel ist.

Bezeichnet φ den Winkel in Polarkoordinaten, dann ist

$$\operatorname{tg} \alpha = \frac{\mathrm{d} r}{r \, \mathrm{d} \varphi} = \frac{c_{2_m} b_2}{c_{2_u} [b_2 + 2(r - r_2) \operatorname{tg} \delta]}$$

oder mit

$$c_{2_m}/c_{2_u} = \operatorname{tg} \alpha_2$$

$$\frac{\mathrm{d} r}{r} \left(1 + 2 \frac{(r - r_2) \operatorname{tg} \delta}{b_2} \right) = \operatorname{tg} \alpha_2 \, \mathrm{d} \varphi. \tag{89}$$

Die Lösung dieser Gleichung ist

$$\varphi = \frac{1}{\operatorname{tg} \alpha_2} \left[\left(1 - 2 \frac{r_2}{b_2} \operatorname{tg} \delta \right) \ln \frac{r}{r_2} + 2 \frac{r_2}{b_2} \left(\frac{r}{r_2} - 1 \right) \operatorname{tg} \delta \right]. \tag{90}$$

Diese Gleichung stellt in Polarkoordinaten die Bahn eines Teilchens dar auf dem Wege durch den schaufellosen Diffusor, dessen halber Öffnungswinkel δ ist. Das erste Glied des Klammerausdruckes ist eine logarithmische Funktion, das zweite Glied eine lineare Funktion von r.

Das erste Glied wird null, wenn

$$\operatorname{tg} \delta = \frac{b_2}{2 \, r_2}, \tag{91}$$

d. h. wenn die Richtungen der beiden Seitenwände des Diffusors sich im Mittelpunkt O (auf der Wellenachse) schneiden. In diesem Fall ist

$$\varphi = 2 \frac{r_2}{b_2} \left(\frac{r}{r_2} - 1 \right) \frac{\operatorname{tg} \delta}{\operatorname{tg} \alpha_2}; \quad r = r_2 + \varphi \frac{b_2}{2} \frac{\operatorname{tg} \alpha_2}{\operatorname{tg} \delta}, \tag{92}$$

d. h., der Halbmesser r der Bahn nimmt linear mit φ zu. Für $\varphi = 0$ ist $r = r_2$. Der Verlauf der Bahn ist eine archimedische Spirale.

Hat der Ringkanal konstante Breite $b = b_2 = b_4$, dann erhält man bei verlustloser Strömung ($\delta = 0$)

$$\operatorname{tg} \alpha = \frac{c_{2_m}}{c_{2_u}} = \frac{c_m}{c_u} = \text{const}, \tag{93}$$

d. h., die Tangente der absoluten Bahn hat mit der Richtung des Umfanges in jedem Punkt die gleiche Neigung $\alpha = \alpha_2$. Die absolute Bahn, die ein Teilchen auf seinem Wege im Diffusor vom Eintritt bis zum Austritt zurücklegt, ist eine logarithmische Spirale, deren Gleichung lautet

$$\varphi = \frac{1}{\operatorname{tg} \alpha_2} \ln \frac{r}{r_2} \quad \text{oder} \quad r = r_2 e^{\varphi \operatorname{tg} \alpha_2}; \tag{94}$$

für $\varphi = 0$ ist $r = r_2$.

Bei parallelen Seitenwänden des Diffusors und verlustfreier Strömung ist die absolute Bahn der strömenden Teilchen lediglich vom Winkel α_2 der Absolutgeschwindigkeit c_2 am Laufradaustritt abhängig, bei sich erweiterndem (konischem) Diffusor auch außerdem noch vom Erweiterungsverhältnis b_2/b_4 bzw. vom Öffnungswinkel. Die Erweiterung wirkt im Sinne einer Verkleinerung der Winkel α bei Zunehmen des Halbmessers r. Die absolute Bahn wird daher bei erweitertem Diffusor flacher als bei parallelwandigem Diffusor. Unter sonst gleichen Verhältnissen erzielt man bei erweitertem Diffusor bei gleichem Halbmesser r_4 eine bessere Druckumsetzung als bei parallelwandigem Diffusor nach Gl. (80)

$$H_{\text{th-dyn}_{2-4}} = \frac{1}{2g}\left(c_2^2 - c_{2_m}^2 \frac{r_2^2}{r_4^2} \frac{b_2^2}{b_4^2} - c_{2_u}^2 \frac{r_2^2}{r_4^2}\right), \tag{95}$$

während bei parallelwandigem Diffusor nach Gl. (80)

$$H_{\text{dyn}_{\text{par}}} = \frac{1}{2g}\left(c_2^2 - c_{2_m}^2 \frac{r_2^2}{r_4^2} - c_{2_u}^2 \frac{r_2^2}{r_4^2}\right) \tag{95a}$$

ist. Der Differenzbetrag zugunsten des erweiterten Diffusors ist

$$\frac{1}{2g} c_{2_m}^2 \frac{r_2^2}{r_4^2}\left(1 - \frac{b_2^2}{b_4^2}\right).$$

Gleiche Druckumsetzung erzielt man mit beiden Diffusoren, wenn man den Halbmesser $\bar{r}_4$ des erweiterten Diffusors gegenüber dem Halbmesser r_4 des parallelwandigen Diffusors verkleinert, so daß sich folgendes Verhältnis ergibt:

$$\bar{r}_4/r_4 = b_2/\bar{b}_4.$$

Die Erweiterung wirkt also bei gleicher Diffusorwirkung raumsparend.

Für *parallelwandige* Diffusoren zeigt Abb. 43 für verschiedene Austrittsverhältnisse (verschiedene Austrittswinkel α_2) in anschaulicher Weise den Verlauf der Bahnen eines strömenden Teilchens auf dem Weg vom Eintritt bis zum Austritt des schaufellosen Diffusors. Aus Abb. 42 kann man für verschiedene Winkel α_2 für jeden beliebigen Halbmesser $r > r_2$ den zugehörigen

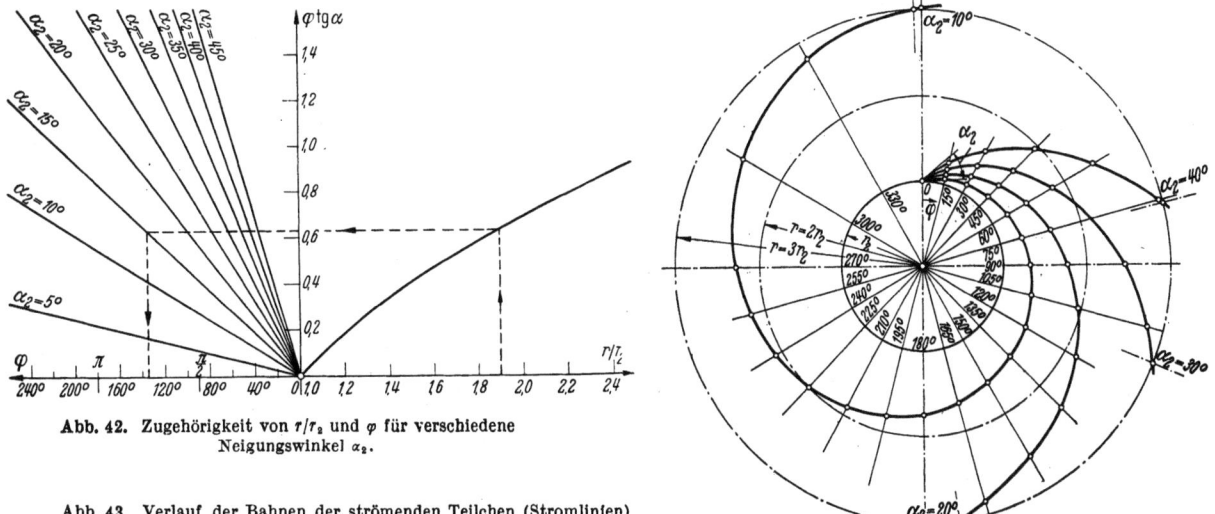

Abb. 42. Zugehörigkeit von r/r_2 und φ für verschiedene Neigungswinkel α_2.

Abb. 43. Verlauf der Bahnen der strömenden Teilchen (Stromlinien) bei verschiedenem Neigungswinkel α_2.

Abb. 42 u. 43. Parallelwandiger schaufelloser Diffusor.

Winkel φ entnehmen, den ein Teilchen vom Eintritt in den Diffusor ($r = r_2$, $\varphi = 0$) bis zu dem betrachteten Punkt (r, φ) zurücklegt; z. B. ergibt sich für $r/r_2 = 1{,}9$ der Winkel $\varphi = 135°$. Abb. 43 zeigt den Verlauf der Bahnen im Bereich $r = r_2$ bis $r = 3r_2$ für $\alpha_2 = 10°$, $20°$, $30°$ und $40°$.

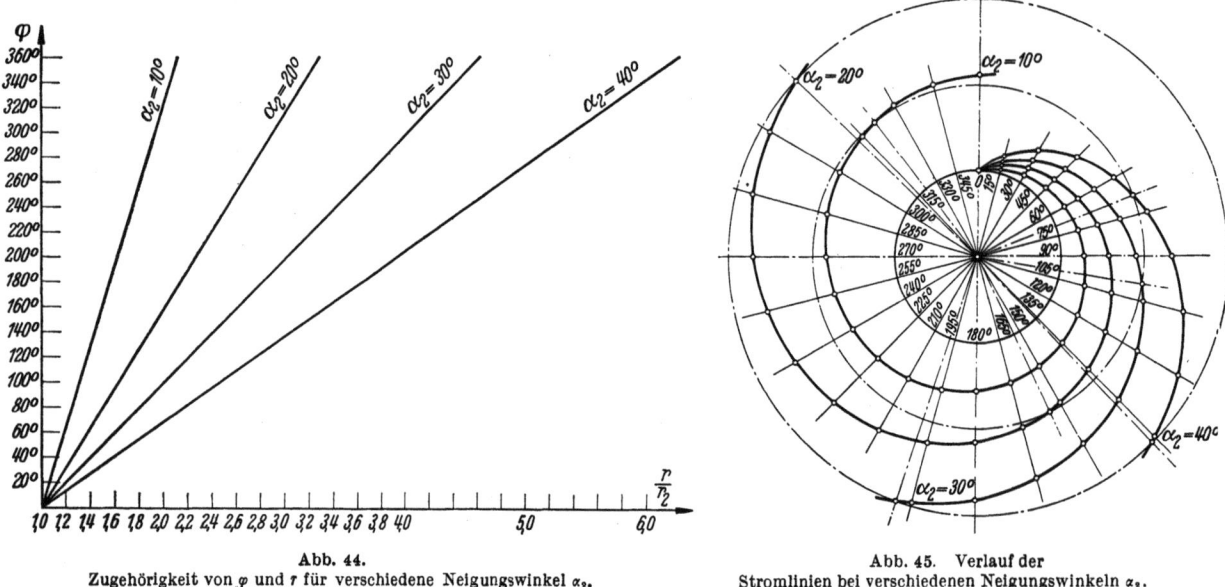

Abb. 44.
Zugehörigkeit von φ und r für verschiedene Neigungswinkel α_2.

Abb. 45. Verlauf der Stromlinien bei verschiedenen Neigungswinkeln α_2.

Abb. 44 u. 45. Konisch erweiterter schaufelloser Diffusor der Neigung $\operatorname{tg} \delta = \dfrac{b_2}{2r_2}$.

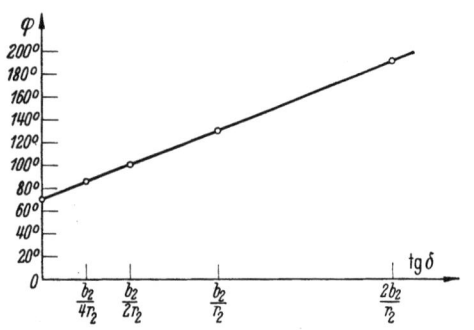

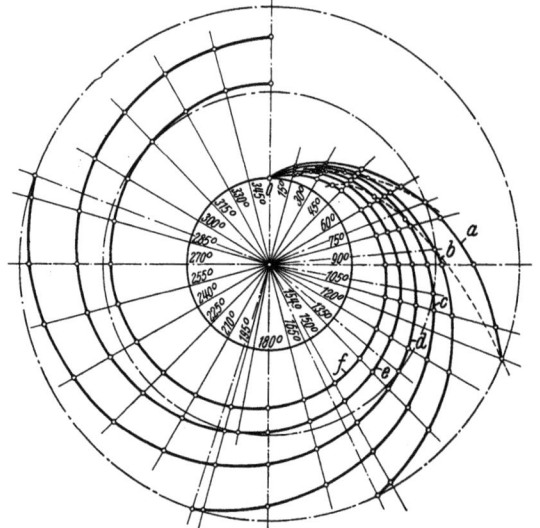

Abb. 46. Zugehörigkeit von $\operatorname{tg} \delta$ und φ für $\alpha_2 = \text{const} = 30°$ und $r/r_2 = 2{,}0$.

Abb. 47. Verlauf der Stromlinien für verschiedene Neigungswinkel δ der Seitenwände und konstantem Neigungswinkel α_2 der absoluten Geschwindigkeit c_2. a Seitenwände parallel, $\delta = 0$; b Seitenwände geneigt, $\operatorname{tg} \delta = \dfrac{b_2}{4r_2}$; c Seitenwände geneigt, $\operatorname{tg} \delta = \dfrac{b_2}{2r_2}$; d Seitenwände geneigt, $\operatorname{tg} \delta = \dfrac{b_2}{r_2}$; e Seitenwände geneigt, $\operatorname{tg} \delta = \dfrac{2b_2}{r_2}$; f Seitenwände geneigt, $\operatorname{tg} \delta = \dfrac{4b_2}{r_2}$.

Abb. 46 u. 47. Konisch erweiterter schaufelloser Diffusor. Seitenwände unter verschiedenen Winkeln δ geneigt.

Für *konische* Diffusoren konstanter Neigung $\operatorname{tg} \delta = b_2/2r_2$ wird die Zugehörigkeit von φ und r für verschiedene Laufradaustrittswinkel α_2 durch die Abb. 44 und 45 wiedergegeben, für konische Diffusoren bei verschiedener Neigung δ für einen bestimmten Winkel $\alpha_2 = 30°$ durch die Abb. 46 und 47. Schließlich interessieren noch Punkte gleicher Druckumsetzung bei konischen Diffusoren verschiedener Neigung δ bei gleichzeitig konstantem Winkel α_2. In Abb. 48 ist als Abszisse das Verhältnis $\overline{r}_4/r_2$ eines parallelwandigen Diffusors aufgetragen, als Ordinate das Verhältnis $\overline{r}_4/r_2$ eines konisch erweiterten Diffusors, mit dem die gleiche Druckumsetzung erzielt werden kann wie mit dem parallelwandigen Diffusor. Man erzielt beispielsweise mit einem parallelwandigen Diffusor (tg $\delta = 0$) mit einem Verhältnis $r_4/r_2 = 3$ die gleiche Wirkung wie mit einem konisch erweiterten Diffusor der Neigung tg $\delta = b_2/4r_2$ bei einem Verhältnis $\bar{r}_4/r_2 = 2$. Das gleiche erkennt man aus der Darstellung Abb. 49, in der als Abszisse die Größe $A = (r_2/b_2)$ tg δ aufgetragen ist. (Für tg $\delta = b_2/4r_2$ ist $A = 1/4$, für $\delta = 0$ ist $A = 0$.)

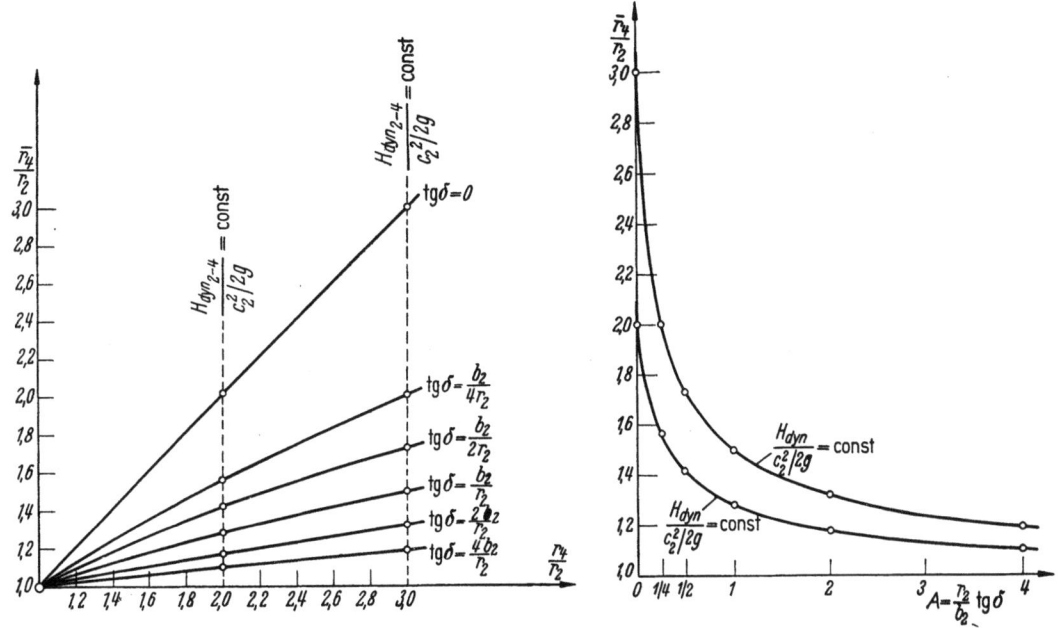

Abb. 48.
Zugehörigkeit der Verhältniszahlen r_4/r_2 und $\bar{r}_4/r_2$ sowie der Winkel δ für einen konstanten Winkel α_2. tg $\delta = A \cdot \dfrac{b_2}{r_2}$; $\alpha_2 = $ const $= 30°$.

Abb. 49.
Zugehörigkeit der Verhältniszahl $\bar{r}_4/r_2$ und $A = (r_2/b_2)$ tg δ für $\dfrac{H_{\text{dyn}}}{c_2^2/2g} = $ const; $\alpha_2 = $ const $30°$.

Abb. 48 u. 49. Konische Diffusoren verschiedener Neigung δ bei gleicher Druckumsetzung.

β) *Leitschaufeln.*

Im Gegensatz zum vorbeschriebenen schaufellosen Diffusor wird der dem Laufrad nachgeschaltete Ringraum mit Leitschaufeln besetzt, die entweder fest oder verstellbar angeordnet sind. Die feststehende Leitschaufel gibt nur in *einem* Betriebspunkt der Kennlinie stoßfreien Eintritt. Dies trifft zu, wenn die Richtung der absoluten Austrittsgeschwindigkeit mit der Mittellinie des zwischen den Leitschaufeln entstehenden Diffusorkanals übereinstimmt (Normalpunkt). Bei allen anderen Betriebspunkten weicht die Richtung der absoluten Austrittsgeschwindigkeit von der Richtung der Achse des Leitkanals mehr oder weniger ab, womit Stoßverluste und Wirbelbildungen verbunden sind. Die Leitschaufeln werden entweder aus glattem Stahlblech hergestellt und in die Seitenwände eingegossen oder mit den Seitenwänden aus Gußeisen hergestellt und in das Gehäuse eingesetzt. Da die gußeisernen unbearbeiteten Leitschaufeln rauher sind als Blechschaufeln, sind bei ersteren größere Reibungsverluste zu erwarten. Die Schaufelzahl des Leitapparates muß mit Rücksicht auf gute Luft- bzw. Gasführung hoch gewählt werden.

Die verstellbare Leitschaufel hat den Vorteil, daß die Richtung der Leitschaufel den Betriebsforderungen, d. h. verschiedenen Austrittswinkeln des strömenden Mittels aus dem Laufrad angepaßt werden kann. Man unterscheidet im Betrieb verstellbare Leitschaufeln, die im Betrieb von Hand oder automatisch der jeweiligen Belastung der Maschine angepaßt werden derart, daß in allen Betriebspunkten stoßfreier oder nahezu stoßfreier Eintritt an der Leitschaufel vorliegt, und von Hand einstellbare, jedoch nicht im Betrieb verstellbare Leitschaufeln, die lediglich verstellt werden, wenn die normale Belastung der Maschine im Betrieb sich wesentlich geändert hat. Die letztere Verstellung erfordert jeweils ein Öffnen der Maschine. Sie kommt daher nur bei wesentlichen Änderungen der Grundbelastung in Frage, wie dies z. B. bei Hochofengebläsen im

Betrieb vorkommen kann (vgl. Abschnitt F, Regelung, S. 218). Die im Betrieb verstellbare Leitschaufel erfordert einen besonderen Mechanismus, der den Aufbau der Maschine nicht vereinfacht, so daß die verstellbare Leitschaufel nur in besonderen Fällen Anwendung findet. Über konstruktive Gestaltung der verstellbaren Leitschaufel, die im Zapfen drehbar ausgebildet wird (vgl. Abb. 267, S. 219).

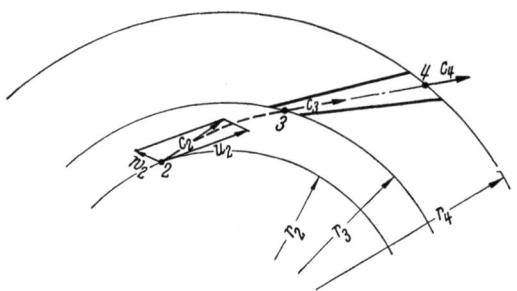

Abb. 50. Leitschaufel mit vorgeschaltetem schaufellosem Diffusor.

Der radiale Abstand zwischen Laufschaufelaustritt und Leitschaufeleintritt darf nicht zu klein gehalten werden, da sonst infolge von Wirbeln ein starkes pfeifendes Geräusch entsteht. Durch diesen schaufellosen Ringraum zwischen Laufrad und Leitrad werden die durch die Dicke der Schaufeln des Laufrades und durch ungleichmäßige Strömung im Laufradkanal verursachten Unregelmäßigkeiten der Strömung bis zum Leitschaufeleintritt ganz oder teilweise ausgeglichen, so daß hier ein gleichmäßiger Gasstrom ohne Wirbelbildung und ohne starke Geräuschbildung vorhanden ist.

Auf dem Wege vom Laufradaustritt 2 bis zum Leitradeintritt 3 tritt eine Geschwindigkeitsänderung und eine Druckumsetzung ein (Abb. 50), wie zuvor für den schaufellosen Diffusor besprochen. Die Strömungsgeschwindigkeit am Eintritt der Leitschaufel ist c_3. Bis zum Austritt 4 tritt bei verlustloser Umsetzung eine Verringerung auf c_4 ein, entsprechend einer Druckerhöhung

$$H_{\text{th}-\text{dyn}_{3-4}} = \frac{c_3^2 - c_4^2}{2g}. \tag{96}$$

Aus dem Vergleich mit der für den schaufellosen Diffusor geltenden Beziehung erkennt man folgendes:

Der wesentliche Unterschied zwischen dem schaufellosen Diffusor und dem Diffusor mit Leitschaufeln besteht darin, daß bei der Leitschaufel die Niveaulinien keine konzentrischen Kreise zum Mittelpunkt des Laufrades sind, sondern Kurven. Die Bahn wird durch die Richtung der Leitschaufeln vorgeschrieben. Die Druckzunahme erfolgt daher nicht rein radial, und sie wird beeinflußt durch den Schaufelaustrittswinkel der Leitschaufel. Durch die Größe dieses Winkels kann man den tangentialen Anteil c_{4_u} der absoluten Austrittsgeschwindigkeit c_4 beliebig beeinflussen (im Gegensatz zum schaufellosen Diffusor) und somit den tangentialen Anteil c_{4_u} in beliebigem Maße zur Druckumsetzung heranziehen, soweit dies mit Rücksicht auf die weitere Führung des Luft- bzw. Gasstromes nach Austritt aus dem Leitrad zweckmäßig und möglich erscheint.

Die gesamte Druckerhöhung auf dem Weg 2—4 (Abb. 50) beträgt bei verlustloser Umsetzung

$$H_{\text{th}-\text{dyn}_{2-4}} = \frac{c_2^2 - c_3^2}{2g} + \frac{c_3^2 - c_4^2}{2g} = \frac{c_2^2 - c_4^2}{2g}. \tag{97}$$

Für die Ausbildung der Leitschaufeln (Kanallänge, Erweiterungswinkel usw.) gelten die für Diffusoren gewonnenen Versuchsunterlagen und Erkenntnisse (vgl. Abschnitt B II b 4, S. 16 bzw. C I a 10 α, S. 44.

γ) Das Spiralgehäuse.

Bei Betrachtung des ringförmigen schaufellosen Diffusors haben wir erkannt, daß der Durchtrittsquerschnitt des Diffusors aus Zylindermantelflächen besteht, die konzentrisch um die Drehachse gelegen sind und die von dem Gas schräg durchströmt werden, und daß die einzelnen Stromfäden unter gewissen Voraussetzungen untereinander kongruent sind. Man kann sich nun einen solchen Diffusor längs eines beliebig herausgegriffenen Stromfadens durch eine Wand unterteilt denken, Abb. 51. Der betrachtete Stromfaden wird durch diese Maßnahme in seinem Verlauf nicht beeinflußt bis auf den Einfluß der Wandreibung, der hier voraussetzungsgemäß zunächst vernachlässigt sei. Ebenso werden zunächst die übrigen Stromfäden hierdurch nicht beeinflußt.

Die Verhältnisse mögen so gewählt sein, daß ein im Punkte A_2 auf Halbmesser r_2 eintretendes Teilchen nach Durchlaufen eines Winkels $\varphi = 2\pi$ im Punkte A_4 auf Halbmesser r_4 angekommen ist. Der ringförmige schaufellose Diffusor wird durch die Wand in zwei Hälften geteilt. Läßt man nun die äußere Hälfte dieses ringförmigen Diffusors wegfallen (Abb. 51), so erhält man ein sog. Spiralgehäuse (Abb. 52). Betrachtet man einen beliebigen Punkt P auf der Geraden $A_2 - A_4$, der vom Mittelpunkt O den Abstand r hat, so erkennt man, daß in diesem Punkt die Druckumsetzung des

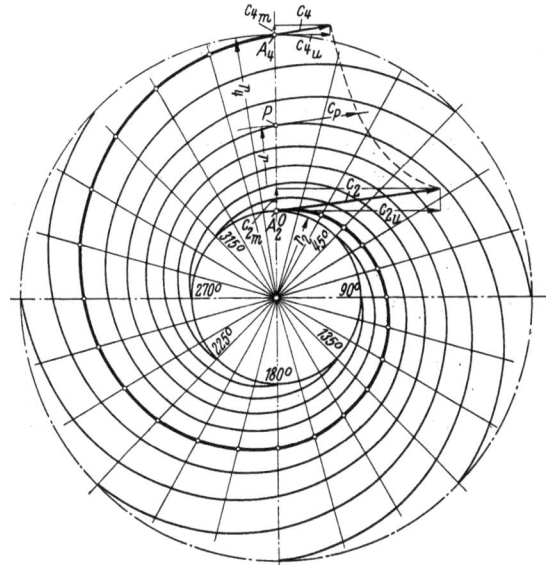

Abb. 51. Verlauf der Stromlinien und Geschwindigkeitsverteilung in einem parallelwandigen Diffusor. $\alpha_3 = 10°$.

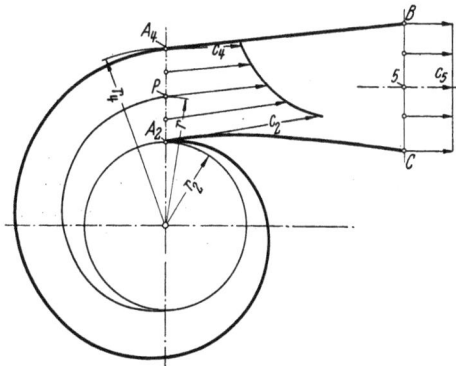

Abb. 52. Spiralgehäuse mit parallelen Seitenwänden und Geschwindigkeitsverteilung im Endquerschnitt.

zugehörigen Stromfadens noch nicht in dem Maße beendet ist wie im Punkt A_4. Der Druck im Punkt P ist niedriger als im Punkt A_4, und die Geschwindigkeit in P ist höher. Der Geschwindigkeitsverlauf in Abhängigkeit von r ist in Abb. 51 und 52 mit dargestellt. Unterbricht man nun im Schnitt A_2-A_4 die Druckumsetzung und führt man den Gasstrom seitlich nach außen, so müssen sich Sekundärströmungen der geradlinigen tangentialen Strömung überlagern, und es müssen gewisse Störungen eintreten.

Bezüglich der Geschwindigkeitsverteilung längs A_2-A_4 ist folgendes zu sagen. Im Punkt A_2 ist noch gar keine Druckumsetzung im Diffusor erfolgt. Der zugehörige Stromfaden ist erst am Anfangspunkt seiner Bahn. Es herrscht hier die durch die Austrittsverhältnisse des Laufrades bekannte Geschwindigkeit c_2 mit den Komponenten c_{2u} und c_{2m}. Da die gedachte Begrenzungswand längs eines Stromfadens verläuft, ist c_2 tangential zu dieser Wand gerichtet, so daß ein Stoß an dieser Stelle nicht eintritt. Im Punkt A_4 ist die Druckumsetzung des zugehörigen Stromfadens gerade beendet. Es herrscht hier die absolute Geschwindigkeit c_4 mit den Komponenten c_{4m} und c_{4u}:

Soll stoßfreier Übergang an dieser Stelle erfolgen, so muß die äußere Begrenzungswand tangential zu c_4 in A_4 gerichtet sein. Im beliebigen Punkt P ist die Druckumsetzung teilweise erfolgt. Die absolute Geschwindigkeit ist c, deren Komponenten in radialer und tangentialer Richtung c_m und c_u sind. Bezüglich des Druckverlaufes längs A_2-A_4 herrschen folgende Verhältnisse:

Im Punkt A_2 herrscht der durch das Laufrad erzeugte Druck p_{stat_2}, in Punkt A_4 der durch das Laufrad und den Diffusor erzeugte Gesamtdruck

$$p_4 = p_{stat_2} + p_{dyn_{2-4}},$$

im Punkt P der entsprechende Druck

$$p_P = p_{stat_2} + p_{dyn_{2-P}} \quad \text{(Abb. 51)}.$$

Bei Weglassen der einen Hälfte des ringförmigen Diffusors und seitlich geradliniger Herausführung des Gasstromes in angenähert tangentialer Richtung nach Abb. 52 erhält man in dem Anschlußquerschnitt A_2-A_4, in dem die Diffusorwirkung unterbrochen wird, eine ungleiche

Druck- und Geschwindigkeitsverteilung. Zur Erzielung stoßfreien Übergangs im Schnitt $A_2\text{—}A_4$ müssen die Richtungen der Begrenzungswände des Anschlußstückes den Richtungen c_2 und c_4 angepaßt werden.

Die Druckumsetzung im Spiralgehäuse (Abb. 52) bis zum Querschnitt $A_2\text{—}A_4$ kann unter den geschilderten Verhältnissen nicht so vollkommen sein wie die Umsetzung im ringförmigen Diffusor (Abb. 45). Es bleibt zu untersuchen, wie die Wirkung des Spiralgehäuses durch geeignete Ausbildung des Anschlußstückes weiter verbessert werden kann.

Im Anschlußstück $A_2 A_4 BC$ (Abb. 52) soll voraussetzungsgemäß der Gasstrom angenähert geradlinig abgeführt werden. Die Ungleichmäßigkeiten in der Druck- und Geschwindigkeitsverteilung werden sich selbsttätig ausgleichen. Hierbei entstehen ähnliche Verhältnisse, wie sie über den Verlauf von Strömungen in Krümmern bekannt sind. Wenn am Austritt 5 über den ganzen Querschnitt $B\text{—}C$ gleicher Druck und gleiche Geschwindigkeit herrschen sollen, dann muß — zunächst vorausgesetzt, daß Querschnitt $A_2\text{—}A_4$ gleich Querschnitt $B\text{—}C$ ist — in einem Stromfaden in der Nähe der Wand $A_4\text{—}B$ der Druck in Richtung B abnehmen; es entsteht eine beschleunigte Strömung (Düsenströmung), die Stromfäden verengen sich. Auf der Gegenseite $A_2\text{—}C$ tritt das Umgekehrte ein. Der Druck wächst in Richtung von A_2 nach C, und es entsteht eine verzögerte Strömung (Diffusorströmung) mit sich erweiternden Stromfäden. Längs $A_2\text{—}C$ sind auf Grund der Erkenntnisse der Strömungsforschung über verzögerte Strömungen gewisse Loslösungen und Wirbelbildungen zu erwarten.

Da die mittlere Geschwindigkeit

$$c_{2\text{-}4_m} = \frac{1}{f_{2\text{-}4}} \int_2^4 c\,df$$

im Querschnitt $A_2\text{—}A_4$ noch recht beträchtlich ist, besteht die Möglichkeit einer weiteren Druckgewinnung durch Ausbilden des Anschlußstückes als Diffusor mit stetig zunehmendem Querschnitt (Abb. 52).

I. Spiralgehäuse mit parallelen Seitenwänden (Abb. 52 und 53).

Die Stromlinien sind logarithmische Linien. Es gelten, volumenbeständige und reibungsfreie Strömung vorausgesetzt, für den Spiralteil bis zum Querschnitt $A_2\text{—}A_4$ die gleichen Beziehungen, wie für den schaufellosen Diffusor angegeben [Gl. (93) und (94)]:

$$\operatorname{tg}\alpha = \frac{c_{2m}}{c_{2u}} = \frac{c_m}{c_u} = \text{const}$$

$$\varphi = \frac{1}{\operatorname{tg}\alpha_2}\ln\frac{r}{r_2}.$$

Es werde ein beliebiger Radialschnitt der Spirale betrachtet im Abstand φ vom Anfangspunkt der Spirale (Punkt O, Abb. 53). Der Querschnitt der Spirale des Radialschnittes an der Stelle φ beträgt

$$f_\varphi = \int b\,dr = b(r - r_2) \quad [\text{m}^2].$$

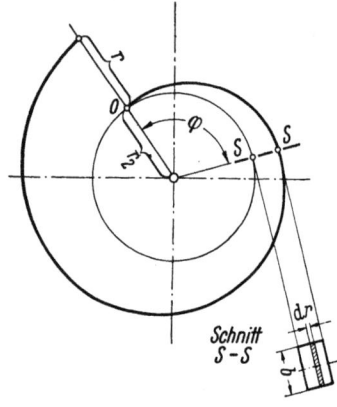

Abb. 53.
Spiralgehäuse mit parallelen Seitenwänden.

Durch diesen Querschnitt tritt in der Zeiteinheit das Volumen

$$V_\varphi = \int c_u\,df = \int c_{u_2}\frac{r_2}{r}b\,dr = c_{u_2}r_2 b\int\frac{dr}{r}$$
$$= c_{u_2}r_2 b_2 \ln r \quad [\text{m}^3/\text{s}]. \tag{98}$$

Dieses Volumen ist gleich dem auf dem Teil des Umfangs $r_2\hat{\varphi}$, der dem Winkel φ entspricht, in der Zeiteinheit in die Spirale eintretenden Volumen

$$V_\varphi = V\hat{\varphi}/2\pi,$$

wenn V das über den gesamten Umfang austretende Volumen ist.

Hieraus folgt

$$\hat{\varphi} = \frac{2\pi}{V} c_{u_2} r_2 b_2 \ln r = A_0 \ln r \quad \text{mit} \quad \frac{2\pi}{V} c_{u_2} r_2 b_2 = A_0. \tag{99}$$

Die Ausbildung des Spiralgehäuses mit parallelen Seitenwänden führt zu sehr großer radialer Ausdehnung des Gehäuses, weshalb man in der Praxis keine Anwendungen dieses Gehäuses findet.

II. Spiralgehäuse mit konischen Seitenwänden.

Die Stromlinien verlaufen nach den für den konisch erweiterten ringförmigen Diffusor angegebenen Beziehungen Gl. (90), die hier unverändert Gültigkeit haben,

$$\hat{\varphi} = \frac{1}{\operatorname{tg}\alpha_2} \left[\left(1 - 2\frac{r_2}{b_2}\operatorname{tg}\delta\right) \ln \frac{r}{r_2} + 2\frac{r_2}{b_2}\left(\frac{r}{r_2} - 1\right) \operatorname{tg}\delta \right]$$

$$\operatorname{tg}\alpha = \frac{c_{2_m} b_2}{c_{2_u}[b_2 + 2(r - r_2)\operatorname{tg}\delta]},$$

wobei δ der halbe Öffnungswinkel ist.

Für $\operatorname{tg}\delta = b_2/2r_2$ schneiden sich die Richtungen der beiden Seitenwände im Mittelpunkt O, und es ergibt sich für die Bahn der Stromlinien und für die Begrenzungswand die vereinfachte Beziehung [Gl. (92)]

$$\hat{\varphi} = 2\frac{r_2}{b_2}\left(\frac{r}{r_2} - 1\right) \frac{\operatorname{tg}\delta}{\operatorname{tg}\alpha_2} \quad \text{(Abb. 54)}.$$

Die Neigung der Seitenwände der Spirale (Abb. 54) führt auf kleinere radiale Erstreckung des Gehäuses gegenüber der parallelwandigen Anordnung (Abb. 51).

In Abb. 54 ist der Verlauf der Stromlinien bis zu einem Winkel $\hat{\varphi} = 4\pi$ für die Spirale mit konischen Seitenwänden gezeichnet.

Erstreckt sich die Spirale über einen Winkel von 2π, so erhält man am Austrittsquerschnitt (0—24) dieselbe ungleiche Geschwindigkeitsverteilung wie bei parallelwandiger Anordnung (Abb. 51 und 52). Erstreckt sich die Spirale über einen größeren Winkel, z. B. bis 4π, so erhält man im Austrittsquerschnitt (24—48) eine wesentlich gleichmäßigere Geschwindigkeitsverteilung und eine wesentlich stärkere Herabsetzung der Geschwindigkeiten, allerdings auch wieder eine entsprechend größere radiale Erstreckung der Spirale.

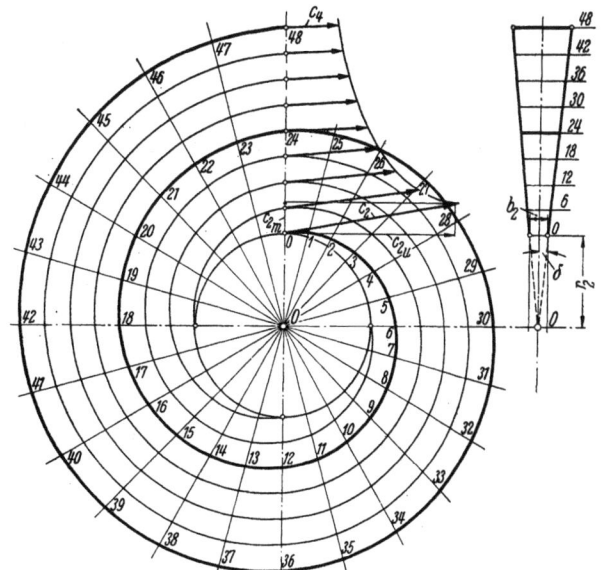

Abb. 54. Verlauf der Stromlinien und Geschwindigkeitsverteilung in einem Spiralgehäuse mit konischen Seitenwänden; $\operatorname{tg}\delta = \frac{b_2}{2r_2}$.

Die Erstreckung der Spirale über einen Winkel $\hat{\varphi}$, der kleiner als 2π ist, muß nach den Ausführungen auf S. 52 zu ungünstigen Verhältnissen führen, wenn man nicht, wie es in Sonderfällen geschieht, den Umfang in mehrere Teilspiralen unterteilt, so daß das Spiralgehäuse mehrere am Umfang gleichmäßig verteilte Druckstutzen erhält.

Für praktische Bedarfsfälle begnügt man sich im allgemeinen mit einer Spirale, die sich über einen Winkel von 2π erstreckt, wobei man den Seitenwänden eine möglichst starke Neigung gibt, um flachen Verlauf der Stromlinien und geringe radiale Erstreckung der Spirale zu erhalten.

III. Spiralgehäuse mit Kreisquerschnitt (Abb. 55)

Die Spirale mit kreisförmigem Querschnitt wird sehr häufig teils ohne, teils mit vorgeschaltetem schaufellosem Diffusor in der Praxis angewandt. Läßt man den Flächensatz gelten, der genaugenommen für diese Querschnittsform nicht gilt, so ist in einem beliebigen Radialschnitt an der Stelle φ [34]

$$f_\varphi = \int b\, dr = 2\int \sqrt{\varrho^2 - (r-R)^2}\, dr$$

und

$$V_\varphi = c_{u_s} r_3 \int b\, \frac{dr}{r}$$

$$= 2 c_{u_s} r_3 \int_{(R-\varrho)}^{(R+\varrho)} \sqrt{\varrho^2 - (r-R)^2}\, \frac{dr}{r}$$

$$= 2 c_{u_s} r_3 \pi \left(R - \sqrt{R^2 - \varrho^2}\right) = \frac{V \varphi}{2\pi}.$$

Hieraus folgt

$$\hat{\varphi} = \frac{2\pi}{V} \cdot 2 c_{u_s} r_3 \pi \left(R - \sqrt{R^2 - \varrho^2}\right) \tag{100}$$

$$= A \left(R - \sqrt{R^2 - \varrho^2}\right)$$

mit

$$A = \frac{4\pi}{V} c_{u_s} r_3 \pi \tag{101}$$

oder

$$\varrho = \sqrt{\frac{2\hat{\varphi} R}{A} - \left(\frac{\hat{\varphi}}{A}\right)^2} \tag{102}$$

und, wenn R groß gegenüber ϱ ist,

$$\varrho \approx \sqrt{2\hat{\varphi} R/A}. \tag{103}$$

Die Zunahme des Querschnitts der Spirale muß also angenähert proportional dem Produkt $R\hat{\varphi}$ erfolgen, wobei R auch eine Funktion von $\hat{\varphi}$ ist.

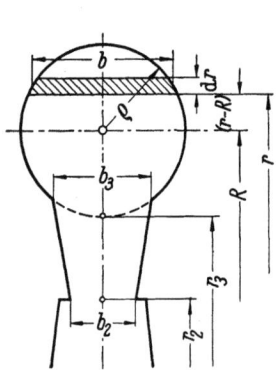

Abb. 55. Spiralgehäuse mit kreisförmigem Querschnitt.

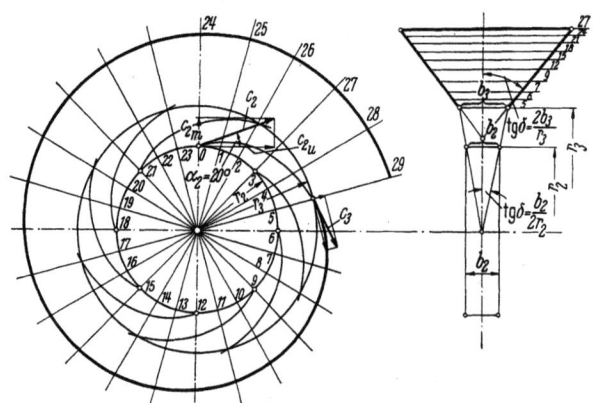

Abb. 56. Kombination eines schaufellosen Diffusors mit einem Spiralgehäuse.

IV. Konischer schaufelloser Diffusor mit Spiralgehäuse.

Die Kombination eines konischen schaufellosen Diffusors mit einem Spiralgehäuse zeigt Abb. 56. Diese Anordnung hat den Vorteil, daß bis zum Eintritt ins Spiralgehäuse bereits eine Druckumsetzung erfolgt entsprechend der Geschwindigkeitsabnahme von c_2 auf c_3. Am Eintritt ins Spiralgehäuse herrscht die Geschwindigkeit c_3. Der Neigungswinkel der Geschwindigkeit c_3 gegenüber dem Umfang ergibt sich aus der Neigung c_2 und aus den Abmessungen des Diffusors.

Die Kombination eines schaufellosen Diffusors mit einem Spiralgehäuse führt wiederum zu größeren Abmessungen des Gehäuses, weshalb man bei einstufigen Gebläsen häufig auf den schaufellosen Diffusor verzichtet bzw. ihn nur sehr gedrungen ausbildet.

Abb. 57 a—f zeigt verschiedene, in der Praxis übliche Ausführungsformen von Spiralgehäusen.

Abb. 57 f zeigt eine Spiralform, bei der der schaufellose Diffusor bis weit in die Spirale hinein fortgeführt ist, um das Auftreten sekundärer Strömungen (siehe S. 51) zu verringern.

Es sei noch darauf aufmerksam gemacht, daß die in der Praxis angewandten Spiralen hinsichtlich der Bemessung der Querschnitte häufig erheblich von den vorerwähnten abweichen, weil Einflüsse der Reibung u. a. berücksichtigt werden müssen (siehe S. 59/60).

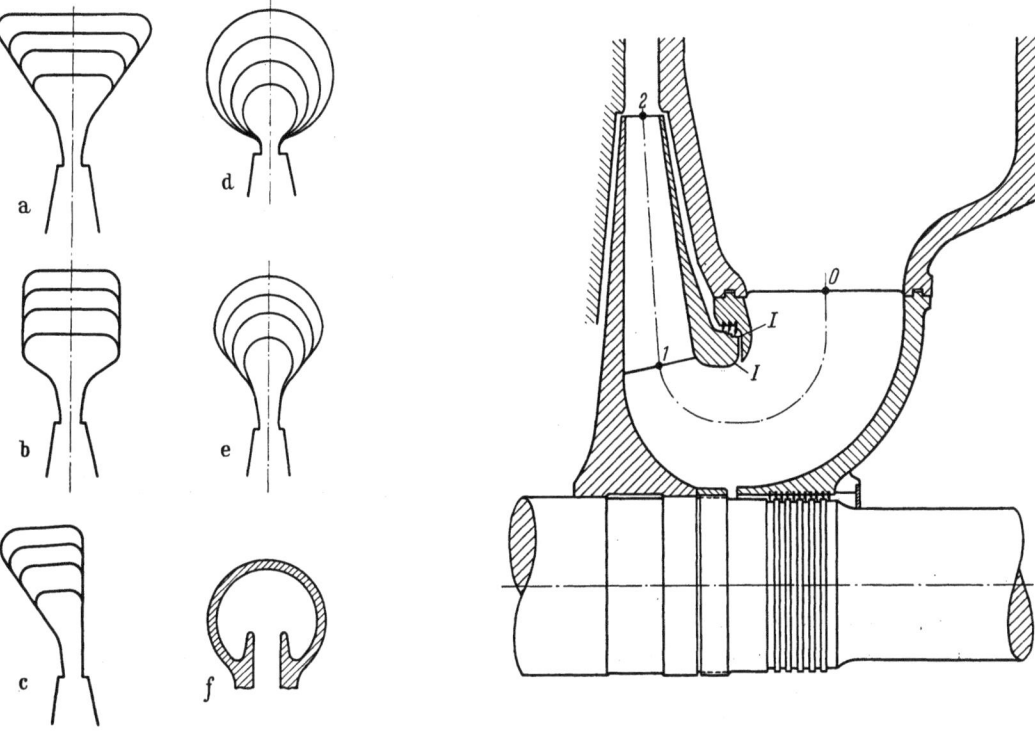

Abb. 57.
Ausführungsformen von Spiralgehäusen.

Abb. 58.
Radeinlauf mit stetig abnehmendem Querschnitt und überdeckter Stirnfläche des Laufrades. Konstruktive Ausbildung des Einlaufes.

11. Der Radeinlauf.

Dem Laufrad strömt das Gas durch den Radeinlauf zu. Das Gas muß hierbei von der geringen Geschwindigkeit c_0 an der Stelle 0 auf die wesentlich höhere absolute Eintrittsgeschwindigkeit c_1 am Laufradeintritt 1 beschleunigt werden (Abb. 58). Außerdem muß auf dem Wege $0-1$ eine Umlenkung der Strömung um nahezu 180° vorgenommen werden. Das ist ohne starke Bildung von Ablösungen und Wirbeln an der Innenseite der Krümmung nur möglich, wenn die Krümmung gute Ausrundung erhält und wenn gleichzeitig die Strömung stetig beschleunigt wird durch stetige Querschnittsverringerung. Es bildet sich hierbei über einem Teil des Querschnitts auf natürliche Weise eine beschleunigte Strömung aus, während der übrige Teil des Querschnitts durch starke Wirbel und توträume ausgefüllt ist. Um also auf dem Weg $0-1$ des Einlaufs die Verluste möglichst niedrig zu halten, muß man den Einlauf sorgfältig als eine Düse mit guter Ausrundung und stetiger Querschnittsverengung gestalten (Abb. 58). Durch die düsenförmige Ausbildung des Einlaufs wird die Strömung auf der Innenseite der Krümmung zum Anliegen gebracht und Abreißen und Wirbelbildung vermieden. Entsprechend der Geschwindigkeitszunahme von c_0 auf c_1 erhalten wir einen Druckabfall $\Delta P_{0-1} = P_0 - P_1 = \dfrac{c_1^2 - c_0^2}{2g} \gamma$.

Es muß weiter darauf geachtet werden, daß die im Einlauf liegende Stirnfläche $I-I$ des Laufrades möglichst weitgehend vom Gehäuseeinsatz überdeckt ist (Abb. 58), damit die Bildung eines Eintrittswirbels, der einen Eintrittsdrall in Umlaufrichtung bewirkt, möglichst weitgehend unterbunden wird. Ein solcher Wirbel am Eintritt, der bei Ausführung nach Abb. 59 möglich ist, könnte die Eintrittsverhältnisse am Laufrad wesentlich stören, da der Wirbel eine Geschwindigkeitskomponente c'_{1_u} am Eintritt in Richtung der Umfangsgeschwindigkeit u_1 hervorruft, die sich mit der angestrebten radialen Eintrittsgeschwindigkeit c_{1_m} zu einer nunmehr nicht mehr radial gerichteten Eintrittsgeschwindigkeit c'_1 zusammensetzt (Stoß beim Eintritt), Abb. 60.

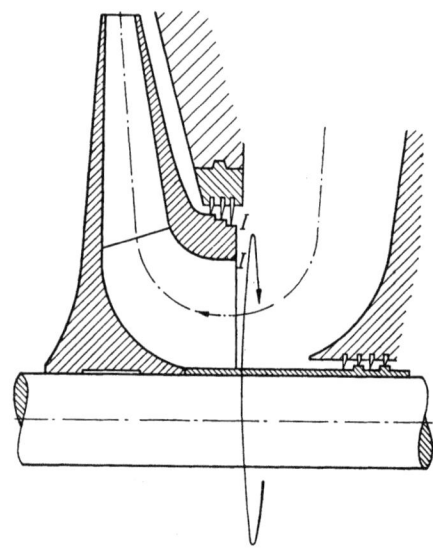

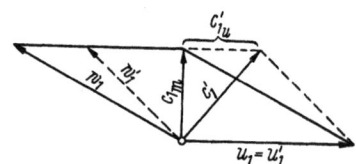

Abb. 60. Geschwindigkeitsplan für den Eintritt ohne Drall (Index 1) bei Ausbildung des Einlaufes nach Abb. 58 und mit Drall (Index 1') bei Ausbildung des Einlaufes nach Abb. 59.

Abb. 59. Wirbelbildung am Laufradeintritt, verursacht durch die freie, nicht überdeckte Stirnfläche $I-I$ des Laufrades.

Bei sachgemäßer Ausführung des Einlaufes nach Abb. 58 darf stetiger und nahezu wirbelfreier Verlauf der Stromlinien erwartet werden. Die unvermeidliche Umlenkung der Strömung um nahezu 180° auf dem Weg von $0-1$ wird sich dabei in einer Verdichtung der Stromlinien an der Innenseite der Krümmung auswirken.

12. Das konische Druckrohr.

Die Geschwindigkeiten am Austrittsstutzen der Gebläse sind meistens noch wesentlich höher als die Strömungsgeschwindigkeiten, die man normalerweise in den Druckleitungen anwendet. Bei richtiger Ausbildung des Übergangsstückes zwischen Gebläse-Druckstutzen und Rohrleitungsanschluß kann man daher noch Druckenergie gewinnen.

Die Form des Übergangsstückes ergibt sich aus den Querschnittsformen von Druckstutzen (meist Kreisquerschnitt oder Rechteckquerschnitt) und Rohrleitung (Kreisquerschnitt).

Bezüglich des Erweiterungswinkels ist das in Abschnitt B II, S. 19 Gesagte zu beachten. Meist bereitet es keine Schwierigkeiten, diesem sich erweiternden Druckrohr die notwendige Länge zu geben.

Ist

c_5 die Eintrittsgeschwindigkeit
c_6 die Austrittsgeschwindigkeit $\Big\}$ am Druckrohr,

so ist bei verlustloser Umsetzung

$$H_{\text{th-dyn}_{5-6}} = \frac{c_5^2 - c_6^2}{2g}. \tag{104}$$

b) Reibungsbehaftete volumenbeständige Strömung.

1. Einfluß der Reibung auf die Strömung im Laufrad.

Wie die Betrachtungen in Abschnitt C I, S. 40 gezeigt haben, ist die tatsächliche Leistungsaufnahme eines Rades kleiner als die unter Annahme unendlicher Schaufelzahl theoretisch errechnete. Die Ursache für die Leistungsverminderung liegt in ungleicher Druck- und Geschwindigkeitsverteilung infolge des Kanalwirbels und in einer Verkleinerung des relativen Abströmwinkels. Die genauen Strömungsverhältnisse am Austritt kann man aber auf Grund dieser Betrachtungen noch nicht angeben. Die oben getroffenen Annahmen zur Ermittlung des Strombildes der reibungsfreien Flüssigkeit, insbesondere die Annahme, daß die Laufradkanäle stets vollkommen mit aktiver Strömung gefüllt seien, treffen nämlich für die wirkliche reibungsbehaftete Strömung nicht zu. Durch Untersuchungen an einer Kreiselpumpe hat FISCHER [35] mit Hilfe photographischer Aufnahmen der Strömung im umlaufenden Kanal nachgewiesen, daß die Strombilder der reibungsbehafteten Strömung grundlegend von denen der reibungsfreien Strömung abweichen.

Die Zentrifugalpumpe, deren Auslegungsdaten sind $n = 400$ U/min, $V = 8,3$ l/s, $H = 1,65$ m, $z = 6$ rückwärtsgekrümmte Schaufeln, wurde bei verschiedenen Drehzahlen, Fördermengen und Förderhöhen untersucht. Die auf den hydraulischen Halbmesser am Eintritt bzw. Austritt der Laufradkanäle bezogene REYNOLDSsche Zahl im Auslegungspunkt ist 164000 bzw. 108000.

Die Untersuchung der *Zuströmung zum Laufrad* ergab, daß die Abweichungen vom senkrechten Zulauf sich innerhalb geringer Grenzen bewegen. Bei kleinen Ansaugemengen kann man eine gewisse Vorrotation feststellen, die jedoch weniger auf Reibungswirkung, sondern mehr auf Rückströmen aus den Laufradkanälen zu beruhen scheint. Bei stark unternormalen Ansaugemengen ist die Strömung im Laufrad nicht stationär, und es tritt in einigen Kanälen Rückströmen ein, wobei die Stelle der Rückströmung wechselt. Die zurückströmende, mit Drehung behaftete Flüssigkeit mischt sich im Raum vor dem Eintritt mit dem Frischwasser und bringt es in Drehung. Der Mischvorgang bewirkt in Verbindung mit den Unregelmäßigkeiten der Rückströmungen eine sehr unregelmäßige Geschwindigkeitsverteilung.

Die Untersuchung der *Strömung im Laufrad* ergab für die sich in Wirklichkeit einstellenden Strömungen, insbesondere bei kleinen Fördermengen, infolge der Reibung und der durch diese bewirkten Instabilitäten und Ablösungserscheinungen eine starke Abweichung von dem theoretischen Verlauf. Weder bei normaler noch bei übernormaler und unternormaler Förderung waren die Kanäle vollkommen mit aktiver Strömung angefüllt. Es bilden sich vielmehr tote Räume, je nach Fördermenge örtlich und an Ausdehnung verschieden, wobei bis auf sehr kleine Fördermengen eine ziemlich scharfe Trennung zwischen dem Totraum und dem mit aktiver Strömung angefüllten Raum zu bestehen scheint. Im allgemeinen ist die Förderung, die sich durch den Totraum vollzieht, verschwindend klein zur Gesamtförderung.

Bei normaler Förderung und stoßfreiem Eintritt legt sich die Strömung auf der Druckseite der Schaufel eng an die Schaufel an, auf der Saugseite bildet sich jedoch ein Totraum, der den Durchtrittsquerschnitt des Kanals um etwa $1/_3$ vermindert und die tatsächliche Strömungsgeschwindigkeit entsprechend erhöht. Unter Einfluß dieser Totraumbildung erfolgt das Abströmen am Laufradaustritt unter einem wesentlich kleineren Winkel als dem ausgeführten Schaufelwinkel β_2.

Bei übernormaler Förderung hat der saugseitige Totraum geringere Ausdehnung, hingegen bildet sich auf der Druckseite der Schaufel ein Totraum unter Ablösungserscheinungen. Der Eintrittswinkel ist größer als der Schaufelwinkel β_1.

Bei kleinen Fördermengen ergeben sich bei Unterschreiten eines bestimmten Verhältnisses V/V_{norm} zwei charakteristische Zustände.

1. Unstationäre Strömung, verbunden mit wechselnden Rückströmungen,

2. Zeitlich verschiedener Strömungszustand in den einzelnen Laufradkanälen (pulsierende Strömung, wobei die Laufradkanäle fast vollständig mit Totwasser gefüllt sind, das periodisch hin- und herpendelt). Das Vor- und Rückströmen erfolgt nicht gleichzeitig, sondern mit einer

Phasenverschiebung, d. h. während in einem Kanal eine Vorwärtsströmung erfolgt, findet in einem anderen Kanal gleichzeitig eine Rückwärtsströmung statt. Beim Zurückströmen tritt ein Teil des Wassers wieder über den Eintrittskreis zurück und damit in die nächstfolgenden Kanäle.

Abb. 61 zeigt den Verlauf der Strömung in umlaufenden Kanälen einer Kreiselpumpe nach FISCHER bei geänderter Drehzahl, Fördermenge und Förderhöhe.

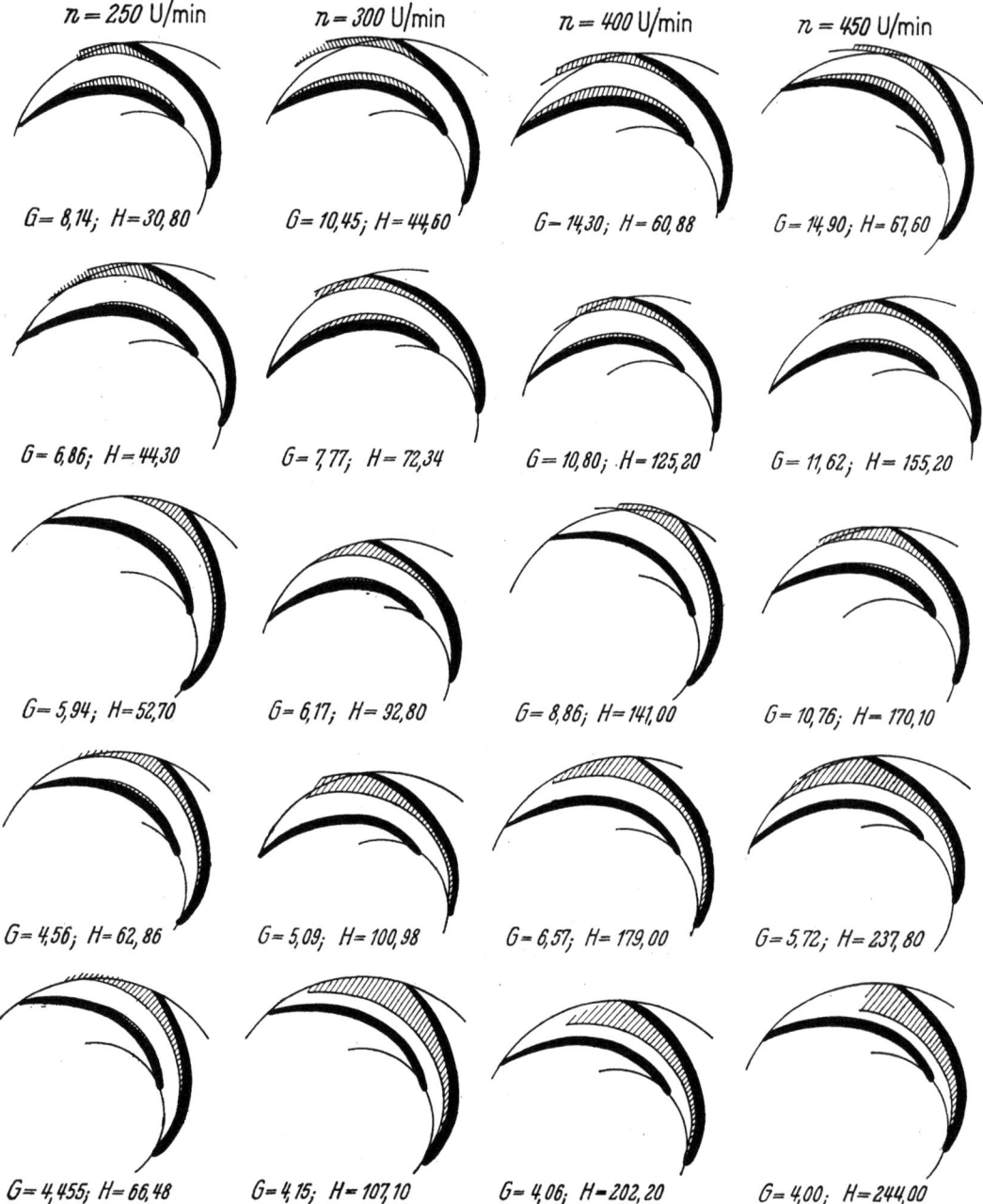

Abb. 61. Verlauf der Strömung im umlaufenden Kanal bei verschiedener Fördermenge G [kg/s] und Förderhöhe H [cm], erzielt durch Versuche bei verschiedener Drehzahl n, nach FISCHER [35]. Schraffierte Flächen kennzeichnen die Totraumbildung.

Messungen über die tatsächliche Geschwindigkeitsverteilung im umlaufenden Kanal bestätigen die Theorie (STIESS [36c]), wonach die größere Strömungsgeschwindigkeit auf der Saugseite der Schaufel auftritt, wodurch eine Minderleistung bedingt ist (Abschnitt C I a 9, S. 43).

Die Totraumbildung führt zu einer weiteren Vergrößerung der relativen Austrittsgeschwindigkeit, zu einer Verkleinerung des relativen Abströmwinkels und zu einer weiteren Herabsetzung der Förderhöhe.

Nach neueren, in USA an einem Pumpenlaufrad hohen Wirkungsgrades (Modell der Grand Coulee Pumpe) durchgeführten Versuchen [36a], wobei mit Hilfe einer dreidimensionalen photographischen Methode die Bahnen von dem Wasser beigemischten sichtbaren Teilchen im Film festgehalten werden, besteht ein starkes Streuen in den Meßwerten der absoluten Austrittsgeschwindigkeit nach Größe und Richtung über den gesamten Austrittsquerschnitt des Kanals. Dieses Streuen der Versuchspunkte wird auf starke Turbulenzerscheinungen im Inneren der umlaufenden Laufradkanäle zurückgeführt. Das Streuen ist besonders stark auf der Saugseite der Schaufeln. In Kanalmitte wird ein ausgeprägtes Absinken der Radialkomponente c_{m_2}, des relativen Austrittswinkels β_2 und des absoluten Austrittswinkels α_2 festgestellt, während dies bei der in Richtung des Umfangs fallenden Komponente c_{u_2} nicht in dem Maße festzustellen ist.

Weitere Arbeiten auf diesem Gebiet siehe [36a, 36b, 36c, 36d].

2. Einfluß der Reibung auf die Strömung in der Leitvorrichtung.

α) Der ringförmige schaufellose Diffusor.

Bei reibungsbehafteter Strömung gilt der Flächensatz in Form der Gl. (79) nicht mehr. Der Einfluß der Reibung äußert sich gegenüber reibungsfreier Strömung, d. h. gegenüber den Gesetzen des Flächensatzes, in einem Druckverlust in radialer Richtung und in einer Abnahme der Geschwindigkeitskomponente c_u in tangentialer Richtung [37a].

Die Strombahnen der reibungsbehafteten Strömung im ringförmigen schaufellosen Diffusor sind Bahnen mit, gegenüber denen der reibungsfreien Strömung, in Strömungsrichtung zunehmender Steigung.

β) Leitschaufeln.

Bezüglich des Einflusses der Reibung auf die Vorgänge in den durch Leitschaufeln gebildeten Diffusoren sei verwiesen auf Abschnitt B II b 4, S. 20, über Diffusoren und die in diesen entstehenden Verluste.

γ) Spiralgehäuse.

Im Spiralgehäuse einer Kreiselpumpe oder eines Kreiselverdichters müßte sich für eine Potentialströmung das gleiche Bild ergeben wie für die Strömung im Spiralgehäuse einer Turbine. Infolge sich ausbildender Nebenströme treten aber Abweichungen von der Potentialströmung und auch von der Turbinenströmung ein, die mit dem Halbmesser zunehmen. Abb. 62 zeigt das Strömungsbild der Strombahnen im Spiralgehäuse einer Kreiselpumpe in schematischer Darstellung nach Untersuchungen von KRANZ [37b]. Die Nebenströmungen, die hier bei der verzögerten Strömung (Pumpe, Gebläse) erheblich stärker sind als bei der beschleunigten Strömung in der Turbinenspirale, entstehen dadurch, daß die Teile der Mittelschicht in stärkerem Maße das Bestreben haben, in ihrer ursprünglichen Strömungsrichtung weiterzuströmen als die langsamer strömenden Teile der Randzone. Die Mittelschicht bewegt sich darum zunächst in steiler Bahn auf die Spiralwand zu, wo sich die Strömung nach beiden Seiten teilt und dann entlang der Seitenwände nach innen zurückkehrt, bis sie auf die Hauptströmung trifft. Von dieser wird sie wieder mitgerissen und auf steiler Bahn nach außen geführt,

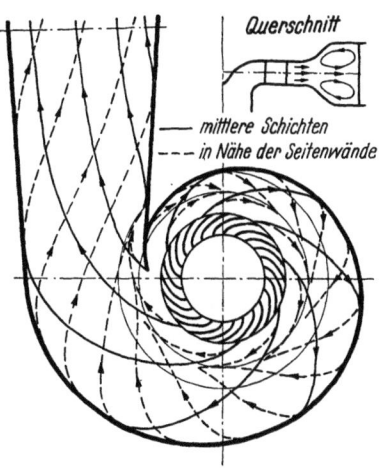

Abb. 62. Strombahnen im Kreiselpumpen-Spiralgehäuse (schematisch nach Versuchsergebnissen von KRANZ).

78   Einstufige Kreiselgebläse.

α) *Minderleistung infolge endlicher Schaufelzahl.*

Die Minderleistung ist nach Gl. (71, 75 u. 77) an beliebiger Stelle x, das heißt für beliebige Ansaugemenge V_{S_x}

$$\varkappa_{2_x}\frac{u_2^2}{g} = H_{\text{th}\infty_x} - H_{\text{th}_x} = H_{\text{th}_x}\frac{\psi' r_2^2}{zS} = H_{\text{th}_x}\frac{2\psi' r_2^2}{z(r_2^2-r_1^2)}. \tag{145}$$

Betrachtet man die Berichtigungszahl ψ' bei wechselnder Menge V_x als angenähert konstant, so können alle konstruktiven Größen der vorstehenden Gleichung für die betrachtete Ausführung in einer Konstanten B zusammengefaßt werden, so daß

$$\varkappa_{2_x}\frac{u_2^2}{g} \approx B H_{\text{th}_x} \quad \text{und} \quad H_{\text{th}_x} \approx \frac{H_{\text{th}\infty_x}}{1+B}$$

oder, wenn man nach Gl. (31) für $n = $ const, d. h. $u_2 = $ const, setzt

$$H_{\text{th}\infty_x} = A_1 + A_2 V_{S_x} = \frac{u_2^2}{g} - \frac{u_2}{g\pi d_2 b_2 \text{tg}\,\beta_2} V_{S_x},$$

$$H_{\text{th}_x} \approx \frac{A_1 + A_2 V_{S_x}}{1+B}. \tag{146}$$

Für $V_{S_x} = 0$ ist

$$H_{\text{th}\infty_0} = A_1$$

$$H_{\text{th}_0} \approx \frac{A_1}{1+B} = \frac{H_{\text{th}\infty_0}}{1+B}.$$

Für $H_{\text{th}\infty_x} = 0$ ist

$$V_{S_x} = -\frac{A_1}{A_2}, \quad H_{\text{th}_x} = 0.$$

Es ergibt sich also nach dieser Näherungsrechnung für die theoretische Förderhöhe H_{th}, die die endliche Schaufelzahl berücksichtigt, ebenfalls linearer Verlauf $H_{\text{th}_x} = \text{f}(V_{S_x})$. Auf der Ordinate ($V_{S_x} = 0$) ergibt sich ein Wert

$$H_{\text{th}_0} = \frac{H_{\text{th}\infty_0}}{1+B} < H_{\text{th}\infty_0}.$$

Beide Geraden schneiden sich auf der Abszisse im gleichen Punkt (Abb. 81 a).

Das Verhältnis $H_{\text{th}_x}/H_{\text{th}\infty_x}$ ist für jede beliebige Ansaugemenge V_{S_x} angenähert konstant:

$$\frac{H_{\text{th}_x}}{H_{\text{th}\infty_x}} \approx \frac{1}{1+B}.$$

Nach genaueren Untersuchungen schneidet die Gerade für endliche Schaufelzahl die Abszisse bereits früher als bei unendlicher Schaufelzahl, bzw. H_{th_x} ist bereits 0, während $H_{\text{th}\infty_x}$ noch einen gewissen Betrag $\chi u_2^2/g$ hat [47].

β) *Die Kanalreibung einschließlich Umlenkungs- und Umsetzungsverluste.*

Die Laufrad- und Leitradkanäle haben keinen Kreisquerschnitt, sondern Rechteckquerschnitt, Trapezquerschnitt o. dgl. Das gleiche gilt für die übrigen Kanäle im Gebläseinnern. Die Strömung in diesen Kanälen, insbesondere im Laufrad und Leitrad, ist turbulent, jedoch kann von einer ausgebildeten Strömung nicht gesprochen werden, da die nötige Anlaufstrecke fehlt.

Der infolge der Kanalreibung entstehende Druckabfall in unrunden Kanälen kann für turbulente Strömung in der Form geschrieben werden [vgl. Gl. (13), S. 15]:

$$\Delta P = \lambda \frac{l}{d} \frac{\gamma}{2g} w_m^2,$$

wobei $d = 4F/U$ der hydraulische Durchmesser ist.

Da die Kanalquerschnitte sich ändern, ändert sich auch der hydraulische Durchmesser. Für rauhe Rohre ist nach Versuchen von *Nikuradse* (vgl. S. 16) die Widerstandszahl bei aus-

NOLDSschen Zahl abhängig. Den verschiedenen vorliegenden Untersuchungsberichten ist nicht einheitlich die gleiche Definition der Re-Zahl zugrunde gelegt (man findet $Re = \dfrac{n\,r^2}{\nu}$, $Re = \dfrac{\omega\,r^2}{\nu}$, $Re = \dfrac{s\,u}{\nu}$ (ausländisches Schrifttum [43]), wobei

- n die Drehzahl U/min
- ω die Winkelgeschwindigkeit 1/s
- r der Scheibenradius m
- s das seitliche Spiel zwischen Gehäuse und rotierender Scheibe m
- ν die kinematische Zähigkeit m²/s.

Ferner sind die angegebenen Formeln teils auf den Radius, teils auf den Durchmesser der Scheibe bezogen, und es bestehen auch Unterschiede in der Definition von Konstanten. Infolgedessen ist der Vergleich der Ergebnisse ziemlich erschwert.

Da die STODOLAsche Beziehung Gl.(105) allgemein im technischen Schrifttum eingeführt ist, werden hier die neueren Ergebnisse auf Gl. (105) bezogen, jedoch der dort eingeführte Koeffizient als eine von der Re-Zahl abhängige Größe angegeben.

Abb. 63 zeigt die Abhängigkeit dieses Koeffizienten β von der REYNOLDSschen Zahl

$$Re = \frac{u\,r}{\nu} \qquad (106)$$

unter Zugrundelegung der Versuchsergebnisse von FÖTTINGER, ZUMBUSCH, SCHULTZ-GRUNOW [41 u. 42] für in geschlossenen Gehäusen bei verschiedenem seitlichem Spiel und verschiedener Rauhigkeit umlaufende Scheiben.

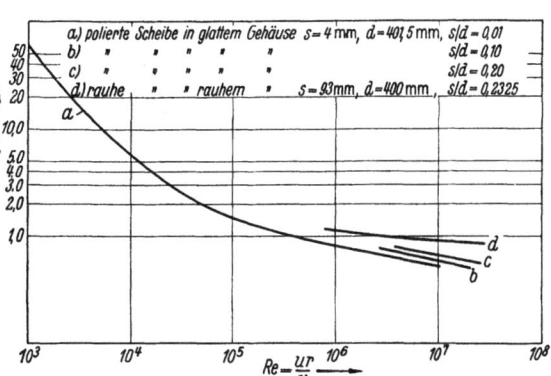

Abb. 63. Radreibungskoeffizient β in Abhängigkeit von der REYNOLDSschen Zahl $Re = \dfrac{u\,r}{\nu}$.

Die in Kreiselgebläsen und Kreiselverdichtern angewendeten seitlichen Spiele s zwischen Laufrad und Gehäuse liegen je nach Maschinengröße und Bauart im Bereich von etwa 4 bis 7 mm und die Verhältniszahlen s/d zwischen 0,01 und 0,20. Diese Werte liegen also im Bereich der in Abb. 63 wiedergegebenen Versuchswerte. Die den Betriebszuständen von Gebläsen und Verdichtern entsprechenden REYNOLDSschen Zahlen liegen durchweg im turbulenten Gebiet oberhalb $Re = 6 \times 10^4$, und zwar ganz erheblich über diesem Wert. Beispielsweise liegen die Re-Werte der verschiedenen Laufräder eines neuzeitlichen Kreiselverdichters im normalen Betriebspunkt zwischen $Re = 1,0 \times 10^7$ und $2,0 \times 10^7$, d. h. an der oberen Grenze bzw. noch außerhalb des bisher experimentell erfaßten Bereichs REYNOLDSscher Zahlen (Abb. 63), so daß häufig eine Extrapolation für die praktische Anwendung der Kurven notwendig ist.

Die Oberflächenbeschaffenheit genieteter Räder ist im allgemeinen rauher als die Beschaffenheit der glatten Scheibe, auch wenn die Niete, wie es meist geschieht, sorgfältig versenkt und die überstehenden Teile nach dem Nieten ebengeschliffen werden. Die Oberflächenbeschaffenheit der glatten Scheibe würde angenähert erreicht werden, wenn die Scheibe nach dem Nieten auf der Bank überschliffen würde, wovon man aber meist absieht. Außerdem wird die Oberflächenbeschaffenheit der Scheiben unter den Betriebseinflüssen (Feuchtigkeit, Gase u. dgl.) im Laufe der Zeit verändert. Die Scheiben werden rauh. Die Radreibungsarbeit wird daher im Laufe der Zeit zunehmen.

Liegen die für die Rechnung in Betracht kommenden Re-Zahlen in einem engen Bereich, wie es für praktische Fälle häufig zutrifft, so ist die Einführung der Zahl β als konstante Größe berechtigt. Über die absolute Höhe des für praktische Fälle einzusetzenden Betrages für β bedarf es noch einiger Annahmen.

Für zusätzliche Ventilationsarbeit, die durch geringen seitlichen Schlag genieteter Räder, insbesondere der Deckscheiben infolge Verziehens verursacht ist, sei ein Berichtigungsfaktor von

1,3 bis 1,5 gegenüber der schlagfreien Scheibe eingeführt, so daß der für den Betriebszustand in Frage kommende Widerstandsbeiwert

$$\bar{\beta} = 1{,}3 \text{ bis } 1{,}5\,\beta$$

ist.

Für $Re = 10^7$ und rauhe Scheiben ist nach Abb. 63 der Wert $\beta = 0{,}9$. Dann ist mit vorstehenden Annahmen der entsprechende Wert der nicht völlig schlagfreien Scheibe

$$\bar{\beta} = 1{,}15 \text{ bis } 1{,}35.$$

Solange der Einfluß des seitlichen Schlages in Verbindung mit Oberflächenrauhigkeit noch nicht einwandfrei geklärt ist, möge für praktische Berechnung der Radreibungsverluste von Gebläse und Verdichterrädern im Gebiet hoher Re-Zahlen der Radreibungsbeiwert

$$\beta = 1{,}0 \text{ bis } 1{,}5$$

gesetzt werden.

β) *Der Einfluß der Radreibung beim einstufigen Gebläse.*

Die Radreibungsarbeit hängt nach Gl. (105) in hohem Maße von der Umfangsgeschwindigkeit und vom Laufraddurchmesser ab. Die Umfangsgeschwindigkeit ist durch die zu erzielende Höhe der Verdichtung bestimmt. Die Wahl des Durchmessers des Laufrades kann hingegen innerhalb gewisser Grenzen getroffen werden. Um die Radreibungsarbeit zum Zweck des Erreichens eines guten Gebläsewirkungsgrades möglichst niedrig zu halten, ist es nach Gl. (105) erforderlich, den Laufraddurchmesser möglichst klein zu halten.

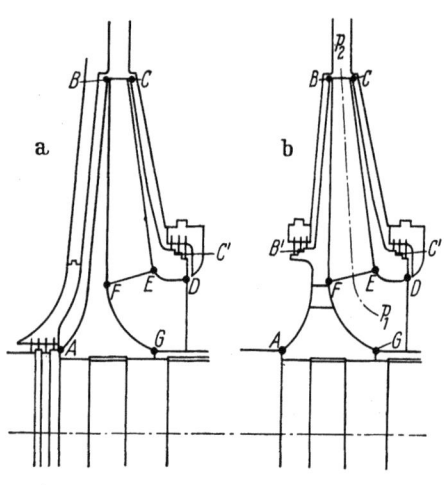

Abb. 64. Verschiedenartige Abdichtung von Gebläselaufrädern. a ohne, b mit Ausgleichkolben.

Die Radreibungsleistung eines Gebläselaufrades setzt sich zusammen aus der Radreibung der Laufradaußenseite A–B, der Deckscheibenaußenseite C–D–E und der Laufradinnenseite F–G (Abb. 64). Da jedoch die Innenflächen wegen kleiner d- und u-Werte nur in geringem Maß die gesamte Radreibung beeinflussen, kann angenähert die gesamte Radreibungsarbeit eines Gebläse- oder Verdichterrades gleichgesetzt werden der Radreibungsleistung einer beim Druck p_2 in einem Gehäuse mit seitlichem Spiel umlaufenden Scheibe gleichen Durchmessers. Die Ergebnisse der rechnerisch ermittelten Radreibungsleistung für Laufräder gleicher Umfangsgeschwindigkeit, jedoch verschiedenen Durchmessers unter Zugrundelegung gleicher Gebläseleistung für sämtliche Laufräder zeigt Abb. 65. Die Vorteile hoher Drehzahl bei kleinem Durchmesser, insbesondere bei zweiflutiger Bauart, sind klar ersichtlich.

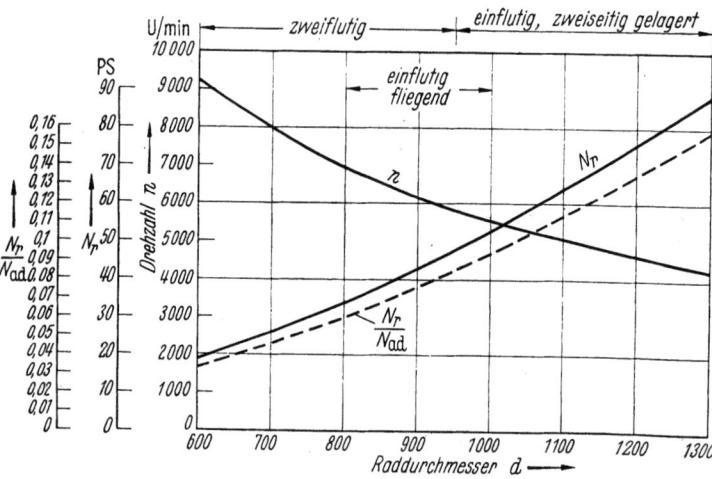

Abb. 65. Radreibungsleistung N_r bzw. N_r/N_{ad} von Gebläselaufrädern gleicher Umfangsgeschwindigkeit bei Variation von Durchmesser und Drehzahl.

c) Einfluß der Zusammendrückbarkeit des Fördermittels.

Wie die Betrachtungen der Gl. (10) und (71) gezeigt haben, sind für die Förderhöhe und für die Leistungsaufnahme eines Gebläse- bzw. Verdichterrades bei radialem Eintritt die Verhältnisse am Laufradaustritt maßgebend. Setzt man voraus, daß sich die Förderhöhe eines Laufrades nicht ändert, solange die Austrittsverhältnisse, d. h. die Geschwindigkeiten des Austritts nach Größe und Richtung bestehenbleiben und damit auch das Austrittsvolumen gleichbleibt, so folgt für die Förderung zusammendrückbarer Fördermittel (Gase, Dämpfe), daß das Ansaugevolumen V_S im Verhältnis V_S/V_2 zu vergrößern ist gegenüber dem Ansaugevolumen bei nicht zusammendrückbarem Fördermittel, wenn die gleiche Förderhöhe H erreicht werden soll. Dies bedeutet im Kennliniendiagramm eine Verschiebung der Punkte der Charakteristik nach rechts. Ein Punkt P der Kennlinie eines Laufrades bei nicht zusammendrückbarem Fördermittel wandert bei zusammendrückbarem Fördermittel bei gleicher Förderhöhe um so mehr nach rechts, je größer der Unterschied der Volumina zwischen Ansaugevolumen V_S und Austrittsvolumen V_2 am Laufradaustritt ist.

Für unendliche Schaufelzahl und verlustfreie adiabatische Verdichtung ergibt sich [44] eine einfache Beziehung für das Verhältnis V_S/V_2

$$\frac{V_S}{V_2} = \left(1 + \frac{\varkappa - 1}{2} \varepsilon_{\mathrm{th}_\infty} \psi_{\mathrm{th}_\infty} Ma^2\right)^{\frac{1}{\varkappa - 1}}. \tag{107}$$

Hierbei ist

$$\left.\begin{array}{l} \varepsilon_{\mathrm{th}_\infty} \text{ der Reaktionsgrad Gl. (26)} \\ \psi_{\mathrm{th}_\infty} \text{ die Druckzahl Gl. (21)} \\ Ma = \dfrac{u_2}{a_S} \text{ die MACHsche Zahl, d. i. das Verhältnis von } \dfrac{\text{Umfangsgeschwindigkeit}}{\text{Schallgeschwindigkeit}} \\ a_S \text{ die Schallgeschwindigkeit des ruhenden Fördermittels im Saugzustand m/s} \end{array}\right\} \tag{108}$$

Es ergibt sich für V_S/V_2 eine quadratische Abhängigkeit von der MACHschen Zahl, neben den Einflüssen von $\varkappa$, ε und ψ.

Ist der Verlauf der Förderhöhe als Funktion der Ansaugemenge für nicht zusammendrückbares Fördermittel bekannt, so erhält man den Verlauf für zusammendrückbares Fördermittel durch Vergrößern der Volumina im Verhältnis V_S/V_2 bei jeweils konstanter Förderhöhe.

d) Geänderte Fördermenge bei konstanter Drehzahl.

Bei Änderung des Betriebspunktes eines bestimmten Gebläses längs seiner Kennlinie ($n =$ const) ändern sich das angesaugte Volumen und das Verdichtungsverhältnis. Dadurch ändern sich die Strömungsgeschwindigkeiten im Laufrad wie auch am Eintritt und am Austritt des Laufrades. Die Schaufelwinkel des Laufrades am Eintritt und am Austritt sind auf einen bestimmten Betriebspunkt, den sog. Auslegungspunkt des Gebläses, zugeschnitten. In allen anderen Betriebspunkten ergeben sich Abweichungen von den normalen Geschwindigkeitsverhältnissen am Eintritt und am Austritt des Laufrades, die besondere Beachtung erfordern.

1. Eintritt am Laufrad.

Bei konstanter Drehzahl $n =$ const ist die Umfangsgeschwindigkeit u_1 am Eintritt konstant. Die absolute Eintrittsgeschwindigkeit c_1, die bei feststehenden radialgerichteten Leitrippen vor Laufradeintritt immer radial gerichtet ist, unabhängig von der Größe des Ansaugevolumens, erfährt eine dem Ansaugevolumen proportionale Änderung, so daß sich die relative Eintrittsgeschwindigkeit w_1 hierbei nach Größe und Richtung ändert (Abb. 66) und sich bei größerem wie bei kleinerem Ansaugevolumen ein Stoß am Schaufeleintritt ergibt, der um so stärker ist, je größer die Abweichung gegenüber dem Auslegungspunkt ist

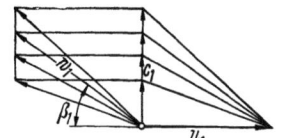

Abb. 66. Eintrittsplan bei wechselnder Fördermenge und jeweils radial gerichteter Eintrittsgeschwindigkeit c_1.

(Abb. 67). Der Stoß am Eintritt kann vermieden werden, wenn man vor dem Laufradeintritt verstellbare Leitschaufeln anordnet, durch die die Richtung von c_1 der jeweiligen Ansaugemenge angepaßt wird (Abb. 68). Derartige verstellbare Leitschaufeln am Eintritt werden bisweilen angewendet (vgl. z. B. S. 101).

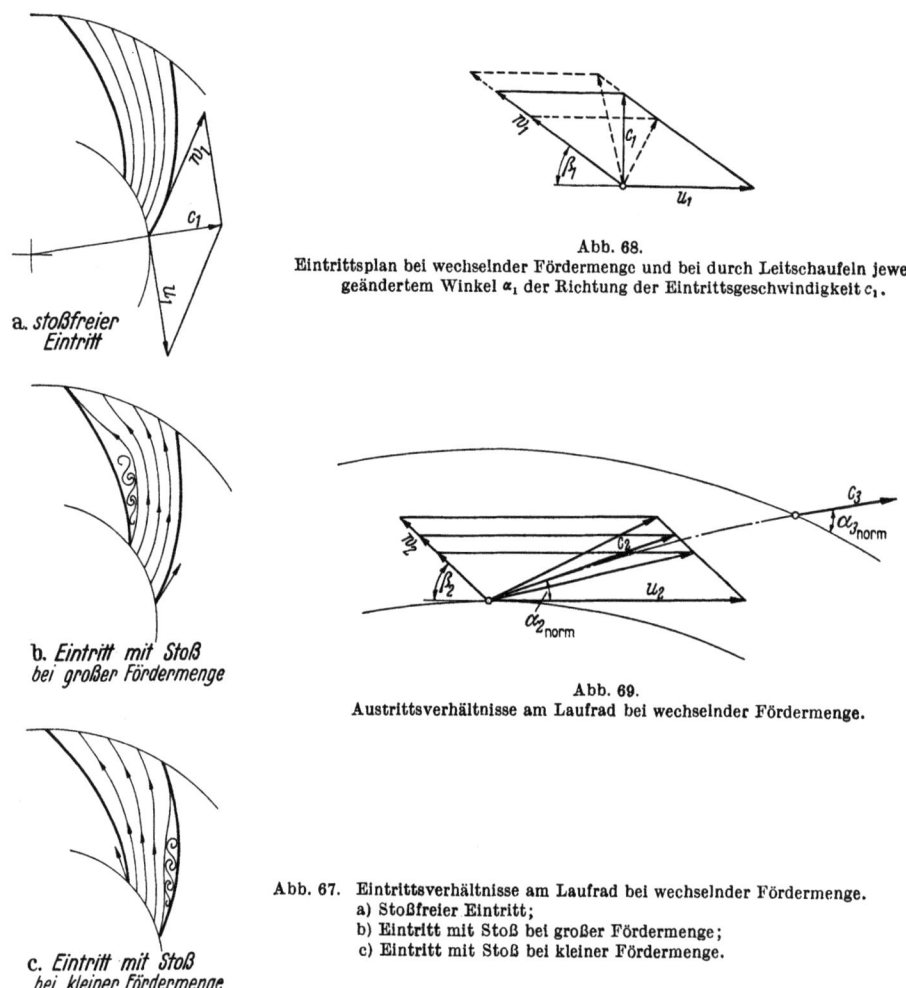

Abb. 68. Eintrittsplan bei wechselnder Fördermenge und bei durch Leitschaufeln jeweils geändertem Winkel α_1 der Richtung der Eintrittsgeschwindigkeit c_1.

Abb. 69. Austrittsverhältnisse am Laufrad bei wechselnder Fördermenge.

Abb. 67. Eintrittsverhältnisse am Laufrad bei wechselnder Fördermenge.
a) Stoßfreier Eintritt;
b) Eintritt mit Stoß bei großer Fördermenge;
c) Eintritt mit Stoß bei kleiner Fördermenge.

2. Austritt am Laufrad.

Bei konstanter Drehzahl ist die Umfangsgeschwindigkeit u_2 am Austritt konstant. Die relative Austrittsgeschwindigkeit w_2 ist, wenn man vom Einfluß der endlichen Schaufelzahl absieht, durch den Schaufelwinkel β_2 nach ihrer Richtung festgelegt, sie ändert sich jedoch in ihrer Größe nach dem jeweiligen Volumen, so daß sich die absolute Austrittsgeschwindigkeit c_2 bei geändertem Ansaugevolumen nach Größe und Richtung ändert. Bei größerem Ansaugevolumen als normal ist $w_2 > w_{2_{\text{norm}}}$ und der Austrittswinkel $\alpha_2 > \alpha_{2_{\text{norm}}}$. Bei kleinerem Ansaugevolumen tritt das Umgekehrte ein, und es ist $w_2 < w_{2_{\text{norm}}}$ und $\alpha_2 < \alpha_{2_{\text{norm}}}$ (Abb. 69). Die Verhältnisse am Laufradaustritt beeinflussen die Vorgänge in der Leitvorrichtung. Je nachdem, ob die Leitvorrichtung als schaufelloser Diffusor, Leitschaufel oder Spirale ausgebildet ist, ergeben sich verschiedene Verhältnisse.

α) *Der schaufellose Diffusor bei Belastungsänderungen des Gebläses.*

Im schaufellosen Diffusor verlaufen nach Abschnitt C I (S. 47) die Stromlinien um so steiler, je größer der Winkel α_2 ist. Mithin erhalten wir bei gegenüber normaler Menge verringerter Fördermenge einen flacheren Verlauf der Strombahn im Diffusor als bei normaler Menge, hingegen bei übernormaler Fördermenge einen steileren Verlauf (Abb. 43 u. 45).

Bei verlustloser Druckumsetzung ist der Wirkungsgrad der Druckumsetzung

$$\bar{\eta}_{D_{2-4}} = \frac{c_2^2 - c_4^2}{2g} \frac{1}{c_2^2/2g} = 1 - \frac{c_4^2}{c_2^2}. \tag{109}$$

Für die Geschwindigkeitskomponenten c_{4_u} und c_{4_m} gilt

$$c_{4_u} = c_{2_u} \frac{r_2}{r_4}, \quad c_{4_m} = c_{2_m} \frac{b_2}{b_4} \frac{r_2}{r_4} \quad \text{und} \quad c_4^2 = c_{4_u}^2 + c_{4_m}^2,$$

so daß

$$c_4^2 = \left(\frac{r_2}{r_4}\right)^2 \left(c_{2_u}^2 + c_{2_m}^2 \frac{b_2^2}{b_4^2}\right) = \left(\frac{r_2}{r_4}\right)^2 \left(c_2^2 - c_{2_m}^2 \left[1 - \frac{b_2^2}{b_4^2}\right]\right) = \left(\frac{r_2}{r_4}\right)^2 c_2^2 - c_{2_m}^2 \left(1 - \frac{b_2^2}{b_4^2}\right)\left(\frac{r_2}{r_4}\right)^2. \tag{110}$$

Hiermit wird der Wirkungsgrad der verlustlosen Druckumsetzung

$$\bar{\eta}_{D_{2-4}} = 1 - \frac{r_2^2}{r_4^2} + \frac{c_{2_m}^2}{c_2^2}\left(1 - \frac{b_2^2}{b_4^2}\right)\left(\frac{r_2^2}{r_4^2}\right) = 1 - \frac{r_2^2}{r_4^2} + \sin^2\alpha_2 \left(1 - \frac{b_2^2}{b_4^2}\right)\frac{r_2^2}{r_4^2}. \tag{111}$$

Für einen durch Konstruktion festgelegten Diffusor eines bestimmten Gebläses sind r_2/r_4 und b_2/b_4 als gegeben zu betrachten; der Winkel α_2 ergibt sich aus dem Austrittsdiagramm je nach Größe der Fördermenge. Es ergibt sich nach Gl. (111) ein um so besserer Umsetzungsgrad $\bar{\eta}_{D_{2-4}}$, je größer α_2, d. h. je größer die Fördermenge ist. Ist im Sonderfall $b_2 = b_4$ (parallelwandiger Diffusor), dann ist für alle Fördermengen des gleichen Gebläses der Umsetzungsgrad $\bar{\eta}_{D_{2-4}}$ des Diffusors für verlustlose Umsetzung

$$\bar{\eta}_{D_{2-4}} = 1 - \frac{r_2^2}{r_4^2} = \text{const} \tag{111a}$$

unabhängig von der Fördermenge.

Die im Diffusor nicht ausgenutzte Geschwindigkeitsenergie $c_4^2/2g$ am Diffusoraustritt

$$\frac{c_4^2}{2g} = \frac{1}{2g}\frac{r_2^2}{r_4^2}\left[c_{2_u}^2 + \left(\frac{b_2}{b_4}\right)^2 c_{2_m}^2\right] \tag{112}$$

hängt außer von den durch die Konstruktion festgelegten Größen r_2/r_4 und b_2/b_4 von den Geschwindigkeitskomponenten c_{2_m} und c_{2_u} ab. Die Radialkomponente c_{2_m} ändert sich proportional der Fördermenge, nimmt also bei zunehmender Fördermenge zu, während die Tangentialkomponente c_{2_u} bei rückwärtsgekrümmter Schaufel bei zunehmender Fördermenge abnimmt, so daß beide Einflüsse einander entgegenwirken. Bei üblichen Winkeln $\beta_2 \approx 45°$ und üblichen Austrittsverhältnissen nimmt die Geschwindigkeit c_4 und damit die Austrittsenergie $c_4^2/2g$ am Austritt des Diffusors mit zunehmender Fördermenge etwas ab.

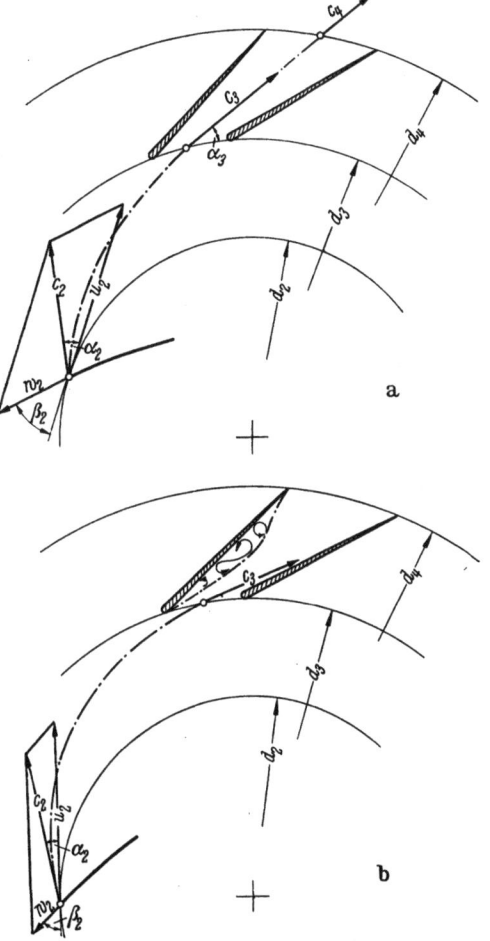

Abb. 70. Eintritt in die Leitschaufel.
a Stoßfreier Eintritt; b Eintritt mit Stoß.

β) Die Leitschaufel bei Belastungsänderungen des Gebläses.

Soweit die Leitschaufel nicht verstellbar ist, liegt der Winkel α_3 (Abb. 69), unter dem die Leitschaufel gegen den Umfang geneigt ist, durch die Konstruktion fest. Dieser Winkel wird so gewählt, daß im Normalpunkt stoßfreier Eintritt herrscht. Bei anderen Betriebspunkten ergeben sich jedoch andere Austrittswinkel α_2 und damit auch andere Winkel α_3 der Stromfäden am Leitschaufeleintritt, so daß hier je nach Fördermenge ein Stoß auf die Schaufelvorderseite oder den Schaufelrücken entsteht (Abb. 70).

Der Stoß am Eintritt in die Leitschaufel kann vermieden werden durch Anwenden drehbarer Leitschaufeln, deren Neigungswinkel am Eintritt der jeweiligen Richtung von c_3 angepaßt wird. Verstellbare Leitschaufeln hinter dem Laufradaustritt werden für Sonderbauarten angewendet, z. B. für Hochofengebläse (vgl. Abschnitt F IV c, S. 218, Abb. 269, S. 220).

γ) *Die Spirale bei Belastungsänderungen des Gebläses.*

Die Spirale kann nur auf einen bestimmten Austrittswinkel α_2 der absoluten Austrittsgeschwinkeit c_2 zugeschnitten werden. Bei größeren Ansaugemengen als normal ist $w_2 > w_{2_{norm}}$ und daher $\alpha_2 > \alpha_{2_{norm}}$, die Stromlinien verlaufen steiler als der Form der Spirale entspricht, es ergibt sich

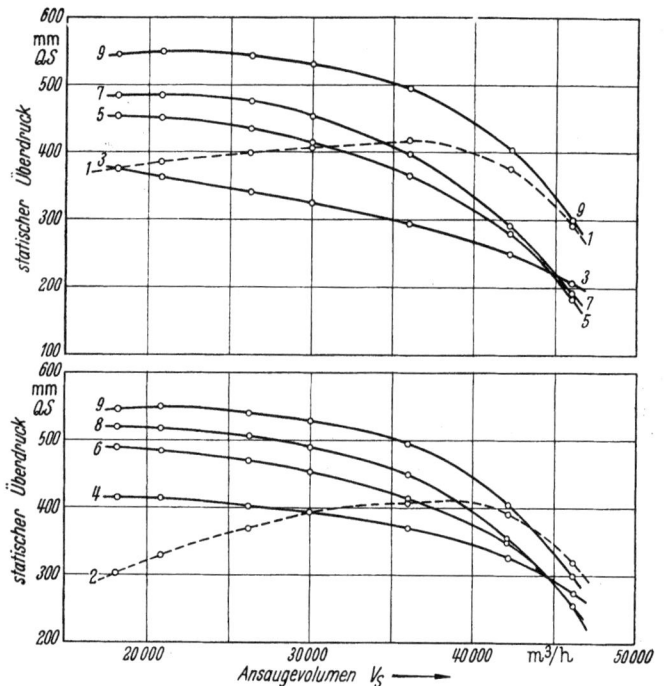
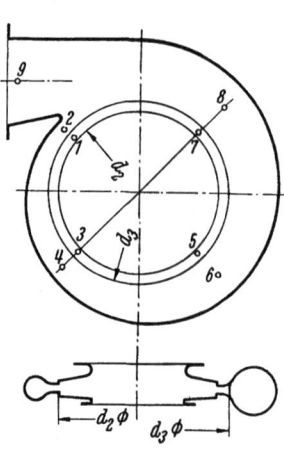

Abb. 73.
Lage der 9 Meßstellen der Drücke
Abb. 71 u. 72.

Abb. 71 u. 72. Verlauf der statischen Drücke eines Spiralgebläses in Abhängigkeit vom Ansaugevolumen, gemessen (Abb. 71, oben) an verschiedenen Stellen des Laufradumfanges (*1, 3, 5, 7*) unmittelbar hinter Laufradaustritt und am Druckstutzen (*9*) und (Abb. 72, unten) auf Mitte Spirale an verschiedenen Stellen des Umfangs (*2, 4, 6, 8*) und am Druckstutzen (*9*).

ein Stoß gegen die äußere Begrenzungswand der Spirale, die Spiralquerschnitte sind etwas zu knapp. Bei kleineren Ansaugemengen tritt das Umgekehrte ein, es wird $w_2 < w_{2_{norm}}$ und daher $\alpha_2 < \alpha_{2_{norm}}$, so daß die Stromlinien flacher als die Spirale verlaufen, die Spiralquerschnitte sind etwas zu reichlich.

Den Verlauf der statischen Drücke unmittelbar hinter dem Laufradaustritt eines größeren einstufigen Spiralgebläses, gemessen an verschiedenen Stellen des Umfanges *1, 3, 5, 7* und *9* für $\varphi = 0, \pi/2, \pi, 3\pi/2, 2\pi$ zeigt Abb. 71 in Abhängigkeit von dem Ansaugevolumen des Gebläses. Die zugehörigen statischen Drücke, gemessen auf Mitte Spirale *2, 4, 6, 8* und *9*, zeigt Abb. 72. Die Lage der Meßstellen, die von *1–9* bezeichnet sind, gibt Abb. 73 wieder. Den Verlauf dieser statischen Drücke über dem abgewickelten Umfang des Laufrades für drei herausgegriffene Betriebspunkte zeigen Abb. 74–76, Abb. 74 für normalen Betriebszustand, Abb. 75 für Teillast und Abb. 76 für Überlast.

Bemerkenswert ist, daß im allgemeinen die Drücke längs des Umfanges des Laufrades nicht konstant sind, sondern beträchtlich voneinander abweichen. Die größten Abweichungen ergeben sich für das gezeigte Beispiel bei Teillast (Abb. 75), die geringsten bei Überlast, Abb. 76 (bis auf Meßstelle *1*, die durch die Zunge beeinflußt wird). Da aber die jeweilige Fördermenge eines Laufrades sehr wesentlich von der Druckhöhe abhängt und, wie die Versuche gezeigt haben, der Druck

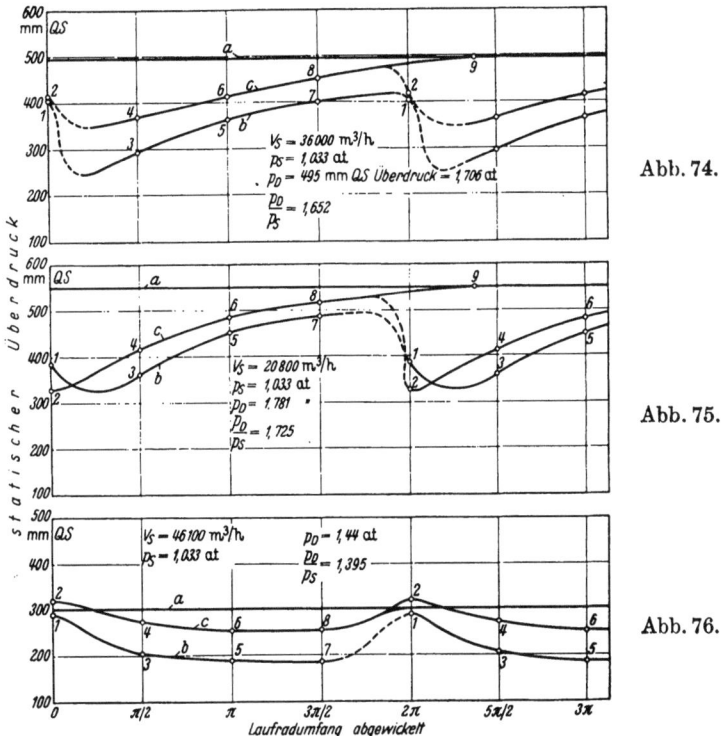

Abb. 74.

Abb. 75.

Abb. 76.

Abb. 74—76. Verlauf der statischen Drücke, gemessen hinter Laufrad und gemessen auf Mitte Spirale, in Abhängigkeit vom abgewickelten Laufradumfang. Abb. 74 für normale Fördermenge; Abb. 75 für unternormale Fördermenge; Abb. 76 für übernormale Fördermenge. *a* Überdruck am Druckstutzen (p_d); *b* statischer Überdruck unmittelbar hinter Laufradaustritt $(p_{r\,stat})$; *c* statischer Überdruck, gemessen auf Mitte Spirale $p_{Sp\,stat}$.

in dem Spiralgehäuse, in dem das Laufrad umläuft, unmittelbar hinter dem Laufradaustritt gemessen, örtlich verschieden ist, muß das Laufrad eines Spiralgebläses im allgemeinen längs seines Umfanges verschieden beaufschlagt sein. Druck und Menge ändern sich für einen bestimmten Punkt des Umfanges des umlaufenden Laufrades zeitlich periodisch. Während der Druck zunimmt, geht die auf die Einheit des Umfanges entfallende Menge zurück und umgekehrt.

Anmerkung: Das vorliegende untersuchte Spiralgehäuse ist *nicht* nach dem Flächensatz bemessen, sondern mit gegenüber dem Flächensatz stetig zunehmenden Querschnitten, um dem Einfluß der Reibung Rechnung zu tragen. Der Zuschlag zu den nach dem Flächensatz sich ergebenden Querschnitten ist

$$0\% \text{ für } \hat{\varphi} = 0$$
$$100\% \text{ für } \hat{\varphi} = 2\pi.$$

Die normale, auf den Saugzustand des Gebläses bezogene Rechnungsmenge ist 36 000 m³/h. Siehe auch S. 60.

δ) *Pumperscheinung.*

Die Beobachtung an ein- und mehrstufigen Gebläsen und an Turboverdichtern zeigt, daß beim Herabsetzen der Fördermenge gegenüber der normalen Fördermenge infolge irgendwelcher betrieblicher Änderungen bei einer bestimmten Fördermenge, der sogenannten Pumpgrenze, die gleichmäßige Strömung der Luft bzw. des Gases in eine unstetige Strömung übergeht, die sich durch periodische Druckschwankungen, die mit periodischem Geräusch verbunden sind, am Druckstutzen auswirkt und sich bis auf den Saugstutzen überträgt. Es handelt sich um periodische Druckschwankungen, deren Frequenz je nach der Größe des Druckluftnetzes, auf welches

Setzt man nun entsprechend obiger Definition der spezifischen Drehzahl n_q das Ansaugevolumen des Vergleichsgebläses II
$$V_{II} = 1 \text{ m}^3/\text{s}$$
und die Förderhöhe des Gebläses II
$$H_{II} = 1 \text{ m,}$$
so ist
$$n_{II} = n_q,$$
und man erhält für die oben definierte spezifische Drehzahl n_q

$$n_q = n_I V_I^{1/2} H_I^{-3/4} \text{ [U/min]}, \tag{169}$$

die sich auf 1 m³/s Ansaugevolumen und 1 m Förderhöhe bezieht.

Für Axialgebläse hat KELLER [50] an Stelle der spezifischen Drehzahl n_q eine Kennzahl σ eingeführt, die definiert ist durch

$$\sigma = 0{,}379 \, V^{1/2} H^{-3/4} \frac{n}{60}. \tag{170}$$

Die spezifische Drehzahl n_q und die Kennzahl σ sind durch die Beziehung verknüpft

$$\sigma = 0{,}00632 \, n_q. \tag{171}$$

Die eingangs dieses Abschnittes erwähnte spezifische Drehzahl n_s, die sich auf 1 PS Nutzleistung bei 1 m Förderhöhe bezieht, steht mit der spezifischen Drehzahl n_q in Beziehung durch

$$n_s = \sqrt{\frac{\gamma}{75}} \, n_q. \tag{172}$$

Zwischen der spezifischen Drehzahl n_q und der Förderzahl $\overline{\varphi}$ [Gl. (163)] und der Druckzahl ψ [Gl. (160)] bestehen folgende Beziehungen:

$$n_q = 157{,}8 \frac{\overline{\varphi}^{1/2}}{\psi^{3/4}}. \tag{173} \qquad \psi = 825{,}6 \frac{\overline{\varphi}^{2/3}}{n_q^{4/3}}. \tag{174}$$

In Abb. 87a bis i sind eine Reihe verschiedener Gebläse- und Verdichterlaufräder verschiedener Schnelläufigkeit zusammengestellt und deren wichtigste technische Daten (Ansaugevolumen V_S, Ansaugedruck p_S, Enddruck p_D, spezifisches Gewicht γ_S des Gases im Saugzustand, Förderhöhe H, Drehzahl n und Laufraddurchmesser d) tabellarisch angegeben. Zum Vergleich sind auch die spezifischen Drehzahlen von Rädern axialer Bauart beigefügt.

σ	n_s	V_S	m³/s	1,4	87 a
0,176	3,455	p_S	ata	1,0	18 Schaufeln
n_q		p_D	ata	2,33	
27,75		γ_S	kg/m³	1,165	
		h_{ad}	mkg/kg	8000	
		n	U/min	19800	
		d	m	0.36	

σ	n_s	V_S	m³/s	1,25	87 b
0,183	3,6	p_S	ata	1,0	18 Schaufeln
n_q		p_D	ata	2,1	
28,9		γ_S	kg/m³	1,165	
		h_{ad}	mkg/kg	7090	
		n	U/min	19900	
		d	m	0,36	

σ	n_s	V_S	m³/s	10	87 c
0,212	4,225	p_S	ata	1,0	20 Schaufeln
n_q		p_D	ata	1,65	
33,53		γ_S	kg/m³	1,188	
		h_{ad}	mkg/kg	4700	
		n	U/min	6000	
		d	m	0,95	

Unterdrückung der Pumpgrenze durch Verstellen der Leitschaufeln nicht möglich. Auch bei Anwendung schaufelloser ringförmiger Diffusoren ist es bisher nicht möglich gewesen, die Pumperscheinung vollkommen zu beseitigen, obwohl es heute gelingt, auch mit schaufellosen Diffusoren sehr niedrige Pumpgrenzen zu erhalten.

Aus dem Vorstehenden, insbesondere aus dem über die drehbaren Leitschaufeln Gesagten, geht hervor, daß der Hauptgrund für das Enstehen des Pumpens wohl nicht in dem Leitrad, sondern in dem *Laufrad* zu suchen ist. Bei Teillast (verkleinerter Fördermenge) erhält man auch für den Eintritt des Laufrades nicht mehr stoßfreien Eintritt (Abb. 67c). Es entstehen bereits an der Eintrittskante kleine Loslösungen, die zunächst mit der Strömung fortgetragen werden. Diese Loslösungen werden bei bestimmten kleinen Fördermengen schließlich so groß, daß die Strömung an der Wand abreißt und schließlich zum Zurückschlagen der Strömung, bis auf den Eintritt des Laufrades zurück, führt. Dieses Zurückschlagen der Strömung bis auf den Eintritt des Laufrades ist leicht durch Beobachtung und Messung oder auch bei fliegend angeordneten, frei ansaugenden Rädern durch Betasten des Luftwegs feststellbar.

e) Der wirkliche Verdichtungsvorgang im einstufigen Gebläse.

1. Die Verluste im einstufigen Gebläse.

Die Verluste im einstufigen Gebläse setzen sich aus folgenden Größen zusammen:

α) *Hydraulische Verluste.*

Zuströmverlust. Der Zuströmverlust enthält alle Reibungs- und Umlenkungsverluste auf dem Wege *S—0—1* vom Saugstutzen bis zum Laufradeintritt. Die Strömungsgeschwindigkeit c_S im Saugstutzen ist niedrig (im allgemeinen 15—20 m/s), während die Eintrittsgeschwindigkeiten ins Laufrad (c_0 in axialer, c_1 in radialer Richtung) wesentlich höher sind. Es handelt sich um eine beschleunigte Strömung, und es empfiehlt sich, die Strömungsquerschnitte auf dem Wege *S—0—1* stetig zu verkleinern und dabei plötzliche Richtungsänderungen und Übergänge zu vermeiden, um die Verluste möglichst klein zu halten. Es ergibt sich auf dem Wege *S—0—1* entsprechend der Zunahme der Geschwindigkeiten abnehmender Druck gegenüber dem Druck im Saugstutzen. Der Zuströmverlust kann in der Form geschrieben werden

$$H_{v_{S-1}} = \zeta_{S1} \frac{c_0^2}{2g}. \tag{113}$$

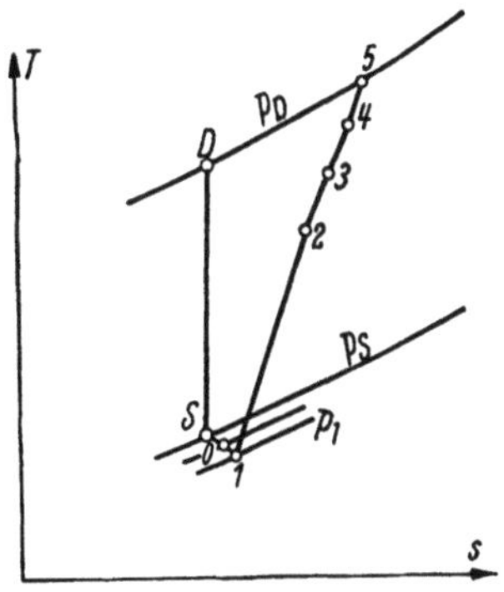

Im T, s-Diagramm (Abb. 77) ist der Vorgang *S—0—1* eine Expansion mit gewissen Verlusten.

Verluste im Laufrad [45, 46]. Die Verluste im Laufrad auf dem Wege *1—2* von Laufradeintritt *1* bis Laufradaustritt *2* umfassen alle Verluste infolge Stoß und Wirbelbildung am Eintritt *1*, infolge Kanalreibung und Wirbelbildung im Laufradkanal auf dem Wege *1—2* und infolge ungleichmäßiger Strömung und Wirbelbildung am Austritt. Der Laufradverlust kann in der Form geschrieben werden

$$H_{v_{1-2}} = \zeta_{12} \frac{w_1^2}{2g}. \tag{114}$$

Abb. 77. Verdichtungsvorgang im einstufigen Gebläse, dargestellt im T, s-Diagramm. p_S Druck im Saugstutzen; p_D Druck im Druckstutzen; *S—D* adiabatische Verdichtung; *S—0, 0—1* Zuströmen zum Laufrad, beschleunigte Strömung; *1—2* Verdichtung im Laufrad; *2—3—4* Verdichtung in der Leitvorrichtung; *2—3* schaufelloser Diffusor; *3—4* Leitschaufel; *4—5* Verdichtung im konisch erweiterten Druckstutzen.

Im T, s-Diagramm (Abb. 77) ist die Zustandsänderung *1—2* eine polytropische Verdichtung.

Verluste in der Leitvorrichtung. Je nach konstruktiver Gestaltung der Leitvorrichtung (schaufelloser ringförmiger Diffusor, Leitschaufel, Spirale) entstehen bei der Druckumsetzung verschiedenartige Verluste infolge Stoß, Ablösung, Wirbelung, Kanalreibung, Umlenkung u. a. auf dem Wege *2—4* vom Eintritt bis zum Austritt der Leitvorrichtung.

Der Verlust in der Leitvorrichtung kann in der Form geschrieben werden

$$H_{v_{2-4}} = \zeta_{24} \frac{c_2^2}{2g}. \tag{115}$$

Im T,s-Diagramm (Abb. 77) ist die Zustandsänderung *2–4* eine polytropische Verdichtung.

Verluste im erweiterten Druckstutzen und Übergangsstück. Infolge Ablösungen, Wirbelungen, Reibung ergeben sich auf dem Weg *4–5* Verluste, die in der Form

$$H_{v_{4-5}} = \zeta_{45} \frac{c_4^2}{2g} \tag{116}$$

geschrieben werden können. Im T-s-Diagramm (Abb. 77) ist die Zustandsänderung eine polytropische Verdichtung.

Zusammenfassung der hydraulischen Verluste. Die auf dem Wege vom Saugstutzen S bis zum Druckstutzen D auftretenden hydraulischen Verluste $\sum H_{v-h}$ setzen sich zusammen aus

Reibungsverlusten $\sum H_{v-h_r}$,   Krümmungs- und Umlenkungsverlusten $\sum H_{v-h_k}$,
Stoßverlusten $\sum H_{v-h_{st}}$,   Umsetzungsverlusten $\sum H_{v-h_u}$.

Diese Einzelverluste lassen sich experimentell an der Maschine nicht ermitteln, zum Teil sind sie rechnerisch näherungsweise bestimmbar (Zahlentafel 12 u. 13, S. 291 u. 292). Die gesamten hydraulischen Verluste sind

$$\sum H_{v-h} = \sum H_{v-h_r} + \sum H_{v-h_{st}} + \sum H_{v-h_k} + \sum H_{v-h_u}. \tag{117}$$

Man kann auch eine Unterteilung dieser Verluste vornehmen nach im Laufrad und in den Leitvorrichtungen entstehenden Verlusten. Ein Versuch in dieser Richtung auf experimentellem Wege ist von NIEDERSCHUH [46] unternommen worden. Experimentell ist eine solche Trennung in exakter Weise schwer durchführbar.

β) Spaltverluste.

Innerer Spaltverlust (Verlust an der inneren Dichtung). Dieser Verlust, der von der Ausbildung der Dichtung am Laufrad, den Abmessungen des Laufrades und der abzudichtenden Druckdifferenz abhängt, erfordert (Abb. 78) eine Vergrößerung des vom Laufrad anzusaugenden Gewichtes um G_{Sp-i} bei gleichem ins Netz geförderten Gewicht G und ergibt eine geringe Aufwärmung des Fördermittels am Laufradeintritt. Dieser Verlust bedingt eine Mehrarbeit. Näheres über seine Berechnung s. S. 253 f. u. Zahlentafel 8, S. 258.

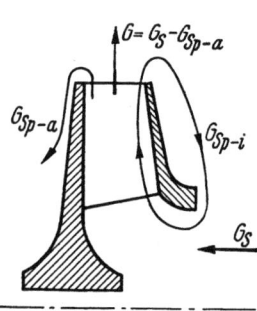

Abb. 78.
Darstellung der Spaltverluste.

Äußerer Spaltverlust (Verlust an der äußeren Dichtung). Dieser Verlust, der von der Ausbildung des Ausgleichkolbens und der Wellenstopfbuchsen abhängt, äußert sich wie der innere Spaltverlust in einer Verringerung des tatsächlich ins Netz geförderten Gewichtes, erfordert daher zur Erzielung gleicher ins Netz geförderter Menge G eine weitere Vergrößerung des vom Laufrad anzusaugenden Gewichtes um G_{Sp-a} (Abb. 78) und bedingt gleichfalls eine zusätzliche Arbeit, die mit L_{Sp-a} (mkg/kg) bezeichnet sei. Näheres über die Berechnung dieses Verlustes s. S. 253 f. u. Zahlentafel 9, S. 258.

Zusammenfassung der Spaltverluste. Die Spaltverluste setzen sich zusammen aus den inneren Verlusten G_{Sp-i} und den äußeren Verlusten G_{Sp-a} und erfordern je ins Netz geförderte Gewichtseinheit (kg) eine spezifische Mehrleistung

$$L_{Sp} = L_{Sp-i} + L_{Sp-a} \text{ mkg/kg}. \tag{118}$$

γ) Radreibungsverlust.

Dieser entsteht in den Zwischenräumen zwischen den feststehenden Gehäusewandungen und dem umlaufenden Rad und hängt ab vom spezifischen Gewicht des Fördermittels, der Umfangsgeschwindigkeit des Laufrades, dem Laufraddurchmesser, dem seitlichen Spiel des Laufrades im

Gehäuse u. a. Über seine Berechnung vgl. S. 60. Der Radreibungsverlust ist ein Energieverlust, der infolge von Reibung und auftretenden Sekundärströmungen in den Spalten zwischen Laufrad und Gehäuse entsteht und die Einleitung zusätzlicher Energie an der Wellenkupplung erfordert, die sich in den Spalträumen in Wärme umsetzt. Der größte Teil dieser Wärme teilt sich dem Fördermittel hinter dem Laufradaustritt, das heißt im zweiten Teil der Verdichtung, durch Durchmischen mit und wirkt wie eine Wärmezufuhr während der Verdichtung.

Die spezifische Radreibungsarbeit werde mit L_r mkg/kg bezeichnet.

δ) Austauschverlust.

Dieser Verlust entsteht am Laufradaustritt infolge Zurückströmens von Fördermittel aus der Leitvorrichtung ins Laufrad. Dieses Rückströmen gewisser Teilchen ins Laufrad ist experimentell (photographisch) nachgewiesen und tritt vornehmlich bei Teillast auf. Unterlagen über die Berechnung dieses Verlustes können jedoch noch nicht angegeben werden.

Der spezifische Austauschverlust werde mit L_a mkg/kg bezeichnet.

ε) Der Mehraufwand an reiner Verdichtungsarbeit infolge Abweichung von der adiabatischen Verdichtung.

Die auftretenden inneren Verluste bewirken Umwandlung mechanischer Energie in Wärme. Diese Wärme bleibt vom Augenblick des Entstehens im Fördermittel enthalten und wirkt wie eine Wärmezufuhr an das Fördermittel. Der Verdichtungsvorgang im ungekühlten Gebläse verläuft daher nach einer Polytrope, deren Exponent n größer ist als der Adiabatenexponent $\varkappa$. Darum ist gegenüber adiabatischer Verdichtung ein Mehraufwand an Verdichtungsarbeit nötig, der der Fläche ADB in Abb. 79 entspricht.

Der spezifische Mehraufwand an Arbeit zwischen polytropischer und adiabatischer Verdichtung ist mit Gl. (3), S. 8:

$$L_M = h_{\text{pol}} - h_{\text{ad}} = R\left\{\frac{n}{n-1}(t_D - t_S) - \frac{\varkappa}{\varkappa - 1}(t_{D_{\text{ad}}} - t_S)\right\} \\ = R\left\{\frac{\ln p_D/p_S}{\ln T_D/T_S}(t_D - t_S) - \frac{\varkappa}{\varkappa - 1}(t_{D_{\text{ad}}} - t_S)\right\} \text{ mkg/kg.} \quad (119)$$

Dieser Mehraufwand an reiner Verdichtungsarbeit hängt vom Polytropenexponenten n und vom Druckverhältnis p_D/p_S ab. Die Höhe des Polytropenexponenten n ist ein Maß für den inneren Wirkungsgrad des Gebläses. Bei gleichem n, d. h. bei gleichem inneren Wirkungsgrad des Gebläses, ist die spezifische Mehrarbeit L_M um so größer, je größer das Druckverhältnis p_D/p_S ist. Dieses ist auch aus Bild 79 ersichtlich.

ζ) Mechanische Verluste.

Diese setzen sich zusammen aus Lagerreibung, Stoffbuchsreibung (meist vernachlässigbar klein) und Reibung an den inneren Dichtungen (meist null oder vernachlässigbar klein).

Die Lagerverluste können bei drucködgeschmierten Lagern durch Ölmengenmessung und Messung der Aufwärmung des Öles zwischen Ein- und Austritt am Lager ziemlich genau bestimmt werden.

Bei geeigneter Lagerausbildung betragen die Lagerverluste je nach Größe der Maschinen

		Lagerverluste
für große	Maschinen von 2000—5000 PS Leistung	1% der Leistung
für mittlere	Maschinen von 1000—2000 PS Leistung	1,5% der Leistung
für kleinere	Maschinen von 500—1000 PS Leistung	2,0% der Leistung
für kleine	Maschinen unter 500 PS Leistung	2,0% der Leistung

Die mechanischen Verluste bedingen einen Mehraufwand an mechanischer Arbeit. Der spezifische Mehraufwand sei mit L_m mkg/kg bezeichnet.

72

Einstufige Kreiselgebläse.

η) Wärmeleitung und Wärmestrahlung.

Bei höheren Verdichtungsverhältnissen sind die Temperaturerhöhungen zwischen Gebläseein- und -austritt erheblich. Die Erwärmung des Fördermittels teilt sich durch Wärmeübertragung den Gehäusewandungen mit. Die Gehäusetemperaturen sind dabei örtlich verschieden, und es entstehen im Gehäuse Wärmebewegungen infolge Wärmeleitung von heißen nach kalten Gehäuseteilen, d. h. in Richtung vom Druckstutzen nach dem Saugstutzen.

Diese Wärmebewegung, die zahlenmäßig gering ist, kann nur insofern als nachteilig gewertet werden, als damit eine gewisse Aufwärmung des Fördermittels vor oder während der Verdichtung verbunden ist, die eine entsprechend höhere Verdichtungsarbeit erfordert.

Durch Wärmeleitung und Wärmeübertragung gelangt ein weiterer meist kleiner Teil der entwickelten Wärme von dem heißen Gehäuse an die kältere Umgebung. Dieser meist geringfügige Wärmeübergang wirkt wie die Abführung von Wärme während der Verdichtung; er hat eine entsprechende Verringerung der Verdichtungsarbeit zur Folge.

2. Der Verdichtungsvorgang des einstufigen Gebläses im Entropiediagramm.

Die verlustlose Verdichtung vom Druck p_S auf den Druck p_D im ungekühlten Gebläse ist die adiabatische Zustandsänderung. Im Temperatur-Entropiediagramm ist diese Zustandsänderung durch eine Vertikale A–B (Abb. 79) dargestellt. Die theoretisch aufzuwendende Verdichtungsarbeit beträgt im Wärmemaß

$$A \int_A^B v\, dP = c_p (t_B - t_A) \text{ kcal/kg}. \tag{120}$$

Diese Arbeit wird im Entropiediagramm im Wärmemaß durch die senkrecht schraffierte Fläche $A'BCC'$ dargestellt. Der tatsächliche Verdichtungsvorgang verläuft, wie bereits im vorherigen Abschnitt näher ausgeführt, unter Verlusten. Alle inneren Verluste finden sich vom Augenblick des Entstehens an in Form von Wärme im Strömungsmittel. Sie wirken wie Wärmezufuhren von

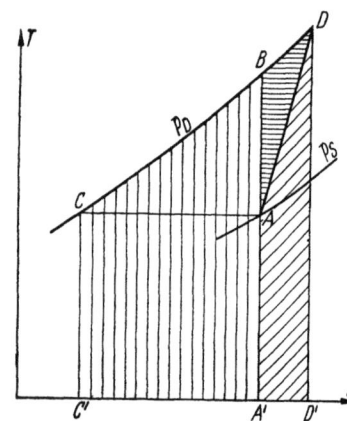

Abb. 79.
Zustandsänderung des verlustlosen und des wirklichen Verdichtungsvorganges im einstufigen Gebläse, dargestellt im T, s-Diagramm.

Fläche $A'BCC'$ = Wärmewert der adiabatischen Verdichtungsarbeit
$$= A \int_S^D v\, dP$$

Fläche $A'ADD'$ = Wärmewert der inneren Verluste
$$= A\, \Sigma H_{v-h} + AL_{Sp-i} + AL_r + AL_a$$

Fläche ADB = Wärmewert der Mehrarbeit AL_M an reiner Verdichtungsarbeit

Fläche $A'ADCC'$ = Wärmewert der gesamten reinen Verdichtungsarbeit

Fläche $C'CDD'$ = Wärmewert der gesamten aufzuwendenden Arbeit (ohne äußere Spaltverluste AL_{Sp-a} und ohne mechanische Verluste AL_m).

außen an das Strömungsmittel während der Verdichtung und lassen sich im Entropiediagramm, in dem der Verdichtungsvorgang nunmehr unter Entropievermehrung verläuft, als Flächen darstellen. Lediglich die äußeren Verluste (äußerer Spaltverlust L_{Sp-a} und mechanische Verluste in den Lagern L_m) treten in dieser Darstellung nicht in Erscheinung.

Ohne auf die einzelnen Verluste nochmals näher einzugehen, sei hier noch kurz auf die Darstellung der inneren Gesamtverluste und der Verdichtungsarbeiten eingegangen (Abb. 79).

Infolge der inneren Verluste, die in Form von Wärme während der Verdichtung unmittelbar ans Strömungsmittel übergehen, verläuft der wirkliche Verdichtungsvorgang unter Entropievermehrung nach einer Polytrope mit im allgemeinen veränderlichem Exponenten n, in Abb. 79 durch Linienzug A–D dargestellt.

3. Die Wärmebilanz des ungekühlten Gebläses.

Bedeutet

- G das geförderte Gewicht kg
- L die an der Kupplung des Gebläses eingeleitete Arbeit mkg
- i_S den Wärmeinhalt des Gases am Gebläse-Eintrittsstutzen kcal/kg
- i_D den Wärmeinhalt des Gases am Gebläse-Druckstutzen kcal/kg
- c_S die Geschwindigkeit im Saugstutzen m/s
- c_D die Geschwindigkeit im Druckstutzen m/s
- Q die während des Vorgangs $S-D$ durch Wärmeübergang an die Umgebung abgegebene Wärme kcal
- Q_{Sp-a} den Wärmewert des Spaltverlustes kcal
- Q_m den Wärmewert der mechanischen Verluste in den Lagern kcal

dann gilt für 1 kg verdichteten Gases folgende Bilanz:

$$i_S + A\frac{c_S^2}{2g} + \frac{AL}{G} = i_D + A\frac{c_D^2}{2g} + (Q + Q_{Sp-a} + Q_m)\frac{1}{G}. \qquad (121)$$

Für G kg verdichteten Gases gilt entsprechend

$$AL = G(i_D - i_S) + A\frac{c_D^2 - c_S^2}{2g}G + Q + Q_{Sp-a} + Q_m. \qquad (121a)$$

Da die an die Umgebung abgegebene Wärme Q im allgemeinen klein ist, sind die während der Verdichtung auftretenden Verluste fast vollständig in Form fühlbarer Wärme in dem am Druckstutzen austretenden verdichteten Gas enthalten.

Die Wärmebilanz wird bisweilen zur Bestimmung der Kupplungsleistung von Gebläsen herangezogen, wenn keine Meßmöglichkeit der Kupplungsleistung besteht.

4. Die wirkliche Förderhöhe.

Die *theoretische Förderhöhe* eines einstufigen Gebläses bei *unendlicher Schaufelzahl* ist nach S. 29 Gl. (10) gegeben. Durch die endliche Schaufelzahl ergibt sich eine Minderleistung [Gl. (72)], so daß die *theoretische Förderhöhe* bei *endlicher Schaufelzahl* durch Gl. 71 dargestellt ist

$$H_{th} = H_{th\infty} - \frac{\varkappa_2 u_a^2}{g}.$$

Die *wirkliche Förderhöhe* H ist um die hydraulischen Verluste kleiner. Die hydraulischen Verluste setzen sich nach Gl. (117) zusammen aus

den Reibungsverlusten $\sum H_{v-h_r}$,   den Krümmungs- und Umlenkungsverlusten $\sum H_{v-h_k}$,
den Stoßverlusten $\sum H_{v-h_{st}}$,   den Umsetzungsverlusten $\sum H_{v-h_u}$.

Mithin wird die wirkliche Förderhöhe H

$$H = H_{th} - \sum H_{v-h} = H_{th} - \sum H_{v-h_r} - \sum H_{v-h_{st}} - \sum H_{v-h_k} - \sum H_{v-h_u}. \qquad (122)$$

Die wirkliche Förderhöhe, kurz Förderhöhe genannt, ist die auf 1 kg des Fördermittels bezogene Nutzarbeit mkg/kg.

5. Zusammenstellung der Förderhöhen und Druckhöhen.

Zur Erhöhung der Übersichtlichkeit seien im folgenden die eingeführten Bezeichnungen und Begriffe über Förderhöhen und Druckhöhen zusammengestellt (Abb. 80).

$H_{th\infty}$ ist die *theoretische Förderhöhe* unter Zugrundelegung *unendlicher* Schaufelzahl und der Gültigkeit der Stromfadentheorie [Gl. (10) S. 29] (mkg/kg).

H_{th} ist die *theoretische Förderhöhe* unter Berücksichtigung der *endlichen* Schaufelzahl [Gl. (71)] (mkg/kg).

H ist die *wirkliche Förderhöhe*, das ist die auf 1 kg Fördermittel bezogene Nutzarbeit (mkg/kg).
Sie ergibt sich aus H_{th} durch Abzug der hydraulischen Verluste $\sum H_{v-h}$ [Gl. (122)].

$$H = H_{th} - \sum H_{v-h}.$$

H_i ist die *innere Förderhöhe* oder spezifische innere Arbeit mkg/kg.

Sie enthält außer den vorerwähnten hydraulischen Verlusten die spezifischen inneren und äußeren Spaltverluste L_{Sp-i} und L_{Sp-a}, mkg/kg (S. 70),

die spezifische Radreibungsarbeit L_r, mkg/kg (S. 70),
die spezifische Austauscharbeit L_a, mkg/kg (S. 71),
die spezifische Mehrarbeit L_M, mkg/kg [Gl. (119)],

so daß

$$H_i = H_{th} + L_{Sp-i} + L_{Sp-a} + L_r + L_a + L_M. \tag{123}$$

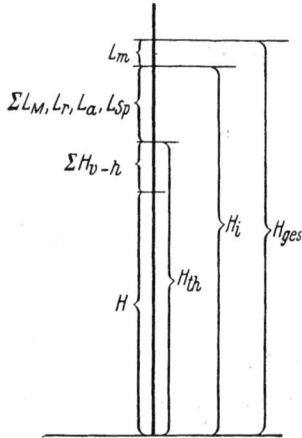

Abb. 80 Darstellung der Förderhöhen:

H = wirkliche Förderhöhe m oder mkg/kg
H_{th} = theoretische Förderhöhe m, mkg/kg
ΣH_{v-h} = Summe der hydraulischen Verluste = $H_{v_l} + H_{v_k} + H_{v_u} + H_{v_{st}}$
H_i = innere Förderhöhe oder spezifisch innere Arbeit mkg/kg
H_{ges} = gesamte auf 1 kg Fördermittel bezogene aufzuwendende äußere Arbeit mkg/kg
L_{Sp-i} und L_{Sp-a} = Mehrarbeitsaufwand infolge inneren und äußeren Spaltverlustes mkg/kg
L_M = Mehrarbeitsaufwand infolge Abweichung von adiabatischer Verdichtung mkg/kg
L_r = Mehrarbeitsaufwand infolge Radreibung mkg/kg
L_a = Mehrarbeitsaufwand infolge Austauschverlustes mkg/kg
L_m = Mehrarbeitsaufwand infolge Lagerreibung mkg/kg.

h_{ad} ist die *adiabatische Druckhöhe*, das ist die adiabatische Verdichtungsarbeit je kg [Gl. (2)]

$$h_{ad} = \int_S^D v\,dP = \frac{\varkappa}{\varkappa - 1} R (t_{D_{ad}} - t_S) \quad \text{mkg/kg}. \tag{124}$$

h_{pol} ist die *polytropische Druckhöhe*, das ist die polytropische Verdichtungsarbeit je kg

$$h_{pol} = \int_S^D v\,dP = \frac{n}{n-1} R (t_D - t_S) \quad \text{mkg/kg}. \tag{125}$$

Im Falle von Gleichheit der Geschwindigkeiten in Saug- und Druckstutzen [vgl. S. 27, Gl. (1 b)] ist $h_{ad} = H$.

H_{ges} ist die *gesamte* auf 1 kg Fördermittel bezogene *äußere Arbeit*

$$H_{ges} = H_i + L_m \quad \text{mkg/kg}, \tag{126}$$

wobei L_m die mechanischen spezifischen Verluste sind (S. 71).

6. Leistungen.

Von praktischer Bedeutung sind folgende Leistungsbegriffe, deren Werte und deren gegenseitige Beziehungen zueinander aus der Definition der Förderhöhen und der Darstellung in Abb. 80 folgen.

Nutzleistung. Diese Leistung entspricht der am Druckstutzen gelieferten Fördermenge G kg/h und der Förderhöhe H mkg/kg, der auf 1 kg Fördermittel bezogenen Nutzarbeit,

$$N_n = \frac{GH}{3600 \cdot 75} \quad \text{PS.} \tag{127}$$

Innere Leistung. Diese entspricht der inneren Arbeit und ist

$$N_i = \frac{GH_i}{3600 \cdot 75} = \frac{G_{Sp-i} + G_{Sp-a} + G}{3600 \cdot 75} H_{th} + N_r + N_a + N_M \quad \text{PS.} \tag{128}$$

Hierbei sind

N_r die *Radreibungsleistung*, die nach Gl. (105) bestimmt werden kann,

N_a die *Austauschleistung* für gewisses Rückströmen von Fördermittel aus der Leitvorrichtung ins Laufrad. Dieser Wert ist rechnerisch schwer zu erfassen und insbesondere im Rechnungspunkt (Normalpunkt) des Gebläses vernachlässigbar klein (S. 71).

N_M die *Mehrleistung* für von der adiabatischen Verdichtung abweichende Verdichtung [Gl. (119)].

Mechanische Verlustleistung N_m. Diese umfaßt die mechanischen Verluste in Lagern, Stopfbuchsen u. a. Im allgemeinen treten nur die Lagerverluste auf. Die Verlustleistung läßt sich in einfacher Weise aus der Aufwärmung des Schmieröles zwischen Eintritt und Austritt des Lagers bestimmen.

Kupplungsleistung. Diese Leistung muß an der Kupplung des Gebläses bzw. Verdichters in Form mechanischer Leistung von der Antriebsmaschine an das Gebläse bzw. den Verdichter abgegeben werden.

Diese Leistung ist
$$N = N_i + N_m. \tag{129}$$

7. Wirkungsgrade.

α) *Volumetrischer Wirkungsgrad.*

Der **innere volumetrische Wirkungsgrad** berücksichtigt die inneren Spaltverluste $G_{\text{Sp}-i}$ (Abb. 78), die vom Laufradaustritt über die inneren Dichtungen zum Laufradeintritt zurückfließen.

$$\eta_{v-i} = \frac{G_S}{G_S + G_{\text{Sp}-i}} = \frac{1}{1 + G_{\text{Sp}-i}/G_S}. \tag{130}$$

Hierbei sind $G_{\text{Sp}-i}$ die inneren Spaltverluste des Rades kg/h,
G_S in Saugleitung angesaugte Menge kg/h,
$G_S + G_{\text{Sp}-i}$ gesamter Durchfluß durch das Rad kg/h.

Der **äußere volumetrische Wirkungsgrad** berücksichtigt die äußeren Spaltverluste (Ausgleichkolben, Stopfbuchsen usw.), soweit sie nicht in die Saugleitung zurückgeführt werden.

$$\eta_{v-a} = \frac{G_S - G_{\text{Sp}-a}}{G_S} = \frac{G}{G_S}. \tag{131}$$

Hierbei sind $G_{\text{Sp}-a}$ die äußeren Spaltverluste kg/h,
$G = G_S - G_{\text{Sp}-a}$ die in die Druckleitung geförderte Menge kg/h.

Der **gesamte volumetrische Wirkungsgrad** berücksichtigt die inneren und äußeren Spaltverluste

$$\eta_v = \frac{G_S - G_{\text{Sp}-a}}{G_S + G_{\text{Sp}-i}} = \frac{G}{G_S + G_{\text{Sp}-i}}. \tag{132}$$

β) *Innerer Wirkungsgrad.*

Dieser berücksichtigt alle inneren Verluste. Mit den Bezeichnungen von S. 70/71 u. S. 74 ist

$$\eta_i = \frac{H}{H_i} = \frac{N_n}{N_i} = \frac{H}{H_{\text{th}} + L_{\text{Sp}-i} + L_{\text{Sp}-a} + L_M + L_r + L_a}. \tag{133}$$

γ) *Innerer Temperaturwirkungsgrad.*

Es läßt sich ein innerer Wirkungsgrad angeben, der, wie nachstehend gezeigt, auf Temperaturmessungen beruht, und den wir daher als inneren Temperaturwirkungsgrad bezeichnen wollen

$$\eta_{i_T} = \frac{A \int_S^D v \, dP}{c_p (t_D - t_S)}. \tag{134}$$

Hierbei bedeuten

t_S, t_D Temperaturen °C,
A mechanisches Wärmeäquivalent.

Index S bezieht sich auf Saugstutzen, Index D auf Druckstutzen. Der innere Temperaturwirkungsgrad berücksichtigt alle diejenigen inneren Verluste, die in Form von Wärme ans Fördermittel übergehen. Der äußere Spaltverlust ist darin *nicht* enthalten.

Der **innere adiabatische Temperaturwirkungsgrad** wird auf die adiabatische Verdichtung bezogen

$$\int_S^D v\,dP = h_{ad} = \frac{\varkappa}{\varkappa-1} R (t_{D_{ad}} - t_S), \tag{135}$$

so daß

$$\eta_{ad-i_T} = \frac{A \varkappa R (t_{D_{ad}} - t_S)}{(\varkappa-1) c_p (t_D - t_S)} = \frac{t_{D_{ad}} - t_S}{t_D - t_S} = \frac{\Delta t_{ad}}{\Delta t} \tag{136}$$

ist.

Dieser Wirkungsgrad ist also lediglich aus gemessenen Temperaturen bestimmbar.

Der **innere polytropische Temperaturwirkungsgrad**[1] wird auf die polytropische Verdichtung, d. h. auf die tatsächlich auftretende Verdichtung bezogen

$$\int_S^D v\,dP = h_{pol} = \frac{n}{n-1} R (t_D - t_S), \tag{137}$$

so daß

$$\eta_{pol-i_T} = \frac{nAR}{(n-1) c_p} = \frac{\ln p_D/p_S}{\ln T_D/T_S} \left(\frac{\varkappa-1}{\varkappa} \right) \tag{138}$$

ist.

Dieser Wirkungsgrad ist aus gemessenen Drücken und Temperaturen allein bestimmbar.

Der innere Temperaturwirkungsgrad enthält nicht, wie bereits gesagt, den äußeren Spaltverlust. Daher ist er auch nicht identisch mit dem inneren Wirkungsgrad η_i. Häufig ist aber bei einstufigen Gebläsen der äußere Spaltverlust verschwindend klein, so daß dann $\eta_{ad-i} \approx \eta_{ad-i_T}$ ist.

Der innere Temperaturwirkungsgrad ist für die Durchführung von Maschinenberechnungen (einstufig wie mehrstufig) außerordentlich bequem und wird hierfür viel benutzt. Auch für die versuchsmäßige Bestimmung des Wirkungsgrades ausgeführter Maschinen wird er bisweilen angewandt unter Verwendung der gemessenen Temperaturen und Drücke. Es sei hier jedoch besonders darauf hingewiesen, daß eine solche Wirkungsgradbestimmung auf Grund gemessener Temperaturen größte Sorgfalt in der Anbringung und in der Ablesung der Meßstellen erfordert. Es genügt nicht, in Saug- und in Druckstutzen je eine Temperaturmeßstelle einzubauen, sondern es sind eine größere Zahl von Meßstellen über die gesamten Meßquerschnitte gleichmäßig zu verteilen, und es ist dabei auf gleichmäßige Strömungsverhältnisse zu achten. Die Versuche müssen für jeden Meßpunkt über eine genügend lange Zeit ausgedehnt werden, um Gewißheit über völligen Beharrungszustand während des Versuchs zu geben. Irgendwelche Verluste oder Wärmebewegungen müssen richtig erfaßt und abgeschätzt werden. Wenn diese Bedingungen nicht erfüllt sind, ist *nicht* mit exakten Ergebnissen zu rechnen. Vgl. Diskussionen der VDI-Strömungstagung Stuttgart, November 1943, und ASME-Meeting New York, November 1948.

Für Abnahmeversuche wird daher im allgemeinen der auf Temperaturmessungen beruhende innere Wirkungsgrad η_{ad-i_T} oder η_{pol-i_T} zum Nachweis des Leistungsaufwandes *nicht* anerkannt, sondern die Leistungsmessung N an der Kupplung des Gebläses oder Verdichters gewünscht (siehe Gesamtwirkungsgrad).

---

[1] In USA als hydraulischer Wirkungsgrad bezeichnet.

δ) *Hydraulischer Wirkungsgrad.*

Hydraulischer Schaufelwirkungsgrad. Dieser Wirkungsgrad berücksichtigt alle hydraulischen Verluste H_{v-h} innerhalb der Beschaufelung des rotierenden und des ruhenden Teiles

$$\eta_{h\text{Sch}} = \frac{H}{H_{\text{th}}} = \frac{H}{H + \sum H_{v-h}}. \tag{139}$$

Er ist ein Maß für die Güte der hydraulischen Durchbildung der Beschaufelung.

Hydraulischer Stufenwirkungsgrad[1]. Dieser Wirkungsgrad bezieht zu den vorgenannten hydraulischen Verlusten H_{v-h} in der Beschaufelung noch die außerhalb der Beschaufelung entstehenden hydraulischen Verluste (Radreibung, innere Spaltverluste), die sich gleichfalls dem Strömungsmittel als Wärme mitteilen, ein.

$$\eta_{h\text{St}} = \frac{A \int v \, dP}{c_p(t_D - t_S)} = \frac{\ln p_D/p_S}{\ln T_D/T_S} \cdot \frac{\varkappa - 1}{\varkappa}. \tag{140}$$

Dieser Wirkungsgrad ist identisch mit dem inneren polytropischen Temperaturwirkungsgrad (Gl. 138). Er ist kein Maß für die hydraulischen Verluste in der Beschaufelung allein.

ε) *Mechanischer Wirkungsgrad.*

Dieser berücksichtigt die mechanischen Verluste (Lagerreibung, Stopfbuchsreibung) und ist das Verhältnis

$$\eta_m = \frac{N - N_m}{N} = 1 - \frac{N_m}{N} = \frac{N_i}{N}. \tag{141}$$

ζ) *Gesamtwirkungsgrad.*

In diesem werden sämtliche auftretenden Verluste zusammengefaßt. Er stellt daher das Verhältnis von Nutzleistung zu Wellenleistung dar.

$$\eta = \frac{N_n}{N} = \eta_i \eta_m. \tag{142}$$

Bezieht man die Nutzleistung der ungekühlten Maschine auf die adiabatische Verdichtung[2], so ist der Gesamtwirkungsgrad der **adiabatische Kupplungswirkungsgrad**

$$\eta_{\text{ad}-K} = \frac{G H_{\text{ad}}}{3600 \cdot 75 \cdot N}. \tag{143}$$

Bezieht man dagegen die Nutzleistung auf die polytropische Verdichtung[3], so ist der Gesamtwirkungsgrad der **polytropische Kupplungswirkungsgrad**

$$\eta_{\text{pol}-K} = \frac{G H_{\text{pol}}}{3600 \cdot 75 \cdot N}. \tag{144}$$

8. Die wirkliche Kennlinie.

Unter der Kennlinie versteht man die Abhängigkeit der Förderhöhe H von dem angesaugten Volumen V_S bezogen auf den Saugzustand des Gebläses bei konstanter Drehzahl. Bei unendlicher Schaufelzahl ist die Kennlinie $H_{\text{th}_\infty} = f(V_S)$ unter gewissen Voraussetzungen (volumenbeständige Strömung) eine Gerade (vgl. Abschnitt C I a 6, S. 32), die für rückwärtsgekrümmte Schaufeln unter einem Winkel gegen die Horizontale nach abwärts geneigt ist (Abb. 23).

Die wirkliche Druckhöhe H_x, die zu einer beliebigen Ansaugemenge V_{S_x} gehört, folgt aus der theoretischen Druckhöhe H_{th_∞} nach Abzug der durch die endliche Schaufelzahl bedingten Minderleistung $\varkappa_2 u_2^2/g$ und der einzelnen hydraulischen Verluste $\sum H_{v-h}$. Für die Aufstellung der wirklichen Kennlinie $H_x = f(V_{S_x})$ ist daher die Kenntnis der Veränderlichkeit der abzuziehenden Minderleistung und Verluste in Abhängigkeit von der Ansaugemenge V_S erforderlich.

---
[1] In USA als hydraulischer Wirkungsgrad bezeichnet.
[2] In Deutschland und anderen europäischen Ländern üblich.
[3] In USA zum Teil angewandt.

α) Minderleistung infolge endlicher Schaufelzahl.

Die Minderleistung ist nach Gl. (71, 75 u. 77) an beliebiger Stelle x, das heißt für beliebige Ansaugemenge V_{S_x}

$$\varkappa_{2_x} \frac{u_2^2}{g} = H_{\text{th}\infty_x} - H_{\text{th}_x} = H_{\text{th}_x} \frac{\psi' r_2^2}{z\,S} = H_{\text{th}_x} \frac{2\,\psi' r_2^2}{z\,(r_2^2 - r_1^2)}. \tag{145}$$

Betrachtet man die Berichtigungszahl ψ' bei wechselnder Menge V_x als angenähert konstant, so können alle konstruktiven Größen der vorstehenden Gleichung für die betrachtete Ausführung in einer Konstanten B zusammengefaßt werden, so daß

$$\varkappa_{2_x} \frac{u_2^2}{g} \approx B\,H_{\text{th}_x} \quad \text{und} \quad H_{\text{th}_x} \approx \frac{H_{\text{th}\infty_x}}{1+B}$$

oder, wenn man nach Gl. (31) für $n = \text{const}$, d. h. $u_2 = \text{const}$, setzt

$$H_{\text{th}\infty_x} = A_1 + A_2 V_{S_x} = \frac{u_2^2}{g} - \frac{u_2}{g\,\pi\,d_2\,b_2\,\operatorname{tg}\beta_2} V_{S_x},$$

$$H_{\text{th}_x} \approx \frac{A_1 + A_2 V_{S_x}}{1+B}. \tag{146}$$

Für $V_{S_x} = 0$ ist

$$H_{\text{th}\infty_0} = A_1$$

$$H_{\text{th}_0} \approx \frac{A_1}{1+B} = \frac{H_{\text{th}\infty_0}}{1+B}.$$

Für $H_{\text{th}\infty_x} = 0$ ist

$$V_{S_x} = -\frac{A_1}{A_2}, \quad H_{\text{th}_x} = 0.$$

Es ergibt sich also nach dieser Näherungsrechnung für die theoretische Förderhöhe H_{th}, die die endliche Schaufelzahl berücksichtigt, ebenfalls linearer Verlauf $H_{\text{th}_x} = \text{f}(V_{S_x})$. Auf der Ordinate ($V_{S_x} = 0$) ergibt sich ein Wert

$$H_{\text{th}_0} = \frac{H_{\text{th}\infty_0}}{1+B} < H_{\text{th}\infty_0}.$$

Beide Geraden schneiden sich auf der Abszisse im gleichen Punkt (Abb. 81a).

Das Verhältnis $H_{\text{th}_x}/H_{\text{th}\infty_x}$ ist für jede beliebige Ansaugemenge V_{S_x} angenähert konstant:

$$\frac{H_{\text{th}_x}}{H_{\text{th}\infty_x}} \approx \frac{1}{1+B}.$$

Nach genaueren Untersuchungen schneidet die Gerade für endliche Schaufelzahl die Abszisse bereits früher als bei unendlicher Schaufelzahl, bzw. H_{th_x} ist bereits 0, während $H_{\text{th}\infty_x}$ noch einen gewissen Betrag $\chi u_2^2/g$ hat [47].

β) Die Kanalreibung einschließlich Umlenkungs- und Umsetzungsverluste.

Die Laufrad- und Leitradkanäle haben keinen Kreisquerschnitt, sondern Rechteckquerschnitt, Trapezquerschnitt o. dgl. Das gleiche gilt für die übrigen Kanäle im Gebläseinnern. Die Strömung in diesen Kanälen, insbesondere im Laufrad und Leitrad, ist turbulent, jedoch kann von einer ausgebildeten Strömung nicht gesprochen werden, da die nötige Anlaufstrecke fehlt.

Der infolge der Kanalreibung entstehende Druckabfall in unrunden Kanälen kann für turbulente Strömung in der Form geschrieben werden [vgl. Gl. (13), S. 15]:

$$\Delta P = \lambda \frac{l}{d} \frac{\gamma}{2g} w_m^2,$$

wobei $d = 4F/U$ der hydraulische Durchmesser ist.

Da die Kanalquerschnitte sich ändern, ändert sich auch der hydraulische Durchmesser. Für rauhe Rohre ist nach Versuchen von *Nikuradse* (vgl. S. 16) die Widerstandszahl bei ausgebildeter Strömung oberhalb gewisser REYNOLDSscher Zahlen für eine bestimmte Rauhigkeit konstant. Die Kanäle in Lauf- und Leitvorrichtungen von Gebläsen müssen bei den üblichen Ausführungen im allgemeinen als hydraulisch rauh bezeichnet werden (vgl. S. 290). Die Geschwindigkeiten und die Re-Zahlen sind hierbei meist so hoch (vgl. S. 291), daß die Widerstandszahl λ_x an einer beliebigen Stelle x eines Laufrad- oder Leitradkanals bei wechselnder Geschwindigkeit als konstant angesehen werden kann. Örtlich ist λ_x an jeder Stelle des Kanals verschieden. Sieht man davon ab, daß die ausgebildete Strömung nicht vorhanden ist, und faßt man die örtlich verschiedenen λ_x-Werte für kurze Kanalstrecken in mittleren Werten λ_m zusammen, so kann der gesamte durch Kanalreibung hervorgerufene Druckabfall geschrieben werden

$$\Delta P = \sum \lambda_m \frac{l_m}{d_m} \frac{\gamma}{2g} w_m^2. \tag{147}$$

Für ein bestimmtes gegebenes Gebläse ändert sich dieser Wert, wenn man jeweils die einzelnen λ_m als konstant betrachtet, mit dem Quadrat der einzelnen Geschwindigkeiten w_m, d. h. angenähert mit dem Quadrat der Ansaugemengen. (Bei kleinen Ansaugemengen, d. h. kleinen Geschwindigkeiten, ändern sich allerdings auch die λ_m-Werte, wovon hier jedoch abgesehen werden soll.)

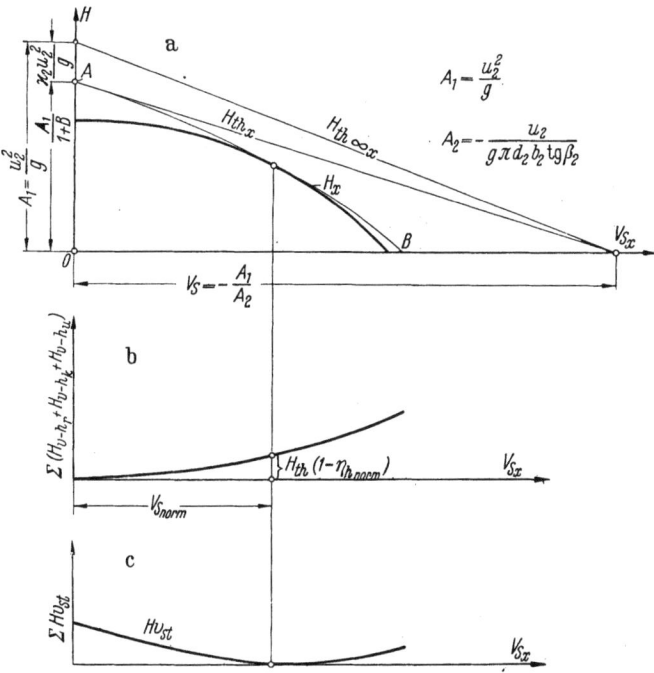

Abb. 81. Das Entstehen der Kennlinie $H_x = f(V_{S_x})$ aus $H_{\text{th}\infty_x} = f(V_{S_x})$ unter Abzug der einzelnen Verluste. Erläuterung im Text.

Der entsprechende Verlust an Arbeit für 1 kg ist, da es sich um kleine Werte ΔP handelt,

$$L_{v-h_r} = v \cdot \Delta P = \sum H_{v-h_r} \quad \text{mkg/kg}, \tag{148a}$$

so daß die Verluste durch Kanalreibung

$$\sum H_{v-h_r} = \sum \lambda_m \frac{l_m}{d_m} \frac{w_m^2}{2g} \tag{148b}$$

werden. In gleicher Weise können die Verluste $\sum H_{v-h_k}$ durch Umlenkungen und $\sum H_{v-h_u}$ bei der Druckumsetzung in Abhängigkeit von den Geschwindigkeiten gesetzt werden, so daß dieser Teil der hydraulischen Verluste in Abhängigkeit von der Ansaugemenge

$$\sum H_{v-h_r} + \sum H_{v-h_k} + \sum H_{v-h_u} \approx \text{const} \cdot V_S^2 \tag{149}$$

wird; d. h., es ergibt sich parabolischer Verlauf, wobei der Scheitel der Parabel im Koordinatenanfang liegt (Abb. 81b).

80 Einstufige Kreiselgebläse.

Im Normalpunkt des Gebläses (Zustand des stoßfreien Eintritts) sind die Stoßverluste gleich null, so daß für den Normalpunkt der hydraulische Wirkungsgrad $\eta_{h_{\text{norm}}}$ (Gl. 139) ist:

$$\eta_{h_{\text{norm}}} = \frac{H_{\text{th}} - \sum \left(H_{v-h_r} + H_{v-h_k} + H_{v-h_u} \right)}{H_{\text{th}}}. \tag{150}$$

Wenn $\eta_{h_{\text{norm}}}$ bekannt ist, können die hydraulischen Verluste in diesem Punkt aus H_{th} und $\eta_{h_{\text{norm}}}$ ermittelt werden:

$$\sum \left(H_{v-h_r} + H_{v-h_k} + H_{v-h_u} \right) = H_{\text{th}} \left(1 - \eta_{h_{\text{norm}}} \right). \tag{151}$$

Da dann zwei Punkte der Parabel $\sum H_v = \mathrm{f}(V_{S_x})$ bekannt sind, nämlich

$$V_S = 0, \; \sum H_v = 0 \quad \text{und} \quad V_S = V_{S_{\text{norm}}}, \quad \sum H_{v-h} = H_{\text{th}} \left(1 - \eta_{h_{\text{norm}}} \right),$$

so kann der gesamte Verlauf der Parabel als bekannt angesehen werden:

$$\sum H_{v-h_r} + \sum H_{v-h_k} + \sum H_{v-h_u} = H_{\text{th}} \left(1 - \eta_{h_{\text{norm}}} \right) \left(\frac{V_{S_x}}{V_{S_{\text{norm}}}} \right)^2 \tag{152}$$

und die Parabel aufgezeichnet werden (Abb. 81 b). Durch Abzug dieser Verlustwerte von der Geraden H_{th_x} (Abb. 81a) erhält man den Verlauf $A-B$, der bereits bis auf die Stoßverluste alle hydraulischen Verluste berücksichtigt.

γ) Die Stoßverluste.

Stoßverluste treten am Laufradeintritt und am Leitschaufeleintritt in allen den Betriebspunkten auf, in denen das Ansaugvolumen von dem Normalwert (stoßfreier Eintritt) abweicht, vorausgesetzt, daß eine Verstellung der Lauf- und Leitschaufeln nicht vorgesehen ist. Die Stoßverluste werden um so größer, je mehr die Ansaugemenge V_{S_x} vom Normalpunkt $V_{S_{\text{norm}}}$ abweicht, sowohl nach oben wie nach unten.

I. Stoßverluste am Laufradeintritt.

Bei stoßfreiem Eintritt (Normalpunkt) gilt der Geschwindigkeitsplan am Eintritt (Abb. 82) mit u_1, w_1, c_1, β_1. Bei vom Normalpunkt abweichender Menge V_{S_x} gilt das Diagramm $u_{1_x} = u_1$, $w_{1_x}, c_{1_x}, \beta_{1_x}$. Die Relativgeschwindigkeit w_{1_x} (bei Eintritt mit Stoß) kann in eine Komponente w'_{1_x} in Richtung w_1 und in eine Komponente w''_{1_x} in Richtung von u_1 zerlegt werden. Die Kompo-

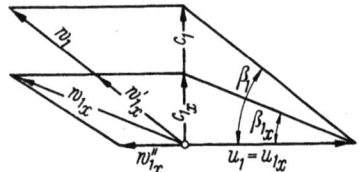

Abb. 82.
Eintrittsplan für stoßfreien Eintritt und für Eintritt mit Stoß (Index x).

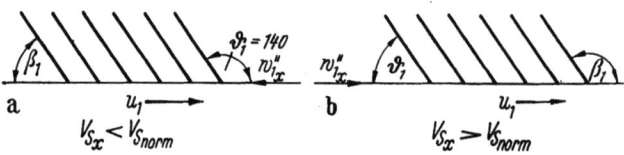

Abb. 83. Relative Lage der Geschwindigkeitskomponente w''_{1_x} zur abgewickelten Schaufelreihe.
a für kleinere; b für größere als normale Fördermenge.

nente w'_{1_x} verläuft stoßfrei tangential zur Schaufel, während die Komponente w''_{1_x} auf die Eintrittskanten der Schaufeln gerichtet ist, und zwar wirkt w''_{1_x}, je nachdem ob V_{S_x} kleiner oder größer als $V_{S_{\text{norm}}}$ ist, bei den Schaufelverhältnissen der Abb. 82 entgegen u_1 (Abb. 83a) oder in Richtung von u_1 (Abb. 83b).

Versuche über den Kantenwiderstand von Schaufelreihen wurden von GRÜNAGEL durchgeführt [48].

GRÜNAGEL verwendete einen rechteckigen schmalen Versuchskanal, dessen zwei lange Seiten mit Schaufelstummeln unveränderlicher Teilung besetzt waren (Abb. 84). Er untersuchte verschiedene Schaufelneigung $\vartheta = 180° - \beta$, verschiedene Kanalbreite b, verschiedene Schaufelversetzung v bei verschiedenen REYNOLDSschen Zahlen.

Die wirkliche Kennlinie.

Nach diesen Versuchen kann man die mit Schaufelstummeln besetzte Wand als rauhe Wand auffassen und die für rauhe Wände und rauhe Kanäle gültigen Gesetze auf diese mit Schaufeln besetzte Wand übertragen. Den Widerstand setzt GRÜNAGEL an:

$$dW = \lambda \, dO \, \frac{\gamma}{2g} w^2 = \lambda \, 2h \, dx \, \frac{\gamma}{2g} w^2, \tag{153}$$

wenn $dO = 2h \, dx$ die reibende Oberfläche ist.

Der Kantenwiderstand, d. h. die Widerstandszahl, ist nach GRÜNAGEL wesentlich abhängig von der REYNOLDSschen Zahl (man kann für die Versuchsanordnung Abb. 84 zwei Re-Zahlen bilden, eine auf die Kanalbreite b bezogene, $Re = bw/\nu$, und eine auf die Schaufelteilung t bezogene, $Re = tw/\nu$). GRÜNAGEL findet, daß bei kleinen Winkeln der Widerstandswert λ mit wachsendem $Re = bw/\nu$ etwas abfällt, bei den größeren Winkeln jedoch mehr oder weniger ansteigt. In Abhängigkeit von t/b wächst zunächst λ von kleinen Werten aus stark an, um bei großen Werten t/b wieder abzufallen. Das Bemerkenswerteste an den Versuchsergebnissen ist der Einfluß des Winkels ϑ. In Abhängigkeit von ϑ steigt λ zunächst langsam an, um dann bei etwa $\vartheta = 140°$ in starkem Anstieg auf ein Vielfaches anzusteigen und danach ebenso plötzlich wieder abzufallen. Die Verschiebung v hat nur einen starken Einfluß bei kleinen Kanalbreiten b. Der Höchstwert von λ wird bei der Verschiebung $v = 0$ erreicht.

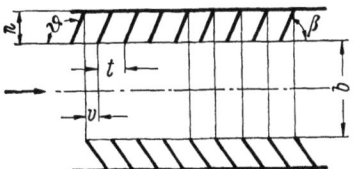

Abb. 84. Versuchskanal mit besetzten Schaufelstummeln nach GRÜNAGEL [48].
b Kanalbreite; h Kanalhöhe; n Nischentiefe; v gegenseitige Versetzung der Schaufelreihen; t Schaufelteilung; ϑ Neigungswinkel der Schaufeln $= 180° - \beta$.

Im allgemeinen werden Leitschaufeln vor dem Laufradeintritt nicht angewandt. Um die Versuchsergebnisse von GRÜNAGEL auf den leitschaufellosen Laufradeintritt übertragen zu können, muß man sich die Kanalbreite b der Versuchsanordnung (Abb. 84) groß vorstellen gegenüber der Schaufelstellung t, so daß das Verhältnis t/b klein ist.

Der große Einfluß des Winkels ϑ auf den Widerstandsbeiwert λ ist für den Kantenwiderstand am Laufradeintritt sehr wichtig. Der Winkel $\vartheta = 140°$ entspricht nämlich einem Schaufeleintrittswinkel $\beta_1 = 180° - \vartheta = 40°$. Die praktisch angewendeten Schaufelwinkel β_1 liegen aber in der Nähe von $40°$, so daß also bei kleinen Ansaugemengen im Gebiet der Kennlinie $V_{S_x} < V_{S_\text{norm}}$ der Fall der Abb. 83a eintritt (w_{1_x}'' entgegen u_1 gerichtet, $\beta_1 \approx 40°$, $\vartheta \approx 140°$), womit große Kantenwiderstände verbunden sind. Für große Ansaugemengen ($V_{S_x} > V_{S_\text{norm}}$) tritt hingegen der Fall der Abb. 83b ein (w_{1_x}'' gleich gerichtet u_1, $\vartheta \approx 40°$), womit kleine Kantenwiderstände verknüpft sind.

Es treten also in diesem Gebiet ($V_{S_x} > V_{S_\text{norm}}$) kleinere Stoßverluste, in jenem Gebiet ($V_{S_x} < V_{S_\text{norm}}$) hohe Stoßverluste auf. Wegen der quadratischen Abhängigkeit von der Geschwindigkeit w kann man den Stoßverlust am Laufradeintritt in der Form schreiben:

$$H_{v_{st_1}} = \lambda_1 C_1 w_{1_x}''^2 / 2g, \tag{154}$$

wobei C_1 für gegebene Laufradabmessungen und gegebenes Fördermittel eine Konstante ist.

Mit Abb. 82 ist
$$w_{1_x}'' = u_1 - c_{1_x} \operatorname{ctg} \beta_1 = u_1 - c_1 \frac{V_{S_x}}{V_{S_\text{norm}}} \operatorname{ctg} \beta_1 = u_1 \left(1 - \frac{V_{S_x}}{V_{S_\text{norm}}}\right),$$

da
$$c_{1_x} = c_1 \frac{V_{S_x}}{V_{S_\text{norm}}} \quad \text{und} \quad c_1 = u_1 \operatorname{tg} \beta_1,$$

so daß der Stoßverlust am Laufradeintritt

$$H_{v_{st_1}} = \lambda_1 C_1 \frac{u_1^2}{2g} \left(1 - \frac{V_{S_x}}{V_{S_\text{norm}}}\right)^2 \tag{155}$$

wird, wobei für $\beta_1 \approx 40°$ und $V_{S_x} < V_{S_\text{norm}}$ gilt: $\lambda_1 = \lambda_{1_\text{I}}$,

für $\beta_1 \approx 40°$ und $V_{S_x} > V_{S_\text{norm}}$ dagegen:

$$\lambda_1 = \lambda_{1_\text{II}} \approx \frac{1}{10} \text{ bis } \frac{1}{15} \lambda_{1_\text{I}}.$$

II. Stoßverluste am Leitschaufeleintritt.

Bei stoßfreiem Eintritt (Normalpunkt) (Abb. 85) herrscht im Eintrittspunkt *3* der Leitschaufel die Geschwindigkeit c_3, deren Komponenten in tangentialer und radialer Richtung c_{3_u} und c_{3_m} sind. Das zugehörige Austrittsdreieck (Abb. 85) ist durch $u_2, c_2, w_2, \beta_2, \alpha_2$ gekennzeichnet. Bei parallelwandigem Diffusor *2–3* ($b = \text{const}$) ist $c_{3_u} = c_{2_u} r_2/r_3$ und $c_{3_m} = c_{2_m} r_2/r_3$. Bei vom Normalpunkt abweichender Menge V_{S_x} gilt das Diagramm $u_{2_x} = u_2, c_{2_x}, w_{2_x}, \beta_{2_x}, \alpha_{2_x}$.

Hierzu gehört auf r_3 der Punkt 3_x mit der Geschwindigkeit c_{3_x}, die in eine Komponente c'_{3_x} tangential zur Leitschaufel und in eine Komponente c''_{3_x} tangential an den Kreis mit Halbmesser r_3 im Punkt 3_x zerlegt werden kann. Die Komponente c'_{3_x} verläuft stoßfrei, die Komponente c''_{3_x} ist auf die Eintrittskanten der Leitschaufeln

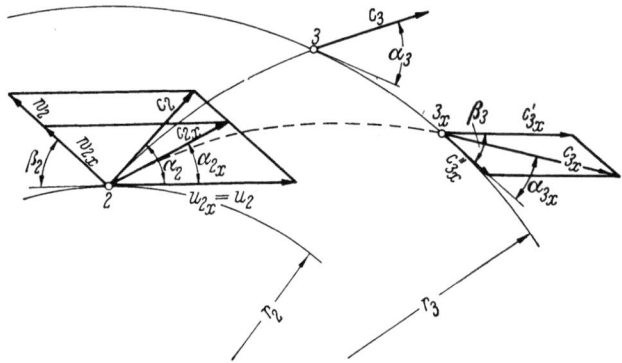

Abb. 85. Austrittsverhältnisse am Laufrad und Eintrittsverhältnisse an der Leitschaufel ohne und mit Stoß am Eintritt.

gerichtet, und zwar wirkt c''_{3_x} bei den Verhältnissen der Abb. 85 in Richtung der Umfangsgeschwindigkeit des Laufrades oder entgegen dieser Richtung, je nachdem, ob V_{S_x} kleiner oder größer als V_{S_norm} ist. Es treten also hier ganz entsprechende Verhältnisse auf wie am Laufradeintritt. Und es lassen sich die Versuchsergebnisse von GRÜNAGEL auf den Leitschaufeleintritt noch besser übertragen insofern, als durch einander gegenüberliegende Laufschaufel- und Leitschaufelenden Verhältnisse vorliegen, die den Versuchsverhältnissen von GRÜNAGEL besser entsprechen. Auch quantitativ lassen sich hier diese Versuchsergebnisse besser verwerten, da GRÜNAGEL diese Ergebnisse auf der REYNOLDSschen Zahl $Re = b w/\nu$ aufgebaut hat.

Die Stoßverluste am Leitradeintritt können daher in entsprechender Weise wie für den Laufradeintritt geschrieben werden:

$$H_{v_{st_2}} = \lambda_2 C_2 \frac{c''^2_{3_x}}{2g}, \tag{156}$$

wobei C_2 für gegebene Abmessungen und gegebenes Fördermittel eine Konstante ist, und in Abhängigkeit veränderlicher Ansaugemenge V_{S_x}

$$H_{v_{st_2}} \approx \lambda_2 C'_2 \frac{u_1^2}{2g}\left(1 - \frac{V_{S_x}}{V_{S_\text{norm}}}\right)^2. \tag{157}$$

Für $V_{S_x} = V_{S_\text{norm}}$ ist der Stoßverlust null.

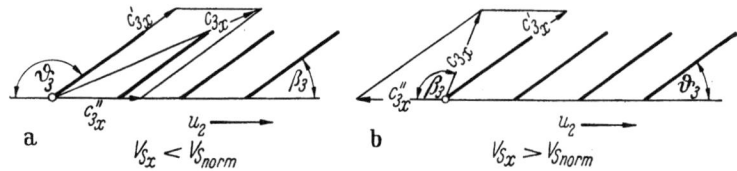

Abb. 86. Zerlegung der absoluten Geschwindigkeit c_{3_x} am Leitschaufeleintritt in die Komponenten c''_{3_x} und c'_{3_x}
a für kleinere, b für größere als normale Fördermenge.

Für $V_{S_x} < V_{S_\text{norm}}$ ergibt sich eine Stoßkomponente c''_{3_x} in Richtung von u ($\vartheta \approx 140°$, hohe Widerstandszahlen λ), Abb. 86a.

Für $V_{S_x} > V_{S_\text{norm}}$ ergibt sich eine Stoßkomponente c''_{3_x} entgegengerichtet u ($\vartheta \approx 40°$, kleine Widerstandszahlen), Abb. 86b.

Die gesamten Stoßverluste, die sich aus denen am Laufradeintritt und aus denen am Leitschaufeleintritt zusammensetzen, betragen

$$\sum H_{v_{\text{st}}} = H_{v_{\text{st}_1}} + H_{v_{\text{st}_2}} = \frac{1}{2g}\left(1 - \frac{V_{S_x}}{V_{S_{\text{norm}}}}\right)^2 \left(\lambda_1 C_1 w''^2_{1_x} + \lambda_2 C_2 c''^2_{3_x}\right) \\
\approx \frac{u_1^2}{2g}\left(1 - \frac{V_{S_x}}{V_{S_{\text{norm}}}}\right)^2 (\lambda_1 C_1 + \lambda_2 C_2'),$$ (158)

wobei C_1, C_2 und C_2' für eine bestimmte Ausführung konstante Größen sind.

Diese Gleichung $\sum H_{v_{\text{st}}} = \mathrm{f}(V_{S_x})$ wird für konstante λ-Werte durch eine Parabel dargestellt, deren Achse senkrecht zur V_{S_x}-Achse und deren Scheitel bei $V_{S_x} \approx V_{S_{\text{norm}}}$ liegt. In Wirklichkeit sind aber die λ-Werte sehr verschieden, vor allem je nachdem, ob $V_{S_x} <$ oder $> V_{S_{\text{norm}}}$ ist.

δ) Die resultierende Kennlinie.

Die resultierende Kennlinie (Abb. 81 a) $H_x = \mathrm{f}(V_{S_x})$ folgt aus der für unendliche Schaufelzahl gültigen Geraden $H_{\text{th}_{\infty_x}} = \mathrm{f}(V_{S_x})$ zunächst durch Abzug der Minderleistung für endliche Schaufelzahl, wodurch die Gerade $H_{\text{th}_x} = \mathrm{f}(V_{S_x})$ entsteht[1], von der weiter die einzelnen Verluste H_{v-h_r}, H_{v-h_k}, H_{v-h_u} (Kanalreibung, Krümmung, Umsetzung) (Abb. 81 b) sowie die Stoßverluste $H_{v_{\text{st}}}$ (Abb. 81 c) abzusetzen sind. Nach Abzug dieser Verluste erhält man (Abb. 81 a) die resultierende Kennlinie $H_x = \mathrm{f}(V_{S_x})$, die im allgemeinen ein Maximum aufweist, von dem aus sie nach kleinerer und nach größerer Ansaugemenge hin abfällt.

Die vorstehenden Untersuchungen dienten dem Zweck, das Entstehen der wirklichen Kennlinie $(H_x = \mathrm{f}(V_{S_x}))$ aus der theoretischen $(H_{\text{th}_{\infty_x}} = \mathrm{f}(V_{S_x}))$ zu erklären und die einzelnen Einflüsse qualitativ zu erfassen. Die heutigen Kenntnisse über die Strömungsvorgänge und Strömungsverluste reichen noch nicht aus, um die einzelnen Verlustgrößen quantitativ exakt zu erfassen. Es ist darum noch nicht möglich, den wirklichen Verlauf der Kennlinie aus der theoretischen durch Abzug der einzelnen Verlustgrößen exakt zu bestimmen, sondern nur angenähert, wobei man sich zweckmäßigerweise auf Erfahrungen an ausgeführten Maschinen stützt (siehe auch [49]).

Die endgültige Kurve $H_x = \mathrm{f}(V_{S_x})$ wird an der ausgeführten Maschine durch eine Versuchsreihe bei konstanter Drehzahl ermittelt.

9. Bestimmung der Kennlinie durch Versuch.

Die Kennlinie eines Gebläses gibt die Zugehörigkeit von Ansaugemenge V_S und Förderhöhe H an. Es gehört hiernach zu jeder Förderhöhe bei einer bestimmten Drehzahl eine ganz bestimmte Ansaugemenge (wenn man zunächst von dem labilen Gebiet der Kennlinie, das später behandelt wird, absieht). Durch Verstellen der Förderhöhe bei konstanter Drehzahl erhält man also zwangsläufig die verschiedenen zugehörigen Ansaugemengen und damit verschiedene Punkte der Kennlinie und durch Verbinden dieser Punkte deren Verlauf. Das Verstellen der Förderhöhe kann in einfacher Weise durch Drosseln mit einem in die Saug- oder Druckleitung eingebauten Drosselorgan erfolgen.

An Stelle der Förderhöhe H arbeitet man in der Praxis meistens mit der Druckerhöhung $\Delta p = p_D - p_S$, gemessen in mm WS oder in at, bzw. mit dem Verdichtungsverhältnis p_D/p_S. Letztere Darstellung hat den Vorteil, daß für verschiedenen Anfangsdruck bei sonst aber gleichen Zuständen (gleiches Gas, gleiche Ansaugetemperatur usw.) die Kennlinie $p_D/p_S = \mathrm{f}(V_{S_x})$ bei gleicher Drehzahl immer die gleiche ist, während dies bei dem Verlauf $\Delta p = \mathrm{f}(V_{S_x})$ und $p_D = \mathrm{f}(V_{S_x})$ nicht zutrifft.

Zur Aufzeichnung der Kennlinie benötigt man eine Reihe von Betriebspunkten, die in möglichst gleichmäßigen Abständen und in solcher Zahl aufgenommen werden, daß die Betriebskurve

---

[1] Bei hohem Verdichtungsverhältnis ist auch der Einfluß der Zusammendrückbarkeit des Fördermittels zu berücksichtigen [Gl. (107)].

mit Sicherheit hindurchgelegt werden kann. An Messungen sind erforderlich die Messung des Ansaugezustandes (Druck, Temperatur), des Endzustandes (Druck, Temperatur), der Ansaugemenge (Differenzdruck, Druck und Temperatur an der Blende), der Drehzahl und des spezifischen Gewichtes des Gases. Zur Wirkungsgradbestimmung muß noch die Antriebsleistung gemessen werden.

10. Kennzahlen.

Für die Beurteilung der Eigenschaften von Gebläse- und Verdichterrädern sowie für die Übertragung der Versuchsergebnisse von Versuchsrädern auf andere Räder ist die Einführung von Kennzahlen zweckmäßig.

α) *Druckumsetzungszahl und Druckzahl.*

Eine charakteristische Größe eines Laufrades ist diejenige Umfangsgeschwindigkeit u_2 am äußeren Umfang des Rades, die nötig ist, um eine bestimmte Förderhöhe H zu erzielen. Beim ungekühlten Gebläse ist, gleiche Strömungsgeschwindigkeiten in Saug- und Druckstutzen vorausgesetzt, die Förderhöhe H identisch mit der für 1 kg aufzuwendenden adiabatischen Verdichtungsarbeit $h_p = h_{ad}$ mkg/kg [Gl. (1b) u. (2)].

Da die theoretische Förderhöhe H_{th} sich mit dem Quadrat der Umfangsgeschwindigkeit u_2 ändert [Gl. (15) u. Gl. (71)], so liegt es nahe, den Wert u_2^2 ins Verhältnis zu setzen zur wirklich erreichten Druckhöhe H [analog Gl. (17) u. (21)].

Die *Druckumsetzungszahl* k

$$k = \frac{u_2^2}{H} \cong \frac{u_2^2}{h_{ad}} \left[\frac{m^2/s^2}{mkg/kg} = \frac{m}{s^2} \right] \tag{159}$$

gibt denjenigen Wert u_2^2 an, der nötig ist, um 1 mkg adiabatischer Verdichtungsarbeit auf 1 kg des Strömungsmittels zu übertragen.

An Stelle dieses nicht dimensionslosen Wertes k [m/s²] verwendet man auch gern eine dimensionslose Kennzahl ψ, die man als *Druckzahl* bezeichnet. Man setzt [vgl. Gl. (21)]

$$H \approx h_{ad} = \psi \frac{u_2^2}{2g}.$$

Für kleine Druckunterschiede $P_D - P_S = \Delta P$ kann man noch angenähert schreiben $H \approx \frac{\Delta P}{\gamma}$ (zulässig für $P_D/P_S \leq 1{,}2$), so daß die dimensionslose Druckzahl

für $P_D/P_S < 1{,}2$

$$\psi = \frac{\Delta P}{\frac{\varrho}{2} u_2^2}, \tag{160a}$$

für $P_D/P_S > 1{,}2$

$$\psi = \frac{H}{u_2^2/2g} \approx \frac{h_{ad}}{u_2^2/2g}. \tag{160b}$$

Die Druckzahl ψ steht mit der Druckumsetzungszahl k in Beziehung

$$\psi = \frac{2g}{k}. \tag{161}$$

β) *Förderzahl (Volumenzahl).*

Für die von einem Gebläse- oder Verdichterrad geförderte Menge V_S sind kennzeichnende Größen die Umfangsgeschwindigkeit u_2 und der Austrittsquerschnitt $F_2 = \pi d_2 b_2$ des Rades. Es ist daher naheliegend, die Menge V_2 ins Verhältnis zu F_2 und u_2 zu setzen. Für kleine Druckverhältnisse im Rad ist $V_2 \approx V_S$. Darum schreibt man die Förderzahl gewöhnlich in der Form

$$\varphi = \frac{V_S}{\pi d_2 b_2 u_2}, \tag{162}$$

wobei V_S in m³/s, b und d in m, u in m/s einzusetzen sind.

Häufig benutzt man auch eine andere, gleichfalls dimensionslose Förderzahl, in der die Laufradaustrittsbreite nicht enthalten ist, hingegen der Laufraddurchmesser in der 2. Potenz

$$\bar{\varphi} = \frac{V_S}{\frac{\pi d^2}{4} u}, \qquad (163)$$

wobei V_S in m³/s, d in m und u in m/s einzusetzen sind.

γ) Schnelläufigkeit — Spezifische Drehzahl.

Für den Vergleich von Pumpen untereinander ist die sogenannte *spezifische Drehzahl* als Kennzahl der Schnelläufigkeit allgebräuchlich. Man setzt dabei den hydraulischen Wirkungsgrad geometrisch ähnlicher Pumpen als gleich voraus und definiert die spezifische Drehzahl n_s als diejenige Drehzahl einer der ausgeführten Pumpe in allen Teilen geometrisch ähnlichen Pumpe, die bei der Förderhöhe von 1 m die Nutzleistung von 1 PS ergibt, also eine Fördermenge von 75 kg/s aufweist.

Diese so definierte spezifische Drehzahl n_s hat jedoch den Nachteil, daß sie vom spezifischen Gewicht des Fördermittels abhängt. Praktischer ist es daher, insbesondere für die Förderung von Gasen und Dämpfen, d. h. für die Anwendung auf Gebläse und Verdichter, die spezifische Drehzahl auf die Volumeneinheit des je Zeiteinheit angesaugten Fördermittels und auf die Einheit der Förderhöhe zu beziehen[1] und sie zu definieren als diejenige Drehzahl n_q eines dem ausgeführten Gebläse in allen Teilen geometrisch ähnlichen Gebläses, welches ein Volumen von 1 m³/s ansaugt und auf 1 m Förderhöhe fördert. Diese zum Unterschied von der früher definierten spezifischen Drehzahl n_s mit n_q bezeichnete spezifische Drehzahl läßt sich am einfachsten mit Hilfe der vorerwähnten Druck- und Volumenzahlen ermitteln, die für diese Betrachtung für geometrisch ähnliche Gebläse als gleichbleibend vorausgesetzt werden.

Ein ausgeführtes Gebläse habe bei der Drehzahl n_I U/min die Förderhöhe H_I m und das Ansaugevolumen V_I m³/s.

Ein geometrisch ähnliches Gebläse habe bei der Drehzahl n_{II} die Förderhöhe H_{II} und das Ansaugevolumen V_{II}.

Die Gleichheit der Druckzahlen [Gl. (160)]

$$\psi_I = \frac{H_I}{u_I^2/2g} \quad \text{und} \quad \psi_{II} = \frac{H_{II}}{u_{II}^2/2g}$$

liefert

$$H_{II} = H_I \frac{u_{II}^2}{u_I^2}. \qquad (164)$$

Die Gleichheit der Förderzahlen [Gl. (163)]

$$\bar{\varphi}_I = \frac{V_I}{\frac{\pi d_I^2}{4} u_I} \quad \text{und} \quad \bar{\varphi}_{II} = \frac{V_{II}}{\frac{\pi d_{II}^2}{4} u_{II}}$$

liefert

$$V_{II} = V_I \left(\frac{d_{II}}{d_I}\right)^2 \frac{u_{II}}{u_I}. \qquad (165)$$

Da

$$\frac{u_{II}}{u_I} = \frac{d_{II} n_{II}}{d_I n_I}$$

ist, folgt aus Gl. (164) und Gl. (165)

$$H_{II} = H_I \left(\frac{d_{II}}{d_I}\right)^2 \left(\frac{n_{II}}{n_I}\right)^2 \qquad (166) \quad \text{und} \quad V_{II} = V_I \left(\frac{d_{II}}{d_I}\right)^3 \frac{n_{II}}{n_I}. \qquad (167)$$

Aus Gl. (166) u. (167) folgt durch Elimination des Durchmesserverhältnisses d_{II}/d_I die Drehzahl n_{II} des dem Gebläse I geometrisch ähnlichen Gebläses II

$$n_{II} = n_I \left(\frac{V_I}{V_{II}}\right)^{1/2} \left(\frac{H_{II}}{H_I}\right)^{3/4}. \qquad (168)$$

---

[1] Siehe auch Ausland und C. PFLEIDERER: Die Kreiselpumpen für Flüssigkeiten und Gase [28].

Setzt man nun entsprechend obiger Definition der spezifischen Drehzahl n_q das Ansaugevolumen des Vergleichsgebläses II
$$V_{II} = 1 \text{ m}^3/\text{s}$$
und die Förderhöhe des Gebläses II
$$H_{II} = 1 \text{ m},$$
so ist
$$n_{II} = n_q,$$
und man erhält für die oben definierte spezifische Drehzahl n_q

$$n_q = n_I V_I^{1/2} H_I^{-3/4} \text{ [U/min]}, \tag{169}$$

die sich auf 1 m³/s Ansaugevolumen und 1 m Förderhöhe bezieht.

Für Axialgebläse hat Keller [50] an Stelle der spezifischen Drehzahl n_q eine Kennzahl σ eingeführt, die definiert ist durch

$$\sigma = 0{,}379 \, V^{1/2} H^{-3/4} \frac{n}{60}. \tag{170}$$

Die spezifische Drehzahl n_q und die Kennzahl σ sind durch die Beziehung verknüpft

$$\sigma = 0{,}00632 \, n_q. \tag{171}$$

Die eingangs dieses Abschnittes erwähnte spezifische Drehzahl n_s, die sich auf 1 PS Nutzleistung bei 1 m Förderhöhe bezieht, steht mit der spezifischen Drehzahl n_q in Beziehung durch

$$n_s = \sqrt{\frac{\gamma}{75}} \, n_q. \tag{172}$$

Zwischen der spezifischen Drehzahl n_q und der Förderzahl $\overline{\varphi}$ [Gl. (163)] und der Druckzahl ψ [Gl. (160)] bestehen folgende Beziehungen:

$$n_q = 157{,}8 \frac{\overline{\varphi}^{1/2}}{\psi^{3/4}}. \tag{173} \qquad \psi = 825{,}6 \frac{\overline{\varphi}^{2/3}}{n_q^{4/3}}. \tag{174}$$

In Abb. 87a bis i sind eine Reihe verschiedener Gebläse- und Verdichterlaufräder verschiedener Schnelläufigkeit zusammengestellt und deren wichtigste technische Daten (Ansaugevolumen V_S, Ansaugedruck p_S, Enddruck p_D, spezifisches Gewicht γ_S des Gases im Saugzustand, Förderhöhe H, Drehzahl n und Laufraddurchmesser d) tabellarisch angegeben. Zum Vergleich sind auch die spezifischen Drehzahlen von Rädern axialer Bauart beigefügt.

σ	n_s				87a
0,176	3,455	V_S	m³/s	1,4	18 Schaufeln
n_q		p_S	ata	1,0	
27,75		p_D	ata	2,33	
		γ_S	kg/m³	1,165	
		h_{ad}	mkg/kg	8000	
		n	U/min	19800	
		d	m	0.36	

σ	n_s				87b
0,183	3,6	V_S	m³/s	1,25	18 Schaufeln
n_q		p_S	ata	1,0	
28,9		p_D	ata	2,1	
		γ_S	kg/m³	1,165	
		h_{ad}	mkg/kg	7090	
		n	U/min	19900	
		d	m	0,36	

σ	n_s				87c
0,212	4,225	V_S	m³/s	10	20 Schaufeln
n_q		p_S	ata	1,0	
33,53		p_D	ata	1,65	
		γ_S	kg/m³	1,188	
		h_{ad}	mkg/kg	4700	
		n	U/min	6000	
		d	m	0,95	

Kennzahlen.

σ	n_s	V_S	m³/s	1,25	87 d
0,222	4,44	p_S	ata	1,0	16 Schaufeln
		p_D	ata	1,525	
n_q		γ_S	kg/m³	1,2	
35,1		h_{ad}	mkg/kg	3125	
		n	U/min	13080	
		d	m	0,40	

σ	n_s	V_S	m³/s	5,83	87 e
0,255	5,11	p_S	ata	1,0	20 Schaufeln
		p_D	ata	1,12	
n_q		γ_S	kg/m³	1,2	
40,4		h_{ad}	mkg/kg	1000	
		n	U/min	2980	
		d	m	0,95	

σ	n_s	V_S	m³/s	12,5	87 f
0,394	7,89	p_S	ata	1,0	24 Schaufeln
		p_D	ata	1,045	
n_q		γ_S	kg/m³	1,2	
62,4		h_{ad}	mkg/kg	375	
		n	U/min	1500	
		d	m	1,25	

σ	n_s	V_S	m³/s	23,65	87 g
0,615	12,32	p_S	ata	1,0	28 Schaufeln
		p_D	ata	1,095	
n_q		γ_S	kg/m³	1,2	
97,3		h_{ad}	mkg/kg	790	
		n	U/min	2980	
		d	m	0,97	

σ	n_s	V_S	m³/s	10	87 h
0,868	17,4	p_S	ata	1,0	20 Schaufeln
		p_D	ata	1,05	
n_q		γ_S	kg/m³	1,2	
137,3		h_{ad}	mkg/kg	417	
		n	U/min	4000	
		d	m	0,60	

σ	n_s	V_S	m³/s	4	87 i
3,67	67,8	p_S	ata	1,0	4 Schaufeln
		p_D	ata	1,003	
n_q		γ_S	kg/m³	1,2	
536,0		h_{ad}	mkg/kg	25	
		n	U/min	3000	
		d	m	0,60	

Abb. 87 a–i. Räder verschiedener Schnelläufigkeit.

11. Kennlinien ausgeführter einstufiger Gebläse.

Einige charakteristische Kennlinien ausgeführter einstufiger Gebläse zeigen die Abbildungen 88 bis 91.

Daten zu den Abbildungen 88 bis 91.

Abb.	t_S °C	$V_{S_{norm}}$ m³/h	$\dfrac{p_D}{p_{S_{norm}}}$	n U/min	u m/s	d mm	b mm	z —
88	18,5	65 000	1,071	2 925	130	850	2 × 120	
89	12	30 000	1,2	2 950	178,8	1160	40	
90	24	36 000	1,65	6 000	298,5	950	40	20
91	16,4	5 000	2,1	19 600	369	360	15	

Hier sind dargestellt die Verdichtungsverhältnisse p_D/p_S als Funktion der stündlichen Ansaugemenge V_S bei konstanter Drehzahl. Als Abszisse ist gleichzeitig noch die dimensionslose Förderzahl φ [Gl. (162)] aufgetragen. Als Ordinaten sind noch dargestellt

der adiabatische Kupplungswirkungsgrad η_{ad-K} [Gl. (143)],
der innere adiabatische Temperaturwirkungsgrad η_{ad-i_T} [Gl. (136)],
die Druckumsetzungszahl k [Gl. (159)]
und die dimensionslose Druckzahl ψ [Gl. (160)].

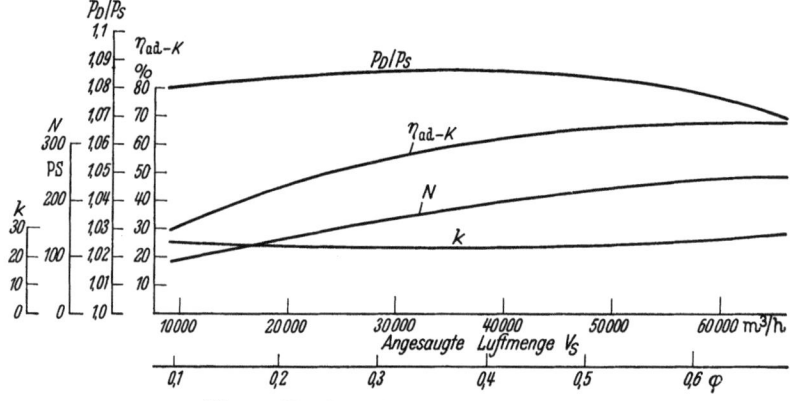

Abb. 88. Kennlinien eines Niederdruckgebläses.

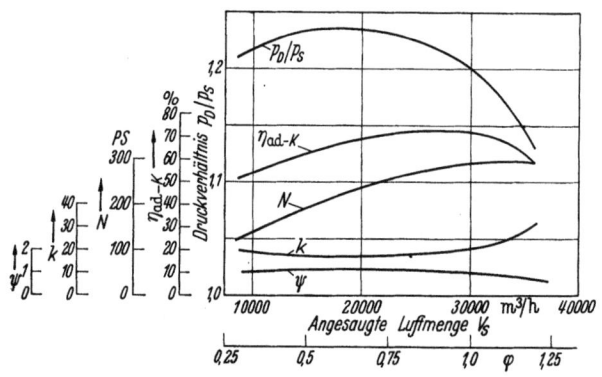

Abb. 89. Kennlinien eines Mitteldruckgebläses.

Die Kennlinien eines Niederdruckgebläses zur Verdichtung von Luft, gekennzeichnet durch niedrige Enddrücke bei großen Ansaugemengen, wie sie z. B. für Gaserzeugungsanlagen Anwendung finden, zeigt Abb. 88. Die Drehzahl dieses ausgeführten Gebläses liegt bei 3000 U/min, der Ansaugedruck bei atmosphärischem Druck, der Enddruck bei 700 bis 800 mm WS. Der Antrieb erfolgt unmittelbar durch Elektromotor.

Die Kennlinien eines Mitteldruckgebläses für mittlere Enddrücke von 2000 mm WS, gleichfalls zur Verdichtung von Luft, zeigt Abb. 89.

Die Kennlinien von Hochdruckgebläsen zur Verdichtung von Luft für ausgesprochen hohe Enddrücke (5000 bis 10000 mm WS und mehr) in einem einzigen Rad zeigen die Abbildungen 90 u. 91. Diese hohen Verdichtungen sind nur mit hohen Drehzahlen erreichbar, die bei Motorantrieb das Zwischenschalten eines Übersetzungsgetriebes erfordern.

Kennzeichnende Punkte dieser Kennlinien sind die Punkte besten Wirkungsgrades η_{opt}, die Punkte höchster Druckzahl ψ_{max} und die Punkte höchster Förderzahl φ_{max} sowie die Pumpgrenze. Bei den untersuchten Gebläsen liegt die höchste Druckzahl ψ_{max} (niedrigste Druckumsetzungszahl k) in der Nähe der Pumpgrenze. Im Bestpunkt des Wirkungsgrades, dem Normalpunkt, ist die Druckzahl ψ niedriger.

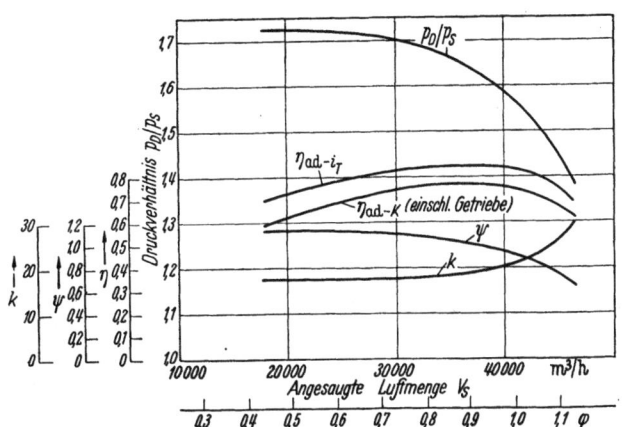

Abb. 90. Kennlinien eines Hochdruckgebläses.

Aus dem Verlauf der Kurven, insbesondere der Kurven der Hochdruckgebläse, erkennt man, daß man, wenn es auf den Wirkungsgrad der Gebläse nicht ankommt, eine weitgehende Variationsmöglichkeit in der Gestaltung der Kennlinien hat durch Verschieben des Auslegungspunktes auf der Kennlinie, d. h. man kann, je nach Wahl des Auslegungspunktes, sowohl sehr flache, als auch sehr steile Kennlinien erzielen. Meist spielt allerdings der Wirkungsgrad eine entscheidende Rolle. In diesen Fällen läßt man den Bestpunkt (Punkt höchsten Wirkungsgrades) mit dem Normalpunkt (Auslegungspunkt) zusammenfallen.

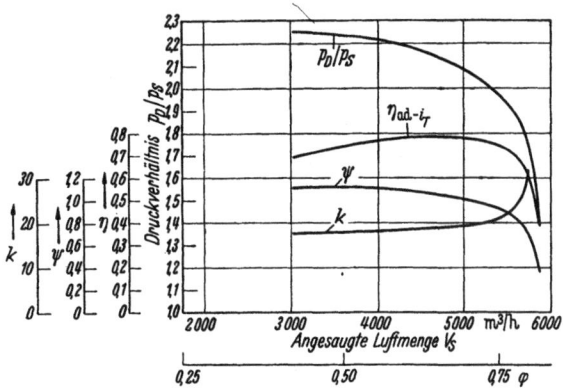

Abb. 91. Kennlinien eines Hochdruckgebläses.

12. Kennlinien bei verschiedener Drehzahl.

Eine Drehzahländerung bewirkt eine Änderung der Geschwindigkeiten am Eintritt und am Austritt des Laufrades. Soweit bei einer Drehzahländerung von n_I auf n_{II} ähnliche Geschwindigkeitsdreiecke am Ein- und Austritt auftreten, so daß sich alle Geschwindigkeiten im Lauf- und Leitrad bei einer Drehzahländerung im gleichen Verhältnis ändern, gilt

$$\frac{V_{II}}{V_I} = \frac{c_{1_{II}}}{c_{1_I}} = \frac{u_{II}}{u_I} = \frac{n_{II}}{n_I}.$$

Also ändert sich das Ansaugevolumen proportional der Drehzahl:

$$V_{II} = V_I \frac{n_{II}}{n_I}; \qquad (175)$$

die theoretische Förderhöhe

$$\frac{H_{II}}{H_I} = \frac{u_{2_{II}} c_{2_{u_{II}}}}{u_{2_I} c_{2_{u_I}}} = \frac{n_{II}^2}{n_I^2}$$

ändert sich hingegen mit dem Quadrat der Drehzahl:

$$H_{II} = H_I \frac{n_{II}^2}{n_I^2}, \qquad (176)$$

und die Antriebsleistung ist

$$N_{II} = N_I \left(\frac{n_{II}}{n_I}\right)^3. \qquad (177)$$

Betriebspunkte verschiedener Drehzahl, deren Geschwindigkeitsdiagramme ähnlich sind (gleiche Winkel α_2), liegen somit auf einer Parabel. Betriebspunkte verschiedener Drehzahl mit ähnlichen Geschwindigkeitsdiagrammen mit gleichen, jedoch anderen Winkeln α_2 als zuvor, liegen auf einer anderen Parabel (Affinitätsgesetz).

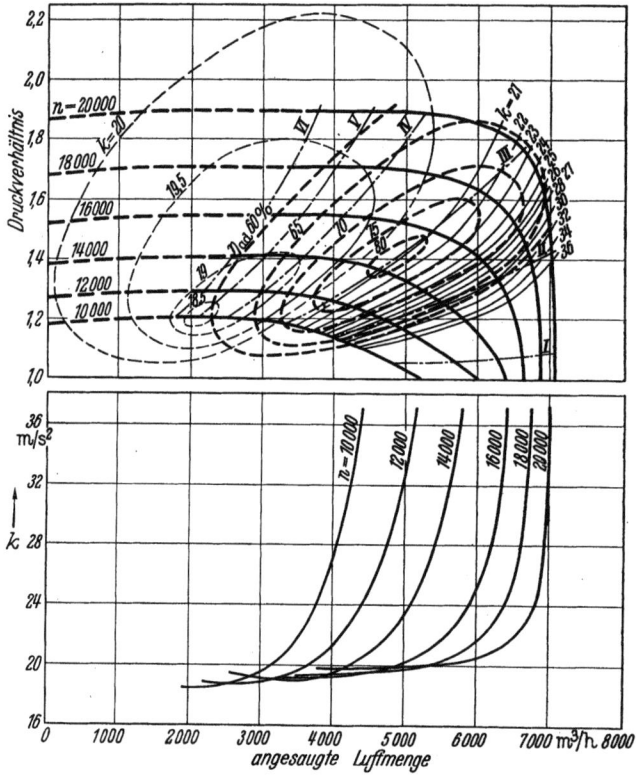

Abb 92. Kennliniendiagramm eines einstufigen Gebläses für hohen Enddruck.

Man kann somit, ausgehend von einer Kurve gleicher Drehzahl, die, anderen Drehzahlen zugehörigen Druck-Volumen-Kurven leicht rechnerisch bestimmen. Man erhält auf diese Weise ein sogenanntes Kennliniendiagramm.

Diese Rechnung gilt jedoch genau nur unter der getroffenen Voraussetzung ähnlicher Geschwindigkeitsdiagramme für zugehörige Punkte des Diagrammes.

Für Gebläse, bei denen die Geschwindigkeiten (u, c, w) nicht hoch sind, die also für niedrige Förderhöhen bestimmt sind, dürften die gemachten Annahmen gut zutreffen. Finden jedoch zur Erzielung großer Förderhöhen in einem Rad hohe Geschwindigkeiten Anwendung, so ist einleuchtend, daß mit Abweichungen von diesem Näherungsgesetz gerechnet werden muß, insbesondere dann, wenn an gewissen Stellen des Rades die Geschwindigkeiten in die Nähe der Schallgeschwindigkeiten kommen, z. B. wenn die relative Eintrittsgeschwindigkeit w_1 in die Nähe der Schallgeschwindigkeit gelangt. Dann vermag eine weitere Drehzahlsteigerung nur noch eine geringe Zunahme der Ansaugemenge herbeizuführen, während die Druckhöhe zunimmt.

Abb. 92 zeigt das durch Versuch ermittelte Kennliniendiagramm eines für außergewöhnlich hohe Verdichtung bestimmten einstufigen Gebläses, das für eine Ansaugemenge von 6500 m³/h

Luft und eine Verdichtung von 1,0 ata auf 1,8 ata bestimmt ist. Die höchste hierbei untersuchte Umfangsgeschwindigkeit beträgt 345 m/s. Das Gebläse ist in einem sehr großen Drehzahlbereich eingehend untersucht (10000 bis 20000 U/min) [51].

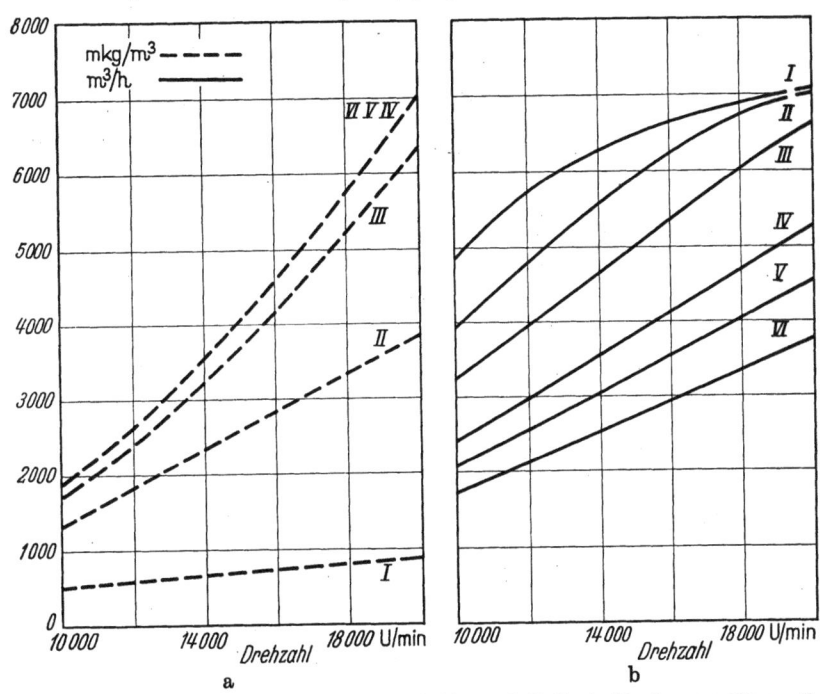

Abb. 93 a u. b. Einfluß der Drehzahl auf Ansaugemenge und Verdichtungsarbeit. Laufraddurchmesser 330 mm, Laufrad-Austrittswinkel $\delta = 43°$. a Theoretische Verdichtungsarbeit [mkg/m³] abhängig von der Drehzahl. b Ansaugemenge [m³/h] abhängig von der Drehzahl.

Während die Druck-Volumen-Kurven niedriger Drehzahl ziemlich normal verlaufen und dem obigen Näherungsgesetz ziemlich gut genügen, fallen die Druck-Volumen-Kurven für hohe Drehzahl im Gebiet großer Ansaugemengen sehr steil ab.

Noch deutlicher werden die Verhältnisse, wenn man in Abb. 93 für verschiedene Drosselstellungen I bis VI der Abb. 92 die Ansaugemengen und die Druckverhältnisse bzw. die adiabatischen Arbeiten in Abhängigkeit von der Drehzahl darstellt. Das obige Näherungsgesetz gilt hier angenähert im Gebiet III–VI, während im Gebiet I–III ziemliche Abweichungen, vor allem in der Ansaugemenge, eintreten. Die nähere Untersuchung zeigt, daß hier die Relativgeschwindigkeit am Schaufeleintritt in die Nähe der Schallgeschwindigkeit kommt, wodurch bei weiterer Drehzahlsteigerung eine weitere Zunahme der Ansaugemenge begrenzt wird.

Bemerkenswert ist der Verlauf des Wirkungsgrades. In Abb. 92 sind Linien gleichen Wirkungsgrades eingetragen. Es handelt sich hier um den Gesamtwirkungsgrad eines Gebläses, dessen Laufrad fliegend auf der schnellaufenden Welle eines Getriebes angeordnet ist. Der eingetragene Wirkungsgrad enthält den Getriebe- und Leistungsverlust einer eingebauten Ölpumpe. Die Kupplungsleistung wurde mit Torsions-Dynamometer bestimmt. Der Bestpunkt des Wirkungsgrades liegt nicht im Auslegungspunkt des Gebläses (6500 m³/h Luft, zu verdichten von 1 ata auf 1,8 ata), sondern bei einem niedrigeren Druck. Bei verschiedener Drehzahl liegen die Bestpunkte angenähert auf einer Parabel.

Die Druckumsetzung bei den verschiedenen Drehzahlen wird besonders anschaulich durch Ermittlung der Kennzahlen k bzw. ψ und durch Darstellen des Verlaufes dieser Kennzahlen in Abhängigkeit von der Fördermenge (Abb. 92 unten) bzw. durch Eintragen von Linien gleicher k-Werte in das Kennliniendiagramm (Abb. 92 oben). Bemerkenswert ist, daß die kleinsten Werte k_{min} mit den günstigsten Wirkungsgraden nicht zusammenfallen, vielmehr liegen die niedrigsten k-Werte bei kleineren Teillasten und in der Nähe der Pumpgrenze, während zu den günstigsten Wirkungsgraden η_{opt} höhere k-Werte gehören. Weiterhin ist zu bemerken, daß höhere

Verdichtungen bei jeweils günstigstem Wirkungsgrad höhere k-Werte erfordern. In Abb. 94 sind über der Drehzahl der jeweils günstigste Wirkungsgrad η_{opt}, der hierzu gehörige günstigste k_{opt}-Wert und das zugehörige Verdichtungsverhältnis $(p_D/p_S)_{opt}$ sowie der jeweils niedrigste Wert k_{min} und das zugehörige Verdichtungsverhältnis $(p_D/p_S)_{max}$ aufgetragen. Die k-Werte zeigen ein geringes stetiges Ansteigen mit der Drehzahl und den dabei erzielten Enddrücken.

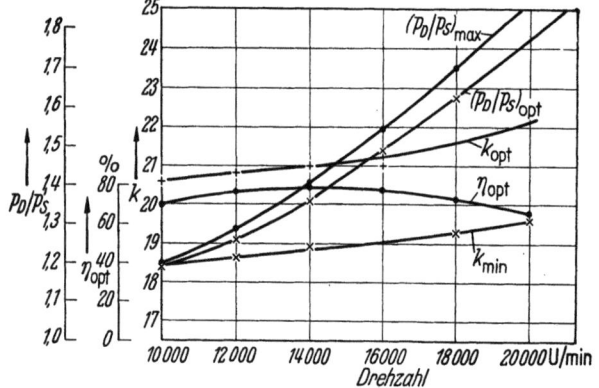

Abb. 94.
Abhängigkeit der Druck-Kenngrößen k_{opt} und k_{min}, η_{opt} und $(p_D/p_S)_{opt}$ sowie $(p_D/p_S)_{max}$ von der Drehzahl.

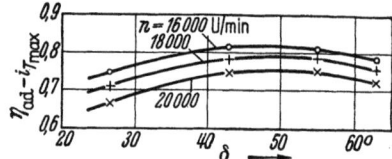

Abb. 95.
Günstigste innere Wirkungsgrade $\eta_{ad-iT_{max}}$ in Abhängigkeit vom Austrittswinkel δ bei verschiedenen Drehzahlen n.

13. Einfluß des Schaufelaustrittswinkels.

Wie die Untersuchungen der theoretischen Förderhöhe bei unendlicher Schaufelzahl [Gl. (16) bis (35)] gezeigt haben, beeinflußt die Größe und Richtung des Austrittswinkels der Schaufel in entscheidender Weise die erreichbare Förderhöhe und den Verlauf der Kennlinie.

Um den Einfluß des Schaufelaustrittswinkels unter den wirklichen Verhältnissen der endlichen Schaufelzahl und der reibungbehafteten und nicht volumenbeständigen Strömung zu erfassen, wurden eine Reihe Versuche an einem einstufigen schnellaufenden Gebläse mit verschiedenen Laufrädern durchgeführt. Diese Laufräder waren in allen Abmessungen (Laufraddurchmesser, Ein- und Austrittsbreite der Schaufeln, Schaufelzahl, Schaufeleintrittswinkel) völlig gleich. Sie

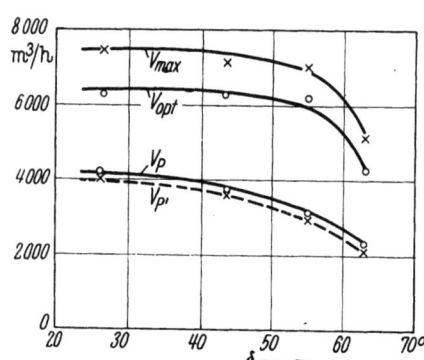

Abb. 96. Die kennzeichnenden Luftmengen V_{max}, V_{opt}, V_P und $V_{P'}$ in Abhängigkeit vom Schaufelaustrittswinkel δ. $n = 20000$ U/min.

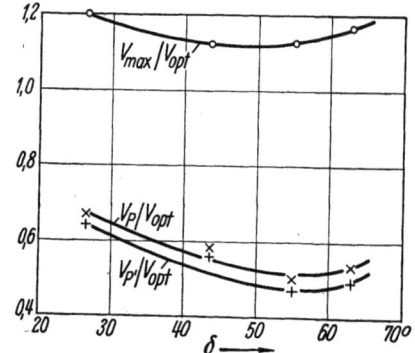

Abb. 97. Die kennzeichnenden Größen V_{max}/V_{opt}, V_P/V_{opt}, $V_{P'}/V_{opt}$ in Abhängigkeit vom Schaufelaustrittswinkel δ. $n = 20000$ U/min.

unterschieden sich lediglich in der Schaufelform und dem Schaufelwinkel am Austritt. Der Winkel am Austritt $\delta = 90° - \beta_2$ wurde hierbei in den Grenzen zwischen $26^1/_2$ und $63°$ variiert. Die Leitvorrichtung bestand aus einer Spirale.

Die Ergebnisse dieser Versuche [51], die bei Umfangsgeschwindigkeiten $u_2 = 275$, 310 und 345 m/s und den entsprechenden Drehzahlen von 16000, 18000 und 20000 U/min durchgeführt wurden, lassen sich kurz in folgendem zusammenfassen.

Einfluß des Schaufelaustrittswinkels.

Bei allen 3 untersuchten Drehzahlen wurde das Maximum des Wirkungsgrades η_{ad-i_T} bei einem Austrittswinkel $\delta \approx 45°$, d. h. $\beta_2 \approx 45°$ festgestellt (Abb. 95). Der Einfluß des Austrittswinkels auf kennzeichnende Punkte der Kennlinie, insbesondere auf die Lage der Pumpgrenze und der maximal erreichbaren Fördermenge, ist in Abb. 96 und 97 gezeigt. In dieser Darstellung bedeuten

V_{max} diejenige Ansaugemenge, bei der die Druck-Volumen-Kurve die Abszisse schneidet ($p_D/p_S = 0$).

V_{opt} diejenige Ansaugemenge, bei der der beste Wirkungsgrad erreicht wird,

V_P diejenige Ansaugemenge, bei der auf der Druck-Volumen-Kurve ($n = $ const) die Pumpgrenze erreicht wird,

$V_{P'}$ diejenige Ansaugemenge, bei der, ausgehend vom Punkt besten Wirkungsgrades auf der Druck-Volumen-Kurve, durch Drosseln in der Saugleitung bei unveränderter Drehzahl die Pumpgrenze erreicht würde.

In Abb. 96 sind für eine herausgegriffene Drehzahl ($n = 20000$ U/min) die Werte V_{max}, V_{opt}, V_P und $V_{P'}$ in Abhängigkeit vom Austrittswinkel $\delta = 90 - \beta_2$ dargestellt, während in Abb. 97 für die gleiche Drehzahl die Verhältniszahlen V_{max}/V_{opt}, V_P/V_{opt}, $V_{P'}/V_{opt}$ als Ordinaten über der gleichen Abszisse aufgetragen sind.

Man erkennt insbesondere aus der letzten Darstellung, daß die Lage der Pumpgrenze relativ zum Punkt besten Wirkungsgrades der Druck-Volumen-Kurve durch großen Winkel δ begünstigt wird.

Für den Punkt besten Wirkungsgrades der Kennlinie wurden für die verschiedenen Austrittswinkel δ bei den untersuchten Drehzahlen bzw. Umfangsgeschwindigkeiten die folgenden Druckzahlen ψ [Gl. (160 b)] ermittelt:

ψ-Werte.

δ °	$u = 275$	$u = 310$	$u = 345$ m/s
26,5	1,035	1,02	0,995
43	0,982	0,96	0,995
55	0,905	0,885	0,855
63	0,85	0,835	0,81

Bei Verwendung vorstehender Ergebnisse für Auslegung neuer Maschinen darf die Maschinengröße, an der die Ergebnisse gewonnen wurden, nicht außer acht gelassen werden. Vorstehende Ergebnisse beziehen sich auf ein kleines Spiralgebläse einer normalen Ansaugemenge von 5000 bis 6000 m³/h, dessen Kennlinienfeld in einem großen Drehzahlbereich bereits durch Abb. 92 gezeigt wurde, und zwar gilt dieses Diagramm für einen Winkel δ am Austritt von 43°, für den das Gebläse ursprünglich gebaut wurde.

Um einen Anhalt über den Einfluß der Maschinengröße auf die Höhe der Druckzahl ψ zu geben, seien nachstehend noch einige weitere Versuchswerte gegeben, die an einstufigen Gebläsen bei Verdichtung von Luft ermittelt wurden. Hierbei war das erreichte Druckverhältnis in allen Fällen $p_D/p_S = 1,8$ bis 1,9 und das Verhältnis der Durchmesser am Austritt und am Eintritt $d_2/d_1 = 1,8$ bis 1,9. Die Werte beziehen sich auf den Punkt besten Wirkungsgrades.

Druckzahlen einstufiger Gebläse verschiedener Größe.

V_S m³/h	ψ
5000	0,93
10000	1,00
20000	1,05
40000	1,065

Weiter werden nachstehend die technischen Daten und die Kennzahlen einiger einstufiger Gebläse für mittlere und niedere Verdichtungsverhältnisse angegeben.

94   Einstufige Kreiselgebläse.

Kennzahlen ausgeführter einstufiger Luftgebläse verschiedener Größe
(Laufrad fliegend angeordnet, $p_S = 1,0$ ata, $p_D = 1,5$ ata, $t_S = 20°$ C).

V_S m³/h	d m	b m	b/d	n U/min	u m/s	φ	$\overline{\varphi}$	ψ	n_q
1000	0,30	0,0055	0,0183	17570	276	0,610	0,0143	0,95	19,58
3500	0,40	0,012	0,03	12887	269,8	0,75	0,0287	0,995	26,8
13500	0,65	0,025	0,0395	7900	268,5	0,86	0,0421	1,005	32,3

Kennzahlen ausgeführter einstufiger Windgebläse.

	V_S m³/h	p_S ata	p_D ata	d m	b m	b/d	n U/min	u m/s	φ	$\overline{\varphi}$	ψ	n_q
a)	32000	1,03	1,075	1,2	0,10	0,0835	1460	91,8	0,811	0,08	0,9	49,9
b)	75000	1,0	1,085	0,85	2×0,12	0,282	2950	131,2	0,780	0,28	0,83	96,2

a) einflutige Bauart, b) zweiflutige Bauart.

14. Drehzahlsteigerung bei einstufigen Gebläsen.

Für die in einer Stufe erreichbare Förderhöhe ist in erster Linie die Umfangsgeschwindigkeit maßgebend. Je höher die Umfangsgeschwindigkeit eines Rades, um so höher die erreichbare Förderhöhe [Gl. 160b)]:

$$H = \frac{u^2}{k} \quad \text{bzw.} \quad H = \frac{\psi u^2}{2g}.$$

Grenzen für die in einer Stufe höchstens erreichbare Förderhöhe sind durch Festigkeit und Konstruktion des Rades sowie durch die verwendeten Baustoffe gesetzt.

Für die aus dem Laufrad austretende Menge

$$V_2 = F_2 c_{m_2} = \pi d_2 b_2 c_{m_2}$$

($V_2' \approx V_S$ für kleine Verdichtungsverhältnisse) ist entscheidend der Austrittsquerschnitt F_2 und die Radialkomponente c_{m_2} der Austrittsgeschwindigkeit c_2. Bei gleichbleibenden Schaufelwinkeln ändern sich die Geschwindigkeiten w_2 und c_2, also auch c_{m_2}, mit u_2. Je höher also u_2 und je größer F_2 ist, um so größer ist V_2 und das angesaugte Volumen V_S.

Ist eine bestimmte zu erreichende Förderhöhe H für das Gebläse vorgeschrieben, so ist damit bei einer bestimmten Bauart (bei bestimmten Schaufelwinkeln) die Umfangsgeschwindigkeit u_2 des Rades bestimmt, wobei man zunächst noch frei ist in der Wahl von Laufraddurchmesser, Laufradbreite und Drehzahl. Für diese bestimmend ist in erster Linie das Ansaugevolumen V_S. Günstiger axialer Zulauf und stetige Geschwindigkeitszunahme von der axialen Geschwindigkeit c_0 auf

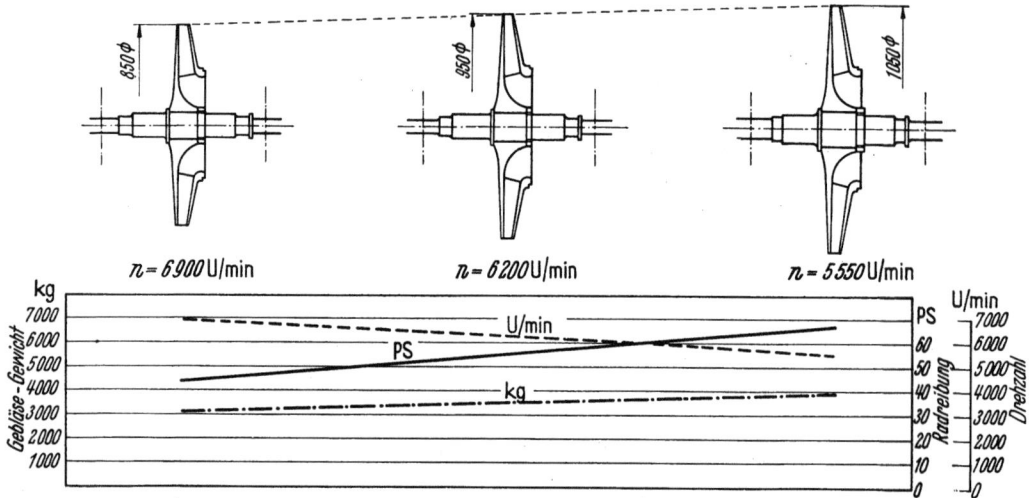

Abb. 98. Einfluß der Drehzahlsteigerung auf Laufradabmessungen, Gebläsebaugewicht und Radreibungsleistung einstufiger Gebläse.
Saugleistung 38000 m³/h; $p_S = 1$ ata, $p_D = 1,7$ ata.

die radiale Eintrittsgeschwindigkeit c_1 erfordern nämlich die Einhaltung gewisser Verhältniszahlen c_0/u_2, woraus sich bei gegebenem u_2 die Größe des Eintrittsdurchmessers d_i für die Bohrung der Deckscheibe in gewissen Grenzen ergibt. Die Kanalausbildung und die Festigkeitsverhältnisse der Deckscheibe und der Schaufeln erfordern außerdem gewisse Verhältnisse d_a/d_i zwischen Außendurchmesser d_a und Eintrittsdurchmesser d_i und gewisse Verhältnisse b_a/d_a zwischen Austrittsbreite b_a und Außendurchmesser d_a. Durch das Ansaugevolumen V_S sind daher, wenn möglichst hoher Gebläsewirkungsgrad angestrebt wird, der Außendurchmesser und die Austrittsbreite in gewissen Grenzen festgelegt und damit auch die Drehzahl, da u_2 bereits durch die Druckhöhe festliegt. Aber innerhalb dieser Grenzen ist natürlich eine Drehzahländerung bei konstantem u_2 möglich.

Im Hinblick auf die auftretenden Verluste, insbesondere die Radreibung, die einen wesentlichen Anteil an den Verlusten ausmacht, ist es empfehlenswert, die Drehzahl möglichst hoch und den Durchmesser möglichst klein zu wählen, da dann der Radreibungsverlust möglichst klein wird [vgl. Gl. (105)]. Auch im Hinblick auf kleine Maschinenabmessungen und auf niedriges Baugewicht ist eine möglichst hohe Drehzahl von Vorteil. Eine Drehzahlsteigerung wirkt sich also sowohl auf den Wirkungsgrad wie auch auf Platzbedarf und das Baugewicht vorteilhaft aus. Abb. 98 zeigt den Einfluß der Drehzahlsteigerung auf Laufradabmessungen, Gebläsebaugewicht und Radreibungsleistung einstufiger Gebläse unter Voraussetzung gleichen Ansaugevolumens, gleichen Fördermittels (im vorliegenden Fall Luft) und gleichen Verdichtungsverhältnisses. Eine weitere Möglichkeit zur Drehzahlsteigerung liegt im Übergang von der einflutigen zur zweiflutigen Bauart[1].

15. Zugehörigkeit von Laufraddurchmesser und Drehzahl.

Die strömungstechnisch richtige Durchbildung der Laufräder und ihrer Strömungskanäle führt zu um so schnellerläufigen Maschinen, je kleiner die zu fördernden Mengen sind, wobei gleiches Verdichtungsverhältnis und gleiches zu verdichtendes Gas vorausgesetzt sind. Laufrad-

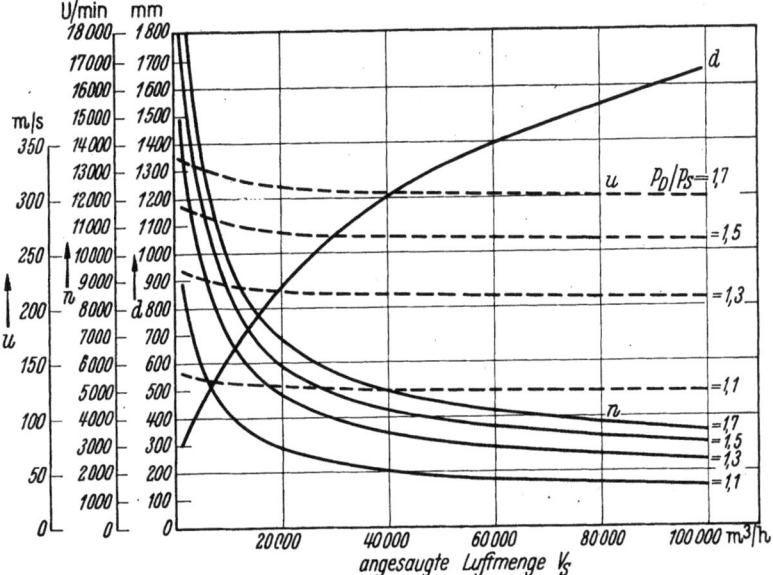

Abb. 99. Zugehörigkeit von Laufraddurchmesser d, Drehzahl n, Umfangsgeschwindigkeit u und stündlich angesaugter Luftmenge V_S bei verschiedenen Verdichtungsverhältnissen p_D/p_S und bei Auslegung für günstigsten Wirkungsgrad.

durchmesser und Drehzahl müssen daher in richtiger Weise der zu verdichtenden Menge angepaßt werden. Für Auslegung nach bestmöglichem Wirkungsgrad ergibt sich bei Verdichtung von Luft eine Zugehörigkeit von Ansaugemenge, Laufraddurchmesser und Drehzahl etwa nach Abb. 99.

---

[1] Eine allgemeine Behandlung des Einflusses der Drehzahlsteigerung im Maschinenbau findet sich unter F. KLUGE: Wege zur Drehzahlsteigerung [52a].

Bei kleiner Ansaugemenge ergibt sich demnach eine sehr hohe Drehzahl bei entsprechend kleinem Laufraddurchmesser. Die Grenze der Ausführbarkeit nach unten liegt in der Herstellmöglichkeit (Schaufeln unter 4 mm Breite sind schwer ausführbar). Diese Grenze liegt bei einem Ansaugevolumen von etwa 400 m³/h. Eine gewisse Begrenzung der Ausführbarkeit nach oben ist gegeben durch den axialen Zulauf zum Radeintritt und durch die Radabmessungen. Wenn man jedoch bei sehr großen Ansaugemengen entsprechend niedrige Drehzahlen für das Laufrad wählt, können auch sehr große Mengen (150000 bis 300000 m³/h) in einflutigen, d. h. einseitig ansaugenden Rädern verdichtet werden. Jedoch werden derartige Räder sehr groß, und die Schmiedestücke solcher großen Räder werden verhältnismäßig teuer. Daher zieht man für derart große Ansaugemengen mehrflutige Bauarten vor, die höhere Drehzahlen anzuwenden gestatten und die zu kleineren Maschinenabmessungen führen. Eine weitere Begrenzung liegt in der in einem Laufrad erreichten Höchstverdichtung. Die erzielbare Verdichtungsarbeit steigt mit dem Quadrat der Umfangsgeschwindigkeit. In gleichem Maße steigt aber auch die Beanspruchung der umlaufenden Teile. Selbst bei sorgfältigster Werkstoffauswahl und insbesondere bei Auswahl von Werkstoffen höchster Festigkeit bei gleichzeitig hoher Streckgrenze und Dehnung ergeben sich, je nach Laufradkonstruktion, Grenzwerte für die Umfangsgeschwindigkeiten, die auch das in einem Rad erzielbare Verdichtungsverhältnis begrenzen. Bei genieteten Rädern (fliegend angeordnete Räder) mit voller Deckscheibe und rückwärts gekrümmten Schaufeln sind bei kleinen Ansaugemengen von etwa 5000 m³/h bei Verdichtung von Luft Verdichtungsverhältnisse $P_D/P_S = 2$ erzielbar, bei größeren Ansaugemengen von 60000 bis 80000 m³/h können Verdichtungsverhältnisse $P_D/P_S = 1{,}65$ bis $1{,}7$ mit Sicherheit in einem Rad erreicht werden.

Bei höheren Verdichtungsverhältnissen ist es erforderlich, je nach der Verdichtung mehrere Stufen hintereinanderzuschalten. Dies führt zu mehrstufigen Gebläseausführungen, über die in Abschnitt D eingehend berichtet wird.

Bei der Verdichtung von Gasen muß besonders das spezifische Gewicht des Gases berücksichtigt werden. Die zum Erzielen eines bestimmten Verdichtungsverhältnisses erforderliche Summe $\sum u^2$ der Quadrate der Umfangsgeschwindigkeiten sämtlicher Räder des Gebläses ist umgekehrt proportional dem spezifischen Gewicht des zu verdichtenden Gases. Je leichter also das Gas, um so höher die erforderliche $\sum u^2$. Grundsätzlich gilt das gleiche wie für Luftgebläse. Bei Überschreiten der für eine bestimmte Luftradbauart aus Festigkeitsgründen als zulässig erachteten Umfangsgeschwindigkeit geht man zum Vermeiden höherer Beanspruchungen zu mehrstufiger Bauart über.

Die Beachtung dieser für die Konstruktion maßgeblichen Gesichtspunkte führt für bestimmte Anwendungsgebiete zu bestimmten Ausführungsformen, die für den gedachten Verwendungszweck bestmögliche Werkstoffausnutzung bedeuten.

16. Nutzbarmachung des Verdichtungsstoßes für die Verdichtung.

Der Verdichtungsstoß ist eine Druckumsetzung kinetischer Energie auf kleinstem Raum (s. S. 25). Die Verluste beim Verdichtungsstoß nehmen mit etwa der dritten Potenz der Übergeschwindigkeit über die Schallgeschwindigkeit zu, sind also bei großen Übergeschwindigkeiten über der Schallgeschwindigkeit sehr hoch, so daß die Nutzbarmachung des Verdichtungsstoßes für praktische Verdichtungszwecke in diesem Gebiet nicht sehr wirtschaftlich sein kann, wenn man nicht besondere Maßnahmen ergreift, z. B. stufenweise Verdichtung durch Auflösen des Verdichtungsstoßes in mehrere schwächere schräge Teilstöße (Triebwerk von Trommsdorf).

Hingegen im Bereich kleiner Übergeschwindigkeiten über der Schallgeschwindigkeit ($w_1/a \gtreqless 1{,}2$) sind die Stoßverluste gering. Darum wäre hier der Gedanke einer Nutzbarmachung des Verdichtungsstoßes zum Zweck des Erreichens einer Verdichtung vom wirtschaftlichen Standpunkt aus durchaus zu vertreten. Die praktische Anwendung auf Schaufelgitter von Strömungsmaschinen in Form einer Überschallzuströmung scheiterte bisher an dem Fehlen eines Weges zur Erreichung einer Überschallzuströmung zum Schaufelgitter [52b].

Hingegen scheint am Austritt von Kreiselgebläse-Laufrädern bei Anwendung schaufelloser Diffusoren Überschallgeschwindigkeit möglich und dort eine Nutzbarmachung des Verdichtungsstoßes bei gutem Wirkungsgrad der Verdichtung nicht ausgeschlossen.

Der Steigerung der Umfangsgeschwindigkeiten der Laufräder von Kreiselgebläsen und -verdichtern, die aus Gründen möglichst großer Stufenförderhöhe und möglichst guten Wirkungsgrades empfohlen wurde (S. 94 und 95), ist nach vorstehendem nicht nur eine Grenze gesetzt durch die Festigkeit der Laufräder, sondern auch durch die Höhe der Strömungsgeschwindigkeiten, insbesondere am Laufradeintritt. Die relative Eintrittsgeschwindigkeit w_1 kann nicht über die Schallgeschwindigkeit a' im Gas hinaus gesteigert werden, die eine Grenze für die Fördermenge eines gegebenen Laufrades setzt (vgl. Abb. 92). Aus Gründen hohen Wirkungsgrades sollten auch nur stellenweise auftretende örtliche Überschallgeschwindigkeiten im Eintrittsquerschnitt vermieden werden [52c].

II. Ausgeführte einstufige Gebläse.

a) Unterscheidungsmerkmale.

Die Gebläse kann man unterscheiden

nach der *Art des Fördermittels* in *Luft-, Gas- und Dampfgebläse,*

nach der Höhe des erreichbaren *Verdichtungsverhältnisses* in
  Niederdruckgebläse für p_D/p_S 1,04 bis 1,10,
  Mitteldruckgebläse für p_D/p_S 1,10 bis 1,30,
  Hochdruckgebläse für p_D/p_S 1,30 bis 2,00,

nach *Art der Beaufschlagung* des Laufrades in
  einseitigsaugende (einflutige) Gebläse (Abb. 100) und
  zweiseitigsaugende (zweiflutige) Gebläse (Abb. 103),

nach der *Anordnung des Laufrades* in Beziehung zu den Lagern
  fliegende Anordnung des Laufrades (Abb. 101a),
  zweiseitige Anordnung der Lager (Abb. 103),

nach *Art der Lagerung* in Gebläse mit Läufern, die gelagert sind
  in Gleitlagern (Ringschmierung, Drucköschmierung) und
  in Kugel- oder Rollenlagern,

nach *Art des Antriebs* in Gebläse mit

  unmittelbarem Antrieb, und zwar mit
    Motorantrieb für langsamlaufende Gebläse bei Drehzahlen von 1000, 1500 und 3000 U/min
      (im Ausland auch 1200, 1800 und 3600 U/min) (Abb. 100 und 101), und mit
    Turbinenantrieb für beliebige Drehzahl (Abb. 137),
  und in Gebläse mit

  mittelbarem Antrieb unter Zwischenschaltung eines *Getriebes* (Abb. 102, 103, 108) bei
    Motorantrieb von schnellaufenden Gebläsen (Übersetzungsgetriebe) und bei
    Turbinenantrieb von langsamlaufenden Gebläsen (großer Fördermenge, kleiner Drucksteigerung, kleiner Antriebsleistung) durch schnellaufende Turbinen (Untersetzungsgetriebe),

nach *Art der Aufstellung* (Land, Schiff, Fahrzeug, Flugzeug) in
  stationäre Gebläse und
  nichtstationäre Gebläse,

nach *Art der Ausführung* insbesondere des Gehäuses in
  gegossene (Abb. 100) und
  geschweißte (Abb. 110) Ausführung.

Im folgenden wird unterteilt nach dem Verwendungszweck in *Luftgebläse* und *Gasgebläse* und dabei eine weitere Unterteilung nach *normalen Bauarten* und *Sonderbauarten* vorgenommen.

Unter normalen Bauarten werden dabei solche Gebläse verstanden, die unter Verwendung normaler Konstruktion aus normalen Werkstoffen hergestellt und keinen außergewöhnlichen Betriebsbedingungen unterworfen werden und keiner außergewöhnlichen Wartung bedürfen.

Unter Sonderbauarten sind alle abweichenden Bauarten verstanden, die besondere Konstruktion und Werkstoffauswahl und häufig auch besondere Wartung benötigen in Anpassung an gewisse außergewöhnliche Betriebsbedingungen. Bei solchen Gebläsen tritt die Frage der Betriebssicherheit und der Haltbarkeit in den Vordergrund, während die Frage des Gebläsewirkungsgrades hierbei oft von nicht so entscheidender Bedeutung ist. Es finden sich darum unter den aufgeführten Beispielen von Sonderbauarten manche, für deren Gestaltung weniger strömungstechnische Fragen entscheidend waren als in erster Linie Fragen der Festigkeit, der Temperaturbeständigkeit, der Säurefestigkeit u. a.

b) Luftgebläse.

1. Normale Bauart.

Ein einstufiges, einseitig saugendes und zweiseitig gelagertes Gebläse normaler Bauart der Fa. Jaeger, Leipzig, zur Verdichtung von Luft zeigt Abb. 100. Die Lager haben Druckölschmierung. Die Ölpumpe erhält ihren Antrieb von der Gebläsewelle. Der Ölkühler liegt unter dem linken Gebläselager. Das Gebläse ist auch für die Verdichtung von Gasen geeignet.

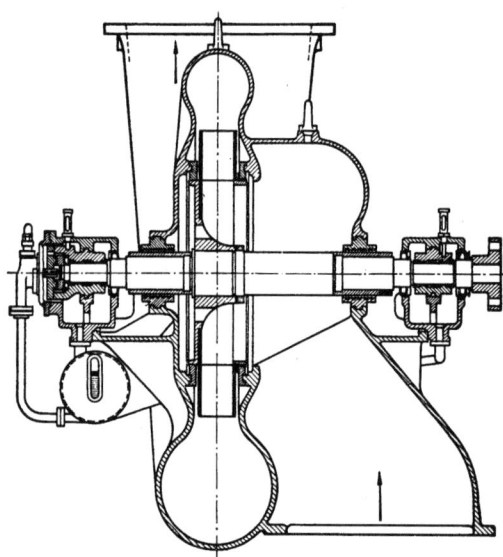

Abb. 100. Einstufiges Spiralgebläse der Fa. Jaeger, Leipzig, für Luft und Gase.

Fliegende Anordnung ist bei dem einstufigen Gebläse (Abb. 101) der Fa. Kühnle, Kopp & Kausch gewählt. Es handelt sich hier um die Förderung einer großen Luftmenge auf mittleren Druck. Das Ansaugevolumen ist 70000 m³/h, die Druckerhöhung 2500 mm WS, das Verdichtungsverhältnis 1,25. Das Gebläse ist für unmittelbaren Antrieb durch Elektromotor vorgesehen bei einer Drehzahl $n = 2980$ U/min. Der Laufraddurchmesser ist $d = 1250$ mm. Der Läufer ist in Kugellagern gelagert.

Eine raschlaufende Gebläsebauart für Motorantrieb der Demag zeigt Abb. 102 [53]. Hierbei ist das Gebläse mit dem erforderlichen Übersetzungsgetriebe zu einer Einheit zusammengebaut. Die raschlaufende Getriebewelle trägt fliegend das mit hoher Drehzahl umlaufende Gebläselaufrad, während das das Laufrad umschließende Spiralgehäuse unmittelbar am Getriebekasten angeflanscht ist. Die Drucköversorgung und Ölkühlung ist in den Getriebekasten einschließlich der Ölpumpe eingebaut. Der Axialschub wird durch den am Laufrad vorgesehenen Ausgleichraum ausgeglichen. Der verbleibende restliche Axialschub wird durch die Pfeilverzahnung von der

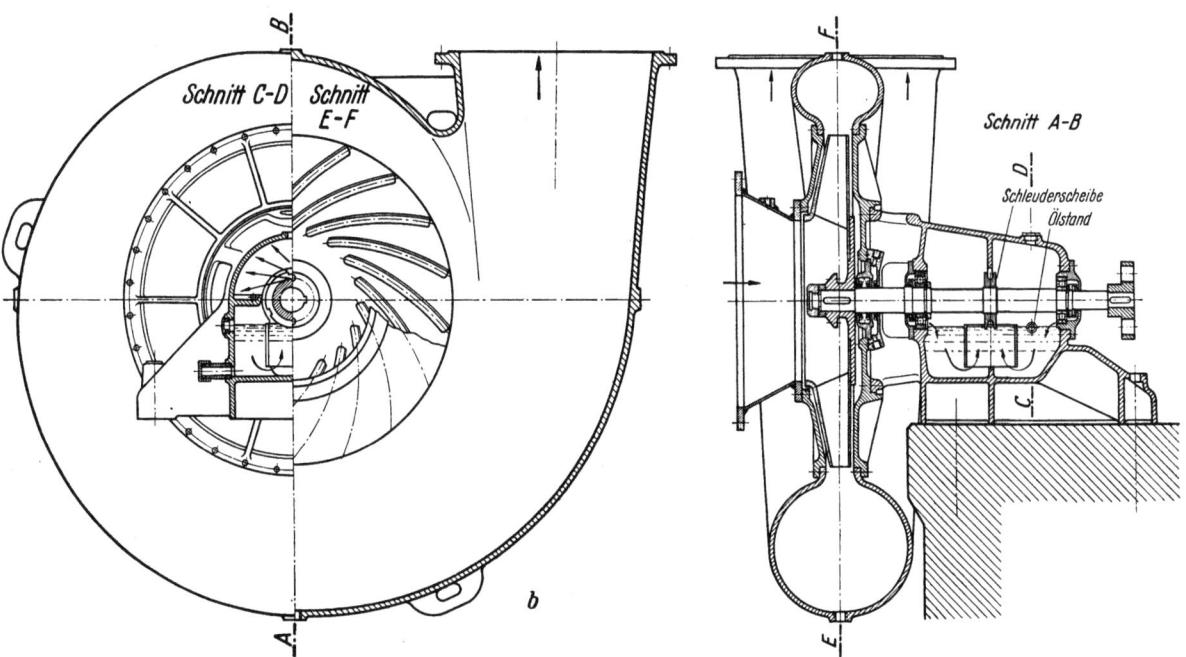

Abb. 101. Einstufiges Spiralgebläse von AG Kühnle, Kopp & Kausch, Frankenthal, für Luft oder Gase. $V_S = 70\,000$ m³/h, $\Delta P = 2500$ mm WS, $n = 2980$ U/min, $d = 1250$ mm Durchmesser.

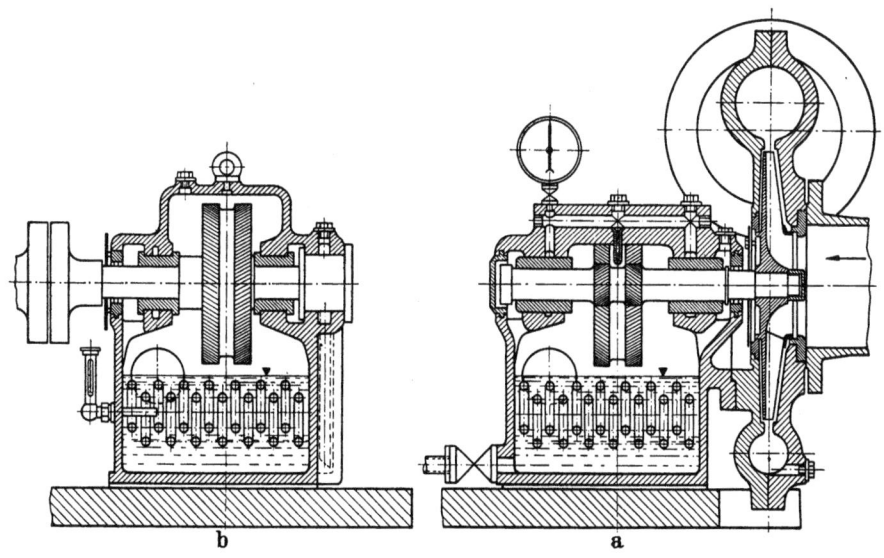

Abb. 102. Spiralgebläse der Demag für hohe Drehzahlen mit unmittelbar an dem Getriebekasten angeflanschter Spirale, vorgesehen für Antrieb durch Elektromotor.
Ansaugemenge je nach Maschinengröße von 400 bis zu 40000 m³/h für verschiedene Verdichtungsverhältnisse bis zu zweifacher Verdichtung von Luft.

raschlaufenden auf die langsamlaufende Welle übertragen und von einem der beiden Lager dieser Welle aufgenommen; hierfür sind die inneren Stirnseiten der Lagerschalen als Spurpfannen ausgebildet. Die Lage des Laufrades wird also im Spurlager der langsamlaufenden Welle festgelegt.

(Baugrößen: Ansaugevolumen 400 m³/h bis 40000 m³/h, Druckverhältnisse 1,3 bis 1,7; in Sonderfällen bis 2,0; Drehzahlen der Gebläsewellen bis 20000 U/min).

Zweiflutige Bauart gestattet die Förderung sehr großer Volumina bei höherer Drehzahl und kleinerem Laufraddurchmesser als einflutige Bauart. Hierbei ist der Axialschub völlig ausgeglichen. Ein Spurlager ist lediglich zur Fixierung der Lage des Läufers erforderlich. Der Aufbau der zweiflutigen Bauart sei an Hand von Abb. 103, dem Beispiel einer Sonderbauart, gezeigt.

2. Sonderbauarten.

α) *Spülluftgebläse.*

Zum Spülen und Laden von Zweitaktmotoren wird Spül- und Ladeluft in größeren Mengen bei Überdrücken von etwa 1000 bis 4000 mm WS benötigt. Die erforderliche Luftmenge richtet sich nach der Größe der zu spülenden und aufzuladenden Verbrennungsmaschine. Dieser Luft-

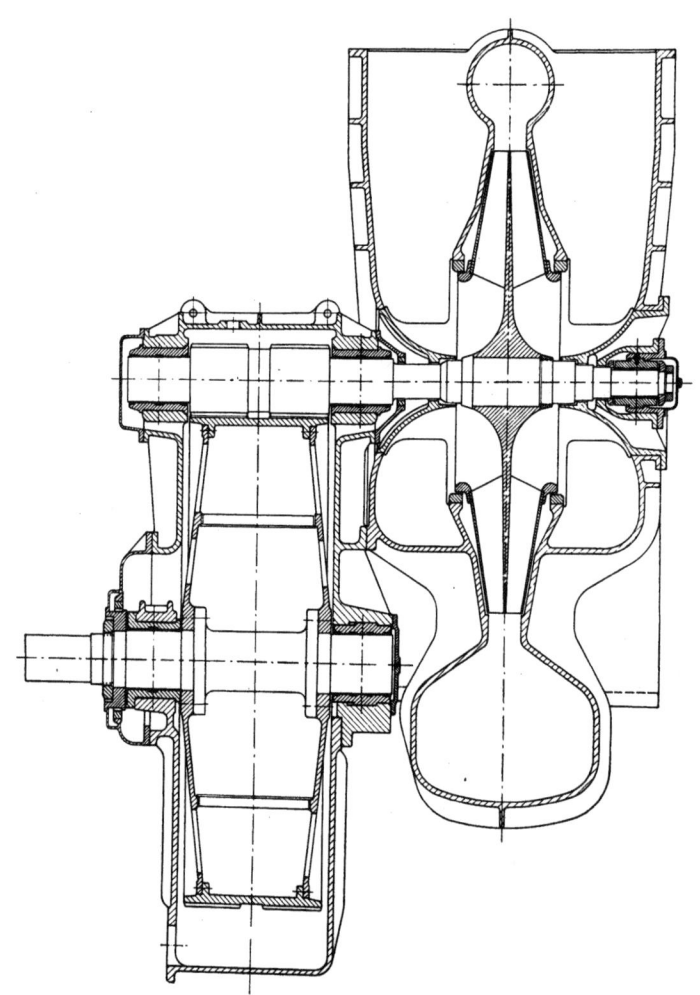

Abb. 103. Längsschnitt eines doppelflutigen Spülluftgebläses mit Getriebe, Bauart FMA-GHH.

bedarf ist das 1,4- bis 1,7fache des Hubvolumens der Verbrennungsmaschine. Für Motoren großer Leistung (Schiffsdieselmotoren) ist der Luftbedarf hoch, so daß hinsichtlich Ansaugemenge das Kreiselgebläse besonders geeignet ist. Für Motorleistungen über ≈ 3000 PS werden daher hauptsächlich Kreiselgebläse als Spülluftgebläse angewendet. Das Kolben- bzw. das Kapselgebläse, welches für Motorleistungen bis ≈ 3000 PS noch ausführbar ist und auf der Motorwelle angeordnet wird, paßt sich bei geänderten Betriebsverhältnissen, d. h. bei wechselnder Drehzahl, in seiner Luftförderung vollkommen dem geänderten Spülluftbedarf des Motors ohne besondere Regeleinrichtungen an, denn der Spülluftbedarf des Motors ist proportional der Drehzahl, und der Spülluftdruck soll dabei möglichst gleich bleiben. Beim Kreiselgebläse, das unmittelbar mit dem Verbrennungsmotor gekuppelt ist, ändern sich bei einer Drehzahländerung sowohl die Fördermenge als auch die Förderhöhe, und man muß daher bei Anwendung eines Kreiselgebläses bei niedrigeren Drehzahlen einen geringeren Spüldruck für den Verbrennungsmotor in Kauf nehmen. Wählt man für Spülluftgebläse getrennten Antrieb durch Dampfturbinen oder durch in der Drehzahl regelbare Elektromotoren, so kann man das Gebläse den durch den Verbrennungsmotor gestellten Betriebsforderungen nach konstantem Gebläseenddruck bei wechselnder Luftmenge in einfacher Weise durch Drehzahlregelung anpassen.

Ein Spülluftgebläse großer Leistung, das mit einem Schiffsdieselmotor unter Zwischenschalten eines Getriebes gekuppelt ist, zeigt Abb. 103. Der Getriebekasten ist mit dem Gebläsegehäuse zusammengebaut. Das Gebläse ist zweiflutig ausgebildet, um die große Menge in gedrungener Bauart bewältigen zu können. Die Gebläsewelle liegt parallel zur Hauptwelle des Motors. Das Gebläsegehäuse ist mit Rücksicht auf niedriges Baugewicht aus Leichtmetall (Silumin) hergestellt und durch Rippen versteift zum Vermeiden von Schwingungen der Seitenwände. Das Ansaugevolumen ist 150000 m³/h.

Mitunter wird bei unmittelbar mit Schiffsdieselmotor gekuppelten Spülluftgebläsen auch die Forderung nach einer Luftlieferung bei Rückwärtslauf gestellt. Infolge ungünstiger Strömungsverhältnisse am Radeinlauf und in der Spirale kann man bei Rückwärtslauf natürlich nicht die gleiche Kennlinie wie bei Vorwärtslauf erwarten, sondern man erhält dabei geringere Förderhöhe und geringeren Wirkungsgrad. Durch besondere konstruktive Maßnahmen an der Spirale und durch verstellbare Leitschaufeln am Eintritt kann man in einem solchen Fall die Verhältnisse für Rückwärtslauf jedoch verbessern.

β) Flugmotorenlader.

Die innere Leistung eines Verbrennungsmotors ist etwa proportional dem Durchsatzgewicht an Luft. Da Druck und Temperatur mit der Höhe stark abnehmen, geht die innere Leistung des frei ansaugenden Motors mit zunehmender Höhe entsprechend dem spezifischen Gewicht zurück. Der Flug in größerer Höhe bietet nur bei genügend großer Motorleistung Vorteile [54].

Die Aufgabe des *Flugmotorenladers* ist es, dem Absinken der Motorleistung durch Verdichten der Luft vom Außenzustand auf den für den Motor geeigneten Ansaugedruck entgegenzuwirken.

Die heute gebräuchlichen Flugmotorenlader sind Turbomaschinen (Kreiselgebläse und Kreiselverdichter). Die Hauptgründe für ihre Anwendung sind der geringe Raum- und Platzbedarf und das geringe Baugewicht, mit denen sich die Turbomaschine bei Anwendung geeigneter Baustoffe, geeigneter Konstruktionen und hoher Drehzahlen und Umfangsgeschwindigkeiten bauen läßt.

Eine für hohe Umfangsgeschwindigkeit und daher für hohe Stufenverdichtung besonders

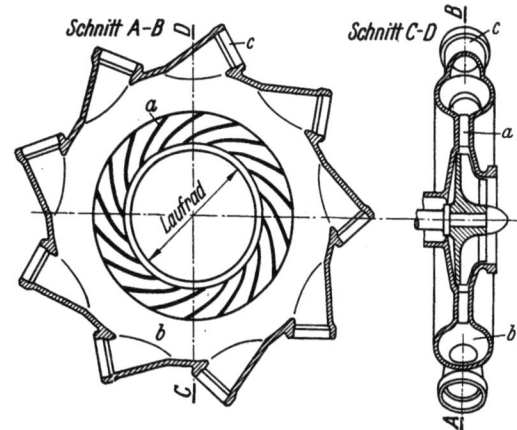

Abb. 104. Ladergehäuse eines Neunzylinder-Sternmotors.
a Austrittsleitschaufeln, *b* Sammelringraum, *c* neun Austrittsstutzen

geeignete Laufradform hat das mit Radialschaufeln, deren Wurzeln bis zur Nabe hinreichen, ausgestattete Laufrad [55], welches Umfangsgeschwindigkeiten von 300 bis 400 m/s anzuwenden gestattet. Hohe Wirkungsgrade können mit dieser Laufradbauart erreicht werden durch Umbiegen der Schaufelenden am Eintritt zum Erreichen stoßfreien Eintritts und durch geschlossene Bauform [55].

Die Ladergehäuse werden als Spiralgehäuse mit einem oder mehreren Austrittstutzen ausgebildet teils ohne, teils mit Leitschaufeln. Der Baustoff der Gehäuse ist Silumin oder Elektronguß. Abb. 104 zeigt das Ladergehäuse eines Neunzylinder-Sternmotors, das Leitschaufeln und eine der Zylinderzahl entsprechende Zahl von Anschlüssen hat.

Der *Abgasturbolader* [56] bis [58] nutzt die in den Abgasen des Verbrennungsmotors enthaltene Energie durch Entspannen in einer Abgasturbine, die mit dem Lader gekuppelt ist, aus. Die für den Antrieb des Laders erforderliche Antriebsleistung kann bei guten Wirkungsgraden der Abgasturbine und des Laders aus der Energie der Abgase gewonnen werden. Durch den Abgasturbolader wird infolgedessen gegenüber dem vom Motor angetriebenen Lader eine erhebliche Leistungsersparnis erzielt, die sich in einem geringeren Kraftstoffverbrauch des Motors auswirkt. Abb. 105 zeigt einen Abgasturbolader der Fa. Rateau für einen Ottoflugmotor. Das Turbinen- und das Verdichterlaufrad sitzen fliegend auf der gemeinsamen Welle. Die Höchstdrehzahl ist etwa 30 000 U/min. Die Turbine hat zur Beherrschung der hohen Temperaturen Schaufelkühlung durch Teilbeaufschlagung mit Ladeluft. Weiteres Schrifttum [*59, 60*].

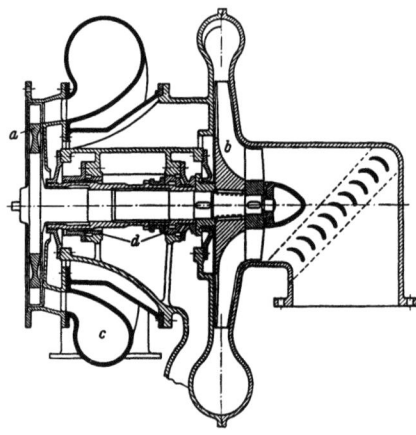

Abb. 105.
RATEAU-Abgasturbolader für einen Otto-Flugmotor.

a Turbinenrad, *b* Laderlaufrad mit Vorsatzläufer, *c* geschweißtes Blechgehäuse. *d* Gleitlager.

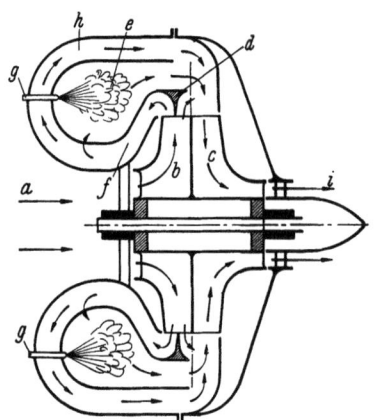

Abb. 106.
Kreiselstrahltriebwerk HeS 3 b von Ernst Heinkel.

a Lufteintritt, *b* Verdichterrad, *c* Turbinenrad, *d* Luftführungsring, *e* Brennkammer, *f* Kanal für Verbrennungsluft, *g* Brennstoffeinspritzung, *h* Isolationsluftkanal, *i* Abgasaustritt.

γ) *Turbo-Strahltriebwerke*[1].

Das Turbo-Strahltriebwerk besteht aus einem Verdichter, einer oder mehreren Verbrennungskammern, in denen bei konstantem Druck der in die Kammern eingespritzte Brennstoff verbrannt wird, und einer Entspannungsturbine. Es handelt sich um einen einfachen Gasturbinenprozeß mit Gleichdruckverbrennung. Die in der Gasturbine gewonnene Leistung dient zum Antrieb des Kompressors, die in den aus der Turbine mit hoher Geschwindigkeit austretenden Abgasen enthaltene Strahlenergie dient zum Antrieb des Flugzeuges.

Abb. 106 zeigt schematisch das Turbo-Strahltriebwerk He S 3 b von ERNST HEINKEL, welches auf Ideen des deutschen Physikers PABST VON OHAIN zurückgeht und mit welchem im August 1939 der erste erfolgreiche Flug durchgeführt wurde. Das Triebwerk besteht aus einem einstufigen Kreiselverdichter radialer Bauart und einem radialen Turbinenrad der Francisbauart, welches von außen nach innen beaufschlagt wird; Verdichter- und Turbinenrad auf gemeinsamer Welle.

---

[1] R. T. SAWYER: The modern Gas Turbine. Prentice Hall, New York 1947. C. A. NORMAN und R. H. ZIMMERMAN: Gas Turbine and Jet-Propulsion Design. Harper Brothers, New York 1948. KEENAN: Elementary Theory of Gas Turbines and Jet Propulsion. Oxford University Press. London, Geoffrey Cumberlege 1946.

Die Caproni-Campini-Bauart eines italienischen Turbo-Strahltriebwerkes flog erstmalig erfolgreich im August 1940. Das Triebwerk arbeitete mit einem zweistufigen Kreiselverdichter radialer Bauart.

Die Patentzeichnung aus dem Jahr 1930 von FRANK WHITTLE, dem britischen Pionier auf dem Gebiet der Entwicklung der Strahlantriebe, sieht einige axiale Verdichterstufen und ein nachgeschaltetes radiales Verdichterrad vor. Die erste Ausführung W I, die von Power Jets Ltd hergestellt wurde und zum Antrieb des Glouster Fighter diente, des ersten britischen durch Strahltriebwerk angetriebenen Flugzeuges, welches im Mai 1941 erstmalig flog, unterscheidet sich im Aufbau nur wenig von der ursprünglichen Patentzeichnung.

Das Strahltriebwerk der General Electric turbojet engine I-40 (J-33) hat ein doppelflutiges Radialrad als Verdichter, welches von einer einstufigen Gasturbine angetrieben wird.

Neuere Strahltriebwerke arbeiten überwiegend mit Axialverdichtern.

c) Gasgebläse.

1. Normale Bauart.

Bei den Gasgebläsen tritt gegenüber den Luftgebläsen die Frage der möglichst vollkommenen Abdichtung, insbesondere der Welle, nach außen hinzu. Hierfür werden besonders ausgebildete Wellenstopfbuchsen verwendet. Bezüglich ihrer konstruktiven Gestaltung und Berechnung sei auf Abschnitt G VI, S. 253, verwiesen.

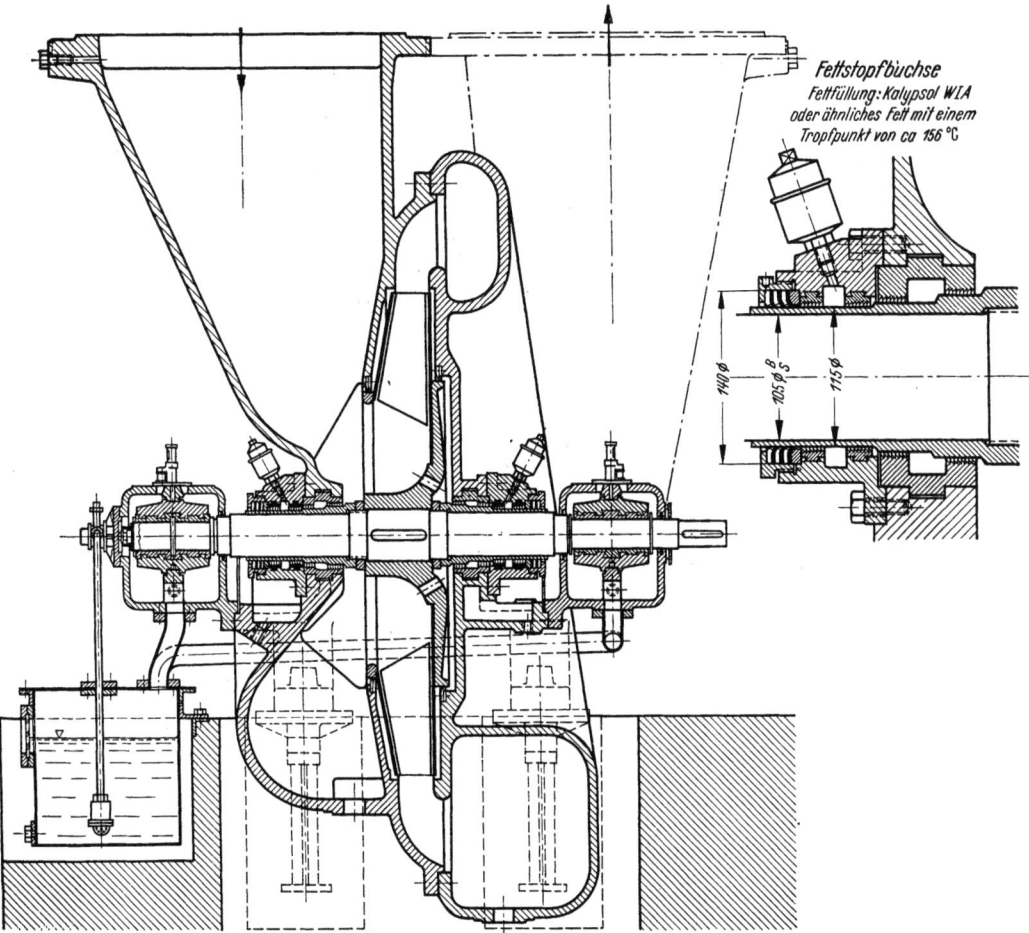

Abb. 107. Einstufiges Spiralgebläse der Fa. Enke, Leipzig, für Schwelgase. $V_S = 48000$ m³/h, $\Delta P = 1000$ mm WS, $n = 2950$ U/min.

Ein einstufiges, einseitig saugendes Schwelgasgebläse der Fa. C. Enke, Leipzig, zeigt Abb. 107. Die technischen Daten sind: Ansaugevolumen $V_S = 48000$ m³/h, Drehzahl $n = 2950$ U/min, Druckerhöhung 1000 mm WS.

Die Welle wird durch eine Fettstopfbuchse abgedichtet.

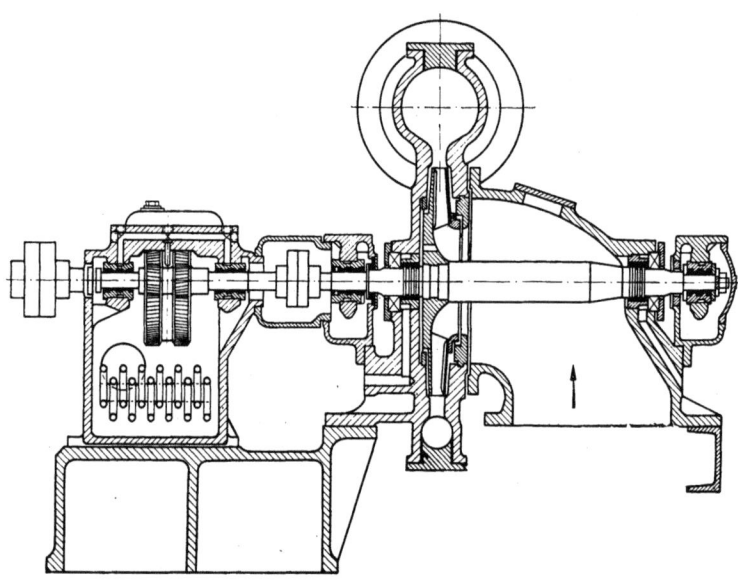

Abb. 108. Spiralgebläse zur Verdichtung von Gasen mit Übersetzungsgetriebe.

Als Gegenüberstellung zu diesem langsamlaufenden Gebläse ist in Abb. 108 ein Gasgebläse (Demag) für hohe Drehzahl und hohes Verdichtungsverhältnis gezeigt. Der Antrieb erfolgt durch Elektromotor über ein Übersetzungsgetriebe. Im Gegensatz zu dem Luftgebläse (Abb. 102) ist aus Abdichtungsgründen der Welle in Abb. 108 die Welle beiderseits des Laufrades gelagert, und das Getriebe ist eine getrennte Einheit. Abdichtung der Welle durch Kohlestopfbuchse.

2. Sonderbauarten.

α) *Gebläse zur Förderung verunreinigter Gase.*

Bei verunreinigten Gasen ist die Reinigung von Laufrad und Spirale von Zeit zu Zeit erforderlich, da sich beide im Laufe der Zeit mit Verunreinigungen zusetzen, wodurch die Leistungsfähigkeit des betreffenden Gebläses stetig zurückgeht. Auch das Einspritzen von Flüssigkeiten ins Laufrad während des Betriebes, um Verunreinigungen und Ablagerungen aufzulösen oder abzuspülen, hat sich in vielen Fällen bewährt, z. B. Einspritzen von Waschöl zum Lösen von harzartigen Rückständen teerhaltiger Gase, Einspritzen von Wasser zum Wegspülen von staubartigen Ablagerungen, die sich in Verbindung mit Feuchtigkeit des Gases auf den Schaufeln gebildet haben.

Gebläse, die zur Verdichtung teerhaltiger Gase, z. B. Kokereigas, dienen, werden zweckmäßigerweise bei einer Außerbetriebnahme vor dem Stillsetzen ausgedämpft, da sonst die Gefahr besteht, daß zähe, dickflüssige Rückstände auf dem Läufer beim Stillsetzen der Maschine nach der Unterseite des Läufers fließen und dort mit dem Erkalten der Maschine allmählich erhärten. Hierdurch würde der Läufer eine Unwucht erhalten, die sich bei Wiederinbetriebnahme der Maschine in starker Unruhe des Laufes auswirken kann. Durch Ausdämpfen werden die auf dem Läufer haftenden Rückstände gelöst und zum Abfließen gebracht.

Reinigungsöffnungen, Schaulöcher und Ablaßstutzen sollten an jedem Gasgebläse in hinreichender Größe angeordnet werden.

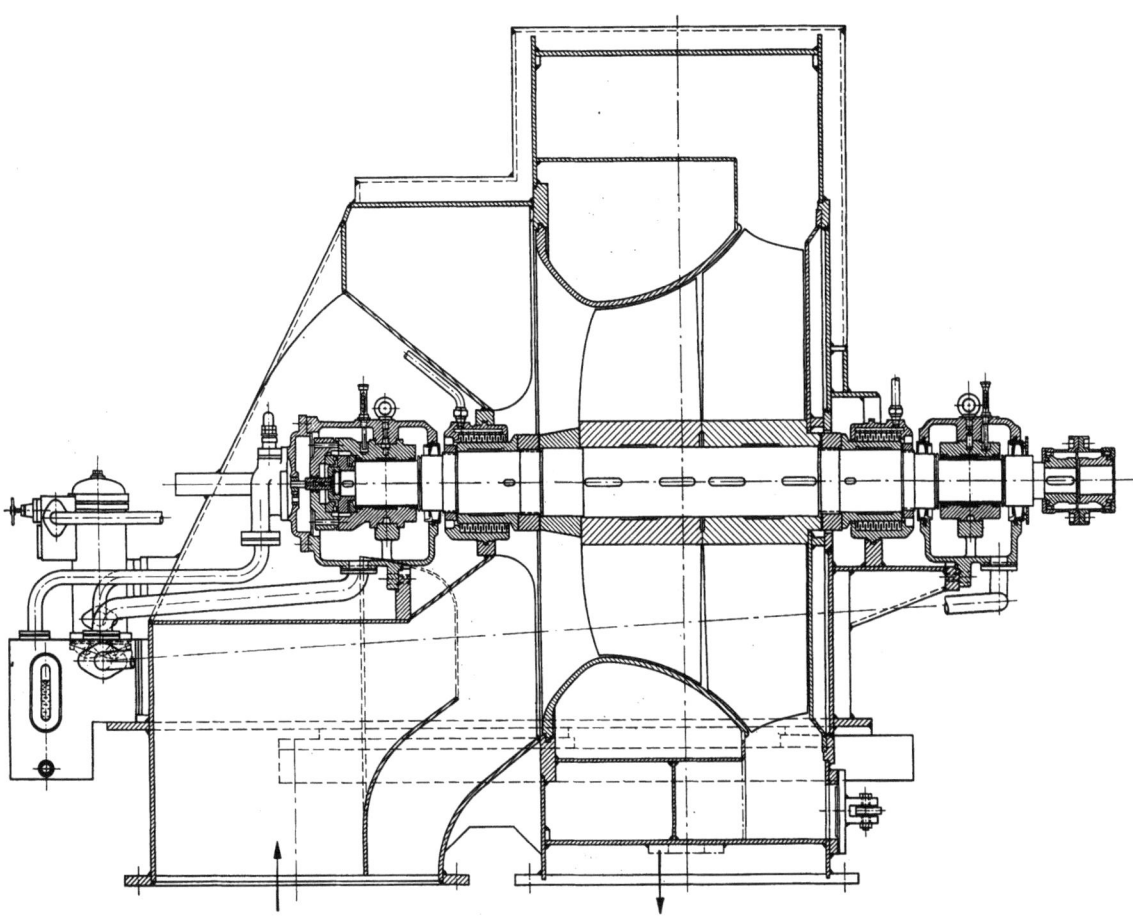

Abb. 109. Einstufiges Gebläse der Fa. Jaeger mit halb axialem, halb radialem Rad zur Förderung verunreinigter Gase. $V_S = 108000$ m³/h, $p_S = 0{,}95$ ata, $p_D = 1{,}114$ ata.

Ein Gebläse für stark verschmutztes Gas der Fa. Jaeger, Leipzig, zeigt Abb. 109. Das Gebläse ist für eine große Ansaugemenge ($V_S = 108000$ m³/h) gebaut und verdichtet Gas (spezifisches Gewicht 0,785 kg/Nm³) von 0,95 ata auf 1,114 ata bei $n = 2950$ U/min. Die zwei Laufräder des Gebläses bilden ein Mittelding zwischen axialem und radialem Rad. Das Gehäuse des Gebläses ist geschweißt.

Ein Gebläse der Fa. Kühnle, Kopp & Kausch, welches in größerer Zahl zum Absaugen heißer (150° C), stark staubhaltiger Verbrennungsgase von Erzsinterbändern geliefert wurde, zeigt Abb. 110a. Das stündliche Ansaugevolumen ist $V_S = 360000$ m³/h, die Förderhöhe ist 1200 m Gassäule, der Laufraddurchmesser $d = 2050$ mm, die Drehzahl $n = 1480$ U/min. Die Spirale ist aus einzelnen Segmenten zusammengeschweißt (Abb. 110b).

β) Gebläse zur Förderung aggressiver Gase.

Derartige Gebläse erfordern für alle mit dem Gas in Berührung kommenden Teile, insbesondere für die Gehäuse und Laufräder, die Auswahl von Werkstoffen, die durch die Gase gar nicht oder zumindest nur wenig angegriffen werden.

Ein einstufiges Gebläse der Fa. Schiele, Eschborn, zur Förderung von Stickoxyd zeigt Abb. 111. Das Gebläse liefert ein Volumen $V_S = 27000$ m³/h und eine Druckerhöhung von 1500 mm WS bei einer Drehzahl $n = 1450$ U/min. Das Gehäuse des Gebläses ist aus V 2 A-Blech geschweißt, das Laufrad aus V 2 A-Blech genietet. Das Gebläse besitzt wassergesperrte Stopfbuchsen. An der tiefsten Stelle des Gehäuses ist ein Säureablaßnocken angeordnet.

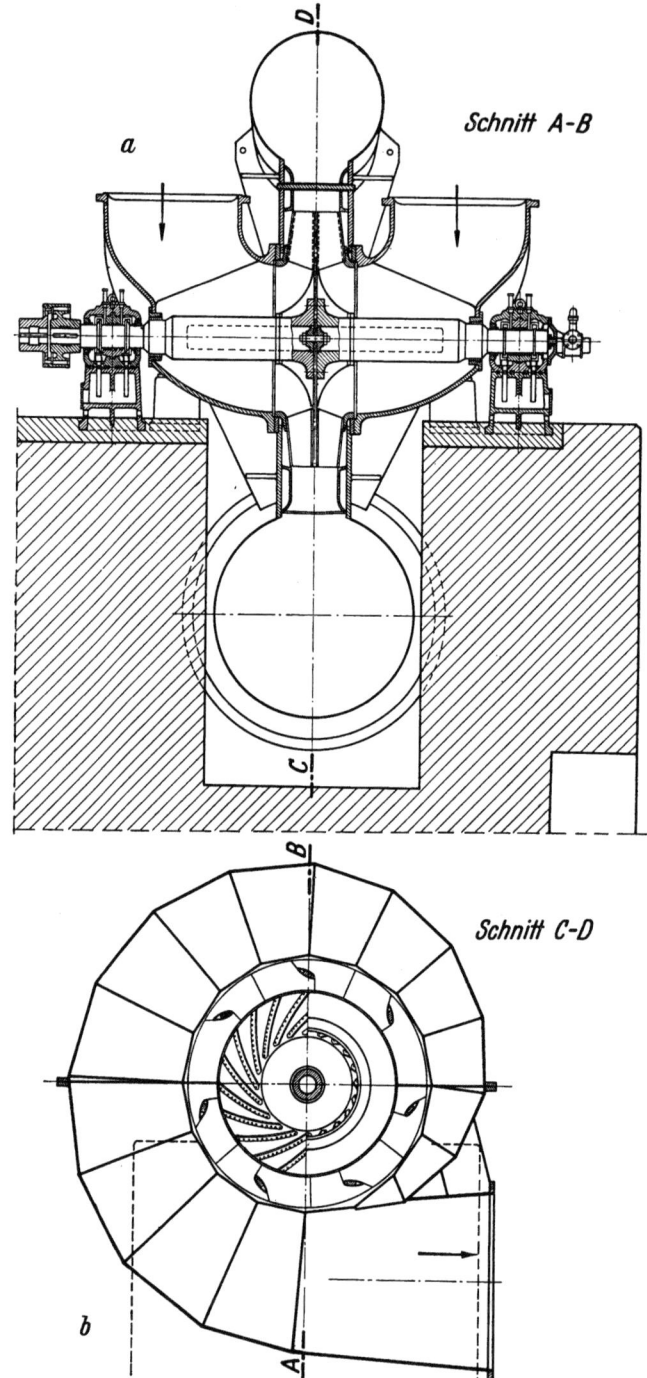

Abb. 110. Gebläse der AG Kühnle, Kopp & Kausch, Frankenthal, zum Absaugen von heißen, stark staubhaltigen Verbrennungsgasen von Erzsinterbändern. $V_S = 360000$ m³/h, Druckerhöhung 1200 m Gassäule, Ansaugetemperaturen 150° C, Drehzahl 1480 U/min.

γ) Umwälzgebläse für hohe Drücke.

Umwälzgebläse für hohe Drücke erfordern kräftige Gehäuse und sorgfältige Abdichtung, insbesondere an der Welle.

Abb. 112 zeigt ein solches Gasumwälzgebläse zur Verdichtung von 250000 Nm³/h von 8,5 ata auf 10 ata bei $n = 4200$ U/min, erbaut von der AEG. Die Welle wird abgedichtet durch Labyrinthdichtungen und einen Fettringabschluß.

Gasgebläse.

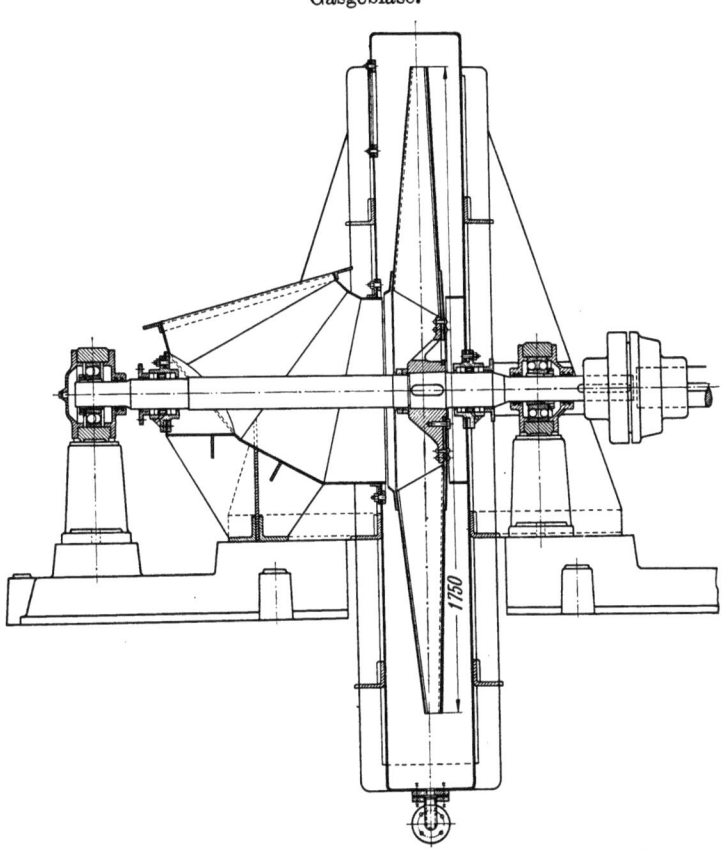

Abb. 111. Gebläse für Stickoxyd der Fa. Schiele. $V_S = 27000$ m³/h, Druckerhöhung 1500 mm WS, $n = 1450$ U/min, $N = 210$ PS.

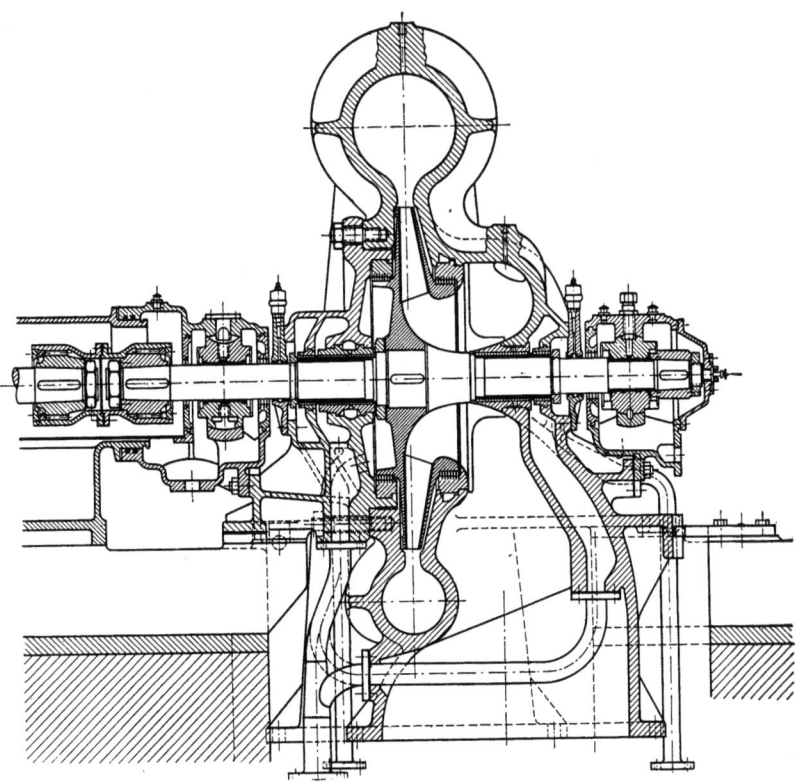

Abb. 112. Umwälzgebläse der AEG für 250000 Nm³/h, $p_S = 8{,}5$ ata, $p_D = 10$ ata, $n = 4200$ U/min.

δ) *Gebläse für Gase hoher Temperatur.*

Derartige Gebläse erfordern besondere Sorgfalt in der Auswahl von Materialien, insbesondere für den Läufer.

Ein zweiflutiges Gebläse der Fa. Schiele, Eschborn, für heiße Gase von 500° C für eine Ansaugemenge von 100000 m³/h und eine Druckerhöhung von 650 mm WS bei $n = 960$ U/min zeigt Abb. 113.

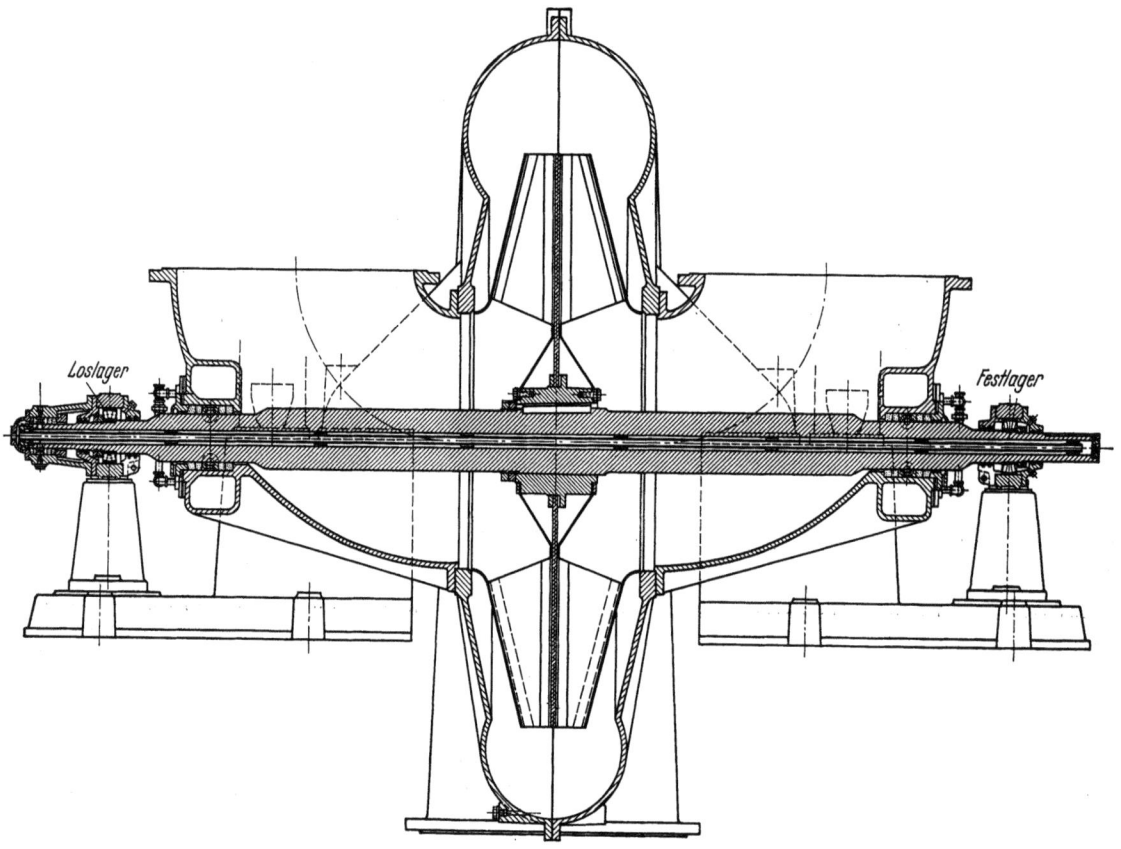

Abb. 113. Einstufiges, zweiflutiges Gebläse der Fa. Schiele für heiße Gase (500° C). $V_S = 100000$ m³/h, Druckerhöhung 650 mm WS, $n = 960$ U/min, Antriebsleistung 165 PS.

Das Gebläse besitzt eine wassergekühlte Hohlwelle und eine wassergekühlte Stopfbuchse und Wassersperrung. Das Laufrad besteht aus NCT3-Material für Schaufeln, Deckblech und Radscheibe und aus Stahlguß für die Nabe.

Besonders bemerkenswert ist die Ausführung eines Heißgasgebläses der gleichen Firma (Abb. 114), welches für die Förderung eines Gases von 800° C bestimmt ist und zu diesem Zweck ein gemauertes Spiralgehäuse, eine wassergekühlte Hohlwelle, eine wassergekühlte Stopfbuchse und ein Laufrad aus NCT3-Material besitzt. Die technischen Daten dieses Gebläses sind: $V_S = 6000$ m³/h, Druckerhöhung 165 mm WS, Drehzahl $n = 1450$ U/min.

ε) *Gebläse für hohen Druck und hohe Temperatur.*

Für die Gestaltung derartiger Gebläse sind die Gesichtspunkte unter γ und δ im Zusammenwirken maßgebend.

Abb. 115 gibt ein Hochdruck-Heißgas-Umwälzgebläse für 20 atü und 350° C, erbaut von der Fa. Kühnle, Kopp & Kausch, wieder. Bemerkenswert ist die stopfbuchslose Konstruktion, die durch Einbau des Motors in eine an das Spiralgehäuse angeflanschte Druckglocke ermöglicht wurde, in der auch die Gebläselager untergebracht sind. Das Spiralgehäuse und die Druckglocke sind geschweißt ausgeführt. Die Laufradabmessungen dieser Gebläseausführung sind $d = 590$ mm bei $n = 2950$ U/min bzw. $d = 850$ mm bei $n = 1470$ U/min.

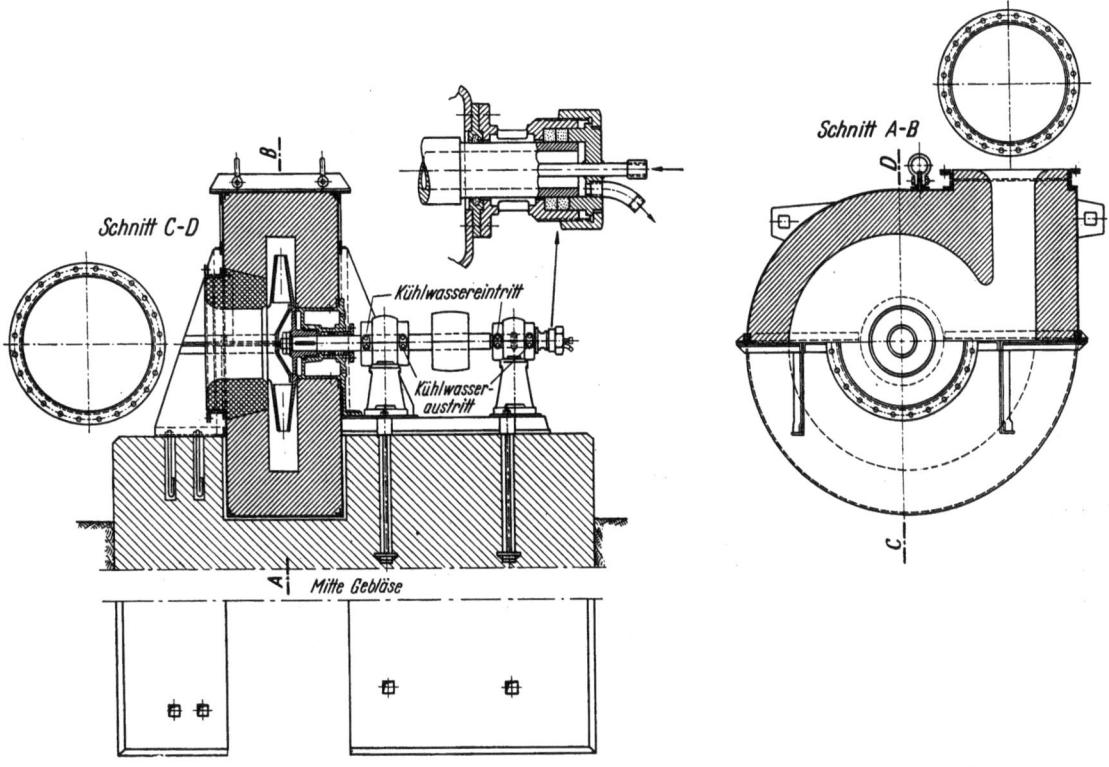

Abb. 114. Einstufiges Heißgasgebläse der Fa. Schiele für 800° C Ansaugetemperatur, $V_S = 6000$ m³/h, Druckerhöhung 165 mm WS, $n = 1450$ U/min, $N = 14$ PS. Oberes Teilbild: Wasserkühlung der Hohlwelle.

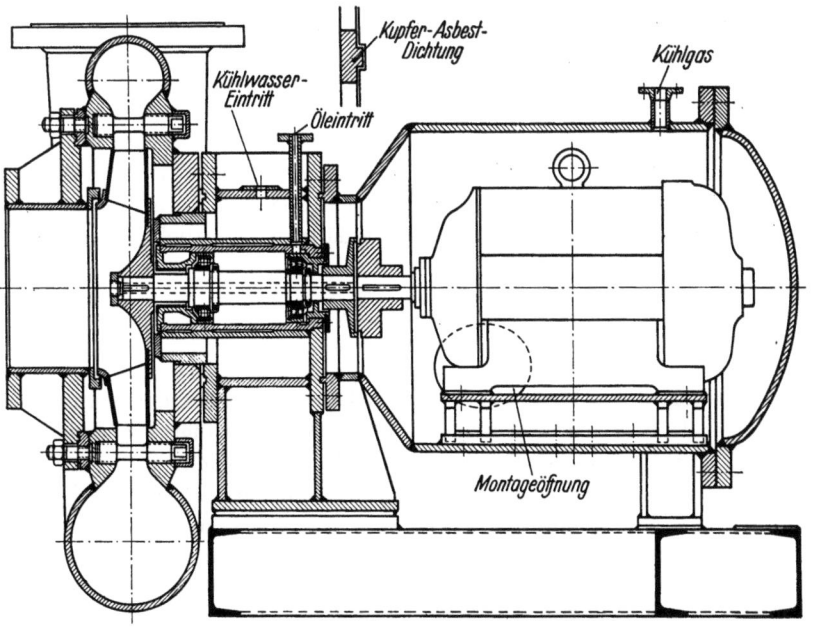

Abb. 115. Hochdruck-Heißgasumwälzgebläse für 20 atü, 350° C der AG Kühnle, Kopp & Kausch, Frankenthal

D. Mehrstufige Kreiselgebläse.

Einleitung.

Ist es aus verschiedenen Gründen (z. B. bei vorgeschriebener Drehzahl oder bei Überschreiten der als zulässig erachteten Grenze der für bestimmte Laufradkonstruktionen anwendbaren Umfangsgeschwindigkeiten) nicht möglich, eine geforderte Verdichtung in einem einzigen Laufrad zu erreichen, dann kann man entweder mehrere Gebläse hintereinanderschalten, wovon man jedoch selten Gebrauch macht, oder man ordnet, wie es meistens geschieht, mehrere Laufräder auf einer gemeinsamen Welle an und führt das zu verdichtende Gas in geeigneten Leit- und Umkehrvorrichtungen vom Austritt des ersten Laufrades zum Eintritt des nachfolgenden Rades usf., so daß das Gas auf dem Weg vom Saugstutzen zum Druckstutzen des Gebläses nacheinander die einzelnen Laufräder und Leitvorrichtungen durchläuft. Jeweils ein Laufrad und die zugehörige Leitvorrichtung seien im folgenden als eine Gebläsestufe bezeichnet. Das mehrstufige Gebläse setzt sich also aus einer Reihe von Stufen zusammen, die jeweils aus einem Laufrad und einer Leitvorrichtung bestehen. Der Zustand vor einer Stufe sei durch Index s bezeichnet ($p_s, t_s \ldots$), der Zustand hinter einer Stufe durch Index d ($p_d, t_d \ldots$). Der Zustand am Eintritt eines Laufrades sei in Übereinstimmung mit den für einstufige Gebläse gewählten Bezeichnungen durch Index 1 gekennzeichnet ($p_1, t_1 \ldots$), der Zustand am Laufradaustritt durch Index 2 ($p_2, t_2 \ldots$). Die jeweilige Stufe sei durch Index I, II ... hervorgehoben und der Zustand vor und hinter der gesamten Maschine durch Index S bzw. D ($p_S, t_S \ldots, p_D, t_D$).

Es bedeuten also:

p_S, t_S = Druck bzw. Temperatur vor Gebläse,

$p_{s_\mathrm{I}}, t_{s_\mathrm{I}}$ = Druck bzw. Temperatur vor Stufe I,

$p_{1_\mathrm{I}}, t_{1_\mathrm{I}}$ = Druck bzw. Temperatur am Eintritt von Laufrad I,

$p_{2_\mathrm{I}}, t_{2_\mathrm{I}}$ = Druck bzw. Temperatur am Austritt von Laufrad I,

$p_{3_\mathrm{I}}, t_{3_\mathrm{I}}$ = Druck bzw. Temperatur am Leitschaufeleintritt,

$p_{4_\mathrm{I}}, t_{4_\mathrm{I}}$ = Druck bzw. Temperatur am Leitschaufelaustritt,

$p_{d_\mathrm{I}}, t_{d_\mathrm{I}}$ = Druck bzw. Temperatur hinter Stufe I.

Die Verdichtungswirkung eines mehrstufigen Gebläses ist die Gesamtwirkung sämtlicher hintereinandergeschalteten Stufen. Das gesamte Verdichtungsverhältnis p_D/p_S eines mehrstufigen Gebläses ist daher das Produkt der Verdichtungsverhältnisse sämtlicher hintereinandergeschalteten Stufen:

$$\frac{p_D}{p_S} = \frac{p_{d_\mathrm{I}}}{p_{s_\mathrm{I}}} \cdot \frac{p_{d_\mathrm{II}}}{p_{s_\mathrm{II}}} \cdot \frac{p_{d_\mathrm{III}}}{p_{s_\mathrm{III}}} \cdots \frac{p_{d_i}}{p_{s_i}}. \tag{1}$$

Die auf einer gemeinsamen Welle angeordneten Laufräder eines mehrstufigen Gebläses laufen alle mit der gleichen Drehzahl. Das je Stufe erzielbare Verdichtungsverhältnis hängt hauptsächlich von der Umfangsgeschwindigkeit und vom spezifischen Gewicht des Gases ab. Das bedeutet, daß selbst bei gleichgehaltenen Durchmessern die Verdichtungsverhältnisse der einzelnen hintereinandergeschalteten Stufen infolge der mit zunehmender Verdichtung verbundenen Temperaturzunahme abnehmen müssen in Richtung höherer Stufen, so daß

$$\left(\frac{p_d}{p_s}\right)_\mathrm{I} > \left(\frac{p_d}{p_s}\right)_\mathrm{II} > \left(\frac{p_d}{p_s}\right)_\mathrm{III} \cdots > \left(\frac{p_d}{p_s}\right)_i. \tag{2}$$

Bei in den Durchmessern in Richtung höheren Druckes abgestuften Laufrädern ist die Abnahme der Stufenverdichtungsverhältnisse entsprechend der Abnahme der Umfangsgeschwindigkeiten noch größer.

Darüber hinaus bewirken noch andere Einflüsse, wie Abnahme der Druckzahlen und Abnahme der Stufenwirkungsgrade in Richtung höherer Stufen eine weitere Abnahme der Stufenverdichtungsverhältnisse. Auf diese Einflüsse wird später noch näher eingegangen.

An dieser Stelle sei nur noch darauf hingewiesen, daß bei einem mehrstufigen Gebläse nur das erste Laufrad mit seiner günstigsten Drehzahl umlaufen kann, sofern die Betriebsdrehzahl des Gebläses so gewählt wird, daß sie die in erster Linie durch die Ansaugemenge gegebene günstigste Drehzahl für das erste Rad darstellt. Die übrigen Laufräder müßten entsprechend der Volumenabnahme in Richtung höherer Stufen jeweils mit um so höherer Drehzahl umlaufen, je kleiner das jeweilige Ansaugevolumen der entsprechenden Stufe ist. Es müßten also die Laufräder mit in Richtung höherer Stufen zunehmenden Drehzahlen laufen. Dies ist aber bei fest auf einer Welle sitzenden Rädern nicht möglich. Dadurch ergeben sich für die höheren Stufen ungünstigere Verhältnisse, insbesondere unter dem Einfluß der Radreibung. Hierdurch wird eine Abnahme der Druckzahlen und der Stufenwirkungsgrade in Richtung höherer Stufen hervorgerufen.

I. Energieumwandlung im mehrstufigen Kreiselgebläse.

a) Laufräder und Leitvorrichtungen mehrstufiger Gebläse.

1. Laufräder.

Für die Ausbildung der Laufräder mehrstufiger Gebläse gilt grundsätzlich das gleiche wie für die Laufräder einstufiger Gebläse. Es können daher die für einstufige Gebläse gewonnenen Erkenntnisse und Ergebnisse sinngemäß auf die Laufräder mehrstufiger Gebläse übertragen werden. Als neue Variante bei mehrstufigen Gebläsen kommt die Abstufung der Laufräder in den Durchmessern hinzu, deren Einfluß auf die Radreibungsleistung, auf den Wirkungsgrad und auf den Verlauf der Kennlinie in den folgenden Abschnitten eingehend besprochen wird.

2. Leitvorrichtungen.

Für die Leitvorrichtungen mehrstufiger Gebläse gilt ebenfalls das gleiche, wie bereits für einstufige Gebläse ausgeführt. In Anwendung kommen Leitschaufeln oder schaufellose Diffusoren und jeweils für die letzte Stufe auch Spiralen.

Für die Rückführung des Gases bzw. der Luft vom Ende der Leitvorrichtung einer Stufe zum Laufradeintritt der folgenden Stufe dienen besondere Rückführkanäle, über die im folgenden gesprochen wird.

3. Umlenk- und Rückführkanäle.

Aufgabe der Umlenk- und Rückführkanäle ist, die aus der Leitvorrichtung (Leitschaufeln-schaufellosen Diffusoren oder dgl.) austretende Luft unter möglichst geringen Verlusten umzulenken und dem Eintritt des nächstfolgenden Laufrades zuzuführen. Im Austritt der Leitvorrichtung hat die Luft die absolute Geschwindigkeit c_4, deren Komponente in tangentialer Richtung c_{4_u} und in radialer Richtung c_{4_m} ist. Diese ist radial von innen nach außen gerichtet und muß anschließend um 180° umgelenkt werden in die Richtung radial von außen nach innen. Um hierbei möglichst geringe Verluste zu erhalten, sind plötzliche Richtungsänderungen zu vermeiden. Am Eintritt des Rückführkanales (Abb. 116) herrscht die absolute Geschwindigkeit c_5, deren Richtung durch c_{5_u} und c_{5_m} bestimmt ist. Die Schaufeln des Rückführkanales müssen an der Eintrittsstelle 5 so geneigt sein, daß stoßfreier oder nahezu stoßfreier Eintritt herrscht. Am Ende des Rückführkanals (Punkt 7) wird mit Rücksicht auf den Eintritt des folgenden Laufrades eine bestimmte, meist radiale Richtung der Strömungsgeschwindigkeit gefordert. Die Rückführkanäle müssen also allmählich in diese Richtung übergehen. Die Strömungsgeschwindigkeiten im Rückführkanal werden niedrig gewählt, man läßt sie zunächst stetig abnehmen bis Punkt 6

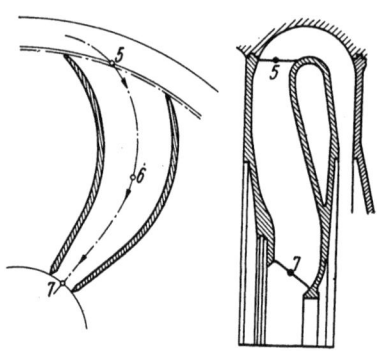 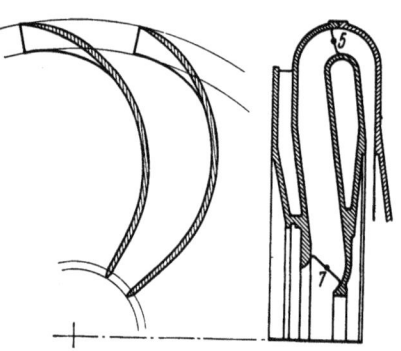

Abb. 116.
Diffusor und Rückführkanal zwischen dem Laufradaustritt einer Stufe und dem Eintritt der folgenden Stufe.

Abb. 117.
Rückführkanal mit räumlich verwundenen Schaufeln am Eintritt 5.

und erhält dadurch eine weitere Druckerhöhung auf dem Wege 5—6. Die weitere Führung, meist radial nach innen, bedingt wieder eine Zunahme der Geschwindigkeiten, die möglichst stetig erfolgen soll bis zum Austritt des Rückführkanals (Punkt 7). Ausführungen von Umlenk- und Rückführkanälen zeigen Abb. 116 und 117. Der Rückführkanal in Abb. 116 beginnt hinter der Umlenkung, der nach Abb. 117 beginnt bereits während der Umlenkung. Diese Ausführung ergibt räumlich verwundene Schaufeln.

b) Abstufung der Laufräder.

1. Einleitung.

Die Forderung der Konstruktion eines mehrstufigen Gebläses nach günstigstem Wirkungsgrad führt zu einer besonders sorgfältigen Durcharbeitung der Beschaufelung jedes einzelnen Laufrades. Die Laufradabmessungen (Durchmesser, Kanalbreite usw.) müssen hierbei dem jeweiligen zu verarbeitenden Volumen angepaßt werden. Man erhält beim Entwurf eines mehrstufigen Gebläses nach diesem Gesichtspunkt Laufräder, die in Richtung höheren Druckes im Durchmesser, in der Kanalbreite und in den übrigen Abmessungen stetig abnehmen. Im gleichen Maße ändern sich dann auch die Abmessungen der zugehörigen Konstruktionselemente (Dichtungseinsätze, Zwischenböden usw.) und Gehäuseteile. Entsprechend der Abstufung der Durchmesser der Laufräder und entsprechend den in Richtung höherer Stufen zunehmenden Ansaugetemperaturen nehmen die in den einzelnen Stufen erzielbaren Verdichtungsverhältnisse ab (Abb. 118).

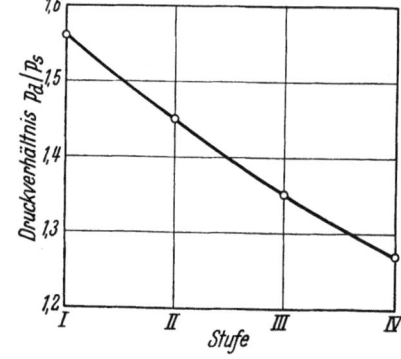

Abb. 118.
In Richtung höherer Stufen abnehmende Stufen-Verdichtungsverhältnisse eines mehrstufigen Gebläses, dessen Laufräder abgestuft sind.

Die Forderung nach möglichst hohem Gesamtwirkungsgrad des mehrstufigen Gebläses bedeutet gleichzeitig die Forderung nach möglichst hohem Wirkungsgrad der einzelnen Stufen, das bedeutet, daß die Einzelverluste der höheren Stufen anteilmäßig möglichst nicht höher werden dürfen als die der ersten Stufe. Hieraus folgt, daß zunächst alle Geschwindigkeiten in den

Kanälen in Richtung höherer Stufen in dem Maße abgesenkt werden müssen, daß die Verluste (Laufradverluste, Leitradverluste usw.) ihrer absoluten Größe nach möglichst in gleicher Weise abnehmen wie die Stufenleistungen, d. h., daß die anteiligen Verluste bezogen auf die jeweilige Stufenleistung möglichst gleich bleiben. Dies läßt sich jedoch nicht vollständig erreichen, so daß die Stufenwirkungsgrade in Richtung höheren Druckes bei mehrstufigen Gebläsen stets etwas abnehmen.

2. Gesichtspunkte für die Abstufung.

α) *Technische Gesichtspunkte.*

Die Durchmesser der Laufräder des mit der Drehzahl n umlaufenden Läufers eines mehrstufigen Gebläses seien

$$d_\mathrm{I}, d_\mathrm{II} \ldots d_i$$

und die zugehörigen Umfangsgeschwindigkeiten am äußeren Umfang

$$u_{2_\mathrm{I}}, u_{2_\mathrm{II}} \ldots u_{2_i}.$$

Die Austrittsbreiten der Laufräder seien

$$b_\mathrm{I}, b_\mathrm{II} \ldots b_i.$$

Das je Zeiteinheit durchströmende Volumen am Laufradaustritt der Räder I, II ... beträgt mit den Bezeichnungen der Abb. 119

$$V_{2_\mathrm{I}} = \pi\, d_\mathrm{I}\, b_\mathrm{I}\, c_{2m_\mathrm{I}}; \quad V_{2_\mathrm{II}} = \pi\, d_\mathrm{II}\, b_\mathrm{II}\, c_{2m_\mathrm{II}} \quad \text{usw.} \quad (3)$$

Die Verhältnisse der Umfangsgeschwindigkeiten am äußeren Umfang der mit gleicher Drehzahl umlaufenden Räder sind:

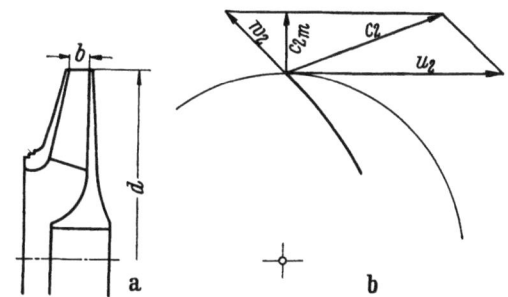

Abb. 119. Verhältnisse am Laufradaustritt.

$$\frac{u_\mathrm{I}}{u_\mathrm{II}} = \frac{d_\mathrm{I}}{d_\mathrm{II}}; \quad \frac{u_\mathrm{II}}{u_\mathrm{III}} = \frac{d_\mathrm{II}}{d_\mathrm{III}} \quad \text{usw.} \quad (4)$$

Erhalten die Räder gleiche Schaufelzahl und gleiche Schaufelwinkel und sollen auch die übrigen Geschwindigkeiten im gleichen Verhältnis der Umfangsgeschwindigkeiten abnehmen,

$$\frac{c_{2m_\mathrm{I}}}{c_{2m_\mathrm{II}}} = \frac{u_{2_\mathrm{I}}}{u_{2_\mathrm{II}}}; \quad \frac{c_{2m_\mathrm{II}}}{c_{2m_\mathrm{III}}} = \frac{u_{2_\mathrm{II}}}{u_{2_\mathrm{III}}} \quad \text{usw.}, \quad (5)$$

und wählt man für die verschiedenen Räder gleiche Verhältnisse zwischen Austrittsbreite und Durchmesser

$$\frac{b_\mathrm{I}}{d_\mathrm{I}} = \frac{b_\mathrm{II}}{d_\mathrm{II}} = \frac{b_\mathrm{III}}{d_\mathrm{III}} \quad \text{usw.}, \quad (6)$$

dann gilt:

$$\frac{V_{2_\mathrm{I}}}{V_{2_\mathrm{II}}} = \frac{d_\mathrm{I}\, b_\mathrm{I}\, c_{2m_\mathrm{I}}}{d_\mathrm{II}\, b_\mathrm{II}\, c_{2m_\mathrm{II}}} = \frac{d_\mathrm{I}^3}{d_\mathrm{II}^3}; \quad \frac{V_{2_\mathrm{II}}}{V_{2_\mathrm{III}}} = \frac{d_\mathrm{II}^3}{d_\mathrm{III}^3} \quad \text{usw.} \quad (7)$$

Erfolgt die Druckumsetzung innerhalb der einzelnen Stufen mit Druckumsetzungszahlen k_I, $k_\mathrm{II}, k_\mathrm{III} \ldots k_i$, dann verhalten sich die je 1 kg in diesen erzielbaren Verdichtungsarbeiten h_ad folgendermaßen

$$h_{\mathrm{ad}_\mathrm{I}} : h_{\mathrm{ad}_\mathrm{II}} = \frac{u_\mathrm{I}^2}{k_\mathrm{I}} : \frac{u_\mathrm{II}^2}{k_\mathrm{II}}; \quad h_{\mathrm{ad}_\mathrm{II}} : h_{\mathrm{ad}_\mathrm{III}} = \frac{u_\mathrm{II}^2}{k_\mathrm{II}} : \frac{u_\mathrm{III}^2}{k_\mathrm{III}} \quad \text{usw.} \quad (8)$$

Die inneren Wirkungsgrade der einzelnen Stufen I, II ... im Rechnungspunkt des Gebläses seien

$$\eta_{\mathrm{ad}-i_\mathrm{I}}, \quad \eta_{\mathrm{ad}-i_\mathrm{II}}, \quad \eta_{\mathrm{ad}-i_\mathrm{III}}, \quad \ldots \eta_{\mathrm{ad}-i_i};$$

dann lassen sich die in den einzelnen Stufen im Rechnungspunkt des Gebläses erreichbaren Drücke und Temperatursteigerungen nacheinander ermitteln. Nimmt man für den Rechnungspunkt des Gebläses an, daß von der gesamten Volumenänderung innerhalb einer Stufe $(V_s - V_d)$ ein bestimmter Anteil $\xi(V_s - V_d)$ auf das Laufrad entfällt, dann sind die Volumina am Laufradaustritt:

$$V_{2_I} = V_{s_I} - \xi_I(V_{s_I} - V_{d_I}); \quad V_{2_{II}} = V_{s_{II}} - \xi_{II}(V_{s_{II}} - V_{d_{II}}) \quad \text{usw.} \qquad (9)$$

Da weiterhin für eine Stufe

$$\frac{V_s}{V_d} = \frac{T_s}{T_d} \cdot \frac{p_d}{p_s}$$

und[1]
$$\eta_{\text{ad}-i} = \frac{T_{d_{\text{ad}}} - T_s}{T_d - T_s} = \frac{\dfrac{T_{d_{\text{ad}}}}{T_s} - 1}{\dfrac{T_d}{T_s} - 1} \quad \text{und} \quad \frac{T_{d_{\text{ad}}}}{T_s} = \left(\frac{p_d}{p_s}\right)^{\frac{\varkappa-1}{\varkappa}},$$

folgt:

$$V_d = V_s \cdot \frac{p_s}{p_d} \cdot \frac{T_d}{T_s} = V_s \cdot \frac{p_s}{p_d}\left\{1 + \frac{(p_d/p_s)^{\frac{\varkappa-1}{\varkappa}} - 1}{\eta_{\text{ad}-i}}\right\}, \qquad (10)$$

so daß

$$V_{2_I} = V_{s_I}(1 - \xi_I) + \xi_I V_{s_I}\left(\frac{p_s}{p_d}\right)_I \left\{1 + \frac{(p_d/p_s)_I^{\frac{\varkappa-1}{\varkappa}} - 1}{\eta_{\text{ad}-i_I}}\right\}$$

oder:

$$V_{2_I} = V_{s_I}\left\{1 - \xi_I\left[1 - \left(\frac{p_s}{p_d}\right)_I\left(1 + \frac{(p_d/p_s)_I^{\frac{\varkappa-1}{\varkappa}} - 1}{\eta_{\text{ad}-i_I}}\right)\right]\right\}. \qquad (11)$$

Entsprechendes gilt für

$$V_{2_{II}}, \quad V_{2_{III}}, \quad \ldots, \quad V_{2_i}.$$

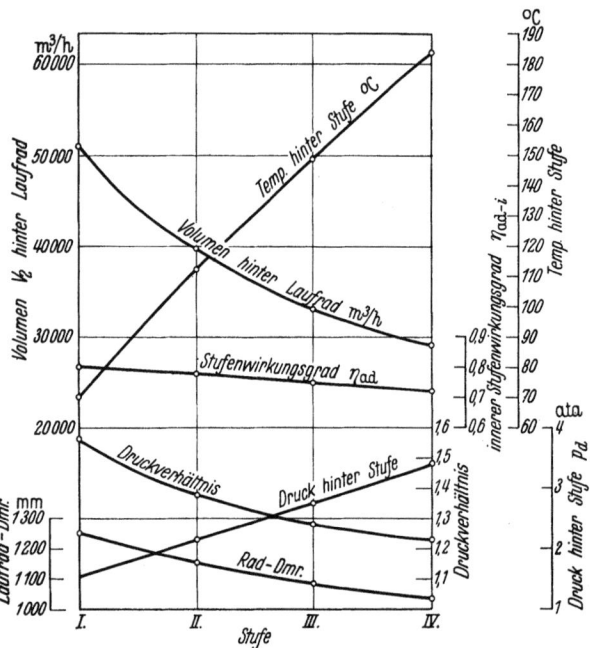

Abb. 120. Vierstufiges Gebläse, Ansaugemenge 60000 m³/h, 3,4fache Gesamtverdichtung für Luft, in den Durchmessern und Austrittsbreiten nach einer Exponentialfunktion abgestuft.

Die Abstufung der Durchmesser eines mehrstufigen Gebläses nach obigen Gesichtspunkten (Gl. 7)

$$d_I : d_{II} = \sqrt[3]{V_{2_I}} : \sqrt[3]{V_{2_{II}}}$$

hängt nach Gl. (11) in erster Linie ab von dem Verdichtungsverhältnis der ersten Stufe, d. h. vom spezifischen Gewicht des zu verdichtenden Gases und von der Umfangsgeschwindigkeit des ersten Rades (Abb. 120).

Stuft man die Durchmesser der Laufräder eines mehrstufigen Gebläses nach diesen Gesichtspunkten ab, so erhält man eine bestimmte Gesetzmäßigkeit für die Abnahme der Durchmesser

$$\frac{d_I}{d_{II}} > \frac{d_{II}}{d_{III}} > \frac{d_{III}}{d_{IV}} \quad \text{usw.}$$

Abb. 121, Kurve β, enthält den Verlauf der Durchmesser über der jeweiligen Stufe für das Zahlen-

---

[1] Äußere Spaltverluste gibt es zwischen den einzelnen Stufen nicht. Darum wird $\eta_{\text{ad}-i} = \eta_{\text{ad}-i_T}$ [vgl. Gl. (133 u. 136) in Abschnitt CI, S. 75].

beispiel eines vierstufigen Gebläses zur Verdichtung von Luft. In logarithmischer Darstellung erhält man eine Gerade (Abb. 122), so daß die Gesetzmäßigkeit für die Änderung der Durchmesser dieses vierstufigen Gebläses in Abhängigkeit von der Stufe i in Form einer Exponentialfunktion geschrieben werden kann:

$$\frac{d_i}{d_\mathrm{I}} = i^x. \tag{12}$$

Für das vorliegende Zahlenbeispiel ist der Exponent

$$x = -0{,}14.$$

Dieser Exponent der Abstufung ist keineswegs für alle mehrstufigen Gebläse gleich, er hängt vielmehr ab von der Höhe der Verdichtung in der ersten Stufe, also in erster Linie von der für

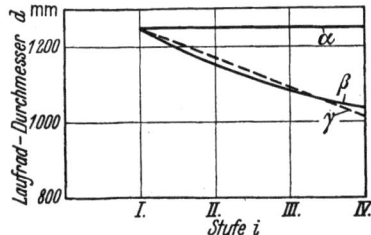

Abb. 121. Mehrstufiges Gebläse (4 Stufen).
α Durchmesser gleichgehalten; β Durchmesser nach einer Exponentialfunktion abgestuft; γ Durchmesser linear abgestuft.

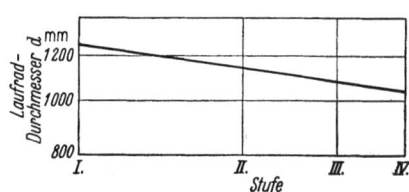

Abb. 122.
Abstufung der Laufräder eines mehrstufigen Gebläses nach Abb. 121 β in logarithmischer Darstellung.

die erste Stufe gewählten Umfangsgeschwindigkeit und vom spezifischen Gewicht des zu verdichtenden Mittels (Luft, Gas oder dgl.), er ist also für ein Luftgebläse wesentlich anders als für ein Kokereigebläse.

In der Praxis wird man nicht immer das obige Abstufungsgesetz praktisch verwirklichen können, wenn man an eine bestimmte Drehzahl gebunden ist, da man andererseits das gewünschte Endziel der Verdichtung mit einer ganzzahligen Stufenzahl erreichen muß. Es ist aber zur Erzielung eines guten Wirkungsgrades zweckmäßig, sich bei der Abstufung der Laufräder möglichst weitgehend obigem Abstufungsgesetz anzunähern.

In der Praxis begnügt man sich häufig mit einer linearen Abstufung, Abb. 121, Verlauf γ.

Bei Verdichtung leichter Gase (Kokereigas) und bei gleichzeitiger Anwendung niederer Drehzahlen (direkter Antrieb durch Motor von 1500 oder 3000 U/min) sind die in den einzelnen Stufen erreichbaren Verdichtungsverhältnisse klein, daher auch die Volumenänderungen gering. In derartigen Fällen ist es berechtigt, die Durchmesser sämtlicher Laufräder gleichzuhalten und auf eine Abstufung zu verzichten (Abb. 121, Verlauf α).

β) Wirtschaftliche Gesichtspunkte für die Abstufung.

Die Abstufung der Laufräder eines mehrstufigen Gebläses nach den geschilderten Gesichtspunkten führt zu bestmöglichem Wirkungsgrad und zu niedriger Pumpgrenze, erfordert aber sorgfältige Durcharbeitung jedes einzelnen Laufrades und erfordert viel Konstruktions- und Werkstattarbeit. Die Abstufung der Laufräder mehrstufiger Gebläse findet daher in erster Linie Anwendung für erhebliche Drucksteigerungen, die bei möglichst gutem Wirkungsgrad und bei möglichst niedrig gelegener Pumpgrenze erreicht werden sollen.

Sind die Drucksteigerungen in einem mehrstufigen Gebläse hingegen gering, so daß die Volumenänderungen innerhalb der einzelnen Stufen nicht sehr erheblich sind, dann bevorzugt man häufig den in den Durchmessern nicht abgestuften Läufer, dessen Laufräder vollkommen gleich gehalten sind. Diese Bauart hat den Vorteil vieler gleicher Bauelemente (Laufräder, Zwischenböden, Dichtungseinsätze) und ist daher einfach und billig und findet Anwendung bei mehrstufigen Gasgebläsen zur Verdichtung leichter Gase (Kokereigas und dgl.). Wird günstige, d. h.

niedrigere Pumpgrenze angestrebt, so wählt man in solchen Fällen häufig auch verschiedene Laufradbreiten bei gleichen Durchmessern oder mitunter auch Läufer mit gruppenweise gleichen, in den Gruppen aber abgestuften Laufrädern.

3. Der Einfluß der Radreibung beim mehrstufigen Gebläse.

Die Radreibungsleistung N_r eines mehrstufigen Gebläses ist die Summe der Radreibungsleistungen der einzelnen Räder, die nach Gl. (105) in Abschnitt C I, S. 60, abhängen vom jeweiligen Durchmesser, der jeweiligen Umfangsgeschwindigkeit und dem jeweiligen spezifischen Gewicht des Gases. Bezeichnet i die Laufrad- und Stufenzahl eines mehrstufigen Gebläses, dann ist

$$N_{r_{ges}} = \sum_{I}^{i} N_r = \sum_{I}^{i} \frac{\beta}{10^6} d^2 u^3 \gamma \approx \frac{\beta}{10^6} \sum_{I}^{i} d^2 u^3 \gamma. \qquad (13)$$

Zum Erzielen eines geforderten Enddruckes p_D bei einem Saugzustand p_S, t_S ist je nach dem spezifischen Gewicht des zu verdichtenden Gases und je nach Kanalform und Schaufelwinkel, die die Druckzahl beeinflussen, eine bestimmte $\sum u^2$-Summe der Quadrate der Umfangsgeschwindigkeiten sämtlicher hintereinander geschalteten Räder erforderlich. Diese für einen bestimmten Bedarfsfall erforderliche Größe $\sum u^2 = $ const kann verwirklicht werden durch verschiedene Stufenzahl, verschiedene Laufraddurchmesser und verschiedene Drehzahl, so daß sich eine große Mannigfaltigkeit zur Verwirklichung obiger Forderung ergibt. Im folgenden seien die für praktische Fälle in Frage kommenden Abstufungen hinsichtlich ihres Einflusses auf die gesamte Radreibungsleistung mehrstufiger Gebläse untersucht.

α) *Mehrstufiges Gebläse mit gleichen Laufraddurchmessern.*

Es sei eine bestimmte Drucksteigerung vorausgesetzt, für die eine bestimmte $\sum u^2$ erforderlich ist, so daß für die nachfolgende Betrachtung, bei der die Stufenzahl i und der Laufraddurchmesser variiert werden, gilt:

$$\sum u^2 = \text{const} = C. \qquad \text{Abb. 123}$$

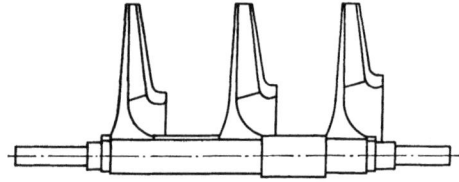

Abb. 123. Läufer eines mehrstufigen Gebläses, dessen Laufräder im Durchmesser gleichgehalten sind.

Voraussetzungsgemäß ist:

$$d_I = d_{II} = d_{III} \ldots = d_i$$

$$u_I = u_{II} = u_{III} \ldots = u_i = \sqrt{\frac{\sum u^2}{i}} = \frac{d \pi n}{60},$$

so daß die gesamte Radreibungsleistung geschrieben werden kann:

$$N_{r_{ges}} = \frac{\beta}{10^6} \sum_{1}^{i} d^2 u^3 \gamma = \frac{\beta}{10^6} d^2 u^3 \sum_{1}^{i} \gamma = \frac{\beta}{10^6} d^2 \left(\frac{\sum u^2}{i}\right)^{\frac{3}{2}} \sum_{I}^{i} \gamma = \frac{\beta}{10^6} \left(\frac{60}{\pi n}\right)^2 \left(\frac{\sum u^2}{i}\right)^{\frac{5}{2}} \sum_{1}^{i} \gamma. \qquad (14)$$

Hiernach ist die Radreibung bei gegebener $\sum u^2$ abhängig von der Stufenzahl und vom Laufraddurchmesser bzw. von der Drehzahl. Diese 3 Größen (Stufenzahl i, Laufraddurchmesser d und Drehzahl n) sind durch folgende Beziehung verknüpft:

$$d = \frac{60}{\pi n} \cdot \left(\frac{\sum u^2}{i}\right)^{\frac{1}{2}} \qquad (15)$$

oder

$$n^2 i = \frac{60^2}{\pi^2} \cdot \frac{\sum u^2}{d^2}. \qquad (16)$$

Bei gleicher Stufenzahl i ändert sich unter den getroffenen Voraussetzungen die Drehzahl umgekehrt proportional dem Durchmesser, und bei gleichem Durchmesser ändert sich die erforderliche Stufenzahl umgekehrt proportional dem Quadrat der gewählten Drehzahl bzw. Umfangsgeschwindigkeit.

Abb. 124 enthält für ein Beispiel (30000 m³/h Luft zu verdichten von 1,0 ata, 20° C auf 1,6 ata) verschiedene Ausführungsmöglichkeiten von Gebläsen verschiedener Stufenzahl i bei gleicher Σu^2, wobei die Drehzahlen und die Laufraddurchmesser entsprechend geändert sind. Hierbei sind die Durchmesser der Laufräder der sämtlichen Stufen für einen bestimmten Punkt jeweils gleich.

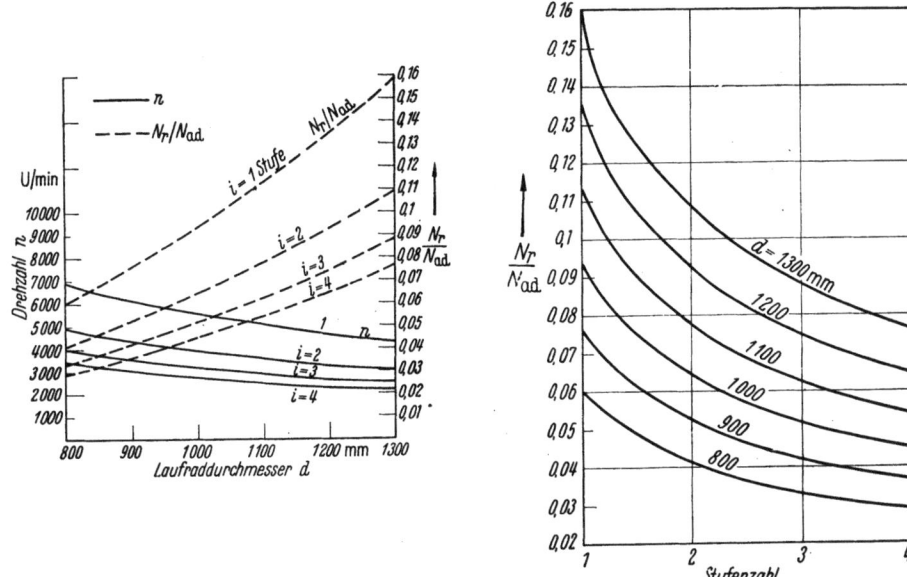

Abb. 124 u. 125. Mehrstufiges Gebläse gleicher Σu^2, verschiedener Drehzahl, verschiedener Stufenzahl und verschiedener, innerhalb der Stufen jedoch gleichgehaltener Durchmesser. $V_S = 30000$ m³/h; $p_S = 1{,}0$ ata; $t_S = 20°$ C; $p_D = 1{,}6$ ata; $\Sigma u^2 = 84400$ m²/s²; $N_{ad} = 560$ PS.

Abb. 124 zeigt den Verlauf der jeweils erforderlichen Drehzahl n über dem jeweils für sämtliche Stufen gleich groß gewählten Laufraddurchmesser d bei verschiedener Stufenzahl i und die hierbei sich ergebenden Radreibungsleistungen N_r/N_{ad}. Abb. 125 zeigt diese Radreibungsleistungen über der jeweiligen Stufenzahl bei jeweils konstantem Laufraddurchmesser.

Hierbei ist

$$N_{ad} = \frac{G\, h_{ad}}{3600 \cdot 75}\; \text{PS}.$$

β) *Mehrstufiges Gebläse mit abgestuften Laufraddurchmessern.*

Ein Gebläse werde in seinen Laufrädern nach den Gesichtspunkten des Abschnittes D I, S. 115 Gl. (12), nach einer Exponentialfunktion abgestuft:

$$\frac{d_i}{d_I} = i^x.$$

Für einen bestimmten Bedarfsfall ist zum Erzielen eines bestimmten Gesamtverdichtungsverhältnisses eine bestimmte Σu^2 erforderlich. Das erste Laufrad ist durch das Ansaugevolumen in gewissen Grenzen im Durchmesser und durch die Höhe der Beanspruchung in gewissen Grenzen in der Umfangsgeschwindigkeit festgelegt.

Zum Zweck des Vergleiches sei das erste Rad in Durchmesser, Drehzahl und Umfangsgeschwindigkeit angenähert gleich gehalten wie das Laufrad des Beispiels α des nicht abgestuften Läufers. Die folgenden Räder werden nach obigem Gesetz abgestuft. Bei gleicher Σu^2 wie im Fall α ergibt sich dann im vorliegenden Fall notwendigerweise eine abweichende größere Stufenzahl.

Für die Bestimmung der Radreibungsleistung gilt wiederum

$$N_{r_{ges}} = \frac{\beta}{10^6} \sum_{\mathrm{I}}^{i} d^2 u^3 \gamma,$$

wobei

$$d_{\mathrm{I}} > d_{\mathrm{II}} > d_{\mathrm{III}} \ldots \text{usw.} \quad \text{und} \quad u_{\mathrm{I}} > u_{\mathrm{II}} > u_{\mathrm{III}} \ldots \text{usw.}$$

γ) *Mehrstufiges Gebläse mit linear abgestuften Laufraddurchmessern.*

Der mittlere Laufraddurchmesser ist:

$$d_m = \frac{d_{\mathrm{I}} + d_{\mathrm{II}} + d_{\mathrm{III}} + \cdots d_i}{i} = \frac{\sum_1^i d}{i} = \frac{d_{\mathrm{I}} + d_i}{2}, \tag{17}$$

so daß

$$\sum u^2 = u_{\mathrm{I}}^2 + u_{\mathrm{II}}^2 + \cdots u_i^2 = \frac{\omega^2}{4}(d_{\mathrm{I}}^2 + d_{\mathrm{II}}^2 + d_{\mathrm{III}}^2 + \cdots d_i^2) = \frac{\omega^2}{4} \sum_1^i d^2 = \frac{\pi^2 n^2}{60^2} \sum_1^i d^2. \tag{18}$$

Setzt man für praktische Verhältnisse

$$\sum d^2 \approx i\, d_m^2,$$

so ist

$$n^2 i = \frac{1}{d_m^2} \frac{60^2}{\pi^2} \cdot \sum u^2. \tag{19}$$

Unter den getroffenen Voraussetzungen ändert sich demnach bei gleicher Stufenzahl i die Drehzahl umgekehrt proportional dem mittleren Durchmesser d_m, und bei gleichem mittlerem Durchmesser d_m ändert sich die Stufenzahl i umgekehrt proportional dem Quadrat der gewählten Drehzahl.

Die Radreibungsleistung ist:

$$N_{r_{ges}} = \frac{\beta}{10^6} \cdot \sum_1^i d^2 u^3 \gamma = \frac{\beta}{10^6} \left(\frac{\pi n}{60}\right)^3 \sum_1^i d^5 \gamma. \tag{20}$$

Für ein Zahlenbeispiel eines vierstufigen Luftgebläses ($V_S = 60\,000$ m³/h, $p_S = 1{,}0$ ata, $t_S = 20°$ C, $p_D = 3{,}4$ ata) wurde die Radreibungsleistung für die drei Fälle α, β, γ berechnet unter Zugrundelegung gleicher $\sum u^2 = 247\,600$ m²/s².

Der Vergleich der verschiedenen durchgerechneten Fälle α, β und γ für das gleiche Beispiel bei Anwendung gleicher $\sum u^2$ ergibt:

	i	n U/min	$N_{r_{ges}}/N_{ad}$	$N_{r_{ges}}/N_{ges}$
α) gleiche Durchmesser	3	4380	0,091	0,069
	4	3800	0,079	0,060
β) abgestufte Durchmesser	4	4200	0,064	0,049
γ) linear abgestufte Durchmesser	4	4200	0,065	0,050

Hieraus ist ersichtlich, daß bei gleicher $\sum u^2$ und bei angenähert gleicher Drehzahl im Fall gleicher Durchmesser (Fall α) wohl eine Stufe weniger notwendig ist als in den Fällen β und γ, jedoch ist die Radreibung erheblich größer als in den letzten beiden Fällen. Erhöht man im Fall α die Stufenzahl auch auf vier unter entsprechender Absenkung der Drehzahl, so wird zwar die Radreibung geringer, sie ist aber immer noch höher als in den Fällen β und γ. Die günstigsten Werte liefert die Abstufung nach β. Die lineare Abstufung nach γ kommt jedoch in vorliegendem Fall dem Idealfall β sehr nahe, so daß für mehrstufige Gebläse die lineare Abstufung gerechtfertigt erscheint.

c) Wirkungsgrade des mehrstufigen Gebläses.

1. Stufenwirkungsgrade.

Die Wirkungsgrade der einzelnen Stufen können in gleicher Weise wie für einstufige Gebläse (Abschnitt C I, S. 75) angegeben werden,
der *innere volumetrische Wirkungsgrad* nach Gl. 130,
der *innere Wirkungsgrad* [Gl. (133)] ist, da der äußere Spaltverlust L_{Sp-a} der einzelnen Stufe gleich null ist, gleich dem
inneren Temperaturwirkungsgrad [Gl. (134, 136, 138)];
der *hydraulische Schaufelwirkungsgrad* folgt aus Gl. (139),
der *hydraulische Stufenwirkungsgrad* aus Gl. (140).

2. Gebläsewirkungsgrade.

In gleicher Weise wie für einstufige Gebläse, Abschnitt C I, bestimmt sich
der *äußere volumetrische Wirkungsgrad* nach Gl. (131), Abschnitt C I, S. 75,
der *innere Wirkungsgrad* nach Gl. (133),
der *innere Temperaturwirkungsgrad* nach Gl. (134, 136, 138),
der *mechanische Wirkungsgrad* nach Gl. (141),
der *Gesamtwirkungsgrad* nach Gl. (142),
der *adiabatische Kupplungswirkungsgrad* nach Gl. (143),
der *polytropische Kupplungswirkungsgrad* nach Gl. (144).

Analog dem hydraulischen Stufenwirkungsgrad [Gl. (140)] läßt sich unter Einbeziehung der Radreibung und der inneren Spaltverluste ein *hydraulischer Gebläsewirkungsgrad* für das mehrstufige Gebläse bilden.

3. Beziehung zwischen dem inneren Gebläsewirkungsgrad und den inneren Stufenwirkungsgraden.

Bei adiabatischer Verdichtung (verlustloser Verdichtung) im mehrstufigen ungekühlten Gebläse) verläuft die Druckvolumenänderung nach $a-b'-c'-d'$. Der wirkliche Verdichtungsvorgang ist mit Verlusten verbunden und verläuft nach $a-b''-c''-d''\ldots$ (Abb. 126).

Die gesamte innere Verdichtungsarbeit $h_{i_{ges}}$ in einem mehrstufigen Gebläse setzt sich zusammen aus den inneren Arbeiten der einzelnen Stufen.

$$h_{i_{ges}} = \frac{h_{ad_I}}{\eta_{ad-i_I}} + \frac{h_{ad_{II}}}{\eta_{ad-i_{II}}} + \cdots + \frac{h_{ad_i}}{\eta_{ad-i_i}} = \frac{h_{ad_{ges}}}{\eta_{ad-i_T}}. \quad (21)$$

Hierin sind die adiabatischen Verdichtungsarbeiten der einzelnen Stufen

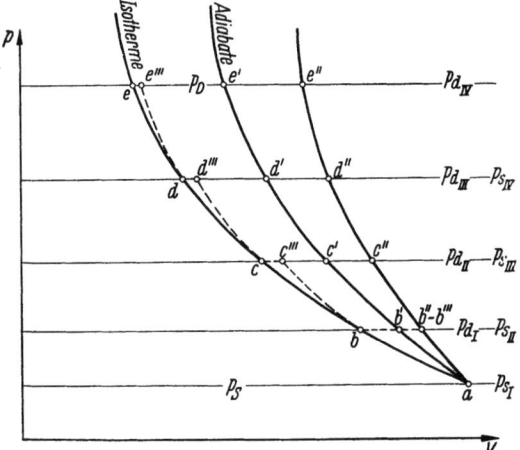

Abb. 126. Verdichtungsvorgang im mehrstufigen Gebläse.

$$h_{ad_I} = R T_{s_I} \cdot \frac{\varkappa}{\varkappa-1} \left[\left(\frac{p_d}{p_s}\right)_I^{\frac{\varkappa-1}{\varkappa}} - 1 \right],$$

$$h_{ad_{II}} = R T_{s_{II}} \cdot \frac{\varkappa}{\varkappa-1} \left[\left(\frac{p_d}{p_s}\right)_{II}^{\frac{\varkappa-1}{\varkappa}} - 1 \right], \ldots$$

$$h_{ad_i} = R T_{s_i} \cdot \frac{\varkappa}{\varkappa-1} \left[\left(\frac{p_d}{p_s}\right)_i^{\frac{\varkappa-1}{\varkappa}} - 1 \right] \quad (22)$$

und die gesamte adiabatische Arbeit

$$h_{ad_{ges}} = R T_S \frac{\varkappa}{\varkappa-1} \left[\left(\frac{p_D}{p_S}\right)^{\frac{\varkappa-1}{\varkappa}} - 1 \right]$$

$$= R T_{s_I} \frac{\varkappa}{\varkappa-1} \left[\left(\frac{p_{d_i}}{p_{s_I}}\right)^{\frac{\varkappa-1}{\varkappa}} - 1 \right]. \quad (23)$$

Hierbei bedeuten (Abb. 126) $T_{s_\mathrm{I}}, T_{s_\mathrm{II}} \ldots T_{s_i}$ die jeweiligen Ansaugetemperaturen und $\left(\frac{p_d}{p_s}\right)_\mathrm{I}$, $\left(\frac{p_d}{p_s}\right)_\mathrm{II} \ldots \left(\frac{p_d}{p_s}\right)_i$ die Verdichtungsverhältnisse der einzelnen Stufen, $\frac{p_D}{p_S}$ das Gesamtverdichtungsverhältnis.

$\eta_{\mathrm{ad}-i_\mathrm{I}}, \eta_{\mathrm{ad}-i_\mathrm{II}} \ldots \eta_{\mathrm{ad}-i_i}$ sind die inneren Stufenwirkungsgrade bezogen auf adiabatische Verdichtung und $\eta_{\mathrm{ad}-i_T}$ ist der gesamte innere Temperaturwirkungsgrad des mehrstufigen Gebläses bezogen auf adiabatische Verdichtung.

Dieser ist mit obigen Gleichungen (21 bis 23)

$$\eta_{\mathrm{ad}-i_T} = \frac{h_{\mathrm{ad}_{\mathrm{ges}}}}{\dfrac{h_{\mathrm{ad}_\mathrm{I}}}{\eta_{\mathrm{ad}-i_\mathrm{I}}} + \dfrac{h_{\mathrm{ad}_\mathrm{II}}}{\eta_{\mathrm{ad}-i_\mathrm{II}}} + \cdots \dfrac{h_{\mathrm{ad}_i}}{\eta_{\mathrm{ad}-i_i}}} \qquad (24)$$

oder

$$\eta_{\mathrm{ad}-i_T} = \frac{T_{s_\mathrm{I}}\left[\left(\dfrac{p_D}{p_S}\right)^{\frac{\varkappa-1}{\varkappa}} - 1\right]}{\dfrac{T_{s_\mathrm{I}}\left[\left(\dfrac{p_d}{p_s}\right)_\mathrm{I}^{\frac{\varkappa-1}{\varkappa}} - 1\right]}{\eta_{\mathrm{ad}-i_\mathrm{I}}} + \dfrac{T_{s_\mathrm{II}}\left[\left(\dfrac{p_d}{p_s}\right)_\mathrm{II}^{\frac{\varkappa-1}{\varkappa}} - 1\right]}{\eta_{\mathrm{ad}-i_\mathrm{II}}} + \cdots + \dfrac{T_{s_i}\left[\left(\dfrac{p_d}{p_s}\right)_i^{\frac{\varkappa-1}{\varkappa}} - 1\right]}{\eta_{\mathrm{ad}-i_i}}}; \qquad (25)$$

da

$$\eta_{\mathrm{ad}-i_\mathrm{I}} = \frac{T_{d_{\mathrm{ad}_\mathrm{I}}} - T_{s_\mathrm{I}}}{T_{d_\mathrm{I}} - T_{s_\mathrm{I}}}, \quad \eta_{\mathrm{ad}-i_\mathrm{II}} = \frac{T_{d_{\mathrm{ad}_\mathrm{II}}} - T_{s_\mathrm{II}}}{T_{d_\mathrm{II}} - T_{s_\mathrm{II}}} \text{ usw.}$$

folgt

$$T_{s_\mathrm{II}} = T_{d_\mathrm{I}} = \frac{T_{d_{\mathrm{ad}_\mathrm{I}}} - T_{s_\mathrm{I}}}{\eta_{\mathrm{ad}-i_\mathrm{I}}} + T_{s_\mathrm{I}} = \left(\frac{\dfrac{T_{d_{\mathrm{ad}_\mathrm{I}}}}{T_{s_\mathrm{I}}} - 1}{\eta_{\mathrm{ad}-i_\mathrm{I}}} + 1\right) T_{s_\mathrm{I}}$$

$$= T_{s_\mathrm{I}}\left(\frac{\left(\dfrac{p_d}{p_s}\right)_\mathrm{I}^{\frac{\varkappa-1}{\varkappa}} - 1}{\eta_{\mathrm{ad}-i_\mathrm{I}}} + 1\right) = T_{s_\mathrm{I}}\left(\frac{Z_\mathrm{I}}{\eta_{\mathrm{ad}-i_\mathrm{I}}} + 1\right), \qquad (26\,\mathrm{a})$$

$$T_{s_\mathrm{III}} = T_{d_\mathrm{II}} = \frac{T_{d_{\mathrm{ad}_\mathrm{II}}} - T_{s_\mathrm{II}}}{\eta_{\mathrm{ad}-i_\mathrm{II}}} + T_{s_\mathrm{II}} = \left(\frac{\dfrac{T_{d_{\mathrm{ad}_\mathrm{II}}}}{T_{s_\mathrm{II}}} - 1}{\eta_{\mathrm{ad}-i_\mathrm{II}}} + 1\right) T_{s_\mathrm{II}}$$

$$= T_{s_\mathrm{II}}\left(\frac{\left(\dfrac{p_d}{p_s}\right)_\mathrm{II}^{\frac{\varkappa-1}{\varkappa}} - 1}{\eta_{\mathrm{ad}-i_\mathrm{II}}} + 1\right) = T_{s_\mathrm{II}}\left(\frac{Z_\mathrm{II}}{\eta_{\mathrm{ad}-i_\mathrm{II}}} + 1\right) = T_{s_\mathrm{I}}\left(\frac{Z_\mathrm{I}}{\eta_{\mathrm{ad}-i_\mathrm{I}}} + 1\right)\left(\frac{Z_\mathrm{II}}{\eta_{\mathrm{ad}-i_\mathrm{II}}} + 1\right). \qquad (26\,\mathrm{b})$$

$$T_{s_\mathrm{IV}} = T_{d_\mathrm{III}} = T_{s_\mathrm{I}}\left(\frac{Z_\mathrm{I}}{\eta_{\mathrm{ad}-i_\mathrm{I}}} + 1\right)\left(\frac{Z_\mathrm{II}}{\eta_{\mathrm{ad}-i_\mathrm{II}}} + 1\right)\left(\frac{Z_\mathrm{III}}{\eta_{\mathrm{ad}-i_\mathrm{III}}} + 1\right). \qquad (26\,\mathrm{c})$$

Hierbei bedeutet:

$$Z_{\mathrm{ges}} = \left(\frac{p_D}{p_S}\right)^{\frac{\varkappa-1}{\varkappa}} - 1 = \pi_{\mathrm{ges}} - 1, \qquad (27\,\mathrm{a}) \qquad Z_\mathrm{I} = \left(\frac{p_d}{p_s}\right)_\mathrm{I}^{\frac{\varkappa-1}{\varkappa}} - 1 = \pi_\mathrm{I} - 1, \qquad (27\,\mathrm{b})$$

$$Z_\mathrm{II} = \left(\frac{p_d}{p_s}\right)_\mathrm{II}^{\frac{\varkappa-1}{\varkappa}} - 1 = \pi_\mathrm{II} - 1, \qquad (27\,\mathrm{c})$$

Wirkungsgrade des mehrstufigen Gebläses.

$$\pi_{\mathrm{I}} = \left(\frac{p_d}{p_s}\right)_{\mathrm{I}}^{\frac{\varkappa-1}{\varkappa}}; \qquad (28\,\mathrm{a}) \qquad \pi_{\mathrm{II}} = \left(\frac{p_d}{p_s}\right)_{\mathrm{II}}^{\frac{\varkappa-1}{\varkappa}} \ldots \qquad (28\,\mathrm{b})$$

Hiermit folgt der Gesamtwirkungsgrad

$$\eta_{\mathrm{ad}-i_T} = \frac{Z_{\mathrm{ges}}}{\dfrac{Z_{\mathrm{I}}}{\eta_{\mathrm{ad}-i_{\mathrm{I}}}} + \left(\dfrac{Z_{\mathrm{I}}}{\eta_{\mathrm{ad}-i_{\mathrm{I}}}}+1\right)\dfrac{Z_{\mathrm{II}}}{\eta_{\mathrm{ad}-i_{\mathrm{II}}}} + \left(\dfrac{Z_{\mathrm{I}}}{\eta_{\mathrm{ad}-i_{\mathrm{I}}}}+1\right)\left(\dfrac{Z_{\mathrm{II}}}{\eta_{\mathrm{ad}-i_{\mathrm{II}}}}+1\right)\dfrac{Z_{\mathrm{III}}}{\eta_{\mathrm{ad}-i_{\mathrm{III}}}}+\cdots}. \qquad (29)$$

Würde vor einer jeden Stufe bis auf Anfangstemperatur zurückgekühlt werden (Verlauf $a\,b''\,b\,c'''\,c\,d'''\,d\,e'''\,e\ldots$ Abb. 126) $\left(T_{s_{\mathrm{I}}} = T_{s_{\mathrm{II}}} = T_{s_{\mathrm{III}}}\ldots = T_{s_i}\right)$, dann stellten die Ausdrücke in obiger Gleichung

$$\frac{Z_{\mathrm{I}}}{\eta_{\mathrm{ad}-i_{\mathrm{I}}}}, \quad \frac{Z_{\mathrm{II}}}{\eta_{\mathrm{ad}-i_{\mathrm{II}}}} \ldots \frac{Z_i}{\eta_{\mathrm{ad}-i_i}}$$

Maßzahlen für die einzelnen Stufenleistungen dar, denn

$$\frac{Z_{\mathrm{I}}}{\eta_{\mathrm{ad}-i_{\mathrm{I}}}} = \frac{\left(\dfrac{p_d}{p_s}\right)_{\mathrm{I}}^{\frac{\varkappa-1}{\varkappa}} - 1}{\eta_{\mathrm{ad}-i_{\mathrm{I}}}} = \frac{h_{\mathrm{ad}_{\mathrm{I}}}}{R\,T_{s_{\mathrm{I}}} \dfrac{\varkappa}{\varkappa-1}} \cdot \frac{1}{\eta_{\mathrm{ad}-i_{\mathrm{I}}}} = \frac{h_{i_{\mathrm{I}}}}{R\,T_{s_{\mathrm{I}}} \dfrac{\varkappa}{\varkappa-1}},$$

$$\frac{Z_{\mathrm{II}}}{\eta_{\mathrm{ad}-i_{\mathrm{II}}}} = \frac{h_{i_{\mathrm{II}}}}{R\,T_{s_{\mathrm{II}}} \cdot \dfrac{\varkappa}{\varkappa-1}}.$$

Da aber beim ungekühlten Gebläse

$$T_{s_{\mathrm{I}}} < T_{s_{\mathrm{II}}} < T_{s_{\mathrm{III}}} \cdots < T_{s_i},$$

tritt eine Leistungserhöhung und eine Wirkungsgradverschlechterung ein, die in obiger Gleichung Berücksichtigung findet durch die Faktoren

$$\left(\frac{Z_{\mathrm{I}}}{\eta_{\mathrm{ad}-i_{\mathrm{I}}}}+1\right), \quad \left(\frac{Z_{\mathrm{I}}}{\eta_{\mathrm{ad}-i_{\mathrm{I}}}}+1\right)\cdot\left(\frac{Z_{\mathrm{II}}}{\eta_{\mathrm{ad}-i_{\mathrm{II}}}}+1\right), \quad \ldots$$

Da für Verdichtung immer $\dfrac{p_d}{p_s} > 1$, sind die Ausdrücke $Z = \left(\dfrac{p_d}{p_s}\right)^{\frac{\varkappa-1}{\varkappa}} - 1$ auch stets größer als 0 und damit auch die vorstehenden Ausdrücke stets größer als 1.

Im Falle rein adiabatischer Verdichtung in sämtlichen Stufen sind die inneren Wirkungsgrade $\eta_{\mathrm{ad}-i_{\mathrm{I}}} = 1$, $\eta_{\mathrm{ad}-i_{\mathrm{II}}} = 1, \ldots \eta_{\mathrm{ad}-i_i} = 1$, und es vereinfacht sich der Nenner obiger Gl. (29).

$$\begin{aligned}
\text{Nenner} &= Z_{\mathrm{I}} + (Z_{\mathrm{I}}+1)\,Z_{\mathrm{II}} + (Z_{\mathrm{I}}+1)\cdot(Z_{\mathrm{II}}+1)\,Z_{\mathrm{III}} + \cdots + (Z_{\mathrm{I}}+1)(Z_{\mathrm{II}}+1)\cdots(Z_{i-1}+1)\cdot Z_i \\
&= \pi_{\mathrm{I}} - 1 + \pi_{\mathrm{I}}(\pi_{\mathrm{II}}-1) + \pi_{\mathrm{I}}\cdot\pi_{\mathrm{II}}(\pi_{\mathrm{III}}-1) + \cdots + \pi_{\mathrm{I}}\pi_{\mathrm{II}}\pi_{\mathrm{III}}\ldots\pi_{i-1}\cdot(\pi_i-1) \\
&= \pi_{\mathrm{I}}\pi_{\mathrm{II}}\pi_{\mathrm{III}}\ldots\pi_{i-1}\cdot\pi_i - 1. \\
&= \left(\frac{p_d}{p_s}\right)_{\mathrm{I}}^{\frac{\varkappa-1}{\varkappa}} \cdot \left(\frac{p_d}{p_s}\right)_{\mathrm{II}}^{\frac{\varkappa-1}{\varkappa}} \cdot \left(\frac{p_d}{p_s}\right)_{\mathrm{III}}^{\frac{\varkappa-1}{\varkappa}} \cdots \left(\frac{p_d}{p_s}\right)_{i-1}^{\frac{\varkappa-1}{\varkappa}} \cdot \left(\frac{p_d}{p_s}\right)_{i}^{\frac{\varkappa-1}{\varkappa}} - 1 \\
&= \left\{\left(\frac{p_d}{p_s}\right)_{\mathrm{I}} \cdot \left(\frac{p_d}{p_s}\right)_{\mathrm{II}} \cdot \left(\frac{p_d}{p_s}\right)_{\mathrm{III}} \cdots \left(\frac{p_d}{p_s}\right)_{i-1} \cdot \left(\frac{p_d}{p_s}\right)_{i}\right\}^{\frac{\varkappa-1}{\varkappa}} - 1 = \left(\frac{p_D}{p_S}\right)^{\frac{\varkappa-1}{\varkappa}} - 1,
\end{aligned}$$

so daß

$$\eta_{\mathrm{ad}-i_T} = \frac{Z_{\mathrm{ges}}}{\text{Nenner}} = 1,$$

wie es für verlustlose adiabatische Verdichtung erforderlich ist.

Zahlenbeispiel:

Vierstufiges Gebläse für Luft.

$$V_S = 60\,000 \text{ m}^3/\text{h} \qquad p_S = 1,0 \text{ ata} \qquad p_D = 3,4 \text{ ata}$$

Stufe i	$\left(\dfrac{p_d}{p_s}\right)_i$	$\pi_i = \left(\dfrac{p_d}{p_s}\right)^{\frac{\varkappa-1}{\varkappa}}$	$z_i = \pi_i - 1$	$\eta_{\text{ad}-i_i}$	$\dfrac{z_i}{\eta_{\text{ad}-i_i}}$
I	1,56	1,136	0,136	0,80	0,17
II	1,38	1,096	0,096	0,78	0,1231
III	1,28	1,074	0,074	0,75	0,0987
IV	1,23	1,061	0,061	0,72	0,0847

$$\text{Nenner} = \frac{z_{\text{I}}}{\eta_{\text{ad}-i_{\text{I}}}} + \left(\frac{z_{\text{I}}}{\eta_{\text{ad}-i_{\text{I}}}} + 1\right) \cdot \frac{z_{\text{II}}}{\eta_{\text{ad}-i_{\text{II}}}} + \left(\frac{z_{\text{I}}}{\eta_{\text{ad}-i_{\text{I}}}} + 1\right) \cdot \left(\frac{z_{\text{II}}}{\eta_{\text{ad}-i_{\text{II}}}} + 1\right) \cdot \frac{z_{\text{III}}}{\eta_{\text{ad}-i_{\text{III}}}} +$$

$$+ \left(\frac{z_{\text{I}}}{\eta_{\text{ad}-i_{\text{I}}}} + 1\right)\left(\frac{z_{\text{II}}}{\eta_{\text{ad}-i_{\text{II}}}} + 1\right)\left(\frac{z_{\text{III}}}{\eta_{\text{ad}-i_{\text{III}}}} + 1\right) \cdot \frac{z_{\text{IV}}}{\eta_{\text{ad}-i_{\text{IV}}}}$$

$$= 0,17 + 1,17 \cdot 0,1231 + 1,17 \cdot 1,1231 \cdot 0,0987 + 1,17 \cdot 1,1231 \cdot 1,0987 \cdot 0,0847$$
$$= 0,17 + 0,1438 + 0,1297 + 0,1222$$
$$= 0,566$$

Somit wird der innere Temperaturwirkungsgrad des mehrstufigen Gebläses

$$\eta_{\text{ad}-i_T} = \frac{3,4^{\frac{\varkappa-1}{\varkappa}} - 1}{\text{Nenner}} = \frac{1,425 - 1}{0,566} = \mathbf{0,751}.$$

Würde man sämtliche Stufenwirkungsgrade gleichsetzen:

$$\eta_{\text{ad}-i_{\text{I}}} = \eta_{\text{ad}-i_{\text{II}}} = \eta_{\text{ad}-i_{\text{III}}} = \eta_{\text{ad}-i_{\text{IV}}} = 0,80,$$

dann erhielte man

$$\eta_{\text{ad}-i_T} = \frac{1,425 - 1}{0,541} = \mathbf{0,786}$$

(ohne äußere Verluste).

d) Entstehen der Kennlinie des mehrstufigen Gebläses.

1. Die Laufräder der einzelnen Stufen sind einander vollkommen gleich

(gleiche Laufraddurchmesser, gleiche Laufradbreiten, Abb. 127 a—c).

Unter dieser Voraussetzung sind die Kennlinien, die den Verlauf des Verdichtungsverhältnisses p_d/p_s in Abhängigkeit von dem jeweils in der Zeiteinheit angesaugten Volumen V_s der einzelnen Stufen darstellen, gleich bis auf die Beeinflussung, die durch den geänderten Saugzustand der höheren Stufen gegenüber der ersten Stufe bedingt ist. Die Verhältnisse seien an Hand von Abb. 128 näher untersucht. In Abb. 128a ist die Kennlinie $a_{\text{I}} - h_{\text{I}}$ des ersten Laufrades als gegeben vorausgesetzt. Die Pumpgrenze dieses Rades liegt bei g_{I}. Gleichzeitig ist der Verlauf des inneren Wirkungsgrades $\eta_{\text{ad}-i}$ dieses Rades angegeben. Der Bestpunkt des Wirkungsgrades gehört etwa zu Punkt d_{I}. Aus den jeweiligen Druckverhältnissen p_d/p_s und inneren Wirkungsgraden $\eta_{\text{ad}-i}$ folgen bei einer vorausgesetzten Ansaugetemperatur des ersten Rades von $t_{s_{\text{I}}} = 20°$ die jeweiligen Endtemperaturen hinter der ersten Stufe $t_{d_{\text{I}}}$. In Abb. 128 b und c ist der aus der ersten Stufe unter Berücksichtigung des geänderten Saugzustandes bestimmte Verlauf der Kennlinie der zweiten und dritten Stufe aufgezeichnet.

Es bezeichnen:

$V_{s_{\text{I}}}$ = Ansaugevolumen des ersten Rades in einem beliebigen Punkt,
$p_{s_{\text{I}}}$ = Ansaugedruck
$t_{s_{\text{I}}}$ = Ansaugetemperatur $\Big\}$ vor Stufe I,
$p_{d_{\text{I}}}$ = Enddruck
$t_{d_{\text{I}}}$ = Endtemperatur $\Big\}$ hinter Stufe I.

Entstehen der Kennlinie des mehrstufigen Gebläses.

Die entsprechenden Größen der nachgeschalteten Stufen sind durch die Indizes II, III usw. gekennzeichnet. Das Volumen hinter der ersten Stufe ist

$$V_{d_I} = V_{s_I} \cdot \frac{p_{s_I}}{p_{d_I}} \cdot \frac{T_{d_I}}{T_{s_I}} = V_{s_{II}}.$$

a 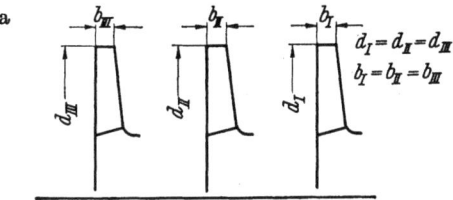 b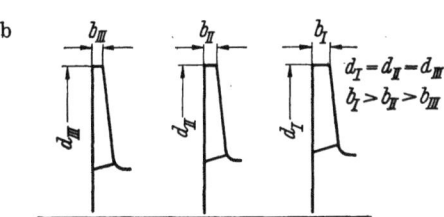

c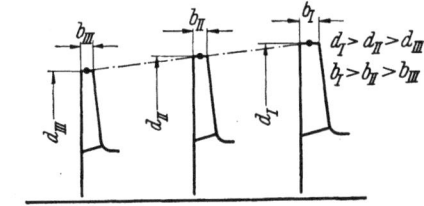

Abb. 127 a—c. Läufer mehrstufiger Gebläse: a Laufraddurchmesser und -austrittsbreiten gleich; b Laufraddurchmesser gleich, Austrittsbreiten verschieden; c Laufraddurchmesser und Austrittsbreiten abgestuft.

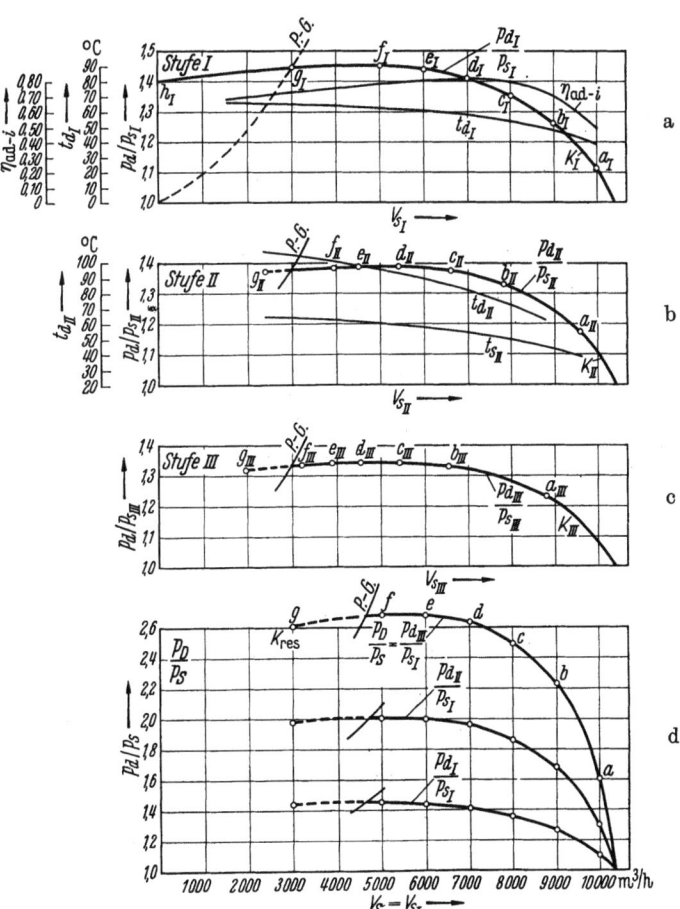

Abb. 128 a—d. Kennlinien der einzelnen Stufen und resultierende Kennlinie eines dreistufigen Gebläses, dessen Läufer nach Abb. 127a ausgebildet ist (Laufräder gleich). Nähere Erläuterung im Text.

Das Volumen hinter der zweiten Stufe ist:

$$V_{d_{II}} = V_{s_I} \frac{p_{s_I}}{p_{d_{II}}} \cdot \frac{T_{d_{II}}}{T_{s_I}} = V_{s_{III}}.$$

In Abb. 128 sind einander zugehörige Punkte verschiedener Stufen durch die gleichen Buchstaben mit verschiedenem Index gekennzeichnet. Zu dem Betriebspunkt c_I der ersten Stufe I, Abb. 128a, gehört der Betriebspunkt c_{II}, Abb. 128b, der zweiten Stufe II und der Betriebspunkt c_{III}, Abb. 128c, der dritten Stufe III.

Beim Vergleich zugehöriger Betriebspunkte (z. B. c_I, c_{II}, c_{III}) der Kennlinien der 3 hintereinandergeschalteten, vollkommen gleichen Räder I, II und III, Abb. 128 a—c, erkennt man eine um so größere Verschiebung der Betriebspunkte nach der Pumpgrenze PG hin, je höher die Stufe. Während beispielsweise der Betriebspunkt f_I des ersten Rades noch erheblich von der Pumpgrenze g_I entfernt ist, liegt der zugehörige Betriebspunkt f_{III} des Rades III bereits unmittelbar an der Pumpgrenze. Hieraus folgt, daß bei mehrstufigen Gebläsen mit gleich großen und gleich breiten Rädern im Betrieb bei allmählicher Verringerung der Fördermenge nach der Pumpgrenze hin eine Pumperscheinung zuerst an der höchsten Stufe eintritt, im vorliegenden Fall also zuerst an der Stufe III, während die niedriger gelegenen Stufen II und I erst nachträglich an dem Pumpvorgang teilnehmen.

Die resultierenden Enddrücke des mehrstufigen Gebläses in den verschiedenen Betriebspunkten a, b, c, d usw. ergeben sich durch Multiplikation der Verdichtungsverhältnisse der einzelnen zugehörigen Punkte a_I, a_{II}, a_{III}, b_I, b_{II}, b_{III} usw. Durch Verbinden der Betriebspunkte a, b, c, d, e, f, g (Abb. 128d) erhält man die resultierende Kennlinie K_{res} des mehrstufigen Kreiselgebläses. Hierbei sind die zu den einzelnen Punkten a, b, c, d usw. zugehörigen Druckverhältnisse über dem zugehörigen Ansaugevolumen V_{s_I} des ersten Rades, welches identisch ist mit dem Ansaugevolumen V_S des mehrstufigen Gebläses, aufgetragen. Der Verlauf der Drücke hinter der Stufe I, der Stufe II und Stufe III in Abhängigkeit vom Ansaugevolumen V_{s_I} des ersten Rades ist durch die Kurven $\frac{p_{d_I}}{p_{s_I}}$, $\frac{p_{d_{II}}}{p_{s_{II}}}$ und $\frac{p_{d_{III}}}{p_{s_I}}$ in Abb. 128d wiedergegeben.

2. Die Laufräder der einzelnen Stufen sind im Durchmesser gleich, in der Laufradbreite verschieden (Abb. 127b).

Die Laufradbreite b der Räder sei hierbei dem jeweiligen Ansaugevolumen angepaßt in der Weise, daß für den Rechnungspunkt (Bestpunkt Punkt d) gilt:

$$b_I : b_{II} = V_{s_I} : V_{s_{II}}$$
$$b_{II} : b_{III} = V_{s_{II}} : V_{s_{III}} \quad \text{Abb. 127 b.}$$

Sieht man zunächst vom Einfluß der für die einzelnen Stufen verschiedenen Ansaugetemperaturen auf die in den Rädern erzielbaren Verdichtungen ab, so ergeben sich für die verschiedenen Räder I und II gleichen Durchmessers d, aber verschiedener Austrittsbreite b_I und b_{II} bei gegebener Kennlinie K_I des ersten Rades (Abb. 129a) die in das gleiche Diagramm eingezeichnete Kennlinie K'_{II} des Rades II. Bei einem bestimmten gleichen Druckverhältnis für beide Stufen stehen hier nach obiger Gleichung die zugehörigen Ansaugevolumina in Beziehung zu den Austrittsbreiten, also auch

$$V_{max_I} : V_{max_{II}} = b_I : b_{II} \quad \text{und} \quad V_{P_I} : V_{P_{II}} = b_I : b_{II}.$$

Für den Rechnungspunkt d des Gebläses erhält man in der ersten Stufe nach Abb. 129 a—d ein bestimmtes Ansaugevolumen $V_{s_{I_d}}$ und ein bestimmtes Verdichtungsverhältnis $\left(\frac{p_d}{p_s}\right)_{I_d}$ und eine bestimmte Endtemperatur $t_{d_{I_d}}$, so daß das Ansaugevolumen der zweiten Stufe gegeben ist:

$$V_{s_{II_d}} = V_{s_{I_d}} \cdot \frac{p_{s_{I_d}}}{p_{s_{II_d}}} \cdot \frac{T_{s_{II_d}}}{T_{s_{I_d}}}.$$

Da nach Voraussetzung für den Rechnungspunkt d
$$V_{s_I}:V_{s_{II}}=b_I:b_{II},$$
erhält man den zu d_I auf Kennlinie K_I der ersten Stufe zugehörigen Betriebspunkt d'_{II} auf Kennlinie K'_{II} bei gleichem Druckverhältnis bei $V_{s_{II_d}}$. Dieser Punkt bedarf jedoch bezüglich des

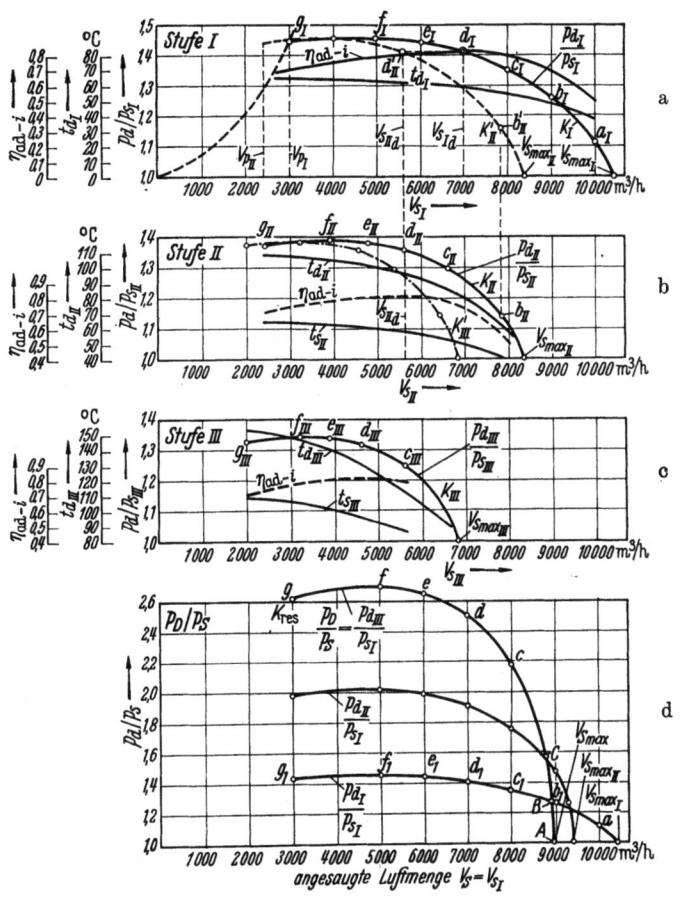

Abb. 129a–d. Kennlinien der einzelnen Stufen und resultierende Kennlinie eines dreistufigen Gebläses, dessen Läufer nach Abb. 127b ausgebildet ist (Laufräder im Durchmesser gleich, in den Breiten verschieden).

Druckverhältnisses noch einer Korrektur wegen der erhöhten Ansaugetemperatur $t_{s_{II}}$ gegenüber t_{s_I}, so daß der tatsächliche Betriebspunkt d_{II} der wirklichen Kennlinie K_{II} (Abb. 129b) bei einem niedrigeren Verdichtungsverhältnis $p_{d_{II}}/p_{s_{II}}$ liegt.

Für einen beliebigen Betriebspunkt b_I der Kennlinie K_I erhält man nach Abb. 129a ein bestimmtes Ansaugevolumen $V_{s_{I_b}}$ und ein bestimmtes Verdichtungsverhältnis $\left(\dfrac{p_d}{p_s}\right)_{I_b}$ und eine bestimmte Endtemperatur $t_{d_{I_b}}=t_{s_{II_b}}$, so daß das zugehörige Ansaugvolumen der zweiten Stufe
$$V_{s_{II_b}}=V_{s_{I_b}}\cdot\frac{p_{s_{I_b}}}{p_{s_{II_b}}}\cdot\frac{T_{s_{II_b}}}{T_{s_{I_b}}}.$$

Bei diesem Ansaugevolumen $V_{s_{II_b}}$ erhält man auf Kennlinie K'_{II} den zugehörigen Betriebspunkt b'_{II}. Dieser ist im Druckverhältnis entsprechend der höheren Ansaugetemperatur noch zu reduzieren. Es ergibt sich bei der Ansaugetemperatur
$$t_{s_{II_b}}=t_{d_{I_b}}$$

ein tatsächlicher Betriebspunkt b_{II} (Abb. 129 b). Die Verbindung der Punkte b_{II}, d_{II} usw. ergibt die Kennlinie K_{II} des zweiten Rades.

Der Einfluß der für die einzelnen Stufen verschiedenen Ansaugetemperaturen drückt also die Verdichtungsverhältnisse der höheren Stufen gegenüber der ersten Stufe herab und verzerrt die entsprechenden Druck-Volumen-Kurven nach Abb. 129b und c, so daß sich durch Multiplikation der Verdichtungsverhältnisse zugehöriger Punkte eine resultierende Kennlinie $p_D/p_S = f(V_S)$ nach Abb. 129d ergibt. Bemerkenswert ist, daß die Pumpgrenze hier bei allen 3 Stufen bei dem gleichen Durchsatz, also im gleichen Belastungspunkt erreicht wird und daß die Pumpgrenze des gesamten Gebläses daher auch niedriger liegt als im Fall der Abb. 128d. Außerdem wird der Verlauf der resultierenden Kennlinie entscheidend beeinflußt durch die Kennlinie des letzten Rades, welches gewissermaßen im Gebiet großer Ansaugemengen einen Teil der Kennlinien des ersten und zweiten Rades abschneidet, so daß $V_{S_{max}}$ des gesamten Gebläses kleiner ist als $V_{S_{max_I}}$ und $V_{S_{max_{II}}}$ (Abb. 129d). Beim Verdichtungsverhältnis $p_D/p_S = 1$ des gesamten Gebläses herrscht also im Gebläseinnern, z. B. hinter Stufe I oder II, ein gewisser Überdruck (Abb. 129d).

Die Kurven $\dfrac{p_{d_I}}{p_{s_I}}$ und $\dfrac{p_{d_{II}}}{p_{s_I}}$ geben hier den Verlauf des Druckes hinter Stufe I und II in Abhängigkeit von dem Ansaugevolumen der ersten Stufe, das ist das Ansaugevolumen V_S des Gebläses, wieder, während durch K_{res} die resultierende Kennlinie $p_D/p_S = f(V_S)$ des Gebläses dargestellt wird.

Abb. 130 zeigt den Druckverlauf längs der Stufen für verschiedene Betriebspunkte der Kennlinie K_{res} der Abb. 129d.

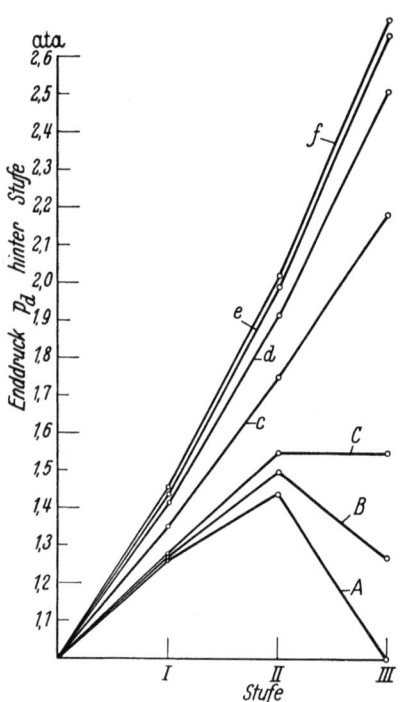

Abb. 130. Druckverlauf längs der Stufen für verschiedene Betriebspunkte der Abb. 129.

Punkt A ist hierbei der Schnittpunkt der Kennlinie K_{res} (Abb. 129d) mit der Abszisse.

B und C sind zwei willkürliche Punkte auf K_{res}.

3. Die Laufräder der einzelnen Stufen sind im Durchmesser und in der Breite verschieden (Abb. 127c).

Will man die verschiedenen Räder mehrstufiger Gebläse jeweils nach bestmöglichem Wirkungsgrad auslegen, so wird man zu einer Abstufung der Laufräder im Durchmesser geführt derart, daß je nach den in den einzelnen Stufen zu erreichenden Verdichtungen die Laufraddurchmesser und Breiten nach Richtung höherer Stufen und damit höherer Drücke stetig verkleinert werden, so daß

$$d_I > d_{II} > d_{III} \quad \text{und} \quad b_I > b_{II} > b_{III}.$$

Es ergeben sich dann gegenüber den in Abb. 129 dargestellten Verhältnissen für die einzelnen Stufen abklingende Verdichtungsverhältnisse nach Höhe der Abstufung der Durchmesser, Abb. 131. Aus den Kennlinien K_I, K_{II}, K_{III} der einzelnen Stufen I, II, III folgt in entsprechender Weise wie für Abb. 129 und 130 die resultierende Kennlinie K_{res} nach Abb. 131d. Abb. 132 zeigt den durch Versuch bestimmten Verlauf der Kennlinie p_D/p_S als $f(V_S)$ (Kurve K_{III}) eines ausgeführten, in Laufraddurchmessern und Laufradbreiten abgestuften dreistufigen Gebläses, sowie den Verlauf p_{d_I}/p_{s_I} und $p_{d_{II}}/p_{s_I}$ in Abhängigkeit vom Ansaugevolumen V_S (Kurve K_I und K_{II}). Das Überschneiden der Kurven K_I und K_{II} durch K_{III} im Gebiete großer Ansaugemengen ist deutlich erkennbar.

e) Kennlinien ausgeführter mehrstufiger Gebläse.

Die Kennlinien eines größeren zweistufigen Gebläses zur Verdichtung von Luft zeigt Abb. 133. Die normale Ansaugemenge ist 50000 m³/h, der normale Enddruck 2,1 ata. Das Gebläse ist be-

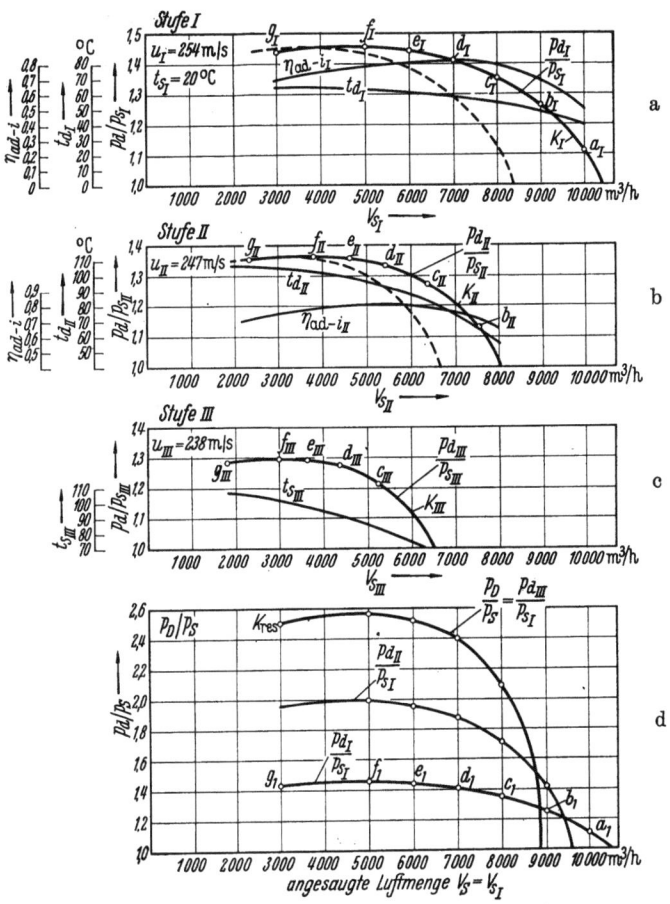

Abb. 131 a–d. Kennlinien der einzelnen Stufen und resultierende Kennlinie eines dreistufigen Gebläses, dessen Läufer nach Abb. 127c ausgebildet ist (Durchmesser und Breiten der Laufräder abgestuft).

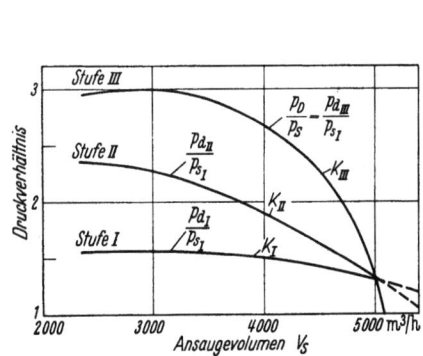

Abb. 132. Kennlinie eines dreistufigen Gebläses, aufgenommen durch Versuch.

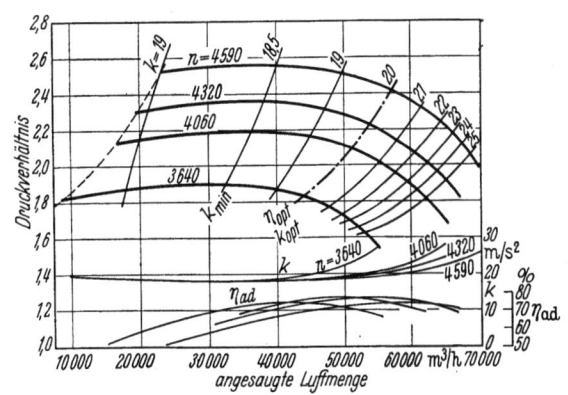

Abb. 133. Kennlinien-Diagramm eines zweistufigen Gebläses für hohe Verdichtung.

triebsfähig bis zu max. 70000 m³/h Ansaugeleistung bei 2,1 ata und bis zu 2,5 ata bei 50000 m³/h. Der Wirkungsgrad η_{ad-K} des Gebläses bezogen auf die an der Kupplung des Gebläses aufgebrachte Leistung beträgt im Normalpunkt etwa 77%. Bemerkenswert ist der große Arbeitsbereich des Gebläses zwischen Pumpgrenze und Höchstlast (von 15000 bis 70000 m³/h Ansaugemenge bei einem Verdichtungsverhältnis $p_D/p_S \approx 2{,}0$ bis $2{,}1$). Die Druckumsetzungszahlen k (siehe nächstfolgenden Abschnitt), bezogen auf die Gesamtverdichtung des Gebläses und bezogen auf adiabatische Verdichtung, sind in das Diagramm mit aufgenommen.

f) Kennzahlen mehrstufiger Gebläse.

Entsprechend dem einstufigen Gebläse (vgl. Abschnitt C I, S. 84) kann man auch beim mehrstufigen Gebläse Kennzahlen einführen.

Druckzahl.

Bezeichnet $\sum u^2$ die Summe der Quadrate der Umfangsgeschwindigkeiten der hintereinandergeschalteten Stufen, so kann entsprechend Gl. (159) und (160b) (C I) geschrieben werden

$$\psi_{ges} = \frac{h_{ad_{ges}}}{\frac{1}{2g} \cdot \sum u^2} \qquad (30\,\text{a}) \qquad \text{bzw.} \qquad k_{ges} = \frac{\sum u^2}{h_{ad_{ges}}}, \qquad (31\,\text{a})$$

und für die einzelnen Stufen:

$$\psi_I = \frac{h_{ad_I}}{\frac{u_I^2}{2g}} \qquad (30\,\text{b}) \qquad \text{bzw.} \qquad k_I = \frac{u_I^2}{h_{ad_I}} \qquad (31\,\text{b})$$

$$\psi_{II} = \frac{h_{ad_{II}}}{\frac{u_{II}^2}{2g}} \qquad (30\,\text{c}) \qquad k_{II} = \frac{u_{II}^2}{h_{ad_{II}}}. \qquad (31\,\text{c})$$

Da nun

$$h_{ad_{ges}} = h_{ad_I} + h_{ad_{II}} + \cdots h_{ad_i}, \qquad (32)$$

ist

$$\psi_{ges} = \frac{h_{ad_I} + h_{ad_{II}} + \cdots h_{ad_i}}{\frac{1}{2g} \cdot \sum u^2} = \frac{\psi_I \frac{u_I^2}{2g} + \psi_{II} \frac{u_{II}^2}{2g} + \cdots + \psi_i \frac{u_i^2}{2g}}{\frac{1}{2g} \sum u^2} = \frac{\psi_I u_I^2 + \psi_{II} u_{II}^2 + \cdots + \psi_i u_i^2}{\sum u^2}; \quad (33)$$

sind die Umfangsgeschwindigkeiten der Räder gleich, was für mehrstufige Gebläse mitunter zutrifft, $(u_I = u_{II} = \ldots u_i)$, $\sum u^2 = i u_i^2$, so ist

$$\psi_{ges} = \frac{u_i^2 (\psi_I + \psi_{II} + \cdots \psi_i)}{\sum u^2} = \frac{\psi_I + \psi_{II} + \cdots \psi_i}{i} = \frac{\sum \psi}{i}$$

bzw.

$$k_{ges} = \frac{\sum u^2}{h_{ad_{ges}}} = \frac{\sum u^2}{\frac{u_I^2}{k_I} + \frac{u_{II}^2}{k_{II}} + \cdots \frac{u_i^2}{k_i}}$$

und für $u_I = u_{II} = \ldots u_i$,

$$k_{ges} = \frac{i}{\frac{1}{k_I} + \frac{1}{k_{II}} + \cdots \frac{1}{k_i}}.$$

Für die Kennzahlen $\psi, \varphi, \overline{\varphi}, n_q$ der einzelnen Stufen gilt das im Abschnitt C I Gesagte [vgl. Gl. (160b), (162), (163), (169) in Abschnitt C I, S. 84 u. f.].

Nachstehend sind diese Kennzahlen für die einzelnen Stufen eines zweistufigen Luftgebläses für den normalen Belastungspunkt ($V_S = 50000$ m³/h, $p_S = 1{,}033$ ata, $t_S = 20°$ C, $p_D = 2{,}193$ ata) angegeben.

Stufe	d m	b m	b/d	u m/s	φ	$\overline{\varphi}$	ψ	n_q U/min
I	1,25	0,045	0,036	268	0,922	0,0423	0,982	32,9
II	1,25	0,037	0,0295	268	0,872	0,0329	0,975	29,2

g) Drehzahlsteigerung bei mehrstufigen Gebläsen.

Bezüglich der Steigerung der Drehzahl gilt zunächst das in Abschnitt CI, S. 94, über einstufige Gebläse Gesagte. Als weitere Variante tritt beim mehrstufigen Gebläse die Stufenzahl i hinzu. Eine Gegenüberstellung verschiedener Gebläse gleicher Leistung (gleicher Ansaugemenge und gleicher Druckhöhe), verschiedener Drehzahl und verschiedener Stufenzahl zeigt Abb. 134.

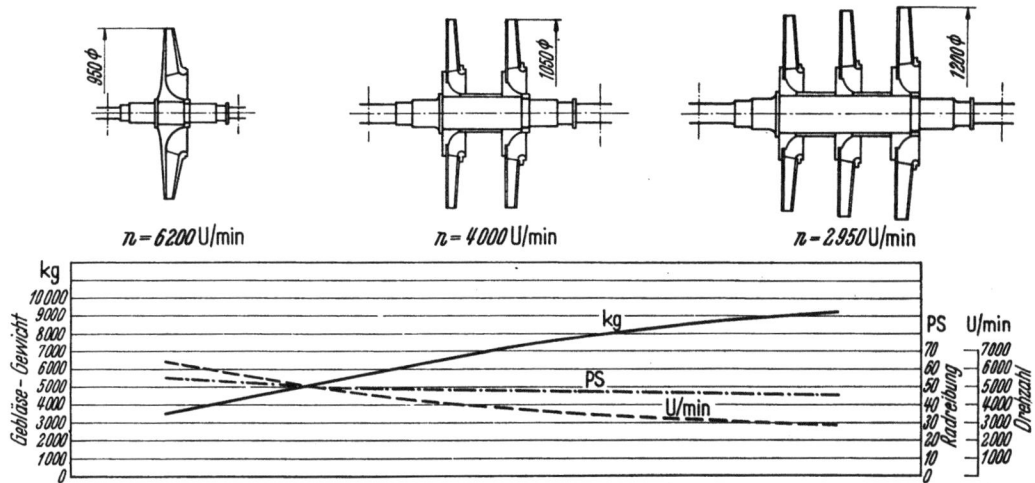

Abb. 134. Gegenüberstellung verschiedener Gebläse gleicher Nutzleistung, jedoch verschiedener Stufenzahl und Drehzahl.

Die niedrige Drehzahl von $\approx$ 3000 U/min erfordert 3 Stufen, die Drehzahl von 4000 U/min erfordert 2 Stufen und die Drehzahl von 6200 U/min nur eine Stufe. Die Laufraddurchmesser sind so gewählt, daß die $\sum u^2$ der 3 Gebläse verschiedener Drehzahl und Stufenzahl annähernd gleich ist. Der Laufraddurchmesser des einstufigen Gebläses wird dabei noch wesentlich kleiner als die Durchmesser des mehrstufigen Gebläses.

Durch die Drehzahlsteigerung ergibt sich für das einstufige Gebläse der Abb. 134 gegenüber dem dreistufigen Langsamläufer eine Reduktion des Baugewichtes um mehr als die Hälfte. Dient zum Antrieb ein Elektromotor, dessen Drehzahl mit $\approx$ 3000 U/min gegeben ist, so erfordert das Gebläse hoher Drehzahl die Zwischenschaltung eines Getriebes, dessen Baugewicht beim Vergleich von Langsam- und Schnelläufer zum Gebläsegewicht noch hinzuzufügen ist. Aber auch in diesem Fall wird das Baugewicht des Schnelläufers wesentlich geringer.

II. Ausgeführte mehrstufige Gebläse.

a) Hochofen- und Stahlwerksgebläse.

1. Der Luftbedarf im Hochofenbetrieb.

Der Luftbedarf eines kleineren Hochofens mit einer Tagesleistung von 400 t beträgt einschließlich der Undichtigkeitsverluste der Windleitungen sowie Regel- und Abschlußvorrichtungen ungefähr 1250 m³/min; der Bedarf eines großen Ofens mit einer Tagesleistung von 1000 t ist etwa 2450 m³/min. Die Höhe des Winddruckes richtet sich nach der Höhe des Ofens und der Beschaffenheit des Erzes. Der Betriebsdruck liegt bei etwa 1,0 atü. Der höchste Winddruck ist erforderlich beim sogenannten Hängen des Ofens. Hierfür benötigt man zur Beseitigung des Hängens einen Druck von 1,5 atü, am Gebläse mitunter von 1,8 atü. Für derartig große Luftmengen bei verhältnismäßig niedrigen Drücken ist das Kreiselgebläse besonders geeignet.

Arbeitet ein Gebläse nur auf einen Hochofen, so muß die Lieferung des Gebläses den Forderungen des Hochofenbetriebes angepaßt werden. Ein möglichst kontinuierlicher Betrieb des Hochofens erfordert Zuführung einer gleichbleibenden Luftmenge, unabhängig von dem Widerstand, den die Luft beim Durchgang durch den Hochofen findet. Man regelt daher ein solches, unmittelbar auf einen Hochofen arbeitendes Gebläse auf gleichbleibende Fördermenge. Diese Art der Betriebsführung ist sehr wirtschaftlich und gestattet eine gute Betriebsüberwachung. Bei selbsttätiger Regelung wird der Gebläsedruck dem veränderlichen Ofenwiderstand angepaßt. Es empfiehlt sich, die Windleitungen so zu verlegen, daß durch Betätigung entsprechender Einrichtungen mit jedem Gebläse auf jeden beliebigen Ofen gefahren werden und daß unter Umständen ein vorhandenes Stahlwerksgebläse beim Hängen des Ofens auf diesen zugeschaltet werden kann.

Arbeiten mehrere Gebläse parallel auf eine gemeinsame Windleitung, aus der der Wind für die einzelnen Hochöfen entnommen wird, dann werden zweckmäßig diese verschiedenen Gebläse auf gleichbleibenden Druck gefahren. Für die Höhe des Druckes der Gebläse ist maßgebend der zur Zeit mit höchstem Widerstand fahrende Ofen, d. h. der zur Zeit schlechtest gehende Ofen, so daß die nach den anderen Öfen führenden Windleitungen auf die niederen Drücke der anderen Öfen abgedrosselt werden müssen. Hierdurch entstehen unvermeidliche Drosselverluste. Das Arbeiten mehrerer Gebläse auf eine gemeinsame Windleitung ist daher in jedem Falle unwirtschaftlicher.

2. Der Luftbedarf im Stahlwerk.

Im Stahlwerk werden beim Bessemer- und Thomasverfahren zum Blasen große Luftmengen benötigt.

Der Winddruck muß gleich sein dem Widerstand, den die Luft beim Durchströmen der Rohrleitungen, des Düsenbodens des Konverters und des flüssigen Eisenbades im Konverter zu überwinden hat. Der Winddruck richtet sich nach der Form und Beschaffenheit des Konverters und nach der Eisenbeschaffenheit. Der Winddruck kann, je nach den Verhältnissen, zwischen 1,8, 2,0 und 2,4 atü liegen, der Luftverbrauch richtet sich nach der Größe des Konverters.

Der Bedarf eines großen Konverters für 60 t Inhalt während des gesamten Blasvorganges ist rd. 27500 m³. Bei einer Blaszeit von 10 min ergibt sich daher für diesen Konverter eine Gebläseleistung von 2750 m³/min oder 165000 m³/h.

Es handelt sich also bei großen Konvertern um ganz beträchtliche Luftmengen, die von den Stahlwerksgebläsen zu fördern sind. Die Gebläse werden im allgemeinen für Betriebsdrücke von 2,7 bis 2,8 atü ausgelegt. Für derartige Luftmengen und Drucke sind Kreiselgebläse sehr geeignet.

Im allgemeinen läßt man auf einen großen Konverter ein lediglich für diesen bestimmtes Gebläse arbeiten, dessen Größe der Größe des Konverters angepaßt ist und dessen Fördermenge und Druck nach Bedarf des Konverters gesteuert wird. In den zwischen den einzelnen Schmelzen liegenden Pausen von rd. 25 min wird das Gebläse entweder abgestellt oder in seiner Leistung möglichst weitgehend vermindert. Für kleinere Konverter wählt man auch ein gemeinsames Gebläse.

Bei großen Anlagen mit einer größeren Zahl von Konvertern läßt man mitunter mehrere Gebläse auf eine gemeinsame Sammelleitung arbeiten, der die Luft für die einzelnen Konverter entnommen wird, wobei sich allerdings nicht vermeiden läßt, daß Drosselverluste beim Regeln der Luftmengen für die einzelnen Konverter auftreten.

3. Ausgeführte Hochofen- und Stahlwerksgebläse.

α) *Bauform und Stufenzahl.*

Die Bauform des Gebläses wird bestimmt durch die von dem Gebläse geforderte Ansaugemenge und durch die mit dem Gebläse zu erzielende Pressung. Die Ansaugemenge beeinflußt vor allem die Drehzahl der Maschine und die Durchmesser der Laufräder. Die Ansaugemenge ist auch entscheidend für die Wahl der einflutigen oder zweiflutigen Anordnung. Die Druckhöhe des Gebläses beeinflußt die Stufenzahl des Gebläses.

Ein größeres Hochofengebläse in einflutiger Bauart der Fa. BBC zeigt Abb. 135 im Schnitt für folgende technische Daten: $V_S = 100000$ bis 120000 m³/h, $p_D = 2{,}2$ bis $2{,}35$ ata. Ein großes Hochofengebläse der GHH in zweiflutiger Bauart zeigt Abb. 136 für $V_S = 185000$ m³/h.

Die Zahl der Stufen richtet sich auch nach der Höhe der für die Laufräder gewählten Umfangsgeschwindigkeit. Im Zuge der Entwicklung konnte die Stufenzahl der Gebläse mit der zunehmenden Güte der Werkstoffe herabgesetzt werden durch Steigerung der Umfangsgeschwindigkeiten. Unter Verwendung bestgeeigneter Chrom-Nickel-Molybdän-Stähle hoher Festigkeit,

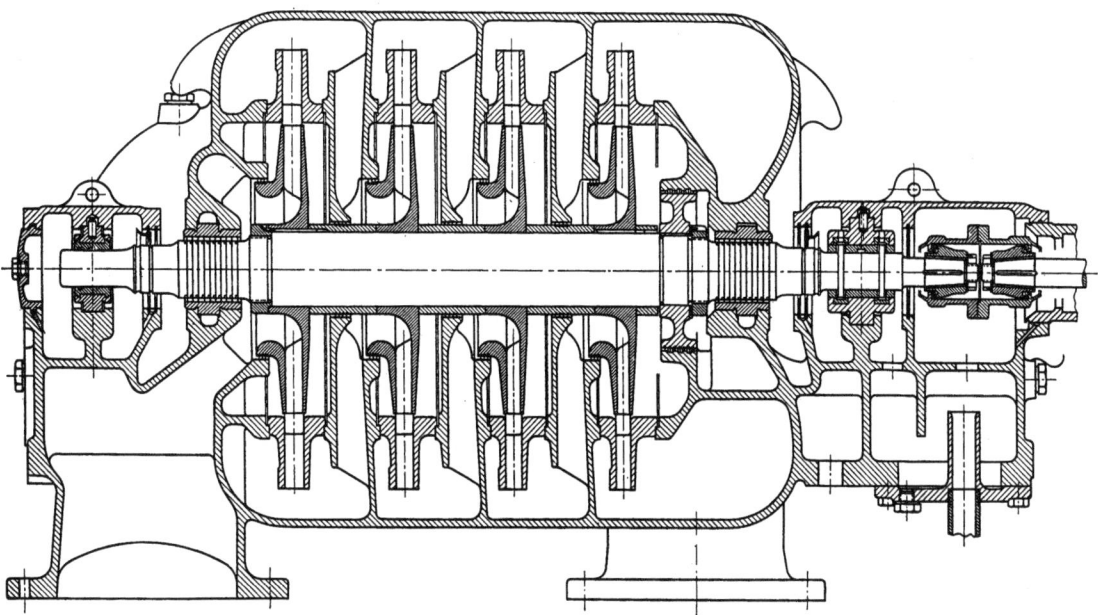

Abb. 135. Einflutiges Hochofengebläse, Bauart BBC, für 120000 m³/h Winderzeugung.

Streckgrenze, Dehnung und Kerbzähigkeit sind [65] in neuerer Zeit Hochofengebläse für 2,2- bis 2,4fache Verdichtung im Normalpunkt und für 2,5fache Verdichtung bei Teillast in zweistufiger Ausführung gebaut worden, für die man früher drei oder vier Stufen wählte. Abb. 137 zeigt ein derartiges zweistufiges Gebläse der Demag im Schnitt für eine Ansaugemenge von 45000 bis 60000 m³/h für 2,2- bis 2,6fache Verdichtung. Dieses Gebläse erhält seinen Antrieb durch eine drehzahlregelbare Dampfturbine, so daß das Gebläse im gesamten Drehzahlbereich gefahren werden kann und eine weitgehende Regelmöglichkeit gestattet (Abb. 133, S. 127). Die Umfangsgeschwindigkeit der Laufräder beträgt im Normalpunkt 280 m/s, im Maximalpunkt 300 m/s. Die gewählte Umfangsgeschwindigkeit ergibt in dieser zweistufigen Ausführung einen heute als Mindestmaß anzusprechenden geringen Raum- und Platzbedarf.

Abb. 138 zeigt ein Stahlwerksgebläse der GHH für eine Ansaugemenge von 100000 m³/h und für einen Enddruck von 3,5 ata.

Liegen die gewünschten Pressungen bei 6 bis 7 m WS, so ist es möglich, mit einstufiger Bauart auszukommen. Derartige einstufige Gebläse wurden sowohl für Stahlwerks-, und zwar Kleinkonverterbetrieb, als auch für Hochofenbetrieb in größerer Zahl gebaut.

β) Form der Gehäuse.

Die Gehäuse der Hochofen- und Stahlwerksgebläse werden so einfach wie möglich in ihrer Form gehalten. Die Form des Gehäuses richtet sich, wie schon gesagt, nach der gewählten Bauart, die zumeist nach der Größe der Ansaugemenge ein- oder mehrflutig gewählt wird. Gebläse für stündliche Ansaugemengen von 100000 bis 120000 m³ kann man heute bei geeigneten Dreh-

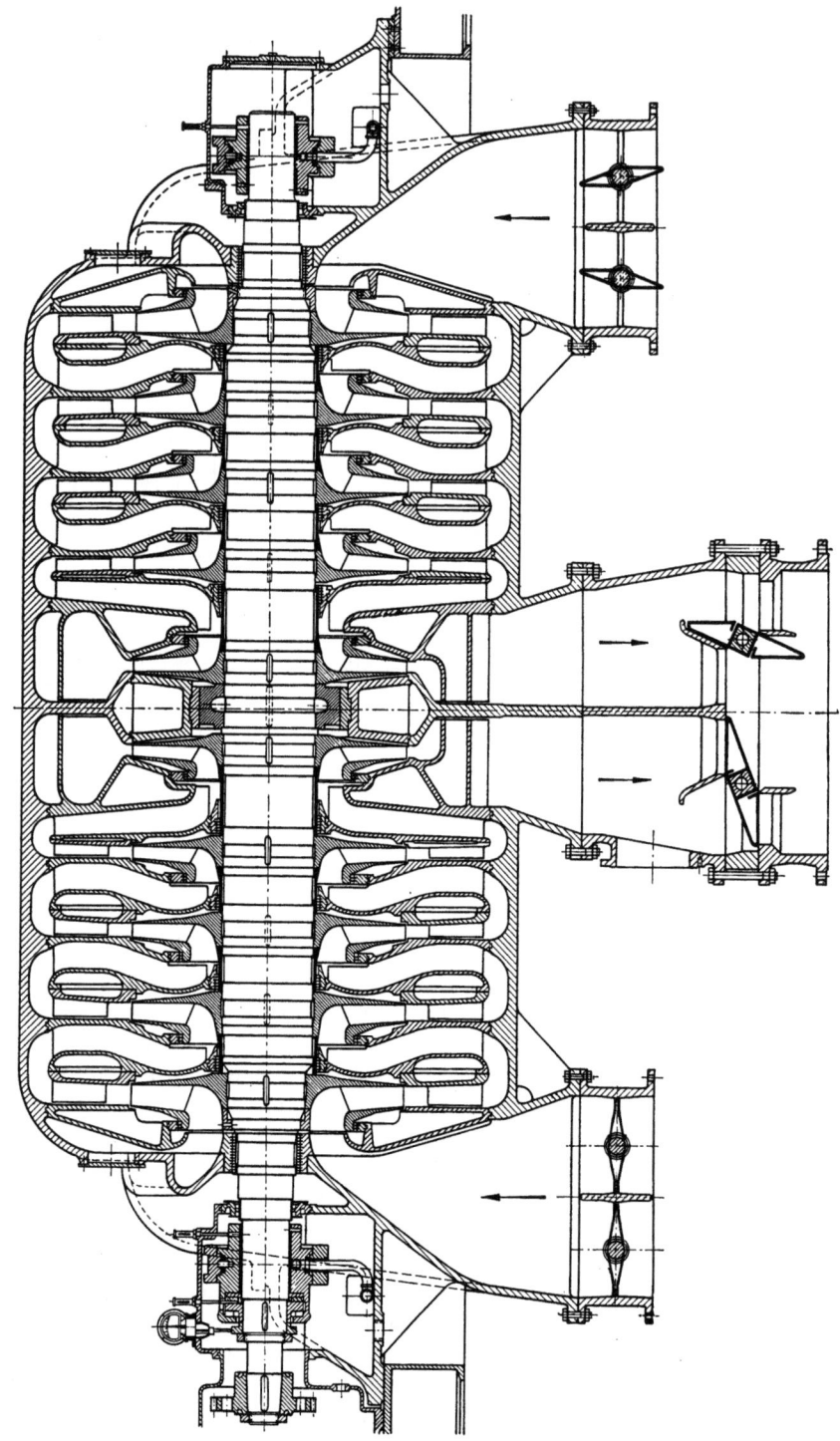

Abb. 136. Doppelflutiges Hochofengebläse, Bauart GHH, für 185000 m³/h Winderzeugung.

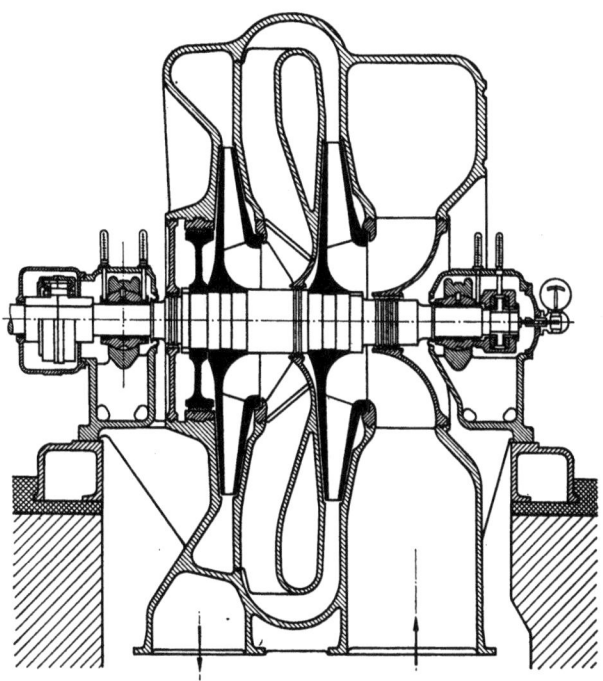

Abb. 137. Zweistufiges einflutiges Hochofengebläse, Bauart Demag, für eine Ansaugeleistung von 45000 bis 60000 m³/h und 2,2- bis 2,6fache Verdichtung.

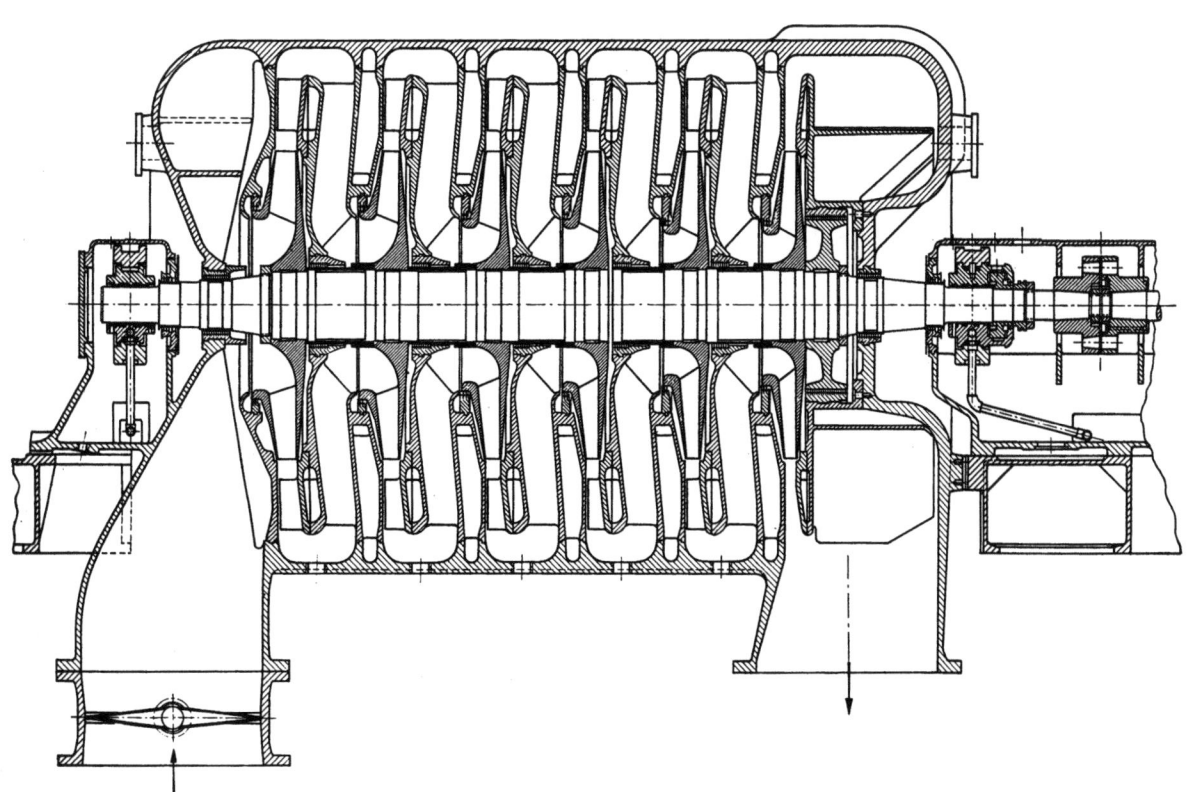

Abb. 138. Stahlwerksgebläse, Bauart GHH, für eine Höchstansaugemenge von 100000 m³/h und 3,5 ata Enddruck.

zahlen noch einflutig bauen, während für größere Ansaugemengen zweckmäßigerweise die zweiflutige Bauart bevorzugt wird, da sonst die Laufraddurchmesser zu groß und die Drehzahlen zu niedrig und dadurch wieder die Gebläse und Turbinen große Abmessungen erhalten würden und der Anschaffungspreis hierfür entsprechend in die Höhe ginge. Die doppelflutige Bauart hat den großen Vorteil, daß sich irgendwelche Axialschübe innerhalb des Läufers vollkommen ausgleichen und daß daher ein besonderer Ausgleichkolben zum Ausgleich irgendwelcher Schübe nicht erforderlich ist. Im Gegensatz hierzu erfordert die einflutige Bauart einen Ausgleichkolben, dessen Abmessungen so gewählt werden, daß bei Verbinden des Ausgleichraumes mit dem Außendruck der Axialschub möglichst vollkommen ausgeglichen ist. Ein besonderes Spurlager zur Aufnahme irgendwelcher im Betrieb auftretender Axialschübe und zur Fixierung des Läufers in axialer Richtung ist in jedem Falle erforderlich, auch im Fall der zweiflutigen Anordnung. Die Gehäuse werden sowohl für Hochofen- als auch für Stahlwerksgebläse ausschließlich ungekühlt ausgeführt, obwohl besonders bei letzteren die Endtemperaturen für ungekühlte Bauart außergewöhnlich hoch sind. Die Endtemperaturen im Gehäuse der ungekühlten Stahlwerksgebläse liegen bei 150 bis 200° C, je nach Höhe des Enddruckes. Diese Temperaturen sind für die Gehäuse im Dauerbetrieb noch erträglich. Eine besondere Kühlung würde das Gehäuse wesentlich verwickelter gestalten, gleichgültig ob sogenannte Innenkühlung der Innenräume des Gebläses oder sogenannte Außenkühlung durch einen oder mehrere besonders angeordnete Kühler Anwendung findet. Die ungekühlte Maschine bedingt wohl eine etwas höhere Antriebsleistung als die gekühlte Maschine, jedoch würde bei dieser die Wärme zum Teil im Kühlwasser abgeführt werden und verloren sein, da sie bei der geringen Temperatur des abfließenden Wassers nicht weiter verwendbar ist, während sie bei ungekühlter Maschine dem Hochofenbetrieb insofern zugute kommt, als im Winderhitzer, in dem die Luft, je nach den Verhältnissen, auf 600 bis 900° C aufgewärmt werden muß, die aus dem

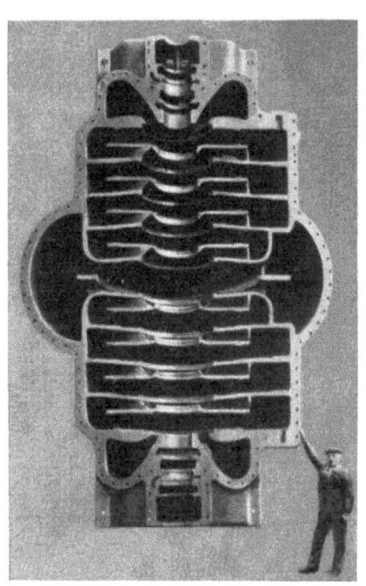

Abb. 139. Gehäuseunterteil eines BBC-Hochofen-Kreiselgebläses für eine Ansaugemenge von 155000 m³/h bei $n = 2900$ U/min.

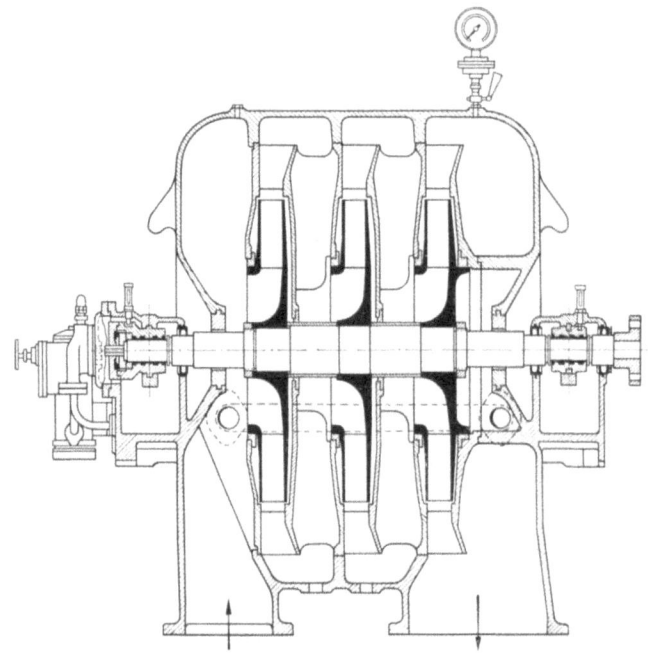

Abb. 140. Dreistufiges Gasgebläse der Fa. Jaeger, Leipzig.

Gebläse kommende Luft bei ungekühlter Maschine um eine geringere Temperaturspanne aufgewärmt werden muß als bei gekühlter Maschine, so daß Gichtgas zur Aufwärmung des Winderhitzers eingespart wird. Die Gehäuse werden, je nach Größe, zwei- und mehrteilig ausgeführt. Große Gehäuse bestehen im allgemeinen aus mehreren Teilen zum Zweck der Vereinfachung der Gußstücke und der Bearbeitung und haben besondere, in die Gehäusehälften eingesetzte Zwischenböden. Die Firma Brown, Boveri & Cie. verwendet für große Gebläse Gehäusehälften, die einschließlich der Zwischenwände in einem Stück hergestellt werden (Abb. 139).

Über weitere Ausführungen von Hochofen- und Stahlwerksgebläsen siehe [61] bis [67], über die wärmewirtschaftliche Seite der Kreiselmaschine im Vergleich zur Kolbenmaschine siehe [65] bis [70], über Baugewicht und Platzbedarf von Gebläseanlagen siehe [65].

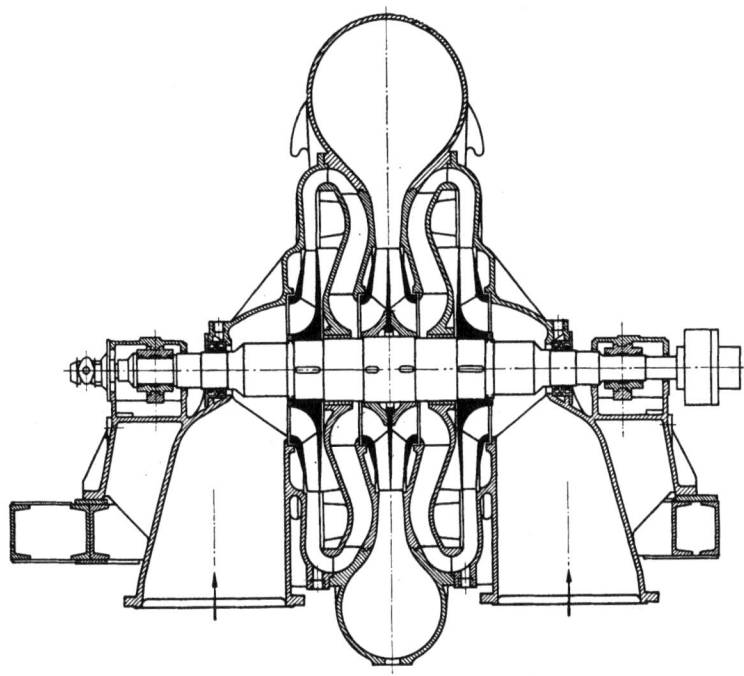

Abb. 141. Zweistufiges, zweiseitig saugendes Gasgebläse der AG Kühnle, Kopp & Kausch für 85000 m³/h und 2900 m Gassäule.

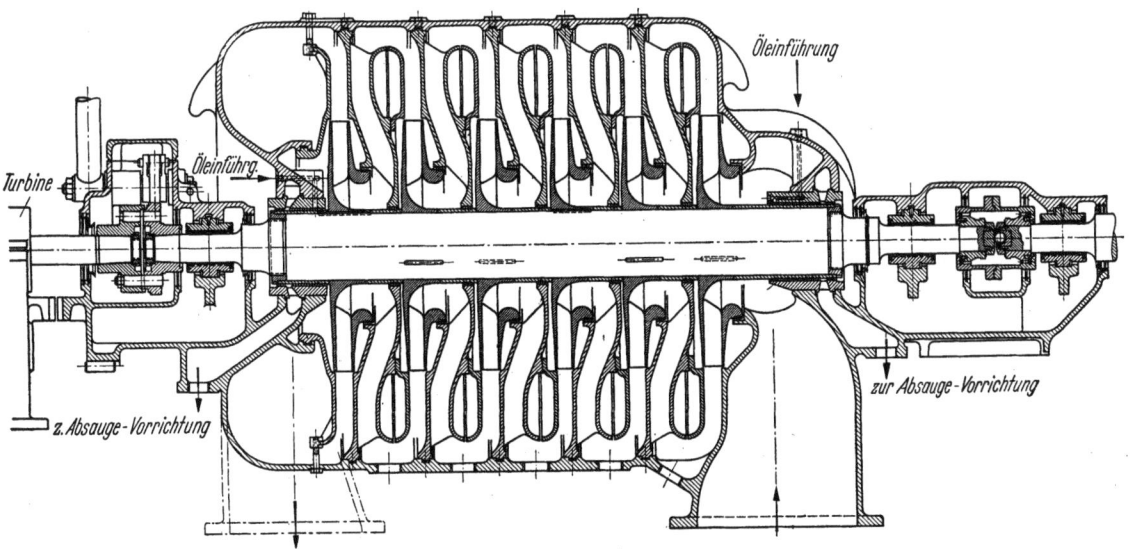

Abb. 142. Sechsstufiges Gebläse der BBC für Leuchtgas (Ferngasgebläse).

b) Gassauger und Ferngasgebläse.

Auf Kokereien besteht großer Bedarf nach Gebläsen zur Umwälzung großer Gasmengen bei geringen Pressungen. Die Pressungen liegen im allgemeinen zwischen 2000 und 3000 mm WS. Man bezeichnet diese Gebläse als Gassauger. Die Gebläse werden meistens mit geringer Drehzahl betrieben wegen des evtl. Ausscheidens teerhaltiger Bestandteile auf dem Läufer, so daß bei dem niedrigen spezifischen Gewicht des Kokereigases und bei der im allgemeinen üblichen Drehzahl von 3000 U/min, die für direkten Motorantrieb geeignet ist, mehrstufige Gebläse für die obengenannten Drücke in Frage kommen. Den Schnitt durch einen mehrstufigen Gassauger der Fa. Jaeger zur Verdichtung von Kokereigas (Drehzahl 3000 U/min) zeigt Abb. 140. Der Aufbau des Gebläses ist äußerst einfach. Die geringe Beanspruchung der Räder gestattet eine einfache billige Blechkonstruktion für die Laufräder. Das Gehäuse kann bei den niedrigen Drücken sehr einfach und dünnwandig gehalten werden. Abb. 141 zeigt ein zweistufiges, zweiseitig saugendes Gasgebläse der Fa. Kühnle, Kopp & Kausch.

Häufig werden auf Kokereien aber auch höhere Drücke benötigt, beispielsweise zum Fortdrücken des Gases durch längere Leitungen nach entferntliegenden Verbrauchern. Diese Gebläse, die einen Überdruck von 1 atü und mehr zu erzeugen haben, bezeichnet man als Ferngasgebläse. Für derartige Gebläse zur Erzeugung der genannten Drücke sind bei den normalen Ansaugemengen von 20000 bis 30000 m³/h niedrige Drehzahlen ungeeignet, da hierbei die Stufenzahlen sehr groß werden würden. Es kommen daher raschlaufende, mehrstufige Gebläse in Anwendung nach Ausführung der Abb. 142, welches ein sechsstufiges Gebläse von BBC zeigt zur Verdichtung von Kokereigas. Das Gebläse besitzt Stopfbuchsen mit Gasabsaugung.

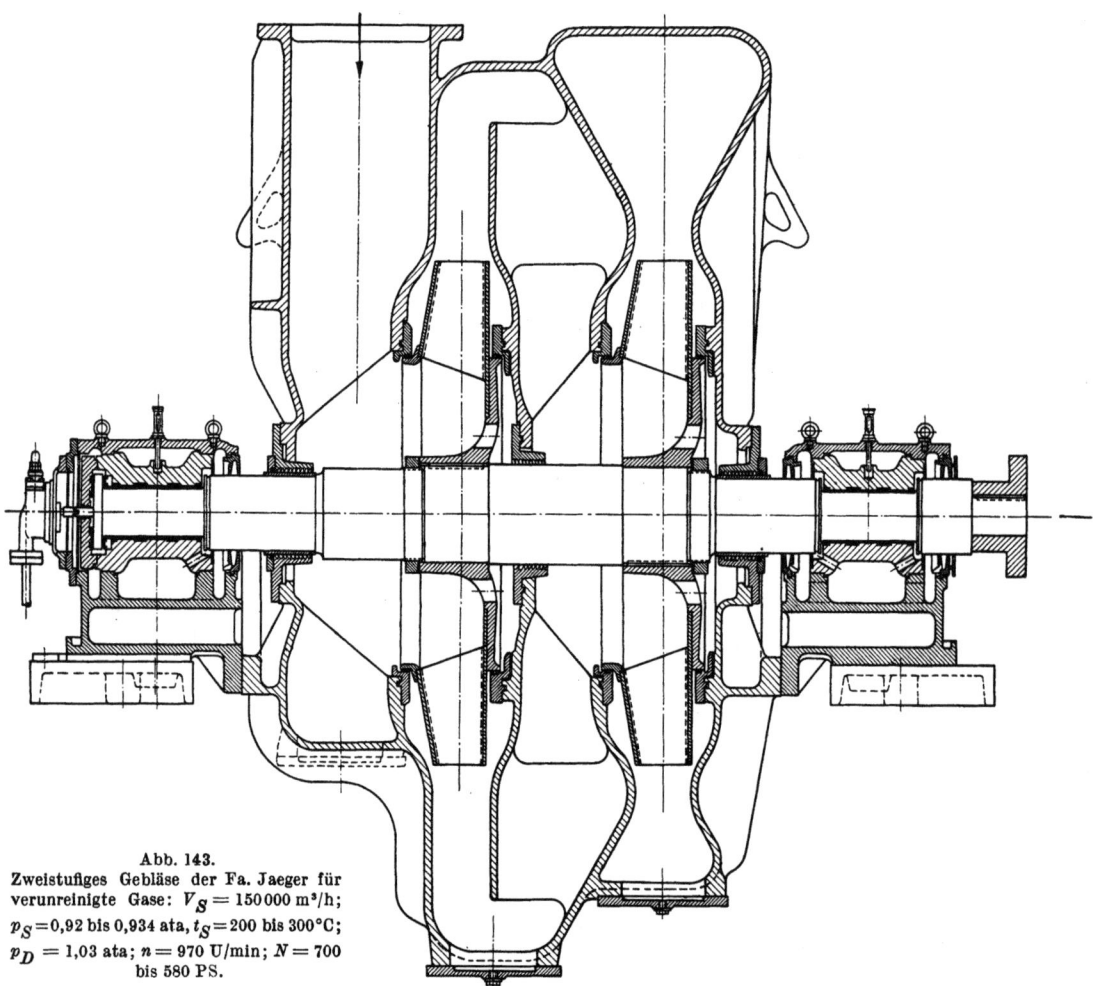

Abb. 143.
Zweistufiges Gebläse der Fa. Jaeger für verunreinigte Gase: $V_S = 150000$ m³/h; $p_S = 0{,}92$ bis $0{,}934$ ata, $t_S = 200$ bis $300°$C; $p_D = 1{,}03$ ata; $n = 970$ U/min; $N = 700$ bis 580 PS.

c) Mehrstufige Gebläse für Sonderzwecke.

(vgl. Abschn. Einstufige Gebläse, Sonderbauarten, S. 100).

Ein großes zweistufiges Gebläse der Fa. Jaeger, Leipzig, zur Förderung stark verschmutzter heißer Gase zeigt Abb. 143. Das Gebläse ist für ein Ansaugevolumen von 150000 m³/h und eine

Verdichtung von 0,92 bis 0,934 ata auf 1,03 ata bestimmt bei einer Ansaugetemperatur von 200 bis 300° C und einem spezifischen Gewicht von 1,42 kg/Nm³. Die Drehzahl ist im Hinblick auf die Möglichkeit der Verschmutzung niedrig gewählt (970 U/min). Die Antriebsleistung beträgt 700 bis 580 PS. Das Gehäuse besitzt mehrere große Reinigungsöffnungen an der Unterseite.

Abb. 144. Mehrstufiges Gebläse der Fa. Escher-Wyss für nitrose Gase, vollständig säurefest ausgeführt.

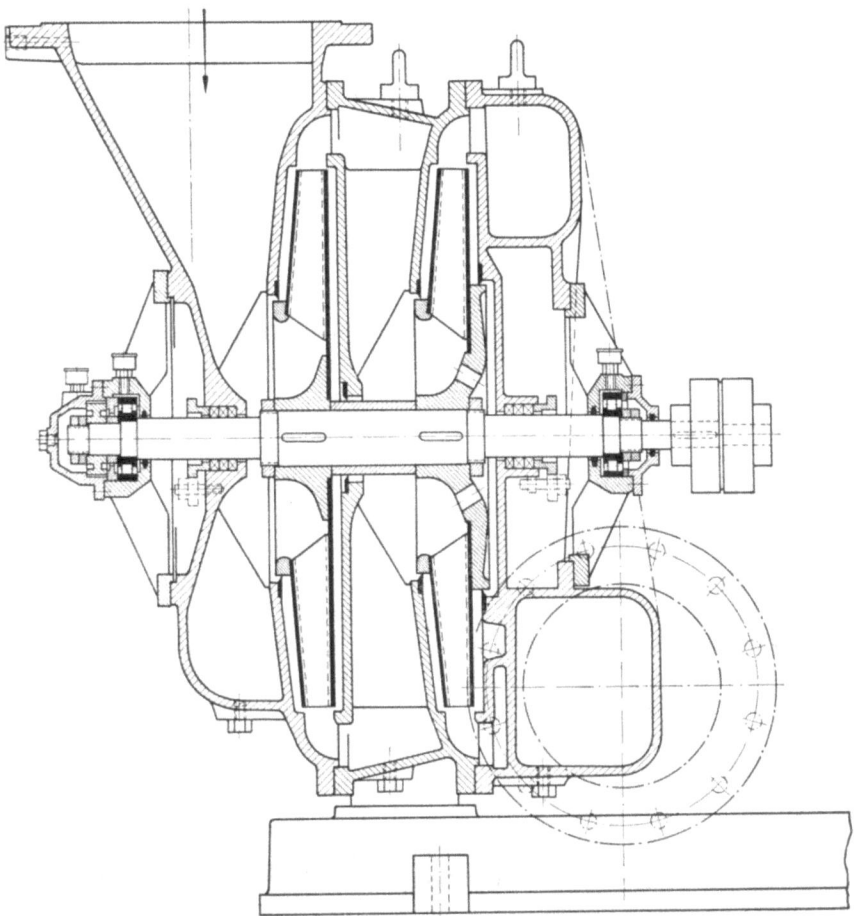

Abb. 144a. Zweistufiges Gebläse der Fa. Enke für hochexplosible Gas-Luft-Gemische:
$V_S = 4500$ m³/h; $n = 2920$ U/min; $\gamma_S = 1,2$ kg/m³; $\Delta P = 1000$ mm WS.

Ein mehrstufiges Gebläse der Fa. Escher-Wyss, Zürich, zur Verdichtung nitroser Gase auf 3,5 ata zeigt Abb. 144. Das Gebläse ist vollständig säurefest ausgeführt. Der Antrieb erfolgt teils durch Motor über Drehzahlerhöhungsgetriebe, teils durch Gasturbine.

Ein zweistufiges Gebläse der Fa. Enke, Leipzig, für hochexplosible Gas-Luft-Gemische für 4500 m³/h Lösemitteldämpfe ($\gamma_S = 1,2$ kg/m³) und 1000 mm WS Druckerhöhung zeigt Abb. 144a.

Ein kleines dreistufiges, ungekühltes Sondergebläse der Skoda-Werke, Pilsen, für 1800 m³/h Luft, zu verdichten von 0,5 ata auf 1,0 ata, zeigt Abb. 145. Zur Erzielung eines niedrigen Baugewichtes (Gesamtgewicht 35 kg) sind die Laufräder aus Duralumin und das Gehäuse aus Elektron hergestellt.

Abb. 145. Dreistufiges Sondergebläse der Skoda-Werke. $V_S = 1800$ m³/h; $p_S = 0,5$ ata; $p_D = 1,0$ ata.

E. Kreiselverdichter.

Einleitung.

Während man bei niedrigen Verdichtungen im allgemeinen auf eine Kühlung der Maschinen verzichtet, wird bei höheren Verdichtungen meist eine Kühlung angewendet. Die Gründe für die Kühlung liegen in der durch diese erzielbaren Leistungsersparnis und in der Herabsetzung der im Betrieb sich ergebenden Temperaturen. Im Gegensatz zu den ungekühlten Maschinen, die man als Gebläse zu bezeichnen pflegt, bezeichnet man die gekühlten Maschinen als Verdichter. Diese Bezeichnungsweise ist nicht ganz klar, denn eine Verdichtung erfolgt in beiden Maschinenarten, der ungekühlten wie der gekühlten. Auch in der Druckhöhe kann man keine feste Grenze zwischen beiden Maschinenarten angeben, da es auf der einen Seite ungekühlte Maschinen gibt, die auf beträchtliche Drücke bei entsprechend hohen Endtemperaturen verdichten (z. B. Stahlwerksgebläse, die ungekühlt auf 3,5 bis 4,0 ata verdichten), auf der anderen Seite gekühlte Maschinen, deren Enddrücke niedriger als die eben genannten liegen. Eine *eindeutige Kennzeichnung* ist durch die Trennung nach *ungekühlten* und *gekühlten* Kreiselverdichtern gegeben. Da sich aber in der Praxis die Bezeichnungsweise Gebläse für die ungekühlte Maschine und Verdichter für die gekühlte Maschine eingeführt hat, soll sie auch im folgenden gebraucht werden.

Bezüglich der Behandlung der einzelnen Stufen (Laufrad und Leitvorrichtung) eines Kreiselverdichters sei verwiesen auf Abschnitt C (einstufige Gebläse), S. 33 bzw. 44.

I. Energieumwandlung im Kreiselverdichter.

a) Stufenzahl und Gehäusezahl.

Die Stufenzahl eines Kreiselverdichters hängt in erster Linie von der Höhe der geforderten Verdichtung und vom spezifischen Gewicht des zu verdichtenden Gases ab, weiterhin von der Höhe der angewandten Umfangsgeschwindigkeiten, der Art der Abstufung und bei mehrgehäusigen Maschinen von der Art der Aufteilung auf diese verschiedenen Gehäuse. Auch die Art der Kühlung und die Kühlerzahl ist von Einfluß.

Bedeutet

p_S, t_S = Druck bzw. Temperatur am Eintritt (Saugstutzen) des Verdichters,

p_D, t_D = Druck bzw. Temperatur am Austritt (Druckstutzen) des Verdichters,

h_{is} in mkg/kg = die pro 1 kg des zu verdichtenden Gases zur Verdichtung von p_S auf p_D aufzuwendende Verdichtungsarbeit,

$\sum u^2$ = Summe der Quadrate der Umfangsgeschwindigkeiten sämtlicher in Strömungsrichtung hintereinander geschalteten Laufräder,

so läßt sich in analoger Weise wie bei mehrstufigen Gebläsen schreiben:

$$k_{is} = \frac{\sum u^2}{h_{is}} \quad (1\,\text{a}) \quad \text{bzw.} \quad \psi_{is} = \frac{h_{is}}{\frac{\sum u^2}{2g}}, \quad (1\,\text{b})$$

wobei k_{is} = die auf die Isotherme bezogene Druckumsetzungszahl ist, die den für 1 mkg/kg benötigten Wert von $\sum u^2$ angibt, und ψ_{is} die entsprechende Druckzahl.

Die Werte k bzw. ψ_{is} sind beim gekühlten Kreiselverdichter auf die Isotherme als Vergleichsprozeß bezogen und sind von einer großen Zahl von Einflüssen abhängig. Sie hängen außer von den Einflüssen, denen die für ein- und mehrstufige Gebläse eingeführten Kennzahlen k und ψ unterworfen sind, in hohem Maße von der Kühlung ab (von der Güte der Rückkühlung, von der Zahl der Kühlstellen usw.).

Je nach Bauart, Kühlung usw. eines Kreiselverdichters sind daher diese Kennzahlen verschieden.

Die Entwicklung des Kreiselverdichterbaues begann entsprechend der damaligen Werkstofflage mit niedrigen Umfangsgeschwindigkeiten für die Laufräder. Dies führte zu hohen Stufenzahlen. Die hohe Stufenzahl bedingt aber eine sehr lange Welle bei eingehäusiger Bauart, und da die Lage der kritischen Drehzahlen der Wellen einerseits und die Wellenstärke andererseits gewisse Grenzen für die in einem Gehäuse unterzubringende Stufenzahl auferlegen, wurde man durch die hohe Stufenzahl, die durch die niedrigen Umfangsgeschwindigkeiten bedingt waren, zu mehrgehäusiger Bauart für normale Bergwerksverdichter (Luftverdichter für 6 bis 7 ata Enddruck) geführt. Heute werden derartige Bergwerksverdichter fast ausschließlich eingehäusig ausgeführt bei entsprechend gesteigerten Umfangsgeschwindigkeiten der Laufräder.

1. Eingehäusige Bauart.

Bei der eingehäusigen Verdichterbauart sitzen sämtliche Verdichterräder auf einer gemeinsamen Welle, laufen also mit gleicher Drehzahl um. Um die höheren Verdichtungsstufen, die ent-

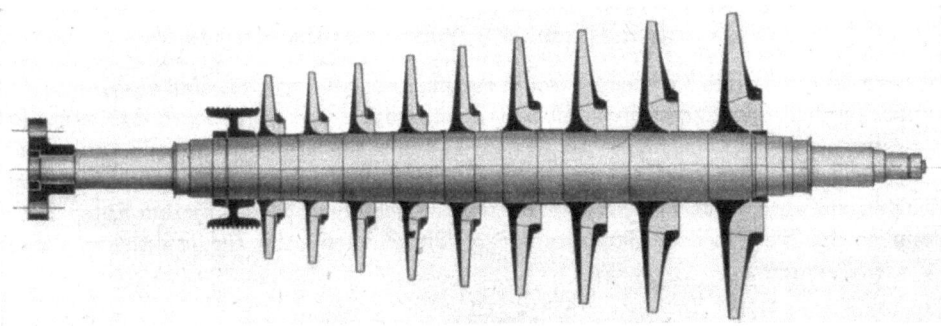

Abb. 146. Läufer eines neunstufigen Verdichters mit abgestuften Laufraddurchmessern.

sprechend dem höheren Druck ein kleineres Volumen zu verarbeiten haben als die Niederdruckstufen, strömungstechnisch günstig auszubilden, ist es, wie beim mehrstufigen Gebläse, erforderlich, die Laufradaußendurchmesser und die Laufradaustrittsbreiten nach der Richtung höherer

Drücke hin zu verkleinern. Dies führt zu Verdichterläufern, deren Laufräder in Richtung höheren Druckes abgestuft sind, Abb. 146. Da die Umfangsgeschwindigkeit jedes einzelnen Laufrades maßgeblich ist für die in diesem erreichbare Verdichtung, werden demnach die einzelnen Stufen des Verdichters in verschiedenem Maße zur Verdichtung herangezogen. In stärkstem Maße wirkt hierbei das erste Laufrad (Niederdruckstufe). Das erste Laufrad ist daher das einzige der verschiedenen Verdichtungsstufen eines mehrstufigen Verdichters, das mit seiner günstigsten Drehzahl betrieben werden kann, während die übrigen Stufen durch die Eingehäuse- und Einwellenanordnung zu langsam laufen. Entsprechend der Abstufung der Laufräder ergeben sich nach hoher Stufenzahl hin abklingende Verdichtungsverhältnisse, Abb. 147. Die zum Erzielen einer bestimmten Verdichtung erforderlichen Maße des Läufers richten sich nach der erforderlichen Höhe der Quadrate der Umfangsgeschwindigkeiten ($\sum u^2$) sämtlicher Laufräder. Die Druckumsetzungszahl hängt von der Maschinengröße, der Güte der Werkstattarbeit, von der Schaufelform, von den gewählten Schaufelaustrittswinkeln, der Kühlung und anderen Einflüssen ab und wird auf Grund von Erfahrungen an ausgeführten Maschinen gleicher oder ähnlicher Bauart bereits vor Beginn der Konstruktion festgelegt. Nachdem diese Festlegung getroffen ist, hat es der Konstrukteur noch in der Hand, diese Zahl zu verwirklichen durch Wahl der Drehzahl und durch eine mehr oder weniger große Stufenzahl mit entsprechend abgestuften Laufraddurchmessern. Grundsätzlich gelten hier gleiche Gesichtspunkte für die Wahl der Stufenzahl wie für das mehrstufige Gebläse.

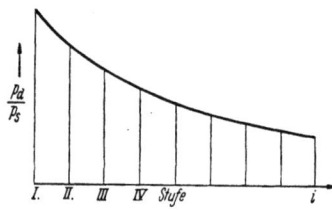

Abb. 147. Abklingende Verdichtungsverhältnisse der einzelnen Stufen eines in den Durchmessern abgestuften Läufers.

Es ist möglich, mit einer um so geringeren Stufenzahl auszukommen, je höher die Umfangsgeschwindigkeiten der einzelnen Räder, insbesondere des ersten Laufrades, gewählt werden.

Werden zur Verdichtung einer bestimmten Ansaugemenge von einem vorgeschriebenen Anfangsdruck auf einen bestimmten Enddruck die Laufräder eines eingehäusigen Verdichters mit Stufenzahl i geradlinig abgestuft zwischen d_I und d_i, so ergibt sich ein mittlerer Laufraddurchmesser

$$d_m = \frac{d_\mathrm{I} + d_i}{2}.$$

Für durch Bauart und Verdichtung gegebene $\sum u^2$ gilt folgende Beziehung [71]:

$$\sum_\mathrm{I}^i u^2 = \sum_\mathrm{I}^i \left(\frac{d\,\omega}{2}\right)^2 = \frac{1}{4}\frac{\pi^2 n^2}{30^2}\sum_1^i d^2. \qquad (2)$$

Hierbei bedeuten $d_\mathrm{I}, d_\mathrm{II} \ldots d_i$ die Laufraddurchmesser der Stufen I, II ... i.

n = Drehzahl in U/min, ω = Winkelgeschwindigkeit in 1/s.

Das erste Laufrad eines Verdichters sei in seinen Abmessungen für eine bestimmte Ansaugemenge und Verdichtung angenähert gegeben (vgl. Abschn. CI, S. 95), ebenso das letzte Laufrad, so daß d_I und d_i als bekannt angesehen werden können. Die Stufenzahl werde variiert, so daß i die Reihe der positiven ganzen Zahlen durchlaufen möge, und es soll der Einfluß der Stufenzahl auf die Drehzahl untersucht werden. Der mittlere Durchmesser d_m ist hierbei unter diesen Voraussetzungen für verschiedene Stufenzahl i gleich. Zunächst ist für praktische Verhältnisse $\sum d^2 = \approx i d_m^2$, daher

$$\sum_1^i u^2 \approx \frac{1}{4}\frac{\pi^2 n^2}{30^2} i\, d_m^2. \qquad (3)$$

Drehzahl und Stufenzahl sind daher angenähert durch folgende Beziehung miteinander verknüpft:

$$n^2 i \approx \frac{4\cdot 30^2}{\pi^2}\cdot\frac{1}{d_m^2}\sum_1^i u^2 = \text{const}. \qquad (4)$$

Unter den getroffenen Voraussetzungen (gleiche $\sum u^2$ und gleiches d_m^2) ändert sich also die erforderliche Stufenzahl umgekehrt proportional dem Quadrat der gewählten Drehzahl bzw. Umfangsgeschwindigkeit, Abb. 148.

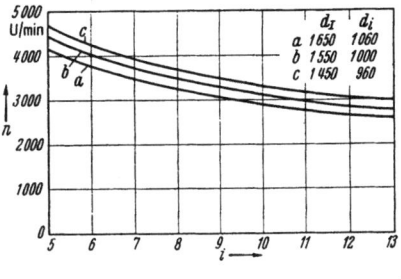

Abb. 148. Zugehörigkeit der Laufraddurchmesser d, Stufenzahl i und Drehzahl n eines Kreiselverdichters bei konstanter $\sum u^2$.

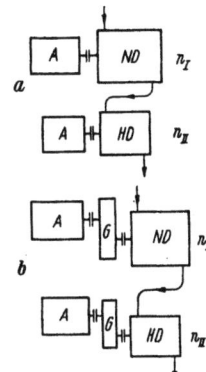

Abb. 149.
Zweigehäusiger Kreiselverdichter mit getrenntem Antrieb.
a Unmittelbarer Antrieb;
b Antrieb über Getriebe.
A Antriebsmaschine; G Getriebe; ND Niederdruckteil; HD Hochdruckteil.

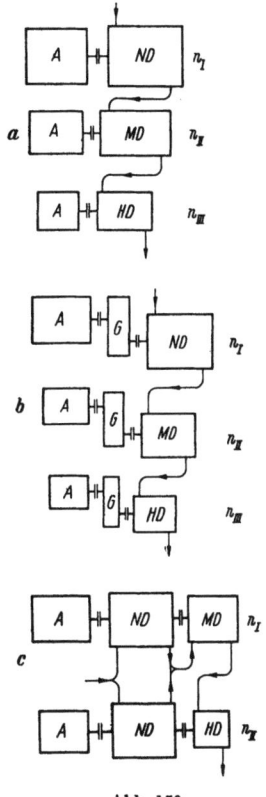

Abb. 150.
Mehrgehäusiger Kreiselverdichter mit getrenntem Antrieb.
a Unmittelbarer Antrieb;
b Antrieb über Getriebe;
c unmittelbarer Antrieb, teilweise getrennter Antrieb.

2. Mehrgehäusige Bauart.

Teilt man das gesamte Arbeitsgefälle eines Kreiselverdichters auf mehrere Gehäuse auf, so ergeben sich eine Reihe von Variationsmöglichkeiten, je nach Art der Aufstellung (getrennter oder gemeinsamer Antrieb der verschiedenen Gehäuse) und nach Höhe der Drehzahl (gleiche oder verschiedene Drehzahl der verschiedenen Gehäuse).

Getrennter Antrieb bietet in einfacher Weise die Möglichkeit, jedes Gehäuse mit der der jeweiligen Ansaugemenge entsprechenden günstigsten Drehzahl zu betreiben. Abb. 149 zeigt Beispiele des getrennten Antriebes für einen zweigehäusigen und Abb. 150 für einen dreigehäusigen Verdichter. Abb. 149a gilt für Turbinenantrieb, wobei die Drehzahlen der Antriebsturbinen den Drehzahlen des ND-Teiles und des HD-Teiles angepaßt sind. Abb. 149b gilt für Motorantrieb, wobei im allgemeinen Zwischenschaltung von Getrieben notwendig ist, um auf die verschiedenen Verdichterdrehzahlen n_I und n_II zu kommen. Für einen dreigehäusigen Verdichter veranschaulicht Abb. 150a die Verhältnisse für Turbinenantrieb, Abb. 150b für Motorantrieb.

Der getrennte Antrieb hat den Nachteil, daß das gesamte Verdichteraggregat aus mehreren Einzelaggregaten besteht. Das bedeutet gewisse Vorkehrungen für das In- und Außerbetriebnehmen solcher Aggregate. Man bevorzugt daher gern den gemeinsamen Antrieb, der in verschiedener Weise ohne oder mit Verwendung von Getrieben verwirklicht werden kann. Bei Anordnung nach Abb. 151a und 152a sind Zwischengetriebe vollkommen weggelassen. Alle Verdichterteile laufen hierbei mit gleicher Drehzahl. Dies bedingt hohe Stufenzahl und schlechte Ausnutzung der höheren (letzten) Verdichterstufen bezüglich der Umfangsgeschwindigkeiten. Wesentlich günstiger in diesem letzten Punkt liegen die Verhältnisse nach Anordnung Abb. 151b und 151c und nach Abb. 152b, wo jedes Gehäuse mit einer verschiedenen, und zwar der jeweils günstigsten

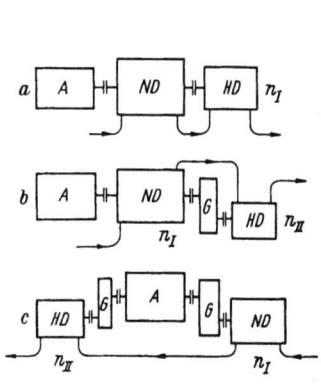

Abb. 151. Zweigehäusiger Kreiselverdichter mit gemeinsamem Antrieb. a Unmittelbarer Antrieb; b teils unmittelbarer Antrieb, teils Antrieb über Getriebe; c Antrieb über Getriebe.

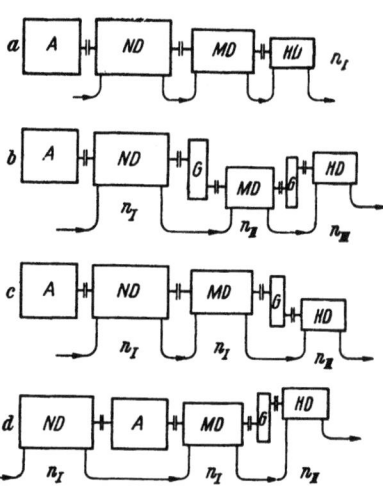

Abb. 152. Dreigehäusiger Kreiselverdichter. a Unmittelbarer Antrieb; b bis d teilweise unmittelbarer Antrieb, teils Antrieb über Getriebe.

Drehzahl betrieben werden kann. Diese Bauart führt auf eine niedrige Stufenzahl. Um das gleichzeitige Zwischenschalten mehrerer Getriebe in einer Maschineneinheit zu vermeiden, kann man auch zu Zwischenlösungen übergehen (Abb. 152c und d), bei denen ein Teil der Teilverdichter gleiche Drehzahl hat.

Eine zweckmäßige Vereinigung getrennten und gemeinsamen Antriebs zeigt Abb. 150c für einen mehrgehäusigen Verdichter, der in 2 parallel arbeitende ND-Teile und je einen diesem nachgeschalteten MD- und HD-Teil unterteilt ist.

Die Variationsmöglichkeiten in der Anordnung, Schaltung, der Art des Antriebes usw. mehrstufiger Verdichter sind um so größer, je mehr das gesamte Arbeitsgefälle des Verdichters auf mehrere Gehäuse unterteilt wird. Mit Rücksicht auf die Vereinfachung einer solchen Anlage geht das Streben dahin, die Gehäusezahl auf ein Minimum zu beschränken. Normale Bergwerksverdichter für Drücke von 7 bis 8 atü werden daher heute fast ausschließlich eingehäusig ausgeführt. Gasverdichter für gleiche oder höhere Drücke bei Verdichtung leichter Gase sind hingegen in eingehäusiger Bauart meist nicht ausführbar und werden, je nach dem spezifischen Gewicht des Gases und nach Anfangs- und Enddruck in einer der beschriebenen mehrgehäusigen Bauarten ausgeführt. Bezüglich der zweckmäßigen Wahl der Gehäusezahl, des Antriebes (gemeinsamer oder getrennter Antrieb, unmittelbarer oder mittelbarer Antrieb), der Drehzahlen, der Stufenzahlen und der richtigen Abstufung bedarf jeder Einzelfall einer besonderen Durchrechnung.

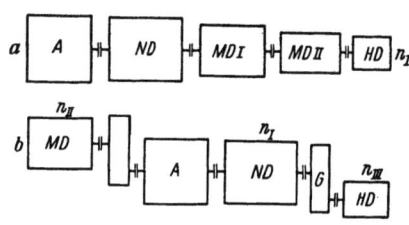

Abb. 153. Mehrgehäusiger Verdichter mit gemeinsamem Antrieb. a Unmittelbarer Antrieb; b teilweise Antrieb über Getriebe.

Es ist selbstverständlich, daß die Anordnung nach Abb. 153a eine höhere Stufenzahl benötigt als beispielsweise die Anordnung nach Abb. 153b, wo jedes Gehäuse mit der der jeweiligen Ansaugemenge entsprechenden günstigsten Drehzahl betrieben werden kann. Tafel 1 enthält für ein Beispiel (70000 m³/h Gas zu verdichten von 1,0 ata, 30° C auf 31 ata bei einem spezifischen Gewicht des Gases von $\approx$ 0,65 kg/m³ im Saugzustand) die erforderliche Stufenzahl und die Laufraddurchmesser bei zwei verschiedenen Bauarten.

a) Sämtliche Gehäuse mit gleicher Drehzahl betrieben [Motorantrieb 3000 U/min).

b) Sämtliche Gehäuse mit verschiedener Drehzahl betrieben [Motorantrieb 3000 U/min).

Zahlentafel 1.

Mehrgehäusiger Gasverdichter.

Gas-Kreiselverdichter. $V_S = 70000$ m³/h, $p_S = 1$ ata, $p_D = 31$ ata, $t_S = 30°$ C, $\gamma_S = 0{,}65$ kg/m³.

a) Sämtliche Gehäuse mit gleicher Drehzahl (vgl. Bild 153 a)

Viergehäusig n_{ND} = 3000 U/min   Stufenzahl i_{ND} 13
              $n_{MD\,I}$ = 3000 U/min $i_{MD\,I}$ 13
              $n_{MD\,II}$ = 3000 U/min $i_{MD\,II}$ 13
              n_{HD} = 3000 U/min i_{HD} 12
              ───
              Gesamtstufenzahl 51

Stufe		I	II	III	IV	V	VI	VII	VIII	IX	X	XI	XII	XIII
Laufraddurchm.	ND	1600	1600	1500	1500	1450	1450	1400	1350	1300	1300	1250	1200	1200
	MD I	1150	1150	1100	1050	1050	1000	1000	950	900	850	850	800	800
	MD II	800	800	800	750	750	750	700	700	700	650	650	650	650
	HD	650	650	650	600	600	600	550	550	550	500	500	500	

b) Sämtliche Gehäuse mit verschiedener Drehzahl (vgl. Bild 153 b)

Dreigehäusig n_{ND} = 3000 U/min   Stufenzahl i_{ND} 12
              n_{MD} = 6000 U/min i_{MD} 5
              n_{HD} = 10800 U/min i_{HD} 5
              ───
              Gesamtstufenzahl 22

Stufe		I	II	III	IV	V	VI	VII	VIII	IX	X	XI	XII
Laufraddurchm.	ND	1600	1600	1550	1500	1450	1450	1400	1350	1300	1300	1250	1200
	MD	900	900	800	800	750							
	HD	500	500	450	450	400							

b) Abstufungsgesetz des isothermischen Verdichters.

Unter einem isothermischen Verdichter sei ein Verdichter verstanden, bei dem die Verdichtung sowohl innerhalb der Laufräder als auch in den Leitvorrichtungen bei konstanter Temperatur verläuft. Dies bedingt intensive Kühlung der Laufräder und der Leitvorrichtungen und ein Kühlmittel von genügend tief liegender Temperatur. Im allgemeinen wendet man aus Gründen vereinfachter Konstruktion eine Kühlung der Laufräder nicht an, und erst die den Laufrädern nachgeschalteten Kanäle (als Kühlflächen ausgebildet) oder besondere Zwischenkühler dienen einer möglichst weitgehenden Rückkühlung. Der praktische Verdichtungsprozeß im Verdichter weicht daher von der isothermischen Verdichtung mehr oder weniger ab, je nach Konstruktion und nach Größe und Zahl der Kühlflächen. Das Streben geht aber stets dahin, sich bei einer gewählten Bauart dem obigen Vergleichsprozeß möglichst weitgehend anzunähern. Daher sei für diesen Idealprozeß das Abstufungsgesetz für die Laufräder des Verdichterläufers untersucht. Es wird ein eingehäusiger Verdichter vorausgesetzt, dessen Laufräder auf gemeinsamer Welle sitzen und darum mit gleicher Drehzahl n umlaufen.

Mit den bereits früher für die einzelnen Stufen eingeführten Bezeichnungen

Stufe I: $\quad p_{s_I}, \quad T_{s_I}, \quad p_{d_I}, \quad T_{d_I}, \quad u_I, \quad d_I, \quad k_I, \quad h_{is_I}, \quad V_{2_I},$

Stufe II: $\quad p_{s_{II}}, \quad T_{s_{II}}, \quad p_{d_{II}}, \quad T_{d_{II}}, \quad u_{II}, \quad d_{II}, \quad k_{II}, \quad h_{is_{II}}, \quad V_{2_{II}}$ usw.

gilt:

$$\left.\begin{aligned} h_{is_I} &= R\,T_{s_I} \ln\left(\frac{p_d}{p_s}\right)_I \quad [\text{mkg/kg}] \\ h_{is_{II}} &= R\,T_{s_{II}} \ln\left(\frac{p_d}{p_s}\right)_{II} \quad [\text{mkg/kg}] \\ h_{is_{III}} &= R\,T_{s_{III}} \ln\left(\frac{p_d}{p_s}\right)_{III} \quad [\text{mkg/kg}] \quad \text{usw.} \\ &\vdots \end{aligned}\right\} \quad (5)$$

Außerdem kann in Übereinstimmung mit früherem gesetzt werden:

$$\frac{u_I^2}{h_{is_I}} = k_{is_I}, \quad \frac{u_{II}^2}{h_{is_{II}}} = k_{is_{II}}, \quad \text{usw.} \qquad (6)$$

Aus Gl. (5 und 6) folgt:

$$\left.\begin{aligned} u_I^2 &= k_{is_I} \cdot h_{is_I} = k_{is_I}\,R\,T_{s_I} \ln\left(\frac{p_d}{p_s}\right)_I \\ u_{II}^2 &= k_{is_{II}} \cdot h_{is_{II}} = k_{is_{II}}\,R\,T_{s_{II}} \ln\left(\frac{p_d}{p_s}\right)_{II} \\ u_{III}^2 &= k_{is_{III}} \cdot h_{is_{III}} = k_{is_{III}}\,R\,T_{s_{III}} \ln\left(\frac{p_d}{p_s}\right)_{III} \quad \text{usw.} \\ &\vdots \end{aligned}\right\} \quad (7)$$

Hieraus folgt:

$$\frac{d_I^2}{d_{II}^2} = \frac{u_I^2}{u_{II}^2} = \frac{k_{is_I}}{k_{is_{II}}} \cdot \frac{\ln\left(\frac{p_d}{p_s}\right)_I}{\ln\left(\frac{p_d}{p_s}\right)_{II}}, \quad \frac{d_{II}^2}{d_{III}^2} = \frac{u_{II}^2}{u_{III}^2} = \frac{k_{is_{II}}}{k_{is_{III}}} \cdot \frac{\ln\left(\frac{p_d}{p_s}\right)_{II}}{\ln\left(\frac{p_d}{p_s}\right)_{III}} \quad \text{usw.} \qquad (8)$$

Andererseits ist:

$$\frac{d_I^3}{d_{II}^3} \approx \frac{V_{2_I}}{V_{2_{II}}} = \frac{p_{2_{II}}}{p_{2_I}} = \xi_I \cdot \left(\frac{p_d}{p_s}\right)_I \quad \text{usw.,} \qquad (9)$$

da für $T = \text{const}: p_{2_I} V_{2_I} = p_{2_{II}} V_{2_{II}}$.

Durch Division der Gl. (9) durch Gl. (8) folgen die Durchmesserverhältnisse $d_I/d_{II}, d_{II}/d_{III} \ldots$

$$\left.\begin{aligned} \frac{d_I}{d_{II}} &= \xi_I \left(\frac{p_d}{p_s}\right)_I \cdot \frac{\ln\left(\frac{p_d}{p_s}\right)_{II}}{\ln\left(\frac{p_d}{p_s}\right)_I} \cdot \frac{k_{is_{II}}}{k_{is_I}} = \left(\frac{k_{is_I}}{k_{is_{II}}}\right)^{\frac{1}{2}} \left\{\frac{\ln\left(\frac{p_d}{p_s}\right)_I}{\ln\left(\frac{p_d}{p_s}\right)_{II}}\right\}^{\frac{1}{2}} \\ \frac{d_{II}}{d_{III}} &= \xi_{II} \left(\frac{p_d}{p_s}\right)_{II} \cdot \frac{\ln\left(\frac{p_d}{p_s}\right)_{III}}{\ln\left(\frac{p_d}{p_s}\right)_{II}} \cdot \frac{k_{is_{III}}}{k_{is_{II}}} = \left(\frac{k_{is_{II}}}{k_{is_{III}}}\right)^{\frac{1}{2}} \left\{\frac{\ln\left(\frac{p_d}{p_s}\right)_{II}}{\ln\left(\frac{p_d}{p_s}\right)_{III}}\right\}^{\frac{1}{2}} \quad \text{usw.} \\ &\vdots \end{aligned}\right\} \quad (10)$$

Abstufungsgesetz des isothermischen Verdichters.

Aus den Gl. (9) und (10) folgen die Gleichungen:

$$\ln\left(\frac{p_d}{p_s}\right)_{II} = \ln\left(\frac{p_d}{p_s}\right)_{I} \cdot \frac{k_{is_I}}{k_{is_{II}}} \cdot \left(\frac{1}{\xi_I\left(\frac{p_d}{p_s}\right)_I}\right)^{\frac{2}{3}}, \quad \ln\left(\frac{p_d}{p_s}\right)_{III} = \ln\left(\frac{p_d}{p_s}\right)_{II} \cdot \frac{k_{is_{II}}}{k_{is_{III}}} \left(\frac{1}{\xi_{II}\left(\frac{p_d}{p_s}\right)_{II}}\right)^{\frac{2}{3}} \text{usw.} \quad (11)$$

oder

$$\left(\frac{p_d}{p_s}\right)_{II} = \left(\frac{p_d}{p_s}\right)_{I}^{\frac{k_{is_I}}{k_{is_{II}}}\left\{\xi_I\left(\frac{p_d}{p_s}\right)_I\right\}^{-\frac{2}{3}}}, \quad \left(\frac{p_d}{p_s}\right)_{III} = \left(\frac{p_d}{p_s}\right)_{II}^{\frac{k_{is_{II}}}{k_{is_{III}}}\left\{\xi_{II}\left(\frac{p_d}{p_s}\right)_{II}\right\}^{-\frac{2}{3}}} \text{usw.} \quad (12)$$

Setzt man zur Vereinfachung

$$\left.\begin{array}{l}k_{is_I} = k_{is_{II}} = k_{is_{III}} \ldots k_{is_i} \\ \xi_I = \xi_{II} = \xi_{III} \ldots \xi_i = 1\end{array}\right\}, \quad (13)$$

dann ergibt sich:

$$\left(\frac{p_d}{p_s}\right)_{II} = \left(\frac{p_d}{p_s}\right)_{I}^{\left(\frac{p_d}{p_s}\right)_I^{-2/3}}, \quad \left(\frac{p_d}{p_s}\right)_{III} = \left(\frac{p_d}{p_s}\right)_{II}^{\left(\frac{p_d}{p_s}\right)_{II}^{-2/3}}, \quad \left(\frac{p_d}{p_s}\right)_{i} = \left(\frac{p_d}{p_s}\right)_{i-1}^{\left(\frac{p_d}{p_s}\right)_{i-1}^{-2/3}}. \quad (14)$$

Unter den Vereinfachungen von Gl. (13) folgt aus Gl. (9) für die Durchmesserverhältnisse

$$\frac{d_I}{d_{II}} = \left(\frac{p_d}{p_s}\right)_I^{\frac{1}{3}}$$

$$\frac{d_{II}}{d_{III}} = \left(\frac{p_d}{p_s}\right)_{II}^{\frac{1}{3}}$$
$$\vdots$$

oder

$$\frac{d_{II}}{d_I} = \left(\frac{p_d}{p_s}\right)_I^{-\frac{1}{3}}$$

$$\frac{d_{III}}{d_I} = \left(\frac{p_d}{p_s}\right)_I^{-\frac{1}{3}} \left(\frac{p_d}{p_s}\right)_{II}^{-\frac{1}{3}}$$
$$\vdots$$

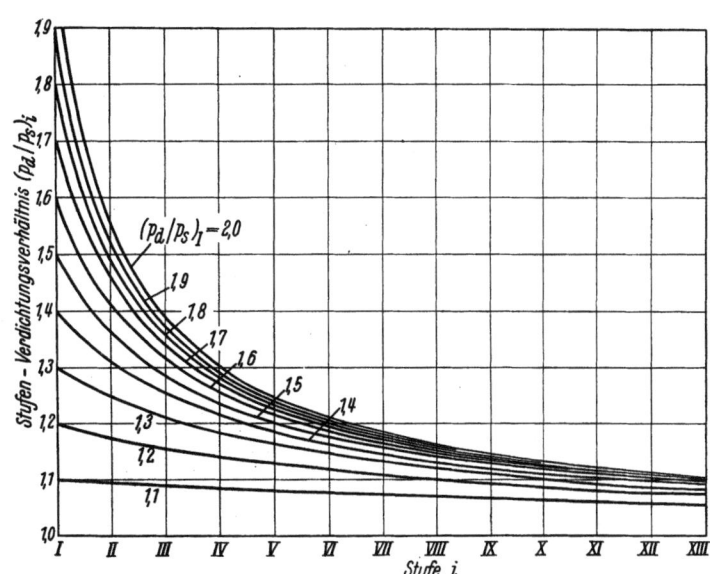

Abb. 154. Stufen-Verdichtungsverhältnisse von Kreiselverdichtern mit abgestuften Laufrädern. Abklingen mit wachsender Stufenzahl.

$$\frac{d_i}{d_I} = \left(\frac{p_d}{p_s}\right)_I^{-\frac{1}{3}} \left(\frac{p_d}{p_s}\right)_{II}^{-\frac{1}{3}} \left(\frac{p_d}{p_s}\right)_{III}^{-\frac{1}{3}} \cdots \left(\frac{p_d}{p_s}\right)_{i-1}^{-\frac{1}{3}}. \quad (15)$$

Die zahlenmäßige Auswertung der Gleichungen für verschiedene Verdichtungsverhältnisse $\left(\frac{p_d}{p_s}\right)_I$ der ersten Stufe zeigen die Abb. 154 bis 157. Abb. 154 zeigt die abklingenden Stufen-Verdichtungsverhältnisse von Kreiselverdichtern, deren Läufer nach obigen Gesichtspunkten abgestuft sind. Die Stufenzahl beträgt hierbei $i = 13$. Das Stufen-Verdichtungsverhältnis $\left(\frac{p_d}{p_s}\right)_I$ der ersten Stufe ist hierbei variiert in den Grenzen zwischen 1,0 und 2,0. Abb. 155 zeigt über der jeweiligen Stufe das Verhältnis des Enddruckes p_{d_i} der i-ten Stufe zum Anfangsdruck p_{s_I} der ersten Stufe für verschiedene Verdichtungsverhältnisse $\left(\dfrac{p_d}{p_s}\right)_\mathrm{I}$ der ersten Stufe. In Abb. 156 ist die zu Abb. 154 und 155 zugehörige Abstufung $\dfrac{d_i}{d_\mathrm{I}}$ der Laufraddurchmesser über den jeweiligen Stufen dargestellt für verschiedene Verhältnisse $\left(\dfrac{p_d}{p_s}\right)_\mathrm{I}$ im Bereich von 1,0 bis 2,0.

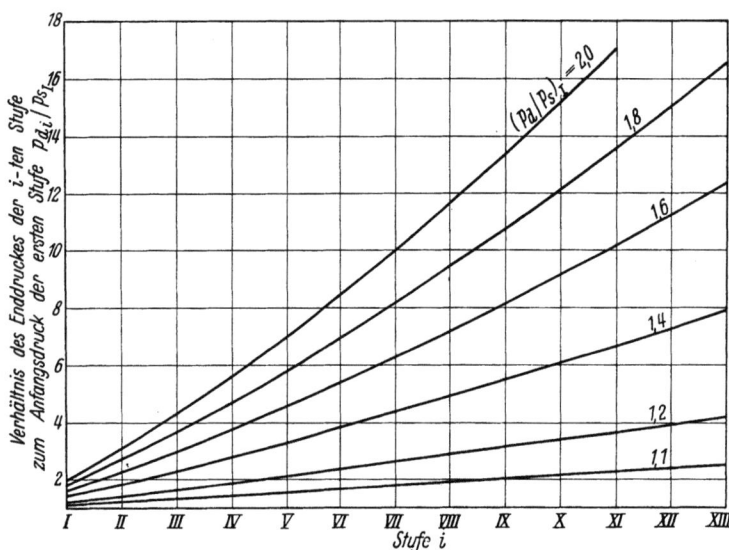

Abb. 155. Verhältnis des Enddruckes der i-ten Stufe zum Anfangsdruck der ersten Stufe in Abhängigkeit von der Stufe.

Man erkennt aus Abb. 156 den entschiedenen Einfluß des Verdichtungsverhältnisses der ersten Stufe auf die Abstufung der Laufraddurchmesser, wenn man diese Abstufung nach obigen Gesichtspunkten durchführt.

Die vorgenannten Untersuchungen, aufgestellten Gleichungen und dargestellten Kurven gelten unter einer Reihe von Annahmen und Vereinfachungen, die in Wirklichkeit nicht vollkommen erfüllt sind. Insbesondere weicht der Verdichtungsvorgang im Kreiselverdichter, je nach Art der angewandten Kühlung und je nach Zahl der Kühlstellen, mehr oder weniger stark von der Isothermen ab. Die Druckumsetzungszahlen k_I, k_II ... k_i der einzelnen Stufen sind außerdem nicht gleich, sondern werden für die höheren Stufen ungünstiger. Daher bedarf in jedem einzelnen Falle die Abstufung eines Kreiselverdichters einer sorgfältigen Durcharbeitung unter Berücksichtigung der tatsächlich herrschenden Verhältnisse, die, wie schon gesagt, je nach Art der Kühlung und der Bauart des Verdichters sehr verschieden sein können. Je-

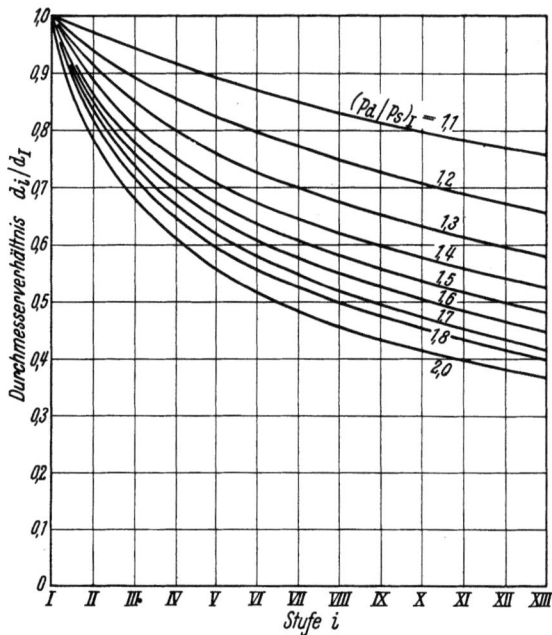

Abb. 156. Abstufung der Laufraddurchmesser von Kreiselverdichtern.

doch kann man sich in jedem Fall bei der Abstufung der Laufräder an die in den Abb. 154 bis 156 dargestellten Kurven, die unter einer Reihe von Vereinfachungen aufgestellt wurden, in erster Annäherung halten. Abb. 157 zeigt vergleichsweise die Abstufung eines ungekühlten Kreiselverdichters bei $\left(\dfrac{p_d}{p_s}\right)_\mathrm{I} = 1{,}56$ nach der Beziehung $d_i = d_\mathrm{I} i^{-0,14}$ (vgl. D I, S. 115).

c) Kühlung.

Der *Idealverlauf der Verdichtung* im gekühlten Verdichter ist die Isotherme. Um den Verdichtungsvorgang möglichst diesem Idealverlauf anzunähern, ist es erforderlich, während der Verdichtung möglichst viel Wärme durch Kühlung abzuführen. Die isothermische Zustandsänderung kann jedoch im Kreiselverdichter niemals verwirklicht werden, da es während der Verdichtung

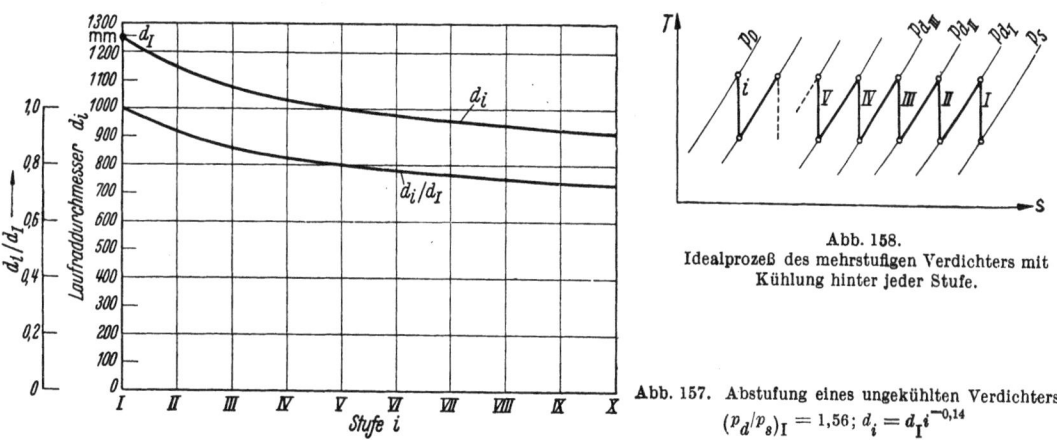

Abb. 158.
Idealprozeß des mehrstufigen Verdichters mit Kühlung hinter jeder Stufe.

Abb. 157. Abstufung eines ungekühlten Verdichters.
$(p_d/p_s)_I = 1{,}56;\ d_i = d_I i^{-0{,}14}$

in den einzelnen Laufrädern praktisch kaum möglich ist, Wärme nach außen abzuführen. Vielmehr ist es erst nach den einzelnen Laufrädern entweder durch Kühlung der Diffusoren und der Leitkanäle (Innenkühlung, s. unten) oder durch Anordnung besonderer, außerhalb des Verdichtergehäuses oder außerhalb der Leitvorrichtungen in oder am Gehäuse gelegener Zwischenkühler (Außenkühlung, S. 151) möglich, die Verdichtungswärme abzuführen. Bei verlustfreier Verdichtung und verlustfreier und vollkommener Rückkühlung bis auf Ansaugetemperatur verläuft der Verdichtungsvorgang nach Abb. 158. Dieser Arbeitsprozeß nähert sich dem isothermischen Idealprozeß um so mehr, je größer die Zahl der Zwischenkühlungen ist (vgl. Abschn. B 1, S. 10). Die wirklich abzuführende Wärme ist wegen der bei der Verdichtung auftretenden Verluste größer. Eine vollkommene Abführung der Wärme ist meistens nicht möglich, da die Kühlwassertemperatur des zur Rückkühlung zur Verfügung stehenden Wassers im allgemeinen etwas höher liegt als die Temperatur der angesaugten Luft und da außerdem infolge endlicher Kühlfläche eine Rückkühlung der Luft bis auf Kühlwasser-Eintrittstemperatur nicht möglich ist.

1. Oberflächenkühlung.

α) Innenkühlung.

Bei einer Innenkühlung wird die Kühlung in das Verdichtergehäuse gelegt derart, daß die Luft auf ihrem Weg vom Laufradaustritt bis zum Eintritt in das nächste Rad rückgekühlt wird. Die Zwischenwände zwischen den einzelnen Radkammern werden doppelwandig ausgebildet. Die Innenräume dieser Zwischenwände werden durch Wasserumlauf gekühlt. Zum Erzielen einer wirksamen Kühlung hierbei werden die Luftführungskanäle stark verrippt; dadurch werden größere Wärmeübergangsflächen geschaffen und damit besserer Wärmeübergang erzielt. Da sämtliche Luftführungskanäle zur Rückkühlung der Luft herangezogen werden und jede Zwischenwand gekühlt wird, erfolgt eine Rückkühlung hinter jedem Laufrad, und die Zahl der Zwischenkühlungen ist $i-1$, wenn i die Stufenzahl bedeutet.

Den Verlauf der Zustandsänderung in einer einzelnen innengekühlten Stufe zeigt Abb. 159 im T, s-Diagramm. Im ersten Teil der Verdichtung, die sich im Laufrad abspielt, findet nahezu kein Wärmeaustausch statt, da zwischen dem Laufrad und der gekühlten Zwischenwand eine Luftschicht liegt, die den Wärmedurchgang nahezu vollständig unterbindet. Die Zustandsänderung $a-c$ der innengekühlten Stufe deckt sich daher im ersten Teil der Verdichtung nahezu mit der Zustandsänderung $a-b''$ der ungekühlten Stufe, d. h. sie verläuft im T, s-Diagramm zunächst von Punkt a ausgehend nach rechts aufwärts. Vom Eintritt in die Leitvorrichtung an wird die Kühlung wirksam, und da die Luft sich bei der Verdichtung im Laufrad inzwischen erheblich erwärmt hat, ist auch die für den Wärmeaustausch nötige Temperaturdifferenz zwischen Luft und Kühlwasser vorhanden. Unter Wirkung der Kühlung biegt die Kurve $a-c$ nunmehr nach links ab (Abb. 159). Nach Durchströmen der Leitschaufeln gelangt die Luft in die gleichfalls gekühlten

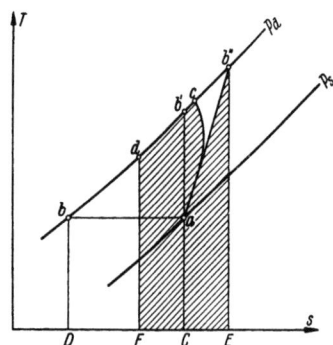
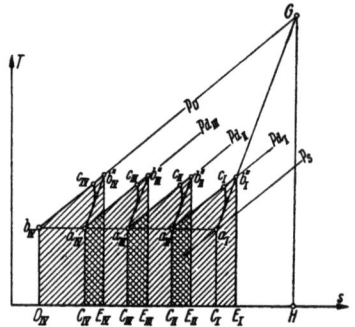

Abb. 159. Verlauf der Zustandsänderung in einer einzelnen innengekühlten Stufe, im Kühlwasser abzuführende Wärme bei Rückkühlung bis d: $a-b$ isothermische Verdichtung; $a-b'$ adiabatische Verdichtung; $a-b''$ Verdichtung in ungekühlter Stufe (Polytrope $n > \varkappa$); $a-c$ Verdichtung in gekühlter Stufe (Innenkühlung); $c-d$ Rückkühlung hinter Stufe (Innenkühlung) bei $p = $ const.

Abb. 160. Verlauf der Zustandsänderung (T, s-Diagramm) in einem mehrstufigen innengekühlten Verdichter mit vollkommener Rückkühlung hinter jeder Stufe.

Rückführungskanäle, wobei eine weitere Rückkühlung der Luft bei annähernd konstantem Druck stattfindet (Verlauf $c-d$ in Abb. 159).

Durch die Kühlung werden die hydraulischen Verluste sowie die Radreibungsverluste nicht oder nur wenig beeinflußt. Diese Verluste sind beim gekühlten wie beim ungekühlten *Gebläse* angenähert gleich groß. Im T, s-Diagramm werden diese Verluste durch den Inhalt der unterhalb $a-b''$ gelegenen Fläche $a\,b''EC$ dargestellt (vgl. Abschn. C I e 2, S. 72).

Im Kühlwasser sind daher abzuführen

1. die der Fläche $a\,b''EC$ entsprechende Verlustwärme,

2. der Wärmewert eines Teiles der Verdichtungsarbeit, der der Rückkühlung bis d entspricht. (Fläche $acdFC$).

Erfolgt Rückkühlung bis auf Anfangstemperatur ($T_a = T_b$), dann ist der Wärmewert der gesamten Verdichtungsarbeit abzuführen (Fläche $acbDC$).

Der Gewinn an Arbeit zwischen der gekühlten und ungekühlten Stufe wird durch die Fläche $a\,b''c$ veranschaulicht. Für die einzelne Stufe ist bei den je Stufe üblichen Druckhöhen der durch Anwendung der Kühlung erzielte Arbeitsgewinn gering. Daher wird bei einstufigen Maschinen eine Kühlung auch im allgemeinen nicht angewendet.

Anders liegen die Verhältnisse bei Anwendung größerer Stufenzahlen bei entsprechend größeren Druckhöhen. Abb. 160 zeigt die Verhältnisse einer innengekühlten Maschine bei vollkommener Rückkühlung bis auf Ansaugetemperatur. Die schraffierten Flächen stellen den gesamten Arbeitsaufwand dar, der zur Verdichtung vom Zustand p_S, T_S auf den Zustand p_D, T_D erforderlich ist. Die doppelt schraffierten Flächen sind doppelt in Rechnung zu setzen. Demgegenüber würde die ungekühlte Maschine einen wesentlich höheren Arbeitsaufwand erfordern (durch Fläche $HGb_{IV}D_{IV}$ gekennzeichnet).

Eine Rückkühlung bis auf Ansaugetemperatur ist allerdings im allgemeinen nicht möglich, da die Kühlwassertemperatur gewöhnlich schon höher liegt als die Ansaugetemperatur. Das praktische Arbeitsdiagramm einer innengekühlten Maschine sieht daher im allgemeinen etwas anders aus (Abb. 161).

Dieses Bild gibt das t, s-Diagramm eines zwölfstufigen innengekühlten Kreiselverdichters zur Verdichtung von Luft wieder.

Oberflächenkühlung.

Zahlentafel 2.
Zwölfstufiger innengekühlter Kreiselverdichter
für 25000 m³/h Luftverdichtung von 1,0 ata (18° C) auf 7,5 ata (vgl. Abb. 161),
Kühlwassertemperatur 27.° C, Drehzahl 3200 U/min, 1 Gehäuse.

Stufe			I	II	III	IV	V	VI	VII	VIII	IX	X	XI	XII
Druck am Eintritt Stufe	p_S	ata	1,0	1,28	1,6	2,0	2,45	2,9	3,25	3,7	4,2	4,8	5,6	6,5
Temp. am Eintritt Stufe	t_S	°C	18	40	60	80	95	102	100	95	90	85	82	80
Druck hinter Diffusor	r_5	ata	1,28	1,6	2,0	2,45	2,9	3,25	3,7	4,2	4,8	5,6	6,5	7,5
Temp. hinter Diffusor	t_5	°C	45	65	87	106	116	117	117	112	107	105	102	98
Druck hinter Stufe	p_d	ata	1,28	1,6	2,0	2,45	2,9	3,25	3,7	4,2	4,8	5,6	6,5	7,5
Temp. hinter Stufe	t_d	°C	40	60	80	95	102	100	95	90	85	82	80	96
Laufrad-Durchmesser	d	mm	1170	1170	1170	1170	1170	920	920	920	920	920	920	920
Umfangsgeschwindigkeit	u_2	m/s	196	196	196	196	196	154	154	154	154	154	154	154

Zahlentafel 2 enthält die wesentlichsten technischen Daten dieser Maschine.

Nach der ersten Stufe (Abb. 161) ist die Differenz zwischen Lufttemperatur und Wassertemperatur noch nicht groß. Die von der Luft ans Kühlwasser übergehende Wärme ist daher auf dem Weg vom Austritt des ersten Rades bis zum Eintritt des zweiten Rades gering, und es tritt dabei nur eine geringe Temperaturabsenkung ein, so daß sich nach Stufe II eine wesentliche Temperaturerhöhung gegenüber Stufe I ergibt. Da aber nun auch die Temperaturdifferenz zwischen Luft und Wasser größer geworden ist, wird der Wärmeübergang besser, so daß in den folgenden Stufen die Temperaturen nicht in dem Maße ansteigen wie in der ersten Stufe. Schließlich kommen die Temperaturspitzen auf ungefähr gleiche Höhe zu liegen, um gegen Ende der Maschine sogar wieder etwas abzufallen, da mit zunehmendem Druck die

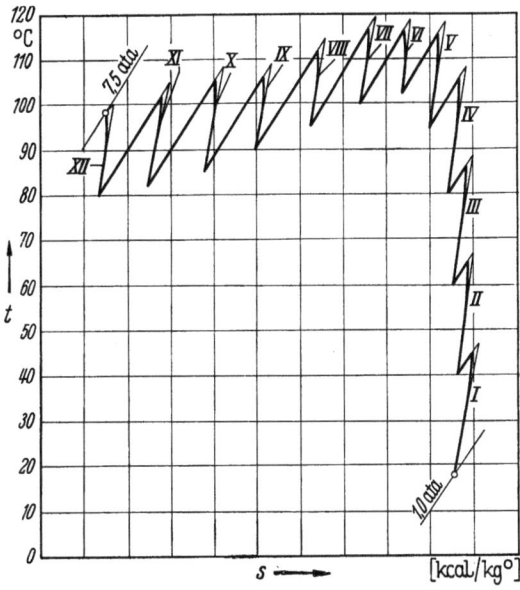

Abb. 161. Verlauf der tatsächlichen Zustandsänderung (t, s-Diagramm) in einem 12stufigen innengekühlten Kreiselverdichter. $V_S = 25000$ m³/h; $p_S = 1,0$ ata; $p_D = 7,5$ ata; $n = 3200$ U/min.

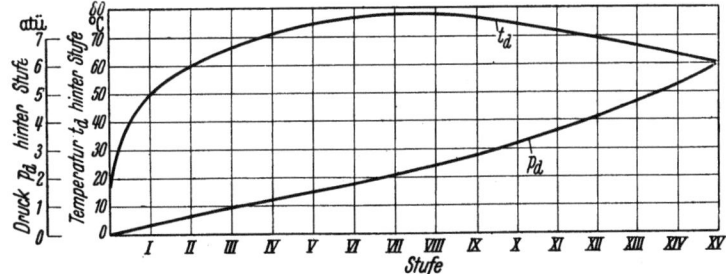

Abb. 162. Verlauf des Druckes p_d und der Temperatur t_d über der jeweiligen Stufe eines 15stufigen Verdichters (Luft von 1,01 ata auf 7 ata).

Wärmeübergangszahl günstiger und das Volumen kleiner wird, die Kühlfläche je Stufe aber bei den üblichen Bauarten etwa gleich groß bleibt. Der Verlauf der Zustandsänderungen in den einzelnen Stufen ist aus Abb. 161 ersichtlich.

Den Verlauf des Druckes und der Temperatur von Stufe zu Stufe eines 15stufigen Verdichters zur Verdichtung von Luft von 1,01 ata auf 7 ata zeigt Abb. 162.

β) Kombinierte Innen- und Außenkühlung.

Eine besonders wirksame Kühlung erhält man durch Kombination der Innenkühlung mit der Außenkühlung [72]. Diese kombinierte Kühlungsart hat sich aus der innengekühlten Maschine entwickelt, als im Zuge der Entwicklung die Maschineneinheiten immer größer wurden, die Stufenzahlen verringert wurden und die nötigen Kühlflächen in der bisherigen Weise nicht mehr untergebracht werden konnten, so daß es sich bei großen Einheiten nicht vermeiden ließ, daß trotz der Innenkühlung die Temperaturen von Stufe zu Stufe erheblich anstiegen. An geeigneter Stelle in den Kreislauf eingeschaltete Zwischenkühler halten die Temperaturen in mäßigen Grenzen. Die T, s-Dia-

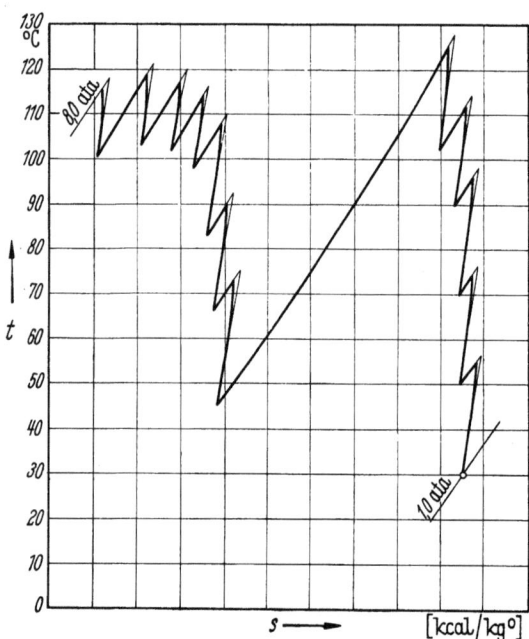

Abb. 163. Verlauf der tatsächlichen Zustandsänderung (t, s-Diagramm) in einem Kreiselverdichter mit kombinierter Innen- und Außenkühlung (1 Zwischenkühler).

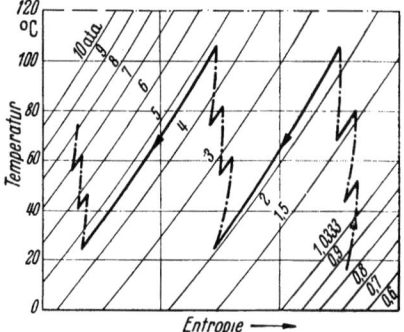

Abb. 164. Verlauf der tatsächlichen Zustandsänderung (t, s-Diagramm) in einem Kreiselverdichter mit kombinierter Innen- und Außenkühlung (2 Zwischenkühler).

gramme solcher kombiniert gekühlten Verdichter großer Leistung zeigen Abb. 163 und 164. Der Verdichter Abb. 163 hat 12 Stufen und 1 Zwischenkühler. Die wesentlichsten technischen Daten dieses Verdichters enthält Zahlentafel 3. Der Verdichter Abb. 164 besitzt 9 Stufen, die durch 2 Zwischenkühler in 3 Radgruppen von je 3 Stufen unterteilt sind. Näheres über die konstruktiven Einzelheiten dieser Maschine siehe Abschn. E II b, Abb. 182 u. 183, S. 167.

Zahlentafel 3.

Zwölfstufiger innengekühlter Kreiselverdichter
für 50000 m³/h Luft mit 1 Zwischenkühler.

Verdichtung von 1,0 ata (30° C) auf 8 ata (vgl. Abb. 163), Kühlwassertemperatur 27° C, Drehzahl 3500 U/min, 1 Gehäuse.

Stufe			I	II	III	IV	V	VI	VII	VIII	IX	X	XI	XII
Druck am Eintritt Stufe	p_S	ata	1,0	1,26	1,56	1,91	2,29	2,72	3,41	4,18	5,04	5,7	6,38	7,11
Temp. am Eintritt Stufe	t_S	°C	30	50	70	90	102	45	66	83	98	102	103	101
Druck hinter Diffusor	p_5	ata	1,26	1,56	1,91	2,29	2,75	3,41	4,18	5,04	5,7	6,38	7,11	8,0
Temp. hinter Diffusor	t_5	°C	55	75	96	112	125	74	91	109	113	117	119	116
Druck hinter Stufe	p_d	ata	1,26	1,56	1,91	2,29	2,75	3,41	4,18	5,04	5,7	6,38	7,11	8,0
Temp. hinter Stufe	t_d	°C	50	70	90	102	125	66	83	98	102	103	101	114
Laufrad-Durchmesser	d	mm	1100	1100	1100	1100	1100	1100	1100	1100	920	920	800	800
Umfangsgeschwindigkeit	u_2	m/s	201	201	201	201	201	201	201	201	168,5	168,5	146,5	146,5

γ) Außenkühlung.

Beim außengekühlten Verdichter erfolgt die Kühlung in besonderen, außerhalb des Gehäuses oder unmittelbar am Gehäuse angeordneten Zwischenkühlern, deren Kühlerbündel leicht ohne Öffnen der gesamten Maschine ausgebaut werden können. Gewöhnlich faßt man mehrere Verdichterstufen zu einer ungekühlten Radgruppe zusammen. Zum Unterschied von den Verdichterstufen, die, von der ersten Stufe beginnend, fortlaufend mit I, II, III, ..., i bezeichnet sind, sind die Radgruppen fortlaufend mit $A, B, C, ..., J$ bezeichnet.

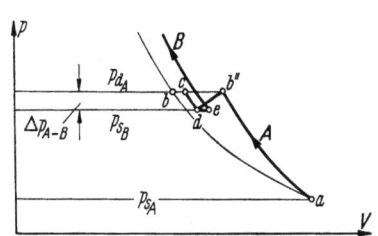

Abb. 165. Darstellung der Zustandsänderung eines außengekühlten Verdichters im p, V-Diagramm. a—b Isotherme; a—b'' Polytrope; b''—c Rückkühlung bei $p =$ const.; c—d Druckverlust; d—e Wiederaufwärmung.

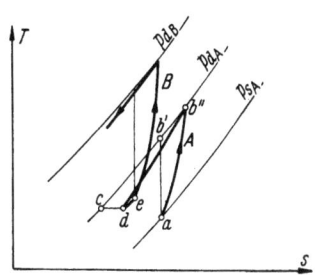

Abb. 166. Darstellung der Zustandsänderung eines außengekühlten Verdichters im T, s-Diagramm.

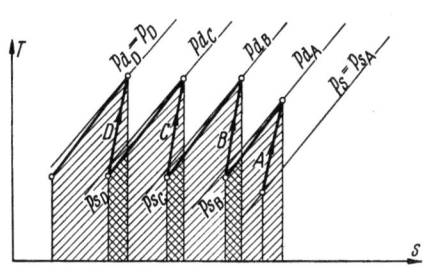

Abb. 167. Temperatur-Entropie-Diagramm eines außengekühlten Kreiselverdichters mit dreifacher Außenkühlung

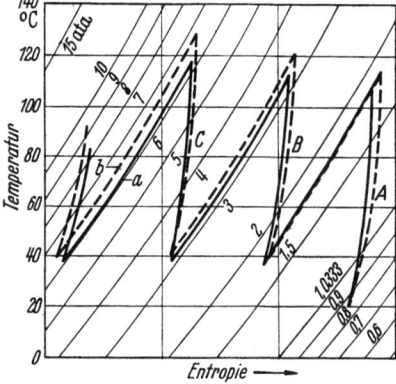

Abb. 168. Temperatur-Entropie-Diagramm eines großen außengekühlten Kreiselverdichters.

Die Verdichtung innerhalb der einzelnen Radgruppen verläuft polytropisch unter Wärmezufuhr, die in Form von äußerer Arbeit an der Wellenkupplung eingeleitet und durch die Radreibung und hydraulischen Verluste in Wärme umgesetzt wird. Die Rückkühlung in den Kühlern erfolgt unter einem gewissen Druckverlust Δp, der von der Bauart des Kühlers und der Strömungsgeschwindigkeit abhängt, Abb. 165 und 166. Der praktische Vorgang der Verdichtung und Kühlung eines außengekühlten Kreiselverdichters im T, s-Diagramm wird durch Abb. 167 veranschaulicht.

Die bei der Verdichtung aufzuwendenden Arbeiten sind durch die schraffierten Flächen dargestellt. Die doppelt schraffierten Flächen sind zweifach einzusetzen.

Das t, s-Diagramm eines großen außengekühlten Kreiselverdichters, der 3 Außenkühler hat, zeigt Abb. 168 [72].

Die wesentlichen technischen Daten eines neunstufigen Kreiselverdichters mittlerer Größe mit dreifacher Außenkühlung enthält Zahlentafel 4.

Zahlentafel 4.

Neunstufiger Kreiselverdichter

mit Außenkühlung durch 3 Zwischenkühler für 40000 m³/h Luft von 1,0 ata (20° C) auf 7 ata. Kühlwassertemperatur 27° C, Drehzahl 3900 U/min, 1 Gehäuse.

Stufe			I	II	III	IV	V	VI	VII	VIII	IX
Druck am Eintritt Stufe	p_s	ata	1,0	1,48	1,95	2,6	3,2	4,0	4,7	5,4	6,2
Temp. am Eintritt Stufe	t_s	°C	20	64	40	74	40	64	88	40	58
Druck hinter Diffusor	r_5	ata	1,48	2,02	2,6	3,25	4,0	4,7	5,43	6,2	7,0
Temp. hinter Diffusor	t_5	°C	64	103	74	105	64	88	110	58	78
Druck hinter Stufe	p_d	ata	1,48	2,02	2,6	3,25	4,0	4,7	5,43	6,2	7,0
Temp. hinter Stufe	t_d	°C	64	103	74	105	64	88	110	58	78
Laufrad-Durchmesser	d	mm	1250	1200	1100	1050	950	900	850	800	750
Umfangsgeschwindigkeit	u_2	m/s	255	245	224	214	193,5	183,5	173	163	153

2. Einspritzkühlung.

α) *Einspritzkühlung beim Luft- bzw. Gasverdichter.*

Die Kühlung erfolge durch Einspritzen und Verdampfen von Wasser jeweils zwischen den Stufen. Das Wasser werde in feinstverteilter Form eingespritzt, so daß es schnell verdampft. Die jeweils zwischen den Stufen eingeführte Wassermenge werde so bemessen, daß die folgende Stufe im Saugzustand ein Dampf-Luft-Gemisch erhält, das bei dem entsprechenden Ansaugezustand im Höchstfall vollkommen mit Wasserdampf gesättigt ist.

Es bezeichnen

p_{s_I}, p_{s_II}, p_{s_III} usw. ... die Ansaugedrücke,

t_{s_I}, t_{s_II}, t_{s_III} ... die Ansaugetemperaturen,

p_{d_I}, p_{d_II}, p_{d_III} ... die Enddrücke,

t_{d_I}, t_{d_II}, t_{d_III} ... die Endtemperaturen

der einzelnen Stufen.

Das angesaugte Luftgewicht (Trockenluft) ist L [kg], sein Gehalt an Wasser vor der ersten Stufe W_0 [kg]. Zwischen den Stufen I und II werde die Wassermenge $W_\mathrm{I\,II}$, zwischen den Stufen II und III werde die Wassermenge $W_\mathrm{II\,III}$ mit der Temperatur t_w eingespritzt, usf.

Das Verdampfen des Wassers zwischen den Stufen erfolgt bei gleichbleibendem Gesamtdruck. Es ist:

$$p_{s_\mathrm{II}} = p_{d_\mathrm{I}}, \qquad p_{s_\mathrm{III}} = p_{d_\mathrm{II}} \text{ usw.}$$

und

$$p_{s_\mathrm{I}} = (p_{D_a} + p_L)_{s_\mathrm{I}}, \qquad p_{s_\mathrm{II}} = (p_{D_a} + p_L)_{s_\mathrm{II}}, \tag{19}$$

und

$$p_{d_\mathrm{I}} = (p_{D_a} + p_L)_{d_\mathrm{I}}, \qquad p_{d_\mathrm{II}} = (p_{D_a} + p_L)_{d_\mathrm{II}} \text{ usw.,} \tag{20}$$

wobei p_{D_a} der jeweilige Teildruck des Dampfes und p_L der jeweilige Teildruck der Luft ist.

Die Wärmebilanz für die einzelnen Einspritzstellen lautet, wenn

c_{p_L} die spezifische Wärme der Luft [kcal/kg grd],

i_{D_a} der Wärmeinhalt des Dampfes [kcal/kg] ist,

für Stelle I II

$$L \cdot c_{p_L} \cdot t_{d_\mathrm{I}} + W_0 \cdot i_{D a_{d_\mathrm{I}}} + W_\mathrm{I\,II} \cdot t_w = L \cdot c_{p_L} \cdot t_{s_\mathrm{II}} + (W_0 + W_\mathrm{I\,II}) \cdot i_{D a_{s_\mathrm{II}}}, \tag{21}$$

Einspritzkühlung.

für Stelle II III

$$L \cdot c_{p_L} t_{d_{II}} + (W_0 + W_{I\,II}) \cdot i_{Da_{d_{II}}} + W_{II\,III} \cdot t_w = L \cdot c_{p_L} \cdot t_{s_{III}} + (W_0 + W_{I\,II} + W_{II\,III}) \cdot i_{Da_{s_{III}}} \text{ usw.} \quad (22)$$

Da der Wärmeinhalt des Dampfes: $i_{Da} = c_{p_{Da}} \cdot t + r_0$ ist, wobei $r_0 = 597$ kcal/kg die Verdampfungswärme und $c_{p_{Da}} = 0{,}46$ kcal/kg grd die spezifische Wärme des Wasserdampfes bedeuten, und da der Wärmeinhalt der Reinluft: $i_L = c_{p_L} \cdot t$, lassen sich Gl. (21 und 22) schreiben:

$$L \cdot c_{p_L} \cdot t_{d_I} + W_0 \left(c_{p_{Da}} \cdot t_{d_I} + r_0\right) + W_{I\,II} \cdot t_w = L \cdot c_{p_L} \cdot t_{s_{II}} + (W_0 + W_{I\,II}) \left(c_{p_{Da}} \cdot t_{s_{II}} + r_0\right), \quad (21\,\text{a})$$

$$\left. \begin{array}{l} L \cdot c_{p_L} \cdot t_{d_{II}} + (W_0 + W_{I\,II})\left(c_{p_{Da}} \cdot t_{d_{II}} + r_0\right) + W_{II\,III} \cdot t_w \\ = L \cdot c_{p_L} \cdot t_{s_{III}} + (W_0 + W_{I\,II} + W_{II\,III}) \cdot \left(c_{p_{Da}} \cdot t_{s_{III}} + r_0\right). \end{array} \right\} \quad (22\,\text{a})$$

Aus diesen Gl. (21a und 22a) folgen die Temperaturen

$$t_{s_{II}} = \frac{L \cdot c_{p_L} t_{d_I} + W_0 \left(c_{p_{Da}} \cdot t_{d_I} + r_0\right) + W_{I\,II} \cdot t_w - (W_0 + W_{I\,II}) \, r_0}{L \cdot c_{p_L} + (W_0 + W_{I\,II}) c_{p_{Da}}}. \quad (23)$$

$$t_{s_{III}} = \frac{L \cdot c_{p_L} \cdot t_{d_{II}} + (W_0 + W_{I\,II}) \left(c_{p_{Da}} \cdot t_{d_{II}} + r_0\right) + W_{II\,III} \cdot t_w - (W_0 + W_{I\,II} + W_{II\,III}) \cdot r_0}{L \cdot c_{p_L} + (W_0 + W_{I\,II} + W_{II\,III}) c_{p_{Da}}}. \quad (24)$$

Bei gewählten Einspritzwassermengen $W_{I\,II}$, $W_{II\,III}$, ... und sonst gegebenen Zuständen kann man aus obigen Gleichungen die jeweiligen Ansaugetemperaturen $t_{s_{II}}$, $t_{s_{III}}$, ... und damit die jeweiligen Ansaugevolumina $V_{s_{II}}$, $V_{s_{III}}$, ...

$$V_{s_{II}} = \frac{L \cdot R \cdot T_{s_{II}}}{P_{L_{s_{II}}}}; \qquad V_{s_{III}} = \frac{L \cdot R \cdot T_{s_{III}}}{P_{L_{s_{III}}}} \text{ usw.} \quad (25)$$

bestimmen. Sucht man diejenigen Zustände, bei denen im jeweiligen Saugzustand vor einer jeden Stufe vollkommene Sättigung herrscht, dann kann man Gl. (23) usw. probeweise lösen, beispielsweise durch Annehmen einer bestimmten Temperatur $t_{s_{II}}$.

Als gegeben können angesehen werden: L, t_{d_I}, W_0, t_w, $p_{s_{II}}$, während zunächst unbekannt sind $t_{s_{II}}$, $W_{I\,II}$.

Mit angenommenem $t_{s_{II}}$ und gegebenem $p_{s_{II}}$ ergeben sich bei voller Sättigung die Teildrücke p_L und p_{Da}. Das zu p_L zugehörige spezifische Volumen ist:

$$v_{L_{s_{II}}} = \frac{R\,T_{s_{II}}}{p_{L_{s_{II}}} \cdot 10^4} \text{ usw.}$$

Teildruck p_{Da} und spezifisches Gewicht $\gamma''_{s_{II}}$ von Wasserdampf von der Temperatur $t_{s_{II}}$ sind den Dampftafeln zu entnehmen. Es ergibt sich dann der Gehalt x_{II} an Wasser bei voller Sättigung

$$x_{II} \left[\frac{\text{kg Wasser}}{\text{kg Luft}}\right] = \frac{W_0 + W_{I\,II}}{L} = v_{L_{s_{II}}} \cdot \gamma''_{s_{II}}, \quad (26)$$

hieraus folgt:

$$W_{I\,II} = L \cdot x_{II} - W_0. \quad (27)$$

Bei richtig gewähltem $t_{s_{II}}$ muß durch Einsetzen dieser verschiedenen Größen die Gl. (23) erfüllt sein.

Im allgemeinen wird bei willkürlich gewähltem $t_{s_{II}}$ jedoch diese Gleichung nicht erfüllt sein, sondern ein Restglied übrigbleiben. Wiederholt man das Verfahren mit verschiedenen angenommenen Werten $t_{s_{II}}$ und ermittelt die zugehörigen Restglieder f und trägt diese als Funktion der angenommenen $t_{s_{II}}$-Werte auf, so erhält man im Schnittpunkt der f-Kurve mit der Abszisse denjenigen Wert $t_{s_{II}}$, der die Gl. (23) erfüllt.

Durch diese Bestimmung der Temperatur $t_{s_{II}}$ ist dann auch diejenige Wassermenge $W_{I\,II}$ eindeutig bestimmt, durch deren Verdampfen das ungesättigte Dampf-Luft-Gemisch vom Zustand p_{d_I}, t_{d_I}, x_I auf die Temperatur $t_{s_{II}}$ gekühlt und mit Wasserdampf gesättigt wird. Wesentlich einfacher als die Rechnung nach vorstehenden Gleichungen ist die Behandlung im MOLLIER-i, x-Diagramm.

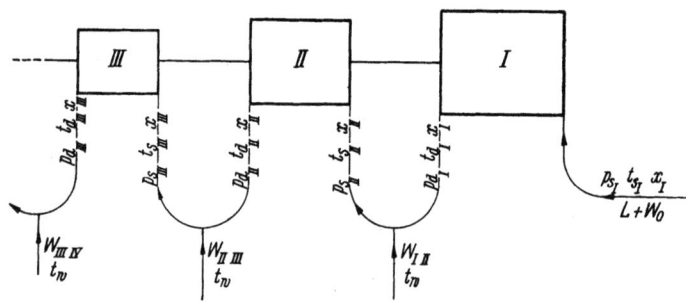

Abb. 169. Mehrstufiger Verdichter mit Einspritzkühlung bei Einspritzen von Wasser hinter jeder Stufe.

Die Einspritzkühlung des Verdichters läßt sich im i, x-Diagramm für feuchte Luft in einfacher Weise verfolgen. Mit den Bezeichnungen der Abb. 169 ist:

$$L(x_{II} - x_I) = W_{I\,II}, \quad (28)$$

$$L(i_{s_{II}} - i_{d_I}) = W_{I\,II} \cdot i_w, \quad (29)$$

wobei

$$i_{s_{II}} = i_{L_{s_{II}}} + i_{Da_{s_{II}}}$$
$$= c_{p_L} \cdot t_{s_{II}} + x_{Da}(c_{p_{Da}} t + r_0).$$

Aus Gl. (28 und 29) folgt

$$\frac{i_{s_{II}} - i_{d_I}}{x_{II} - x_I} = i_w. \quad (30)$$

Dieses Verhältnis ist der Neigungswinkel der Mischungsgeraden $d\,i/d\,x = i_w = t_w$ (Abb. 170). Die Luft wird durch die Einspritzung stark abgekühlt.

Bei der Sättigung beim Druck $p_{s_{II}}$ wird die Temperatur $t_{s_{II}}$ erreicht. Der Wassergehalt x_{II} kann unmittelbar abgelesen und damit die Einspritzung $W_{I\,II}$ aus Gl. (28) errechnet werden.

Im Anschluß an die bis zur Sättigung bei $p_{s_{II}}$ geführte Einspritzmenge erfolgt in der Stufe II Weiterverdichtung auf $p_{d_{II}} = p_{s_{III}}$. Hierbei bleibt

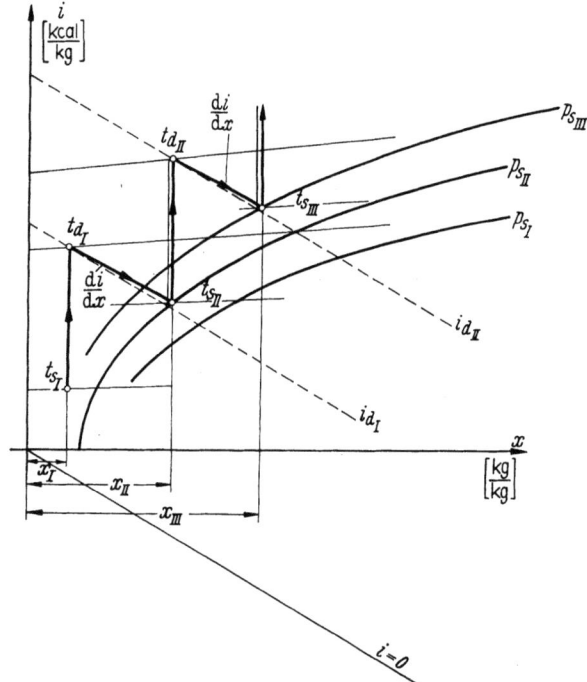

Abb. 170. Der Vorgang der Wassereinspritzung im MOLLIER-i, x-Diagramm.

der Wassergehalt x_{II} konstant. Die Temperatur erhöht sich auf $t_{d_{II}}$. Nach Stufe II erfolgt weitere Wassereinspritzung. Die Mischungsgerade ist wiederum durch die Neigung $d\,i/d\,x = t_w$ bestimmt. Im Schnittpunkt der Mischungsgeraden mit der Sättigungslinie beim Druck $p_{s_{III}}$ liest man die Mischungstemperatur $t_{s_{III}}$ bei Sättigung und den Wassergehalt x_{III} ab usw. (Abb. 170).

Abb. 171 zeigt eine Gegenüberstellung des Leistungsbedarfes eines neunstufigen Kreiselverdichters zur Verdichtung von 40000 m³/h von 1 ata auf 7 ata.

a) bei Zwischenkühlung durch 3 Zwischenkühler mit rückgekühltem Wasser von 27° C,
b) bei dreifacher Wassereinspritzung (27° C Temperatur des eingespritzten Wassers),
c) bei vollkommen ungekühlter Maschine.

Am günstigsten liegt die dreifache Zwischenkühlung. Die Einspritzkühlung erfordert eine um etwa 7% höhere Leistung, während die ungekühlte Maschine für das vorliegende Beispiel eine um 25% höhere Leistung erfordert als die Maschine mit dreifacher Zwischenkühlung. Den Vergleichsrechnungen sind gleiche Stufenwirkungsgrade zugrunde gelegt.

β) Einspritzkühlung beim Dampfverdichter.

Beim Dampfverdichter ist es aus wärmewirtschaftlichen Gründen unzweckmäßig, eine Kühlung durch Oberflächenkühlung vorzunehmen und die Wärme im Kühlwasser abzuführen. Zu diesen Fällen gehört der für Wärmepumpen benutzte Dampfverdichter. Hier würde ein Wärmeentzug aus dem Verdichter nach außen für die Wirtschaftlichkeit der gesamten Anlage sehr nachteilig sein. Durch Anwendung der Einspritzkühlung ist es hier jedoch möglich, den Verdichterwirkungsgrad und damit die erforderliche Antriebsleistung gegenüber der ungekühlten Bauart ohne Wärmeabgabe an das Kühlwasser zu verbessern. In die Umlenkkanäle wird Flüssigkeit eingespritzt (beim Wasserdampfverdichter Wasser, beim Kälteverdichter flüssiges Kältemittel) und verdampft. Die für die Verdampfung erforderliche Wärme wird dem zu kühlenden Dampf entzogen.

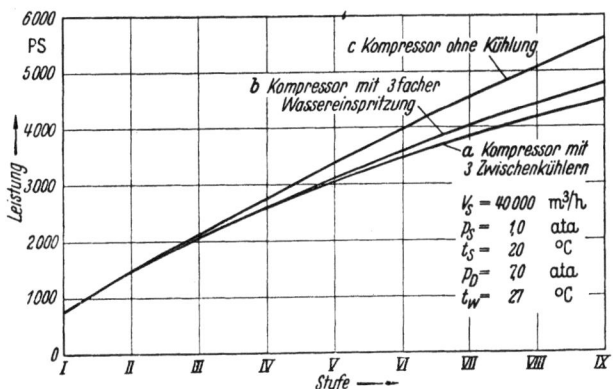

Abb. 171. Gegenüberstellung des Leistungsverbrauches von Verdichtern gleicher Ansaugeleistung (V_S = 40000 m³/h), gleicher Verdichtung (p_S = 1,0 ata; t_S = 20° C; p_D = 7,0 ata) und gleicher Kühlwassertemperatur (t_w = 27° C). *a* bei dreifacher Zwischenkühlung, *b* bei dreifacher Einspritzkühlung, *c* bei ungekühlter Maschine.

Wärmebilanz für die einzelnen Einspritzstellen:

Im Saugstutzen der Maschine werden D kg Dampf vom Zustand $p_{s_I}, t_{s_I}, i_{s_I}$ angesaugt und in der ersten Stufe verdichtet auf $p_{d_I}, t_{d_I}, i_{d_I}$, so daß der Dampf überhitzt ist. Hinter der Stufe I werde beim Druck p_{d_I} so viel Wasser $W_{I\,II}$ eingespritzt und verdampft, daß nach dem Verdampfen des eingespritzten Wassers trockengesättigter Dampf zum Eintritt der Stufe II gelangt beim Zustand
$$p_{s_{II}}, \quad t_{s_{II}}, \quad i_{s_{II}}.$$

Es ist zwischen Stufe I und II:

$$D\,i_{d_I} + W_{I\,II}\,t_{w_{I\,II}} = (D + W_{I\,II})\,i_{s_{II}}. \tag{31a}$$

Entsprechendes gilt für die folgenden Stufen, und zwar zwischen Stufe II und III:

$$(D + W_{I\,II})\,i_{d_{II}} + W_{II\,III}\,t_{w_{II\,III}} = (D + W_{I\,II} + W_{II\,III})\,i_{s_{III}}; \tag{31b}$$

zwischen Stufe III und IV:

$$(D + W_{I\,II} + W_{II\,III})\,i_{d_{III}} + W_{III\,IV}\,t_{w_{III\,IV}} = (D + W_{I\,II} + W_{II\,III} + W_{III\,IV})\,i_{s_{IV}} \text{ usw.} \tag{31c}$$

Durch das hinter jeder Stufe eingespritzte und verdampfte Wasser erhöht sich das durchgesetzte Dampfgewicht von Stufe zu Stufe. Es geht bei der Kühlung keine Wärme nach außen verloren, sondern die dem Dampf zu entziehende Wärme wird zum Verdampfen des eingespritzten Wassers benutzt und bleibt im Dampf enthalten.

d) Die Wärmebilanz des gekühlten Verdichters
(vgl. C I, S. 73).

Bedeutet

G	das geförderte Gewicht [kg],
L	die an der Kupplung eingeleitete Arbeit [mkg],
$W = W_I + W_{II} + \ldots$	die Kühlwassermengen der Kühler I, II … [kg],
i_S und i_D	die Wärmeinhalte des Gases [kcal/kg] im Saug- und Druckstutzen des Verdichters,
t_{w_e} und t_{w_a}	die Kühlwasserein- und -austrittstemperaturen ° C,
c_S und c_D	die Geschwindigkeiten im Saug- und Druckstutzen [m/s],
Q_{Sp-a}, Q_{st}, Q_m	die Wärmewerte des äußeren Spaltverlustes, des Wärmeübergangsverlustes und der mechanischen (Lager-)Verluste [kcal],

so gilt folgende Bilanz:

$$AL = G\left(i_D - i_S + A\frac{c_D^2 - c_S^2}{2g}\right) + W(t_{w_a} - t_{w_e}) + Q_{\text{Sp}-a} + Q_{\text{st}} + Q_m. \tag{32}$$

e) Leistungen.

1. Radreibungsleistung.

Die Radreibungsleistung eines Kreiselverdichters, die einen erheblichen Teil der Verluste ausmacht, ist (vgl. Abschn. C I, S. 60 und D I, S. 116) für einen eingehäusigen Verdichter der Stufenzahl i

$$N_{r_{\text{ges}}} = \sum_{\text{I}}^{i} \frac{\beta\, d^2\, u^3\, \gamma}{10^6} \quad [\text{PS}]. \tag{33}$$

Abb. 172 zeigt für ein durchgerechnetes Beispiel eines eingehäusigen Verdichters zur Verdichtung von etwa 85000 m³/h Luft von 1,0 ata auf 10 ata die Beeinflussung der gesamten Radreibungsleistung $N_{r_{\text{ges}}}$ durch Veränderung der Stufenzahl, Drehzahl und Laufraddurchmesser. Die Summe der Quadrate der Umfangsgeschwindigkeiten $\sum u^2$ ist hierbei für alle in Betracht gezogenen Fälle gleich gehalten. Die Laufraddurchmesser zwischen Stufe I und Stufe i sind linear abgestuft vorausgesetzt.

Man erkennt aus Abb. 172, in welcher Weise man durch geeignete Wahl der Drehzahl und Stufenzahl die absolute Höhe der Radreibungsleistung beeinflussen und verringern kann.

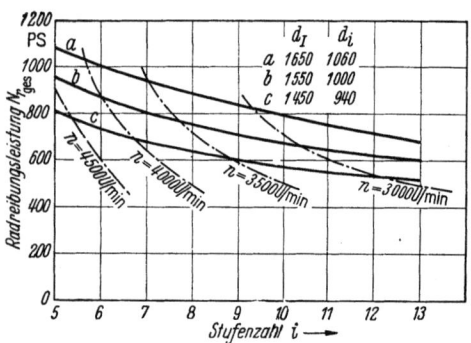

Abb. 172.
Einfluß von Stufenzahl, Drehzahl und Radabmessungen auf die Radreibungsleistung eines Kreiselverdichters.

1. Innere Leistung.

Für außengekühlte Verdichter kann aus den Temperaturen und Drücken vor und hinter einer jeden Gruppe von Verdichtungsstufen der innere Wirkungsgrad dieser Gruppe bestimmt werden, entsprechend Gl. (133 und 136) in Abschn. C I, S. 75/76

$$\eta_{\text{ad}-i} = \eta_{\text{ad}-i_T} = \frac{\Delta t_{\text{ad}}}{\Delta t}, \tag{34}$$

und hieraus die spezifische innere Arbeit der einzelnen Gruppe

$$h_i = \frac{h_{\text{ad}}}{\eta_{\text{ad}-i}} \quad [\text{mkg/kg}]. \tag{35}$$

Sind $h_{i_A}, h_{i_B}, \ldots, h_{i_\varrho}$ die auf diese Weise bestimmten spezifischen inneren Arbeiten der Gruppen $A, B, \ldots \varrho$, so ist die gesamte innere Arbeit bei einem äußeren Spaltverlust $L_{\text{Sp}-a}$ [mkg/kg] (vgl. S. 70)

$$H_{i_{\text{ges}}} = h_{i_A} + h_{i_B} + \cdots + h_{i_\varrho} + L_{\text{Sp}-a} \quad [\text{mkg/h}] \tag{36}$$

und die innere Leistung bei einer Förderung von G [kg/h]

$$N_i = \frac{G(h_{i_A} + h_{i_B} + \cdots + h_{i_\varrho} + L_{\text{Sp}-a})}{3600 \cdot 75} \quad [\text{PS}]. \tag{37}$$

3. Mechanische Verlustleistung.

Die *mechanische Verlustleistung* N_m umfaßt die mechanischen Verluste, vornehmlich in den Lagern, siehe Abschn. C I e 1, S. 71.

4. Kupplungsleistung.

Die *Kupplungsleistung* ist die an der Kupplung des Verdichters von der Antriebsmaschine (Turbine, Elektromotor u. dgl.) an die Verdichterwelle abgegebene Leistung. Sie ist

$$N = N_i + N_m. \tag{38}$$

Die Kupplungsleistung kann bestimmt werden

1. durch Messung des eingeleiteten Drehmomentes mit Hilfe eines Torsionsdynamometers (Genauigkeit der Bestimmung etwa 1%),
2. durch Messung der aufgenommenen elektrischen Leistung eines geeichten Prüffeldmotors und Bestimmung der vom Motor abgegebenen Leistung aus den Eichkurven des Motors (Genauigkeit der Bestimmung der Kupplungsleistung etwa 1%),
3. durch Messung der aufgenommenen elektrischen Leistung des Antriebsmotors und Ermittlung der abgegebenen Leistung über den durch Messungen bestimmten Motorwirkungsgrad (Genauigkeit der Bestimmung der Kupplungsleistung abhängig von der Genauigkeit der Bestimmung des Motorwirkungsgrades),
4. durch Messung des Dampfverbrauches einer geeichten Dampfturbine und Bestimmung der Kupplungsleistung aus den Eichkurven der Turbine (Genauigkeit abhängig von der Genauigkeit der Eichkurven),
5. aus der Wärmebilanz des Verdichters [Gl. (32)] auf Grund der Messungen von Drücken, Temperaturen, Luft- bzw. Gasmengen und Kühlwassermengen (Bestimmung der Kupplungsleistung auf diesem Wege ungenau und nicht für Abnahmeversuche anerkannt),
6. aus den inneren Gruppenleistungen bei außengekühlten Verdichtern [Gl. (37)] auf Grund der Messungen von Drücken und Temperaturen der einzelnen Radgruppen und von geförderten Mengen des Verdichters (Bestimmung der Kupplungsleistung auf diesem Wege ungenau und nicht für Abnahmeversuche anerkannt).

5. Nutzleistung.

Die *Nutzleistung* entspricht der am Druckstutzen gelieferten Menge G [kg/h] und der Förderhöhe H [m]. Für gleiche Strömungsgeschwindigkeit im Saug- und Druckstutzen des Verdichters ist $H = h_{is}$ mkg/kg [vgl. Gl. (1a u. 3) u. (127) in Abschn. C I, S. 27 bzw. 74)].

$$N_n = \frac{GH}{3600 \cdot 75} \approx \frac{G h_{is}}{3600 \cdot 75} \text{ PS.} \tag{39}$$

f) Wirkungsgrade von Verdichtern.

1. Stufenwirkungsgrade.

Die Wirkungsgrade der *einzelnen Stufen* können, soweit es sich um ungekühlte Stufen handelt, in gleicher Weise bestimmt werden wie für einstufige Gebläse (Abschn. C I, S. 75) und für mehrstufige Gebläse (Abschn. D I, S. 119).

der *innere volumetrische Wirkungsgrad* nach Gl. (130, C I), S. 75,

der *innere Wirkungsgrad* nach Gl. (133, C I), der, da der äußere Spaltverlust L_{Sp-a} der einzelnen Stufe gleich null ist, gleich dem *inneren Temperaturwirkungsgrad* [Gl. (134, 136, 138 C I)] ist,

der *hydraulische Schaufelwirkungsgrad* nach Gl. (139, C I),

der *hydraulische Stufenwirkungsgrad* nach Gl. (140, C I).

2. Gruppenwirkungsgrade.

Die *inneren Wirkungsgrade* von *Radgruppen* können, soweit es sich um ungekühlte Gruppen handelt, in gleicher Weise bestimmt werden wie für *mehrstufige* Gebläse, Abschn. D I c 2, S. 119.

Der innere Gruppenwirkungsgrad, der hier wegen Fehlens äußerer Spaltverluste gleich dem *inneren Temperaturwirkungsgrad* wird, folgt nach Gl. (134, 136, 138, C I), S. 75/76.

3. Verdichterwirkungsgrade.

α) Wirkungsgrad der Kühlung.

Wie bereits früher (Abschn. B I, S. 10) ausgeführt, ist die isothermische Verdichtung, die man gewöhnlich als Vergleichsprozeß für gekühlte Verdichter wählt, wegen der endlichen Kühlerzahl auch bei völlig verlustfreier Verdichtung nicht verwirklichbar. Einige weitere Einflüsse, die in Verbindung mit der Kühlung auftreten (z. B. Druckverluste in den Kühlern, unvollkommene Rückkühlung in den Kühlern, Wiederaufwärmung) tragen noch zu einer Vergrößerung der Unterschiede bei. Alle diese Einflüsse können in einem Wirkungsgrad der Kühlung zusammengefaßt werden.

α_1) **Einfluß endlicher Kühlerzahl.** Bei Unterteilung der i Verdichtungsstufen I, II ... i eines Verdichters in ϱ Gruppen $A, B, C \ldots \varrho$ gleichen Verdichtungsverhältnisses, zwischen denen jeweils gekühlt wird, ergibt sich eine Anzahl von $(\varrho - 1)$ Kühlstellen. Wird hinter jeder Verdichtungsstufe gekühlt, dann ist $i = \varrho$. Bei außengekühlten Maschinen werden meistens mehrere ungekühlte Verdichtungsstufen zu einer Gruppe zusammengefaßt, und es ist dann $\varrho < i$.

Die gesamte Verdichtungsarbeit des Idealprozesses eines gekühlten Kreiselverdichters (Abb. 158) ist stets größer als die isothermische Verdichtungsarbeit (Abschn. B I, Gl. (11), S. 10). Das Verhältnis der isothermischen Verdichtungsarbeit zur Verdichtungsarbeit des Idealprozesses nach Abb. 158 werde als Wirkungsgrad der Kühlung infolge endlicher Kühlerzahl bezeichnet.

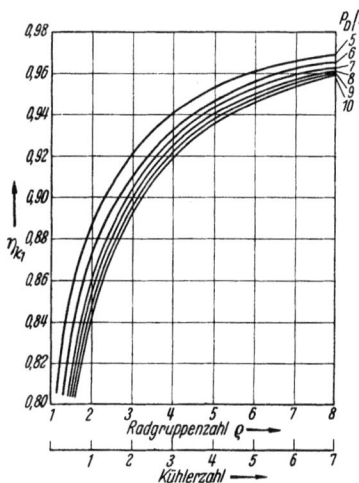

Abb. 173. Wirkungsgrad der Kühlung unter Einfluß von Kühlerzahl und Verdichtungsverhältnis bei adiabatischer Verdichtung innerhalb der einzelnen ungekühlten Radgruppen.

$$\eta_{k_1} = \frac{h_{is}}{\sum\limits_1^{\varrho} h_{ad}} = \frac{\ln \dfrac{p_D}{p_S}}{\dfrac{\varkappa}{\varkappa - 1} \varrho \left[\left(\dfrac{p_D}{p_S}\right)^{\frac{\varkappa-1}{\varrho \varkappa}} - 1\right]}. \tag{40}$$

Abb. 173 zeigt den Verlauf des Kühlungswirkungsgrades η_{k_1} für verschiedene Verdichtungsverhältnisse p_D/p_S von Verdichtern, die in eine Anzahl von ϱ Gruppen von Verdichtungsstufen durch $(\varrho - 1)$ Kühlstellen unterteilt sind.

Bei einem außengekühlten Verdichter für zehnfache Verdichtung ($p_D/p_S = 10$) ist bei Anwendung von drei Zwischenkühlern die Zahl der Verdichtungsstufen in 4 Gruppen unterteilt ($\varrho = 4$) und $\eta_{k_1} \approx 0{,}92$ (nach Abb. 173).

Bei einem innengekühlten Verdichter für die gleiche Verdichtung wird hinter jeder Stufe gekühlt ($i = \varrho$). Bei Anwendung von 10 Verdichtungsstufen ($\varrho = 10$) ist $\eta_{k_1} \approx 0{,}966$.

α_2) **Einfluß unvollkommener Rückkühlung.** Infolge endlicher Kühlfläche ist es nicht möglich, in einem Kühler bis auf die Kühlwasser-Eintrittstemperatur zurückzukühlen. Ist die Kühlwasser-Eintrittstemperatur t_{w_e} gleich der Ansaugetemperatur t_S des Verdichters, so kann man (Abb. 166) im Kühler nicht auf t_S zurückkühlen, sondern nur bis auf t_c. Ist $t_{w_e} > t_S$, dann liegt t_c entsprechend höher.

Infolgedessen hat die nächstfolgende Verdichtungsstufe bzw. -gruppe ein größeres Volumen zu verdichten. Das gleiche gilt für die übrigen Kühler und Verdichtungsgruppen.

Bei Unterteilung der i Verdichtungsstufen in ϱ Gruppen gleichen Verdichtungsverhältnisses und bei Kühlung zwischen jeder Gruppe auf die gleiche Temperatur t_c °C (bzw. T_c °K) $> t_S$ °C (bzw. T_S °K) beträgt der Wirkungsgrad η_{k_2} infolge unvollkommener Rückkühlung der Luft im Kühler

$$\eta_{k_2} = 1 - \frac{\varrho - 1}{\varrho} \frac{T_c - T_S}{T_S}. \tag{41}$$

Ist $t_{w_e} < t_S$ und wird dabei auch $t_c < t_S$, dann wird $\eta_{k_2} > 1$.

α_3) **Einfluß nichtwiderstandsloser Rückkühlung.** Jede Kühlung muß außerdem mit gewissen Druckverlusten erkauft werden, da zum Erzielen des Durchflusses und einer guten Wärmeübertragung gewisse Luftgeschwindigkeiten erforderlich sind, womit unvermeidliche Druckverluste verbunden sind, Abb. 165.

Am Laufradeintritt der dem Kühler folgenden Verdichtungsstufe ist darum der Druck nicht gleich dem Verdichtungsenddruck der dem Kühler vorausgehenden Stufe, sondern er ist um den Druckverlust Δp [kg/cm²] bzw. ΔP [kg/m²] im Kühler geringer.

Betragen die Druckverluste in den zwischen den Radgruppen A, B, C zwischengeschalteten Kühlern ΔP_{AB}, ΔP_{BC} ..., so ist die Mehrarbeit infolge dieser auftretenden Druckverluste angenähert

$$\Delta h \approx \Delta P_{AB} v_{s_B} + \Delta P_{BC} v_{s_C} + \cdots \quad [\text{mkg/kg}]. \tag{42}$$

Hierbei bezeichnet v das jeweilige spezifische Volumen m³/kg. Da bei angenäherter Rückkühlung in den Kühlern bis auf Ansaugetemperatur

$$P_{s_A} v_{s_A} \approx P_{s_B} v_{s_B} \approx P_{s_C} v_{s_C} \ldots \approx P_S v_S, \tag{43}$$

folgt für die spezifische Mehrarbeit infolge auftretender Druckverluste

$$\Delta h \approx P_S v_S \left(\frac{\Delta P_{AB}}{P_{s_B}} + \frac{\Delta P_{BC}}{P_{s_C}} + \cdots \right) \quad [\text{mkg/kg}]. \tag{44}$$

Daher beträgt der Wirkungsgrad infolge nicht widerstandsloser Rückkühlung

$$\eta_{k_3} \approx 1 - \frac{\Delta h}{h_{1s}} = 1 - \frac{\dfrac{\Delta P_{AB}}{P_{s_B}} + \dfrac{\Delta P_{BC}}{P_{s_C}} + \cdots}{\ln \dfrac{P_D}{P_S}} = 1 - \frac{\dfrac{\Delta p_{AB}}{p_{s_B}} + \dfrac{\Delta p_{BC}}{p_{s_C}}}{\ln \dfrac{p_D}{p_S}}, \tag{45}$$

wobei nach Gl. (3) in Abschn. C I, S. 28

$$h_{1s} = P_S v_S \ln \frac{P_D}{P_S} = P_S v_S \ln \frac{p_D}{p_S} \quad [\text{mkg/kg}] \text{ ist.} \tag{46}$$

α_4) **Einfluß der Aufwärmung der Luft.** Auf dem Wege vom Kühler zum Eintritt in das nächste Laufrad wird die Luft aufgewärmt durch Wärmeübergang von heißeren auf kältere Gehäuseteile von der Temperatur t_d auf die Temperatur t_e (Abb. 166). Die folgende Stufe hat daher ein größeres Volumen zu verdichten. Das gleiche gilt für die folgenden Radgruppen. Bei Unterteilung der i Verdichtungsstufen auf ϱ Gruppen gleichen Verdichtungsverhältnisses beträgt der diese Aufwärmung berücksichtigende Verlust

$$\eta_{k_4} = 1 - \frac{\varrho - 1}{\varrho} \frac{T_e - T_d}{T_d}. \tag{47}$$

α_5) Der **Gesamtwirkungsgrad der Kühlung** setzt sich aus den Einflüssen α_1 bis α_4 zusammen, so daß

$$\eta_k = \eta_{k_1} \eta_{k_2} \eta_{k_3} \eta_{k_4}. \tag{48}$$

Die Anwendung sei am Beispiel eines ausgeführten Verdichters gezeigt, bei dem jedoch die Druckverhältnisse der Radgruppen nicht völlig gleich waren.

Beispiel eines ausgeführten Verdichters mit 3 Zwischenkühlern.

Ansaugedruck $p_S = 1{,}0$ ata
Enddruck $p_D = 7{,}0$ ata
Verdichtungsverhältnis $p_D/p_S = 7{,}0$
Stufenzahl $i = 9$
Kühlerzahl 3

Radgruppenzahl $\varrho = 4$
Ansaugetemperatur $t_S = 20°$ C
Kühlwasser-Eintrittstemperatur $t_{w_e} = 27°$ C
Kaltlufttemperatur am Kühleraustritt $t = 36°$ C

	I	II	III	
Drücke vor Kühler	2,1	3,2	5,4	ata
Druckverlust im Kühler	530	390	230	mm WS

Mit obigen Gleichungen ergeben sich folgende Wirkungsgrade:

α_1) *Einfluß endlicher Kühlerzahl* $\eta_{k_1} = 0{,}929$ (nach Abb. 173),

α_2) *Einfluß unvollkommener Rückkühlung* nach Gl. (41)

$$\eta_{k_2} = 1 - \frac{3}{4}\frac{309 - 293}{293} = 0{,}96,$$

α_3) *Einfluß des Druckverlustes im Kühler* nach Gl. (45)

$$\eta_{k_3} = 1 - \frac{\frac{0{,}053}{2{,}1} + \frac{0{,}039}{3{,}2} + \frac{0{,}023}{5{,}4}}{\ln 7} = 0{,}98,$$

α_4) *Einfluß der Wiederaufwärmung* nach Gl. (47)

$$\eta_{k_4} = 1 - \frac{3}{4}\frac{313 - 309}{309} \approx 0{,}99,$$

α_5) *Gesamtwirkungsgrad der Kühlung* nach Gl. (48)

$$\eta_k = \eta_{k_1}\,\eta_{k_2}\,\eta_{k_3}\,\eta_{k_4} = 0{,}865.$$

β) Der *äußere volumetrische Wirkungsgrad* berücksichtigt die äußeren Spaltverluste, soweit sie nicht in die Saugleitung zurückgeführt werden

$$\eta_{v-a} = \frac{G_S - G_{\mathrm{Sp}-a}}{G_S} = \frac{G}{G_S}. \tag{49}$$

γ) Der *innere Wirkungsgrad* berücksichtigt die inneren Verluste. Mit H_i nach Gl. (36) ist

$$\eta_i = \frac{H}{H_i} \approx \frac{h_{\mathrm{is}}}{H_i} = \frac{N_n}{N_i}. \tag{50}$$

δ) Der *mechanische Wirkungsgrad* berücksichtigt die mechanischen Verluste (vornehmlich Lagerreibung)

$$\eta_m = \frac{N - N_m}{N} = 1 - \frac{N_m}{N} = \frac{N_i}{N}. \tag{51}$$

ε) Der *isothermische Kupplungswirkungsgrad* bezieht die Nutzleistung des Verdichters auf die isothermische Verdichtung und ist

$$\eta_{\mathrm{is}-K} = \frac{N_n}{N} = \frac{G\,h_{\mathrm{is}}}{3600 \cdot 75\,N}. \tag{52}$$

Um einen Anhalt über die Größe der Wirkungsgrade neuzeitlicher Kreiselverdichter zu geben, sind nachstehend für eingehäusige Luftverdichter verschiedener Größe bei Verdichtung von 1,0 ata auf 7 bis 8 ata und bei außengekühlter Bauart die Wirkungsgrade η_{v-a}, η_m und $\eta_{\mathrm{is}-K}$ angegeben. Hierbei ist zugrunde gelegt, daß die Kühlwasser-Eintrittstemperatur gleich der Ansaugetemperatur ist ($t_{w_e} = t_S$).

Maschinengröße Normale Ansaugemenge m³/h	η		
	η_{v-a}	η_m	$\eta_{\mathrm{is}-K}$
20 000	0,985	0,985	0,63 bis 0,65
50 000	0,990	0,990	0,65 bis 0,68
100 000	0,995	0,992	0,68 bis 0,70

e) Kennlinien von Kreiselverdichtern.

1. Entstehen der Kennlinie eines Kreiselverdichters.

Die Kennlinie eines Kreiselverdichters setzt sich in gleicher Weise wie die Kennlinie eines mehrstufigen Gebläses aus den Kennlinien der einzelnen Stufen zusammen. Da man sowohl mit Rücksicht auf das mit zunehmender Verdichtung abnehmende Volumen als auch mit Rücksicht auf die Herabsetzung der Radreibungsleistung bei Kreiselverdichtern fast ausnahmslos den in den Laufraddurchmessern und -breiten stetig abgestuften oder gruppenweise abgestuften Läufer anwendet, ergeben sich für die Kennlinien des Kreiselverdichters die gleichen Verhältnisse, wie in Abschnitt D I, S. 127, für das mehrstufige, abgestufte Gebläse entwickelt.

Abb. 174 zeigt die Versuchsergebnisse eines neunstufigen Kreiselkompressors mit 3 Zwischenkühlern, so daß hierdurch die gesamte Stufenzahl in 4 Gruppen von Rädern aufgeteilt ist, hinter denen jeweils der Druck gemessen wurde; es war so möglich, den Verlauf der Drücke hinter den einzelnen Radgruppen über dem Ansaugvolumen V_S des Verdichters aufzutragen. Man erkennt, daß auch hier die letzte Radgruppe die resultierende Kennlinie des Verdichters entscheidend beeinflußt und insbesondere die maximale Ansaugemenge des Verdichters nach oben begrenzt.

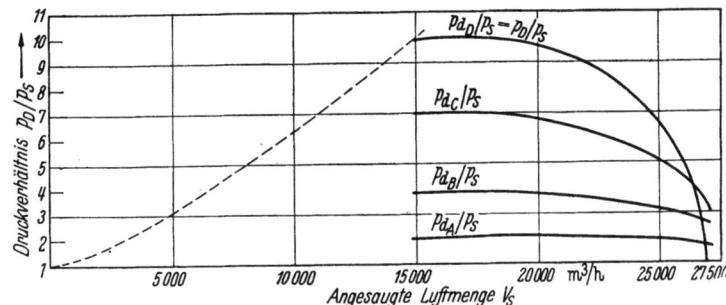

Abb. 174. Kreiselverdichter mit Außenkühlung. Verlauf des Verhältnisses der Gruppendrücke p_{d_A}, p_{d_B} ... zum Ansaugedruck p_S in Abhängigkeit vom Ansaugvolumen V_S. Läufer abgestuft. Motordrehzahl 1410 U/min, Verdichterdrehzahl 5330 U/min.

2. Kennliniendiagramme [71] und [72].

Die Kennlinien (Druck-Volumen-Kurven und Wirkungsgradkurven) geben Aufschluß über den gesamten Arbeitsbereich des Verdichters und über die Wirtschaftlichkeit des Arbeitens bei verschiedenen Betriebspunkten. Im Sinne hoher Wirtschaftlichkeit einer Verdichteranlage liegt es, daß nicht nur in einem bestimmten Punkt (Gewährleistungspunkt des Verdichters) ein hoher Wirkungsgrad erreicht wird, sondern daß auch in einem möglichst großen Arbeitsbereich mit guten Wirkungsgraden gearbeitet werden kann. Diese Forderung bedeutet einen möglichst flachen Verlauf der Wirkungsgradlinie.

Da ein Kreiselverdichter in seiner Beschaufelung und in den gewählten Durchtrittsquerschnitten im Inneren nur für einen bestimmten Punkt (Auslegungspunkt) festgelegt werden kann, müssen sich ungünstige Verhältnisse ergeben, wenn im Betrieb starke Abweichungen gegenüber der Auslegung auftreten. Dieses ist z. B. der Fall, wenn ein für einen bestimmten Druck, z. B. 7 bis 10 ata, gebauter Verdichter bei sehr niedrigem Enddruck, z. B. 4 ata, betrieben wird. In diesem Fall haben insbesondere die letzten Verdichterstufen ein wesentlich größeres Volumen zu verarbeiten als vorgesehen, und es treten daher auch wesentlich höhere Geschwindigkeiten auf, die die kritischen Geschwindigkeiten erreichen können. Hieraus erklärt sich der steile Druckabfall der Druck-Volumen-Kurve im Gebiet niedriger Drücke und der damit verbundene niedrige Wirkungsgrad in diesem Gebiet. Als Betriebspunkte für Dauerbetrieb scheiden solche Punkte wegen der damit verbundenen Unwirtschaftlichkeit aus. Es muß vielmehr angestrebt werden, die Betriebspunkte in das Gebiet flacheren Verlaufes der Kennlinien und damit verbundener besserer Wirkungsgrade zu legen. Um auch kleine Teillasten fahren zu können, ist eine niedrige Lage der Pumpgrenze von Wichtigkeit. Die Forderungen an die Lage der Pumpgrenze haben sich in den letzten Jahren sehr verschärft, und es sind daher mancherlei bauliche Einrichtungen entwickelt worden, um die natürliche Pumpgrenze herabzusetzen. Bemerkenswert ist, daß es heute möglich ist, auch ohne zusätzliche Einrichtungen lediglich durch geeignete Ausbildung von Laufschaufeln und Diffusoren sehr niedrige Pumpgrenzen zu erreichen.

Der Verlauf der Kennlinien von Kreiselverdichtern kann rechnerisch im voraus nur angenähert bestimmt werden. Der genaue Verlauf kann an der ausgeführten Maschine durch Versuch in gleicher Weise wie für Gebläse durch Bestimmung von Ansaugemenge, Ansaugedruck und Enddruck bei verschiedenen Drehzahlen ermittelt werden. Die Kühlwasserverhältnisse (Menge, Temperatur) sind hierbei sehr wesentlich.

Den Verlauf der Kennlinien eines Kreiselverdichters zur Verdichtung von Luft von 1,0 ata auf 7,0 ata zeigt Abb. 175. Das Diagramm enthält eine Reihe Kurven je gleicher Drehzahl, die bis an die Pumpgrenze der Maschine ausgefahren sind. Die Maschine, die für Druckluftversorgung bei konstantem Netzdruck und bei wechselnder Ansaugemenge bestimmt ist, ist infolge der niedrigen Pumpgrenze in einem sehr großen Arbeitsbereich betriebsfähig (von etwa 20 000 m³/h bis 55 000 m³/h). Der Gesamtwirkungsgrad der Maschine, bezogen auf die Kupplungsleistung und bezogen auf die Isotherme $\eta_{is-K} = N_n/N$, ist in einem weiten Arbeitsbereich als recht gut anzusprechen. Die Maschine besitzt Außenkühlung (3 Zwischenkühler).

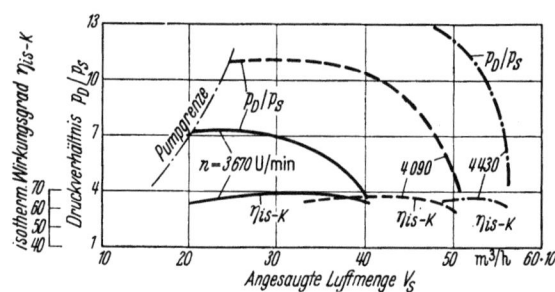

Abb. 175. Kennlinien-Diagramm eines mehrstufigen Kreiselverdichters der Bauart nach Abb. 188, S. 170. Normale Antriebsleistung $N_{norm} = 3200$ kW; Auslegungs-Ansaugemenge $V_{S_{norm}} = 40 000$ m³/h; normales Verdichtungsverhältnis $p_D/p_S = 7,0$.

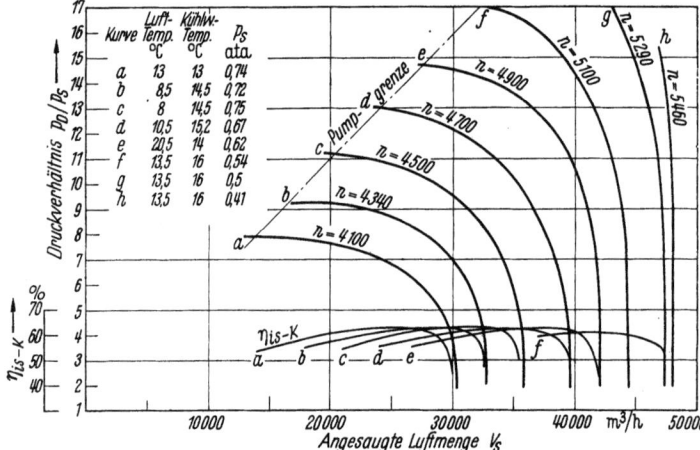

Abb. 176. Kennlinien-Diagramm eines neunstufigen Kreiselverdichters. $V_{S_{norm}} = 34 000$ m³/h; $p_D/p_S = 11,0$.

Das Kennliniendiagramm eines Luftverdichters für 9- bis 11fache Verdichtung zeigt Abb. 176. Auch dieser Verdichter ist eingehäusig gebaut und mit dreifacher Zwischenkühlung ausgerüstet.

f) Kennzahlen von Kreiselverdichtern.

Die **Druckzahl** bezieht man bei dem gekühlten Verdichter auf die isothermische Verdichtung als Vergleichsprozeß. Bezeichnet $\sum u^2$ die Summe der Quadrate der Umfangsgeschwindigkeiten der hintereinandergeschalteten Stufen, so ist

$$\psi_{is} = \frac{h_{is}}{\frac{1}{2g}\sum u^2} \quad \text{bzw.} \quad k_{is} = \frac{\sum u^2}{h_{is}}. \tag{53}$$

Für die einzelnen Stufen eines außengekühlten Verdichters gilt wie für einstufige Gebläse

$$\left.\begin{array}{l} \psi_{ad_I} = \dfrac{h_{ad_I}}{u_I^2/2g} \quad \text{bzw.} \quad k_I = \dfrac{u_I^2}{h_{ad_I}} \\[2mm] \psi_{ad_{II}} = \dfrac{h_{ad_{II}}}{u_{II}^2/2g} \quad \text{bzw.} \quad k_{II} = \dfrac{u_{II}^2}{h_{ad_{II}}} \\ \vdots \end{array}\right\} \tag{54}$$

Für die einzelnen Gruppen eines außengekühlten Verdichters gilt wie für mehrstufige Gebläse

$$\psi_{ad_A} = \frac{(\sum \psi_i u_i^2)_A}{(\sum u^2)_A}, \quad \psi_{ad_B} = \frac{(\sum \psi_i u_i^2)_B}{(\sum u^2)_B}. \tag{55}$$

Die Druckzahl des gesamten Verdichters ψ_{is} steht mit den Druckzahlen der einzelnen Stufen ψ_{ad_I}, $\psi_{ad_{II}}$ ... in der Beziehung

$$\psi_{is} = \frac{h_{is}}{\dfrac{h_{ad_I}}{\psi_{ad_I}} + \dfrac{h_{ad_{II}}}{\psi_{ad_{II}}} + \cdots + \dfrac{h_{ad_i}}{\psi_{ad_i}}} . \tag{56}$$

Die Förderzahlen φ bzw. $\bar{\varphi}$ und die spezifischen Drehzahlen n_q der einzelnen Stufen ergeben sich wie für einstufige Gebläse aus Gl. (162, 163, 169, 173), Abschn. C I, S. 84 bis 86.

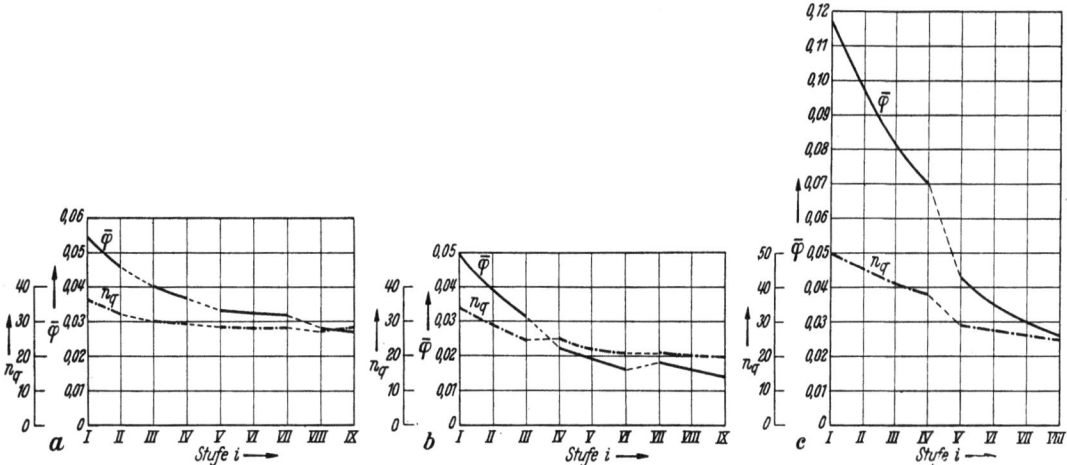

Abb. 177a—c. Kennzahlen der Stufen ausgeführter Kreiselverdichter.

Abb. 177a bis c gibt die Kennzahlen der Stufen ausgeführter Kreiselverdichter in Abhängigkeit von der jeweiligen Stufe. Abb. 177a gilt für einen neunstufigen Verdichter mit 3 Zwischenkühlern, Abb. 177b für einen neunstufigen Verdichter mit 2 Zwischenkühlern, Abb. 177c für einen achtstufigen Verdichter mit einem Zwischenkühler [*87 g*].

II. Ausgeführte Kreiselverdichter.

a) Ausgeführte Kreiselverdichter mit Innenkühlung.

Die Entwicklung des Kreiselverdichterbaues begann mit kleinen Einheiten. Die dabei gewählten Umfangsgeschwindigkeiten der Laufräder waren niedrig, so daß diese Maschinen für die normalen Drücke (sieben- bis achtfache Verdichtung von Luft) große Stufenzahlen aufwiesen, die auf mehrere Gehäuse verteilt werden mußten. Für diese Maschinen wurde die Innenkühlung gewählt. Die Innenkühlung, bei der der Luftweg zwischen Laufradaustritt und -eintritt zum nächsten Rad zur Kühlung herangezogen wird dadurch, daß die Begrenzungswände der Luftwege als Kühlflächen ausgebildet sind, wird durch die hohen Stufenzahlen begünstigt, weil große Kühlflächen bei großer Stufenzahl leichter untergebracht werden können.

Die laufende Verbesserung der Stahlqualitäten gestattete, die Umfangsgeschwindigkeiten der Laufräder zu steigern und dadurch die Zahl der Stufen und Gehäuse zu verringern. So kam man beispielsweise im Bergbau für die dort üblichen Drücke (7 bis 8 ata) im Zuge der Entwicklung von der dreigehäusigen Bauart mit insgesamt bis zu 30 Stufen zur zweigehäusigen Bauart und schließlich zur eingehäusigen Bauart, deren Stufenzahl sich im Laufe der Zeit weiter verringerte von 15 Stufen bis auf 11 bis 9 Stufen (Abb. 178 und 179).

Mit dem Zunehmen der Leistung je Maschineneinheit, insbesondere mit der Abnahme der Stufenzahl, traten jedoch Schwierigkeiten in der Unterbringung der erforderlichen Kühlflächen auf, so daß man mit der reinen Innenkühlung meist nicht mehr auskam.

Die rein innengekühlte Maschine ist darum an gewisse Leistungsgrenzen und gewisse Stufenzahlen gebunden.

Der konstruktive Aufbau der innengekühlten Maschine ist aus Abb. 178 und 179 ersichtlich. Die im Gehäuse liegenden Luftwege des Verdichters sind durch Wasser gekühlt. Das Verdichtergehäuse hat daher außer der der Stufenzahl entsprechenden Zahl von Luftwegen noch eine große Zahl von Wasserräumen mit zweckmäßiger Kühlwasserführung, so daß ein sehr kompliziertes Gehäuse entsteht. Aus Gründen der Herstellung werden derartige Gehäuse innengekühlter Verdichter außer in der waagerechten auch in der senkrechten Richtung unterteilt. Der Verdichter Abb. 178 ist hinter jeder Stufe senkrecht unterteilt. Die Teile des

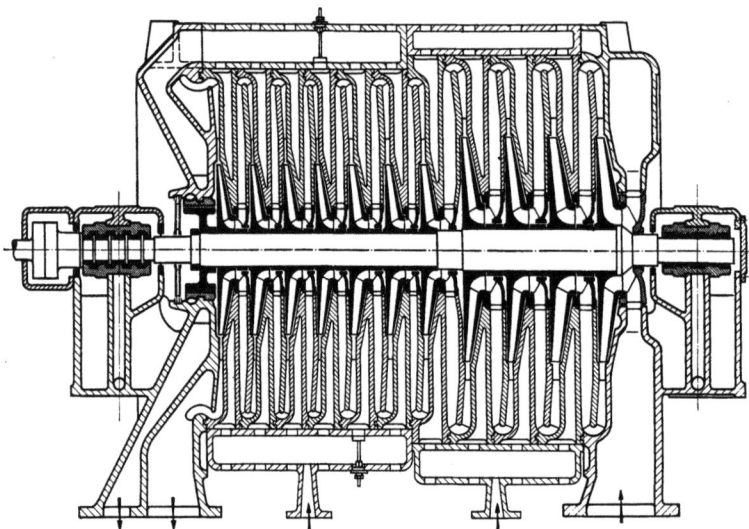

Abb 178. Längsschnitt eines innengekühlten Kreiselverdichters.

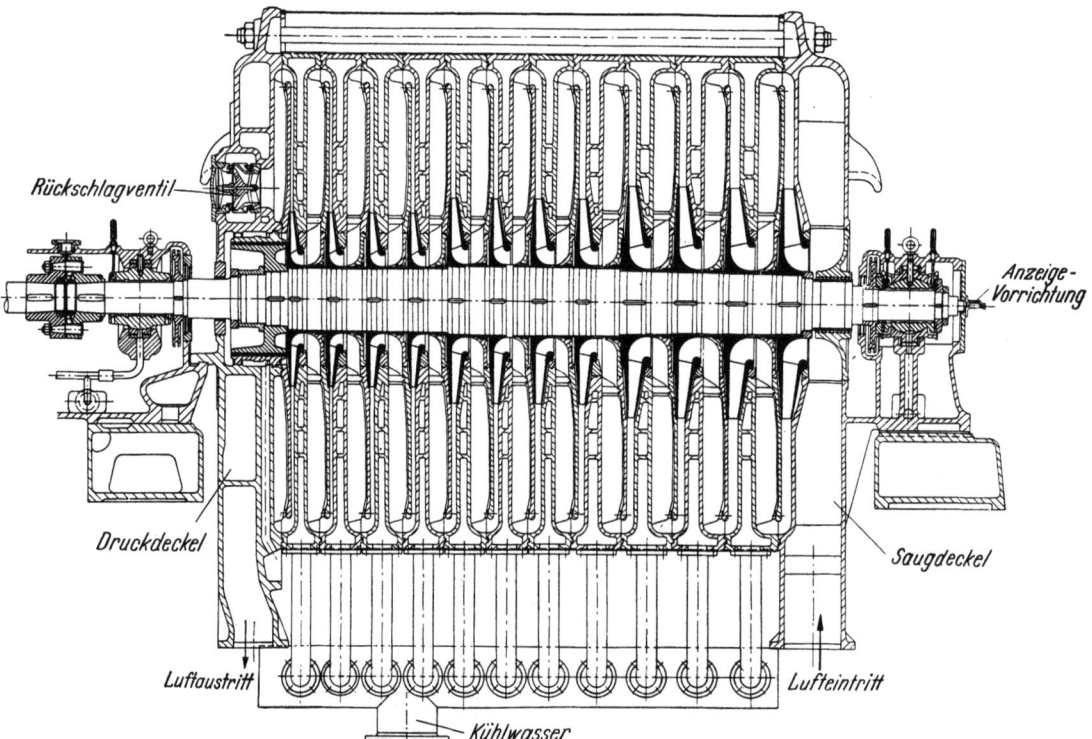

Abb. 179. Längsschnitt eines innengekühlten Kreiselverdichters, Bauart GHH.

Gehäuses werden durch kräftige durchgehende Zuganker zusammengehalten und verspannt derart, daß das gesamte Oberteil nach Lösen der Teilfugenschrauben abgehoben werden kann. Die Kühlwasserzuführung erhält der Verdichter von unten. Über einen Verteilerkasten gelangt das Wasser zu den einzelnen Kühlräumen, in denen es unter besonderer Führung nach oben steigt, wo es sich in einem

Abflußkasten sammelt. Einen größeren neuzeitlichen Kreiselverdichter der Gutehoffnungshütte, ausgerüstet mit Innenkühlung, zeigt Abb. 179 im Schnitt [77]. Die Laufraddurchmesser der zwölfstufigen Maschine sind zu Gruppen von je 4 Rädern gleichgehalten. Die Kühlwasserräume sind durch waagerecht angeordnete Führungsrippen unterteilt (Abb. 180). Das Kühlwasser wird in geschlossenem

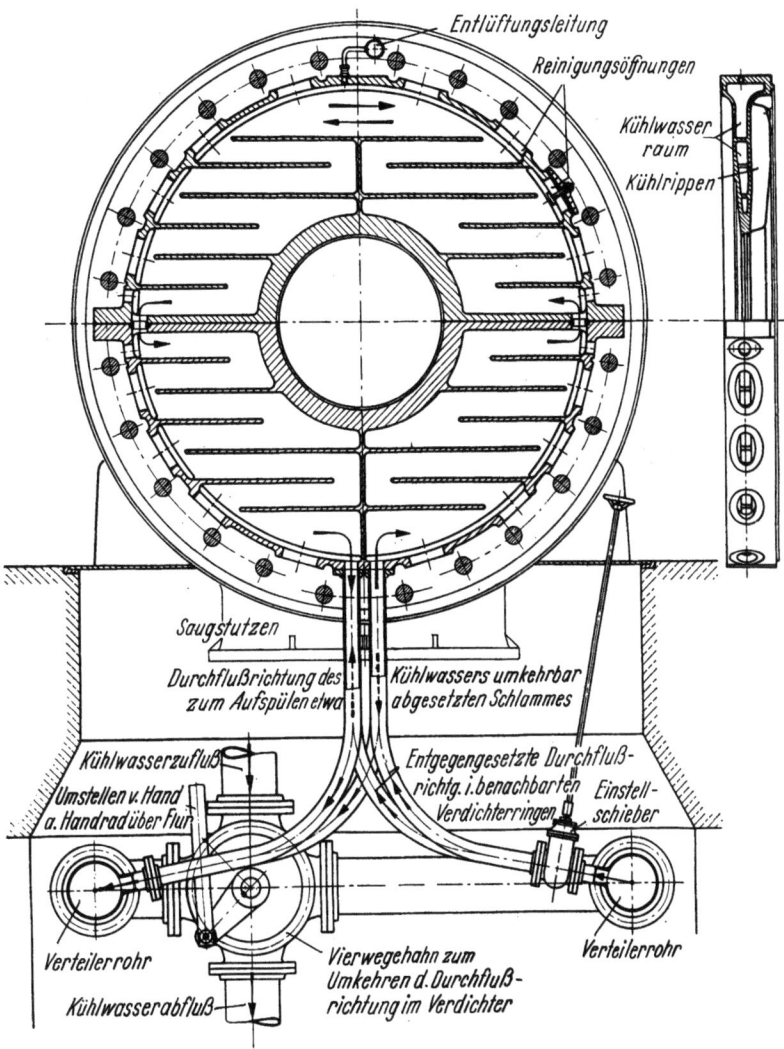

Abb. 180. Kühlwasserführung im Kreiselverdichter mit Gehäusekühlung, Bauart GHH.

Kreislauf über besondere Verteilerrohre den einzelnen Gehäuseteilen unten zugeführt und auch auf der Unterseite wieder abgeführt. Das Kühlwasser wird in benachbarten Gehäuseteilen aus Gründen gleichmäßiger Durchwärmung der Maschinen in entgegengesetztem Sinn geführt. Die Kühlwasser-Durchflußrichtung kann zum Zweck des Entfernens etwaiger Schlammablagerungen durch einen eingebauten Vierwegehahn umgekehrt werden. Die Entlüftung der einzelnen Gehäuseteile befindet sich jeweils am höchstgelegenen Punkt des Kühlwasserraumes. Durch Reinigungsöffnungen, die in großer Zahl am äußeren Umfang angeordnet sind (Abb. 180), ist das Kühlrauminnere zugänglich, so daß auch während des Betriebes die Reinigung einzelner Zellen nach Abstellen des Kühlwassers möglich ist. Auf der Luftseite ist die Kühlfläche durch zahlreiche Rippen, die gleichzeitig zur Luftführung von außen zur nächstfolgenden Stufe nach innen dienen, stark vergrößert, Abb. 181a. Auch der Druckdeckel (Abb. 181b), der hier an Stelle einer im allgemeinen dicht hinter der Maschine angeordneten Rückschlagklappe, die der Sicherung der Maschine gegen Rückwärtslauf dient, mehrere unmittelbar eingebaute Rückschlagventile enthält, ist stark verrippt, Abb. 181b.

Die einzelnen senkrecht unterteilten Gehäuseteile werden mit dem Saug- und Druckdeckel durch Längsanker (Abb. 179) zusammengehalten, während Verdichteroberteil und -unterteil durch Teilfugenschrauben (Abb. 180) zusammengehalten werden. Im betriebsfertigen Zustand werden die Verschraubungen durch eine leicht abnehmbare Glanzblechverkleidung verdeckt.

b) Ausgeführte Kreiselverdichter mit kombinierter Innen- und Außenkühlung.

Wie bereits gesagt, ist die rein innengekühlte Maschine an gewisse Leistungsgrenzen und gewisse Stufenzahlen gebunden. Die Entwicklung in der Richtung der Steigerung der Umfangsgeschwindigkeiten und der Herabsetzung der Stufenzahlen führte zu einer zusätzlichen Anordnung von ein oder zwei Zwischenkühlern bei großen Maschinen, da bei verringerter Stufenzahl die Kühlflächen im Maschineninneren zur Abführung der Wärme nicht ausreichten. Auf diese Weise entstand die kombinierte Innen- und Außenkühlung. Konstruktiv ergibt sich eine Änderung gegenüber der rein innengekühlten Maschine lediglich durch die Führung der Luft von und zum Kühler. Im Aufbau der Maschine bestehen gegenüber der rein innengekühlten Maschine keine wesentlichen Unterschiede.

Eine Maschine großer Leistung, entwickelt bei der FMA, ausgestattet mit Innen- und Außenkühlung, zeigt Abb. 182 im Schnitt [73 u. 72]. Die Maschine hat 9 Stufen, die zu Gruppen von je 3 Rädern im Durchmesser gleichgehalten sind. Die Außenkühlung besteht in zwei liegenden, unterhalb der Maschine angeordneten Zwischenkühlern, die als Kesselkühler ausgebildet sind (Abb. 183). Die Innenkühlung ist als normale Gehäusekühlung ausgebildet.

Wie die Abb. 178 bis 183 zeigen, ist der Aufbau der Maschine mit Gehäusekühlung nicht einfach. Die Zusammensetzung der beiden Verdichterteile aus vielen Einzelteilen erfordert größte Sorgfalt. Und trotzdem läßt es sich im Betrieb nicht vermeiden, daß unter Temperatureinflüssen gewisse Wärme-

Abb. 181a.
Gehäusering eines Kreiselverdichters mit Gehäusekühlung, Bauart GHH.
A Kühlrippen (zugleich Luftführung), *B* Reinigungsluken

Abb. 181b.
Druckdeckel eines Kreiselverdichters mit Gehäusekühlung, Bauart GHH.
A Rückschlagventile, *B* Führungsrippen

dehnungen auftreten, die unter Umständen zu einem Verziehen und Verwerfen des Gehäuses führen können, insbesondere dann, wenn infolge ungenügender Wartung Teile der Wasserräume durch Ablagerungen verkrusten, wodurch eine Verschlechterung des Wärmeübergangs und der Kühlung und unter Umständen eine ungleiche Durchwärmung der Gehäuseteile herbeigeführt wird.

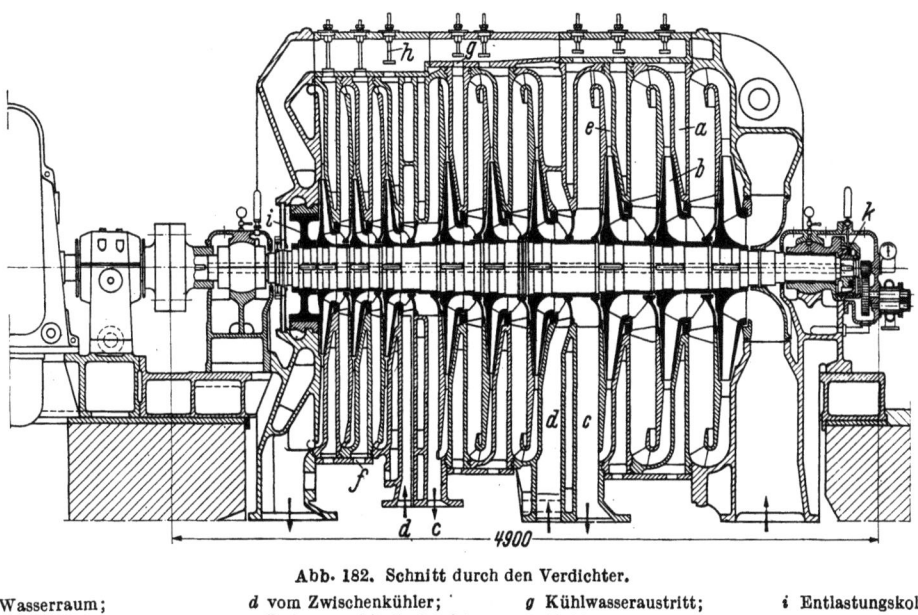

Abb. 182. Schnitt durch den Verdichter.

a Wasserraum;
b Laufrad;
c zum Zwischenkühler;
d vom Zwischenkühler;
e Diffusor mit Leitschaufeln;
f Kühlwassereintritt;
g Kühlwasseraustritt;
h Kühlwasserventil;
i Entlastungskolben;
k Spurlager.

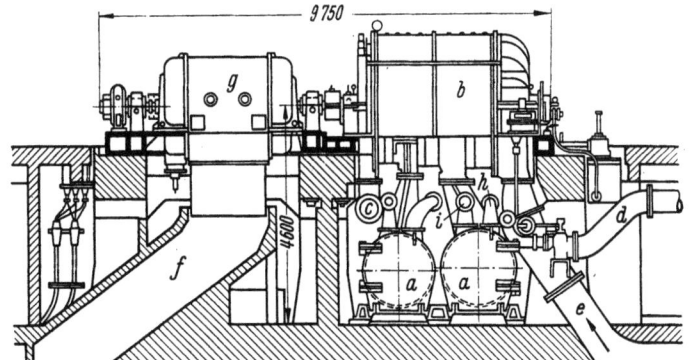

Abb. 183. Gesamtanordnung.
a Zwischenkühler;
b Verdichter;
c Druckleitung;
d Luftabblaseleitung;
e Saugleitung;
f Lüftungskanal;
g Elektromotor;
h, i Kühlwasserzu- und -abfluß.

Abb. 182 u. 183. Kreiselverdichter der FMA und Demag mit kombinierter Innen- und Außenkühlung, für 80000 m³/h Luft und 10fache Verdichtung, Antrieb durch Elektromotor, $n = 3060$ U/min.

Wenn man bei großen Maschinenleistungen schon gezwungen ist, zusätzlich zur Gehäusekühlung noch ein oder mehrere außenliegende Zwischenkühler zu verwenden, so lag der Gedanke nahe, auf die Gehäusekühlung gänzlich zu verzichten und die Zahl besonderer Kühler so zu wählen und diese so zu bemessen, daß gegenüber der reinen Gehäusekühlung bzw. der kombinierten Innen- und Außenkühlung keine wesentliche Verschlechterung, sondern möglichst noch eine Verbesserung erzielt würde.

c) Ausgeführte Kreiselverdichter mit Außenkühlung.

Für Luftverdichter wird heute die Außenkühlung mit Vorliebe angewandt. Die außengekühlte Maschine ist in ihrem Aufbau wesentlich einfacher als die innengekühlte Maschine wegen des Wegfallens der Kühlräume im Verdichterinneren. Das gesamte Verdichtergehäuse kann im wesentlichen aus zwei Hauptteilen, dem Oberteil und dem Unterteil, zusammengebaut werden. Der Saug-

und der Druckdeckel werden an das Gehäuse angeflanscht. In das Gehäuse werden besondere Zwischenböden eingesetzt, deren Wände die Luftführungskanäle begrenzen. Die Zwischenböden tragen die Dichtungseinsätze, die zwischen dem feststehenden und dem umlaufenden Teil zur Abdichtung der einzelnen Stufen nötig sind.

Besondere Beachtung erfordert die Unterbringung der Außenkühler. Je weiter die Kühler vom eigentlichen Verdichtergehäuse entfernt aufgestellt werden, um so weitere Strecken muß das zu verdichtende Mittel auf dem Wege vom Gehäuse zur Kühlung und von der Kühlung zum Gehäuse zurücklegen; und da jeder unnötige Weg mit Verlusten verbunden ist, muß man unbedingt bestrebt sein, die Zwischenkühlung so dicht wie möglich am Gehäuse anzuordnen. Die Zahl der Zwischenkühler richtet sich nach der Höhe der zu erzielenden Verdichtung. Von dieser Kühlerzahl in Verbindung mit dem durch die Kühlung bedingten Druckverlust hängt auch der erreichbare Verdichterwirkungsgrad ab.

Die Bauarten der außengekühlten Verdichter der verschiedenen Firmen unterscheiden sich im wesentlichen durch die Gehäusezahl, Stufenzahl, Kühlerzahl, Kühleranordnung und Luftführung auf dem Wege zum und vom Kühler. Von Einfluß sind dabei das Verdichtungsverhältnis p_D/p_S, die Gasart und die Größe des Ansaugevolumens.

Abb. 184. Zweigehäusiger Kreiselverdichter von BBC zur Verdichtung von $V_S = 130000$ bis 150000 m³/h Luft von $p_S = 0,85$ ata auf $p_D = 9,5$ ata für Druckluftzentrale Rosherville, Südafrika. Niederdruckteil und Hochdruckteil besitzen je 8 Stufen und je 4 Außenkühler, von denen je 2 parallel geschaltet sind.

1. Gehäusezahl. In Deutschland wird heute für Luftverdichter für normale Verdichtungsverhältnisse p_D/p_S zwischen 7 bis 8 und 10 und Ansaugevolumina V_S von 100000 bis 120000 m³/h fast ausschließlich die eingehäusige Bauart gewählt. Beispiele eingehäusiger Verdichter zeigen Abb. 187 bis 193.

Für größere Ansaugevolumina ist eine geeignete Bauart die zweigehäusige Maschine mit einflutigem oder doppelflutigem Niederdruckteil und einflutigem Hochdruckteil (Abb. 184) oder mit zwei parallelgeschalteten Verdichtern von je halber Ansaugemenge (Abb. 185) oder die dreigehäusige Bauart mit zwei parallelgeschalteten Niederdruckteilen und einem gemeinsamen Hochdruckteil (Abb. 186).

2. Stufenzahl. Durch die Stufenzahl werden vor allem die Baulänge, der Platz- und Raumbedarf und das Gewicht des Verdichters beeinflußt. Außer durch obige Einflüsse wird die Stufenzahl wesentlich bestimmt durch die Höhe der für die Laufräder angewendeten Umfangsgeschwindigkeiten ($\sum u^2$), s. Abschn. EI, S. 138. Für Luftverdichter und Verdichtungsverhältnisse zwischen 7 und 10 wird heute in Deutschland im allgemeinen eine Stufenzahl i zwischen 9 und 11 angewendet.

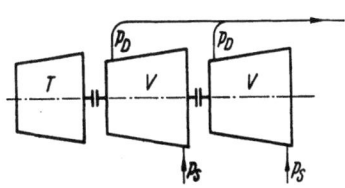

Abb. 185. Zweigehäusiger Verdichter, bestehend aus zwei gleichen parallelgeschalteten Verdichtern.

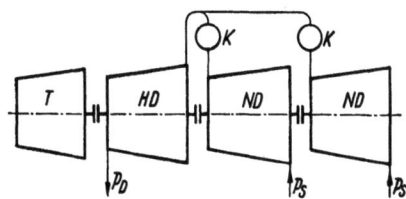

Abb. 186. Dreigehäusiger Verdichter, bestehend aus zwei parallelgeschalteten Niederdruckteilen und einem nachgeschalteten Hochdruckteil.

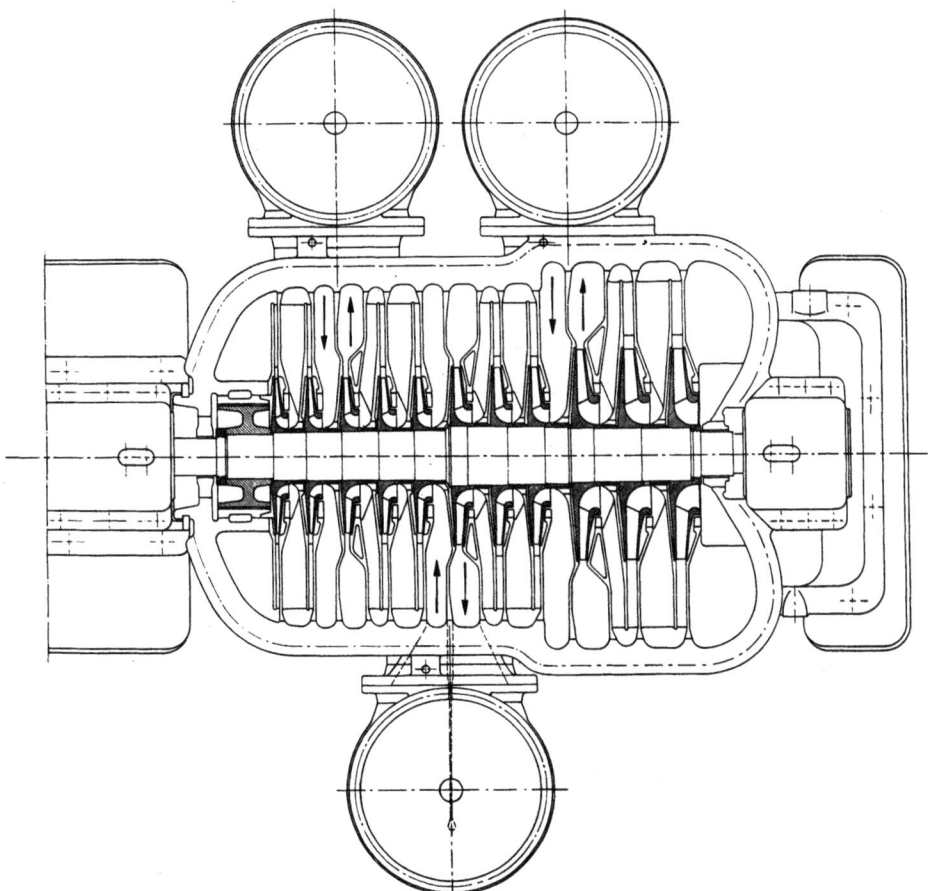

Abb. 187. Kreiselverdichter für 50000 m³/h und 7 ata, Bauart GHH, mit Außenkühlung durch drei beiderseits des Gehäuses angeordnete Kesselkühler.

Abb. 187 zeigt einen Verdichter mit 11 Stufen (Laufraddurchmesser gruppenweise gleich), Abb. 188 einen solchen mit 9 Stufen (Laufraddurchmesser stetig abgestuft).

3. Kühlerzahl. Theoretisch wird ein um so besserer Verdichterwirkungsgrad erreicht, je häufiger während der Verdichtung gekühlt wird [Abschn. E, Gl. (40)]. Jedoch ist mit jeder Zwischenkühlung ein unvermeidlicher Druckverlust verbunden, dessen Höhe von der Ausbildung und Bemessung der Kühler abhängt [Abschn. E, Gl. (45)]. Eine große Kühlerzahl (z. B. Kühlung hinter jeder Stufe) hat nur Sinn, wenn dabei die Druckverluste in den Kühlern sehr niedrig gehal-

170   Kreiselverdichter.

ten werden. Dies ist nur möglich durch Anwendung geringer Strömungsgeschwindigkeiten in den Kühlern, wodurch die Wärmeübertragung je Einheit der Kühlfläche (kcal/m²h grd) verringert wird. Große Kühlerzahl erfordert also sehr große Kühlflächen und großen Platzbedarf, folglich

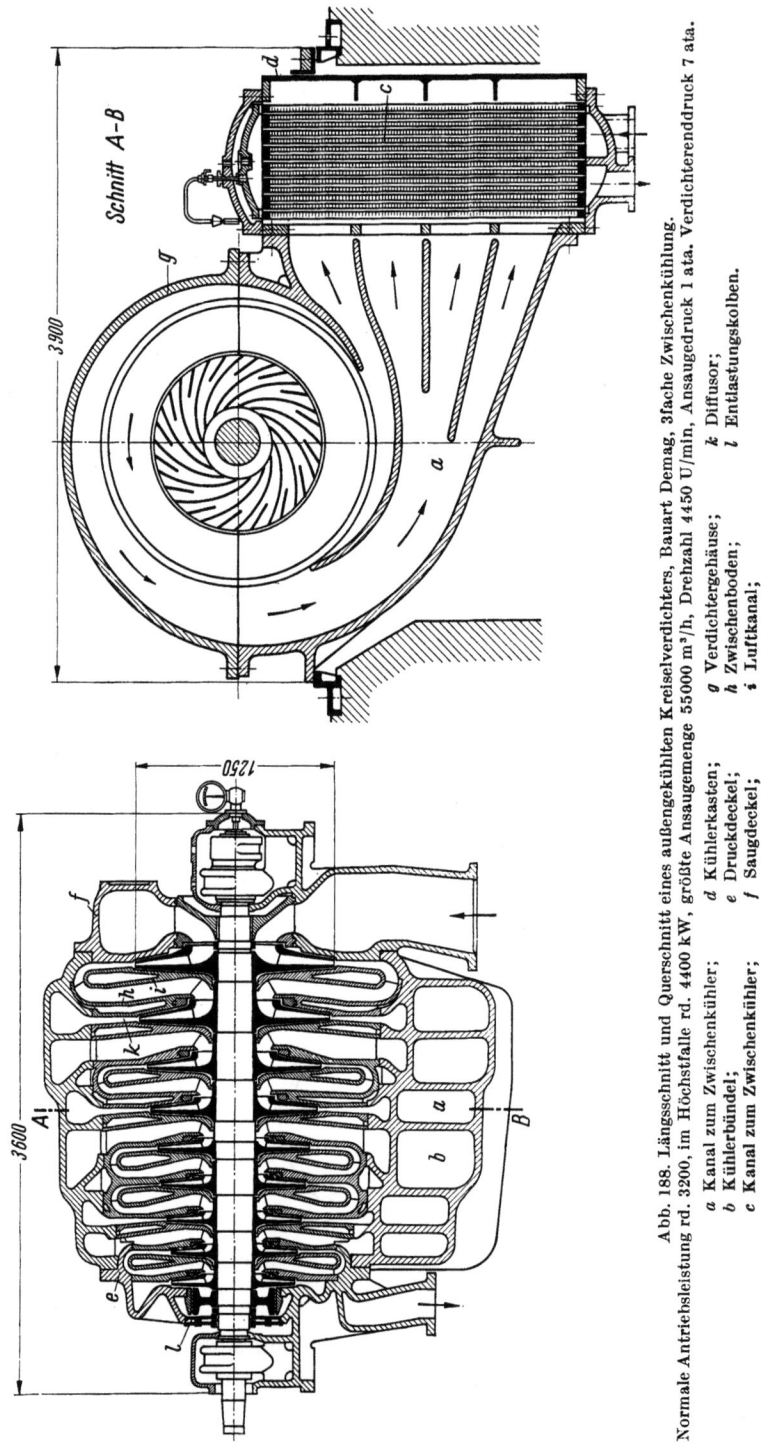

Abb. 188. Längsschnitt und Querschnitt eines außengekühlten Kreiselverdichters, Bauart Demag, 3fache Zwischenkühlung. Normale Antriebsleistung rd. 3200, im Höchstfalle rd. 4400 kW, größte Ansaugemenge 55000 m³/h, Drehzahl 4450 U/min, Ansaugedruck 1 ata. Verdichterenddruck 7 ata.

a Kanal zum Zwischenkühler; d Kühlerkasten; g Verdichtergehäuse; k Diffusor;
b Kühlerbündel;   e Druckdeckel;   h Zwischenboden;   l Entlastungskolben.
c Kanal zum Zwischenkühler; f Saugdeckel;   i Luftkanal;

erhöhte Herstellungskosten. Die Entscheidung über die zweckmäßige Zahl von Kühlstellen während der Verdichtung ist letzten Endes eine wirtschaftliche Frage, nämlich, inwieweit höhere Herstellungskosten und damit höherer Maschinenpreis durch erzielbare Verbesserungen des Verdichterwirkungsgrades gerechtfertigt sind. Wie weit in dieser Hinsicht in verschiedenen Ländern die Ansichten auseinandergehen, zeigen die folgenden Beispiele, die für Verdichtung von Luft bei Verdichtungsverhältnissen p_D/p_S zwischen 7 und 10 gelten [*87f*].

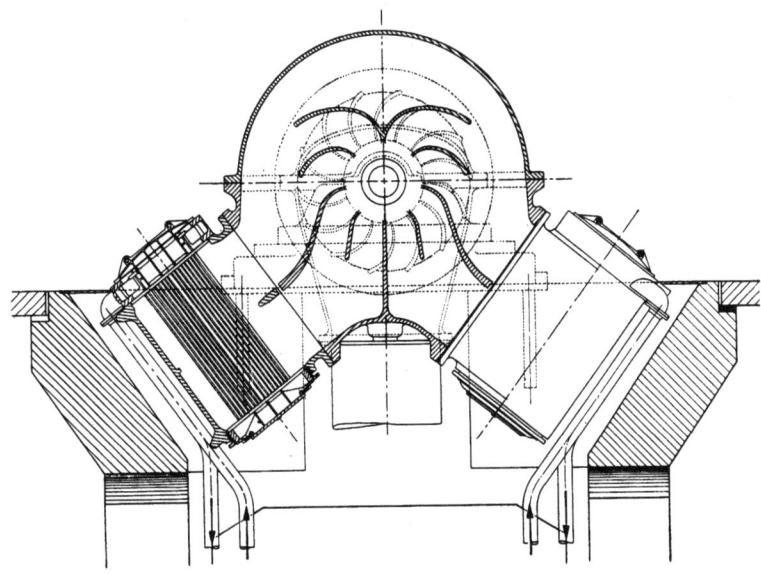

Abb. 189. Kreiselverdichter von BBC mit dreifacher Zwischenkühlung durch 6 Zwischenkühler in V-förmiger Anordnung.

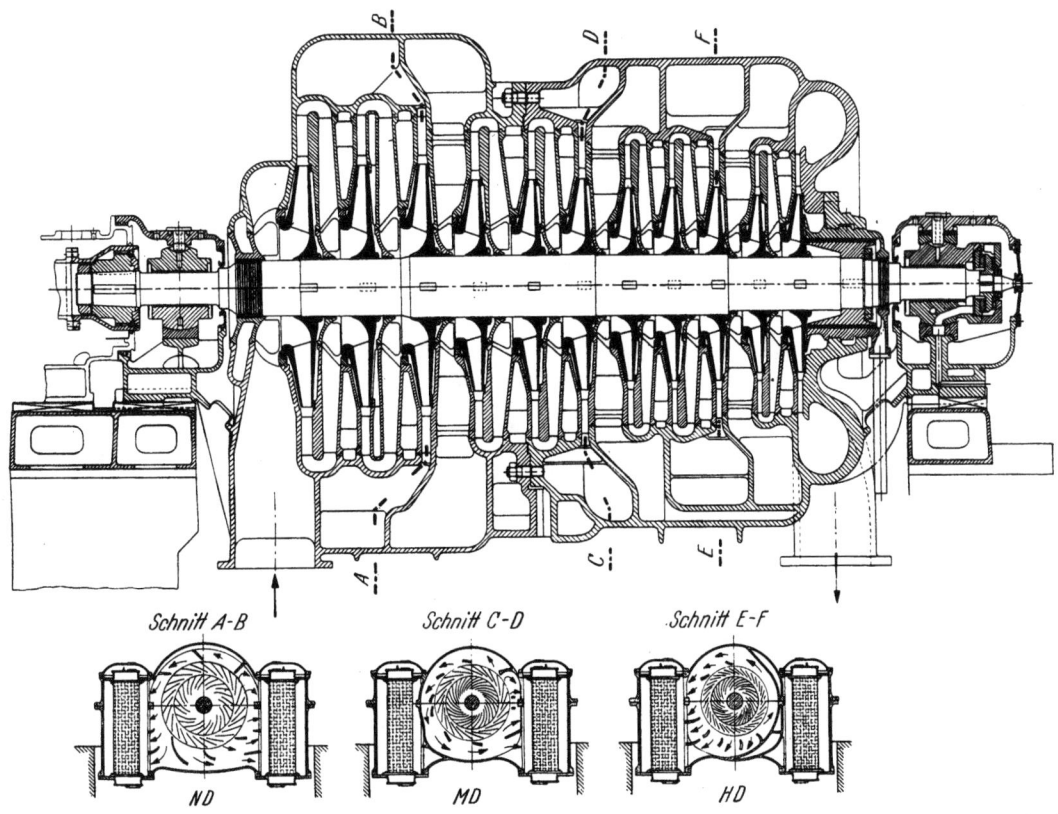

Abb. 190. Kreiselverdichter der AEG für Luft, Bauart für 40000 bis 100000 m³/h und 7 bis 9 ata, dreifache Zwischenkühlung durch vier zu beiden Seiten des Gehäuses angeordnete Kühler.

172 Kreiselverdichter.

Deutschland:

    dreimalige Zwischenkühlung,
    1 Kühler je Zwischenkühlung, Abb. 187 und Abb. 188 [*71*] und [*72*],
    2 Kühler je Zwischenkühlung, Abb. 189 [*74*],
    2 Kühler für erste Kühlstufe, je 1 Kühler für zweite und dritte Kühlstufe, Abb. 190.

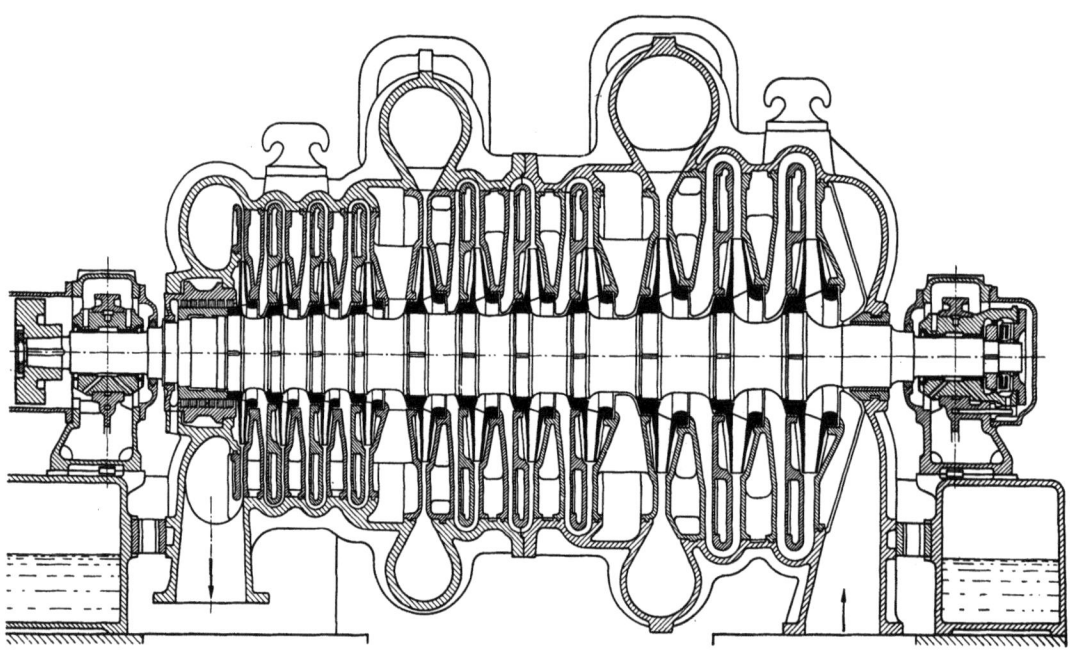

Abb. 191. Längsschnitt durch einen 11stufigen Kreiselverdichter von Escher-Wyss für 8 bis 9 ata Enddruck mit zweifacher Zwischenkühlung.

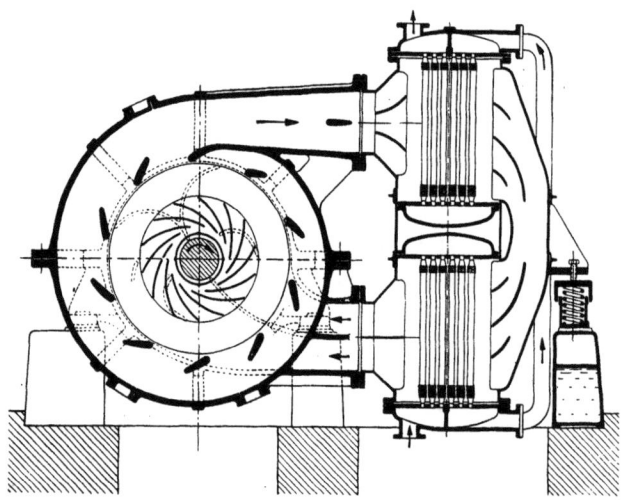

Abb. 192. Querschnitt durch einen Escher-Wyss-Kreiselverdichter mit zweifacher Zwischenkühlung.

Schweiz:

    zweimalige Zwischenkühlung, je 1 Kühler je Zwischenkühlung, Abb. 191, 192 [*76*],
    siebenmalige Zwischenkühlung, je 2 Kühler in Parallelschaltung je Zwischenkühlung, Abb. 193 [*75*].

USA:

    einmalige Zwischenkühlung in 2 parallel angeordneten Zwischenkühlern, Abb. 186.

Kühleranordnung.

Senkrechte Anordnung der Kühler hat den Vorteil leichter Ausbaumöglichkeit der Kühlerbündel (Abb. 184, 187, 188, 190, 192), wobei die Kühler seitlich (einseitig oder beidseitig) der Maschine angeordnet sind.

V-förmige Anordnung der Kühler hat die Bauart Abb. 189, wobei die Kühler beiderseits der Maschine angeordnet sind.

Horizontale Anordnung der Kühler oberhalb und unterhalb der Maschine zeigt Abb. 193.

Abb. 193. Kreiselverdichter, Bauart BBC, neunstufig mit siebenfacher Zwischenkühlung, betriebsfertig.

Die *einseitige Anordnung* der Kühler hat den Vorteil geringen Platzbedarfs der Maschine, ist jedoch nur ausführbar für eine begrenzte Kühlerzahl (Abb. 188 und Abb. 192).

Beispiele *zweiseitiger Anordnung* zeigen die Abb. 184, 187, 189, 190, 193. Die Vereinigung des Kühlergehäuses mit dem Verdichtergehäuse bietet den Vorteil gedrängter Bauart (Abb. 184, 188, 190, 191), getrennte Aufstellung erfordert verbindende Rohrleitungen.

d) Kreiselverdichter für verschiedene Anwendungsgebiete.

1. Kreiselverdichter für Drucklufterzeugung.

Druckluft wird zur Arbeitsleistung in den verschiedensten Industrien gebraucht, z. B. zum Betrieb von Druckluftwerkzeugen im Straßenbau, in Schmiedewerkstätten und im Bergbau, zum Antrieb von Druckluftmotoren, ferner in der chemischen Großindustrie für die verschiedensten Drücke und für viele andere Zwecke. Für alle die genannten Bedarfsfälle werden Kreiselverdichter angewendet, wenn die Ansaugevolumina und die Drucksteigerungen in den für Kreiselverdichter geeigneten Bereichen liegen.

Besonders große Mengen an Druckluft werden im Bergbau benötigt. Die Enddrücke liegen im allgemeinen bei 6 bis 8 ata, die Ansaugedrücke normalerweise bei $\approx 1{,}0$ ata, so daß im allgemeinen für die Druckluftversorgung im Bergbau eine sechs- bis achtfache Verdichtung üblich ist. Eine Ausnahme bilden die in größerer Höhenlage über dem Meeresspiegel gelegenen Druckluft-Erzeugungsanlagen, so z. B. die im Goldgrubengebiet von Johannisburg, Südafrika. Die Ansaugedrücke liegen hier bei etwa 0,85 ata, die Enddrücke bei etwa 8,5 ata, so daß die Verdichter für etwa zehnfache Verdichtung auszulegen sind. Die Größen der Verdichtereinheiten richten sich nach der Größe der Schachtanlagen. Auf kleineren bis mittleren Schachtanlagen sind heute Verdichtereinheiten von 20000 bis 30000 m³/h Ansaugeleistung üblich, bisweilen auch noch kleinere Einheiten von 15000 m³/h. Für größere Schachtanlagen bevorzugt man größere Verdichtereinheiten mit Ansaugeleistungen von 40000, 50000 und 60000 m³/h. In einzelnen Fällen sind auch noch größere Einheiten (80000, 100000 m³/h) auf Zechenanlagen erstellt worden.

Für die Wirtschaftlichkeit einer Verdichteranlage sind die Gesamterzeugungskosten der Druckluft ausschlaggebend. Diese Kosten kann man unterteilen in Antriebskosten, Kapitaldienst und Wartungskosten. Die ersteren bezeichnet man als bewegliche, die beiden letzteren als feste Kosten. Eine eingehende Untersuchung über die Erzeugungskosten von Druckluft wurde von HINZ [78] durchgeführt. Dabei werden Kolben- und Kreiselverdichter miteinander verglichen, und ihre Wirtschaftlichkeit wird für die beiden wesentlichsten Antriebsarten (Elektromotorischer Antrieb und Dampfantrieb) untersucht. Die Ergebnisse der Untersuchungen haben im allgemeinen auch heute noch Gültigkeit, wenn sich vielleicht auch inzwischen die abgesteckten Grenzen etwas verschoben haben mögen.

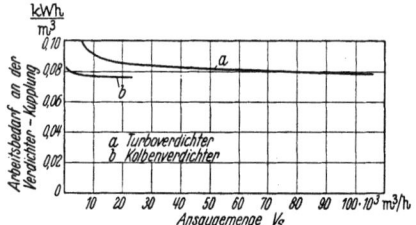

Abb. 194. Spezifischer Arbeitsbedarf, kWh/m³, an der Verdichterkupplung für verschieden große Maschineneinheiten und für verschiedene Bauarten von Verdichtern (a Kreiselverdichter, b Kolbenverdichter).

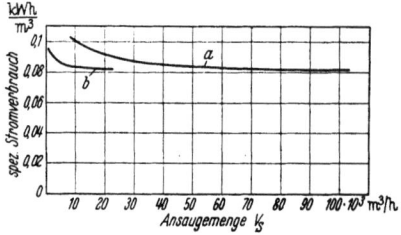

Abb. 195. Spezifischer Stromverbrauch, kWh/m³, für elektromotorisch betriebene Verdichteranlagen (a Kreiselverdichter, b Kolbenverdichter) verschiedener Größe.

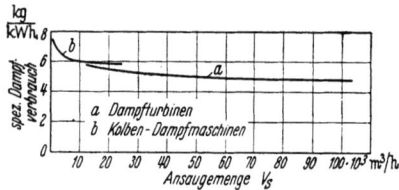

Abb. 196. Spezifischer Dampfverbrauch, kg/kWh, für die Antriebsmaschinen (a Dampfturbinen, b Kolbendampfmaschinen) von Verdichtern verschiedener Größe.

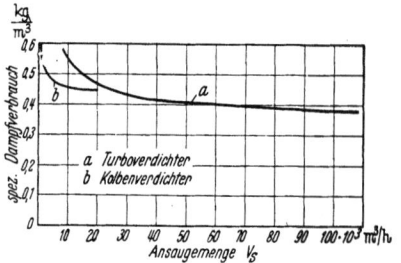

Abb. 197. Spezifischer Dampfverbrauch kg/m³ für dampfgetriebene Verdichteranlagen (a Turbo-, b Kolbensätze) verschiedener Größe.

Legt man im Vergleich von Kolbenverdichtern und Kreiselverdichtern *elektromotorischen* Antrieb zugrunde, so ist (Abb. 194) der Kolbenverdichter in bezug auf die erforderliche Antriebsleistung im Vorteil. Abb. 194 zeigt den Arbeitsbedarf an der Verdichterkupplung von Kolbenverdichtern und Kreiselverdichtern verschiedener Baugröße, jeweils im Bestpunkt des Verdichters, in Abhängigkeit von der Maschinengröße (Ansaugeleistung m³/h bezogen auf Saugzustand des Verdichters) für eine Verdichtung von 1 ata auf 7 ata. Die Wirtschaftlichkeit steigt mit der Größe der Maschineneinheiten. Bei einem Kreiselverdichter für 100000 m³/h normale Ansaugeleistung ist annähernd die Wirtschaftlichkeit eines Kolbenverdichters von 20000 m³/h normale Ansaugeleistung erreicht, so daß im spezifischen Stromverbrauch (Abb. 195) kWh/m³ ein Kreiselverdichter für eine Ansaugemenge von 100000 m³/h und ein Kolbenverdichter für eine Ansaugemenge von 20000 m³/h ungefähr gleichwertig sind. Der spezifische Stromverbrauch kWh/m³ liegt bei diesen beiden Maschinengrößen bei etwa 0,082 kWh/m³ bei Verdichtung von 1 ata auf 7 ata. Bei der Darstellung Abb. 195 sind Motorwirkungsgrade zwischen 0,92 bis 0,97, je nach Motorgröße, zugrunde gelegt und Getriebewirkungsgrade von 0,97, soweit die Zwischenschaltung eines Getriebes zwischen den Antriebsmotor und den Verdichter erforderlich ist [87e].

Legt man im Vergleich von Kolbenverdichtern und Kreiselverdichtern *Dampfantrieb* (Kolbendampfmaschine und Dampfturbine) zugrunde, so verschieben sich die Verhältnisse sehr zugunsten des Kreiselaggregates. Der Grund liegt in dem höheren spezifischen Dampfverbrauch der Kolbendampfmaschine, die kein so hohes Vakuum ausnutzen kann wie die Dampfturbine. Abb. 196

zeigt den spezifischen Dampfverbrauch kg/kWh von Kolbendampfmaschinen und Dampfturbinen bezogen auf die abgegebene Kupplungsleistung. Einbezogen ist hierbei der Bedarf der Hilfsmaschinen. Die Angaben des Dampfverbrauches beziehen sich auf einen mittleren Frischdampfzustand von 16 ata, 350° C und auf eine Kühlwassertemperatur von 27° C, die unter mittleren Verhältnissen bei Rückkühlung vorliegt. Es ist weiter zugrunde gelegt, daß unter vorliegenden Verhältnissen bei Turbinenantrieb ein Vakuum von 93% erreichbar ist, während bei Kolbenmaschinenantrieb nur ein Vakuum von etwa 85% ausnutzbar ist. Abb. 197 zeigt, daß die aus Abb. 194 ersichtlichen Vorteile des Kolbenverdichters gegenüber dem Kreiselverdichter hinsichtlich der Wirtschaftlichkeit im allgemeinen mehr als wettgemacht werden durch die Vorteile der Dampfturbine gegenüber der Kolbendampfmaschine und daß infolgedessen das gesamte, aus Kreiselverdichter und Dampfturbine bestehende Kreiselaggregat wesentlich günstiger ist als das aus Kolbenverdichter und Kolbendampfmaschine bestehende Kolbenmaschinenaggregat. Hierbei sind die gleichen Dampf- und Kühlwasserverhältnisse und die gleichen Voraussetzungen wie für Abb. 196 zugrunde gelegt.

Dies ist der Grund, weshalb man im Bergbau für Verdichteraggregate von 20000 m³/h Ansaugeleistung und darüber mit Vorliebe Kreiselverdichter wählt und dabei den Antrieb durch Dampfturbine bevorzugt. Weitere Gründe für Bevorzugung des Kreiselaggregates gegenüber dem Kolbenmaschinenaggregat liegen in dem geringen Raum- und Platzbedarf, in dem geringen Maschinengewicht und in den geringen Wartungskosten des Kreiselaggregates.

Besonders günstig werden die Verhältnisse bei Schaffung großer Maschineneinheiten. Dies gilt sowohl für den Verdichter allein (Abb. 194) als auch für die Turbine (Abb. 196), somit auch für das gesamte Kreiselaggregat (Abb. 197). Darum liegt es nahe, in Zechengebieten großen Luftbedarfs die Drucklufterzeugungsanlagen benachbarter Zechen zusammenzufassen und in gemeinsamen Zentralen die Druckluft für die angeschlossenen Zechen in großen Verdichtereinheiten zu erzeugen. Anfänge einer solchen Entwicklung der gemeinsamen Druckluftversorgung benachbarter Zechen finden sich im Ruhrgebiet bereits seit über einem Jahrzehnt. Jedoch war eine allgemeine Entwicklung in dieser Richtung dort erschwert durch die starke Aufteilung des Felderbesitzes. Eine großzügige Planung in dieser Richtung wurde in Südafrika im Goldminendistrikt bei Johannisburg seit über zwei Jahrzehnten durch die Victoria Falls and Transvaal Power Co. verfolgt und verwirklicht. Durch ein großes weitverzweigtes Rohrnetz über ein Gebiet von etwa 25 km Längenausdehnung wird hier Druckluft an zahlreiche Goldminen und einige andere Abnehmer aus drei großen Druckluftzentralen mit mehr als 100000 PS Verdichterleistung geliefert. Hier wurden auch die auf lange Zeit größten Verdichter der Welt aufgestellt.

Eines dieser drei Druckluftwerke, die Canada Dam Compressor Station, die im Jahre 1930 begonnen und im Jahre 1937 fertig ausgebaut wurde, besitzt vier gleiche Verdichtereinheiten mit einer Ansaugeleistung von je 75000 bis 90000 m³/h Luft, die von 0,851 ata auf 8,2 ata verdichtet wird, so daß die gesamte Ausbauleistung des Werkes 360000 m³/h beträgt. Die Verdichter erhalten ihren Antrieb durch Synchronmotoren, die unmittelbar mit den Verdichtern gekuppelt sind. Die Drehzahl ist bei einer Drehstromfrequenz von 51 Hz 3060 U/min. Die Verdichter (Abb. 182) sind in eingehäusiger, einflutiger Bauart ausgeführt und bereits früher beschrieben. Näheres siehe auch [72] und [73].

Ein zweites dieser großen Druckluftwerke, die Rosherville-Station, besitzt neben einer Reihe kleinerer Maschinen einen sehr großen zweigehäusigen Verdichter (Abb. 184) mit einer Ansaugeleistung von 130000 m³/h und die zur Zeit größten eingehäusigen Kreiselverdichter mit einer Ansaugeleistung von je 83000 bis 110000 m³/h bei einer Verdichtung von 0,85 auf 8,5 ata der Bauart Abb. 188. Näheres hierüber siehe [71], [72]. Der Antrieb dieser Verdichter erfolgt durch Frischdampf-Kondensationsturbinen.

Im deutschen Kohlenbergbau finden sich bisher noch weit überwiegend Druckluftanlagen zur Eigenversorgung der einzelnen Zechen. Hierbei findet man in Betrieb noch zahlreiche innengekühlte Verdichter ähnlich Abb. 178 und 179. Jedoch werden bereits seit vielen Jahren außengekühlte Verdichter der Bauarten Abb. 187 bis 193 bevorzugt und heute für bergbauliche Zwecke wohl nur noch außengekühlte Maschinen in Auftrag gegeben.

Eine großzügige Planung und Zentralisierung der Druckluftversorgung sehr stark industrialisierter Gebiete mit hohem Luftverbrauch, wie z. B. des Ruhrgebiets, dürfte wirtschaftliche Vorteile bringen vor allem in Verbindung mit einer Erhöhung der Frischdampftemperaturen und -drücke auf neuzeitliche Verhältnisse und in Verbindung mit großen zu erstellenden Verdichtereinheiten. Vergleiche hierzu die Vorschläge des Verfassers [*87 c*] zur Schaffung großer Druckluftzentralen im Ruhrgebiet.

2. Kreiselverdichter für Gase.

Der stetig wachsende Ausbau der chemischen Großindustrie, insbesondere der Hydrieranlagen, und der damit stetig zunehmende Bedarf an verdichteten Gasen zur Durchführung chemischer Prozesse hat in den letzten Jahren dem Kreiselverdichter immer mehr Eingang in diesen Werken verschafft. Ursprünglich beherrschte der Kolbenverdichter hier nahezu das ganze Feld. Heute ist in vielen Fällen der Bedarf an zu verdichtenden Gasen so gewachsen, daß Maschinen in Größenordnungen erforderlich sind, für die der Kreiselverdichter besonders geeignet erscheint. Dies trifft insbesondere zu für das Gebiet niedriger und mittlerer Drücke, während der Kolbenverdichter das Gebiet der Hochdrücke und Höchstdrücke auch heute noch uneingeschränkt beherrscht. Bei hohen End-

Abb. 198. Gaskreiselverdichter der AEG mit Gehäusekühlung zur Verdichtung von 33000 m³/h Kokereigas von 1,05 ata auf 8 ata.

drücken nimmt man neuerdings gern eine Aufteilung in ein von Kreiselverdichtern zu bewältigendes Niederdruckgebiet und in ein von nachgeschalteten Kolbenverdichtern zu bewältigendes Hochdruckgebiet vor. Während für die Bemessung des Kolbenverdichters das spez. Gewicht des Gases nur geringere Bedeutung hat, ist es für den Kreiselverdichter von ausschlaggebender Bedeutung und beeinflußt hier die Stufen- und Gehäusezahl entscheidend, die erforderlich ist, um eine bestimmte Drucksteigerung zu erzielen. Häufig handelt es sich in der chemischen Großindustrie um die Verdichtung leichter Gase, deren Wichte etwa halb so groß ist wie für Luft. Zur Erzielung einer bestimmten Drucksteigerung eines solchen leichten Gases ist darum eine wesentlich größere $\sum u^2$ und somit eine wesentlich größere Stufenzahl erforderlich als bei Verdichtung von Luft.

Die Kreiselverdichter zum Verdichten von Gasen werden heute teils mit Gehäusekühlung (Innenkühlung), teils mit Außenkühlung ausgeführt.

Einen Kreiselverdichter mit Innenkühlung zum Verdichten von Kokereigas für eine Ferngasversorgungsanlage zeigt Abb. 198 ($V_S = 33000$ m³/h, $p_S = 1,05$ ata, $p_D = 8,0$ ata, $\gamma_S = 0,43$ kg/m³). Die Innenkühlung wurde hier gewählt, um das Ausscheiden von Wasser aus dem Gas während der Verdichtung möglichst zu unterbinden. Es wird dabei so gekühlt, daß an keiner Stelle der Verdichtung die Sättigungsgrenze unterschritten wird, so daß das im Gas im Saugzustand enthaltene Wasser auch bei höheren Drücken nur in Dampfform im Gas enthalten ist. Dies bedingt vom Saugstutzen nach dem Druckstutzen hin ansteigende Temperaturen. Die Verdichtung des leichten Gases auf den angegebenen Enddruck erfordert zweigehäusige Ausführung.

Einen teilweise mit Mantelkühlung versehenen Kreiselverdichter zur Verdichtung von Methylenchlorid zeigt Abb. 199 [*79*].

Kreiselverdichter mit Außenkühlung zur Verdichtung von Synthesegas zeigen Abb. 200 und 201. Die Verdichter wurden für den Ausbau der Hydrierwerke entwickelt. Das spez. Gewicht im Saugzustand ist $\gamma_S = 0{,}64$ kg/m³. Die Ausführung (Abb. 200), deren technische Daten sind $V_S = 30000$ bis 36000 m³/h, $p_S = 1{,}0$ ata, $p_D = 9{,}0$ bis $11{,}0$ ata, stellt eine Grenzleistung in

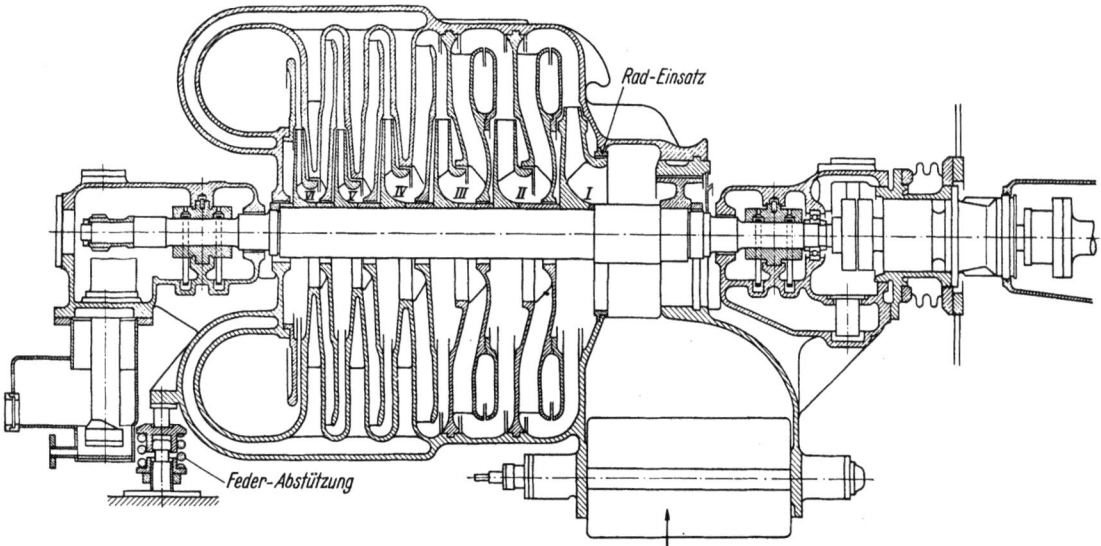

Abb. 199. Kreiselverdichter von BBC für Methylen-Chlorid, teilweise mit Mantelkühlung versehen.

eingehäusiger Bauart dar, wie die hohe Stufenzahl ($i = 13$), die Umfangsgeschwindigkeiten der ersten Stufen ($u_{max} = 310$ m/s) und die Dicke der Welle, deren Betriebsdrehzahlen oberhalb der kritischen Drehzahl erster Ordnung liegen, beweisen. Die $\sum u^2$ dieses Gasverdichters ist nahezu doppelt so hoch wie die eines Luftverdichters für die gleiche Drucksteigerung [79].

Die Kühlung erfolgt in drei seitlich angebauten Zwischenkühlern (ähnlich Abb. 188). In den Zwischenkühlern anfallendes Kondensat wird teils abgeschieden, teils mit dem Gasstrom mitgerissen und in den folgenden Stufen wieder verdampft.

Abb. 201 zeigt eine zweigehäusige Ausführung für $V_S = 50000$ bis 56000 m³/h, $p_S = 1{,}0$ ata, $p_D = 13$ ata. Insgesamt sind vier Zwischenkühler vorgesehen, zwei am Niederdruckgehäuse und zwei am Hochdruckgehäuse. Jedes Gehäuse besitzt zwölf Stufen. Besondere Sorgfalt erfordert die Abdichtung der Stopfbuchsen, die im vorliegenden Fall durch Sperrgas erfolgt. Als Sperrgas eignen sich indifferente Gase (Stickstoff, Kohlensäure u. a.) [79].

Einen eingehäusigen Kreiselverdichter zur Verdichtung von 15500 kg/h Ammoniak von 1,3 ata auf 7,25 ata zeigt Abb. 202 in elfstufiger Bauart bei zweimaliger Zwischenkühlung. Die Abdichtung an den Stopfbuchsen erfolgt mittels Öl [79].

3. Wärmepumpen (Thermoverdichter).

In der chemischen Industrie wird häufig die Aufgabe gestellt, Laugen und Lösungen verschiedenster Art von niedriger auf höhere Konzentration zu bringen durch Trennung der zu gewinnenden eingedickten Laugen und Lösungen von dem Lösungsmittel (meist Wasser). Für den Trennungsprozeß kommt in der Praxis fast ausschließlich die Wasserverdampfung in Frage. Dieser Prozeß erfordert einen sehr hohen Wärmeaufwand von ≈ 600 kcal/kg Wasser. Dieser Wärmeaufwand kann verringert werden, wenn die aus der kochenden Lösung aufsteigenden Dämpfe (Brüden) als Heizdampf für den Verdampfungsprozeß benutzt werden, wobei der Druck des Heizdampfes höher gelegt werden muß als der Druck in dem beheizten Apparat. Es ist hierbei die Zwischenschaltung eines Verdichters erforderlich, in dem die Brüden von dem Druck der Eindampfungsapparatur auf den Druck des Heizdampfes gebracht werden. Hierdurch ergibt sich ein Trennungsprozeß für die Trennung des Wassers aus der Lösung, bei dem Wärmeverluste durch

178   Kreiselverdichter.

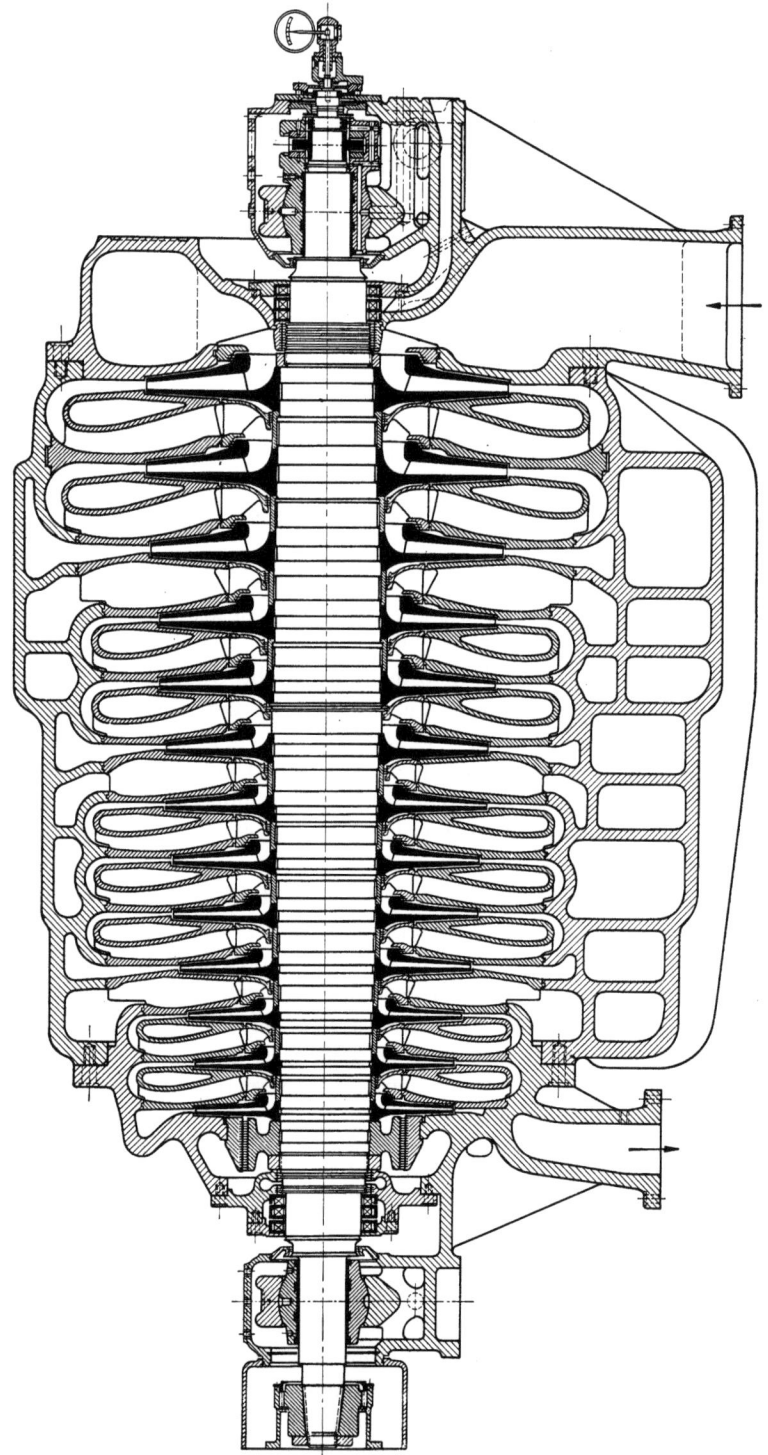

Abb. 200.
Gaskreiselverdichter (Demag) in eingehäusiger Bauart mit dreifacher Außenkühlung. Ansaugemenge 30000 bis 36000 m³/h; Ansaugedruck 1,0 ata, Enddruck 9 bis 11 ata.

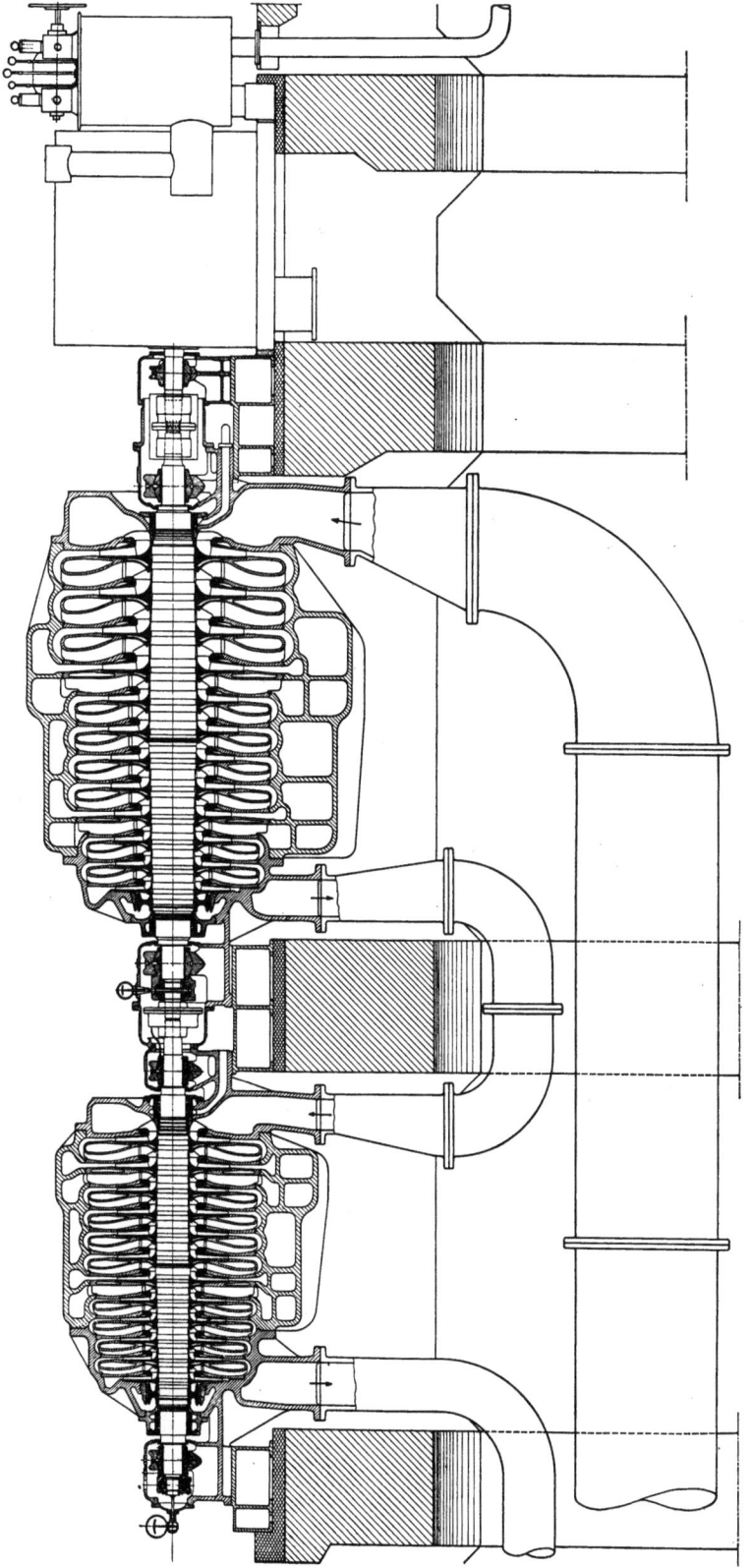

Abb. 201. Gaskreiselverdichter (Demag) zum Verdichten von 50000 bis 60000 m³/h Synthesegas von 1,0 ata auf 13 ata in zweigehäusiger Bauart mit 4maliger Zwischenkühlung.

Niederschlagen der Brüden oder durch Abziehen der Brüden ins Freie völlig vermieden werden und lediglich geringe Verluste durch Wärmeleitung und Strahlung sowie durch Flüssigkeitswärme

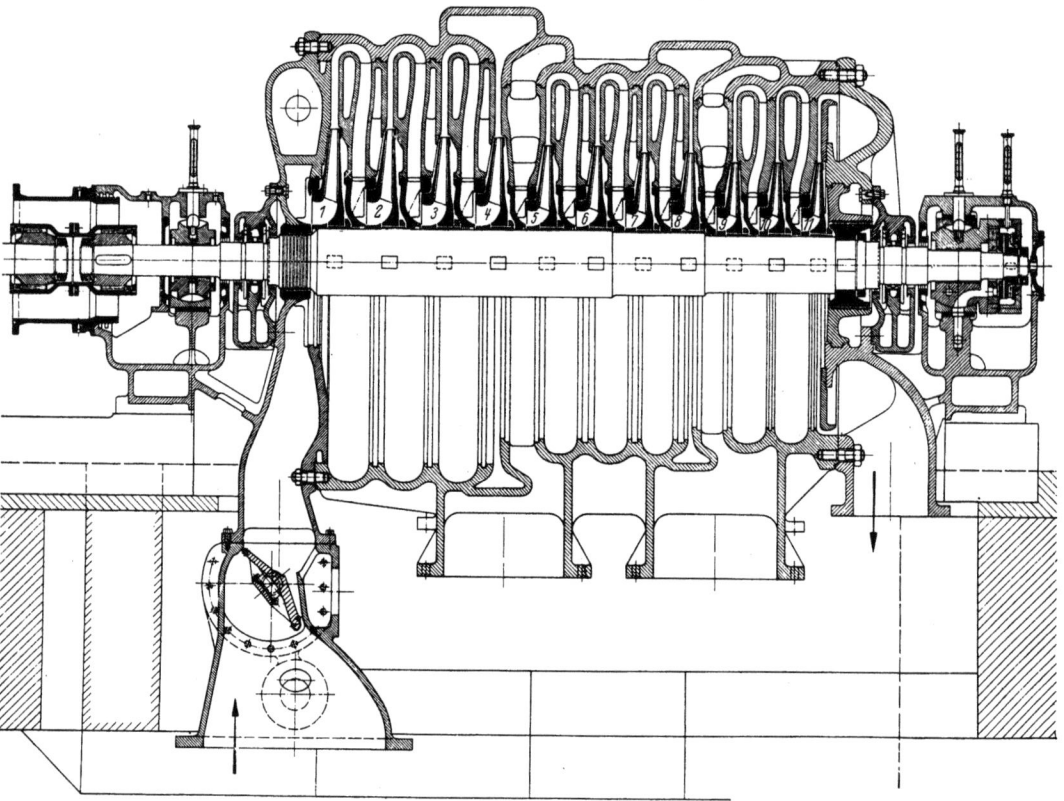

Abb. 202. Gaskreiselverdichter der AEG zur Verdichtung von 15500 kg/h NH_3 von 1,3 ata auf 7,25 ata. $n = 5600$ U/min.

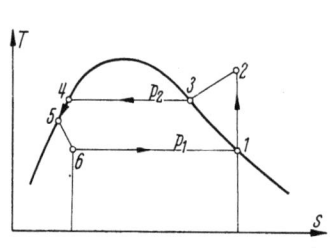

Abb. 203. Theoretischer Kreisprozeß der Wärmepumpe im T, s-Diagramm. *1—2* adiabatische Verdichtung des Dampfes vom Druck p_1 auf Druck p_2; *2—3* Abkühlen des überhitzten Dampfes bis zur Grenzkurve (Sättigungszustand); *3—4* Niederschlagen des Dampfes beim Druck p_2; *4—5* Abgabe eines Teiles der Flüssigkeitswärme; *5—6* Entspannung im Regel-(Drossel)ventil bei $i =$ const.

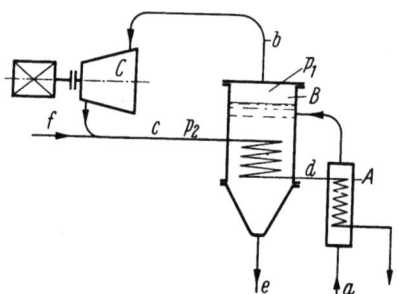

Abb. 204. Arbeitsschema einer Wärmepumpe.

von Kondensat und konzentrierter Lösung auftreten, die durch Zusatzdampf gedeckt werden. Den theoretischen Kreisprozeß der Wärmepumpe im T, s-Diagramm zeigt Abb. 203.

Das Arbeitsschema einer solchen Wärmepumpe zeigt Abb. 204. Die dünne Lösung a gelangt über den Vorwärmer A in den Verdampfer B, in dem beim Druck p_1 unter Einfluß der Heizvorrichtung das Eindampfen und Eindicken der Lösung vonstatten geht. Die beim Kochen entstehenden Dämpfe werden vom Verdichter C angesaugt und auf den Druck p_2 der Heizung gebracht. Die verdichteten Brüdendämpfe treten über c in das Heizungssystem des Verdampfers B und kondensieren hier. Sie geben dabei die Verdampfungswärme ab. Das Kondensat tritt über d in den Vorwärmer und gibt hierbei einen Teil seiner Flüssigkeitswärme an die vorzuwärmende Lauge ab. Die zugeführte Verdichtungsarbeit ist in Form von Wärme in dem verdichteten Brüdendampf am Verdichteraustritt enthalten. Diese dem Prozeß zugeführte Wärme dient zur Vorwärmung und Verdampfung und zur Deckung eines Teiles der Wärmeverluste.

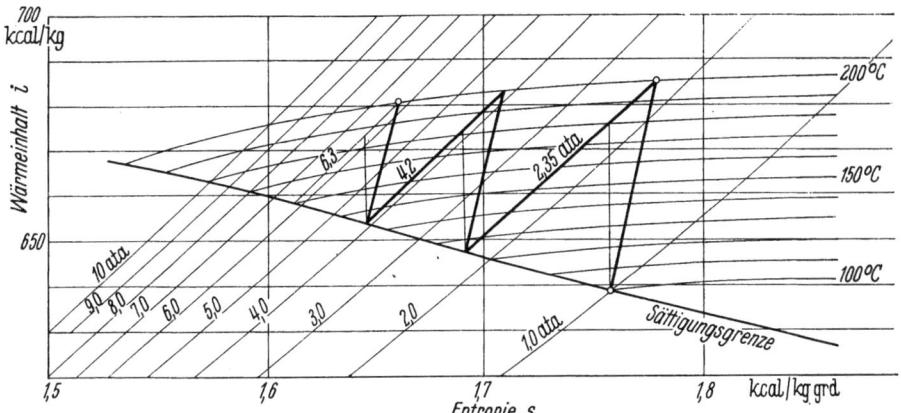

Abb. 205. Wirklicher Verlauf der Verdichtung in einem Kreiselverdichter zur Verdichtung von Wasserdampf von 1,0 ata auf 6,3 ata bei 2maliger Zwischenkühlung, dargestellt im i, s-Diagramm.

Der Rest der Verluste wird durch Frischdampfzufuhr f gedeckt. Die konzentrierte Lösung tritt bei e aus der Apparatur.

Eine Kühlung des Thermoverdichters, bei der Wärme durch Kühlwasser abgeführt wird, ist unwirtschaftlich und daher unzweckmäßig. Ist aus betriebstechnischen oder anderen Gründen eine Zwischenkühlung erforderlich, so wird hier zweckmäßigerweise die Kühlung durch Einspritzen und Verdampfen von Wasser herbeigeführt. Bei dieser Art Kühlung geht keine Wärme verloren, sondern diese bleibt dem Prozeß völlig erhalten.

Den theoretischen Kreisprozeß der Wärmepumpe im T, s-Diagramm zeigt Abb. 203, wobei angenommen ist, daß der Dampfzustand zu Beginn der Verdichtung trocken gesättigt ist und die Verdichtung im Verdichter adiabatisch ist.

Die wirkliche Verdichtung im Verdichter ist bei ungekühlter Maschine polytropisch, bei gekühlter Maschine durch die Art der Kühlung bestimmt. Der wirkliche Verlauf der Verdichtung in einem Kreiselverdichter zur Verdichtung von Wasserdampf von 1,0 ata auf 6,3 ata mit zweimaliger Zwischenkühlung bis an die Sättigungsgrenze ist im i, s-Diagramm in Abb. 205 dargestellt.

Die Anwendung der Wärmepumpe ist nur dann gerechtfertigt, wenn die für die Verdichtung nötige Arbeit wirtschaftlicher erzeugt werden kann als die Heizungswärme. Dieses ist von Fall zu Fall zu prüfen [80] bis [82].

4. Kälteverdichter.

Der Kreiselverdichter eignet sich zur Verdichtung aller Arten von Gasen und Dämpfen, wenn die Ansaugevolumina genügend groß sind und die geforderten Druckhöhen in den für Kreiselverdichter geeigneten Bereichen, d. h. in mäßigen Grenzen, liegen.

Die Kältetechnik arbeitet mit Kälteträgern, die in dampfförmigem Zustand verdichtet, alsdann im Kondensator K beim Druck p_1 durch Abkühlung verflüssigt, wobei die Wärmemenge Q abgeführt wird, danach in einem Regelventil RV auf p_0 entspannt und schließlich im Verdampfer V beim Verdampfungsdruck p_0 wieder verdampft werden, wobei die zur Verdampfung erforderliche Wärme, die sogenannte Kälteleistung Q_0, der Umgebung (dem Kühlraum) entzogen wird (Abb. 209).

Der günstigste Arbeitsprozeß ist der Carnot-Prozeß. Er läßt sich praktisch verwirklichen, wenn ein dampfförmiger Arbeitsstoff gewählt und der Prozeß ins Sättigungsgebiet verlegt wird. Feuchter Dampf (Abb. 206) wird beim Verdampferdruck p_0 und der Temperatur T_0 (Zustand 1) angesaugt und adiabatisch verdichtet auf den Kondensatordruck p (Zustand 2). Alsdann wird der Dampf beim Druck p durch Wärmeentzug verflüssigt und dabei die Wärmemenge Q an das Kühlwasser abgeführt, bis (Punkt 3) alles verflüssigt ist. Nun folgt die adiabatische Entspannung (3—4) vom Druck p auf den Druck p_0, wobei ein Teil der Flüssigkeit verdampft und eine Abkühlung von T auf T_0 eintritt. Der sehr nasse Dampf (Zustand 4) gelangt nun in den Verdampfer, aus dem der Verdichter stetig absaugt, so daß eine Verdampfung eintritt. Die für die Verdampfung erforderliche Wärme Q_0, die man als Kälteleistung bezeichnet, wird der Umgebung entzogen.

Abb. 206. CARNOT-Prozeß eines dampfförmigen Arbeitsstoffes bei Verlegung des Arbeitsprozesses ins Sättigungsgebiet.

Abb. 207. Theoretischer Kältemaschinenprozeß bei Anwendung eines Regelventils an Stelle einer Expansionsmaschine.

Abb. 208. Theoretischer Kältemaschinenprozeß bei Anwendung eines Regelventils und bei Verlegung der Verdichtung ins Überhitzungsgebiet und bei Unterkühlung des Kondensates.

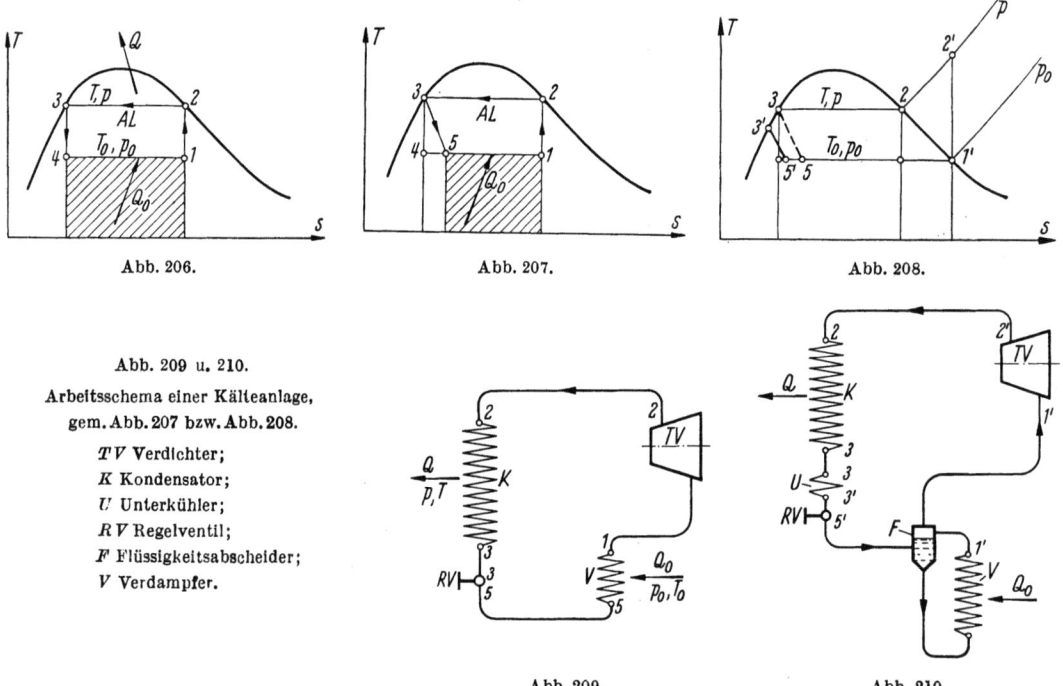

Abb. 206.   Abb. 207.   Abb. 208.

Abb. 209 u. 210.

Arbeitsschema einer Kälteanlage, gem. Abb. 207 bzw. Abb. 208.

TV Verdichter;
K Kondensator;
U Unterkühler;
RV Regelventil;
F Flüssigkeitsabscheider;
V Verdampfer.

Abb. 209.   Abb. 210.

Die für den Prozeß aufgewandte Arbeit AL wird durch die *Fläche 1 2 3 4* im T,s-Diagramm (Abb. 206) dargestellt. Man bezeichnet in der Kältetechnik das Verhältnis

$$\varepsilon = Q_0/AL \tag{1}$$

als die Leistungszahl. Sie ist ein Maß für die verbrauchte Arbeit.

Für den Carnot-Prozeß ist die Leistungszahl

$$\varepsilon_0 = \frac{Q_0}{AL_0} = \frac{T_0}{T-T_0}. \tag{2}$$

Sie wird um so günstiger, je kleiner die Temperaturdifferenz $(T-T_0)$ ist.

Da die Expansionsarbeit 3—4 sehr gering ist, verzichtet man gewöhnlich auf eine Expansionsmaschine und nimmt die Entspannung in einem Regelventil RV vor, wobei die Energie verdrosselt wird. An die Stelle der adiabatischen Zustandsänderung 3—4 tritt eine Drossellinie $i = \text{const}$ 3—5 (Abb. 207). Dadurch wird die Kälteleistung Q_0 und auch die Leistungszahl ε geringer. Der Prozeß ist nicht mehr ein Carnot-Prozeß. Das Arbeitsschema dieses Prozesses zeigt Abb. 209.

Eine Vergrößerung der Kälteleistung erhält man durch Verlegen der Verdichtung ins Überhitzungsgebiet (Abb. 208), Zustandsänderung 1'—2' (durch Anordnung eines Flüssigkeitsabscheiders) und durch eine Unterkühlung des Kondensats (Zustandsänderung 3—3') im Kondensator oder in einem besonderen Unterkühler U (vgl. Arbeitsschema Abb. 210.)

Kälteverdichter. 183

Bei hohen Verdichtungen kann der Arbeitsverbrauch erniedrigt werden durch ein- oder mehrfache Zwischenkühlung. Abb. 211 zeigt das t, s-Diagramm eines Kälteverdichters [83], der als dreigehäusiger Kreiselverdichter ausgebildet ist und zwei Oberflächenkühler aufweist, in denen

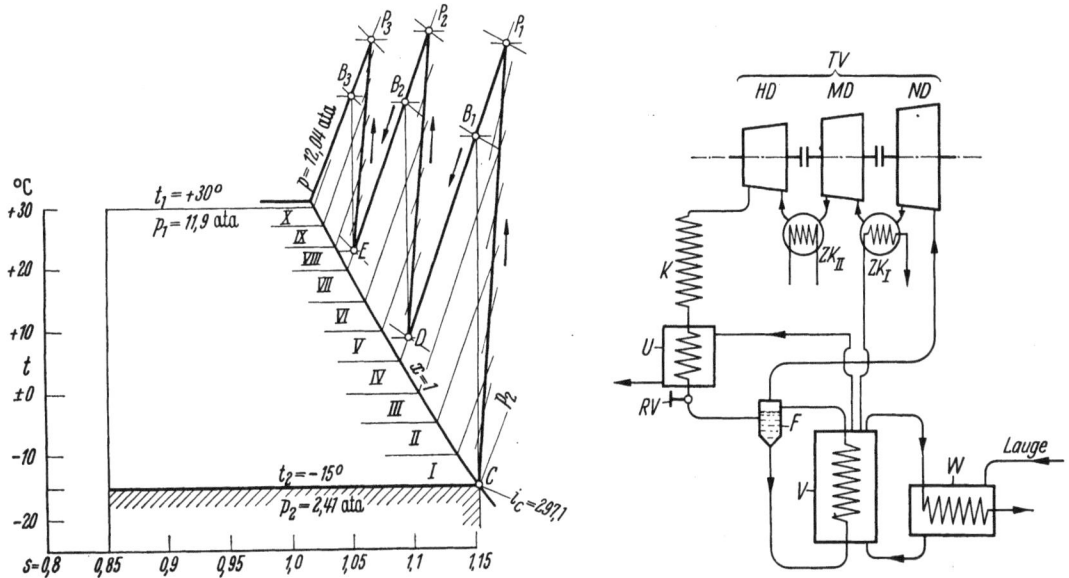

Abb. 211. t, s-Diagramm eines Kälteverdichters mit zweimaliger Zwischenkühlung.

Abb. 212. Arbeitsschema einer Kälteanlage mit dreigehäusigem Kreiselverdichter bei 2maliger Zwischenkühlung. W Vorkühler; ZK_I und ZK_{II} Zwischenkühler (die übrigen Bezeichnungen wie in Abb. 209 und 210).

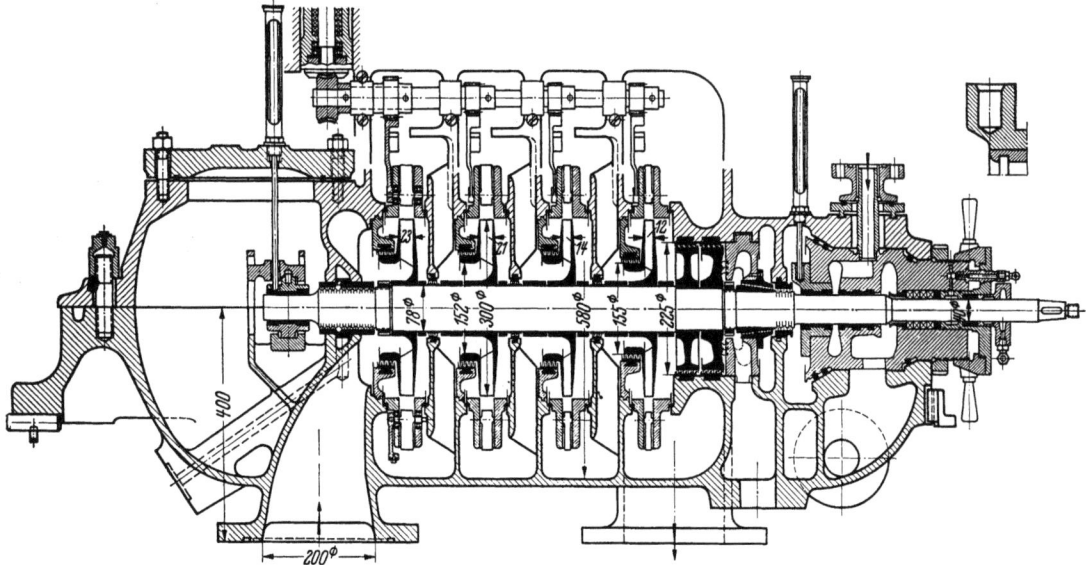

Abb. 213. Längsschnitt durch einen Ammoniakkreiselverdichter der Firma BBC für eine Kälteleistung von 1 500 000 kcal/h.

der verdichtete Dampf bis in die Nähe des Sättigungszustandes gebracht wird. Das Kältemittel ist Ammoniak. Das Arbeitsschema dieser Kälteanlage zeigt Abb. 212 [83]. Im Verdampfer V erfolgt eine Abkühlung der zu kühlenden Lauge auf $-2°$ C, nachdem im Vorkühler W eine Vorkühlung von $+20°$ C auf $+11°$ C erreicht wurde.

Die abgekühlte Lauge dient vor ihrer Weitergabe teils zum Kühlen des Vorkühlers W, teils zum Kühlen des ersten Zwischenkühlers ZK_I, teils zum Kühlen des Unterkühlers U, während der zweite Zwischenkühler ZK_{II} Wasserkühlung besitzt. Die Kälteanlage arbeitet mit einer

Kälteleistung von 3000000 bis 8000000 kcal/h. Die Veränderung der Kälteleistung wird durch Drehzahländerung des Verdichters erreicht. Der Kreiselverdichter dieser Anlage der Kaliindustrie-AG. [*83*] wurde von BBC erbaut.

Den Schnitt durch den ND-Teil eines Ammoniakwerk-Kreiselverdichters der Firma BBC für eine Kälteleistung von 1500000 kcal/h zeigt Abb. 213. Der Verdichter hat nur eine Stopfbuchse auf der Antriebsseite. Der Abdichtung ist besondere Beachtung geschenkt; sie erfolgt durch Sperröl. Der ND- und der HD-Teil haben je 4 Stufen. Die Druckerhöhung erfolgt von 2,4 auf 10,8 ata; Antrieb durch Elektromotor über Zahnradgetriebe (2960/16000 U/min) [*84*].

5. Druckluftversorgung in Verbindung mit Klimatisierung und Kühlung von Gruben.

Hohe Raumluft-Temperaturen in Verbindung mit hoher Luftfeuchtigkeit sind für die menschliche Gesundheit unzuträglich und setzen die Arbeitsfähigkeit stark herab. Auch für viele technische Vorgänge ist die in der Luft bei einem bestimmten Zustand enthaltene Feuchtigkeit unerwünscht, so daß vielfach angestrebt wird, diese Feuchtigkeit bis zu einem gewissen Grade, unter Umständen möglichst vollkommen, aus der Luft zu entfernen.

Eine große Anwendungsmöglichkeit der Klimatechnik bietet die Klimatisierung der Bergwerke, insbesondere der tiefen Gruben. Die zur Zeit tiefsten Schächte der Welt befinden sich in Südafrika im Goldminengebiet, sie reichen dort in Tiefen bis zu 2700 m. Eine Verbesserung der Luftverhältnisse erreicht man durch Zufuhr von gekühlter und getrockneter Luft.

Es gibt verschiedene Möglichkeiten zur Klimatisierung tiefer Gruben: 1. Die Aufstellung einer zentralen Kühlanlage über der Erde bzw. unter der Erde, 2. die örtliche Kühlung der Arbeitsplätze durch einen Luftexpansionsmotor (Kaltluftmaschine) und 3. die Trocknung der Luft ohne Kühlung.

Mehrjährige Versuche an einer *zentralen Kühlanlage* haben ergeben, daß sich die Temperaturen an den Arbeitsplätzen nach dreijährigem Betrieb nur um etwa 1° C erniedrigten [*85*].

Mehr Erfolg bringt die *örtliche Kühlung* der Arbeitsplätze, die sich in einfacher Weise verwirklichen läßt, wenn zum Antrieb von Pumpen, die Hubarbeit leisten (z. B. Entwässerungspumpen), an Stelle von Elektromotoren Druckluftmotoren verwendet werden, die in der Nähe der verschiedenen Arbeitsplätze aufgestellt werden, so daß die kalte Auspuffluft diesen Plätzen unmittelbar zugeleitet werden kann. Die bei der Entspannung im Motor erzeugte Kälte kann nahezu verlustlos den Arbeitsplätzen zugeführt und damit nahezu vollkommen zur örtlichen Kühlung herangezogen werden.

Im Laufe der letzten Vorkriegsjahre sind eine größere Anzahl von großen Druckluft- und Klimatisierungsanlagen im südafrikanischen Goldgrubengebiet erstellt worden, die nach diesem Verfahren arbeiten [*86*].

Das Verfahren erfordert Druckluftmotoren mit möglichst hohem Wirkungsgrad mit weitgehender Entspannung der Luft und, um hierbei ein Vereisen des Motors zu vermeiden, eine vorherige, möglichst weitgehende Entfeuchtung der Luft. Als geeigneter Druckluftmotor hierfür hat sich der Pfeilradmotor (Zahnradmotor) erwiesen. Zur Entfeuchtung der Luft wurde das Verfahren der Überverdichtung mit teilweise nachträglicher Entspannung benutzt, nach dem die Druckluft über Tage durch Kühlung an die Nähe des Gefrierpunktes gebracht wird, so daß das in der Luft im Ansaugezustand in Dampfform enthaltene Wasser ausfällt und in besonderen Wasserabscheidern abgeschieden werden kann. Um das Verfahren möglichst wirtschaftlich zu gestalten, wurde der Prozeß nach Abb. 214 bzw. Abb. 215 geführt.

Die Luft wird nach Abb. 214 in einem Kreiselverdichter b mit möglichst gutem Wirkungsgrad von p_S auf p_D verdichtet, danach im Nachkühler c mit rückgekühltem Wasser gekühlt, im Gebläse e dann weiter verdichtet auf $p_{\ddot{u}}$, im Nachkühler f wiederum abgekühlt und nun dem Wärmeaustauscher h zugeführt. Hier wird die Luft weiter abgekühlt durch den Kaltluftstrom des gleichen Prozesses. Das anfallende Wasser wird in den Wasserabscheidern d und g und im Wärmeaustauscher abgeschieden. Die Luft wird nun der Entspannungsturbine i zugeführt und hier so weit entspannt, daß die Temperatur der austretenden Luft nur wenig über dem Gefrierpunkt liegt. (Temperaturen unter 0° müssen wegen Einfriergefahr vermieden werden.) Das restliche anfallende

Wasser wird im nachgeschalteten Wasserabscheider k abgeschieden und die nun entfeuchtete Luft im Wärmeaustauscher h wieder auf Umgebungstemperatur aufgewärmt. Diese entfeuchtete Luft vom Netzdruck p_N und Umgebungstemperatur t_N wird der Grube zugeführt (der Widerstand der Rohrleitung wird annähernd ausgeglichen durch die Selbstverdichtung der Luft) und in

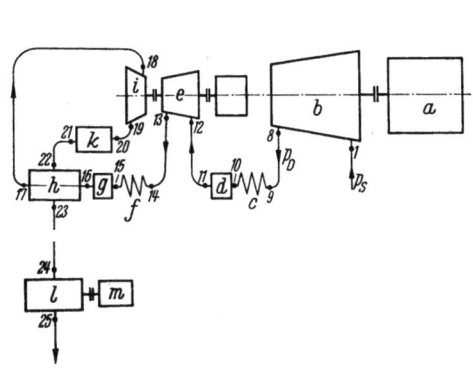

Abb. 214. Arbeitsschema einer Druckluft-Erzeugungsanlage, verbunden mit einer mit Überverdichtung und Entspannen arbeitenden Entfeuchtungsanlage. *a* Antriebsmotor; *b* Kreiselverdichter; *c* Kühler; *d* Wasserabscheider; *e* Turbogebläse; *f* Kühler; *g* Wasserabscheider; *h* Wärmetauscher; *i* Entspannungsturbine; *k* Wasserabscheider; *l* Pfeilrad-Druckluftmotor; *m* Entwässerungspumpe.

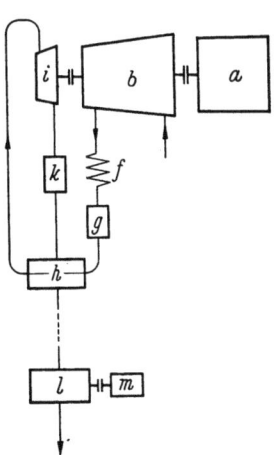

Abb. 215. Arbeitsschema einer Druckluft-Erzeugungs- und Entfeuchtungsanlage mit gegenüber Abb. 214 vereinfachter Arbeitsweise. Bezeichnungen wie bei Abb. 214.

den Pfeilradmotoren l entspannt. Dabei treten Austrittstemperaturen von etwa $-50°$ C auf. Die entspannte kalte Luft wird mit der warmen Raumluft gut durchgemischt, wodurch letztere gekühlt und im Feuchtigkeitsgehalt verbessert wird.

An Stelle des Verfahrens nach Abb. 214 kann man auch das vereinfachte Verfahren nach Abb. 215 wählen, bei dem Verdichter und Überverdichter (Gebläse) in einer Einheit zusammengefaßt sind und die Entspannungsturbine unmittelbar mit dem Verdichter gekuppelt ist, so daß sie ihre Energie an die Verdichterwelle unmittelbar abgeben kann.

Derartige Druckluft-Erzeugungsanlagen mit Luftentfeuchtung wurden in größerer Zahl in Verbindung mit Pfeilradmotoren zur Klimatisierung der südafrikanischen Gruben gebaut.

Die Wirkungsweise des Verfahrens möge an Hand eines Zahlenbeispieles und an Hand des Temperatur-Entropiediagrammes (t, s-Diagramm, Abb. 216) näher erläutert werden. In einer Anlage nach Abb. 214 werden bei einem Druck von 0,86 ata im Kreiselverdichter b 34000 m³/h oder 23630 kg feuchte Luft angesaugt bei einer Anfangstemperatur von 21° C und 60% Feuchtigkeit. In dieser feuchten Luft sind enthalten

$$G = 23368 \text{ kg trockene Luft},$$
$$W = 262 \text{ kg Wasser},$$

so daß der Feuchtigkeitsgehalt im Saugzustand

$$x_S = \frac{W}{G} = \frac{262}{23368} = 0{,}0112 \frac{\text{kg Wasser}}{\text{kg Luft}}$$

beträgt.

Die Luft tritt am Druckstutzen des Verdichters mit einem Druck von 6,48 ata und 75° C aus und wird im Nachkühler c auf 37° C abgekühlt, den sie mit einem Druck von 6,45 ata verläßt. Bei vollkommener Wasserabscheidung in dem nachgeschalteten Wasserabscheider d enthält die Luft hinter diesem noch 146 kg Wasser in Dampfform. Im Gebläse e wird die Luft weiter verdichtet auf 9,2 ata, so daß die Endtemperatur 87° C beträgt. Im Nachkühler f erfolgt Rückkühlung auf 36° C, so daß hinter dem Wasserabscheider g bei 9,175 ata noch 96,5 kg Wasser, vollkommene Wasserabscheidung im Abscheider vorausgesetzt, in Dampfform in der Luft enthalten sind. Im Wärmetauscher h erfolgt weitere Abkühlung auf 14° C. Bei einem Druck von 9,05 ata sind noch

26,2 kg Wasser in Dampfform in der Luft enthalten, das übrige wird bei vollkommener Abscheidung im Wasserabscheider k ausgetragen. In der Entspannungsturbine wird die Luft von 9,03 ata und 15° C auf etwa 6,7 ata und etwa 0° C entspannt und das anfallende Wasser im Wasserabscheider k abgeschieden, so daß bei vollkommener Abscheidung die Luft nunmehr nahezu vollkommen trocken dem Wärmeaustauscher h zugeführt wird, in dem sie auf etwa 29° C aufgewärmt wird. In diesem Zustand wird die Luft der Grube zugeführt.

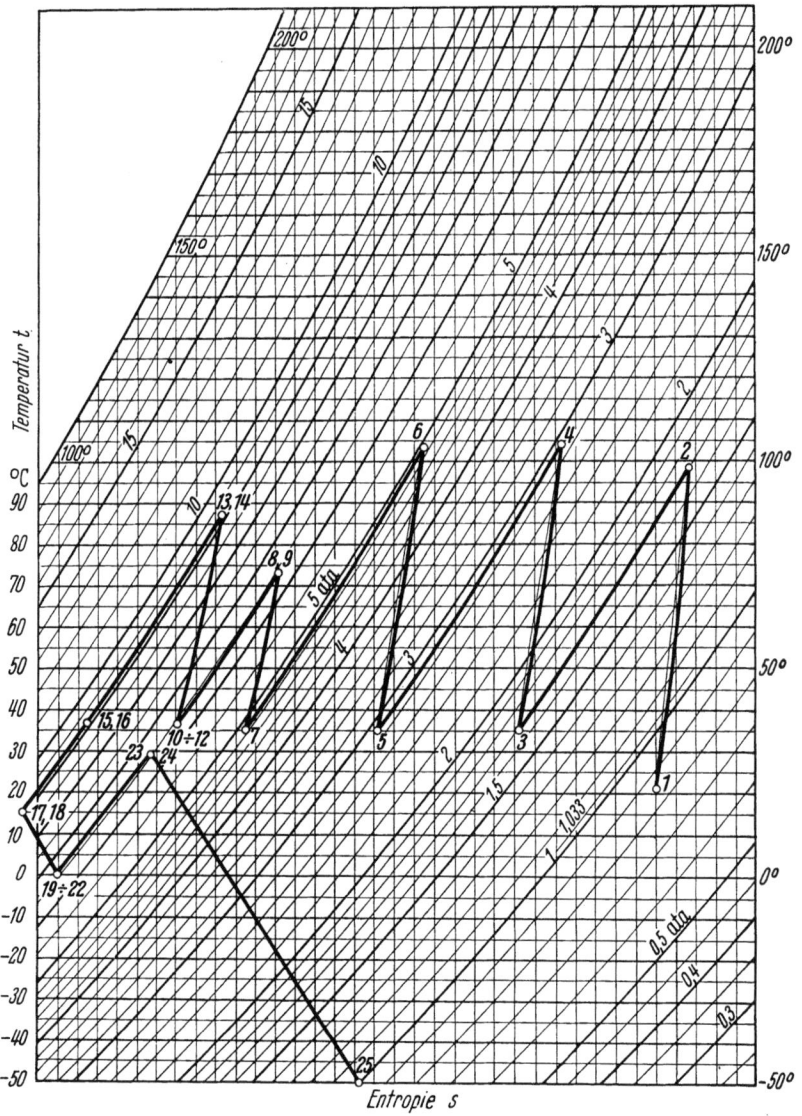

Abb. 216. Darstellung des Arbeitsvorganges Abb. 214 im t, s-Diagramm.

Da es in Wirklichkeit eine vollkommene Wasserabscheidung in mechanischen Wasserabscheidern nicht gibt, treten gewisse Abweichungen zwischen den rechnerisch gewonnenen und den tatsächlich abgeschiedenen Wassermengen ein.

Besonders anschaulich läßt sich der Vorgang im t, s-Diagramm (Abb. 216) und im MOLLIER-i, x-Diagramm (Abb. 217) verfolgen.

Im t, s-Diagramm (Abb. 216) ist der Arbeitsprozeß des Arbeitsschemas Abb. 214 dargestellt. Der Ansaugezustand des Verdichters ist durch Druck und Temperatur gegeben (Punkt *1*). Der Verlauf *1—8* stellt den Verdichtungsvorgang in einem außengekühlten Kreiselverdichter dar, der mit 3 Zwischenkühlern ausgerüstet ist. Die Verdichtung in den einzelnen Radgruppen ist hierbei durch die Zustandsänderungen

1–2 Verdichtung in der ersten Radgruppe
3–4 Verdichtung in der zweiten Radgruppe
5–6 Verdichtung in der dritten Radgruppe
7–8 Verdichtung in der vierten Radgruppe

gekennzeichnet, die in den Zwischenkühlern erfolgende Rückkühlung durch die Zustandsänderungen

2–3 Rückkühlung im Kühler I
4–5 Rückkühlung im Kühler II
6–7 Rückkühlung im Kühler III.

Die Höhe der Rückkühlung der Luft in diesen Kühlern ist durch die Kühlwassertemperatur und durch die endliche Kühlfläche gegeben.

Die Rückkühlung im Nachkühler c ist durch den Verlauf *9–10* im t, s-Diagramm dargestellt, die Überverdichtung im Nachschaltverdichter durch den Verlauf *12–13*, die anschließende Rückkühlung im Nachkühler f durch *14–15* und die weitere Rückkühlung im Wärmeaustauscher durch *16–17*. Nun erfolgt die Entspannung der stark rückgekühlten Luft in der Entspannungsturbine (Verlauf *18–19*) bis an den Gefrierpunkt, worauf sich die Wiederaufwärmung der Luft auf Umgebungstemperatur im Wärmeaustauscher (*22–23*) anschließt. Die Entspannung der Druckluft im Pfeilradmotor unter Tage auf den dort herrschenden Druck von ≈ 1,0 ata ist durch Verlauf *24–25* dargestellt.

Die während des Arbeitsprozesses ausfallenden Wassermengen treten im t, s-Diagramm nicht in Erscheinung. Hierüber gibt das MOLLIER-i, x-Diagramm Aufschluß, in dem in schiefwinkligen Koordinaten als Ordinate der Wärmeinhalt von $(1 + x)$ kg feuchter Luft und als Abszisse der Wassergehalt x in kg Wasser/kg Luft aufgetragen sind (Abb. 217). Im Ansaugezustand *1* enthält die Luft eine durch die jeweiligen örtlichen Verhältnisse bestimmte Feuchtigkeit x_S (in vorliegendem Fall $x_S = 0{,}0112$ kg Wasser/kg Luft entsprechend 60% Feuchtigkeit). Dieser Feuchtigkeitsgehalt bleibt während des ersten Teiles der Verdichtung im Kreiselverdichter konstant, und zwar solange, bis an einer Stelle die Sättigungsgrenze erreicht wird. Diese wird erstmalig erreicht und überschritten während der Rückkühlung *6–7* im 3. Zwischenkühler bei einem Druck von etwas unter 5 ata, so daß ein gewisser Teil an Wasser ausfällt und abgeschieden werden kann. Während

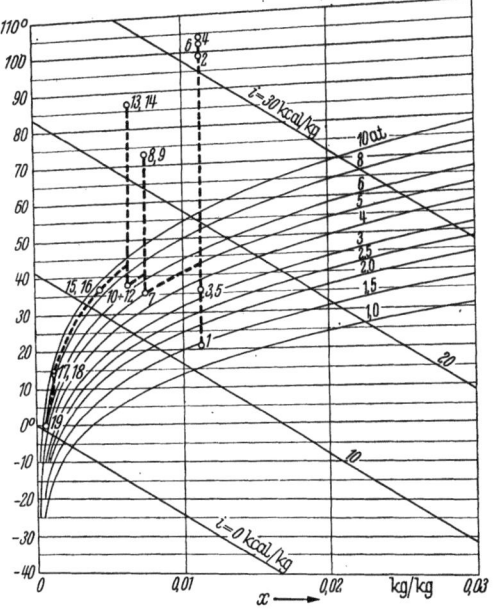

Abb. 217. Darstellung des Arbeitsvorganges Abb. 214 im MOLLIER-i, x-Diagramm.

des weiteren Prozesses wird die Luft infolge Erwärmung zunächst wieder ungesättigt, kommt aber dann erneut während der Rückkühlung *9–10* an die Sättigungsgrenze beim Druck 6,45 ata, wobei bis *10* ein weiterer Teil an Wasser ausfällt usf. Ein sehr wesentlicher Anteil an Wasser fällt, wie Abb. 217 zeigt, im 2. Nachkühler und im Wärmeaustauscher aus (Zustandsänderung *14–17*), der Rest während der Entspannung *18–19* in der Entspannungsturbine.

Der wirkliche Entfeuchtungsvorgang unterscheidet sich insofern etwas von dem soeben geschilderten theoretischen Vorgang, als praktisch eine 100prozentige Abscheidung des über der jeweiligen Sättigungsgrenze enthaltenen Wassers nicht möglich ist, insbesondere nicht in den Zwischenkühlern des Verdichters, wo die Strömungsgeschwindigkeiten noch zu hoch sind, um

188   Kreiselverdichter.

eine wirksame Abscheidung zu bringen. Erfahrungsgemäß fällt z. B. am 3. Zwischenkühler des Verdichters (Zustand *6—7*) eine geringere Wassermenge an, als theoretisch zu erwarten ist. Hingegen läßt sich die Wasserabscheidung *d*, *g* und *k*, Abb. 214, sehr wirksam gestalten durch Anwendung geringer Strömungsgeschwindigkeiten.

6. Vakuum-Kreiselverdichter.

Der Kreiselverdichter ist besonders geeignet, Unterdrücke zu erzeugen, wenn es sich darum handelt, große Behälter auszupumpen bzw. große Volumina bei Unterdruck abzusaugen und auf einen höheren Druck bzw. auf Umgebungsdruck zu verdichten. Man spricht dann von Vakuum-Kreiselverdichtern (auch Turbo-Vakuumpumpen genannt). Diese Verdichter werden z. B. in der chemischen Industrie und in Windkanalbetrieben und Forschungsanstalten gebraucht [*87a*].

α) *Die Kennlinien des Vakuum-Kreiselverdichters.*

Im allgemeinen pflegt man bei Kreiselverdichtern das erzielbare Verdichtungsverhältnis in Abhängigkeit von den auf Saugzustand bezogenen Ansaugevolumina aufzutragen. Der obere Teil von Abb. 218 zeigt ein solches Kennlinien-Diagramm mit verschiedenen Kurven $a_1, a_2 \ldots$ gleicher Drehzahl. Dieses Diagramm hat Gültigkeit für jeden beliebigen Anfangsdruck. Die Darstellung hat den Vorteil, daß man sich für einen bestimmten Betriebszustand (angesaugtes Volumen V_S, Drehzahl n) das erzielbare Verdichtungsverhältnis abgreifen und daraus bei festgelegtem Anfangsdruck p_S den Enddruck p_D sofort bestimmen kann. Für einen Anfangsdruck von 1 ata ist der Zahlenwert des Enddruckes identisch mit dem Verdichtungsverhältnis; daher ist das obige Diagramm für Kreiselverdichter, die von etwa 1 ata an verdichten, angenähert auch gleichzeitig das Druck-Ansaugegewicht-Diagramm des Verdichters, da hierbei für alle Punkte des Diagramms der Anfangszustand der gleiche ist.

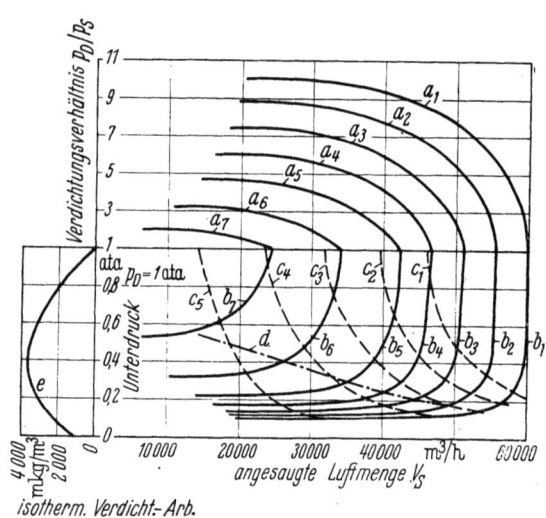

Abb. 218. Kennlinien-Diagramm eines Vakuum-Kreiselverdichters. a_1 bis a_7 Ansaugemenge in Abhängigkeit vom Verhältnis des Verdichterenddrucks p_D zum Ansaugedruck p_S bei jeweils gleichbleibender Drehzahl; b_1 bis b_7 Ansaugemenge in Abhängigkeit vom Ansaugedruck bei gleichbleibender Drehzahl; c_1 bis c_7 dgl. bei gleichbleibender Leistungsaufnahme; d dgl. bei gleichbleibendem Drehmoment; e isothermische Verdichtungsarbeit bei Verdichtung vom Ansaugedruck p_S auf 1 ata Enddruck in Abhängigkeit vom Ansaugedruck p_S.

Für Vakuum-Kreiselverdichter, die gegen 1 ata arbeiten, empfiehlt es sich, in das obige Diagramm das erzielbare Vakuum einzutragen, s. Abb. 218 unten. Der Volumenmaßstab dieses so entstehenden Unterdruck-Volumen-Diagramms ist jetzt aber nicht mehr gleichzeitig ein Maß für das geförderte Gewicht, da der Anfangsdruck für die verschiedenen Punkte des Diagramms (bei $p_D = $ const $= 1$ ata) verschieden ist. Links im Diagramm, Kurve e in Abb. 218, sind die theoretischen isothermischen Verdichtungsarbeiten in Abhängigkeit vom Unterdruck aufgetragen; zwischen 0,3 und 0,4 ata liegt der Größtwert der theoretischen Verdichtungsarbeit. Man würde daher bei verlustloser isothermischer Verdichtung bei Auspumpen eines Raumes von 1,0 ata auf 0,1 ata zunächst einen Anstieg der spezifischen, auf 1 m³ Ansaugvolumen bezogenen Leistung mit zunehmender Luftleere verzeichnen und nach Erreichen eines Größtwertes wieder eine Abnahme der spezifischen Leistung. Der praktische Vorgang wird demgegenüber etwas verschoben durch den Wirkungsgrad des Verdichters, der für alle Punkte des Diagramms verschieden ist und der die tatsächlich erforderliche Antriebsleistung bestimmt. In Abb. 218 unten sind die Kurven $c_1, c_2 \ldots$ gleicher Antriebsleistung eingezeichnet, wobei die Leistungen von c_1 nach c_5 hin fallen.

Die Betriebsverhältnisse und Arbeitsmöglichkeiten eines Vakuum-Kreiselverdichters lassen sich an Hand dieses Diagramms gut verfolgen.

Aus der Kurvenschar verschiedener Drehzahlen nach Abb. 218 kann bei nicht regelbarem Antrieb nur die eine Betriebsdrehzahl, z. B. a_4 bzw. b_4, gefahren werden. Beim Entlangfahren längs der Kurve b_4 von $p_S = 1,0$ ata in Richtung höherer Luftleere schneidet man die Leistungskurven c_1 bis c_5.

Soll der Vakuumverdichter mit verschiedensten Unterdrücken längs Kurve b_4 im Betrieb arbeiten, dann muß die Antriebsmaschine für die im Betrieb größtmögliche Belastung vorgesehen werden. Ist jedoch der Vakuumverdichter für konstante Betriebsverhältnisse vorgesehen (konstantes Ansaugevolumen, konstanter Unterdruck), wie es in der chemischen Industrie häufig vorkommt, dann wird man mit Rücksicht auf Anschaffungskosten und Wirkungsgrad die Antriebsmaschinen nur für diesen Betriebspunkt auslegen. Die Antriebsmaschine ist dann für eine Reihe von Punkten der Kurve b_4 zu schwach, und es muß im Betrieb (auch beim Anfahren) sorgfältig darauf geachtet werden, daß keine zeitweiligen Überlastungen der Antriebsmaschine vorkommen können, daher muß man beim Anfahren im Saugstutzen stark drosseln, solange noch kein Unterdruck in der Saugleitung herrscht.

Der in der Drehzahl regelbare Antrieb bietet den Vorteil, beim allmählichen Auspumpen eines Behälters die Leistung der Antriebsmaschine bei den verschiedenen Unterdrücken jeweils voll ausnutzen zu können. Man kann dabei nach einer Kurve gleichbleibender Antriebsleistung (Kurve c_1, c_2 usw.) fahren und die Drehzahl, von kleinen Werten beginnend, allmählich mit zunehmendem Vakuum steigern. Dieser Regelbetrieb kann sowohl von Hand als auch durch eine selbsttätige Regelung geschehen. Man kann auch längs einer Kurve konstanten Drehmomentes fahren (Abb. 218, Kurve d), wobei die Motorleistung im Gebiet kleiner Drehzahl dann nicht voll ausgenutzt wird.

β) Auspumpen eines Behälters.

Zur Zeit $t = 0$ herrsche im Behälter vom Inhalt V_0 der Zustand P_0, V_0, T_0, so daß ein Gewicht

$$G_0 = \frac{P_0 V_0}{R T_0} \quad [\text{kg}] \tag{3}$$

in ihm enthalten ist. Es bedeuten R [m/Grad] die Gaskonstante, P_0 [kg/m²] den Druck, V_0 [m³] das Volumen, T_0 [Grad] die absolute Temperatur zur Zeit $t = 0$. Aus dem Behälter werde eine mit der Zeit veränderliche Gewichtsmenge entnommen:

$$G_S = \mathrm{f}(t) \quad [\text{kg/s}], \tag{4}$$

so daß zur Zeit t im Behälter vom Inhalt V_0 nur noch enthalten ist

$$G = G_0 - \int_0^t G_S \, dt = \frac{P V_0}{R_x T} \quad [\text{kg}]; \tag{5}$$

dabei ist der Zustand im Behälter durch P, V_0 und T gekennzeichnet.

Es sei angenommen, daß die Zustandsänderung im Behälter vom Inhalt V_0 ohne Wärmeaustausch mit der Umgebung stattfindet, so daß der Behälterinhalt während des Auspumpens sich adiabatisch ausdehnt:

$$T = T_0 \left(\frac{P}{P_0}\right)^{\frac{\varkappa-1}{\varkappa}}, \tag{6}$$

worin $\varkappa = c_p/c_v$ der Exponent der Adiabate ist. Die durch den Vakuumverdichter abgesaugte Menge hängt von der Charakteristik der Maschine ab. Findet zwischen Vakuumverdichter und Behälter keine Drosselung statt, so herrschen zur Zeit t im Saugstutzen des Vakuumverdichters gleicher Druck und gleiche Temperatur wie im Behälter.

Abb. 219 zeigt die zu den Druck-Volumen-Kurven b_1, b_2, b_3, ... von Abb. 218 zugehörigen geförderten Gewichte unter Zugrundelegung von Luft und unter Annahme einer konstanten Ansaugetemperatur von 20° C und Abb. 220 die zu den Linien gleicher Leistung c_1, c_2, ... von

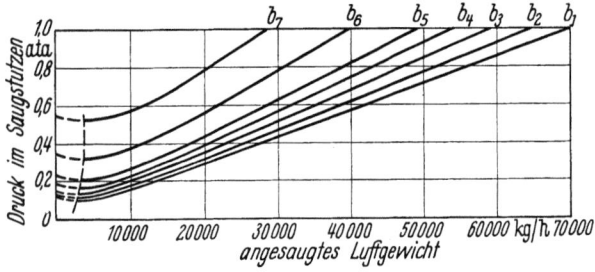

Abb. 219. Fördergewicht des Vakuum-Kreiselverdichters nach Abb. 218 für Linien gleicher Drehzahl b_1 bis b_7 bei t_S = const.

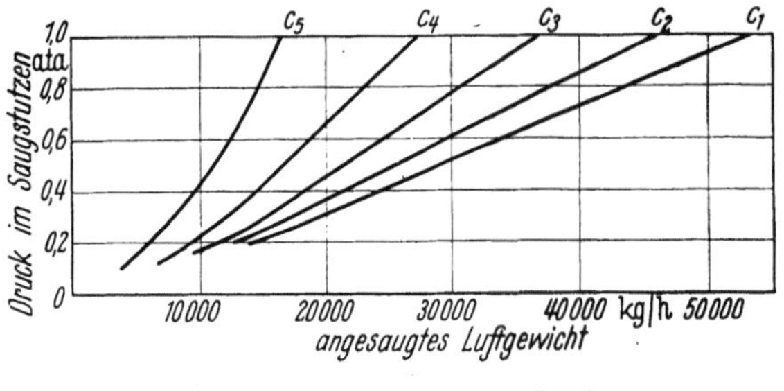

Abb. 220. Fördergewicht des Vakuum-Kreiselverdichters nach Abb. 218 für Linien gleicher Leistung c_1 bis c_5 bei t_S = const.

Abb. 218 zugehörigen geförderten Gewichte. Im Fall adiabatischer Ausdehnung im Behälter sinkt jedoch die Ansaugetemperatur mit stärkerem Auspumpgrad. Die Kurven, Abb. 129 und 220, werden dadurch beeinflußt.

Bezeichnet V_S [m³/s] das Volumen, bezogen auf den Ansaugezustand des Vakuumverdichters zur Zeit t, so ist

$$G_S = \frac{P V_S}{R T} \text{ [kg/s]}, \tag{7}$$

wobei $V_S = f(P)$ nach der Charakteristik der Maschine verläuft.

Mit Gl. (3) und (7) folgt aus Gl. (5)

$$\frac{P V_0}{T} = \frac{P_0 V_0}{T_0} - \int_0^t \frac{P V_S}{T} dt \tag{8}$$

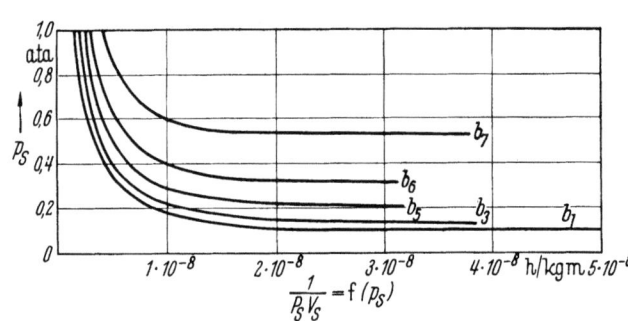

Abb. 221. Verlauf der Funktion $\frac{1}{P_S V_S} = f(p_S)$ für die Kennlinien des Vakuum-Kreiselverdichters nach Abb. 218 b_1 bis b_7 Linien gleicher Drehzahlen.

und mit Gl. (6)

$$\frac{1}{\varkappa} P_0^{\frac{\varkappa-1}{\varkappa}} V_0 P^{\frac{1-\varkappa}{\varkappa}} dP$$
$$= -P V_S \left(\frac{P_0}{P}\right)^{\frac{\varkappa-1}{\varkappa}} dt, \tag{9}$$

$$\frac{1}{\varkappa} V_0 \frac{1}{V_S} \frac{dP}{P} = -dt, \tag{10}$$

und integriert

$$\frac{1}{\varkappa} V_0 \int_{P_0}^{P} \frac{1}{V_S} \frac{dP}{P} = -t \tag{11}$$

oder

$$\frac{1}{\varkappa} V_0 \int_{P}^{P_0} \frac{1}{V_S} \frac{dP}{P} = t. \tag{12}$$

Der Verlauf von $V_S = f(P)$ bzw. $f(p)$, der durch die Kennlinien der Maschine und durch deren Regelung bestimmt ist, muß als bekannt vorausgesetzt werden, Abb. 218, daher auch der Verlauf $\frac{1}{P_S V_S}$, Abb. 221, so daß der Integralwert $\int \frac{dP}{P V_S}$ durch Planimetrieren der zwischen 0 und 1 gelegenen Fläche bestimmbar ist. Die zum Auspumpen des Behälters vom Inhalt V_0 von $p_S = 1{,}0$ ata auf $p_S = p_0$ erforderliche Zeit folgt daher aus:

$$t = \frac{V_0}{\varkappa} \int_{P}^{P_0} \frac{dP}{P V_S}, \tag{13}$$

und der zeitliche Druckverlauf während des Auspumpens in gleicher Weise durch schrittweise erfolgendes Vorgehen.

Verläuft die Zustandsänderung im Behälter langsam unter vollkommenem Wärmeaustausch mit der Umgebung, so ist die Ausdehnung im Behälter isothermisch, und die Auspumpzeit ist länger; sie beträgt

$$t = V_0 \int \frac{dP}{PV_S} = \frac{V_0}{RT_0} \int \frac{dP}{G_S} ; \tag{14}$$

sie ist also $\varkappa$-mal so groß wie die Auspumpzeit bei adiabatischer Ausdehnung.

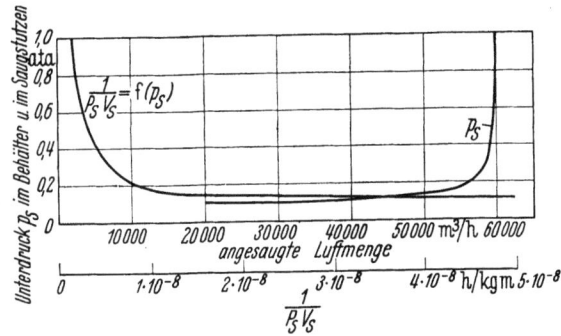

Abb. 222.
Verlauf der Funktion $\frac{1}{P_S V_S} = f(p_S)$ eines Vakuum-Kreiselverdichters für eine bestimmte Drehzahl b_1 in Abb. 218.

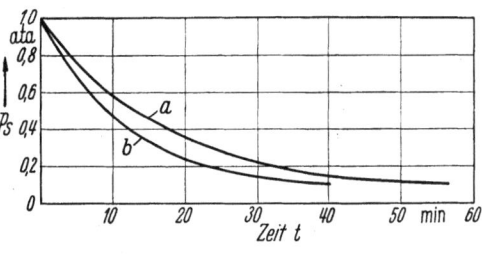

Abb. 223. Zeitlicher Verlauf des Unterdruckes während des Auspumpvorganges bei isothermischer (a) und adiabatischer (b) Ausdehnung in einem Behälter. Behälterinhalt $V_0 = 20\,000$ m³, Auspumpvorgang nach Verlauf von Abb. 222.

Abb. 222 zeigt den Verlauf $\frac{1}{P_S V_S}$ als Funktion des Ansaugedruckes p_S für einen Vakuumverdichter nach Kurve b_1 der Abb. 218 und Abb. 223 den zeitlichen Verlauf des Unterdruckes im Behälter bei isothermischer und adiabatischer Ausdehnung in diesem bei einem Behälterinhalt $V_0 = 20\,000$ m³.

γ) *Sonderfälle.*

Der Fall des Auspumpens eines Behälters durch zeitlich konstantes Absaugegewicht ($G_S = $ const) hat für Vakuum-Kreiselverdichter praktische Bedeutung, wenn mit Rücksicht auf konstante Motorbelastung bei nicht drehzahlregelbarem Motor in der Saugleitung des Vakuum-Kreiselverdichters während des gesamten Auspumpvorganges auf den gewünschten Enddruck gedrosselt wird, so daß während des Auspumpens im Saugstutzen immer nahezu gleicher Unterdruck herrscht und $G_S = $ const ist.

Unter diesen vereinfachenden Verhältnissen folgt aus Gl. (5)

$$G = G_0 - \int_0^t G_S \, dt = \frac{PV_0}{RT} \quad [\text{kg}] \tag{15}$$

und der zeitliche Druckverlauf bei adiabatischer Ausdehnung im Behälter

$$P = P_0 \left(1 - \frac{G_S}{G_0} t\right)^{\varkappa} \quad [\text{kg/m}^2] \tag{16}$$

bzw. die zum Auspumpen von P_0 auf P_1 erforderliche Zeit

$$t = \frac{G_0}{G_S} \left\{ 1 - \left(\frac{P}{P_0}\right)^{\frac{1}{\varkappa}} \right\} \quad [\text{s}]. \tag{17}$$

Für den Fall isothermischer Ausdehnung im Behälter ergeben sich noch folgende Vereinfachungen für den Druckverlauf:

$$P = P_0 \left(1 - \frac{G_S}{G_0} t\right) \tag{18}$$

und für die Auspumpzeit
$$t = \frac{G_0}{G_S}\left(1 - \frac{P}{P_0}\right), \tag{19}$$
d. h. linearer Verlauf.

Abb. 224 enthält in Kurve c den linearen Druckverlauf in Abhängigkeit von der Zeit für den Fall isothermischer Ausdehnung im Behälter.

Der zweite Fall des Auspumpens eines Behälters durch zeitlich konstantes Absaugevolumen des Vakuumverdichters (V_S = const) hat praktische Bedeutung für Vakuum-Kreiselverdichter mit steiler Kennlinie, die ihren Antrieb durch in der Drehzahl nicht regelbare Motoren erhalten und bei denen im Gegensatz zu dem vorbeschriebenen Fall der Motor so reichlich bemessen ist, daß alle Punkte der Kennlinie gefahren werden können.

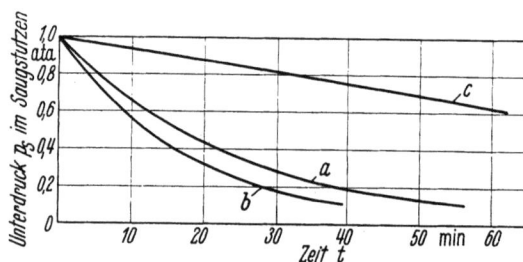

Abb. 224. Zeitlicher Verlauf des Auspumpens eines Behälters.

a bei isothermischer Ausdehnung
b bei adiabatischer Ausdehnung
im Behälter bei konstantem Absaugevolumen, bezogen auf den jeweiligen Ansaugezustand des Vakuumverdichters; $V_0 = 20000$ m³, $V_S = 50000$ m³/h.

c bei isothermischer Expansion im Behälter und konstantem Absaugegewicht; $V_0 = 20000$ m³, $G_S \approx 3500$ kg/h.

Für adiabatische Ausdehnung im Behälter folgt aus Gl. (13)
$$t = \frac{V_0}{V_S}\frac{1}{\varkappa}\int_P^{P_0}\frac{dP}{P} = \frac{V_0}{V_S}\frac{1}{\varkappa}\Big[\ln P\Big]_P^{P_0} \tag{20}$$

und für isothermische Ausdehnung im Behälter
$$t = \frac{V_0}{V_S}\Big[\ln P\Big]_P^{P_0}, \tag{21}$$

d. h. in beiden Fällen ein Druckverlauf im Behälter in Abhängigkeit von der Zeit nach einer e-Funktion, vgl. Abb. 224, Kurven a und b.

Der Fall des Auspumpens eines Behälters bei zeitlich veränderlichem Absaugegewicht durch einen, in der Drehzahl nicht veränderlichen Vakuumverdichter längs seiner Kennlinie ist bereits in allgemeinster Form oben behandelt worden. An Stelle der dort angewandten graphischen Integration kann man auch für den Geltungsbereich von Gl. (14) schreiben

$$G_S = \mathrm{F}(P) = a_0 + a_1 P + a_2 P^2 + \cdots, \tag{22}$$

wobei die Koeffizienten a_0, a_1, a_2 aus dem als gegeben zu betrachtenden Verlauf von Abb. 219 ermittelt werden können. Für diesen Fall ist Gl. (14) durch unmittelbare Integration lösbar.

Die Regelung nach konstanter Leistung an der Kupplung hat Bedeutung bei drehzahlregelbarem Antrieb. Durch diese Regelungsart kann die größere Verdichtungsarbeit bei geringem Unterdruck durch entsprechend kleineres Ansaugevolumen ausgeglichen werden. Das Kennlinien-Diagramm, Abb. 218, enthält eine Reihe von Kurven gleicher Kupplungsleistung $c_1, c_2, \ldots$ Will man einen Behälter nach einer dieser Kurven auspumpen, z. B. nach Kurve c_4, so muß man, mit kleinen Drehzahlen beginnend, mit zunehmender Luftleere die Drehzahl allmählich steigern gemäß Abb. 218, bis bei höchster Drehzahl das höchste Vakuum erzielt wird.

Der Auspumpvorgang kann bei bekanntem Kennlinien-Diagramm und festgelegter Regelkurve rechnerisch in gleicher Weise untersucht werden, wie vorher allgemein angegeben, oder auch für T_S = const unter Zugrundelegung des Verlaufs der Fördergewichte, Abb. 220, bei Regelung nach konstanter Leistung.

δ) Ausgeführte Vakuum-Kreiselverdichter.

Der Vakuum-Kreiselverdichter gleicht in seinem Aufbau dem Kreiselgebläse bzw. dem Kreiselverdichter. Die Abmessungen der Maschine und die Stufenzahl werden bestimmt durch die geforderte Höhe der Luftleere, durch die abzusaugende Menge und das spez. Gewicht des abzusaugenden Gases. Bis zu 3- bis 3,5facher Verdichtung kann man bei dem Vakuum-Kreiselverdichter auf eine Zwischenkühlung verzichten, darüber hinaus ist jedoch, damit unzulässig hohe

Betriebstemperaturen vermieden werden und der Wirkungsgrad verbessert wird, die Zwischenkühlung zu empfehlen. Im folgenden seien einige Beispiele von Vakuum-Kreiselverdichtern besprochen.

Abb. 225 zeigt einen dreistufigen Vakuum-Kreiselverdichter [87] für ein dauerndes Vakuum von 0,3 ata gegen 1,03 ata zum Absaugen von 15000 m³/h Luft, bezogen auf Saugzustand.

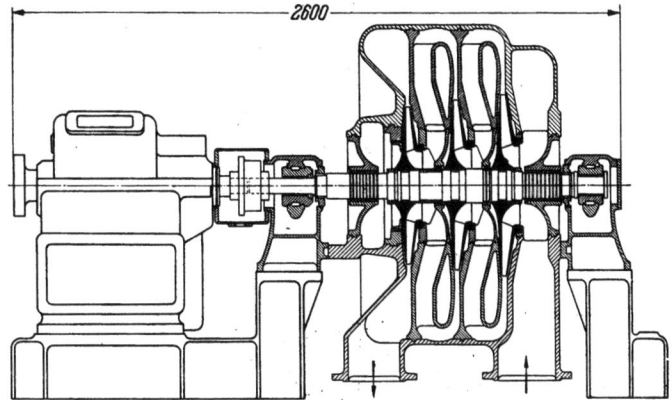

Abb. 225. Dreistufiger Vakuum-Kreiselverdichter (Demag) mit 15000 m³/h Ansaugevolumen bei 7500 U/min. Dauerndes Vakuum 0,3 ata gegen 1,03 ata.

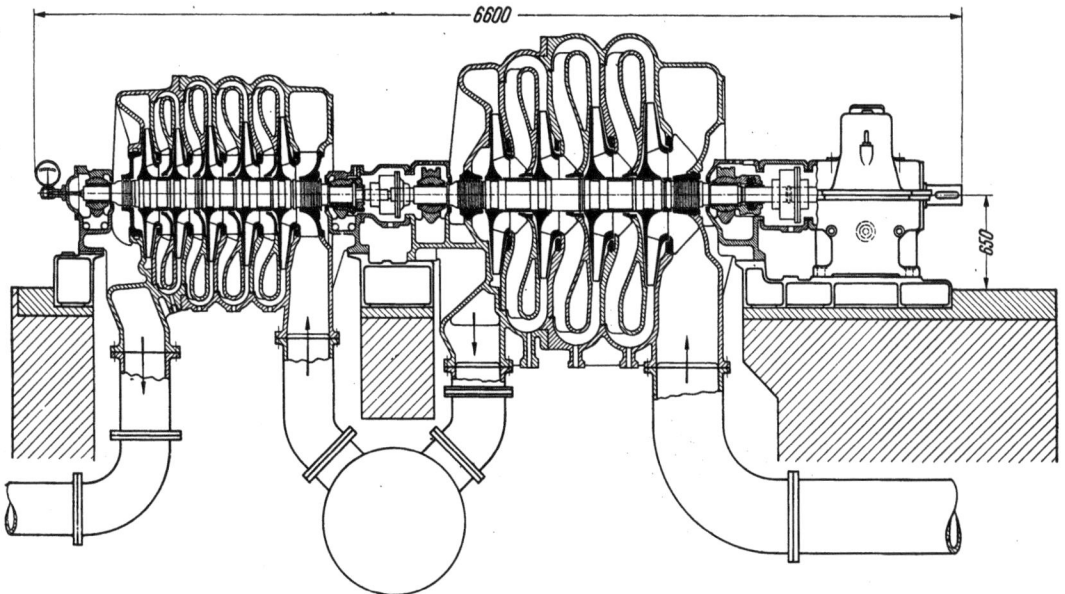

Abb. 226. Zweigehäusiger Vakuum-Kreiselverdichter (Demag) mit 60000 m³/h Ansaugevolumen bei 4600 U/min. Niederdruckteil vierstufig, Hochdruckteil fünfstufig. Dauerndes Vakuum 0,1 ata gegen 1,03 ata.

Dieser Verdichter wurde ohne Innen- oder Außenkühlung ausgeführt, so daß die Endtemperatur bei normaler Ansaugetemperatur von 20° C bei obiger Verdichtung bei etwa 180° C liegt.

Abb. 226 zeigt einen zweigehäusigen Vakuum-Kreiselverdichter [87] für ein dauerndes Vakuum von 0,1 ata gegen 1,03 ata zum Absaugen von 60000 m³/h Luft, bezogen auf Saugzustand. Der Niederdruckteil ist vierstufig, der Hochdruckteil fünfstufig ausgebildet. Niederdruck- und Hochdruckteil laufen mit gleicher Drehzahl ($n = 4600$ U/min) und sind elastisch miteinander gekuppelt. Zwischen Niederdruck- und Hochdruckteil ist ein Zwischenkühler geschaltet.

In Abb. 227 ist die Außenansicht eines eingehäusigen neunstufigen Vakuum-Kreiselverdichters [87] wiedergegeben. Dieser Verdichter verdichtet Stickstoff bei 40000 m³/h Ansaugeleistung von

0,1 ata auf 1 ata. Die Maschine besitzt 3 seitlich am Gehäuse angebaute Zwischenkühler und wird von einem Elektromotor über Getriebe angetrieben. Die Betriebsdrehzahl beträgt 5600 U/min. Besondere Sorgfalt erfordert hier die Durchbildung der Stopfbuchsen, da die Forderung gestellt wurde, daß der Stickstoff vollkommen rein bleiben und nicht durch Spuren eindringender Luft verunreinigt werden darf. Zum Abdichten der Welle nach außen dienen Kohlestopfbuchsen, Abb. 227. Außerdem ist die Wellenstopfbuchse auf der Saugseite durch der Druckleitung entnommenen Stickstoff, der als Sperrgas dient, zusätzlich abgedichtet.

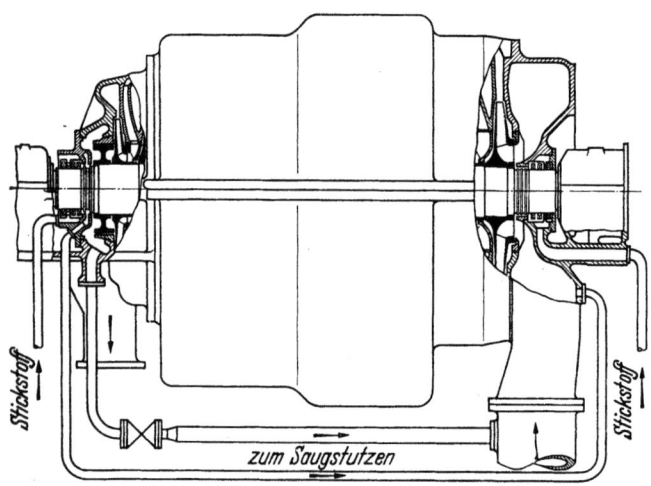

Abb. 227. Wellenstopfbuchse eines Vakuum-Kreiselverdichters (Demag) mit zusätzlicher Abdichtung durch Gas.

Die Kennlinien der in Abb. 225 bis 227 dargestellten Maschinen sind aus Abb. 228 ersichtlich.

Daß es auch möglich ist, noch wesentlich höhere Unterdrücke mit Vakuum-Kreiselverdichtern zu erzielen, ersieht man aus

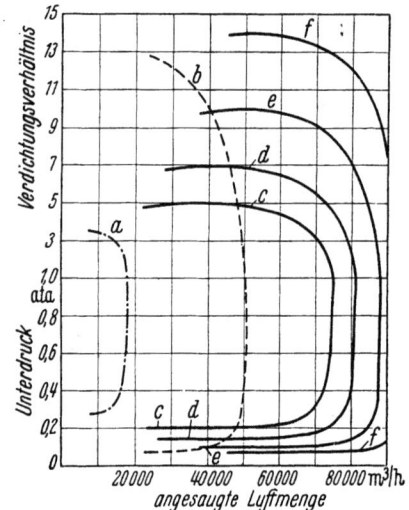

Abb. 228. Kennlinien verschiedener Vakuum-Kreiselverdichter. a 3stufiger Verdichter nach Abb. 225 ($n \approx 7500$ U/min); b eingehäusiger Verdichter ($n \approx 5600$ U/min); c bis f zweigehäusiger Verdichter nach Abb. 226; c bei 3300 U/min, d bei 3600 U/min, e bei 3940 U/min, f bei 4300 U/min.

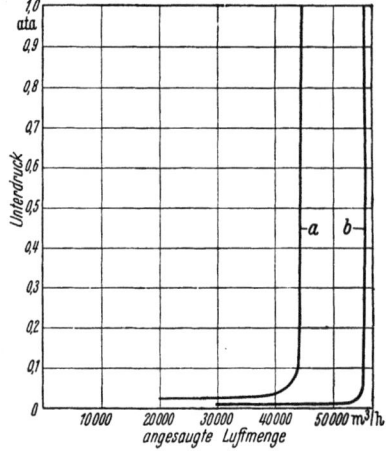

Abb. 229. Kennlinien von als Vakuumverdichter betriebenen Kreiselverdichtern bei hoher Luftleere. a 10stufiger, eingehäusiger Verdichter ($n \approx 5000$ U/min); b 24stufiger, zweigehäusiger Verdichter ($n \approx 4300$ U/min).

Abb. 229. Kurve a ist das Kennlinien-Diagramm eines 10stufigen, eingehäusigen Kreiselverdichters, der zum Verdichten eines leichten Gases bestimmt ist und auf dem Prüffeld als Vakuumverdichter mit Luft betrieben wurde. Hier wurde ein Vakuum von 0,02 ata am Saugstutzen gemessen bei Betrieb gegen 1,03 ata. Kurve b zeigt das Kennlinien-Diagramm eines 24stufigen Gasverdichters, der auf dem Prüffeld mit Luft betrieben ein Vakuum von 0,01 ata erbrachte.

ε) *Wirkungsgrad von Vakuum-Kreiselverdichtern.*

Es empfiehlt sich, den Wirkungsgrad von Vakuum-Kreiselverdichtern, wie im Verdichterbau, bei ungekühlten Maschinen auf die Adiabate

$$\eta_{\text{ad}-K} = \frac{N_{\text{ad}}}{N} \qquad (23)$$

und bei gekühlten Maschinen auf die Isotherme

$$\eta_{\text{is}-K} = \frac{N_{\text{is}}}{N} \tag{24}$$

zu beziehen, wobei N die an der Kupplung aufzuwendende Leistung ist, während N_{ad} die bei adiabatischer Verdichtung, N_{is} die bei isothermischer Verdichtung theoretisch erforderliche Leistung ist.

In der Betrachtung der Wirkungsgrade sei ausgegangen von den Verhältnissen bei Kreiselverdichtern. Abb. 230 gibt als Beispiel die in Kreiselverdichtern mit Zwischenkühlung erzielbaren Wirkungsgrade $\eta_{\text{is}-K}$ in Abhängigkeit von der Maschinengröße wieder bei acht- bis zehnfacher Verdichtung, wobei der Ansaugedruck ungefähr 1,0 ata, die Ansaugetemperatur 20°C und die Kühlwasser-Eintrittstemperatur 27°C beträgt.

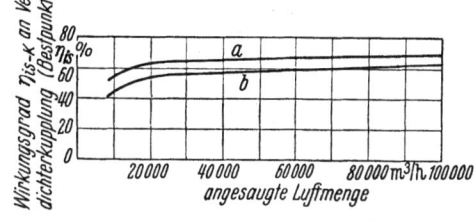

Abb. 230. Mit Kreiselverdichtern erreichbare Wirkungsgrade, bezogen auf 8fache isothermische Verdichtung. Ansaugetemperatur 20°, Kühlwassertemperatur 27°. *a* bei Arbeiten als Verdichter, Ansaugedruck etwa 1 ata; *b* bei Arbeiten als Vakuumverdichter, Enddruck etwa 1 ata.

Der Vakuum-Kreiselverdichter sei nun als Kreiselverdichter betrachtet mit gleichem Betriebszustand (Ansaugemenge, Verdichtungsverhältnis, Drehzahl) bis auf Anfangs- und Enddruck, und es seien die sich dadurch ergebenden Abweichungen untersucht.

Die bei Annäherung an die Isotherme theoretisch aufzuwendende Verdichtungsarbeit

$$L_{\text{is}} = P_1 V_1 \ln \frac{P_2}{P_1} \tag{25}$$

bei Verdichtung von einem Zustand *1* auf einen Zustand *2* ändert sich für ein bestimmtes Verdichtungsverhältnis und ein bestimmtes Ansaugevolumen proportional dem Anfangsdruck P_1, d. h., die je Volumeneinheit (auf Saugzustand bezogen) theoretisch aufzuwendende Verdichtungsarbeit bei Verdichtung von 0,1 ata auf 1 ata ist der zehnte Teil gegenüber Verdichtung von 1 ata auf 10 ata.

In gleicher Weise seien nun die während des Verdichtungsvorganges auftretenden Verluste untersucht.

Die *Radreibungsverluste* in den einzelnen Rädern ändern sich bei gleicher Drehzahl proportional der Wichte des zu verdichtenden Gases, also bei gleichem Gas ebenfalls proportional dem Anfangsdruck. Dieser Verlust verringert sich also in gleichem Maße wie die theoretische Verdichtungsarbeit.

Die *hydraulischen Verluste* im feststehenden wie im umlaufenden Teil verringern sich ebenfalls proportional der Wichte, d. h. bei gleichem Gas ebenfalls proportional dem Anfangsdruck. Das gleiche gilt für den *Kühlerwiderstand* und für die übrigen *inneren Verluste*.

Anders liegen die Verhältnisse bei den äußeren Verlusten. Die *Lagerreibung* ist durch Zapfengeschwindigkeit und spezifische Pressung des Lagerzapfens gegeben; sie ist hingegen unabhängig von dem durch die Welle zu übertragenden Drehmoment. Der Lagerreibungsverlust ist also unabhängig vom Anfangsdruck des Verdichters, und er wirkt sich proportional zur Gesamtleistung um so stärker aus, je niedriger der Anfangsdruck des Verdichters ist. Beträgt dieser Verlust bei einem Kreiselverdichter zum Verdichten von 1 ata auf 10 ata 1% der Kupplungsleistung, so beträgt er bei der gleichen Maschine als Vakuum-Kreiselverdichter (zur Verdichtung von 0,1 ata auf 1 ata) rd. 10% der Kupplungsleistung.

Hinzu kommen Verluste durch *Undichtigkeiten* der Stopfbuchse auf der Saugseite, die von der Ausführung der Stopfbuchse abhängen. Man kann daher bei Vakuum-Kreiselverdichtern keine gleich guten Wirkungsgrade wie bei Kreiselverdichtern erwarten. Häufig spielt bei Vakuumverdichtern die Antriebsleistung wegen ihrer geringen absoluten Größe keine entscheidende Rolle, so daß man, um geringe Anschaffungskosten zu haben, auch die Kühlerzahl zuungunsten des Wirkungsgrades verringert, vgl. auch Abb. 226, wo nur ein Zwischenkühler bei zehnfacher Verdichtung zwischengeschaltet ist.

ζ) Das Anfahren von Vakuum-Kreiselverdichtern.

Beim Anfahren muß Rücksicht auf die Antriebsmaschine genommen werden, insbesondere dann, wenn als Antriebsmaschinen Kurzschlußmotoren verwendet werden, die innerhalb kurzer Zeit auf volle Drehzahl kommen, und wenn die Antriebsmotoren nur für Normalbetrieb bei hohem Vakuum bemessen werden und beim Anfahren des Vakuumverdichters abweichende, und zwar ungünstigere Anfahrbedingungen vorliegen. Der Motor muß innerhalb der Anlaufzeit die umlaufenden Massen des Vakuum-Kreiselverdichters und des Getriebes beschleunigen. Außerdem muß er die übrigen Widerstände, die sich dem Anlauf der Maschine entgegenstellen (Lagerreibung von Pumpe und Getriebe, Verdichtungsarbeit während des Anfahrens), überwinden. Hierauf ist bei der Bemessung der Antriebsmotoren besonders Rücksicht zu nehmen. Es empfiehlt sich in solchen Fällen, mit vollkommen geschlossenem Saugschieber anzufahren.

7. Verdichter mit Abwärmeverwertung.

Der größte Teil der für die Verdichtung aufzuwendenden Arbeit wird beim Kreiselverdichter im Kühlwasser abgeführt. Die Kühlwasser-Eintrittstemperaturen liegen meistens niedrig zwischen 20° und 27° bis 30° C.

Aus der Forderung einer bestimmten Rückkühlung der Luft bei bestimmten, nicht zu hohen Widerständen auf der Wasserseite ergeben sich im allgemeinen ziemlich große Kühlwassermengen, so daß die Aufwärmung des Wassers im Kühler nicht hoch ist. Die im Kühlwasser weggeführte Abwärme des Verdichters ist unter diesen Verhältnissen praktisch nicht verwertbar. Sie wird über den Kühlturm der Umgebung zugeführt.

Es ist aber durchaus möglich, durch geeignete Kühlwasserführung, z. B. durch Vergrößerung des Wasserweges, bei entsprechender Verringerung der Wassermenge unter Beibehaltung der Wassergeschwindigkeit angenähert die gleiche Kühlwirkung zu erzielen, jedoch höhere Wasser-

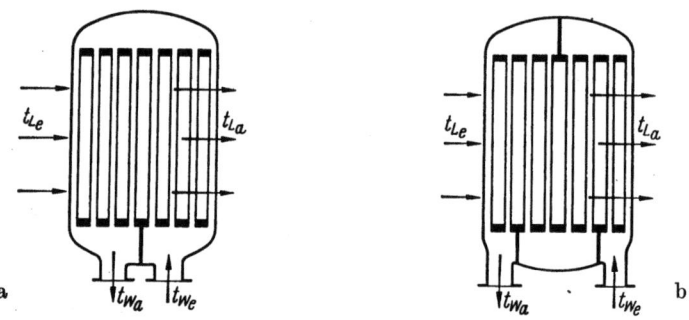

Abb. 231. Zwischenkühler. a mit zweifachem Wasserweg, b mit vierfachem Wasserweg.

aufwärmung dabei zu erreichen. Beispielsweise seien die 2 Kühler (Abb. 231a und b) miteinander verglichen, die vollkommen gleich sind in Kühlfläche und Abmessungen und sich lediglich in den Verteilungsrippen der Kühlwasserkammern unterscheiden.

Bei Abb. 231a tritt das Wasser rechts unten ein, steigt nach oben, kehrt oben seine Richtung um und läuft abwärts und tritt links unten aus. Der Wasserweg innerhalb der Kühlrohre eines jeden Wasserfadens ist gleich der zweifachen Bündellänge.

Bei Abb. 231b steigt infolge anderer Führungsrippen das Wasser zweimal aufwärts. Der Wasserweg eines Wasserfadens ist gleich der vierfachen Bündellänge. Angenähert gleicher Wärmeübergang erfordert gleiche Wassergeschwindigkeit. Bei gleicher Wassergeschwindigkeit ist bei Abb. 231b die Kühlwassermenge halb so groß und die Wasseraufwärmung doppelt so hoch wie bei Abb. 231a, allerdings auch der wasserseitige Widerstand doppelt so hoch.

Durch entsprechende Kühlwasserführung kann man die Kühlwassermengen weiter senken und die Wasseraufwärmung weiter steigern, so daß man am Kühleraustritt Warmwasser erhält, das für Heizzwecke nutzbar gemacht werden kann, Abb. 232. Auch die Möglichkeit der Vorwärmung des Kesselspeisewassers in den Verdichterkühlern ist gegeben, z. B. nach Anordnung der Abb. 233. Das aufzuwärmende Kondensat der Antriebsturbine erwärmt sich hier stufenweise in

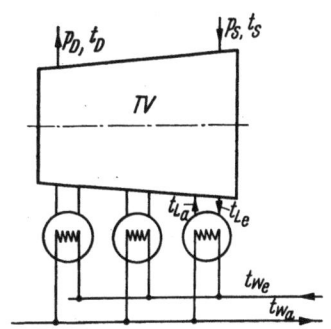

Abb. 232.
Kreiselverdichter mit Abwärmeverwertung bei dreimaliger Zwischenkühlung.

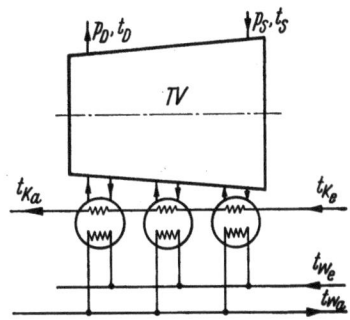

Abb. 233. Kreiselverdichter, in dem die Abwärme zur Aufwärmung des Kondensates der Antriebsturbine teilweise verwertet wird.

den 3 Kühlern, wobei die Luft nur bis zu einem gewissen Betrag gekühlt wird. Die restliche Kühlung der Luft wird durch einen zweiten Wasserkreislauf mit Kaltwasser vorgenommen. Gelingt es auf diese Weise, einen wesentlichen Teil der Abwärme des Verdichters nutzbar zu machen, so ist es unter Umständen belanglos, wenn sich der Wirkungsgrad des Verdichters dabei etwas verschlechtert, z. B. infolge einer nicht so vollkommenen Rückkühlung.

Im allgemeinen ist aber auf Verdichteranlagen mit Turbinenantrieb bereits genügend Abwärme vorhanden sowohl für die Warmwassererzeugung wie auch für die Speisewasservorwärmung, so daß kein unmittelbarer Bedarf für weitere Nutzbarmachung der Abwärme besteht. Dies ist der Grund für die höchst selten praktisch durchgeführte Verwertung der Abwärme von Kreiselverdichtern.

8. Entnahmeverdichter.

Unter einem Entnahmeverdichter sei ein mehrstufiger Verdichter verstanden, dem bei einem zwischen dem Ansaugedruck p_S und dem Enddruck p_D gelegenen Druck p_E an der entsprechenden Stelle des Verdichtergehäuses eine gewisse Teilmenge E der vom Verdichter angesaugten Menge entnommen wird (Abb. 234).

Ein solcher Verdichter kann vorteilhaft angewendet werden für Bedarf der gleichen Gasart bei verschiedenen Drücken.

Über theoretische und experimentelle Untersuchungen des Entnahmeverdichters bei verschiedenen Betriebsverhältnissen (Veränderung der Entnahmemenge, des Entnahmedruckes, der Drehzahl) siehe [*87 b*]: Abb. 235 zeigt das Kennlinien-Diagramm eines Entnahmeverdichters.

9. Zweidruckverdichter.

Unter einem Zweidruckverdichter sei ein mehrstufiger Verdichter verstanden, der bei einem zwischen dem Ansaugedruck p_S und dem Enddruck p_D gelegenen Zwischendruck p_Z an der entsprechenden Stelle des Verdichtergehäuses eine gewisse Zusatzmenge Z aufnimmt und bis auf den Enddruck p_D verdichtet gemeinsam mit dem Fördermittel, welches beim Druck p_S angesaugt wurde (Abb. 236).

Ein solcher Verdichter kann vorteilhaft angewendet werden bei Bedarf nach Verdichtung zweier Teilmengen der gleichen Gasart verschiedenen Anfangsdruckes (p_S und p_Z) auf den gleichen Enddruck p_D.

Über Untersuchungen des Zweidruckverdichters bei verschiedenen Betriebsverhältnissen siehe [*87 b*].

Abb. 237 zeigt das Kennlinien-Diagramm eines Zweidruckverdichters.

10. Verdichter für Gasturbinen.

Der Gasturbinenprozeß in seiner einfachsten Form besteht aus einer Verdichtung, einer Verbrennung bei konstantem Druck und einer Expansion. Der Verdichter ist dabei ein wichtiges

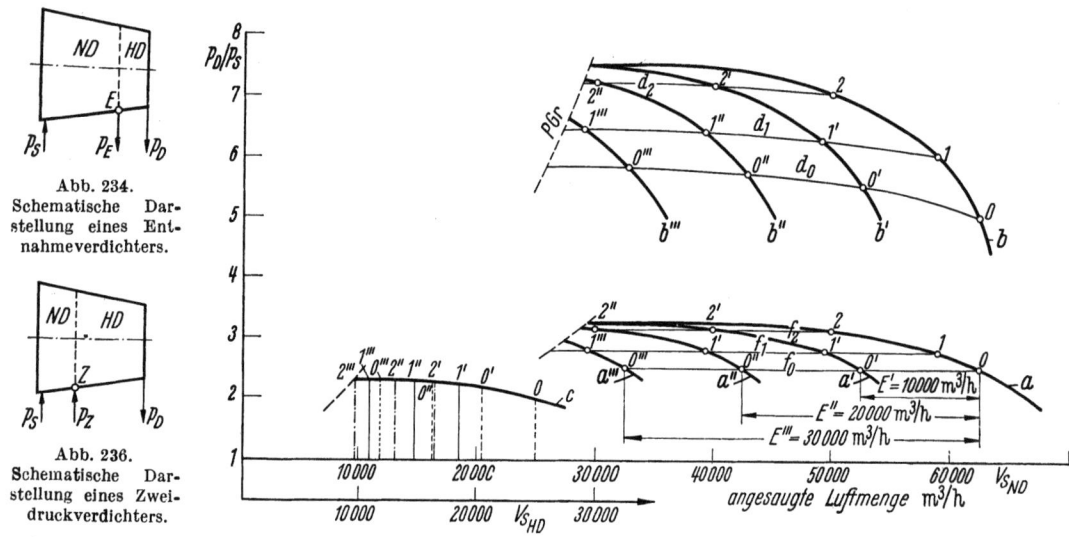

Abb. 234. Schematische Darstellung eines Entnahmeverdichters.

Abb. 236. Schematische Darstellung eines Zweidruckverdichters.

Abb. 235. Kennlinien eines Entnahmeverdichters bei konstanter Drehzahl und verschiedener Entnahme E bei konstantem Entnahmedruck p_E. $n = \text{const} = 2970$ U/min.

a Kennlinie des Niederdruckteils $(p_D/p_S)_{ND} = f(V_S)_{ND}$, a', a'', a''' Hilfslinien;

b Kennlinie des gesamten Verdichters ohne Entnahme ($E=0$) $\dfrac{p_D}{p_S} = \dfrac{(p_D)_{HD}}{(p_S)_{ND}} = f(V_S)_{ND}$;

b', b'', b''' Kennlinien für Entnahme $E' = 10000$ m³/h bzw. $E'' = 20000$ m³/h bzw. $E''' = 30000$ m³/h;

c Kennlinie des Hochdruckteils $(p_D/p_S)_{HD} = f(V_S)_{HD}$

d_0, d_1, d_2 Kennlinien des gesamten Verdichters (einzustellender Verdichterenddruck bei verschiedener Entnahme und bei jeweils konstantem Entnahmedruck $p_E = p_{E_0} = $ const. bzw. $p_E = p_{E_1} = $ const. bzw. $p_E = p_{E_2} = $ const;

f_0, f_1, f_2 Verlauf des Entnahmedrucks (hier konstant). Höhe der Entnahme begrenzt durch Pumpgrenze auf Kurve c.

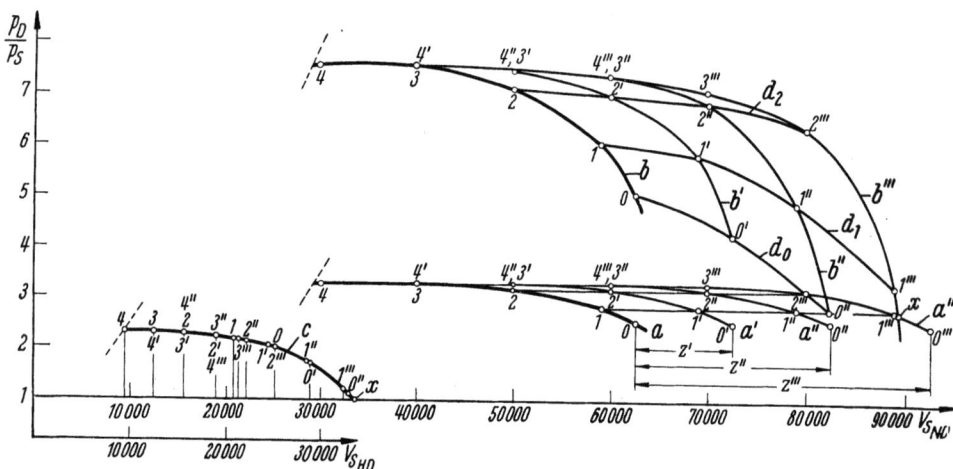

Abb. 237. Kennlinien eines Zweidruckverdichters bei konstanter Drehzahl und verschiedener Zusatzmenge Z bei konstantem Zwischendruck.

a Kennlinie des Niederdruckteils $(p_D/p_S)_{ND} = f(V_S)_{ND}$, a', a'', a''' Hilfslinien;

b Kennlinie des gesamten Verdichters ohne Zusatz ($Z=0$), b', b'', b''' Kennlinien für $Z' = 10000$ m³/h bzw. $Z'' = 20000$ m³/h bzw. $Z''' = 30000$ m³/h;

c Kennlinie des Hochdruckteils $f(V_S)_{HD}$;

d_0, d_1, d_2 Kennlinien des gesamten Verdichters (Enddruck p_D) bei verschiedener Zusatzmenge und jeweils konstantem Zwischendruck $p_Z = p_{Z_0} = $ const bzw. $p_Z = p_{Z_1} = $ const bzw. $p_Z = p_{Z_2} = $ const.

Höhe der Zusatzmenge begrenzt durch Schluckfähigkeit des Hochdruckteils, Punkt x auf Kurve c.

Glied, und sein Wirkungsgrad ist für die Wirtschaftlichkeit des Prozesses sehr ausschlaggebend. Das gilt in gleichem Maße für verwickeltere Gasturbinenprozesse wie sie heute an zahlreichen Stellen in Entwicklung begriffen sind (offene, halboffene und geschlossene Prozesse; Prozesse mit stufenweiser Verbrennung und Prozesse mit Rückgewinnung von Wärme in Wärmetauschern).

Wegen der Bedeutung der Höhe des Verdichtungswirkungsgrades für den Gesamtwirkungsgrad des Gasturbinenprozesses werden heute für Gasturbinen überwiegend Axialverdichter angewendet, mit denen man zur Zeit etwas höhere Wirkungsgrade im Bestpunkt der Maschine erreichen kann als mit Radialverdichtern. Jedoch hat der Axialverdichter eine Reihe von Nachteilen. Er hat eine steil abfallende Kennlinie, eine ungünstige Lage der Pumpgrenze und eine vom Bestpunkt nach beiden Seiten rasch abfallende Wirkungsgradkurve. Er ist also im Betriebsverhalten ungleich empfindlicher als der Radialverdichter.

Darum sind sich wohl alle Gasturbinenkonstrukteure darüber einig, daß es einen großen Fortschritt bedeuten würde, wenn man die Vorteile des Axialverdichters (d. h. hohen Wirkungsgrad) mit den betrieblichen Vorteilen des Radialverdichters vereinigen könnte. Ein interessanter Schritt in dieser Richtung ist neuerdings in der Schweiz unternommen worden in Verbindung mit der Gasturbine von Oerlikon [*87c*] und der Gasturbine von Escher Wyss [*87d*]. Im ersten Fall ist ein Radialverdichter, im zweiten Fall ein Radialverdichter für den Hochdruckteil angewendet.

III. Versuchsergebnisse an Kreiselverdichtern.

Bezüglich der Durchführung von Versuchen an Kreiselverdichtern und Kreiselverdichteranlagen sei verwiesen auf die Regeln für Abnahmeversuche [*88*].

Der Nachweis der Verdichterleistung kann, wenn eine geeignete Prüffeldeinrichtung vorhanden ist, auf dem Prüffeld erbracht werden. Bei großen Kreiselverdichtern sind allerdings die Antriebsleistungen so hoch, daß in seltenen Fällen ein Vollastversuch auf dem Prüffeld vorgenommen wird. Man begnügt sich dann meist mit einem Belastungsversuch bei herabgesetztem Anfangsdruck des Verdichters, wobei man alle übrigen Gewährleistungszustände — wie Ansaugevolumen je Zeiteinheit, Drehzahl, Verdichtungsverhältnis, Ansaugetemperatur, Kühlwasser-Eintrittstemperatur — möglichst genau einhält und die Kühlwassermenge des Verdichters entsprechend dem reduzierten Durchsatzgewicht herabsetzt. Man kann auf diese Weise die Gewährleistungen des Verdichters hinsichtlich Ansaugevolumen, Druckverhältnis und Wirkungsgrad genau nachweisen. Hierbei gehen alle Verluste, bis auf den mechanischen Verlust durch Lagerreibung, der unabhängig vom Ansaugedruck in voller Höhe erhalten bleibt, proportional dem Ansaugedruck zurück. Auch die theoretische Verdichtungsarbeit in mkg je angesaugten m³ nimmt bei gleichem Verdichtungsverhältnis proportional dem Ansaugedruck ab, so daß auch die Kupplungsleistung bis auf den Einfluß der Lagerreibung proportional dem Ansaugedruck abnimmt. Die auf diese Weise bei herabgesetztem Ansaugedruck, sonst aber gleichen Betriebsverhältnissen ermittelte Kupplungsleistung bzw. der hieraus ermittelte Verdichterwirkungsgrad erscheint daher wegen der mechanischen Verluste etwas ungünstiger, als er bei gewährleistungsmäßigem Ansaugedruck sein würde. Da aber die mechanischen Verluste nur gering sind (bei Maschinen großer Leistung etwa 1%), so ist der Fehler im Gesamtwirkungsgrad gering, solange der Ansaugedruck beim Versuch nicht zu niedrig ist gegenüber dem Gewährleistungszustand. Ist beispielsweise der gewährleistete Ansaugedruck 1,0 ata und die Gewährleistungsleistung 10000 PS, während beim Versuch der Ansaugedruck 0,5 ata ist, so ist bei sonst gleichen Gewährleistungsverhältnissen die Antriebsleistung etwa 5000 PS, und der Verdichterwirkungsgrad beim Versuch mit 0,5 ata Ansaugedruck erscheint wegen des geschilderten Einflusses der mechanischen Verluste um etwa 1% zu niedrig.

Bei Kreiselverdichtern, die elektromotorischen Antrieb erhalten, kann bei Kenntnis des Motorwirkungsgrades der Nachweis der Verdichterleistung bzw. des Verdichterwirkungsgrades auch genau nach der betriebsfertigen Aufstellung der Verdichteranlage erbracht werden, da sich der Motorwirkungsgrad sehr genau bestimmen läßt.

200   Kreiselverdichter.

Hingegen ist ein genauer Nachweis der Verdichterleistung nach betriebsfertiger Aufstellung nicht möglich, wenn der Antrieb durch Dampfturbine erfolgt. In diesem Falle ist es nur möglich, den spezifischen Dampfverbrauch (kg Dampf je kg Luft) der Gesamtanlage genau zu erfassen, hingegen ist weder der Wirkungsgrad der Turbine allein noch der des Verdichters allein genau feststellbar. Einen gewissen Anhalt, jedoch keinen genauen Nachweis vermögen Untersuchungen über die Wärmebilanz des Verdichters und der Turbine zu geben.

Die an einer aus Kreiselverdichter und Dampfturbine bestehenden Kreiselverdichteranlage, deren technische Daten in Zahlentafel 5 zusammengestellt sind, nach betriebsfertiger Aufstellung gewonnenen Versuchsergebnisse sind in Zahlentafel 6 enthalten, die Umrechnungskurven für von der Gewährleistung abweichende Verhältnisse zeigen Abb. 238 und 239. Die Endergebnisse der Versuche nach der Umrechnung zeigt Abb. 240.

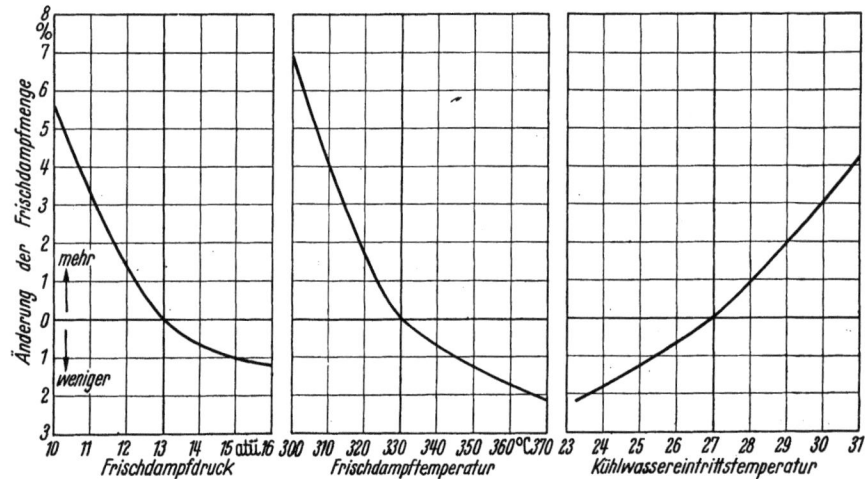

Abb. 238. Umrechnungskurven für von der Gewährleistung abweichende Betriebsverhältnisse der Dampfturbine.

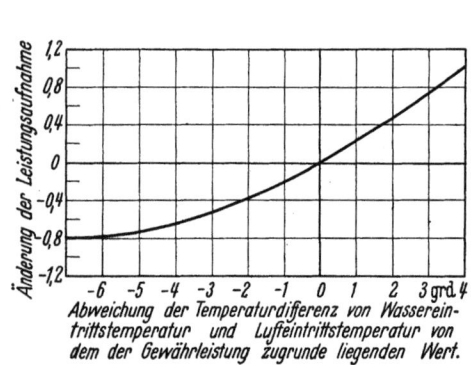

Abb. 239. Umrechnungskurve für von der Gewährleistung abweichende Betriebsverhältnisse des Verdichters. Änderung der Leistungsaufnahme bei abweichenden Luft- und Kühlwassertemperaturen.

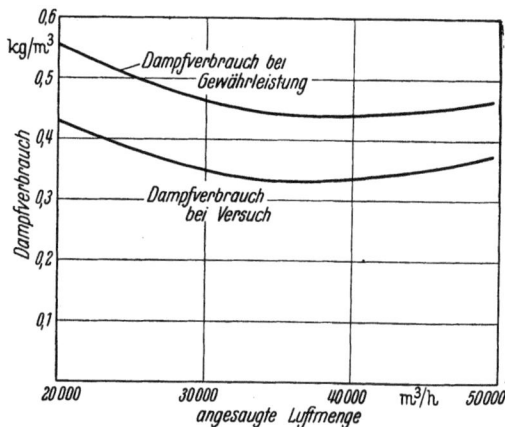

Abb. 240.
Spezifischer Dampfverbrauch in Abhängigkeit von der angesaugten Luftmenge, nach Gewährleistung und nach Versuch.

Der Verdichter allein wurde zuvor einer eingehenden Prüffelderprobung unterzogen unter Antrieb eines Prüffeldmotors, dessen Wirkungsgrad in Abhängigkeit von Belastung und Drehzahl durch Eichung bekannt ist. Die nach oben begrenzte Motorleistung machte eine gewisse Herabsetzung des Ansaugedruckes erforderlich.

Die Ergebnisse dieser Prüffeldversuche sind in Zahlentafel 7 zusammengestellt.

Versuchsergebnisse an Kreiselverdichtern.

Zahlentafel 5
Technische Daten und Gewährleistungen einer Kreiselverdichteranlage,
bestehend aus Dampfturbine und Kreiselverdichter.
Gekühlter Kreiselverdichter.

1. **Bauart:** Vielstufiger Kreiselverdichter zur Verdichtung von Luft mit reiner Außenkühlung, angetrieben durch direkt gekuppelte Zweidruck-Dampfturbine mit eigener Kondensationsanlage. Antrieb der Kondensationspumpen durch Elektromotor.

2. **Ansaugemenge:** Nennleistung   40000 m³/h bei $n \approx$ 4200 U/min
   Höchstleistung 48000 m³/h bei $n \approx$ 4450 U/min
   1. Teillast   30000 m³/h bei $n \approx$ 3950 U/min
   2. Teillast   20000 m³/h bei $n \approx$ 3870 U/min

3. **Verdichtung:** Von 1,0 ata Luftanfangsdruck und 20°C Luftanfangstemperatur auf 6 atü = 7 ata Luftenddruck. Normales Druckverhältnis $p_D/p_S = 7$.

4. **Dampfzustände:** Frischdampf: 13 atü = 14 ata, 330°C, Niederdruckdampf: 1,15 ata, trocken gesättigt.

5. **Gewährleistung:** a) Frischdampfverbrauch: 17600 kg/h   bei V_S = 40000 m³/h
   spez. Dampfverbrauch = 0,44 kg/m³ Luft
   22000 kg/h   bei V_S = 48000 m³/h
   spez. Dampfverbrauch = 0,459 kg/m³ Luft
   13920 kg/h   bei V_S = 30000 m³/h
   spez. Dampfverbrauch = 0,464 kg/m³ Luft
   11050 kg/h   bei V_S = 20000 m³/h
   spez. Dampfverbrauch = 0,553 kg/m³ Luft

   Niederdruckdampfmenge = 0 kg/h.

   b) Kühlwasserverbrauch: Verdichter   320 m³/h von 27°C
   Kondensator 1820 m³/h von 27°C

   c) Umrechnungszahlen für die Turbine siehe besonderes Kurvenblatt (Abb. 238).
   Umrechnungszahlen für den Kompressor siehe besonderes Kurvenblatt (Abb. 239).

6. **Hauptabmessungen:** Verdichter: 9 Stufen, 1250 bis 775 Dmr., einseitig saugend, 4 Gruppen mit 3 seitlich am Gehäuse angebauten Zwischenkühlern.

   Dampfturbine: Kombinierte Gleichdruck-Überdruckturbine mit 1 Aktionsrad 900 Dmr. und 18 Trommelstufen.

7. **Meßgeräte und Festwerte:** Luftmengenmessung: Einlaufblende 816 Dmr., $\alpha = 0,6$
   $V_{Bl} = 5000 \sqrt{h/\gamma}$ m³/h
   Druckunterschied h in mm WS gemessen
   Kondensatmessung: Mengenmessung in geeichtem Gefäß
   Verdichterkühlwasser: Blende in Ablaufleitung
   $d = 258$ mm, $D = 375$ mm, $\alpha = 0,686$
   $Q = 64,1 \sqrt{h}$ mm QS-WS m³/h.

Zahlentafel 6.
Versuchsergebnisse einer aus Dampfturbine und Kreiselverdichter bestehenden Verdichteranlage.

a) Allgemeines

		1	2	3	4
Versuchsnummer	—	1	2	3	4
Betriebsart	—	Frischdampfbetrieb			
Versuchsdauer	min	30	26	30	22
Barometerstand	mm QS	752	752	752	752
Temperatur der Quecksilbersäule	°C	20	20	20	20
Absoluter Atmosphärendruck	kg/cm²	1,0186	1,0186	1,0186	1,0186
Drehzahl	U/min	3640	3740	3852	4207

b) Verdichter

1. Luftdrücke

Unterdruck im Saugstutzen	mm WS	38	59	84	122
Absoluter Luftanfangsdruck	kg/cm²	1,0148	1,0127	1,0102	1,0064
Überdruck im Druckstutzen	atü	5,95	5,97	5,98	5,97
Absoluter Luftenddruck	kg/cm²	6,969	6,986	6,999	6,989

Kreiselverdichter.

Zahlentafel 6 (Fortsetzung).

		1	2	3	4
2. Lufttemperatur					
Luftanfangstemperatur im Saugstutzen	°C	32,5	31,2	23,3	28
Luftendtemperatur im Druckstutzen	°C	71,5	75	71	82
3. Luftmenge					
Temperatur vor Blende	°C	13,5	13,3	8,2	14,5
Unterdruck vor der Blende	mm WS	24	37	52	79
Absoluter Druck vor der Blende	kg/cm²	1,0162	1,0149	1,0134	1,0107
Wirkdruck an der Blende	mm WS	32,5	52	74,2	113,5
Expansionsberichtigung	—	1	1	1	1
Luftmenge an der Blende	m³/h	25850	32800	38900	48500
Ansaugemenge	m³/h	27500	34900	41100	51000
4. Verdichterkühlwasser					
Anfangstemperatur	°C	27	28	23	28
Endtemperatur	°C	31	32	28	36
Temperaturzunahme	grd	4	4	5	8
Ausschlag der Sperrflüssigkeit	mm QS-WS	29	29	25,8	29
Kühlwassermenge	m³/h	345	345	325	345
Spezifische Kühlwassermenge	l/m³	12,55	9,88	7,9	6,77
Kühlwasserdruck	atü	1,7	1,7	1,7	1,7
c) Antriebsdampfturbine						
1. Dampfzustände					
Frischdampfdruck	ata	13,82	13,79	13,27	12,65
Frischdampftemperatur	°C	373	377	400	385
Unterdruck im Kondensator	mm QS	713	710	723,5	706
Temperatur der Quecksilbersäule	°C	21	20	20	20
Absoluter Dampfenddruck	kg/cm²	0,0528	0,057	0,0387	0,0623
Gemessene Dampfendtemperatur	°C	32	33,6	26,8	36
Adiabatisches Wärmegefälle	kcal/kg	236	237	252	232
2. Dampfverbrauch					
Gemessene Kondensatmenge	m³/h	9,54	11,72	13,85	19,55
Kondensattemperatur	°C	53	46,2	50	46,8
Kondensatgewicht	kg/h	9440	11625	13680	19350
Dampfverbrauch für den Strahl-Luftsauger	kg/h	260	290	260	210
Dampfverbrauch der Hauptturbine	kg/h	9180	11335	13420	19140
3. Kondensator-Kühlwasser					
Anfangstemperatur	°C	26,6	27,9	22,8	27,9
Endtemperatur	°C	31,1	33,9	28,5	36,5
Temperaturzunahme	grd	4,5	6,0	5,7	8,6
Druckunterschied an der Blende	mm QS-WS	177	177	181	177
Temperatur der Quecksilbersäule	°C	20	20	20	20
Kühlwassermenge für den Kondensator	m³/h	1715	1715	1735	1715
Spezifische Kühlwassermenge	l/kg	187	151	129	89,6
Anfangsdruck der Kühlwasserpumpe	atü	0,6	0,6	0,6	0,6
Enddruck der Kühlwasserpumpe	atü	2,05	2,07	2,1	2,07
4. Hilfsmaschine für Kondensation					
Drehzahl der Pumpe	U/min	983	980	987	983
Förderhöhe der Kondensatpumpe	mWS	22,8	23	22,9	22,9
Kupplungsleistung	kW	112	112	112	112
d) Endergebnisse					
Spezifischer Dampfverbrauch beim Versuch	kg/m³	0,355	0,325	0,327	0,375
Umrechnungszahl für den Dampfdruck	—	0,997	0,9965	0,99	0,98
Umrechnungszahl für die Dampftemperatur	—	1,022	1,024	1,03	1,027
Umrechnungszahl für die Kühlwassertemperatur	—	1,002	0,992	1,025	0,992
Gesamtumrechnungszahl für die Dampfturbine	—	1,022	1,012	1,045	1,0
Spezifischer isoth. Arbeitsbedarf beim Versuch	mkg/kg	19550	19560	19550	19510
Spezifischer isoth. Arbeitsbedarf bei Gewährleistung	mkg/kg	19460	19460	19460	19460

Zahlentafel 6 (Fortsetzung).

		1	2	3	4
Temperaturunterschied zwischen Wasser- und Lufteintritt am Kompressor beim Versuch	grd	— 5,5	— 3,2	— 0,3	0
Temperaturumrechnungszahl für vorstehende Abweichungen von der Garantie nach Kurve	—	1,003	1,0061	1,008	1,008
Spezifischer Dampfverbrauch, umgerechnet mit der Gesamtumrechnungszahl der Dampfturbine	kg/m³	0,363	0,329	0,342	0,375
Spezifischer Dampfverbrauch, umgerechnet mit der Temperaturumrechnungszahl für Kühlwasser-Luft und umgerechnet auf die gewährleistete Verdichtung von 1,0 ata auf 7,0 ata	kg/m³	0,363	0,33	0,344	0,377
Gewährleisteter spezifischer Dampfverbrauch	kg/m³	0,553	0,464	0,44	0,459
Nach Abb. 240 interpolierte spezifische Dampfverbrauchszahlen bei gewährleisteten Ansaugemengen	kg/m³	0,43	0,35	0,335	0,365
Bewertungszahlen für die Belastung	—	1	2	3	1
Mittelwert des spezifischen Dampfverbrauches nach Versuch aus Abb. 240 und unter Berücksichtigung der Bewertung	kg/m³		0,357		
Mittelwert des spezifischen Dampfverbrauches nach Garantie	kg/m³		0,466		

Zahlentafel 7.

Prüffeldergebnisse eines Kreiselverdichters.

I. Gekühlter Kreiselverdichter.

Prüffeldversuch.

A. Hauptdaten.

1. Bauart: Vielstufiger Kreiselverdichter zur Verdichtung von Luft mit reiner Außenkühlung, angetrieben durch Prüffeldmotor über Zahnradgetriebe.

2. Ansaugemenge: Nennleistung: 40000 m³/h = 11,1 m³/s bei $n \approx 4200$ U/min
   Höchstleistung: 48000 m³/h = 13,35 m³/s bei $n \approx 4450$ U/min

3. Verdichtung: Von 1 ata Luftanfangsdruck und 20° C Luftanfangstemperatur auf 6 atü = 7 ata Luftenddruck. Normales Druckverhältnis $p_D/p_S = 7$.

4. Antriebsmotor: 3000 kW-Drehstrommotor, Drehzahl regelbar von 1100 U/min bis 1490 U/min. Motorwirkungsgrad in Abhängigkeit von Drehzahl und Belastung bekannt.

5. Gewährleistung:

Luftansaugemenge	m³/h	40000	48000
Luftanfangsdruck	ata	1,0	1,0
Luftanfangstemperatur	°C	20	20
Luftenddruck	ata	7,0	7,0
Kühlwasser-Eintrittstemperatur	°C	27	27
Antriebsleistung (gemessen an Kompressorkupplung)	PS	4450	5550 ± 5%

6. Hauptabmessungen: Verdichter mit 9 Stufen, einseitig saugend, mit 3 außenliegenden Zwischenkühlern.

7. Meßgeräte und Festwerte: Luftmengenmessung: Blende in der Luftsaugleitung: $d = 425$ mm; $D = 600$ mm; $m = 0,502$; $\alpha = 0,696$; $Q_{Bl} = 1575 \sqrt{h/\gamma}$ m³/h
   Druckunterschied h in mmWS gemessen.

   Verdichterkühlwassermessung: Blende in Kühlwasserleitung: $d = 140$ mm; $D = 200$ mm; $m = 0,49$; $\alpha = 0,695$; $Q = 19,1 \sqrt{h}$
   Druckunterschied h in mmQS-WS gemessen.

   Drehzahlmessung: Präzisions-Handtachometer.

8. Allgemeines: Abgelesen wurde alle 2 Minuten.

Zahlentafel 7 (Fortsetzung).
Gekühlter Kreiselverdichter 40 000 m³/h, Prüffeldversuch.

a) Allgemeines

Versuchsdauer	min	50	65
Barometerstand	mm QS	761	761
Temperatur der Quecksilbersäule	°C	25	25
Absoluter Atmosphärendruck	kg/cm²	1,03	1,03
Drehzahl	U/min	3900	4200

b) Verdichter

1. Luftdrücke

Unterdruck im Saugstutzen	mm QS	270	312
Absoluter Luftanfangsdruck	kg/cm²	0,667	0,609
Absoluter Druck vor Kühler I	kg/cm²	1,31	1,21
Absoluter Druck vor Kühler II	kg/cm²	2,13	1,99
Absoluter Druck vor Kühler III	kg/cm²	3,43	3,14
Druckverlust im Kühlerbündel I	mm WS	237	290
Druckverlust im Kühlerbündel II	mm WS	185	207
Druckverlust im Kühlerbündel III	mm WS	100	120
Druckverlust im Kühler I, einschließlich Umlenkungen	mm WS	300	400
Druckverlust im Kühler II, einschließlich Umlenkungen	mm WS	205	230
Druckverlust im Kühler III, einschließlich Umlenkungen	mm WS	200	210
Überdruck im Druckstutzen	atü	3,68	3,28
Absoluter Luftenddruck	kg/cm²	4,71	4,31
Druckverhältnis	—	7,07	7,08

2. Lufttemperaturen

Luftanfangstemperatur im Saugstutzen	°C	27	27,5
Temperatur vor Kühler I	°C	105	105
Temperatur vor Kühler II	°C	101	105
Temperatur vor Kühler III	°C	97	103
Temperatur hinter Kühler I	°C	39	40,5
Temperatur hinter Kühler II	°C	36	38
Temperatur hinter Kühler III	°C	35	35,5
Luftendtemperatur	°C	71	76

3. Luftmenge

Temperatur vor der Blende	°C	27,3	27,8
Unterdruck vor der Blende	mm WS	31	35
Absoluter Druck vor der Blende	kg/cm²	1,0269	1,0265
Wirkdruck an der Blende	mm WS	349	386
Expansionsberichtigung	—	0,986	0,983
Luftmenge an der Blende	m³/h	26800	28200
Ansaugemenge, bezogen auf Saugzustand	m³/h	41200	47500

4. Verdichterkühlwasser

Anfangstemperatur	°C	27,06	27,17
Endtemperatur	°C	32,6	34,8
Temperaturzunahme	grd	5,54	7,63
Ausschlag der Sperrflüssigkeit	mm QS-WS	105	170
Temperatur der Quecksilbersäule	°C	20	20
Kühlwassermenge	m³/h	195,5	249

c) Antriebsmotor

Leistungsaufnahme	kW	2708,6	2789,3
Motorwirkungsgrad nach Eichkurve	%	82,5	86,8
Getriebewirkungsgrad	%	97	97
Leistungsabgabe an Kompressorkupplung	kW	2165	2345

Endergebnisse
a) Wirtschaftliche Ergebnisse

Leistungsbedarf an Kompressorkupplung beim Versuch	kW	2165	2345
Temperaturunterschied zwischen Wasser- und Lufteintritt beim Versuch	grd	− 0,24	− 0,63

Zahlentafel 7 (Fortsetzung).

Temperaturumrechnungszahl für vorstehende Abweichung von der Garantie nach Kurve	—	1,008	1,008
Leistungsbedarf an Kompressorkupplung beim Versuch, umgerechnet mit der Temperaturumrechnungszahl	kW	2182	2364
Spezifischer isothermischer Arbeitsbedarf beim Versuch	mkg/m³	13020	11910
Spezifischer isothermischer Arbeitsbedarf beim Versuch, umgerechnet auf gewährleistetes Druckverhältnis ($p_D/p_S = 7,0$)	mkg/m³	12980	11850
Leistungsbedarf beim Versuch, umgerechnet auf Gewährleistungsbedingungen ($p_D/p_S = 7,0$, $p_S = 1,0$ kg/cm², $V_S = 40000$ m³/h bzw. 48000 m³/h)	kW	3175	3900
	PS	4310	5300
Gewährleisteter Leistungsbedarf des Kompressors	PS	4450	5550

b) Wissenschaftliche Ergebnisse

Isothermischer Wirkungsgrad des Kompressors beim Versuch	%	67	65,3
Isothermischer Wirkungsgrad des Kompressors nach Garantie	%	64,8	62,3
Mechanischer Wirkungsgrad beim Versuch	%	98,5	98,2
Mechanischer Wirkungsgrad bei Garantieverhältnissen	%	99	98,9
Innerer Wirkungsgrad des Kompressors bei Versuch	%	68	66,4

F. Regelung von Kreiselgebläsen und Kreiselverdichtern.

I. Betriebsverhalten der Kreiselgebläse und Kreiselverdichter.

Die Eigenschaften der Kreiselverdichter und die verschiedenen Forderungen, die von seiten der Betriebsführung an sie gestellt werden, haben zu einer Reihe von Regelungen, die teils von Hand und teils selbsttätig betätigt werden, geführt.

Angesaugte Menge V_S, erzielbarer Enddruck p_D und Drehzahl n sind nach dem Verlauf des Kennlinienfeldes, Abb. 241, miteinander zwangsläufig verbunden. Bei Gebläsen mit kleinem Enddruck ändert sich bei einer Drehzahländerung die Ansaugemenge etwa mit der Drehzahl verhältnisgleich, die Verdichtungsarbeit und der Enddruck etwa mit dem Quadrat der Drehzahl. Bei höherem Enddruck ergeben sich jedoch ziemlich starke Abweichungen von diesem Näherungsgesetz. (Vgl. Abschn. C I, S. 89.)

Ist die Drehzahl der Antriebsmaschine nicht regelbar, dann kann im Betrieb nur eine durch deren Drehzahl festgelegte Kennlinie, Abb. 241, gefahren werden, während bei Drehzahl-Verstellmöglichkeit das gesamte Kennlinienfeld rechts der Pumpgrenze (Kurve a) bestrichen werden kann. Links der Pumpgrenze treten Loslösen und Abreißen der Strömung in den Kanälen der Lauf-

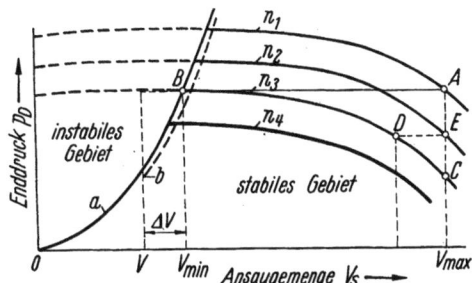

Abb. 241. Kennlinienfeld eines Kreiselverdichters bei Drehzahlregelung. a Pumpgrenze; n Drehzahl; AB Regelung auf gleichbleibenden Enddruck; AC Regelung auf gleichbleibende Ansaugemenge.

räder auf, so daß die vollkommen gleichmäßige Strömung des stabilen Gebietes in eine unstetige mit periodischen Druckschwankungen übergeht, die um so stärker sind, je größer das Verdichtungsverhältnis des Verdichters und die Wichte des geförderten Mittels sind, und deren Schwingungszahl u. a. auch von der Größe des Druckluftnetzes und der Lufträume im Innern

206   Regelung von Kreiselgebläsen und Kreiselverdichtern.

der Maschine abhängt. Bei kleinen Verdichtungsdrücken von etwa 1000 mm WS sind die Pumpstöße außerordentlich schwach, vielfach überhaupt nicht feststellbar, so daß hier das gesamte Kennlinienfeld befahren werden kann. Durch Anwenden verstellbarer Leitschaufeln oder durch entsprechendes Gestalten von Laufrädern und Diffusoren ist es möglich, sehr niedrige Pumpgrenzen zu erreichen.

Um einen Kreiselverdichter verschiedenen Betriebsforderungen anzupassen und um auch den Verdichter für Luftbedarf unterhalb der Pumpgrenze verwenden zu können, sind verschiedene Regelungsarten entwickelt worden, die im folgenden besprochen werden.

II. Regelung im stabilen Gebiet.

In vielen Fällen begnügt man sich mit einer einfachen *Handverstellung zum Verändern der Drehzahl* der Antriebsmaschine. Man kann damit jede Betriebsforderung hinsichtlich Druck und Menge innerhalb des vorgesehenen Drehzahl-Verstellbereiches erfüllen. Stahlwerksgebläse werden im allgemeinen von Hand geregelt. Mitunter wählt man hierbei Fernsteuerung von der Bühne aus. Abb. 242 zeigt das Schema einer Konverter-Windversorgungsanlage mit elektrischer Fern-

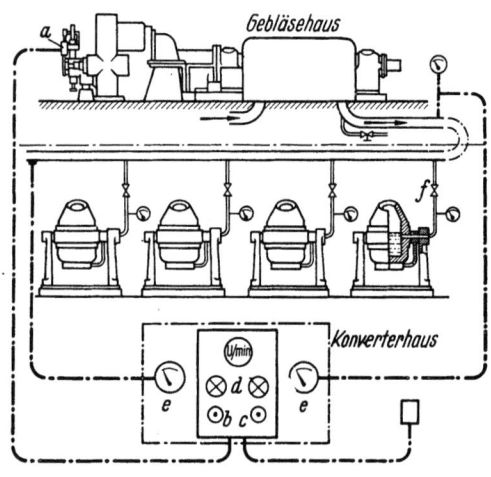

Abb. 242.
Anordnung einer Konverter-Windversorgungsanlage mit elektrischer Fernregelung der AEG. *a* Elektroantrieb (an der Drehzahl-Verstellvorrichtung); *b* Druckknopf für Drehzahlerhöhung; *c* Druckknopf für Drehzahlherabsetzung; *d* Leuchtzeichen; *e* Druckmesser; *f* Absperr- und Regelventil oder Schieber.

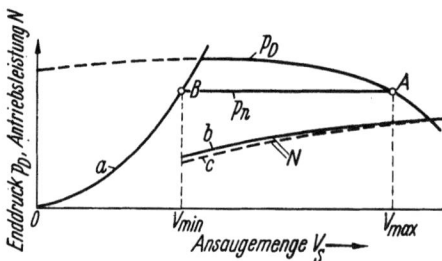

Abb. 243.
Kennlinien-Diagramm eines Kreiselverdichters bei Drosselregelung. *a* Pumpgrenze; *b* Antriebsleistung N bei Drosselung in der Druckleitung; *c* Antriebsleistung N bei Drosselung in der Saugleitung; p_n Netzdruck; *A B* Regelung auf gleichbleibenden Enddruck.

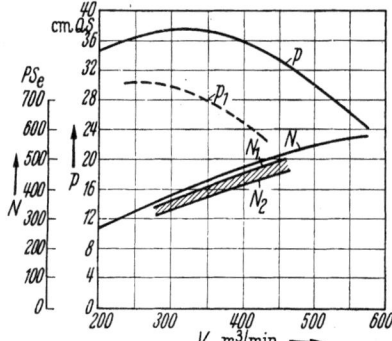

Abb. 244. Vergleich der saugseitigen Drosselklappen- und Drehschaufelregelung eines Elektro-Hochofenkreiselgebläses. Normalleistung: 440 m³/min, 340 mm QS, 510 PS$_e$, 2960 U/min; N, p in Saugleitung ungedrosselt; N_1, p_1 bei Drosselklappenregelung } saugseitig; N_2, p_1 bei Drehschaufelregelung schraffiert: Leistungsersparnis bei Drehschaufelregelung.

regelung. Ist die Drehzahl nicht regelbar, dann ist es möglich, durch *Drosselung in der Druckleitung oder Saugleitung* auch Punkte unterhalb der Kennlinie zu fahren. Die Drosselung ist stets mit einem Energieverlust verbunden. Abb. 243 zeigt den Leistungsbedarf eines in der Drehzahl nicht regelbaren Verdichters zum Erzielen eines gleichbleibenden Netzdruckes p_n bei Drosselung in der Druckleitung, Kurve *b*, und in der Saugleitung, Kurve *c*. Es empfiehlt sich daher aus Gründen der Leistungsersparnis, der Drosselung in der Saugleitung den Vorzug zu geben, wenn nicht besondere Gründe dieses verbieten, z. B. bei Gasverdichtern, wo man unter Umständen Unterdruck in der Saugleitung vermeiden muß, um das Eindringen von Luft zu verhindern. Günstiger noch als die saugseitige Drosselklappenregelung ist die *saugseitige Drehschaufelregelung*, wie sie beispielsweise von der AEG angewandt wird. Die Regelung beruht auf der Änderung des Eintrittsdralles. Abb. 244 zeigt eine Gegenüberstellung der saugseitigen Drosselklappenregelung und der saugseitigen Drehschaufelregelung nach Versuchen der AEG. Die schraffierte Fläche gibt die Leistungersparnis der letzteren wieder.

Umgehungsregelung. Bei nicht drehzahlregelbarem Antrieb kann man an Stelle der Drosselregelung oder an Stelle der saugseitigen Drehschaufelregelung zur Erzielung kleinerer Ansaugemengen und kleinerer Enddrücke auch eine andere Regelungsart benutzen, die darin besteht, daß eine oder mehrere Stufen durch ein Umgehungsventil überbrückt werden (Abb. 245 [*89*]), das sowohl von Hand als auch automatisch betätigt werden kann. Je nach Ventilstellung kann man den Verdichterenddruck und die Ansaugemenge im Bereich von Höchstleistung bis zur Pumpgrenze herabsetzen.

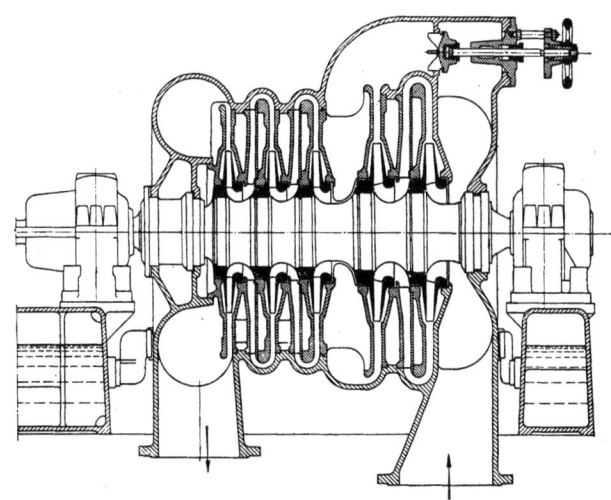

Abb. 245. Umgehung einzelner Stufen durch Handventil, Bauart Escher-Wyss.

Bei häufigen und größeren Betriebsschwankungen ist eine *selbsttätige Regelung* empfehlenswert, die den Betriebsforderungen angepaßt werden muß [*90, 91, 92, 93, 94, 95*].

a) Regelung auf gleichbleibenden Verdichterenddruck.

Diese Bedingung wird z. B. bei Druckluftanlagen in Bergwerksbetrieben gestellt, wo zum Betrieb der Druckluftwerkzeuge und -motoren, unabhängig vom Luftverbrauch, möglichst gleichbleibender Luftdruck benötigt wird. Da der Luftverbrauch während der einzelnen Schichten und Seilfahrten sehr verschieden ist, können beträchtliche Schwankungen im Luftbedarf eintreten, denen die Luftförderung des Verdichters durch die Regelung anzupassen ist.

Die Forderung nach gleichbleibendem Gebläseenddruck wird auch bei Hochofenanlagen gestellt, wo mehrere Gebläse parallel auf ein Rohrnetz arbeiten, an das verschiedene Hochöfen angeschlossen sind.

Ein einfaches Mittel zum Anpassen der Luftförderung an den veränderlichen Verbrauch bei gleichbleibendem Enddruck ist die *Drehzahlregelung*. Durch Absenken der Drehzahl von n_1 auf n_3 kann man das gesamte stabile Gebiet des Kennlinienfeldes von V_{max} bis V_{min} befahren (Abb. 246).

Der Impuls für die Regelung wird der Druckleitung des Verdichters h im Punkt c (Abb. 246) entnommen. Dieser Druck wirkt auf den Druckregler f. Als Druckregler ist hier ein Strahlrohrregler dargestellt [*96*]. An seiner Stelle kann auch der elektrische Ferndruckregler Verwendung finden [*95, 97*]. Bei absinkendem Netzdruck infolge wachsenden Luftverbrauchs des Netzes steigt die Drehzahl der Antriebsmaschine g so, daß die Lieferung dem größeren Verbrauch angepaßt und der gewünschte Netzdruck p_n wiederhergestellt wird. Bei steigendem Netzdruck dagegen wird die Drehzahl herabgesetzt.

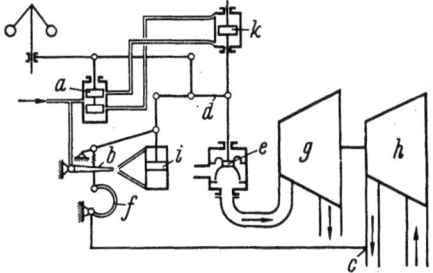

Abb. 246. Selbsttätige Drehzahlregelung auf gleichbleibenden Verdichterenddruck. *a* Steuerschieber; *b* Strahlrohr; *c* Entnahmestelle für den Druckanstoß; *d* Rückführung; *e* Frischdampfventil; *f* Druckregler; *g* Dampfturbine; *h* Verdichter; *i*, *k* Stellmotoren.

Ist eine Drehzahlverstellung nicht möglich, wie es beim nicht regelbaren Antriebsmotor der Fall ist, der wegen der wesentlich geringeren Anschaffungskosten an Stelle des regelbaren Motors verwendet wird, so wird die *Drosselregelung* angewendet (Abb. 243). Der grundsätzliche Aufbau der Regelung durch Drosseln mittels einer

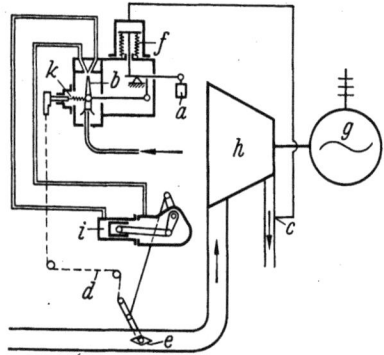

Abb. 247. Selbsttätige Drosselregelung auf gleichbleibenden Verdichterenddruck. *a* Gegengewicht; *b* Strahlrohr; *c* Entnahmestelle für den Druckanstoß; *d* Rückführung; *e* Drosselklappe; *f* Druckregler; *g* Antriebsmotor; *h* Verdichter; *i* Stellmotor; *k* Feder zum Einstellen der Vorspannung.

Drosselklappe *e* in der Saugleitung ist bei Verwendung des Strahlrohrreglers in Abb. 247 dargestellt, aus dem die Arbeitsweise leicht zu entnehmen ist. Die größte Menge V_{max}, die auf den Netzdruck p_n bei der Drehzahl n_1 gefördert werden kann, ergibt sich bei vollgeöffnetem Drosselorgan im Punkt A (Abb. 243).

b) Regelung auf gleichbleibendes Ansaugegewicht.

Diese Forderung wird z. B. bei Hochofengebläsen gestellt, wo unabhängig vom Widerstand des Hochofens stets die gleiche Luftmenge dem Hochofen zugeführt werden soll, ferner in chemischen Betrieben, wo häufig die Forderung gleichbleibenden Luft- oder Gasdurchsatzes für bestimmte Geräte gestellt wird, deren Widerstand wechseln kann. Es handelt sich also bei solchen Regelungen darum, ein gleichbleibendes Gas- oder Luftgewicht auf verschiedene Drücke zu fördern. Bleibt während der Regelung der Saugzustand immer der gleiche, dann ist mit dem Gewicht auch das angesaugte Volumen gleichbleibend. Der Regelvorgang bei Drehzahlregelung ist durch die Linie AC (Abb. 241) gekennzeichnet. Hierbei ist der grundsätzliche Aufbau der Regelvorrichtung dem der Regelung auf gleichbleibenden Enddruck (Abb. 246) gleich. Statt der einfachen Entnahmestelle c des Druckanstoßes wird eine Blende verwendet, die in die Saugleitung des Verdichters eingebaut ist. Bei Einbau in die Druckleitung müssen die Einflüsse von Druck und Temperatur durch eine besondere Berichtigung berücksichtigt werden. Die Regelung auf gleichbleibende Ansaugemenge ist dadurch auf Regelung nach gleichbleibendem Druckunterschied an einer Blende zurückgeführt.

Entspricht der Betriebszustand der Maschine Punkt C (Abb. 241) und wird der Netzdruck geändert, dann geht die Ansaugemenge nach der Kennlinie n_3 von C bis D zurück, solange die Drehzahl nicht geändert wird. Mit dem Zurückgehen der Ansaugemenge ist jedoch gleichzeitig eine Verkleinerung des Druckunterschiedes an der Blende verknüpft. Der Regler steigert daher die Maschinendrehzahl von n_3 auf n_2, so daß der ursprüngliche Druckunterschied der Blende wiederhergestellt und der neue Gleichgewichtszustand in E erreicht wird.

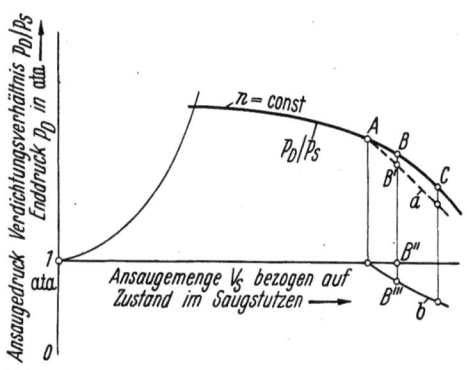

Abb. 248. Selbsttätige Drosselregelung auf gleichbleibendes Ansaugegewicht bei unveränderlicher Drehzahl *n*. *a, b* Druckverlauf im Druck- bzw. Saugstutzen.

Gleichbleibende Ansaugemenge kann bei $n =$ const auch durch *Drosselregelung* erzielt werden. Durch Drosselung in der Druckleitung kann die Kennlinie $n =$ const gefahren werden (Abb. 248). Da hierbei der Ansaugedruck nahezu unverändert ist, ist es nicht möglich, gleichbleibendes Ansaugegewicht zu erreichen. Das ist durch Drosseln in der Saugleitung möglich. Im Punkt A (Abb. 248) sei die Saugklappe vollkommen geöffnet, es herrsche im Saugstutzen der Druck p_{S_A} und die absolute Temperatur T_{S_A}, und es werde dabei Volumen V_{S_A} [m³/h] vom Verdichter angesaugt und verdichtet. Das angesaugte Gewicht ist

$$G_A = V_{S_A} \frac{p_{S_A}}{R T_{S_A}} \quad [\text{kg/h}], \tag{1}$$

wenn R die Gaskonstante des verdichteten Gases ist.

Im Punkt B sei die Saugklappe so weit geschlossen, daß $G_B = G_A$ ist. Hierbei stellen sich im Saugstutzen der Druck p_{S_B} und im Druckstutzen der Druck p_{D_B}' ein und das Luftvolumen, bezogen auf Saugzustand, $V_{S_B} = 1$-B''.

Zu V_{S_B} gehört nach dem Verlauf der Kennlinie A–B das Verdichtungsverhältnis $p_{D_B}/p_{S_B} = B''\text{-}B$.

Durch V_{S_B}, p_{S_B} und p_{D_B}/p_{S_B} ist somit p_{D_B} festgelegt, Kurve a. Da nach Voraussetzung der Regelung

$$G_B = V_{S_B} \frac{p_{S_B}}{R T_{S_B}} = G_A \qquad (2)$$

ist, folgt

$$p_{S_B} = p_{S_A} \frac{V_{S_A}}{V_{S_B}}, \qquad (3)$$

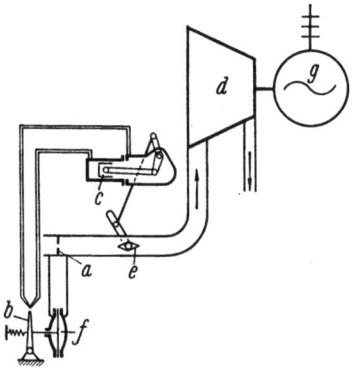

wenn die Anfangstemperatur als gleichbleibend vorausgesetzt wird, was angenommen werden kann. Mit Hilfe von Gl. (3) wurde die Kurve b in Abb. 248 ermittelt, die den Druckverlauf im Saugstutzen bei gleichbleibendem Luftgewicht angibt.

Baulich verwirklichen läßt sich eine solche Regelung durch eine Drosselklappe e und eine Blende a in der Saugleitung (Abb. 249). Der Unterschiedsdruck der Blende wirkt über ein Strahlrohr b auf einen Stellmotor c, der die Drosselklappe e verstellt.

Abb. 249. Grundsätzlicher Aufbau der Anlage bei Regelung nach Abb. 248. a Blende; b Strahlrohr; c Stellmotor; d Verdichter; e Drosselklappe; f Membran zur Aufnahme des Unterschiedsdruckes der Blende; g Antriebsmotor.

c) Regelung auf gleichbleibenden Druck an einer Entnahmestelle des Netzes.

Vielfach ist die Forderung gestellt nach gleichbleibendem Druck nicht unmittelbar hinter dem Verdichter, sondern in größerer Entfernung von diesem [97]. Zwischen dem Verdichter und der Entnahmestelle liegen ein größerer Rohrleitungsstrang oder Geräte, wie z. B. Trocknungsgeräte, Koksfilter, deren Widerstand zusätzlich überwunden werden muß. Dieser Widerstand ändert sich mit dem Quadrat der Strömungsgeschwindigkeit und, da die Rohrleitung in ihren Abmessungen als gegeben betrachtet werden muß, somit mit dem Quadrat des Durchsatzvolumens. Es ergibt sich daher bei gleichbleibendem Druck p_n im Netz ein erforderlicher Enddruck p_D am Verdichter in Abhängigkeit vom Ansaugevolumen des Verdichters nach Abb. 250.

Hierbei ist besonders der in der Drehzahl verstellbare Antrieb geeignet. Der grundsätzliche Aufbau der Regelung ist in Abb. 246 bzw. Abb. 247 dargestellt, nur ist in diesem Fall die Entnahmestelle c für den Druckanstoß nicht am Verdichteraustritt, sondern an einem Punkt des Netzes, an dem gleichbleibender Druck gewünscht wird.

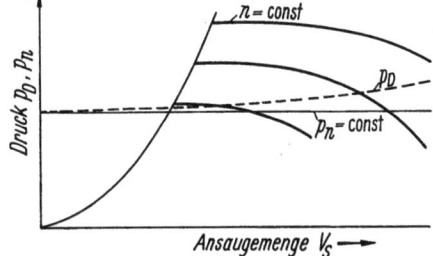

Abb. 250. Verlauf des Verdichterenddruckes p_D zum Erzielen eines gleichbleibenden Druckes p_n an einer Entnahmestelle des Netzes.

Der Druckanstoß kann auch druck-mengen-abhängig durchgebildet werden, wobei der zum Ausgleich der Rohrleitungsverluste erforderliche Drucksollwert in Abhängigkeit von der Fördermenge derart beeinflußt wird, daß mit steigender Fördermenge ein höherer Enddruck und mit sinkender Fördermenge ein niedrigerer Enddruck eingestellt wird.

An Stelle einer mechanischen oder ölhydraulischen Steuerung kann auch ein elektrischer Kontaktregler verwendet werden. Die Impulsgabe für die Regelung der Liefermenge kann hierbei sowohl rein druckabhängig als auch druck-mengen-abhängig gewählt werden. Bei der letzteren Regelungsart wird der Drucksollwert in Abhängigkeit von der Fördermenge des Maschinensatzes derart beeinflußt, daß mit steigender bzw. fallender Fördermenge ein etwas höherer bzw. niedrigerer Netzdruck eingeregelt wird; dadurch werden die mengenabhängigen Verluste in den Rohrleitungen ausgeglichen [98].

d) Regelung auf gleichbleibende Leistungsaufnahme.

Diese Regelungsart hat weniger Bedeutung bei Kreiselverdichtern als bei Vakuum-Kreiselpumpen, wenn es sich darum handelt, größere Behälter luftleer zu machen, und wenn darauf Wert gelegt wird, den Antriebsmotor möglichst gleichbleibend während des Auspumpens zu belasten und ihn nicht unnötig reichlich zu bemessen. Die theoretische Verdichtungsarbeit L_{is}, Kurve c in Abb. 251, erreicht den Höchstwert bei einem Ansaugedruck p_S zwischen 0,3 und 0,4 ata. Je nach Auslegung hat die Maschine bei einer bestimmten Drehzahl n einen bestimmten Verlauf des Ansaugedruckes p_S in Abhängigkeit von der Ansaugemenge V_S, Kurven e, und der Wirkungsgradkurve η_{is}. Es ergibt sich daher aus dem Zusammenwirken von L_{is}, V_S und η_{is} beim Ändern der Drehzahl ein bestimmter Verlauf der Kurven gleicher Antriebsleistung, Kurven a, wonach unter Voraussetzung einer bestimmten Leistung N mit zunehmender Luftleere ein immer größer werdendes Volumen abgesaugt werden kann, wenn ein Behälter von Umgebungsdruck allmählich luftleer gemacht werden soll.

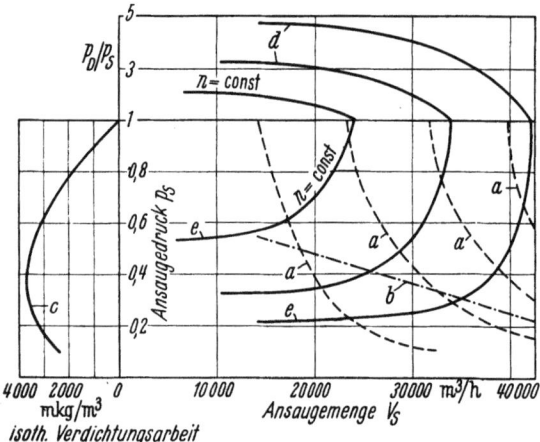

Abb. 251. Regelung auf gleichbleibende Leistungsaufnahme (Kurven a) bzw. gleichbleibendes Drehmoment (Kurve b) an der Kupplung einer Vakuum-Kreiselpumpe. c isothermische Verdichtungsarbeit L_{is} bei Verdichtung vom Ansaugedruck p_S auf 1 ata Enddruck in Abhängigkeit vom Ansaugedruck p_S. d Ansaugemenge in Abhängigkeit vom Verhältnis des Verdichterenddruckes p_D zum Ansaugedruck p_S bei gleichbleibende Drehzahl. e Ansaugemenge in Abhängigkeit vom Ansaugedruck bei gleichbleibender Drehzahl.

Bei einer derartigen Regelung auf gleichbleibende Leistung wird allerdings bei kleinen Drehzahlen das Drehmoment sehr groß. Um dies zu vermeiden, kann man im Gebiet kleiner Drehzahlen nach gleichbleibendem Drehmoment an der Kupplung regeln, Kurve b.

Die Regelung nach gleichbleibender Leistungsaufnahme bzw. nach gleichbleibendem Drehmoment an der Kupplung ist von der elektrischen Seite aus lösbar und bereitet keine Schwierigkeiten.

III. Regelung im instabilen Gebiet.

Die oben beschriebenen Regelverfahren erstrecken sich alle auf das rechts der Pumpgrenze a (Abb. 241) gelegene Kennlinienfeld und befriedigen alle praktisch auftretenden Regelbedürfnisse. Es ist jedoch bei den einzelnen Regelverfahren durchaus möglich, daß während des Regelvorganges die Pumpgrenze berührt oder durchfahren wird. Um die Pumpstöße, die beim Arbeiten im instabilen Gebiet entstehen, im Betrieb zu vermeiden, ist es erforderlich, besondere Pumpverhütungsvorrichtungen vorzusehen, die wirksam werden, noch ehe der erste Pumpstoß auftritt, wenn unter Wirkung einer im stabilen Gebiet arbeitenden selbsttätigen Regelvorrichtung die Pumpgrenze erreicht wird. Man kann diese Pumpverhütungsvorrichtungen von Hand betätigen, jedoch ist es empfehlenswert, beim Vorhandensein einer selbsttätigen Regelung für das stabile Gebiet auch die Pumpgrenzregelung selbsttätig vorzunehmen.

a) Abblaseregelung.
1. Regelung auf gleichbleibenden Verdichterenddruck.
(Regelung von Kreiselverdichtern in Zechenbetrieben oder Regelung von Hochofengebläsen, die auf eine Sammelleitung arbeiten.)

Die Abblaseregelung beruht darauf, daß bei einem unterhalb der Pumpgrenze liegenden Luftbedarf V der Verdichter mit der der Pumpgrenze entsprechenden Luftmenge V_{min} weiterfährt (Abb. 241) und der überschüssige Betrag $V_{min} - V$ durch ein Abblaseventil abgelassen wird.

Der Leistungsbedarf zwischen null und V_{min} ist dann gleichbleibend, und der spezifische Leistungsbedarf je m³ ins Netz geförderte Luft wird um so höher, je mehr Luft abgeblasen wird. Da die Pumpgrenze V_{min} bei modernen Maschinen bereits sehr tief gelegt werden kann, so daß solche Maschinen schon ohne Pumpgrenzregelung in einem großen Arbeitsbereich V_{min} bis V_{max} arbeiten können, wird man in vielen praktischen Fällen, wenn man nicht ganz auf eine Pumpgrenzregelung verzichten will, mit kleinen Abblasemengen ΔV auskommen. In solchen Fällen spielt der durch das Abblasen bedingte Energieverlust keine bedeutende Rolle, und die Abblaseregelung ist vollkommen am Platz.

Den grundsätzlichen Aufbau einer selbsttätigen Abblaseregelung zeigt Abb. 252. Zur Verhinderung des Pumpens ist in die Druckleitung das durch einen Regler k betätigte Abblaseventil l eingebaut, das vom Druckregler k auf Grund des Unterschieddruckes einer in die Saugleitung eingebauten Stauscheibe f geregelt wird. Sinkt die Verbrauchsmenge unter V_{min}, so setzt die Abblaseregelung ein. Der Unterschiedsdruck an der Stauscheibe f genügt nicht mehr, um der Sollspannung der Feder m das Gleichgewicht zu halten, und das Strahlrohr geht nach rechts, so daß Drucköl auf die obere Seite des Steuerkolbens des Stellmotors b geleitet wird. Der Kolben

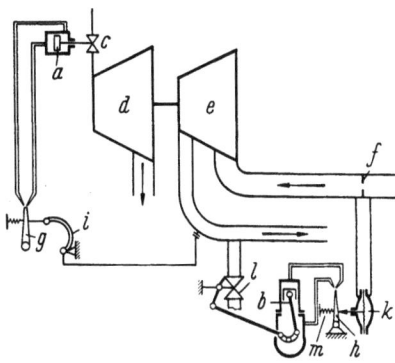

Abb. 252. Selbsttätige Abblase- und Drehzahlregelung auf gleichbleibenden Verdichterenddruck. a, b Stellmotoren; c Frischdampfventil; d Dampfturbine; e Verdichter; f Blende; g, h Strahlrohre; i, k Druckregler; l Abblaseventil; m Feder zum Einstellen der Vorspannung.

bewegt sich abwärts und öffnet das Abblaseventil l, so daß die Luftentnahme in der Verbraucherleitung zusammen mit der durch das Abblaseventil l abströmenden Luftmenge wieder den dem Unterschiedsdruck der Stauscheibe entsprechenden Betrag V_{min} erreicht hat.

Um mit Sicherheit Pumpstöße zu vermeiden, ist es empfehlenswert, die Regelung und den Beginn des Öffnens des Abblaseventils so einzustellen, daß das Abblasen bereits kurz oberhalb V_{min} beginnt.

2. Regelung auf gleichbleibende Menge.

(Regelung von Hochofengebläsen, bei Arbeiten eines Gebläses auf den zugehörigen Ofen, Gasverdichtern in chemischen Betrieben.)

Die im vorigen Abschnitt beschriebene Regelung ist mit kleinen Änderungen auch für Regelung auf gleichbleibende, auf einen bestimmten Betrag einstellbare Menge anwendbar (Abb. 253). Hierzu ist eine Abblaseregelung notwendig, die in Abhängigkeit von Druck und Menge etwa nach Kurve b etwas vor Erreichen der Pumpgrenze a anspricht (Abb. 241). Der Anstoß für die Pumpgrenzregelung in Abhängigkeit von Netzdruck und Ansaugemenge wird von der Blende f in der Saugleitung (Abb. 253) und einer Druckentnahmestelle o in der Druckleitung gegeben. Der Anstoß für die Regelung auf gleichbleibendes Gewicht kann in diesem Fall nicht von der Blende der Saugleitung abgenommen werden, da durch diese auch die abzublasende Luftmenge mitströmt; er muß vielmehr einer in der Druckleitung nach der Abblaseleitung eingebauten Blende g entnommen werden. Die Veränderlichkeit von Druck und Temperatur an der Entnahmestelle dieser Blende machen eine Berichtigung des abgenommenen Unterschiedsdruckes durch einen besonders angeordneten Strömungsteiler p erforderlich.

Abb. 254 zeigt das Regelschema einer Mengen-, Pumpgrenz- und Sicherheitsregelung eines durch Turbine angetriebenen Hochofengebläses.

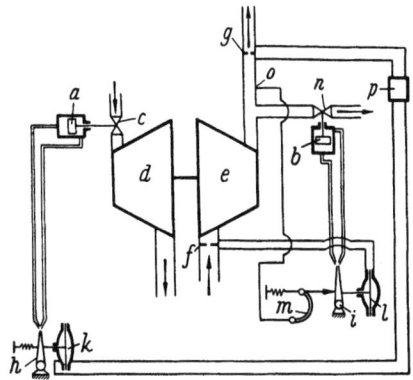

Abb. 253. Abblase- und Drehzahlregelung auf gleichbleibende Menge. a, b Stellmotoren; c Frischdampfventil; d Dampfturbine; e Verdichter; f, g Blenden; h, i Strahlrohre; k, l, m Regler; n Abblaseventil; o Druckentnahmestelle; p Strömungsteiler.

14*

b) Umblaseregelung.

1. Allgemeines.

Anstatt beim Fahren von unterhalb der Pumpgrenze gelegenen Betriebspunkten die überschüssige Luft ins Freie abzublasen, kann man sie in den Saugstutzen des Verdich-

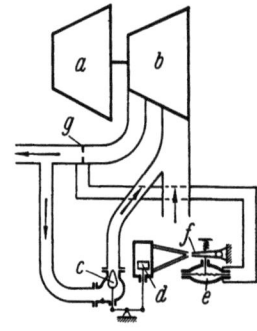

Abb. 255. Umblaseregelung. *a* Dampfturbine; *b* Verdichter; *c* Umblaseventil; *d* Stellmotor; *e* Regler; *f* Strahlrohr; *g* Blende.

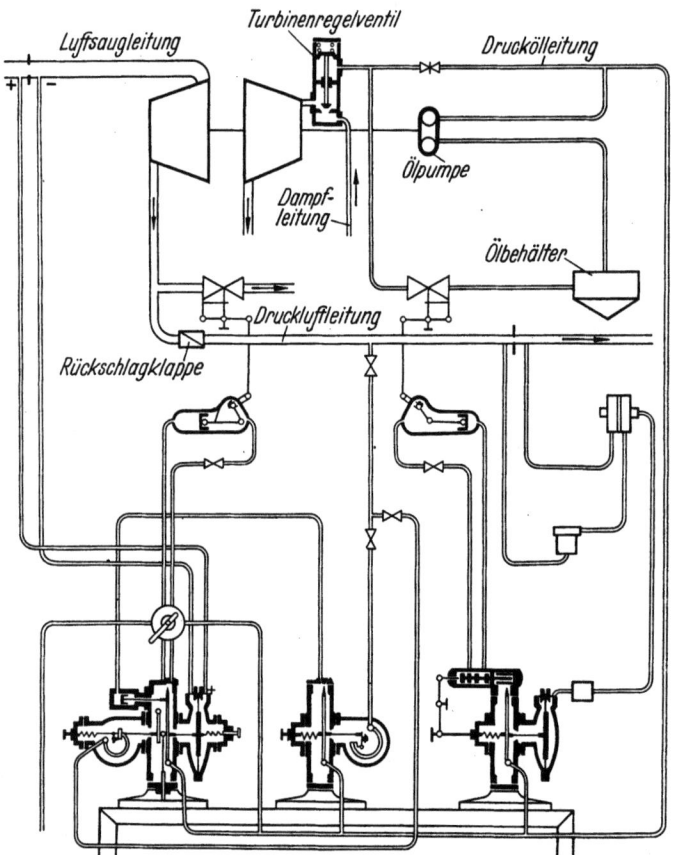

Abb. 254. Regelschema für Mengen-, Pumpgrenz- und Sicherheitsregelung eines Hochofengebläses mit Dampfturbinenantrieb.

ters zurückführen (Abb. 255). Durch diffusorartige Ausbildung des Einlaufstückes des Umblaseventils *c* kann man einen kleinen Teil der Geschwindigkeitsenergie der umgeblasenen Luftmenge in Druckenergie umwandeln und dadurch wiedergewinnen. Bezüglich Wirtschaftlichkeit gilt das gleiche wie für die Abblaseregelung. Solange nur kleine Mengen ΔV umgeblasen werden, hat der Energieverlust keine überragende Bedeutung und kann im Hinblick auf die Einfachheit der Regelung in Kauf genommen werden. Hat man die Absicht, auch größere Mengen umzublasen, so muß man einen Kühler zur Rückkühlung vorsehen, um zu hohe Eintrittstemperaturen am Verdichter zu vermeiden.

Die Umblaseregelung ist besonders für Gasverdichter geeignet, die zur Verdichtung hochwertiger oder giftiger Gase dienen. Hier verbietet sich die Abblaseregelung von selbst.

2. Umblaseregelung in Verbindung mit Entspannungsturbine.

Um die Energie der bei der Abblase- bzw. Umblaseregelung unterhalb der Pumpgrenze abgeblasenen Mengen auszunutzen, wird mitunter an Stelle dieser Regelungen von Entspannungsturbinen Gebrauch gemacht, in denen sich die abgeblasenen Mengen auf den Anfangszustand ausdehnen. Ist die Entspannungsturbine unmittelbar mit dem Verdichter gekuppelt, dann gibt sie ihre Energie an den Verdichter ab und entlastet dadurch etwas die Hauptantriebsmaschine; im stabilen Arbeitsgebiet bringt aber die Entspannungsturbine dauernd Leerlaufverluste (Radreibungs-, Ventilations- und Lagerverluste) mit sich, die den Gesamtwirkungsgrad etwas beeinträchtigen. Getrennte Aufstellung der Entspannungsturbine erfordert eine besondere anzutreibende Maschine (Stromerzeuger, Arbeitsmaschine oder dgl.), die jedoch nur in Betrieb gehalten wird, wenn mit der Hauptmaschine unterhalb der Pumpgrenze gefahren wird.

Abb. 256 zeigt das Arbeitsschema einer selbsttätigen Regelung der Fa. BBC auf unveränderlichen Verdichterenddruck in Verbindung mit Rückströmturbine, die ihre Energie unmittelbar an die Turbinenhauptwelle abgibt.

Inwieweit eine Entspannungsturbine Vorteile bietet gegenüber der Abblase- und Umblaseregelung, hängt in erster Linie von der Größe der abzublasenden Gas- oder Luftmengen und vom Wirkungsgrad der Turbine ab. Wenn die Entspannungsturbine nur für kurzzeitigen Betrieb vor-

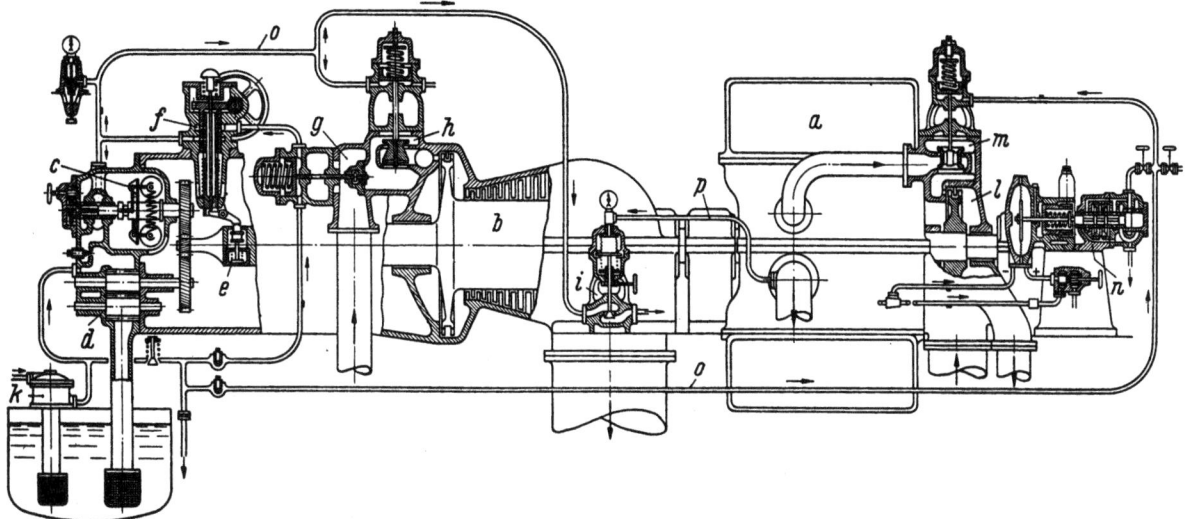

Abb. 256. Arbeitsschema der selbsttätigen Regelung auf konstanten Verdichterenddruck der Firma BBC in Verbindung mit Entspannungsturbine, Hauptantrieb Frischdampfturbine. *a* Kreiselverdichter; *b* Dampfturbine; *c* Geschwindigkeitsregler; *d* Hauptölpumpe; *e* Sicherheitsregler; *f* Anlaß- und Auslösevorrichtung; *g* Schnellschlußventil; *h* Düsenventil; *i* Druckregler; *k* Hilfsdampfölpumpe; *l* Rückströmturbine; *m* Einlaßventil zu *l*; *n* Vorsteuerung zu *m*; *o* Steuerölsystem; *p* Druckluft.

gesehen ist, wird man sie mit Rücksicht auf Anschaffungskosten bei den im Bergbau und in der chemischen Industrie üblichen Drücken einfach im Bau halten und nur ein- oder zweistufig ausbilden.

Solange es sich um Gas- oder Luftmengen handelt, die durch zufällige Betriebsschwankungen in der Nähe der Pumpgrenze der Hauptmaschine pendeln, ist der erzielbare Rückgewinn an Energie derart niedrig, daß sich der Aufwand für eine solche Turbine nicht lohnt. Günstiger werden die Verhältnisse, wenn größere Mengen gleichbleibend entspannt werden können, für die die Entspannungsturbine mit bestem Wirkungsgrad ausgelegt werden kann.

3. Pumpgrenzregelung mit Hilfe einer Entspannungsturbine des Kondensationssatzes.

Zur Ausnutzung der bei Anwendung der Abblase- oder Umblaseregelung verlorenen Energie wendet die AEG eine Entspannungsturbine an, die als Hilfsantrieb für den Kondensations-Pumpensatz dient und in der die überschüssige Druckluft entspannt wird. Der Hauptantrieb des Pumpensatzes erfolgt durch Elektromotor, während die Hilfsturbine leer mitläuft. Beim Ansprechen der Pumpgrenzregelung übernimmt diese Entspannungsturbine je nach Größe der umgeblasenen Luftmenge einen Teil der Belastung.

c) Aussetzerregelung.

Ein anderes Regelverfahren für Betriebspunkte unterhalb der Pumpgrenze ist die Aussetzerregelung, bei der die Förderung zeitweilig abgestellt wird. Das Druckluft-Leitungsnetz ist ein Energiespeicher von ganz erheblicher Größe, so daß es möglich ist, aus diesem eine gewisse Zeit lang Druckluft zu entnehmen, ohne Druckluft ins Netz zu fördern. Wenn man nun auch in den meisten Fällen aus betrieblichen Gründen Wert auf Unveränderlichkeit des Netzdruckes legt, so sind doch Druckschwankungen um einige Zehntel at ohne weiteres zulässig.

Bei Betriebspunkten oberhalb der Pumpgrenze besteht keine Veranlassung, die Luft in aussetzendem Betrieb zu fördern. Jedoch für Betriebspunkte unterhalb der Pumpgrenze besteht durch jeweiliges Ab- und Zuschalten des Verdichters vom bzw. zum Netz eine einfache Regelungsmöglichkeit. In Abhängigkeit von der Zeit sei der Luftbedarf des Netzes nach Kurve V_n (Abb. 257) vorausgesetzt. Solange der Luftbedarf V_n des Netzes größer als die Luftmenge $V_{\min}$

an der Pumpgrenze ist (Abb. 241), wird die jeweilige Fördermenge V des Verdichters dem Verbrauch durch Handregelung oder selbsttätige Regelung auf gleichbleibenden Enddruck des Verdichters angepaßt. Hierbei ist $V_n = V_S$, Verlauf A–B in Abb. 257. Im Punkt B ist der Bedarf V_n auf den der Pumpgrenze des Verdichters entsprechenden Betrag V_{min} abgesunken. Um das Pumpen zu verhüten, wird nunmehr der Verdichter vom Netz abgeschaltet, so daß keine Druckluft an das Netz mehr abgegeben wird. Der Druckluftbedarf V_n der Grube wird aus dem Netz gedeckt, der Netzdruck p_n beginnt dadurch zu fallen. Ist dieser Druck bis auf das äußerst zulässige Maß gefallen, Punkt C', dann wird der Verdichter wieder ans Netz geschaltet. Da nunmehr die Förderung größer ist als der Bedarf, Punkt C, wird das Netz allmählich wieder aufgefüllt, der Netzdruck p_n steigt von C' bis D' an, bis in D' das Spiel von neuem beginnt. Auf diese Weise ist es möglich, die Förderung dem jeweiligen Bedarf im Gebiet unterhalb der Pumpgrenze anzupassen. Die Schalthäufigkeit bei diesem aussetzenden Regelvorgang wird bestimmt durch den Druckabfall zwischen B' und C', den man im Netz während des Regelns zulassen will, durch die Größe des Luftbedarfs V_n des Netzes und durch die Höhe der Förderung V_{Sp} des Verdichters während seiner Arbeitsspiele. In den Zeiten B–C, D–E, F–G soll die Förderung ins Netz unterbunden werden. Die Förderung des Verdichters in das Netz ist daher während dieser Zeit durch Schließen einer Klappe in der Saugleitung auf Leerlauf geschaltet. Um hierbei das Auftreten zu hoher Temperaturen im Inneren des Verdichters zu vermeiden, wird diese Saugklappe nicht vollkommen geschlossen, so daß während des Leerlaufs eine kleine Luftmenge gefördert und dann durch das Ventil f (Abb. 258) abgeblasen wird. Es ist dann dabei lediglich die geringe Leistung N_0 des Verdichters aufzubringen, die etwa 15% der Pumpgrenzleistung beträgt. Auf diese Weise erhält man eine Regelung, die mit nur geringen Energieverlusten verbunden ist und an Wirtschaftlichkeit die Abblase- und Umblaseregelung mit oder ohne Entspannungsturbine übertrifft.

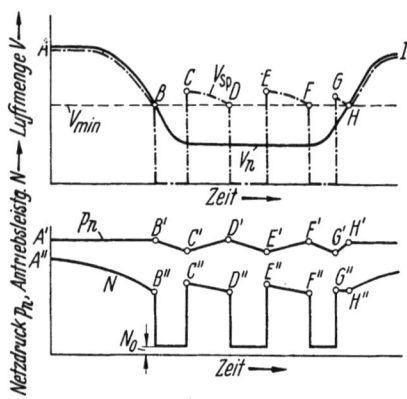

Abb. 257. Regeldiagramm bei Aussetzerregelung. Von A bis B und von H bis I ist der Netzluftbedarf V_n gleich der Fördermenge V des Verdichters. V_{min} Fördermenge des Verdichters an der Pumpgrenze. N_0 Leerlaufleistung des Verdichters.

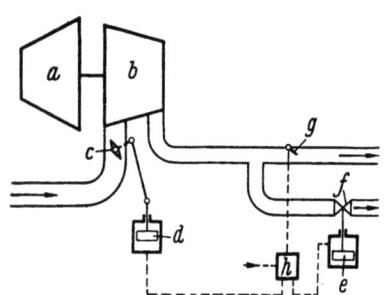

Abb. 258. Aufbau der Anlage bei Aussetzerregelung. a Dampfturbine; b Verdichter; c Drosselklappe; d, e Stellmotoren; f Abblaseventil; g Rückschlagklappe; h Steuergerät.

Sinkt der Netzbedarf bis auf V_{min} ab, dann wird unter Wirkung eines Anstoßes (z. B. Unterschiedsdruck einer Blende oder Schwingen der Rückschlagklappe g [Abb. 258] beim Beginn des Pumpens) das Abblaseventil f durch den Stellmotor e geöffnet, wodurch der Verdichterenddruck p_D sinkt und die Rückschlagklappe g unter dem Netzdruck p_n schließt. Sobald das Abblaseventil geöffnet ist, wird die in der Saugleitung befindliche Klappe c selbsttätig durch den Stellmotor d geschlossen. Nunmehr arbeitet der Verdichter im Leerlauf, bis unter Wirkung des absinkenden Netzdruckes (Verlauf B'–C' in Abb. 257) durch ein Steuergerät h der Verdichter ans Netz geschaltet wird, wobei zweckmäßigerweise zunächst die Saugklappe c geöffnet und anschließend das Abblaseventil f geschlossen wird. Sobald p_D gleich p_n geworden ist, öffnet sich die Rückschlagklappe g, und die Förderung in das Netz beginnt (Punkt C in Abb. 257). Ist der Verdichter neben der Aussetzerregelung für das Gebiet unterhalb der Pumpgrenze mit einer Regelung auf gleichbleibenden Enddruck durch Drehzahlverstellung für das Gebiet oberhalb der Pumpgrenze ausgerüstet, dann muß diese Regelung während des Arbeitens der Aussetzerregelung selbsttätig ausgeschaltet werden, weil sonst der Druckregler während des Leerlaufs B–C (Abb. 257) die Drehzahl steigern würde und im Augenblick des Zuschaltens, Punkt C', die Maschine auf höchste Drehzahl bringen würde, um den abgesunkenen Netzdruck p_n möglichst rasch auf volle Höhe, Punkt D', zu bringen. Um plötzliche Belastungsstöße beim Ab- und Zuschalten zu vermeiden, sind keine zu kurzen Steuerzeiten zu wählen.

Abb. 259 zeigt das Regeldiagramm eines durch Dampfturbine angetriebenen Kreiselverdich-

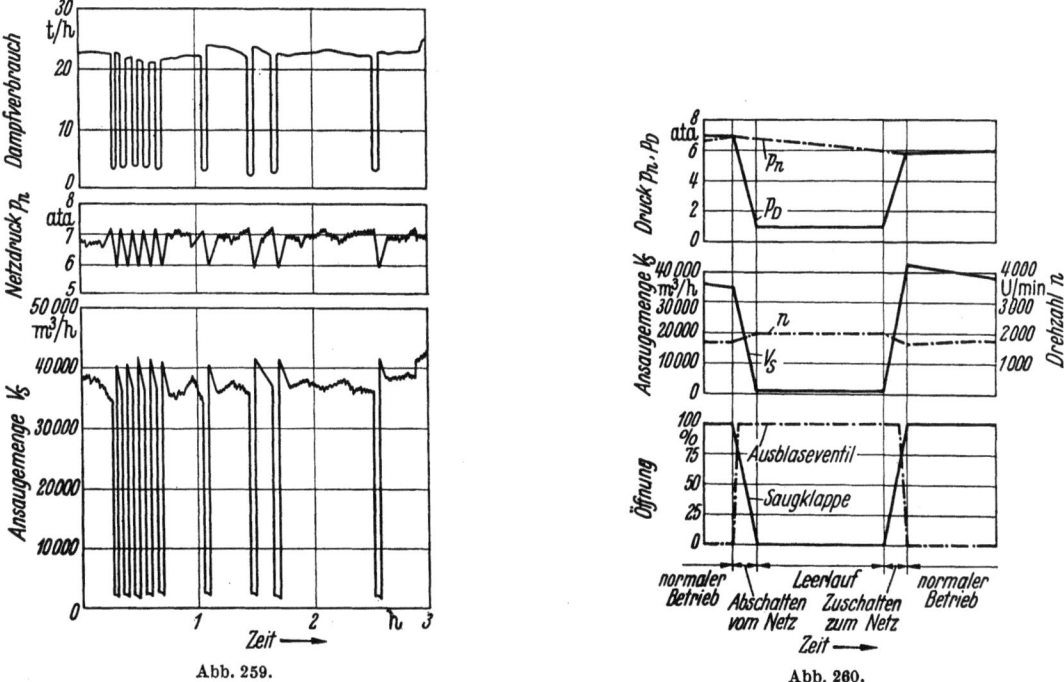

Abb. 259.   Abb. 260.

Abb. 259 u. 260. Regeldiagramm und Steuerzeiten eines durch Dampfturbine angetriebenen Kreiselverdichters bei Aussetzerregelung.

ters, der lange Zeit in der Nähe der Pumpgrenze betrieben wird. Die Pumpgrenze liegt bei einer Ansaugemenge von etwa 34000 m³/h und bei einem Enddruck von etwa 7 ata. Die Aussetzerregelung hat zeitweise alle 5 min gearbeitet. Für die Aussetzerregelung wurde ein Druckabfall im Netz von reichlich 1 at zugelassen (Abb. 259 und 260). Die Aussetzregelung zur Regelung von Kreiselverdichtern wurde bereits von der FMA entwickelt und von der Demag weiterentwickelt.

a) Vergleich der Regelungen im instabilen Gebiet.

Die Leistung N_p, die der Verdichter an der Pumpgrenze benötigt, sei für alle vier Regelungen (Abblaseregelung, Umblaseregelung, Umblaseregelung mit Entspannungsturbine, Aussetzregelung) gleich. Die Abblaseregelung benötigt für alle Punkte unterhalb der Pumpgrenze die gleiche Leistung, da keinerlei Energierückgewinn vorhanden ist. Der spezifische Arbeitsbedarf N/V steigt daher bei kleinen Förderungen ins Netz stark an und wird bei Förderung null unendlich groß.

Im Arbeitsbedarf nicht wesentlich verschieden von vorgenannter Abblaseregelung ist die Umblaseregelung, bei der nur ein kleiner Teil der Strömungsenergie rückgewonnen werden kann.

Die Wirtschaftlichkeit der Regelung mit Entspannungsturbine hängt stark von der Auslegung und der Beaufschlagung der Turbine ab. Es sei eine Entspannungsturbine vorausgesetzt, die unmittelbar mit dem Verdichter gekuppelt ist. Mit Rücksicht auf geringe Anschaffungskosten sei die Turbine nur einstufig ausgeführt. Man wird dann keinen allzu guten inneren Wirkungsgrad erwarten können, bei voller Beaufschlagung etwa 65% und bei Teilbeaufschlagung infolge der Ventilationsverluste entsprechend weniger. Die Turbine arbeitet besonders ungünstig bei kleinen Beaufschlagungen, also dicht unterhalb der Pumpgrenze. Will man vorübergehend die gesamte Pumpgrenzmenge entspannen, dann muß man die Turbine für die volle Menge auslegen, andernfalls genügt auch die Auslegung für eine Teilmenge.

Für die Aussetzregelung sei eine Leerlaufleistung von etwa 15% der Pumpgrenzleistung vorausgesetzt. Die Leerlaufzeit t_1 sei für sämtliche Regelspiele gleich, ebenso die Förderzeit t_2. Es sei weiter vorausgesetzt, daß die Maschine im aussetzenden Betrieb während des Arbeitens auf das Netz mit einer gleichbleibenden Ansaugemenge V^* arbeite (Abb. 261), während das Netz eine gleichbleibende Menge V_n, bezogen auf den Saugzustand des Verdichters,

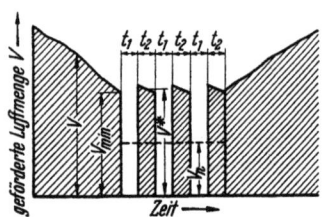

$$V_n = i V^* t_2 = \frac{V^*}{1 + t_1/t_2} \qquad (4)$$

benötigt, da die stündliche Spielzahl

$$i = 1/(t_1 + t_2)$$

Abb. 261. Verlauf der geförderten Luftmenge V bei Aussetzerregelung. t_1 Leerlaufzeit; t_2 Förderzeit; V_n Luftbedarf des Netzes während der Regelzeit.

ist. Die Leerlaufzeit beträgt

$$t_1 = \frac{\Delta p \cdot V_0}{V_n \gamma_s R T_n}. \qquad (5)$$

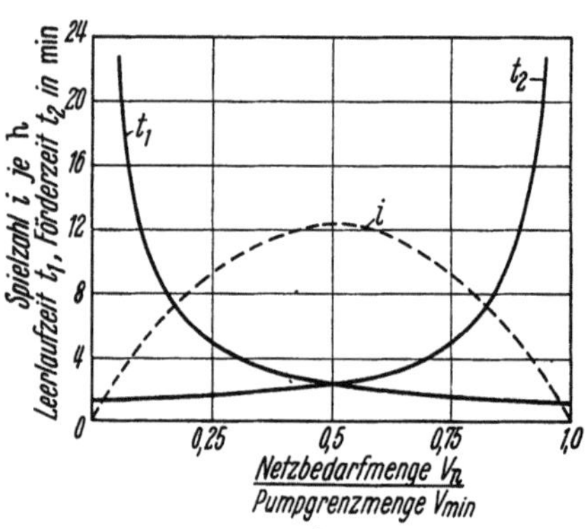

Sie hängt hiernach in erster Linie vom zugelassenen Druckabfall Δp im Netz während der Leerlaufzeit ab, vom Volumen V_0 des Netzes und der Entnahme V_n aus dem Netz. Für eine bestimmte Regelung sind Δp und V_0 als gegeben zu betrachten, ebenso die Wichte γ_s der Luft im Saugzustand, die Gaskonstante R und die Temperatur T_n im Netz. Die Förderzeit t_2 folgt aus Gl. (4).

Abb. 262 zeigt den Verlauf der Leerlaufzeit t_1, Förderzeit t_2 und Spielzahl i in Abhängigkeit vom Netzbedarf V_n. Vorausgesetzt ist hierbei, daß das Zu- und Abschalten plötzlich erfolgt und daß der Verdichter während der Förderzeiten t_2 eine Menge V^* ansaugt und verdichtet, die etwa der Pumpgrenzmenge $V_{\min}$ entspricht.

Abb. 262. Verlauf der Leerlaufzeit t_1, Förderzeit t_2 und Spielzahl i in Abhängigkeit von der Netzbedarfsmenge V_n. Inhalt des Druckluftleitungsnetzes $V_0 = 1000$ m³; Druckabfall im Netz während der Regelspiele $\Delta p = 0{,}5$ at; Temperatur im Netz $T_n \approx 350°$K; Pumpgrenzmenge $V_{\min} = 20000$ m³/h; Normalleistung 40000 m³/h; Höchstleistung 54000 m³/h.

Der praktische Regelvorgang ist mit gewissen Verlusten verknüpft, da, wie schon oben erwähnt, eine Leistung N_0 erforderlich ist (Abb. 257), die zum Durchblasen kleiner Luftmengen während der Leerlaufzeiten und zum Aufwand der Leerlaufverluste dient, um das Auftreten zu hoher Temperaturen zu vermeiden. Ferner treten Verluste beim Ab- und Zuschalten des Verdichters vom und zum Netz auf, da der Luftinhalt des Verdichters im Augenblick des Abschaltens abgeblasen werden muß und da aus betrieblichen Gründen der Verdichter nicht plötzlich zu- und abgeschaltet werden kann, sondern gewisse Schaltzeiten für das Öffnen und Schließen der Saugklappe und des Abblaseventils erforderlich sind. Hierbei treten Verluste durch Abblasen von Luft auf. Die Zu- und Abschaltzeit t_0 beträgt etwa 4 s. Während dieser Zeit t_0 ist im Mittel die Menge $V_{\min}/2$ auf den Druck $p_n/2$ zu verdichten, hierfür wird angenähert $N_p/4$ benötigt, wenn N_p die Pumpgrenzleistung ist. Somit lassen sich die gesamten Verluste der Aussetzerregelung als Summe der Schaltverluste

$$2 i t_0 \frac{N_p}{4}$$

und der Laufverluste

$$i t_1 N_0$$

zusammenfassen. Die zur Förderung einer unterhalb der Pumpgrenze gelegenen Luftmenge V_n auf Netzdruck p_n erforderliche Leistung beträgt:

$$N = 2 i t_0 \frac{N_p}{4} + i t_1 N_0 + i t_2 N_p = i N_p (0{,}5 t_0 + 0{,}15 t_1 + t_2), \qquad (6)$$

wenn $N_0 = 0{,}15 N_p$ ist.

In Abb. 263 sind die Leistungen und der spezifische Energiebedarf für die verschiedenen Regelverfahren zusammengestellt. Die spezifische Verdichtungsarbeit ist im Auslegepunkt (40000 m³/h) am geringsten. Unterhalb der Pumpgrenzleistung N_p arbeitet am unwirtschaftlichsten die Abblaseregelung, Kurve a. Die Antriebsleistung ist im gesamten Gebiet zwischen null und V_{min} gleichbleibend. Dementsprechend steigt die spezifische Verdichtungsarbeit mit dem Abnehmen der in das Netz geförderten Menge. Die Entspannungsturbine, Kurve b und c, gestattet, einen Teil der aufgewendeten Arbeit zurückzugewinnen. Der Verlauf der Kurve b entspricht der Auslegung der Entspannungsturbine für volle Pumpgrenzmenge V_{min}, der Verlauf der Kurve c entspricht der Auslegung der Turbine für halbe Pumpgrenzmenge. Am wirtschaftlichsten arbeitet unterhalb der Pumpgrenze die Aussetzerregelung, Kurve d.

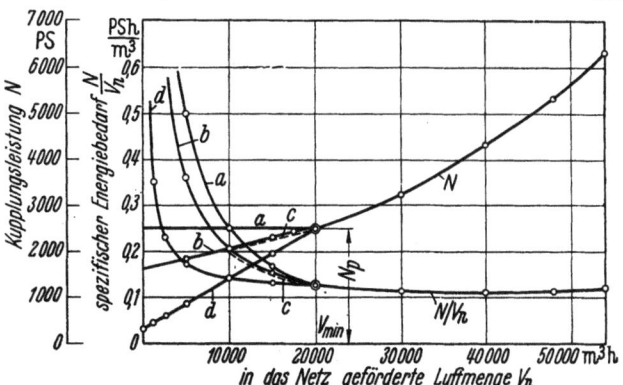

Abb. 263. Kupplungsleistung N und spezifischer Energiebedarf N/V_n in Abhängigkeit von der in das Netz geförderten Luftmenge V_n; für die Verdichteranlage nach Abb. 262. Ansaugdruck $p_S = 1$ ata, Verdichterenddruck $p_D = 7$ ata; a Abblaseregelung, b, c Umblaseregelung mit Entspannungsturbine, ausgelegt zur Verarbeitung von V_{min} (Kurve b) und von $V_{min}/2$ (Kurve c); d Aussetzerregelung; N_p Pumpgrenzleistung.

Die praktische Anwendung der Regelverfahren ist durch die Anschaffungskosten, die Wirtschaftlichkeit im Betrieb und die betrieblichen Verhältnisse beeinflußt. Wird die Pumpgrenze nur kurzzeitig und um kleine Beträge unterschritten, dann ist die Leistungsersparnis während der Regelzeiten von untergeordneter Bedeutung, und es ist daher der Abblaseregelung oder Umblaseregelung der Vorzug zu geben, die billig in Anschaffung und einfach im Betrieb sind. Wird jedoch längere Zeit weit unter der Pumpgrenze gefahren, dann ist den zwei anderen Regelungen der Vorzug zu geben.

IV. Regelung zum Verstellen der natürlichen Pumpgrenze.

a) Abschaltregelung.

Das doppelflutige, d. h. zweiseitig saugende Kreiselgebläse bietet die Möglichkeit, durch Abschalten der einen Gebläseseite, beispielsweise durch Schließen von in Saugstutzen und Druckstutzen angeordneten Klappen, das stabile Arbeitsgebiet nach unten zu erweitern. Abb. 264 zeigt die Druck-Volumen-Kurve eines mit Abschaltregelung ausgerüsteten, doppelflutigen Kreiselgebläses.

Bei Parallelarbeiten der beiden Gehäuseseiten liegt die natürliche Pumpgrenze bei etwa 40% der dem Normalpunkt des Gebläses entsprechenden Menge. Durch Abschalten der einen Gebläseseite, wobei diese dann leer mitläuft, ist es möglich, die Pumpgrenze bis auf 20% der dem Normalpunkt entsprechenden Menge zu verlegen. Abb. 265 zeigt den Schnitt durch ein doppelflutiges Hochofengebläse der GHH, welches

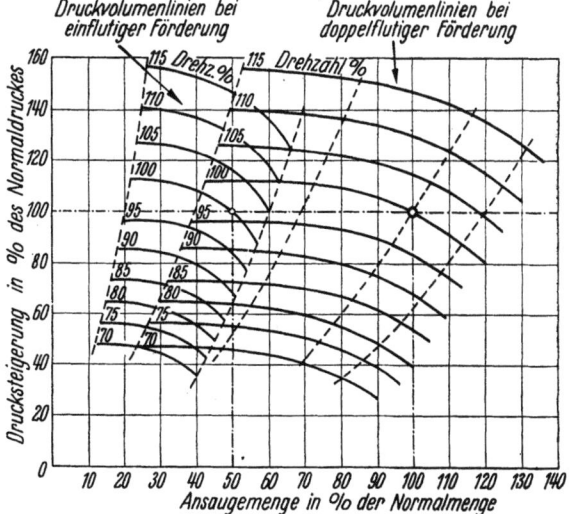

Abb. 264. Kennlinien eines mit Abschaltregelung ausgerüsteten Kreiselgebläses der GHH.

für eine maximale Ansaugemenge von 4100 m³/min und einen Enddruck von 3 ata vorgesehen ist, ausgestattet mit Abschaltregelung.

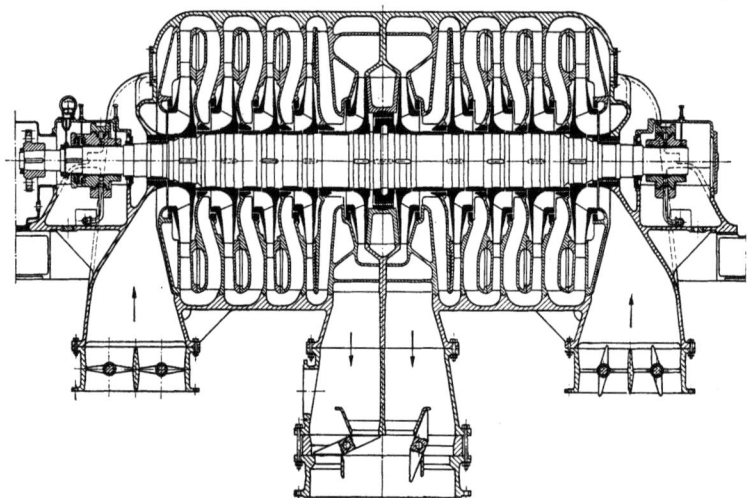

Abb. 265. Doppelflutiges Hochofengebläse der GHH, ausgerüstet mit Abschaltregelung; $V_{S_{max}} = 246000$ m³/h.

b) Umschaltregelung.

Das zweiseitig saugende Gebläse bietet bei entsprechender Gehäusegestaltung auch die Möglichkeit, die beiden Gebläsehälften durch Umschaltung mit besonders hierfür vorgesehenen Armaturen hintereinanderzuschalten. Man erreicht hiermit bei halber Ansaugemenge wesentlich erhöhte Drücke gegenüber Normalbetrieb. Ein solches umschaltbares Gebläse der Demag zeigt Abb. 266.

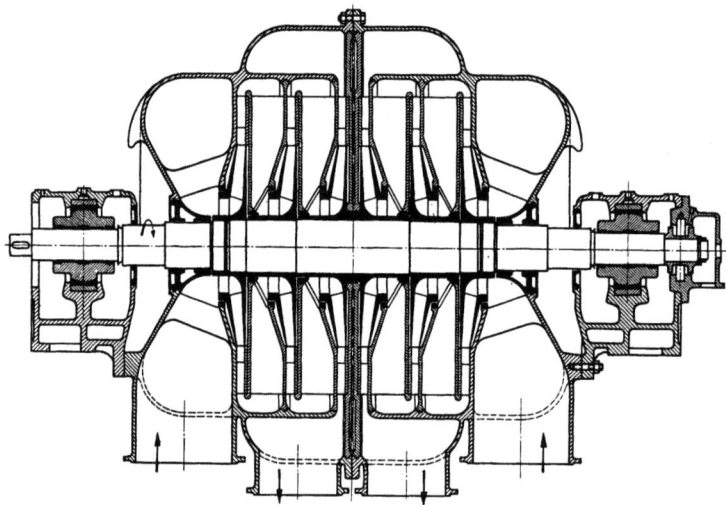

Abb. 266. Längsschnitt eines Hochofengebläses der Demag für 60000 m³/h Saugleistung, eingerichtet für Parallelbetrieb und Hintereinanderschaltung.

c) Diffusorregelung.

Das stabile Arbeitsgebiet eines Kreiselgebläses kann auch erweitert werden durch Anordnung von beweglichen Leitschaufeln hinter den Laufrädern. Diese Regelung wird angewandt von der Fa. Brown, Boveri & Cie. Abb. 267 zeigt die bewegliche Diffusorleitschaufel der Bauart BBC. Jede einzelne Schaufel ist in Kugellagern gelagert und mit einem mit der Drehachse der Diffusorschaufeln fest verbundenen Hebel versehen. Die Hebel der einzelnen Schaufeln werden durch ein Stahldrahtseil miteinander verbunden, dessen Enden an einem als Zahnradsegment ausgebildeten Schlosse befestigt werden. In dieses Zahnsegment greifen entsprechende, auf eine Welle aufgekeilte Zahnräder ein. Die Betätigungswelle, die ebenfalls in Kugellagern ruht, wird mit einem Zahnrad bewegt. Am Handrad angebrachte Zeichen dienen zur Einstellung der gewünschten Stellung der Diffusorkanäle.

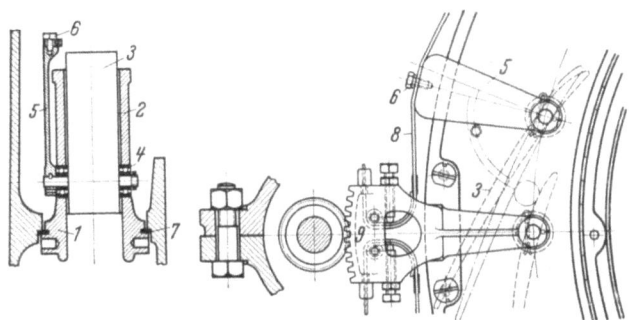

Abb. 267. Bewegliche Diffusorleitschaufel der Bauart BBC. *1* und *2* Seitenwände, *3* Drehschaufeln, *5* Schaufel-Antriebshebel, *6* Seilklemmen, *8* Antriebsseil, *9* Hebel für äußeren Antrieb.

Abb. 268 zeigt die Ausführung einer derartigen beweglichen Diffusorschaufel, den Ring zum Aufnehmen der beweglichen Diffusorschaufeln und den zum Einbau fertigen Diffusor mit beweglichen Leitschaufeln.

Das Arbeitsdiagramm einer derartigen Regelung für ein durch Dampfturbine angetriebenes Hochofengebläse der Fa. Brown, Boveri & Cie. zeigt Abb. 269. Die Pumpgrenze, die ohne das Vorhandensein der Diffusorregelung durch die Kurve 100% gekennzeichnet ist, kann je nach eingestellter Diffusoröffnung und Anzahl der beweglichen Diffu-

a   *b*   *c*

Abb. 268 a—c. Diffusorschaufeln und ihr Einbau, Bauart BBC.

soren wahlweise von rechts nach links verschoben werden bis zur untersten praktisch einstellbaren Grenze. Das Arbeitsgebiet des Gebläses wird nach Versuchen von BBC um den zwischen den Kurven 100% und 15% gelegenen Bereich erweitert. Da sich der Preis eines Diffusors mit beweglichen Leitschaufeln höher stellt als der eines gewöhnlichen Diffusors, begnügt man sich häufig damit, nur einen Teil der Leitschaufeln beweglich auszurüsten.

V. Parallelarbeiten von Kreiselgebläsen auf ein gemeinsames Netz.

Das Parallelarbeiten mehrerer Maschinen auf ein gemeinsames Netz, wie dies z. B. in Hochofenwerken oder auf chemischen Anlagen mitunter geschieht, ist durchaus möglich, wenn die Gebläse richtig aufeinander abgestimmt sind. Hierzu gehört, daß jedes der Gebläse in der Lage ist, die gewünschten Mengen und Drücke zu fahren, und in dem für dieses Gebläse vorgesehenen Arbeitsbereich stabil arbeitet, d. h., daß zu jedem Druck nur eine bestimmte Menge eines Gebläses gehört.

Wählt man bei Parallelarbeiten mehrerer gleicher oder auch verschiedener Kreiselgebläse, deren Kennlinien ähnlich sind, d. h. die für gleiche oder ähnliche Betriebsverhältnisse hinsichtlich des Druckes gebaut sind, eine automatische Regulierung, z. B. auf konstanten Enddruck oder auf konstante Ansaugemenge, so ist es zweckmäßig, nur einer dieser Maschinen eine solche selbsttätige Regelung zu geben und die übrigen Maschinen ohne besondere Regelung mit konstanter Grundlast zu fahren, die nach Bedarf von Hand verstellt wird.

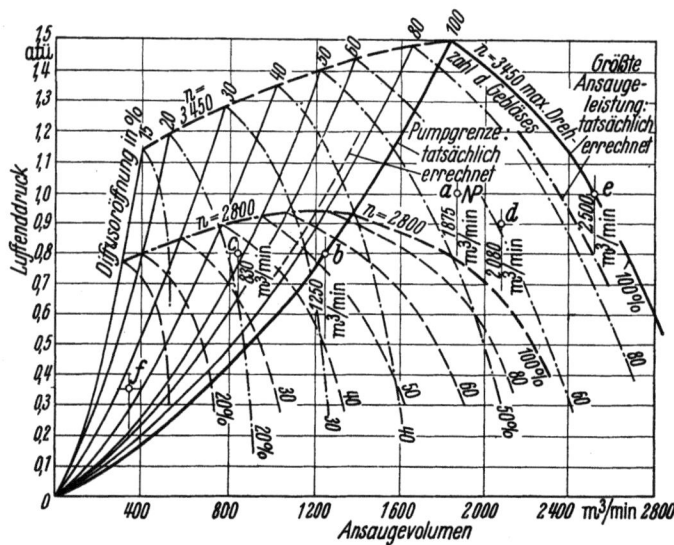

Abb. 269. Arbeitsdiagramm eines mit Diffusorschaufelregelung ausgerüsteten Hochofengebläses, Bauart BBC. *a* konstruktiver Normalpunkt des Gebläses; *b* das Gebläse arbeitet auf einen Ofen von 600 t Tagesleistung; *c* das Gebläse arbeitet auf einen Ofen von 400 t Tagesleistung; *d* das Gebläse arbeitet auf zwei Öfen von zusammen 1000 t Tagesleistung; *e* das Gebläse arbeitet auf zwei Öfen von zusammen 1200 t Tagesleistung; *f* das Gebläse arbeitet auf einen Ofen beim Abstechen.

a) Zuschalten zum Netz.

Soll ein in Betrieb zu setzendes Kreiselgebläse bzw. ein Kreiselverdichter zu einem bereits in Betrieb befindlichen Gebläse oder Verdichter parallel auf das gleiche Netz arbeitend zugeschaltet werden, oder soll ein Kreiselgebläse bzw. -verdichter gegen einen bereits unter Druck stehenden Behälter angefahren werden, so ist dem Verlauf der Kennlinie im instabilen Gebiet und den Betriebsverhältnissen im instabilen Gebiet besonders Rechnung zu tragen.

Soll beispielsweise die zuzuschaltende Maschine mit der Ansaugemenge V_4 gegen den Netzdruck p_n arbeiten, so genügt es nicht, die Maschine beim Anfahren auf die dem Betriebspunkt entsprechende Drehzahl n_4 zu bringen, weil dieser Drehzahl bei Förderung null nach Abb. 270 der Druck p_{4_0} zugehört, der niedriger sein kann als der Netzdruck p_n. Die Maschine würde dann bei Nullförderung bleiben und allmählich heiß laufen und dadurch im Druck sogar noch etwas nachlassen, ohne Förderung aufzunehmen. Es ist daher nötig, die Maschine zum Zweck des Zuschaltens zum Netz zunächst auf eine höhere Drehzahl, z. B. n_3 oder n_2 zu bringen, damit p_D auf alle Fälle höher als p_n wird. Durch diese Maßnahme öffnet sich die Rückschlagklappe in der Druckleitung, und die Maschine geht zunächst auf etwas größere Förderung V_3 bzw. V_2, so daß nunmehr eine Drehzahlsenkung auf n_4 zum Zweck des Erreichens des Betriebspunktes V_4 vorgenommen werden muß.

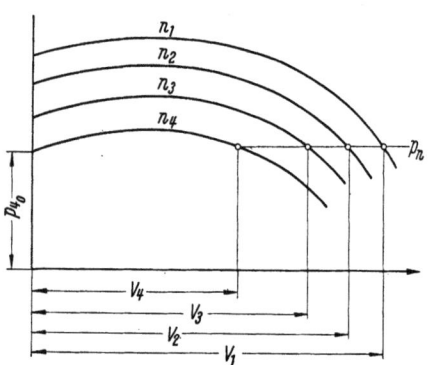

Abb. 270. Darstellung zum Zuschalten eines Verdichters zum Netz.

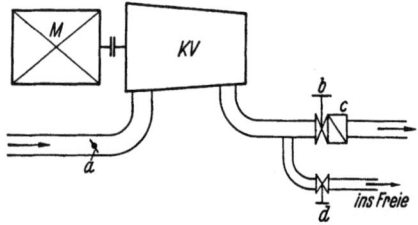

Abb. 271. Schema eines Kreiselverdichters mit Anfahrleitung und zugehörigen Armaturen. *M* Motor; *KV* Kreiselverdichter; *a* Drosselklappe; *b* Absperrschieber; *c* Rückschlagklappe; *d* Abblaseventil.

Bei in der Drehzahl nicht regelbarer Antriebsmaschine, z. B. nicht regelbarem Motor, ist ein Zuschalten in der vorbeschriebenen Weise nur möglich, wenn die Kennlinie der Maschine so verläuft, daß $p_0 > p_n$ ist. Andernfalls kann man sich in der Weise helfen, daß man eine besondere Anfahrleitung mit

Umblaseventil vorsieht, durch das man beim Anfahren zunächst ins Freie abbläst oder in einem Umlauf gegen Saugdruck umbläst. Durch allmähliches Drosseln dieses Ventils stellt man den gewünschten Enddruck am Gebläse ein, und erst dann schaltet man die Maschine auf das Netz (Öffnen des Druckschiebers, selbsttätiges Öffnen der Rückschlagklappe, danach Schließen des Abblaseventils). Diese letztgenannte Maßnahme ist für das Anfahren immer erforderlich, wenn der Verdichtungsdruck hoch und daher das Pumpen stark ist (Kreiselverdichter), so daß man das Fahren im instabilen Gebiet vermeiden muß. Abb. 271 zeigt das Schema eines Kreiselverdichters mit Anfahrleitung und zugehörigen Armaturen.

b) Parallelarbeiten mehrerer Verdichter oder Gebläse auf ein gemeinsames Netz ohne besondere Regelung.

Beim Parallelarbeiten mehrerer Maschinen auf ein gemeinsames Netz herrscht am Druckstutzen aller Maschinen der gleiche Enddruck. Im allgemeinen werden die Kennlinien der verschiedenen parallel arbeitenden Maschinen voneinander verschieden sein. Zunächst seien 2 parallel miteinander arbeitende Maschinen betrachtet, deren Kennlinien voneinander verschieden sind (Abb. 272). Beide Maschinen seien in der Drehzahl nicht regelbar, so daß jede Maschine eine einzige Kennlinie besitzt. Die eine Maschine habe die Kennlinie I, die andere die Kennlinie II. Ist der Enddruck hinter den Gebläsen p_A, dann arbeitet Gebläse I auf dem Betriebspunkt A und liefert die Menge V_A. Das Gebläse II arbeitet auf Betriebspunkt a und liefert die Menge V_a.

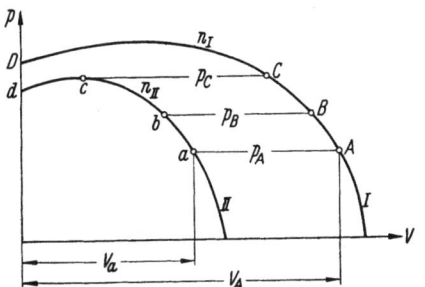

Abb. 272. Parallelarbeiten zweier Gebläse, deren Kennlinien n_I und n_{II} verschieden sind. Maschinen in der Drehzahl nicht regelbar.

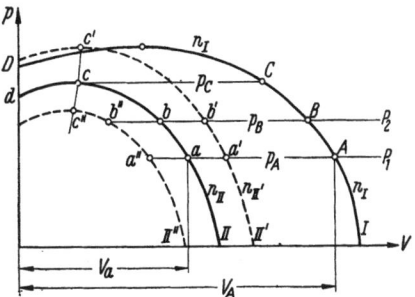

Abb. 273. Parallelarbeiten zweier Gebläse, deren Kennlinien n_I und n_{II} verschieden sind. Eine Maschine in der Drehzahl regelbar.

Erhöht sich durch irgendeinen Einfluß der Druck hinter den Gebläsen auf p_B, dann arbeitet Gebläse I auf Betriebspunkt B und Gebläse II auf Betriebspunkt b, und die Fördermengen ändern sich entsprechend. Bei einer weiteren Druckerhöhung hinter den Gebläsen auf p_C arbeitet Gebläse I auf Betriebspunkt C, während das Gebläse II mit Betriebspunkt c auf dem höchsten Punkt der Kennlinie angelangt ist und damit an die Pumpgrenze rückt und bei der geringsten weiteren Druckerhöhung durch Gebläse I in seiner Förderleistung auf Nullförderung, Betriebsdruck d, gelangt. Das Gebläse II tritt damit außer Betrieb und läuft nur in sich leer mit, während Gebläse I allein die Weiterförderung übernimmt. Beim Parallelarbeiten zweier Gebläse verschiedener Kennlinien besteht also die Möglichkeit, daß das Gebläse mit höher liegender Kennlinie I das Gebläse mit niedriger liegender Kennlinie II selbsttätig von der Förderung ausschließt, sobald der Druck hinter den Gebläsen den Höchstwert c der Kennlinie II erreicht hat.

Sind die beiden parallel arbeitenden Maschinen in der Drehzahl regelbar, so ist es möglich, durch Drehzahlverstellung einer oder beider Maschinen die bei einem bestimmten Druck p ins Netz geförderten Mengen zu verstellen. Abb. 273 zeigt die Verhältnisse bei konstanter Drehzahl der Maschine I und veränderlicher Drehzahl der Maschine II. Durch Drehzahlregelung der Maschine II von Drehzahl n_{II} auf $n_{II'}$ ist es beispielsweise möglich, den Scheitel c der Kennlinie II zu erhöhen auf c', so daß nunmehr das Gebläse II im Parallelbetrieb mit Gebläse I bis zum Druck $p_{C'}$ gefahren werden kann, da die Scheitel der Kennlinien II′ und I auf gleicher Höhe liegen.

c) Parallelarbeiten mehrerer Verdichter oder Gebläse auf ein gemeinsames Netz bei Regelung auf konstanten Druck.

Dieser Betriebsfall liegt vor bei der Drucklufterzeugung auf Zechenanlagen, wenn die in der Grube benötigte Druckluft in mehreren Aggregaten erzeugt wird, ferner in Hochofenbetrieben, wenn mehrere Hochofengebläse parallel auf ein gemeinsames Netz arbeiten. Ist der Luftbedarf L zeitlichen Änderungen unterworfen (Abb. 274a) und arbeiten mehrere Gebläse parallel nebeneinander auf das gleiche Netz, so gibt es unendlich viel Möglichkeiten in der Verteilung der Leistungen auf die einzelnen Maschinen, um den gewünschten Luftbedarf L durch die Förderung der Maschinen zu decken. Zweckmäßig ist es in einem solchen Falle, die Regelung zur Anpassung der Förderung an den Bedarf nur an einer einzigen Maschine vorzunehmen und die übrigen Maschinen mit konstanter Belastung zu fahren (Abb. 274b). In diesem Falle arbeiten 3 Maschinen parallel, von denen I und II konstant belastet sind, während III durch selbsttätige Regelung sich dem gewünschten Bedarf anpaßt.

Liegen die zeitlichen Änderungen des Luftbedarfes in derartiger Größenanordnung, daß sie über den Regelbereich einer

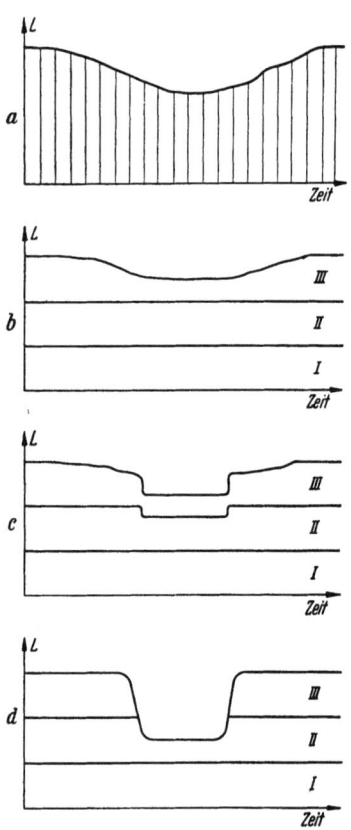

Abb. 274. Parallelarbeiten mehrerer Maschinen auf ein gemeinsames Netz bei p_n = const und V_{ges} = veränderlich.

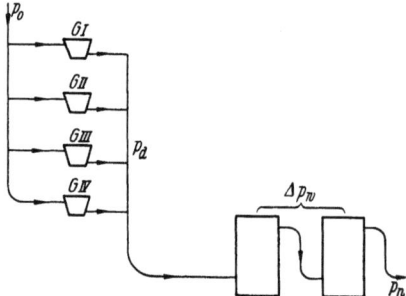

Abb. 275. Parallelarbeiten mehrerer gleicher Gebläse G_I bis G_{IV} gegen veränderlichen, in Abhängigkeit vom Durchsatz stehenden Gebläseenddruck.

Maschine hinausgehen, dann kann die Grundlast der konstant belasteten Maschine vorübergehend geändert bzw. eine oder mehrere Maschinen können vorübergehend vom Netz abgeschaltet werden (Abb. 274c und d).

d) Parallelarbeiten mehrerer gleicher Gebläse auf ein gemeinsames Netz gegen veränderlichen, in Abhängigkeit von der durchgesetzten Menge stehenden Enddruck der Verdichtung.

Dieser Fall liegt vor, wenn hinter den parallelgeschalteten Gebläsen ein Rohrnetz oder eine Reihe Apparaturen liegt, deren Strömungswiderstand Δp_w durch die Gebläse zusätzlich zu dem am Ende des Netzes gewünschten Enddruck p_n zu überwinden ist (Abb. 275).

Die Strömungswiderstände Δp_w des Netzes ändern sich mit dem Quadrat der Strömungsgeschwindigkeiten und daher in Abhängigkeit von den durchgesetzten Volumina, mithin nach einer Parabel, der Widerstandsparabel des Netzes (Abb. 276), wenn hinter dem Rohrnetz bzw. den Apparaturen der Netzdruck p_n herrscht bzw. nach Abb. 277, wenn die Gebläse lediglich den Widerstand des Netzes aufzubringen haben, am Ende des Rohrnetzes also der gleiche Druck herrscht wie vor den Gebläsen. Ist die Kennlinie der Gebläse bekannt und nimmt man vollkommene Gleichheit der Charakteristiken der parallelgeschalteten Gebläse an, so ergeben sich bei

Betrieb nach Abb. 276 bei verschiedener Gebläsezahl die Betriebsverhältnisse nach Abb. 278. Die Kurve a–b ist die für alle Gebläse gleich vorausgesetzte Gebläsekennlinie, und c–d ist die Widerstandsparabel des Netzes. Bei Betrieb mit nur einem Gebläse stellt sich selbsttätig der Betriebspunkt I als Schnittpunkt der Kurve a–b mit der Kurve c–d ein, wobei das Volumen V_I bei einem Gebläse-Enddruck p_I ins Netz gefördert wird. Werden 2 Gebläse parallel auf das gleiche Netz gefahren, dann stellt sich selbsttätig der Betriebspunkt II bzw. II′ ein derart, daß der Druck p_{II} auf der Kennlinie des Gebläses gleich groß wird dem Druck auf der Widerstandsparabel $p_{II'}$, wobei die Förderleistung jedes Gebläses V_{II} beträgt, so daß ins Netz die Menge $2 \cdot V_{II} = V_{II'}$ geliefert wird.

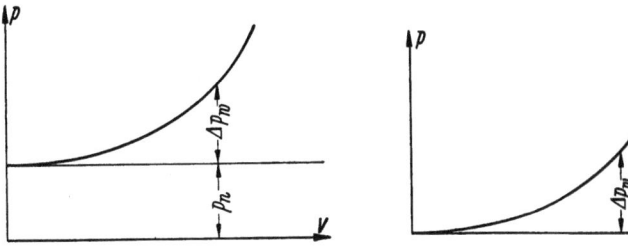

Abb. 276 u. 277. Gebläseenddruck in Abhängigkeit vom Durchsatz.

Beim Vergleich der Betriebspunkte I und II erkennt man, daß beim Zuschalten eines zweiten Gebläses die Gebläseleistung von V_I auf V_{II} zurückgegangen ist infolge des größeren Widerstandes des Netzes bei der größeren durchgesetzten Menge. Eine weitere Zuschaltung von Gebläsen ergibt eine stetige Abnahme der auf jedes Gebläse entfallenden Menge, so daß bei einer bestimmten Gebläsezahl und gegebener Widerstandsparabel des Netzes und gegebener Kennlinie der Gebläse schließlich eine merkliche Zunahme der insgesamt ins Netz geförderten Volumina nicht mehr erreicht wird. Abb. 279 zeigt in Abhängigkeit von der Gebläsezahl die zu Abb. 278 gehörigen Fördermengen V_I, V_{II} usw. und die Gesamtfördermenge V'.

Haben die Gebläse lediglich den Widerstand des Netzes aufzubringen nach Abb. 277, dann ergeben sich bei verschiedener Gebläsezahl Verhältnisse nach Abb. 280.

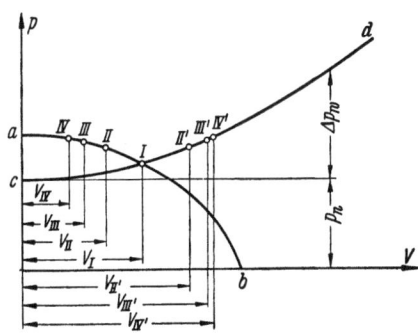

Abb. 278. Parallelarbeiten mehrerer gleicher Gebläse bei Betriebsverhältnissen nach Abb. 276.

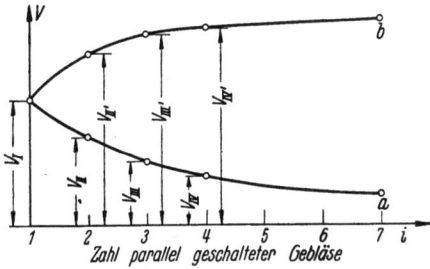

Abb. 279. Parallelarbeiten mehrerer gleicher Gebläse bei Betriebsverhältnissen nach Abb. 276. Änderung der Fördermenge (a) je Gebläse und der Gesamtfördermenge (b) in Abhängigkeit von der Zahl parallel arbeitender Gebläse.

e) Parallelarbeiten mehrerer Verdichter oder Gebläse auf ein gemeinsames Netz bei konstanter Gesamtmenge.

Dieser Bedarfsfall tritt auf in der chemischen Industrie. Hier werden häufig gleichbleibende Gas- oder Luftmengen bei verschiedenem Druck benötigt, wobei die gesamte Leistung auf verschiedene, parallel miteinander arbeitende Maschinen aufgeteilt ist.

Es empfiehlt sich in diesem Bedarfsfall, jede Maschine mit einer selbsttätigen Regelung auf gleichbleibende Menge auszurüsten. Die einzelnen Maschinen passen sich dann gleichzeitig selbsttätig jeder Änderung des Netzdruckes an. Die Verteilung der gesamten Belastung auf die einzelnen Maschinen kann dabei sowohl gleich als auch verschieden sein.

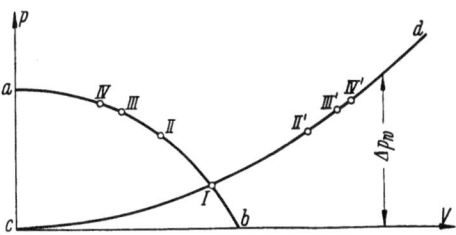

Abb. 280. Parallelarbeiten mehrerer gleicher Gebläse bei Betriebsverhältnissen nach Abb. 277.

G. Maschinenelemente der Kreiselgebläse und Kreiselverdichter.

I. Läufer.

Der Läufer von Kreiselgebläsen und Kreiselverdichtern besteht aus der Welle und aus einer mehr oder weniger großen Zahl von Laufrädern, die auf der Welle fest aufgepreßt oder aufgeschrumpft werden und deren gegenseitige Lage meist durch Zwischenbuchsen zwischen den einzelnen Laufrädern festgelegt ist. Außerdem trägt die Welle den Ausgleichkolben, der in gleicher Weise wie die Laufräder fest auf der Welle aufgezogen wird.

a) Laufräder.

1. Konstruktive Ausbildung der Laufräder.

α) Laufradbauarten.

Je nach der *Bauart* kann man unterscheiden nach offenen, halboffenen und geschlossenen Laufrädern (Abb. 281). Die offene und halboffene Bauart hat gegenüber der geschlossenen Bauart den Nachteil größerer Leckverluste. Auch die Strömung in dem Kanal des Laufrades wird bei der offenen und halboffenen Bauart in ungünstiger Weise beeinflußt. Die offene und halboffene Bauart werden daher nur in Sonderfällen angewendet, und die geschlossenen Bauarten sind die meist gebräuchlichen.

Abb. 281 a zeigt die offene Bauart eines Laufrades. Hier werden die Schaufeln allein von der Nabe getragen. Die Laufradkanäle sind auf beiden Seiten vollkommen offen. Je nach Größe des seitlichen Spieles des Laufrades im Gehäuse entsteht ein mehr oder weniger großer Undichtigkeitsverlust.

Bei der halboffenen Bauart (Abb. 281 b) ist nur die eine Seite vollkommen offen. Die Schaufeln werden von der Laufradscheibe und von der Nabe getragen.

Einen vollkommen geschlossenen Schaufelkanal bildet die geschlossene Bauart (Abb. 281 c). Den seitlichen Abschluß bildet nach der einen Seite die Laufradscheibe L, nach der anderen Seite (der Saugseite) die Deckscheibe D, durch deren mittlere Bohrung das zu verdichtende Gas bzw. die Luft zum Laufrad axial zuströmt. Je nach Konstruktion bilden die Schaufeln mit der Laufradscheibe L und der Deckscheibe D einen Verband, der bei allen Betriebszuständen das gesamte Laufrad betriebssicher und fest zusammenhält.

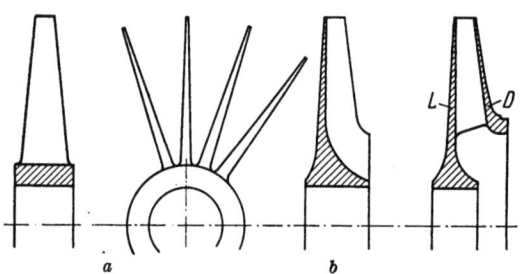

Abb. 281. Offene, halboffene und geschlossene Bauart von Laufrädern. *a* Beiderseits offenes Laufrad mit radialen Schaufeln. *b* Halboffenes Laufrad mit radialen Schaufeln. *c* Geschlossenes Laufrad (L Laufradscheibe, D Deckscheibe).

Nach *Zahl der Luftwege* unterscheidet man einseitig saugende (einflutige) und zweiseitig saugende (zweiflutige) Laufräder. Die einflutige Bauart (Abb. 281 c) findet im allgemeinen Anwendung, die zweiflutige Bauart (Abb. 283 a) für sehr große Ansaugemengen, die nicht mehr in einflutiger Bauart bewältigt werden können, sowie für Sonderbauarten, z. B. Maschinen, deren Axialschub, ohne Anwendung von Ausgleichkolben, vollkommen ausgeglichen sein soll, oder für besondere Hochofen- und Stahlwerksgebläse, deren beide Gebläsehälften im Betrieb sowohl parallel- als auch hintereinandergeschaltet werden sollen (Abb. 266).

Laufräder.

Nach *Konstruktion und Herstellung* kann man folgende Laufräder unterscheiden:

1. Aus einem Stück bestehende Räder. a) *Gegossene Räder.* Derartige Räder, meist aus Silumin gegossen, kommen nur für relativ kleine Umfangsgeschwindigkeiten und bei kleinen Laufradabmessungen in Anwendung in geschlossener Bauart (Abb. 281 c).

β) *Geschmiedete Räder.* Derartige, aus einem Stück bestehende, geschmiedete Räder werden für sehr hohe und höchste Umfangsgeschwindigkeiten bei kleinen Abmessungen angewendet (Flugmotorenlader) in halboffener Bauart (Abb. 281 b), bisweilen auch geschlossener Bauart (Abb. 281 c). Die letztere Bauart ist teuer in der Herstellung, da die Schaufeln einzeln aus dem vollen Stück herausgearbeitet werden müssen.

2. Aus mehreren Stücken zusammengebaute Laufräder. Die Bauelemente hierfür sind: die Laufradscheibe, die Deckscheibe und die Schaufeln. Die gebräuchlichste Verbindung dieser Bauelemente ist die Nietverbindung. Je nach Höhe der angewendeten Umfangsgeschwindigkeiten kommen für derartig genietete Räder verschiedene Konstruktionen in Anwendung:

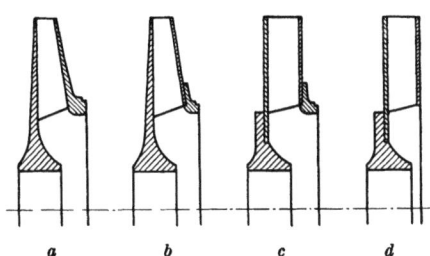

Abb. 282. Laufräder in geschlossener Bauart, aus Laufradscheibe und Deckscheibe zusammengenietet. *a* Laufradscheibe und Deckscheibe aus dem Vollen geschmiedet. *b* Laufradscheibe aus dem Vollen geschmiedet, Deckscheibe aus Blech und Ring bestehend. *c* Laufradscheibe aus Blech und Nabe, Deckscheibe aus Blech und Ring zusammengenietet. *d* Laufradscheibe aus Blech und Nabe zusammengenietet, Deckscheibe lediglich aus Blech.

α) Laufradscheibe und Deckscheibe aus dem Vollen geschmiedet (Abb. 282a). Diese Bauart findet Anwendung für hohe Umfangsgeschwindigkeiten, 200 bis 300 m/s, bezogen auf äußeren Umfang.

β) Laufradscheibe aus dem Vollen geschmiedet, Deckscheibe zusammengenietet aus Blech und Ring (Abb. 282 b). Diese Bauart findet Anwendung für mittlere Umfangsgeschwindigkeiten bis 220 m/s.

γ) Radscheibe, zusammengenietet aus Radnabe und einer Blechscheibe, Deckscheibe, zusammengenietet aus Blech und Ring (Abb. 282 c) bzw. nur aus Blech (Abb. 282 d). Diese Bauart findet Anwendung für kleine Umfangsgeschwindigkeiten. Entsprechende Ausführungen zweiflutiger Bauarten zeigen Abb. 283 a, b und c.

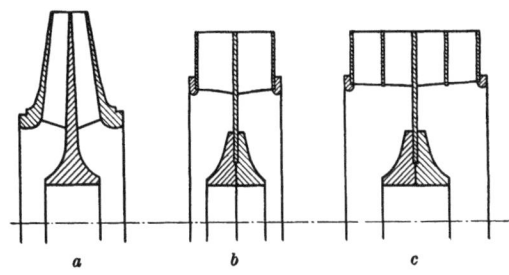

Abb. 283. Bauformen zweiflutiger Laufräder. *a* Laufradscheibe und Deckscheiben aus dem Vollen geschmiedet. *b* und *c* Laufradscheibe aus Nabe und Blech, Deckscheiben aus Blech und Ring zusammengenietet.

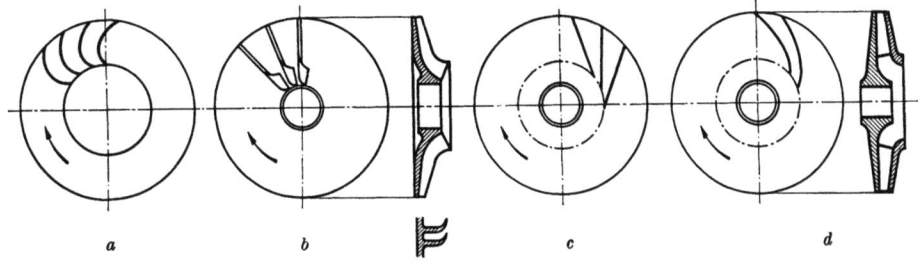

Abb. 234. Laufräder mit verschiedenen Schaufelformen. *a* Vorwärtsgekrümmte Schaufel. *b* Am Eintritt verwundene Radialschaufeln. *c* Geradlinige Rückwärtsschaufeln. *d* Rückwärtsgekrümmte Schaufeln.

β) *Schaufeln.*

Während die Schaufeln der aus einem Stück geschmiedeten Räder für sehr hohe Umfangsgeschwindigkeiten (Lader) meist radial ausgebildet werden (Abb. 284 b), werden die Schaufeln der aus mehreren Stücken zusammengebauten (zusammengenieteten) Laufräder im allgemeinen als

Rückwärtsschaufeln ausgebildet. Hierbei kommt in Anwendung die gerade rückwärtsgerichtete Schaufel (Abb. 284c) und die rückwärtsgekrümmte Schaufel (Abb. 284d). Letztere ist biegesteifer als die erstgenannte.

Die Schaufeln werden aus Blech in Z- oder in U-Form gebogen (Abb. 285a und b). Die Z-Form bietet die bessere Nietmöglichkeit und die bessere Verformungsmöglichkeit des genieteten Rades unter hoher Fliehkraftbeanspruchung. Außer diesen aus Blech gebogenen Schaufeln, die mit versenkten Nieten mit Laufradscheibe und Deckscheibe verbunden werden, finden noch die durchbohrte Schaufel (Abb. 285c) und die mit angefrästen Nietzapfen aus dem Vollen gefräste Schaufel (Abb. 286) Anwendung. Diese Schaufeln sind jedoch gegenüber den Konstruktionen (Abb. 285a und b) schwerer und führen daher bei Anwendung gleicher Umfangsgeschwindigkeiten auf höhere Nietbeanspruchung bzw. bei gleich hoher Nietbeanspruchung zu niedrigeren höchstzulässigen Umfangsgeschwindigkeiten als Bauart 285a u. b.

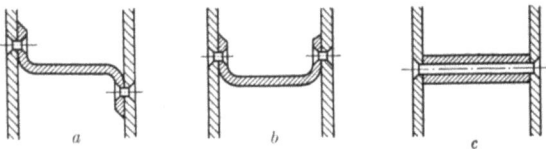

Abb. 285. Schaufelformen und Schaufelnietverbindungen genieteter Laufräder. *a* Z-förmige Schaufel. *b* U-förmige Schaufel. *c* Volle Schaufel mit durchgeführten Nieten.

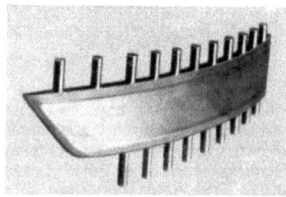

Abb. 286. Volle Schaufel mit aus dem vollen Material herausgefrästen Nieten. Der verstärkte Rand bietet den Nieten einen festen Halt.

Abb. 287 a u. b. Ausgeführte Schaufeln.

Ausgeführte Schaufeln zeigen Abb. 287a und b.

γ) *Herstellung zusammengebauter Laufräder.*

Die Einzelteile der Laufräder (Radscheiben, Deckscheiben) werden nach der Bearbeitung auf statische Unbalance geprüft, die Schaufeln werden einzeln ausgewogen. Danach werden die Laufradscheiben, Deckscheiben und Schaufeln unter Verwendung besonderer Vorrichtungen mit den zahlreichen Nietbohrungen versehen. Das fertig genietete Rad wird nun gewuchtet und anschließend mit Überdrehzahl geschleudert. Nach dem Schleudern erfolgt die Fertigbearbeitung des Laufrades an der Dichtung und in der Wellenbohrung auf Endmaß. Hierauf folgt ein Nachwuchten des Laufrades.

2. Beanspruchung der Laufräder.

α) *Die gleichförmig umlaufende Scheibe veränderlicher Scheibendicke.*

Aus einer zur Drehachse drehsymmetrischen Scheibe veränderlicher Scheibendicke sei ein herausgeschnittenes Element betrachtet (Abb. 288). Auf dieses Teilchen, dessen Volumen $y(r\,d\varphi)\,dr$ ist, wirken beim Umlauf folgende Kräfte, deren Richtung in Abb. 288 eingezeichnet ist:

1. Die Fliehkraft des Teilchens

$$C = \frac{\gamma}{g}\, y\, r^2\, \omega^2\, d\varphi\, dr. \qquad (1)$$

2. Die Radialkraft R, hervorgerufen durch die Radialspannungen σ_r; sie beträgt

$$R = \sigma_r (r\, d\varphi)\, y. \qquad (2)$$

3. Die Radialkraft $(R + dR)$, hervorgerufen durch die Radialspannungen $\sigma_r + d\sigma_r$; sie beträgt

$$R + dR = (\sigma_r + d\sigma_r)(r + dr)(y + dy)\, d\varphi. \qquad (3)$$

4. Die Tangentialkräfte T, hervorgerufen durch die Tangentialspannungen σ_t; sie betragen

$$T = y\,(dr)\,\sigma_t. \tag{4}$$

Die Gleichgewichtsbedingung für die Kräfte in radialer Richtung lautet

$$C + (R + dR) - R - 2T\frac{d\varphi}{2} = 0, \tag{5}$$

oder mit Gl. (1 bis 4)

$$\frac{\gamma}{g}\,y\,r^2\,\omega^2\,d\varphi\,dr + (\sigma_r + d\sigma_r)(r + dr)(y + dy)\,d\varphi - \sigma_r\,r\,y\,d\varphi - y\,\sigma_t\,dr\,d\varphi = 0; \tag{6}$$

$d\varphi$ kann bei allen Gliedern weggelassen werden, beim Ausmultiplizieren können die Glieder 2. Ordnung unberücksichtigt bleiben, außerdem heben sich die beiden Glieder vom Betrag $\sigma_r\,r\,y$ auf, so daß sich ergibt:

$$\frac{\gamma}{g}\,y\,r^2\,\omega^2\,dr + y\,r\,d\sigma_r + y\,\sigma_r\,dr + r\,\sigma_r\,dy - y\,\sigma_t\,dr = 0.$$

Nach Division mit $y\,dr$ erhält man die Beziehung

$$\frac{\gamma}{g}\,r^2\,\omega^2 + \frac{r\,d\sigma_r}{dr} + \frac{r\,\sigma_r\,dy}{y\,dr} - (\sigma_t - \sigma_r) = 0, \tag{7}$$

die auch in der Form geschrieben werden kann

$$\frac{d}{dr}(r\,y\,\sigma_r) - y\,\sigma_t + \frac{\gamma}{g}\,r^2\,\omega^2\,y = 0. \tag{7a}$$

Nach den Grundgesetzen der Elastizitätstheorie erleidet das Teilchen unter Wirkung der Spannungen σ_t und σ_r Dehnungen in tangentialer und radialer Richtung:

$$\varepsilon_t = \frac{1}{E}\left(\sigma_t - \frac{1}{m}\sigma_r\right), \tag{8}$$

$$\varepsilon_r = \frac{1}{E}\left(\sigma_r - \frac{1}{m}\sigma_t\right), \tag{9}$$

wobei $m \approx \frac{10}{3}$ für Stahl.

Auch in Richtung der Drehachse tritt eine Dehnung auf, die aber für die vorliegenden Betrachtungen unwesentlich ist.

Ein um r von der Drehachse entfernter Punkt erfährt im Spannungszustand infolge der Dehnungen eine Radialverschiebung, die mit ξ bezeichnet sei.

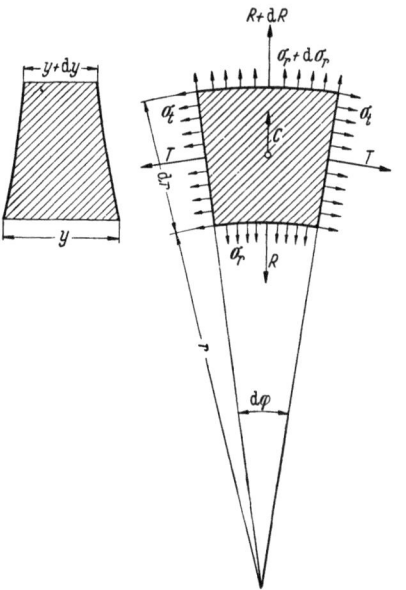

Abb. 288. Ein aus einer drehsymmetrischen Scheibe veränderlicher Scheibendicke herausgeschnittenes Element.

Es ist dann die tangentiale Dehnung

$$\varepsilon_t = \frac{2\pi(r + \xi) - 2\pi r}{2\pi r} = \frac{\xi}{r}, \tag{10}$$

während die Dehnung in radialer Richtung

$$\varepsilon_r = \frac{d\xi}{dr} \tag{11}$$

wird. Aus Gl. (8 bis 11) ergeben sich die Spannungen in tangentialer und radialer Richtung:

$$\sigma_r = \frac{E}{1 - 1/m^2}\left(\frac{\varepsilon_t}{m} + \varepsilon_r\right) = \frac{E}{1 - 1/m^2}\left(\frac{1}{m}\frac{\xi}{r} + \frac{d\xi}{dr}\right), \tag{12}$$

$$\sigma_t = \frac{E}{1 - 1/m^2}\left(\varepsilon_t + \frac{\varepsilon_r}{m}\right) = \frac{E}{1 - 1/m^2}\left(\frac{\xi}{r} + \frac{1}{m}\frac{d\xi}{dr}\right). \tag{13}$$

Durch Einführen dieser Beziehungen in Gl. (7) und durch Differentiation erhält man

$$\frac{d^2\xi}{dr^2} + \frac{d\xi}{dr}\left\{\frac{1}{r} + \frac{d(\ln y)}{dr}\right\} + \xi\left\{\frac{1}{mr}\frac{d(\ln y)}{dr} - \frac{1}{r^2}\right\} + \frac{\gamma}{g}r\,\omega^2\,\frac{1 - 1/m^2}{E} = 0. \tag{14}$$

β) Die Scheibe gleicher Beanspruchung.

Unter einer Scheibe gleicher Beanspruchung versteht man eine Scheibe, deren Beanspruchungen beim Umlauf an allen Stellen gleich sind, das bedeutet

$$\sigma_t = \sigma_r = \sigma = \text{const.}$$

Hiermit folgt aus Gl. (7)

$$\frac{dy}{dr} + \frac{\gamma \omega^2}{g \sigma} r y = 0, \qquad (15)$$

oder

$$\frac{dy}{y} = -\frac{\gamma}{g} \frac{\omega^2}{\sigma} r \, dr, \qquad (16)$$

woraus durch Integration folgt

$$\ln y = -\frac{\gamma}{g} \frac{\omega^2 r^2}{2\sigma} + C. \qquad (17)$$

Für $r = 0$ ist die Scheibendicke $y = y_a$, daher die Integrationskonstante $C = \ln y_a$, so daß

$$y = y_a \, e^{-\frac{\gamma \omega^2 r^2}{2 g \sigma}}. \qquad (18)$$

Durch diese Beziehung ist die Scheibe gleicher Beanspruchung eindeutig bestimmt.

γ) Die Scheibe gleicher Dicke.

Für $y = \text{const}$ vereinfacht sich Gl. (14) zu

$$\frac{d^2 \xi}{dr^2} + \frac{1}{r} \frac{d\xi}{dr} - \frac{\xi}{r^2} + \frac{\gamma}{g} r \omega^2 \frac{1 - (1/m^2)}{E} = 0, \qquad (19)$$

die integrierbar ist und deren Lösung lautet

$$\xi = -\frac{A}{8} r^3 + C_1 r + \frac{C_2}{r}, \qquad (20)$$

wobei

$$A = \frac{\gamma}{g} \omega^2 \frac{(1 - 1/m^2)}{E}. \qquad (21)$$

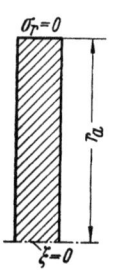

Abb. 289.
Scheibe gleicher Dicke.

Hiermit erhält man für die Spannungen

$$\sigma_r = \frac{E}{1 - 1/m^2} \left\{ -\frac{A r^2}{8} \left(3 + \frac{1}{m}\right) + C_1 \left(1 + \frac{1}{m}\right) - \frac{C_2}{r^2} \left(1 - \frac{1}{m}\right) \right\}, \qquad (22)$$

$$\sigma_t = \frac{E}{1 - 1/m^2} \left\{ -\frac{A r^2}{8} \left(1 + \frac{3}{m}\right) + C_1 \left(1 + \frac{1}{m}\right) + \frac{C_2}{r^2} \left(1 - \frac{1}{m}\right) \right\}. \qquad (23)$$

Die Konstanten C_1 und C_2 hängen von den Randbedingungen ab.

I. Scheibe gleicher Dicke ohne Bohrung (Abb. 289).

Die Randbedingungen lauten:

Für $r = r_a$ ist $\sigma_r = 0$, für $r = 0$ ist $\xi = 0$.

Letztere Bedingung ist in Verbindung mit Gl. (20) für ξ nur erfüllt, wenn $C_2 = 0$ ist. Die erstere Bedingung liefert in Verbindung mit Gl. (22)

$$C_1 = \frac{A r_a^2}{8} \frac{3 + (1/m)}{1 + (1/m)}. \qquad (24)$$

Hieraus ergeben sich die Spannungen an beliebiger Stelle r zu

$$\sigma_r = \frac{E}{1 - 1/m^2} \frac{A}{8} \left(3 + \frac{1}{m}\right)(r_a^2 - r^2) = \frac{\gamma}{g} \omega^2 \frac{(3 + 1/m)}{8} (r_a^2 - r^2), \qquad (25)$$

$$\sigma_t = \frac{E}{1 - 1/m^2} \frac{A}{8} \left\{ r_a^2 \left(3 + \frac{1}{m}\right) - r^2 \left(1 + \frac{3}{m}\right) \right\} = \frac{\gamma}{g} \frac{\omega^2}{8} \left\{ r_a^2 \left(3 + \frac{1}{m}\right) - r^2 \left(1 + \frac{3}{m}\right) \right\}. \qquad (26)$$

Beanspruchung der Laufräder.

Die höchsten Beanspruchungen treten in der Drehachse ein ($r = 0$):

$$\sigma_{r_{max}} = \frac{\gamma}{g}\omega^2 \frac{3+(1/m)}{8} r_a^2, \quad \text{bzw.} \quad \sigma_{t_{max}} = \frac{\gamma}{g}\omega^2 \frac{3+(1/m)}{8} r_a^2, \qquad (27\text{a, b})$$

d. h.

$$\sigma_{r_{max}} = \sigma_{t_{max}} = \frac{\gamma}{g} u^2 \frac{3+(1/m)}{8},$$

wenn $u = r_a \omega$ die äußere Umfangsgeschwindigkeit ist. Für Stahl ist $m \approx 10/3$, so daß

$$\sigma_{r_{max}} = \sigma_{t_{max}} = 0{,}4125 \frac{\gamma}{g} u^2$$

ist.

II. Scheibe gleicher Dicke mit Innenbohrung.

Die Randbedingungen lauten, wenn r_i der Halbmesser der Innenbohrung und r_a der äußere Halbmesser ist:

Für $r = r_i$ ist $\sigma_r = 0$, $r = r_a$ ist $\sigma_r = 0$.

Mit diesen Bedingungen folgt für die Konstanten C_1 und C_2 aus Gl. (22 und 23)

$$C_1 = \frac{A}{8} \frac{3+(1/m)}{1+(1/m)} (r_a^2 + r_i^2), \qquad (28)$$

$$C_2 = \frac{A}{8} \frac{3+(1/m)}{1-(1/m)} r_a^2 r_i^2. \qquad (29)$$

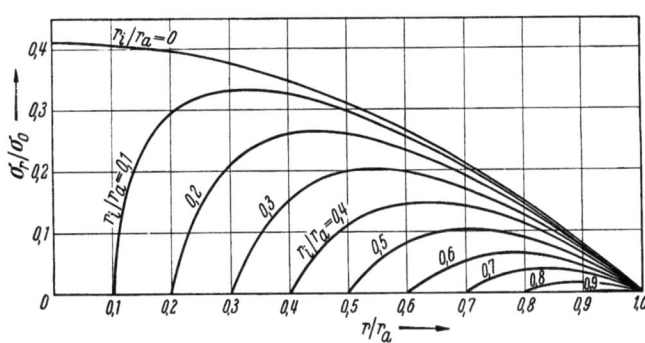

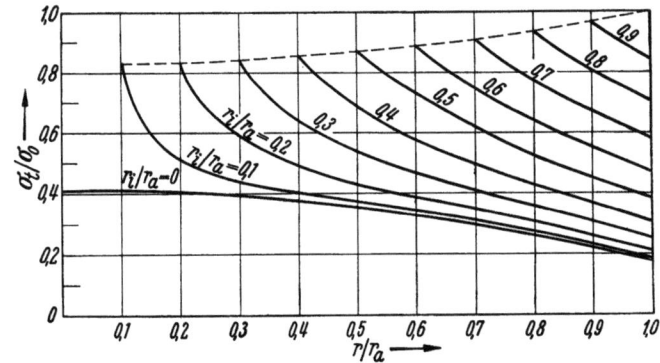

Abb. 290. Spannungsverlauf der Radial- (a) und Tangentialspannung (b), bezogen auf die Spannung σ_0 des umlaufenden Ringes bei umlaufenden Scheiben gleicher Dicke.

Hieraus folgt mit Gl. (22 und 23) für die Spannungen σ_r und σ_t an beliebiger Stelle r:

$$\sigma_r = \frac{\gamma}{g}\omega^2 \frac{3+(1/m)}{8}\left(r_a^2 + r_i^2 - r^2 - \frac{r_a^2 r_i^2}{r^2}\right), \qquad (30)$$

$$\sigma_t = \frac{\gamma}{g}\omega^2 \frac{1}{8}\left\{\left(3+\frac{1}{m}\right)\left(r_a^2 + r_i^2 + \frac{r_a^2 r_i^2}{r^2}\right) - \left(1+\frac{3}{m}\right)r^2\right\}. \qquad (31)$$

Die höchste Tangentialspannung $\sigma_{t_{max}}$ ergibt sich an der Innenbohrung ($r = r_i$) zu

$$\sigma_{t_{max}} = \frac{\gamma}{g}\omega^2 \frac{1}{8}\left\{\left(3+\frac{1}{m}\right)(2r_a^2+r_i^2)-\left(1+\frac{3}{m}\right)r_i^2\right\} = \frac{\gamma}{g}\omega^2 \frac{1}{4}\left\{\left(3+\frac{1}{m}\right)r_a^2+\left(1-\frac{1}{m}\right)r_i^2\right\}. \quad (31\,\text{a})$$

Für kleine Bohrung (r_i klein gegenüber r_a) ist für $r = r_i$

$$\sigma_{t_{max}} \approx \frac{\gamma}{g}\omega^2 \frac{3+(1/m)}{4}r_a^2 = 0{,}825\,\frac{\gamma}{g}u^2, \quad (31\,\text{b})$$

$$\sigma_r = 0.$$

Für große Bohrung (r_i angenähert gleich r_a) erhält man die Beanspruchung des gleichförmig umlaufenden Ringes

$$\sigma_t = \sigma_0 = \frac{\gamma}{g}\omega^2 r_a^2 = \frac{\gamma}{g}u^2, \quad (31\,\text{c})$$

wobei $u = r_a\omega$ ist.

Bezieht man die Spannungen σ_t und σ_r an beliebiger Stelle r einer umlaufenden Scheibe gleicher Dicke, die in der Mitte durchbohrt ist, auf die Spannung des umlaufenden Ringes $\sigma_0 = \frac{\gamma}{g}u^2$, so erhält man für verschiedene Bohrungsverhältnisse r_i/r_a einen Verlauf der Spannungen σ_t und σ_r in dimensionsloser Darstellung nach Abb. 290a und b.

III. Scheibe gleicher Dicke mit Innenbohrung und Randspannungen.

Herrschen am Außenumfang die Randspannungen σ_a und am Innenumfang die Randspannungen σ_i (Abb. 291), so lauten die Randbedingungen:

Für $r = r_i$ ist $\sigma_r = \sigma_i$, für $r = r_a$ ist $\sigma_r = \sigma_a$.

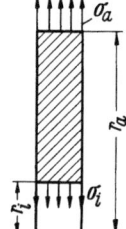

Abb. 291. Scheibe gleicher Dicke mit Innenbohrung und Randspannung.

Mit diesen Bedingungen folgt für die Konstanten C_1 und C_2 aus Gl. (22 und 23)

$$C_1 = \frac{1}{E}\frac{m-1}{m}\frac{r_a^2\sigma_a - r_i^2\sigma_i}{r_a^2-r_i^2} + \frac{A}{8}\frac{3m+1}{m+1}(r_a^2+r_i^2), \quad (32)$$

$$C_2 = \frac{1}{E}\frac{(m+1)}{m}(\sigma_a-\sigma_i)\frac{r_i^2 r_a^2}{r_a^2-r_i^2} + \frac{A}{8}\frac{3m+1}{m-1}r_i^2 r_a^2. \quad (33)$$

Hiermit ergeben sich die Spannungen σ_r und σ_t zu

$$\sigma_r = \frac{\gamma}{g}\omega^2 \frac{1}{8}\frac{3m+1}{m}\frac{(r_a^2-r^2)(r^2-r_i^2)}{r^2} + \sigma_a\frac{r_a^2}{r_a^2-r_i^2}\left(1-\frac{r_i^2}{r^2}\right) + \sigma_i\frac{r_i^2}{r_a^2-r_i^2}\left(\frac{r_a^2}{r^2}-1\right), \quad (34)$$

$$\left.\begin{array}{l}\sigma_t = \dfrac{\gamma}{g}\dfrac{\omega^2}{8}\left\{\dfrac{3m+1}{m}\left(r_a^2+r_i^2+\dfrac{1}{r^2}r_i^2 r_a^2\right)-\dfrac{m+3}{m}r^2\right\} + \\ \quad + \sigma_a\dfrac{r_a^2}{r_a^2-r_i^2}\left(1+\dfrac{r_i^2}{r^2}\right) - \sigma_i\dfrac{r_i^2}{r_a^2-r_i^2}\left(1+\dfrac{r_a^2}{r^2}\right).\end{array}\right\} \quad (35)$$

Durch die äußere Randspannung σ_a (Abb. 291) wird die Tangentialspannung σ_t erhöht, durch die innere Randspannung σ_i wird sie erniedrigt. Sind die Randspannungen gleich 0, dann folgen aus obigen Gleichungen die bereits abgeleiteten Gleichungen (30 und 31).

δ) *Ermittlung der Beanspruchung einer gegebenen Scheibe beliebiger Form.*

Zur Ermittlung der Beanspruchungen von Scheiben gegebener Form sind verschiedene Verfahren ausgearbeitet worden [*99* bis *103*].

Es sei hier kurz auf das Verfahren von KELLER und MISES eingegangen. Die Differentialgleichung für die Gleichgewichtsbedingung der Kräfte an einem rotierenden Element [Gl. (7a)]

$$\frac{d(r\,y\,\sigma_r)}{dr} - y\sigma_t + \frac{\gamma}{g}\omega^2 r^2 y = 0,$$

in Form kleiner Differenzen geschrieben, lautet

$$\frac{\Delta (r\,y\,\sigma_r)}{\Delta r} - y\,\sigma_t + \frac{\gamma}{g}\,\omega^2\,r^2\,y = 0 \tag{36}$$

oder wenn die auf den Anfang eines Elementes sich beziehenden Größen mit Index a, die auf das Ende eines Elementes bezogenen Größen mit Index e und die auf Mitte bezogenen Größen mit Index m bezeichnet werden,

$$(r\,y\,\sigma_r)_e = (r\,y\,\sigma_r)_a + (y\,\sigma_t)_m\,\Delta r - \frac{\gamma}{g}\,\omega^2\,(r^2\,y)_m\,\Delta r. \tag{37}$$

Zur Durchführung der Rechnung werden die Spannungen σ_{r_1} und σ_{t_1} für den Anfang des ersten Elementes willkürlich gewählt, wobei im vorliegenden Fall insbesondere $\sigma_{r_1} = 0$ ist und σ_{t_m} geschätzt wird, so daß $(r\,y\,\sigma_r)_e$ aus Gl. (37) folgt und

$$\sigma_{r_e} = \frac{(r\,y\,\sigma_r)_e}{(r\,y)_e}. \tag{38}$$

Die Tangentialspannung folgt aus der Verträglichkeitsbedingung (mit $\nu = 1/m$)

$$\frac{d\sigma_t}{dr} + (1+\nu)\frac{\sigma_t}{r} = \nu\frac{d\sigma_r}{dr} + (1+\nu)\frac{\sigma_r}{r} \tag{39}$$

oder in Differenzenform geschrieben

$$\frac{\Delta \sigma_t}{\Delta r} + (1+\nu)\frac{\sigma_t}{r} = \nu\frac{\Delta \sigma_r}{\Delta r} + (1+\nu)\frac{\sigma_r}{r} \tag{40}$$

oder

$$\sigma_{t_e} = \sigma_{t_a} + \nu\left(\sigma_{r_e} - \sigma_{r_a}\right) + (1+\nu)\left(\frac{\sigma_r - \sigma_t}{r}\right)_m\,\Delta r. \tag{41}$$

Die Endwerte für das erste Element sind die Anfangswerte für das folgende Element, so daß stufenweise bis zum Außenrand die Spannungen σ_t und σ_r bestimmt werden können.

Am Außenrand muß $\sigma_{r_a} = 0$ sein. Bei willkürlich am Beginn der Rechnung gewähltem σ_{t_a} des inneren Elementes wird nach Durchführung der Rechnung im allgemeinen die Randbedingung am Außenrand noch nicht erfüllt sein. Damit wird eine nochmalige bzw. mehrmalige Durchrechnung des Verfahrens erforderlich, bis die Außenbedingung erfüllt ist (bzw. abgekürztes Verfahren von MISES zur Bestimmung der Endwerte).

Fliehkräfte von Schaufelanteilen werden in den Rechnungen als zusätzlich belastende Massen berücksichtigt. An Stelle des Anteils der Fliehkraft $\mu\omega^2(r^2y)_m\Delta r$ tritt der Anteil $\mu\omega^2 r_m^2(y+\eta)_m\Delta y$, wobei η_m der auf den Umfang des betrachteten Elementes gleichförmig verteilte Schaufelanteil ist und $\mu = \dfrac{\gamma}{g}$.

Den Verlauf der nach diesem Verfahren bestimmten Beanspruchungen σ_t und σ_r in der Laufrad- und in der Deckscheibe eines großen Verdichterlaufrades bei hoher Umfangsgeschwindigkeit ($u_a = 300$ m/s) zeigt Abb. 292.

Da das Verfahren einigen Zeitaufwand erfordert, ist es zweckmäßig, für Scheiben ähnlicher Form für verschiedene Verhältnisse d_a/d_i und r/r_a die Beanspruchungen σ_t und σ_r einmalig zu berechnen und in Kurvenform aufzutragen und hieraus bei Bedarf die Beanspruchungen ohne neue Rechnung abzugreifen. Abb. 293 zeigt den Verlauf der Radialspannungen σ_r und Tangentialspannungen σ_t von Deckscheiben der Form von Abb. 292 in dimensionsloser Darstellung σ_r/σ_0 und σ_t/σ_0, wobei $\sigma_0 = \dfrac{\gamma}{g}u_a^2$ ist, für verschiedene Verhältnisse d_a/d_i und r/r_a. Die höchsten Tangentialspannungen $\sigma_{t_{max}}$ liegen an der Innenbohrung. Sie werden um so höher, je größer die Innenbohrung d_i im Verhältnis zum Außendurchmesser d_a ist.

ε) Genietete Deckscheibe, bestehend aus Deckblech und Ring.

Für niedrig beanspruchte Räder wendet man, wie bereits ausgeführt, genietete Deckscheiben an, die aus einer Deckscheibe und einem Ring zusammengenietet sind (Abb. 282b und c, Abb. 283b

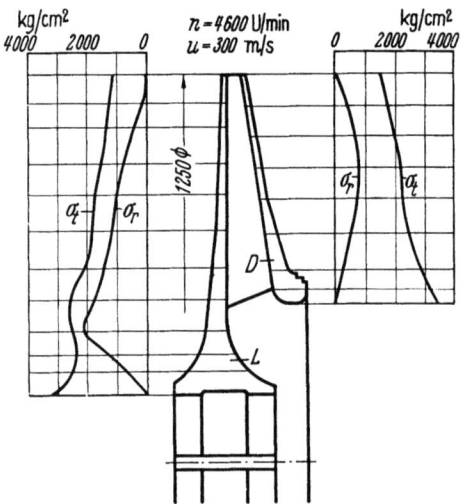

Abb. 292. Verlauf der Radial- und Tangentialspannungen σ_r und σ_t in der Laufradscheibe L und Deckscheibe D eines genieteten Laufrades. Laufradscheibe und Deckscheibe aus hochwertigem Stahl aus dem Vollen geschmiedet. $n = 4600$ U/min; $u = 300$ m/s.

Abb. 293. Verlauf der Tangential- und Radialspannungen σ_r und σ_t, bezogen auf die Spannung σ_0 des umlaufenden Ringes, bei geschmiedeten Deckscheiben verschiedenen Bohrungsverhältnisses d_a/d_i über dem auf r_a bezogenen Abstand r von der Radmitte.

Beispiel: $d_a = 1250$ mm; $d_i = 521$ mm; $d_a/d_i = 2,4$; $n = 4600$ U/min. Tangential- und Radialspannung bei $d = 600$ mm gesucht.
$\frac{r}{r_a} = \frac{300}{625} = 0,48$; $\sigma_0 = \frac{\gamma}{g} v_a^2 = 7200$ kg/cm². $\sigma_t/\sigma_0 = 0,423$,
$\sigma_t = 3040$ kg/cm²; $\sigma_r/\sigma_0 = 0,04$, $\sigma_r = 288$ kg/cm².

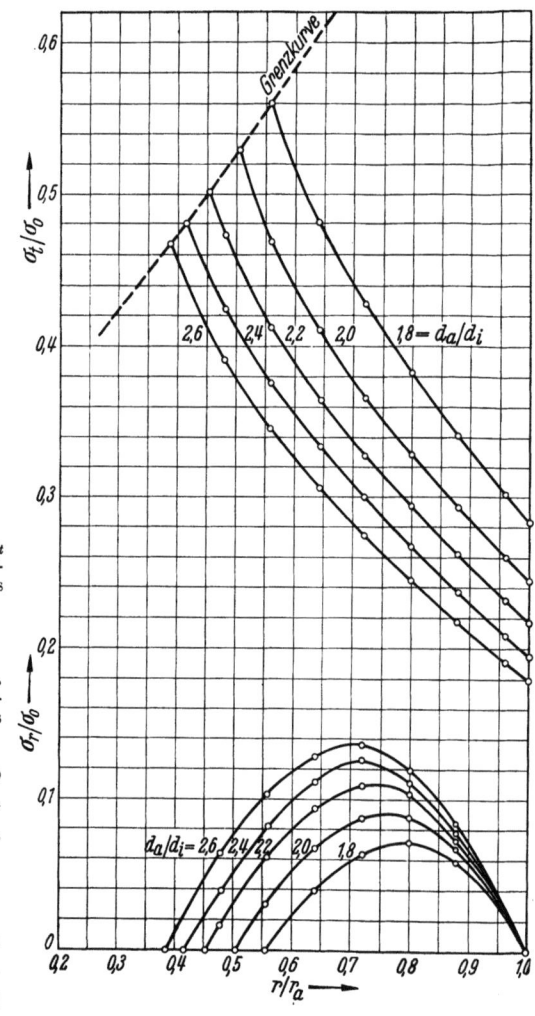

und c). Sieht man von dem Einfluß der Schaufeln und von den durch die Nieten auf das Deckblech übertragenen Kräften ab, so bleiben zwei miteinander durch Nietung verbundene, mit gleicher Winkelgeschwindigkeit ω umlaufende Teile I und II (Abb. 294a und b), die zum Zwecke der rechnerischen Untersuchung nach Abb. 294c und d vereinfacht gedacht sind, bestehend aus zwei Scheiben I und II mit den über die ganze Scheibe konstanten Breiten b_I und b_{II}.

Die Forderung einer einwandfreien Nietverbindung zwischen Blech und Ring im Halbmesser $r_{i_I} \approx r_{a_{II}}$ liefert die Bedingung, daß die radialen Verschiebungen ξ_I des Bleches und des Ringes ξ_{II} an der Stelle der Nietverbindung gleich sind:

$$\xi_I = \xi_{II}.$$

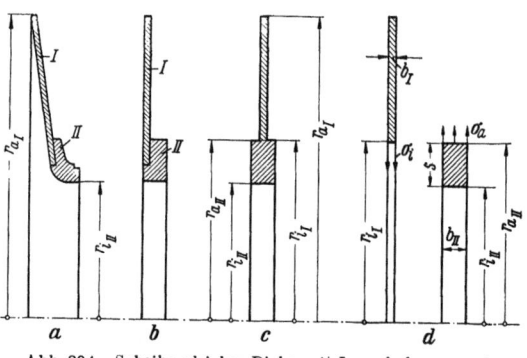

Abb. 294. Scheibe gleicher Dicke mit Innenbohrung und angenietetem Innenring.

Außerdem muß Gleichheit bestehen zwischen den Kräften, die vom Ring über die Nieten auf die Blechscheibe wirken und dort die Innenspannungen σ_i erzeugen, und den Kräften, die von der Blechscheibe über die Nieten auf den Ring wirken und dort die Außenspannungen σ_a erzeugen (Abb. 294d).

Diese Bedingung liefert

$$\sigma_{i_\mathrm{I}} = \sigma_{a_\mathrm{II}} \frac{b_\mathrm{II}}{b_\mathrm{I}},$$

wenn b_I und b_II die Breiten des Bleches bzw. des Ringes sind.

η) Schaufelbeanspruchung.

Radialschaufel. Die Radialschaufel nach Abb. 281a wird beim gleichförmigen Umlaufen des Rades auf Zug beansprucht. Bei prismatischer Schaufel liegt die höchste Zugbeanspruchung an der Wurzel der Schaufel. Durch Verjüngen der Schaufel nach der Spitze hin (Abb. 281a) kann man die Beanspruchung an der Wurzel herabsetzen. Man erhält dadurch ein geringeres Schaufelgewicht und eine gleichmäßigere Zugbeanspruchung über die gesamte Schaufellänge.

Rückwärtsschaufel. Bei der Rückwärtsschaufel nach Abb. 284c und d wird die Fliehkraft der Schaufel teils von der Laufradscheibe, teils von der Deckscheibe aufgenommen. Auf ein herausgeschnittenes Schaufelteilchen der Länge dl, der Dicke s und der Breite b im Abstand r von der Drehachse wirkt die resultierende Fliehkraft $dC = dm\, r\omega^2 = b\, dl\, s \dfrac{\gamma}{g} r\omega^2$. Von dieser wirkt die Komponente $dC' = dC \cos\beta$ als resultierende Biegekraft auf die Schaufel. Das betrachtete Schaufelelement kann, gleichgültig, ob es sich um eingenietete Schaufeln oder um mit der Rad- und Deckscheibe aus einem Stück bestehende Schaufeln (eingegossen oder aus dem Vollen gefräst) handelt, als beiderseits eingespannter Balken betrachtet werden, dessen Last gleichmäßig über die Schaufelbreite verteilt ist.

Das höchste Biegemoment liegt an der Einspannstelle und beträgt mit den eingeführten Bezeichnungen (Abb. 295)

$$dM = dC \cos\beta \frac{b}{12} = \frac{b^2\, dl}{12} s \frac{\gamma}{g} r \omega^2 \cos\beta.$$

Das Widerstandsmoment des betrachteten Schaufelteilchens gegen Biegen beträgt

$$W = (dl\, s^2)/6,$$

so daß die höchste Biegebeanspruchung

$$\sigma_{b_{\max}} = \frac{b^2}{2\,s} \frac{\gamma}{g} r \omega^2 \cos\beta \qquad (42)$$

wird.

Der tatsächliche Spannungszustand der Schaufel ist verwickelter, als dieser vereinfachten Betrachtung zugrunde liegt, da die Biegekräfte $dC' = dC \cos\beta$ nicht konstant über die Schaufellänge sind, sondern sich mit r ändern.

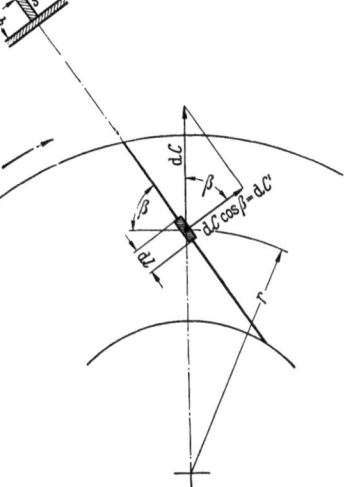

Abb. 295. Biegebeanspruchung eines Schaufelelementes einer geraden Rückwärtsschaufel (nach Abb. 281a).

Bei der gekrümmten Schaufel (Abb. 284d) tritt noch der Einfluß der Krümmung hinzu, der der gesamten Schaufel ein erhöhtes Widerstandsmoment gibt, so daß die tatsächlichen Biegebeanspruchungen der gekrümmten Schaufel geringer sind, als sich nach obiger vereinfachter Rechnung ergibt.

ϑ) Nietbeanspruchung.

Bei genieteten Rädern muß die Nietung alle Kräfte aufnehmen und übertragen, die beim Umlauf des genieteten Rades an den Nieten wirksam werden. Da die Laufradscheibe und Deckscheibe so bemessen werden, daß sie den Eigenbeanspruchungen beim Umlauf mit Sicherheit gewachsen sind, hat die Nietung in erster Linie die Fliehkräfte der Schaufeln aufzunehmen; daneben hat sie die Aufgabe, den aus Laufradscheibe, Schaufeln und Deckscheibe bestehenden Verband zusammenzuhalten, wodurch beim Umlauf des Verbandes gewisse zusätzliche Beanspruchungen der Nieten entstehen. Die Deckscheibe mit der großen Innenbohrung dehnt sich beim Umlauf stärker als die Radscheibe, außerdem neigt die geneigte Deckscheibe dazu, sich beim Umlaufen aufzurichten, wodurch besonders die äußeren Nieten zusätzlich beansprucht werden. Diese letzteren Einflüsse lassen sich rechnerisch nicht genau erfassen.

Im allgemeinen begnügt man sich mit der Erfassung der durch die Fliehkraft der Schaufeln hervorgerufenen Nietbeanspruchung. Man kann dabei kaum annehmen, daß die vielen einzeln geschlagenen Nieten so gleichmäßig sitzen, daß alle Nieten gleichmäßig tragen. Wenn man für die Berechnung diese Vereinfachung trifft, so muß man sich dessen bewußt sein, daß die tatsächlichen Nietbeanspruchungen teilweise höher liegen. Dem kann man durch geeignete Wahl von Nietzahl und Nietquerschnitt dadurch Rechnung tragen, daß die so ermittelten mittleren Nietbeanspruchungen genügend weit unter der Schubfestigkeit des Nietmaterials liegen.

Bezeichnet

$C_{Sch} = \dfrac{G_{Sch}}{g} r_{Sch} \omega^2$ die Fliehkraft einer Schaufel in kg,

G_{Sch} das Gewicht einer Schaufel in kg,

r_{Sch} den Schwerpunkthalbmesser einer Schaufel in m,

i die gesamte Nietzahl auf Laufrad- und Deckscheibenseite,

f_N den Nietquerschnitt in cm²,

so ist die mittlere Schubbeanspruchung der Nieten unter der Wirkung der Fliehkraft der Schaufel

$$\tau_m = \frac{C_{Sch}}{i f_N} = \frac{G_{Sch}}{g} \frac{r_{Sch} \omega^2}{i f_N}. \tag{43}$$

3. Werkstofffragen der Konstruktionselemente des Laufrades.

α) Laufradscheiben.

Die Laufradscheiben hochbeanspruchter Räder werden aus hochwertigen, gut durchgeschmiedeten Stählen hoher Festigkeit, Streckgrenze, Dehnung und Kerbschlagzähigkeit hergestellt, deren Festigkeitswerte den auftretenden Beanspruchungen angepaßt werden müssen.

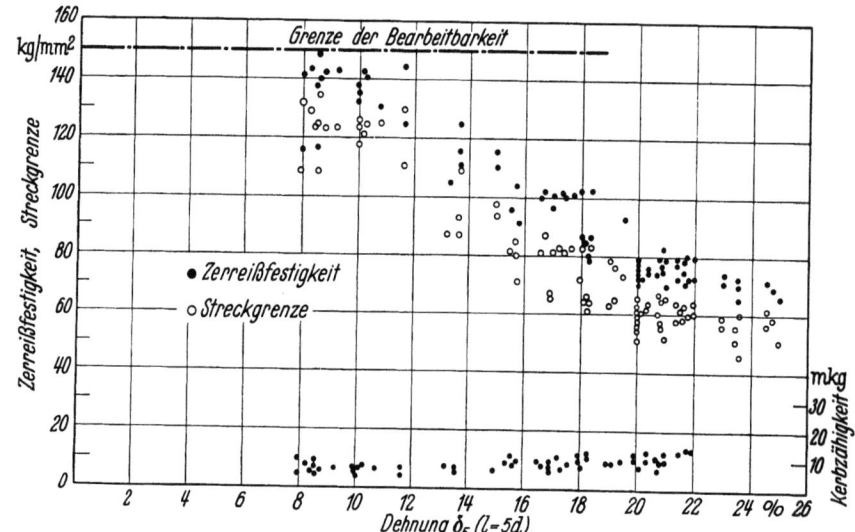

Abb. 296. Spezialstähle hoher Festigkeit. Zugehörigkeit von Bruchfestigkeit, Streckgrenze, Kerbschlagzähigkeit und Dehnung.

Durch Wärmebehandlung und durch Legieren kann man die Festigkeitseigenschaften des Stahles wesentlich beeinflussen.

Als Werkstoffe für hochbeanspruchte Radscheiben werden Chrom-Nickel-Stähle und Chrom-Nickel-Molybdän-Stähle verwendet. Abb. 296 gibt Festigkeitswerte ausgeführter Radscheiben verschiedener Festigkeit. Es ergibt sich eine gewisse Zugehörigkeit dieser Werte. Je höher die

Zerreißfestigkeit und Streckgrenze gelegt werden, um so mehr gehen Dehnung und Kerbschlagzähigkeit zurück. Bei einer Festigkeit von 60 kg/mm² wurden Dehnungen von 25% und Kerbschlagzähigkeiten von 12 bis 15 mkg ohne Schwierigkeiten erreicht. Bei Festigkeiten von 100 kg/mm² können 18% Dehnung und 10 mkg Kerbschlagzähigkeit erreicht werden, während bei 140 kg/mm² eine Dehnung von 10% und eine Kerbschlagzähigkeit von 6 mkg als erreichbar gelten. Die Grenze der Bearbeitbarkeit und daher auch die Grenze für die Anwendbarkeit lag bei etwa 150 kg/mm².

β) Deckscheiben.

Für die Werkstoffe der Deckscheiben gilt grundsätzlich das gleiche wie für die der Laufradscheiben. Wegen der großen Einlaufbohrung liegen aber die Beanspruchungen der Deckscheiben höher als die der zugehörigen Laufradscheiben. Die Deckscheiben erfordern daher besondere Sorgfalt in der Werkstoffauswahl. Auch hier finden Chrom-Nickel-Stähle und Chrom-Nickel-Molybdän-Stähle hoher Festigkeit Verwendung. Die Festigkeitswerte für Deckscheiben liegen, je nach Höhe der Umfangsgeschwindigkeiten, bei 75, 90, 100, 110, in Ausnahmefällen bis 140 kg/mm².

Für geringer beanspruchte Räder wird häufig an Stelle der aus dem Vollen geschmiedeten Deckscheibe eine aus Blech, dem sogenannten Deckblech, und aus einem Stahlring, dem sogenannten Deckblechring, zusammengenietete Deckscheibe benutzt (Abb. 282b und c). Das Deckblech wird aus dem gleichen Werkstoff wie die Schaufel hergestellt. Der Deckring, der meist hoch beansprucht wird, ist aus hochwertigem Werkstoff von 75, 90, 100, 110 bis 140 kg/mm² Festigkeit.

Bei sehr niedrig beanspruchten Rädern läßt man mitunter auch den Deckring wegfallen. Es bleibt dann nur das Deckblech aus gleichem Werkstoff wie die Schaufel (Abb. 282d).

γ) Schaufeln.

Der Schaufelwerkstoff erfordert hohe Dehnung, insbesondere wenn die Schaufeln in Matrizen kalt in Z- oder in U-Form geschlagen werden, was meistens geschieht. Ein Werkstoff zu geringer Dehnung neigt zur Bildung von Anrissen beim Schlagen. Für die hochbeanspruchten Schaufeln eignet sich Cr-Ni-Stahl mit 75 kg/mm² Festigkeit und 20 bis 25% Dehnung. Meist genügt auch diese Festigkeit für die auftretenden Schaufelbeanspruchungen. Erfordern die Schaufelbeanspruchungen in Ausnahmefällen höhere Festigkeiten, so ist ein Vergüten der geschlagenen Schaufeln auf höhere Festigkeiten erforderlich, da ein Kaltschlagen der Schaufeln bei höheren Festigkeitswerten wegen der damit verbundenen geringeren Dehnung im allgemeinen nicht möglich ist. Für niedrig beanspruchte Schaufeln kann ein Blech geringerer Festigkeit verwendet werden.

δ) Nieten.

Für die Nieten kommt bei höheren Beanspruchungen Cr-Ni-Stahl von 75 kg/mm² Festigkeit und hoher Dehnung (20 bis 25%) zur Anwendung. Bei diesen Festigkeitswerten können die Nieten bis zu Nietdicken von 7 mm noch kalt geschlagen werden. In Sonderfällen werden die Nieten auch auf höhere Festigkeiten von 90 kg/mm² vergütet. Für niedrig beanspruchte Nieten kann Werkstoff geringerer Festigkeit verwendet werden.

4. Schleudern und Zerschleudern von Laufrädern.

a) Schleudern von Laufrädern.

Zweck des Schleuderns von Laufrädern ist, festzustellen und zu prüfen, ob das Laufrad bei allen im Betrieb möglichen Drehzahlen mit Sicherheit hält, auch bei gewissen im Betrieb möglichen Überdrehzahlen. Die Schleuderdrehzahl muß daher bei Turbinenantrieb noch genügend hoch über der Schnellschlußdrehzahl liegend gewählt werden. Der Schnellschluß von Turbinen wird im allgemeinen so eingestellt, daß er bei Drehzahlen anspricht, die um 7 bis 10% über der höchsten Betriebsdrehzahl liegen. Die Schleuderdrehzahl wird zweckmäßigerweise 20 bis 25%

höher liegend als die höchste Betriebsdrehzahl gewählt, das bedeutet Beanspruchungen, die um 40 bis 50% höher liegen als die Beanspruchungen bei höchster Betriebsdrehzahl, und, da man gewöhnlich die höchste Betriebsdrehzahl der Festigkeitsrechnung zugrunde legt, 40 bis 50% höhere Beanspruchungen als bei Rechnungsdrehzahl.

Das Schleudern erfolgt aus Gründen der Sicherheit in besonderen Vorrichtungen, einem besonders kräftigen Schleudergehäuse mit kurzer, kräftig gelagerter Welle mit möglichst mehrfacher Stahlummantelung, die zweckmäßigerweise in einer besonderen, mit dicken Betonwänden versehenen Schleudergrube aufgestellt wird. Die Schleuderwelle, auf die die Laufräder zum Zweck des Schleuderns aufgebracht werden, wird in der Baulänge möglichst kurz gehalten und kräftig in dem Schleudergehäuse gelagert. Die Schleuderzeit für jedes zu schleudernde Rad kann wegen der beim Schleudern durch Ventilationsarbeit erzeugten Wärme nicht beliebig lang ausgedehnt werden. Im allgemeinen begnügt man sich mit einer Schleuderzeit von 3 bis 5 min.

Durch das Schleudern sollen Ungenauigkeiten und Unsicherheiten der Rechnung (eine genaue Berechnung genieteter Räder ist nicht möglich), etwaige Werkstoffehler und etwaige Bearbeitungsfehler aufgedeckt werden. Das Schleudern bietet zudem eine gewisse Sicherheit, daß später im Betrieb bei den verschiedenen Betriebsdrehzahlen keine bleibenden Verformungen der Laufräder eintreten. Eine gewisse Verfestigung des Werkstoffs durch das Recken beim Schleudern kann erwartet werden.

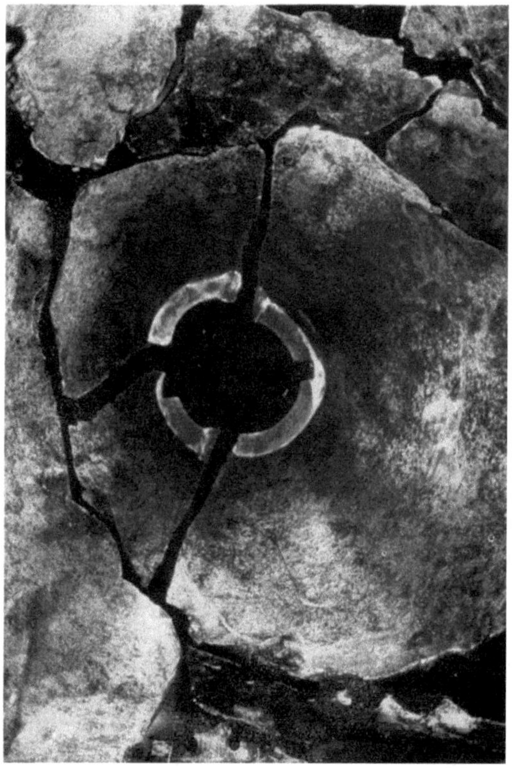

Abb. 297. Bruchstücke eines beim Schleudern infolge Werkstoffehlers zerstörten Laufrades.

Abb. 298. Fehlerstellen an der Nabe eines beim Schleudern zu Bruch gegangenen Laufrades.

Nach dem Schleudern erfolgt die Fertigbearbeitung der Laufradbohrung und der Dichtungsstellen des Laufrades auf Endmaß und ein Nachwuchten des bereits vor dem Schleudern gewuchteten Laufrades. Das Nachwuchten ist erforderlich zur Beseitigung etwaiger Schwerpunktverlagerungen, die durch ungleichmäßiges Verformen des Laufrades beim Schleudern eingetreten sein können.

Abb. 297 zeigt die Bruchstücke eines beim Schleudern infolge Werkstoffehlers zu Bruch gegangenen Laufrades, und Abb. 298 gibt die Fehlerstelle an der Nabe, die die Ursache des Bruches war, wieder (Flockenbildung an der Nabe des Laufrades).

β) *Zerschleudern von Laufrädern.*

Wertvolle Aufschlüsse über die Haltbarkeit von Rädern geben auch Schleuderversuche, bei denen die Drehzahl allmählich so weit gesteigert wird, bis der Bruch des Rades oder eines Konstruktionsteiles des Rades eintritt. Auf Grund derartiger Versuche ist es möglich, die Sicherheit der Konstruktion gegenüber Bruch experimentell zu ermitteln und mit der rechnungsmäßigen Sicherheit zu vergleichen.

Außerdem kann man durch Vermessen des Rades jeweils nach dem bei verschiedenen Drehzahlen durchgeführten Schleudern die bleibenden Formänderungen des Rades bestimmen und auf diese Weise die bleibende Verformung des Rades mit allmählich gesteigerter Drehzahl bis zum Bruch verfolgen. Abb. 299 und 300 zeigen die bleibenden Verformungen eines Laufrades von 400 mm Dmr. nach dem Schleudern bei allmählich gesteigerten Drehzahlen. Dieses Laufrad ist zusammengenietet aus einer aus dem Vollen geschmiedeten Radscheibe, aus einer aus dem Vollen geschmiedeten Deckscheibe und aus einer Reihe von rückwärts gekrümmten Schaufeln (Abb. 282a). Abb. 299 zeigt die Verformung des Außendurchmessers des Laufrades und der Deckscheibe in Abhängigkeit von der jeweiligen Schleuderdrehzahl, wobei die jeweilige Schleuderzeit 3 min betrug. Nach dem Schleudern bei einer Drehzahl von 15000 U/min ist eine merkliche Verformung noch nicht festzustellen. Bei weiterer Steigerung der Drehzahl zeigen sich bei der Deckscheibe bleibende Vergrößerungen des Durchmessers, die bis 20000 U/min etwa linear zunehmen.

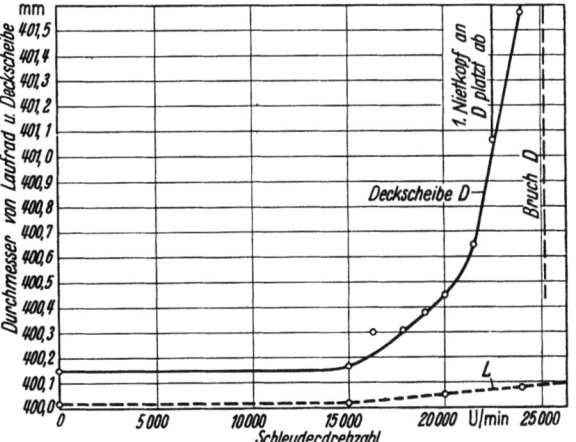

Abb. 299. Bleibende Verformung des Außendurchmessers der Laufradscheibe L und Deckscheibe D eines Laufrades in Abhängigkeit von der Schleuderdrehzahl.

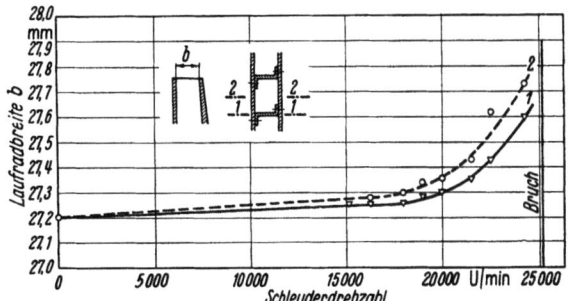

Abb. 300. Bleibende Verformungen in der Laufradbreite b am äußeren Umfang eines genieteten Laufrades in Abhängigkeit von der Schleuderdrehzahl. *1—1* Schaufeleinspannstelle, *2—2* Mitte Kanal.

Darüber hinaus nehmen die Verformungen stärker zu. Bei einer Drehzahl von 25200 U/min trat schließlich der Bruch der Deckscheibe ein, entsprechend einer Umfangsgeschwindigkeit von 520 m/s. Die Rechnungsdrehzahl und Betriebsdrehzahl des Laufrades ist 16500 U/min. Dieser Drehzahl entspricht eine Umfangsgeschwindigkeit des Rades, bezogen auf den äußeren Umfang, von rd. 340 m/s. Die für diesen Versuch ermittelte Sicherheit des zerschleuderten Laufrades bei der Betriebsdrehzahl von 16500 U/min gegenüber Bruch ist somit

$$S_v = \left(\frac{25\,200}{16\,500}\right)^2 = 2{,}35\,.$$

Die Laufradscheibe, die bei der Zerstörung des Laufrades vollkommen erhalten blieb, ist bei der Bruchdrehzahl von 25200 U/min noch sehr wenig bleibend verformt und hätte noch eine erheblich weitere Steigerung der Drehzahl zugelassen. Die Breite des Laufrades am Austritt zeigte nach dem jeweiligen Schleudern bei den verschiedenen Schleuderdrehzahlen bleibende Verformungen nach Abb. 300. Auch hier sind nach dem Schleudern bei 15000 U/min noch kaum irgendwelche Verformungen feststellbar, während über 20000 U/min hinaus die bleibenden Verformungen erheblich zunehmen. Die Meßstelle *1—1* bezieht sich auf die Schaufelmitte, die Meßstelle 2–2 auf Kanalmitte, beide Messungen am äußeren Umfang des Rades. Die Beobachtung der Schaufelform jeweils nach dem Schleudern ergab eine gewisse Aufrichtung der Z-förmig gebogenen Schaufel mit zunehmender Schleuderdrehzahl.

Die bei einer Betriebsdrehzahl von 16500 U/min auftretende höchste rechnungsmäßige Beanspruchung der Deckscheibe ohne Berücksichtigung der Schwächung durch die große Zahl von Nietbohrungen ist $\sigma_{t_{max}} = 5050$ kg/cm². Der für die Deckscheibe gewählte Werkstoff (Spezialstahl) hat folgende Festigkeitswerte:

Zerreißfestigkeit 142,8 kg/mm²,
Streckgrenze 135,0 kg/mm²,
Dehnung δ_5 10,2 ($l = 5\,d$).

Die rechnungsmäßige Sicherheit der untersuchten Deckscheibe, bezogen auf die Streckgrenze, ist somit

$$S_r = \frac{135}{50,5} = 2,67.$$

Es ergibt sich somit eine gute Übereinstimmung zwischen Rechnung und Versuch.

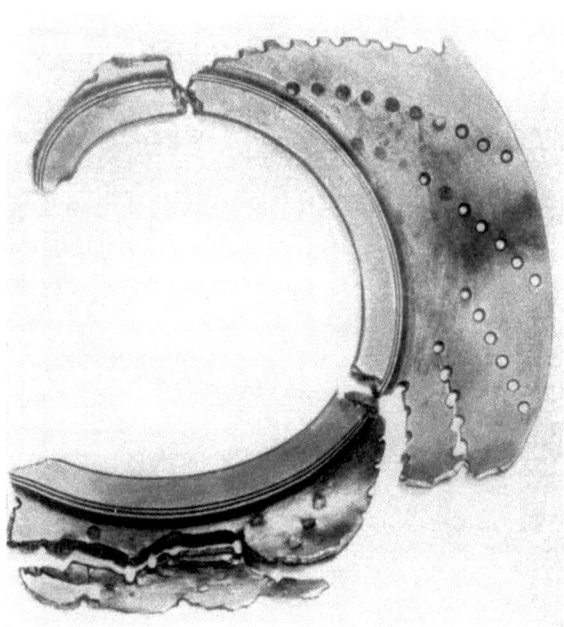

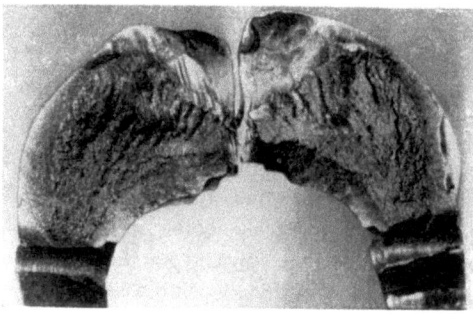

Abb. 302. Bruchstelle der Deckscheibe Abb. 301 an der Innenseite der Deckscheibenbohrung.

Abb. 301. Durch Zerschleudern zerstörte Deckscheibe eines genieteten Laufrades.

Abb. 301 zeigt die durch Schleudern zerstörte Deckscheibe des besprochenen Laufrades. Die Zerstörungsrisse verlaufen zunächst von der großen Innenbohrung der Deckscheibe ausgehend radial nach außen und dann entlang der Nietreihen. Abb. 302 zeigt die Bruchstelle der Deckscheibe an der Innenstelle der Deckscheibenbohrung bis zum ersten Nietloch.

b) Wellen.

1. Bemessung der Wellen.

Die Bemessung der Wellen geschieht im allgemeinen weniger im Hinblick auf die zu übertragenden Drehmomente, sondern überwiegend mit Rücksicht auf die Lage der Eigenschwingungszahlen und kritischen Drehzahlen. Der aus der Welle und den Laufrädern zusammengebaute Läufer ist ein schwingungsfähiges System, das, je nach Zahl der Laufräder, aus einer Reihe von Massen besteht, die durch die Welle elastisch miteinander gekuppelt sind. Die Wellenelastizität richtet sich nach der Bemessung der Welle. Je nach den Verhältnissen können im Betrieb Biegeschwingungen, mitunter auch Drehschwingungen derartiger schwingungsfähiger Systeme auftreten, die durch die Konstruktion so beeinflußt werden müssen, daß keine Betriebsschwierigkeiten auftreten können; d. h. die Wellen müssen derartig bemessen werden, daß die kritischen Drehzahlen, bei denen Resonanz zwischen den Eigenschwingungen und den erzwungenen Schwingungen besteht, von den Betriebsdrehzahlen genügend weit entfernt sind. Je nach der Lage der kritischen Drehzahl im Verhältnis zur Betriebsdrehzahl unterscheidet man nach überkritisch und unterkritisch laufenden Wellen. Während es bei einstufigen Gebläsen oder bei mehrstufigen Gebläsen geringer Stufenzahl meist keine Schwierigkeiten bereitet, die kritische Dreh-

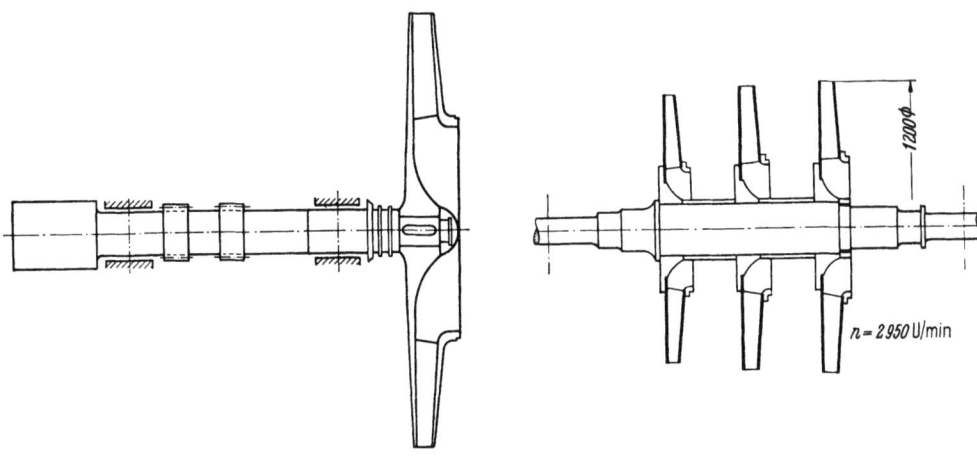

Abb. 303. Zweifach gelagerte Welle eines einstufigen Gebläses mit fliegendem Laufrad.

Abb. 304. Zweiseitig gelagerte Welle eines 3stufigen Gebläses.

zahl genügend weit über die oberste Betriebsdrehzahl zu legen, führt bei Gebläsen und Verdichtern größerer Stufenzahl die Wahl unterkritischen Laufes der Welle zu ungewöhnlich starken Wellen, die den Einlaufquerschnitt der Laufräder in ungünstiger Weise beeinflussen. Daher ging die Entwicklung des Verdichterbaues, ausgehend von der unterkritisch laufenden Welle, im Laufe der Zeit zur überkritisch laufenden Welle über in Anlehnung an die Entwicklung des Dampfturbinenbaues, der den gleichen Entwicklungsgang durchmachte. Die überkritisch laufende Welle, auch als elastische Welle bezeichnet, führte, entsprechend den kleineren Wellendurchmessern, zu wesentlich günstigeren Einlaufverhältnissen für die Laufräder. Da mit Rücksicht auf Betriebs-

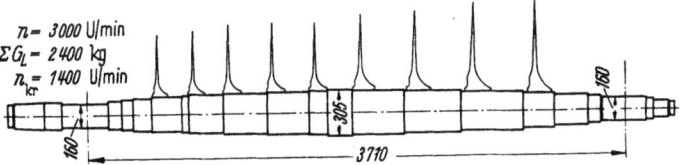

Abb. 305. Zweiseitig gelagerte Welle eines 9stufigen Kreiselverdichters.

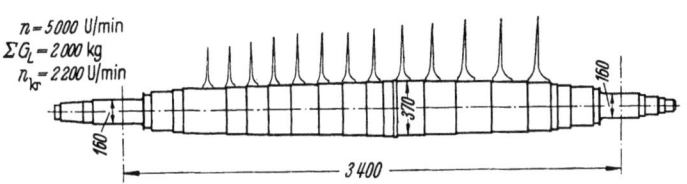

Abb. 306. Zweiseitig gelagerte Welle eines 13stufigen Kreiselverdichters.

sicherheit gewisse Verhältnisse zwischen kritischer Drehzahl und Betriebsdrehzahl eingehalten werden müssen, werden die Durchmesser der Wellen durch folgende Größen bestimmt: Baulänge der Welle (Mittenabstand der Lager), Belastung der Welle und Betriebsdrehzahlen. Die Baulänge der Welle richtet sich nach der Höhe der Stufenzahl. Da die kritische Drehzahl von der Durchbiegung der Welle abhängt, wählt man für vielstufige Maschinen die sich von Wellenmitte nach beiden Seiten hin verjüngende Welle, die eine biegesteifere Form hat als die Welle konstanten Durchmessers. Die abgesetzte Welle bietet auch Vorteile für das Aufbringen der Laufräder. Ausführungsbeispiele von Wellen von Kreiselgebläsen und Kreiselverdichtern zeigen Abb. 303 bis 306,

Abb. 303 die Welle eines einstufigen Gebläses, dessen Laufrad fliegend angeordnet ist. Diese Welle läuft im Betrieb unterkritisch. Um diesen unterkritischen Lauf zu erreichen, ist es bei hohen Betriebsdrehzahlen erforderlich, das Laufrad dicht an das Lager heranzurücken. Abb. 304 zeigt die Welle eines dreistufigen Gebläses mit wenig abgestufter Welle. Diese Welle läuft im Betrieb unterkritisch. Bei der geringen Stufenzahl bereitet es keine Schwierigkeiten, die Welle so zu bemessen, daß kritische Drehzahlen im Betrieb vollkommen vermieden werden. Die Welle eines Kreiselverdichters, der 9 Stufen und einen Ausgleichkolben hat, zeigt Abb. 305. Diese Welle läuft im Betrieb überkritisch. Die kritischen Drehzahlen sind derartig gelegt, daß die kritische Drehzahl erster Ordnung genügend weit unterhalb der niedrigsten Betriebsdrehzahl und die kritische Drehzahl zweiter Ordnung genügend weit oberhalb der höchsten Betriebsdrehzahl gelegen ist. Auch bei überkritischem Lauf ergeben sich außergewöhnlich kräftige Wellen, wenn die Stufenzahl sehr hoch und die Betriebsdrehzahl ebenfalls hoch liegt. Dieses zeigt deutlich Abb. 306 im Vergleich mit Abb. 305. Abb. 306 veranschaulicht die Welle eines 13stufigen Kreiselverdichters.

2. Drehschwingungen.

Kreiselgebläse und Kreiselverdichter haben in den aus den Wellen und den einzelnen Laufrädern aufgebauten Läufern umlaufende Massen, deren Schwungmomente erheblich sein können. Die Antriebsmaschinen (Turbinen, Elektromotoren, in selteneren Fällen Dieselmotoren usw.) haben ebenfalls in ihren umlaufenden Massen Schwungmomente, die mit den umlaufenden Massen der Arbeitsmaschinen zumeist elastisch gekuppelt sind, so daß die miteinander gekuppelten Massen von Antriebsmaschinen und Arbeitsmaschinen drehschwingungsfähige Massensysteme vorstellen, deren Eigenfrequenzen abhängen von der Größe der Schwungmomente der umlaufenden Massen und von der Größe der Elastizität der zwischen den umlaufenden Massen befindlichen drehelastischen Teile (Kupplung, Welle usw.).

Bei Kreiselgebläsen und Kreiselverdichtern, die ihren Antrieb durch Elektromotoren oder durch Turbinen erhalten, treten jedoch Drehschwingungen im allgemeinen nicht auf, da periodisch wirkende Momente, die das schwingungsfähige Massensystem zu Drehschwingungen anregen könnten, im allgemeinen nicht vorhanden sind.

Anders liegen die Verhältnisse, wenn der Antrieb eines Kreiselgebläses oder Kreiselverdichters durch eine Kolbenmaschine, z. B. durch Dieselmotor, erfolgt. Für Kreiselverdichter ist diese Antriebsart allerdings sehr selten. Hingegen für Kreiselgebläse, insbesondere für Aufladegebläse von Dieselmotoren, hat diese Antriebsart durch eine Kolbenmaschine praktische Bedeutung.

Über die rechnerische Behandlung von Drehschwingungen und kritischen Drehschwingungszahlen siehe [104] bis [110].

3. Biegeschwingungen.

Von großer Bedeutung für Kreiselgebläse und Kreiselverdichter ist die Ermittlung der kritischen Biegeschwingungszahlen der Wellen. In einfachen Fällen kann man durch numerische Rechenverfahren die Eigenschwingungszahlen und kritischen Drehzahlen ermitteln [111].

Meist haben die Wellen von Kreiselgebläsen und Kreiselverdichtern aber veränderlichen Querschnitt über die Wellenlänge, und die Gewichte der einzelnen Laufräder bei mehrstufigen Maschinen sind meist verschieden. Hierdurch ist die genaue rechnerische Bestimmung der Eigenschwingungszahl sehr erschwert.

Eine einfache Näherung zur Bestimmung der Eigenschwingungszahl und kritischen Drehzahl bietet sich auf graphischem Wege [112]. Eine mehrfach abgesetzte Welle (Abb. 307) trage die Massen m_1, m_2, m_3, ..., m_{i-1}, m_i, deren Schwerpunkte in undeformiertem Zustand der Welle in die Wellenachse fallen. Beim Umlaufen der Welle treten an den Stellen 1, 2, 3, ..., i–1, i Durchbiegungen y_1, y_2, ..., y_{i-1}, y_i auf, die im allgemeinen klein sind, im Gebiet der kritischen Drehzahl aber groß werden können. Den Durchbiegungen y_1, y_2, ..., y_i entsprechen Fliehkräfte P_1, P_2, ..., P_i, die im Schwerpunkt der Massen m_1, m_2, ..., m_i angreifen. Bei der kritischen Drehzahl befindet sich die Welle in indifferentem Gleichgewicht zwischen den Fliehkräften und den elastischen Gegenkräften.

Die elastische Linie der Welle wird zunächst unter Berücksichtigung der Art der Lagerung angenommen und aufgezeichnet, und danach werden für eine beliebige Winkelgeschwindigkeit ω die Fliehkräfte $P_1, P_2, \ldots, P_i$, die den angenommenen Durchbiegungen entsprechen, berechnet.

Mit diesen Kräften ermittelt man in bekannter Weise durch Kräfteplan- und Seileckverfahren die Biegemomentenfläche, die bei abgesetzter Welle auf ein mittleres Trägheitsmoment zu reduzieren ist, und mit Hilfe der reduzierten Momente gewinnt man über einen zweiten Kräfteplan ein zweites Seileck, das die elastische Linie der Welle liefert, die der angenommenen Belastung entspricht.

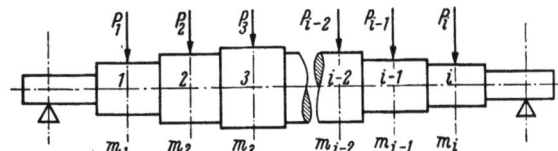

Abb. 307. Mehrfach abgesetzte Welle mit mehreren Scheiben belastet bei zweiseitiger Lagerung der Welle.

Im allgemeinen wird die so gewonnene elastische Linie nicht mit der angenommenen elastischen Linie übereinstimmen. In der Mitte der Welle beispielsweise wird die Durchbiegung y'_m sein gegenüber dem ursprünglich angenommenen Wert y_m. Da einerseits die Wellendurchbiegungen proportional den Belastungen sind und andererseits die Belastungen durch die Fliehkräfte proportional dem Quadrat der jeweiligen Winkelgeschwindigkeit, so kann der Wert y'_m mit dem ursprünglichen Wert y_m in Übereinstimmung gebracht werden durch Anwendung einer anderen Winkelgschwindigkeit ω', die mit der ursprünglich angenommenen durch die Beziehung verknüpft ist

$$\omega' = \omega \sqrt{y_m/y'_m}. \tag{44}$$

Werden auch die übrigen Durchbiegungen im Verhältnis der Quadrate der Winkelgeschwindigkeiten geändert, so erhält man die korrigierte elastische Linie. Stimmt diese im ganzen Verlauf mit der angenommenen elastischen Linie überein, so ist ω' die gesuchte kritische Winkelgeschwindigkeit. Im allgemeinen wird aber der Verlauf der elastischen Linie gegenüber dem angenommenen etwas abweichen, so daß das Verfahren mit der neu erhaltenen elastischen Linie wiederholt werden muß.

Abb. 307 gibt ein Beispiel einer zweiseitig gelagerten Welle eines Kreiselverdichters, die durch eine Reihe Laufräder belastet und im Durchmesser mehrfach abgesetzt ist.

Für neunstufige Läufer nach Abb. 305 mit abgesetzten Wellen und abgestuften Laufraddurchmessern wurde an Hand zahlreicher ausgeführter Berechnungen folgende Näherungsformel aufgestellt:

$$n_{\mathrm{kr}} \approx C \sqrt{\frac{d^4}{G\,l^3}},$$

wobei

n_{kr} = kritische Drehzahl U/min,
d = Wellendurchmesser in Wellenmitte cm,
G = gesamtes Läufergewicht kg,
l = Stützweite der Welle cm,
C = Konstante.

Die Konstante C wurde für derartige Läufer zu etwa 675 bis $775 \cdot 10^3$ ermittelt und kann für erste Annäherungsrechnungen ähnlicher Läufer benutzt werden.

c) Zwischenbuchsen, Distanzbuchsen.

Außer dem Anbringen einer Schrumpfverbindung zwischen Laufrad und Welle ist es erforderlich, die Laufräder gegen Lösen und axiales Verschieben und Verdrehen gegenüber der Welle zu sichern. Ein Vermeiden des Verdrehens ist leicht möglich durch Anordnen von Paßfedern (Abb. 308). Ein axiales Verschieben der Räder gegenüber der Welle kann bei mehrstufigen Maschinen verhindert werden durch Anordnen von besonderen Zwischenbuchsen zwischen den Laufrädern, die den gegenseitigen Abstand der Laufräder gewährleisten (Abb. 309). Die Laufräder legen sich jeweils gegen eine Zwischenbuchse, die zwischen dem zuvor aufgebrachten und dem nächsten noch aufzuziehenden Laufrad auf die Welle gebracht wird. Es ist bei dieser Konstruktion eine Verspannung durch Muttern lediglich an beiden Enden der Welle, d. h. vor der ersten und hinter der letzten Stufe, erforderlich. Die Verbindung zwischen Laufrädern, Welle und Zwischenbuchsen muß so getroffen sein, daß Wärmedehnungen in geeigneter Weise Rechnung getragen wird (Abb. 309). Die Zwischenbuchsen bestehen aus Stahl. Sie können bei aggressiven Gasen auch als Wellenschutzbuchsen ausgebildet werden aus einem besonderen Werkstoff, der von den aggressiven Gasen nicht angegriffen wird.

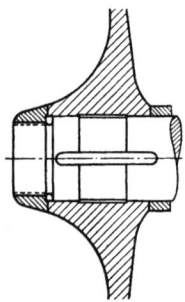
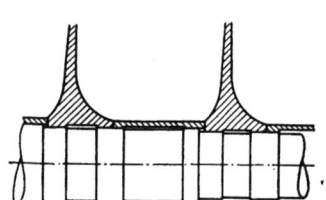
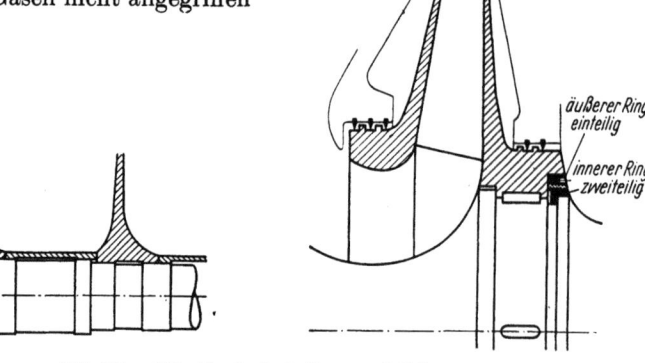

Abb. 308. Laufradbefestigung und Sicherung.

Abb. 309 u. 310. Laufradbefestigung und Sicherung. Abb. 309 durch Anwenden von Distanzbuchsen, Paßfedern, Schrumpfverbindung und durch gesicherte Wellenmuttern an den Wellenenden. Abb. 310 durch Schrumpf, Paßfedern und gesicherte Wellenmuttern.

Die Firma Escher Wyss verwendet keine Distanzbuchsen zwischen den Laufrädern. Jedes Laufrad wird durch Schrumpfsitz und durch Wellenmuttern gehalten. Die Welle erhält starke Eindrehungen jeweils vor dem Laufradsitz zur Begünstigung der Luftführung. Man erhält durch diese Ausbildung (Abb. 310) einen günstigen Radeinlauf, und man kommt mit einer kleineren Deckscheibenbohrung aus.

d) Ausgleichkolben.

1. Axialschub und Schubausgleich.

Bei einseitig ansaugenden Laufrädern tritt im Betrieb ein gewisser Axialschub auf, wenn die Abdichtung des Laufrades gegenüber seiner Saug- und Druckseite nicht derartig erfolgt, daß Gleichgewicht der Kräfte in axialer Richtung im Betrieb besteht.

Erfolgt die Abdichtung des Laufrades auf der Saugseite auf dem Radius r_s, auf der Druckseite auf dem Radius r_d (Abb. 311), so ergibt sich durch die statischen Druckunterschiede vor und hinter dem Laufrad eine nicht ausgeglichene Kraft in axialer Richtung

$$\int_{r_d}^{r_s} 2\pi r \, dr \, p \qquad (46)$$

von der Druckseite nach der Saugseite gerichtet. Dieser wirkt entgegen die durch die Umlenkung der Strömung von der axialen in die radiale Richtung hervorgerufene Kraft, die nach dem Impulssatz $m\,\omega_0$ beträgt, wenn m die sekundlich strömende Masse und w_0 die Strömungsgeschwindigkeit im Punkte 0 ist.

Der Axialschub einer Stufe nach Abb. 311 ist daher

$$P_{\text{Sch}} = \int_{r_d}^{r_s} 2\pi r \, dr \, p - m\,w_0. \qquad (47)$$

Bei einstufigen Gebläsen kann dieser Schub in einfacher Weise ausgeglichen werden durch geeignete Wahl des Dichtungsdurchmessers D_d auf der Druckseite (Abb. 312), wobei der Aus-

Ausgleichkolben.

gleichraum A mit der Saugseite zur Herbeiführung des Schubausgleichs entweder durch in der Laufradscheibe angebrachte Bohrungen B oder durch besondere Verbindungsleitungen zwischen A und S verbunden wird. Handelt es sich im besonderen Fall um die Verdichtung von Luft und

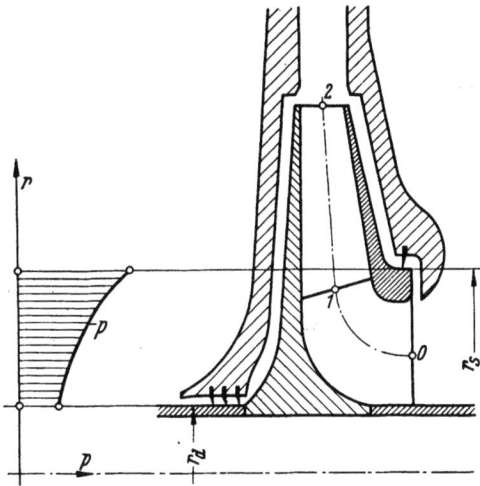

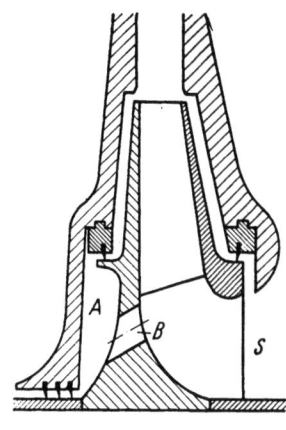

Abb. 311. Abdichtung eines hinsichtlich Axialschubes nicht ausgeglichenen Laufrades.

Abb. 312. Abdichtung eines hinsichtlich Axialschubes ausgeglichenen Laufrades.

herrscht auf der Saugseite der Druck der äußeren Umgebung, dann kann Raum A unmittelbar mit dieser in Verbindung gebracht werden.

Bei mehrstufigen Maschinen wird ein Schubausgleich nach Abb. 312 im allgemeinen nicht vorgenommen, sondern der Läufer wird gewöhnlich aus einer Reihe hintereinander geschalteter Stufen der Anordnung Abb. 311 zusammengesetzt, so daß sich die Axialschübe der einzelnen Laufräder zu einem resultierenden Axialschub zusammensetzen

$$P_{Sch_{ges}} = \sum_{1}^{i} P_{Sch_i}. \qquad (48)$$

Dieser Axialschub kann ausgeglichen werden durch einen besonderen Ausgleichkolben A (Abb. 313), der am Wellenende auf der Druckseite angeordnet wird und dessen Durchmesser so gewählt wird, daß möglichst vollkommener Schubausgleich erreichbar ist. Gewöhnlich wählt man den Druck hinter dem Ausgleichkolben gleich dem Ansaugedruck der Maschine. Hierzu ist erforderlich, daß

$$D_{s_1} > D_{A-K} > D_{s_i}.$$

Gleicher oder nahezu gleicher Druck wie auf der Saugseite der Maschine wird in dem Raum A hinter dem Ausgleichkolben erreicht durch eine genügend reichlich bemessene Ausgleichleitung zwischen Raum A und dem Saugstutzen der Maschine.

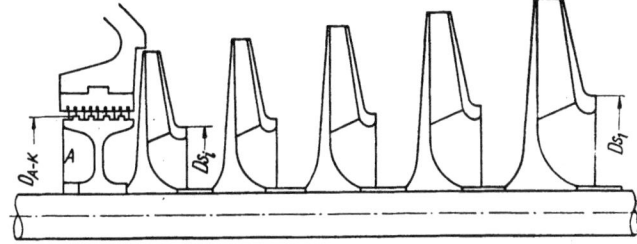

Abb. 313. Ausgleich des Axialschubes durch Ausgleichkolben bei mehrstufigen Gebläsen und Verdichtern.

Um den durch Undichtigkeiten bedingten Verlust des Ausgleichkolbens möglichst klein zu halten, ist eine gute Dichtung zwischen Gehäuse und umlaufendem Kolben vorzusehen. Diese Dichtung wird im allgemeinen als Labyrinthdichtung ausgebildet, bestehend aus einer, je nach dem Enddruck der Maschine mehr oder weniger großen Zahl hintereinander geschalteter Labyrinthe.

Da im Betrieb ein Ausschlagen der Labyrinthspitzen vorkommen kann, wodurch eine Vergrößerung der Undichtigkeitsverluste und eine Beeinflussung des Druckes im Raum A hinter dem Ausgleichkolben hervorgerufen wird, ist es empfehlenswert, die Ausgleichleitung im Querschnitt reichlicher als nötig zu bemessen und durch ein Drosselorgan in dieser Leitung den Ausgleichdruck im Ausgleichraum einzustellen. Dieser Druck soll im allgemeinen 0,1 bis 0,3 atü betragen bei normalem Saugdruck der Maschine von 1,0 ata. Während des Betriebes allmählich ansteigender Druck im Ausgleichraum deutet auf zunehmende Undichtigkeitsverluste des Ausgleichkolbens hin und erfordert schließlich Erneuerung oder Nachziehen der betreffenden Dichtungen.

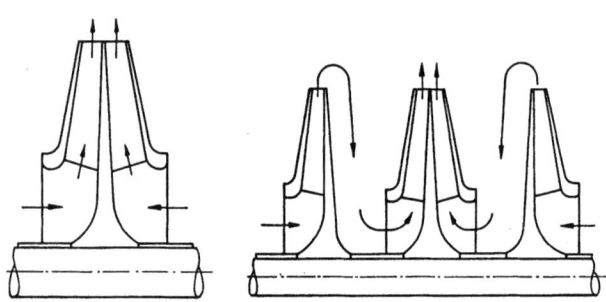

Abb. 314 und 315. Gebläsebauarten mit vollkommenem Axialschubausgleich durch Anwendung symmetrischer (doppelflutiger) Bauart.

Da trotz eines richtig bemessenen Ausgleichkolbens vollkommener Schubausgleich im Betrieb meist nicht vorhanden ist, ist ein besonderes Spurlager stets vorzusehen. Dieses hat gleichzeitig die Aufgabe, den Läufer in seiner Lage gegenüber dem Gehäuse festzulegen. Das Spurlager ist so reichlich zu bemessen, daß es auch bei stark undichtem Ausgleichkolben mit Sicherheit den vergrößerten Axialschub aufzunehmen in der Lage ist, ohne auszulaufen.

Verzichtet man, wie es mitunter geschieht, vollständig auf einen Ausgleichkolben, dann ist das Spurlager so stark zu bemessen, daß es den gesamten Axialschub dauernd mit Sicherheit aufnehmen kann.

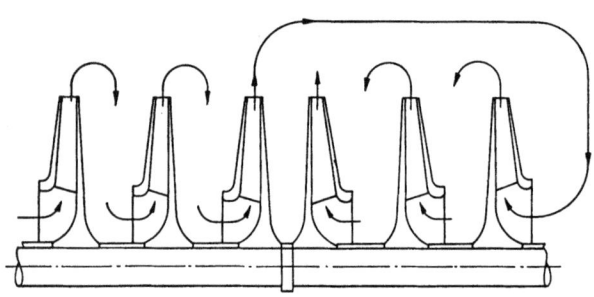

Abb. 316. Teilweise erreichter Schubausgleich durch Gegeneinanderschalten von Niederdruck- und Hochdruckstufen eines Gebläses bzw. eines Verdichters.

Axialschub kann theoretisch ohne Anwendung eines Ausgleichkolbens vollständig vermieden werden, wenn eine Bauart gewählt wird, bei der sich die Axialdrücke innerhalb des Läufers ausgleichen. Dies ist der Fall bei symmetrischer Bauart (doppelflutiger Bauart, Abb. 314, 315), wie sie für große Ansaugemengen (Abb. 141), vielfach bei Windgebläsen (Abb. 136) und Hochofen- und Stahlwerksgebläsen verwendet wird. Auch durch Gegeneinanderschalten von Niederdruck- und Hochdruckstufen eines Läufers nach Abb. 316 ist es möglich, teilweisen oder vollkommenen Axialschubausgleich ohne besonderen Ausgleichkolben zu erzielen, jedoch kann auf ein Spurlager auch in diesen Fällen nicht verzichtet werden.

2. Konstruktive Ausbildung der Ausgleichkolben.

Die konstruktive Ausbildung des Ausgleichkolbens richtet sich vor allem nach der Höhe des abzudichtenden Druckes. Das Verhältnis der Drücke vor und hinter dem Ausgleichkolben bestimmt die Abmessungen der Dichtung, die meist als Labyrinthdichtung ausgeführt wird. Über die Bemessung der Labyrinthdichtung siehe Abschn. VIc, S. 255.

Handelt es sich um verhältnismäßig niedrige Abdichtungsdrücke bzw. Druckverhältnisse, z. B. bei Gebläsen, dann genügen nur wenige Labyrinthe. Diese können in einfacher Weise auf einem am letzten Laufrad angebrachten Ring (Abb. 317), der entweder durch Nieten mit der Laufradscheibe verbunden ist oder auch mit dieser aus einem Stück bestehen kann, untergebracht werden. Sind aber die Druckverhältnisse hoch (Hochdruckgebläse, Verdichter), dann wird ein besonderer Ausgleichkolben gewählt (Abb. 318), der aus einem geschmiedeten, auf der Welle aufgeschrumpften Körper besteht und der am Dichtungsumfang eine große Zahl von Nuten (Abb. 318a) oder Spitzen (Abb. 318b) hat, die in Zusammenarbeit mit dem entsprechend ausgebildeten feststehenden Dichtungseinsatz eine große Zahl von Labyrinthkammern bilden.

Als Werkstoff für die Dichtungsspitzen (Abb. 318a) kommt Messing-, Aluminium- oder Zinkband, auch Weicheisen, in Anwendung, der nach Abb. 319 zugeschärft wird, während nach Abb. 318b die Stahlspitzen des Ausgleichkolbens gegen Kohleringe laufen, die in den Dichtungseinsatz eingesetzt sind.

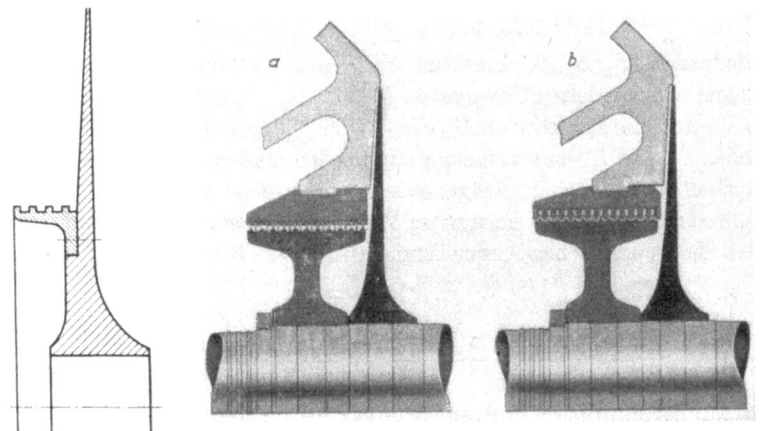

Abb. 319. Ausbildung der Dichtungsspitzen der Ausgleichkolben.

Abb. 317 u. 318. Bauformen von Ausgleichkolben. Abb. 317. Abdichtung bei geringeren Druckunterschieden (Gebläse). Abb. 318. Abdichtung bei Kreiselverdichtern (bei höheren Drücken).

e) Zusammenbau des Läufers.

Nach dem Fertigstellen werden die Laufräder einzeln mit Überdrehzahl geschleudert, danach im Sitz und an den Dichtungsstellen endgültig fertig bearbeitet und sorgfältig gewuchtet. An-

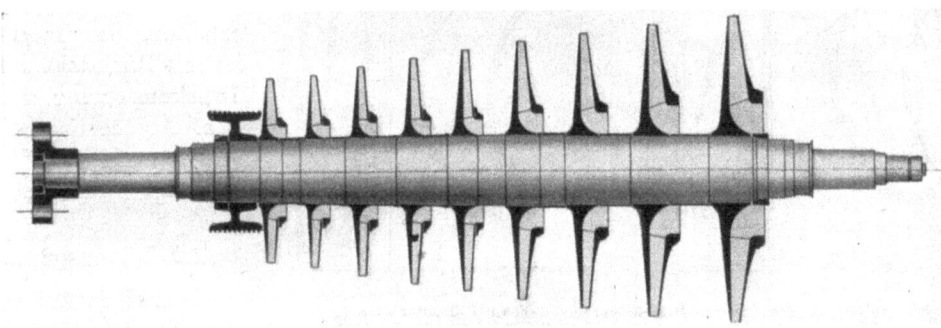

Abb. 320. Zusammengebauter Läufer eines Kreiselverdichters.

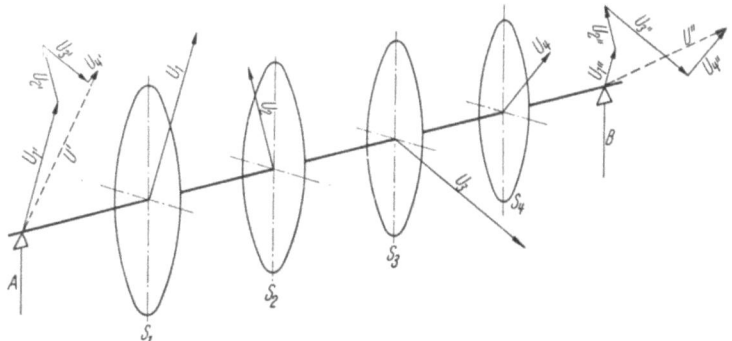

Abb. 321. Mit mehreren Scheiben besetzte Welle mit verschiedenen Unwuchten U_1, U_2, ..

schließend werden die Räder im Ölbad erwärmt und nacheinander auf die Welle unter Zwischenschaltung von Zwischenbuchsen aufgeschrumpft und durch Abschlußmuttern am Anfang und

Ende der Welle gegenseitig verspannt. Nach dem Aufziehen der Laufräder ist ein nochmaliges sorgfältiges Auswuchten des gesamten Läufers erforderlich [*113*]. Einen zusammengebauten Läufer eines neunstufigen Verdichters mit Ausgleichkolben in einbaufertigem Zustand zeigt Abb. 320.

f) Wuchten.

An einer mit mehreren Scheiben S_1, S_2, S_3, S_4 besetzten Welle mögen an den einzelnen Scheiben die nach Größe und Richtung verschiedenen Unwuchten U_1, U_2, U_3, U_4 auftreten (Abb. 321). Diese rufen in den Lagern des Läufers die Reaktionen $U_{1'}$, $U_{2'}$, $U_{3'}$, $U_{4'}$ bzw. $U_{1''}$, $U_{2''}$, $U_{3''}$, $U_{4''}$ hervor, die in den Resultierenden U' und U'' zusammengefaßt werden können, die mit der Welle umlaufen und die Lager zusätzlich beanspruchen. Aufgabe des Wuchtens ist es, diese Störungen durch Messen möglichst genau zu erfassen und in geeigneter Weise möglichst vollkommen auszugleichen. Diesem Zweck dienen die dynamischen Auswuchtmaschinen [*113*].

II. Konstruktive Ausbildung der Leitvorrichtungen.

a) Leitvorrichtungen zur Druckumsetzung unmittelbar hinter dem Laufrad.

1. Schaufelloser ringförmiger Diffusor.

Der schaufellose ringförmige Diffusor wird durch ebene Flächen oder durch Kegelmantelflächen begrenzt und wird durch die seitlichen Begrenzungswände der ins Gehäuse eingesetzten Zwischenböden bzw. der eingegossenen Zwischenwände des Gehäuses gebildet. Eine saubere Bearbeitung der Oberflächen ist mit Rücksicht auf gute Druckumsetzung erforderlich. Ausführungsbeispiele von schaufellosen Diffusoren zeigt Abb. 322a und b.

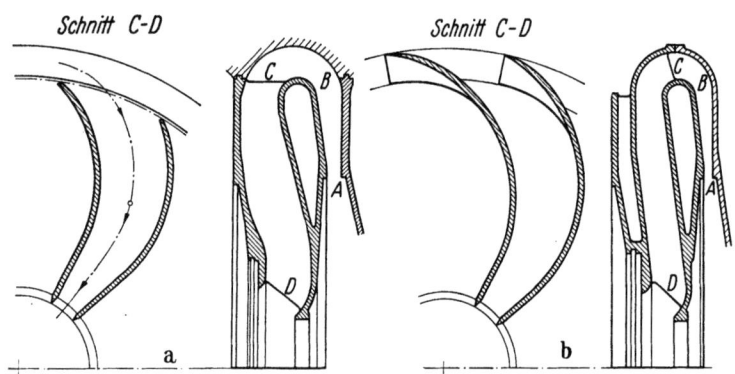

Abb. 322a u. b. Ausführungsbeispiele von schaufellosen Diffusoren (A—B) mit Rückführungskanälen (C—D).

2. Leitschaufeln.

Je nach der Befestigung der Leitschaufeln unterscheidet man feststehende und verstellbare Leitschaufeln. Mit den feststehenden Leitschaufeln erreicht man bei einer bestimmten Drehzahl stoßfreien Einlauf nur in einem einzigen Betriebspunkt der Kennlinie. In den übrigen Betriebspunkten tritt, je nach der Abweichung von der normalen Ansaugemenge, ein mehr oder weniger großer Stoß auf. Die feststehenden Leitschaufeln können unmittelbar an die Zwischenböden angegossen werden, wobei die Leitschaufeln einseitig mit der Zwischenwand vergossen sind und mit Rücksicht auf Steifigkeit gegen Vibration und Schwingungen nach den Wurzeln der Schaufeln hin verstärkt und an den Wurzeln gut ausgerundet sind (Abb. 323). An Stelle der angegossenen Schaufeln kann man auch an die Zwischenwände angeschweißte Blechschaufeln verwenden, wenn die Zwischenwände aus Stahl bestehen (Abb. 324). Das Anschweißen von Blechschaufeln kommt jedoch nur für Schaufeln geringer Höhen in Frage, da bei hohen Schaufeln die Gefahr des Auftretens von Schaufelschwingungen besteht und damit des Abreißens der Schaufeln an der Schweißstelle (Wurzel der Schaufel). Bisweilen finden auch aus Blech hergestellte Leitschaufeln Anwendung, die einseitig angeschraubt (Abb. 325) oder mit Zapfen in zylindrische Körper eingesetzt und in diesen einseitig im Gehäuse gehalten werden (Abb. 326). Diese Konstruktion ist vor allen Dingen für hohe Schaufeln bedenklich, da infolge von auftretenden Schaufelschwingungen die Zapfen leicht abreißen können.

Besser ist die durch Schrauben an die Zwischenböden angeschraubte stromlinienförmige Leitschaufel, wenn die Befestigungsschrauben genügend kräftig ausgebildet sind (Abb. 327).

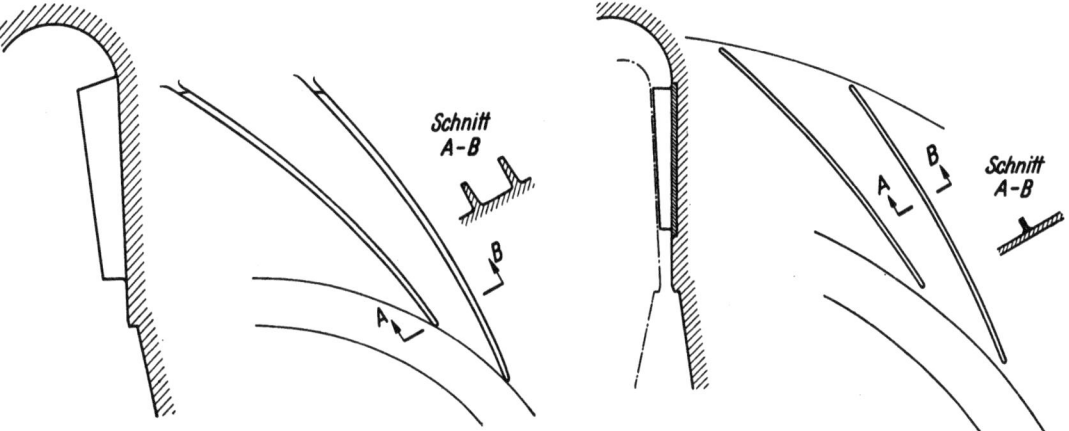

Abb. 323. Leitschaufeln, angegossen an die Zwischenwände.   Abb. 324. Leitschaufeln, angeschweißt an die Zwischenwände.

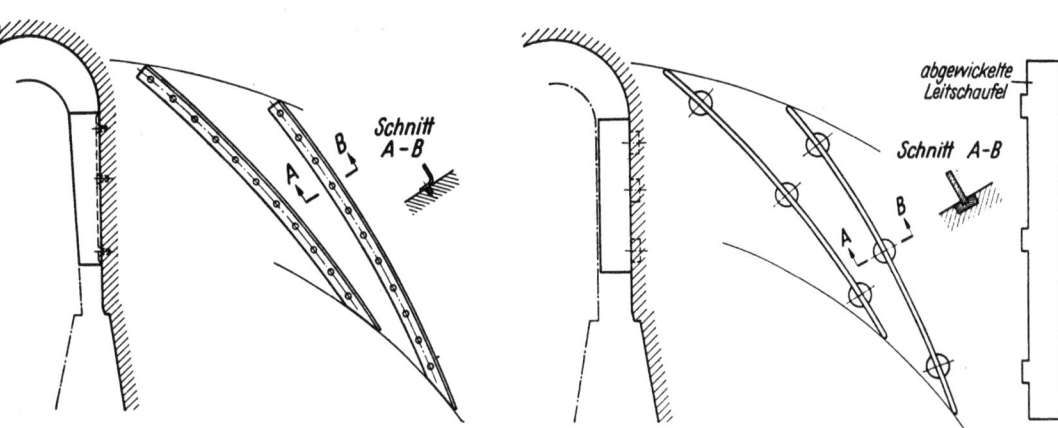

Abb. 325.
Leitschaufeln aus Blech, einseitig gehalten durch Verschraubung.

Abb. 326.
Leitschaufeln aus Blech, mit Zapfen einseitig gehalten.

Bewegliche, im Betrieb verstellbare Leitschaufeln, die zur Anpassung der Maschine an verschiedene Fördermengen (stoßfreier Eintritt in die Leitschaufeln bei verschiedenen Fördermengen) bisweilen verwendet werden, zeigt Abb. 267 (S. 219). Die Leitschaufeln sind in kräftig gehaltenen Zapfen drehbar gelagert.

3. Spiralen.

Die bei einstufigen Gebläsen als Leitvorrichtungen hinter dem Laufrad verwendeten Spiralen werden meist in gegossener Form, bisweilen auch in geschweißter Form hergestellt. Bei Verdichtern mit Zwischenkühlung finden Spiralen als Leitvorrichtungen bisweilen Anwendung zur Führung der Luft von dem vor dem Kühler gelegenen Laufrad zum Kühler. Diese Spiralen werden unmittelbar ins Verdichtergehäuse eingegossen (Abb. 328).

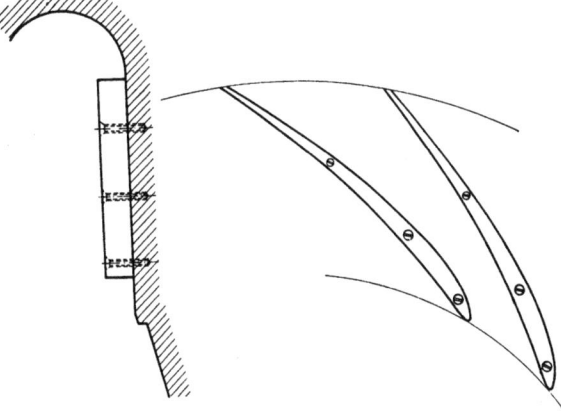

Abb. 327.
Leitschaufeln in Stromlinienform, durch Befestigungsschrauben gehalten.

Auch hinter dem letzten Rad von Verdichtern und mehrstufigen Gebläsen werden häufig Spiralen als Leitvorrichtungen verwendet.

b) Leitvorrichtungen zum Umlenken und Rückführen.

Für mehrstufige Gebläse und Verdichter kommen besondere Leitvorrichtungen in Anwendung, die der möglichst verlustlosen Umlenkung und Rückführung der Luft auf dem Weg von einer Stufe zur nächsten Stufe bzw. auf dem Weg von einer Stufe zum Kühler und vom Kühler zu der dem Kühler nachgeschalteten Stufe dienen. Diese Leitvorrichtungen werden als Rückführkanäle bzw. Umlenkkanäle bezeichnet. Sie werden im Gehäuse bzw. in den ins Gehäuse eingesetzten Zwischenwänden untergebracht. Ausführungsbeispiele von Umlenk- und Rückführkanälen zwischen zwei hintereinander geschalteten Stufen zeigen die Abb. 322a und b; Zuführ- und Rückführkanäle im Gehäuse außengekühlter Verdichter auf dem Weg zu den Kühlern und von den Kühlern zu den nachgeschalteten Stufen zeigt Abb. 328.

Abb. 328. Gehäuse eines außengekühlten Kreiselverdichters vor der Bearbeitung.

Abb. 329. Gehäuse eines außengekühlten Kreiselverdichters während der Bearbeitung auf der Karusselldrehbank.

III. Gehäuse.

Infolge verwickelter Kanalformen (Erweiterung, Verengung, Umlenkung, Verrippung usw.) ergeben sich meist komplizierte Gehäuse, insbesondere bei mehrstufigen Maschinen, vor allem bei Verdichtern. Die Ein- und Ausbaumöglichkeit des Läufers erfordert bei mehrstufigen Maschinen im allgemeinen eine waagerechte Teilung des Gehäuses. Die Herstellungs- und Bearbeitungsmöglichkeit der Gehäuse erfordert mitunter weitere Unterteilung des Gehäuses in senkrechter Richtung, insbesondere bei Verdichtern. Die Gehäuse von Gebläsen und Verdichtern werden aus Herstellungsgründen meistens in gegossener Form hergestellt, und zwar im allgemeinen aus Gußeisen, für hohe Drücke aus Stahlguß, in Sonderfällen, wo es besonders auf geringes Baugewicht ankommt (Gebläse für Fahrzeuge, Schiffahrt und Luftfahrt) aus Leichtmetall (Silumin), während schmiedeeiserne Gehäuse in geschweißter Form seltener Anwendung finden, und zwar nur für einfache Gehäuse, z. B. einstufige Gebläse. Aber auch derartige Gehäuse einstufiger Gebläse werden meistens in Gußeisen hergestellt, zumal gußeiserne Gehäuse eine gute Schalldämpfung der im Gehäuseinneren entstehenden Geräusche bewirken. Ausführungsbeispiele für gußeiserne Gehäuse einstufiger Gebläse s. S. 100 ff. Mehrstufige ungekühlte Gebläsegehäuse stellen an die Gießerei und an die Werkstatt schon erhebliche Anforderungen, wenn außer der Teilung in waagerechter Richtung keine weitere Unterteilung des Gehäuses vorgenommen wird. Abb. 139 zeigt ein solches Gehäuse eines mehrstufigen Hochofengebläses, das lediglich in der Waagerechten geteilt ist. Eine Vereinfachung des Gußstückes und der Bearbeitung wird erzielt durch Einsetzen besonderer Zwischenwände, der sogenannten Zwischenböden. Das eigentliche Gehäuse bildet dann nur die äußere Schale des Gebläses, während die Trennwände zwischen den einzelnen Stufen durch die Zwischenböden gebildet werden.

Die Luftzuführungskanäle liegen in den eingebauten Zwischenböden bzw. werden durch deren äußere Begrenzungsflächen gebildet (Abb. 322).

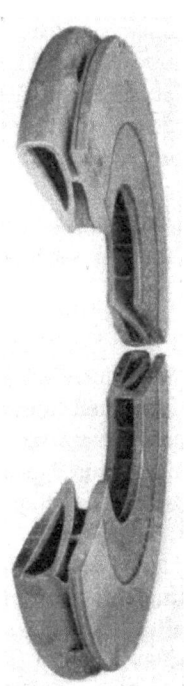

Verwickelter noch als die Gehäuse ungekühlter Gebläse sind die Gehäuse gekühlter Verdichter. Die Unterbringung der Kühlflächen erfordert besondere konstruktive Maßnahmen, die bei der *außengekühlten Maschine*, bei der die Kühlflächen außerhalb der Maschine liegen, noch verhältnismäßig einfach sind, da gegenüber dem ungekühlten Gebläse nur eine Reihe von Zu- und Abführkanälen hinzutreten, die in geeigneter Weise vom Verdichtergehäuse zum Kühler und umgekehrt zu führen sind. Gehäuse außengekühlter Verdichter zeigen die Abb. 328 und 329. Zu dem Gehäuse (Abb. 329) gehören kesselförmige Kühler, deren Rohranschlüsse am Gehäuse aus dem Bild 329 zu ersehen sind. Das Gehäuse, Abb. 328, hat einen rechteckigen Kühleranschlußflansch. Die Luftzuführkanäle sind bis unmittelbar vor Kühlereintritt diffusorartig erweitert und tragen zur Druckumsetzung bis zum Kühler bei (Abb. 188). Aus Gründen der

Abb. 330. Zwischenböden eines außengekühlten Kreiselverdichters.

Abb. 331. Dichtungseinsätze eines Kreiselverdichters für Laufrad- und Wellendichtung.

besseren Bearbeitungsmöglichkeit des Gehäuseinneren haben diese Gehäuse auf Saug- und Druckseite eine Teilung in senkrechter Richtung. In dieser Ebene werden Saug- und Druckdeckel angeflanscht, die, wie das Gehäuse, gleichfalls horizontal geteilt sind (vgl. S. 167 u. 168). Die Zwischenböden der außengekühlten Verdichter sind kleinere Gußstücke, die im allgemeinen nicht sehr kompliziert sind und die, wie das Gehäuse, waagerecht geteilt sind. Diese Zwischenböden werden nach Bearbeitung in die zugehörigen Gehäusehälften eingesetzt und dort durch Schrauben gesichert. Ausbildungsformen von Zwischenböden außengekühlter Verdichter zeigen Abb. 330 und 188. In die Zwischenböden werden zum Schluß die inneren Dichtungen (Laufrad- und Wellendichtung) eingesetzt. Ausführungsbeispiele innerer Dichtungen zeigen Abb. 331 und Abb. 346.

Die Gehäuse der *innengekühlten Maschinen* tragen die Kühlflächen im Gehäuseinneren zwischen den Zwischenwänden. Gegenüber dem außengekühlten Kreiselverdichter hat der innengekühlte Verdichter eine wesentlich größere Zahl von Kanälen, da beim innengekühlten Verdichter zu den Luftwegen noch die Wasserwege hinzutreten. Durch diese Vielzahl von Kanälen ergeben sich bei ähnlicher Bauart wie bei der außengekühlten Maschine ziemlich verwickelte Gußstücke. Aus Gründen der Vereinfachung der Gußstücke wird daher meistens für innengekühlte Maschinen eine weitgehende Unterteilung des Gehäuses in viele einzelne Teile vorgenommen. Das Gehäuse der innengekühlten Maschine weist nach dieser Bauart außer der für den Ein- und Ausbau des Läufers erforderlichen Unterteilung in waagerechter Richtung eine mehrfache Unterteilung in senkrechter Richtung auf derart, daß zwischen jeder Stufe das Gehäuse senkrecht geteilt ist. Das Verdichtergehäuse der innengekühlten Maschine besteht bei dieser Bauart aus zwei Gehäusehälften, deren jede aus einer Reihe von Scheiben besteht, deren Zahl sich nach der Stufenzahl des Verdichters richtet. Die einzelnen Gehäuseteile werden durch kräftige, in axialer Richtung angeordnete Zuganker zusammengehalten, so daß nach Einziehen der Anker das Verdichtergehäuse, wie bei der außengekühlten Maschine, aus zwei Hauptteilen besteht, dem Verdichteroberteil und dem Verdichterunterteil, die zum Zweck der Überprüfung des Läufers durch Lösen der Teilfugenschrauben leicht getrennt werden können. Abb. 179 zeigt das Gehäuse eines innengekühlten Verdichters der beschriebenen Bauart. Die Kühlwasserzuführung zu den einzelnen Gehäuseteilen erfolgt auf der Unterseite des Verdichterunterteiles. Das Kühlwasser tritt durch die Kühlwasserräume des Verdichterunterteiles und von hier durch besondere, in der Teilfuge befindliche Anschlußstücke nach den einzelnen Teilen des Verdichteroberteiles, an dessen oberster Stelle das Wasser abfließt. Die Gehäuse derartiger innengekühter Verdichter sind wesentlich komplizierter als die Gehäuse außengekühlter Verdichter und erfordern besondere Sorgfalt in der Gußherstellung (dichter Guß), in der Bearbeitung und im Zusammenbau.

Die Gehäuse von Gebläsen und Verdichtern müssen vollkommen dicht sein, und sie müssen in der Wanddicke bzw. durch Verrippung u. dgl. so kräftig bemessen werden, daß sie allen Betriebsansprüchen mit Sicherheit gewachsen sind.

Für die Wanddicke von Gebläsegehäusen, die für niedrigen Druck bestimmt sind, sind im allgemeinen die Gesichtspunkte der gußtechnischen Herstellung maßgebend.

Für Umwälzgebläse, die bei höherem Druck arbeiten müssen, und für Verdichter ist jedoch auch eine sorgfältige Überprüfung nach Gesichtspunkten der Festigkeit erforderlich. Meist sind allerdings die Gehäuse so verwickelt im Aufbau, daß eine exakte Berechnung der auftretenden Spannungen nicht möglich ist. Man begnügt sich dann mit Näherungsrechnungen und prüft die Gehäuse auf Festigkeit und Dichtheit durch Abpressen bei einem genügend hoch über dem Betriebsdruck gelegenen Probedruck.

Besondere Beachtung und Sorgfalt erfordert die Bearbeitung der Teilfugen, die im Betrieb vollkommen dichthalten müssen, insbesondere bei Gasverdichtern. Die Teilfugenflächen müssen sauber bearbeitet, am besten auftuschiert sein, so daß die inneren Teilfugenflächen vollkommen plan mit den äußeren Teilfugenflächen liegen. Vor dem endgültigen Zudecken des Verdichters werden die Teilfugenflächen (sowohl innere Teilfugen zwischen den Stufen wie äußere Teilfugen) mit einer Dichtungsmasse leicht bestrichen, dann wird das Gehäuse geschlossen und durch die in großer Zahl längs des ganzen Umfangs des Gehäuses angeordneten kräftigen Teilfugenschrauben verschraubt. Die Gehäuseflanschen dürfen sich dabei nicht verziehen und sind darum kräftig auszubilden.

IV. Zwischenkühler.

Die Zwischenkühler haben die Aufgabe, während der Verdichtung die Luft (bzw. das Gas) möglichst weit zurückzukühlen. Für die Rückkühlung sind maßgebend die Temperatur des Kühlwassers, die Kühlwassermenge, die Größe der Kühlflächen auf Luft- und Wasserseite, die Luftführung und die Wasserführung sowie die Strömungsgeschwindigkeiten der Luft und des Wassers. Die Rückkühlung der Luft ist stets mit einem gewissen Druckverlust verbunden, der bei Durchströmen des Kühlsystems auf der Luft- wie auf der Wasserseite entsteht. Da diese Verluste Arbeitsverluste sind, muß angestrebt werden, sie so niedrig wie möglich zu halten. Dies letztere ist erreichbar durch Anwenden niedriger Strömungsgeschwindigkeiten. Andererseits nehmen die Wärmeübergangszahlen mit den Strömungsgeschwindigkeiten zu. Unter sonst gleichen Verhältnissen muß also bei gleicher Kühlwirkung die Kühlfläche um so größer werden, je niedriger die Strömungsgeschwindigkeiten gewählt werden. Bei den üblichen Verdichterbauarten steht für das Unterbringen der Kühlflächen nur ein begrenzter Raum zur Verfügung. Die Aufgabe besteht also darin, auf begrenztem Raum möglichst große Kühlflächen unterzubringen und damit möglichst gute Kühlwirkung bei möglichst niedrigen Druckverlusten zu erzielen. Da der Wärmeübergang bei glatten Rohren auf der Luftseite schlechter ist als auf der Wasserseite, kann man auf gleichem

Raum die Kühlfläche wirksam vergrößern durch Anwenden von Rippenrohren, wobei das Wasser die Rohre auf der Innenseite durchströmt, während die Luftseite eine durch die Rippen vergrößerte Wärmeübergangsfläche erhält. Die Rippen können als einzelne Lamellen auf das Grundrohr aufgebracht werden. Diese Lamellenart wird bei ovalen Grundrohren angewendet (Abb. 332a).

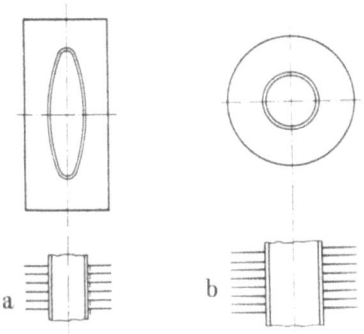

Abb. 332.
Rippenrohre. a Ovalrohr mit aufgesetzten rechteckigen Lamellen. b Kreisrohr mit in Spiralform aufgewickelter Rippe.

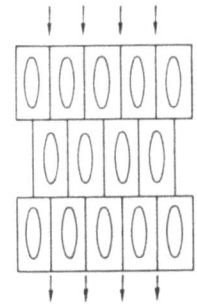

Abb. 333a.
Kühler aus Ovalrohren mit rechteckigen Rippen mit versetzten Rohrreihen.

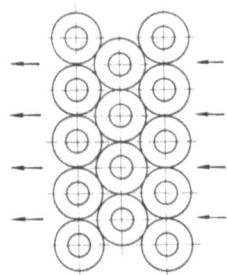

Abb. 333b. Kühler aus Kreisrohren mit kreisförmigen, in Spiralform aufgewickelten Rippen mit versetzten Rohrreihen.

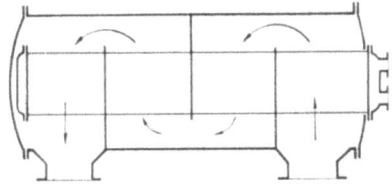

Abb. 334.
Kesselkühler mit eingesetztem Kühlerbündel

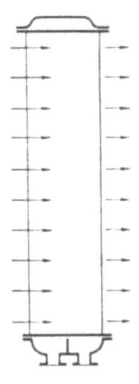

Abb. 335.
Kühlerbündel für Kastenkühler (Bauart Demag).

Abb. 336.
Kühler mit gerippten, einzeln auswechselbaren Rohren, Bauart BBC.

Bei Rohren von Kreisquerschnitt werden Grundrohr und Rippen aus dem vollen Material herausgearbeitet oder in besonderem Ziehverfahren hergestellt, oder es werden aus Gründen der einfacheren Herstellung die Rippen aus einem fortlaufenden Band in Form einer Spirale auf das Rohr aufgebracht (Abb. 332b). Die Kühlrohre werden im allgemeinen aus Gründen der leichteren Auswechselbarkeit zu Kühlerbündeln zusammengefaßt. Hierbei werden die Rohre in versetzten Rohrreihen (Abb. 333a und b) in die Kühlerböden eingebaut und eingewalzt. Die Rohre und Rippen werden aus Kupfer, Messing, Marinelegierung oder Eisen hergestellt. Die Rippen werden, soweit sie mit dem Grundrohr nicht aus einem Stück bestehen, zum Zweck des Erreichens eines guten Wärmeflusses von der Rippe an das Grundrohr metallisch mit dem Grundrohr verbunden durch Verzinnen der berippten Rohre aus Kupfer, Messing und Marinelegierung bzw. durch Feuerverzinken bei Eisenrohren. Bei letzteren wählt man auf der Wasserseite aus Gründen der besseren Beständigkeit der Rohre gegen Angreifen durch das Wasser auch Plattierungen durch Kupfer oder Messing oder besondere Schutzlackanstriche. Bei Glattrohren aus Eisen werden zum Schutz auch Inchromierungen angewandt.

Die Ausbildungsmöglichkeit der Kühler ist sehr mannigfaltig. Einige Ausführungsbeispiele ausgeführter Kühler zeigen die Abb. 334 bis 336. Abb. 334 zeigt einen Kesselkühler für die Verdichterbauart Abb. 184. Abb. 335 zeigt ein Kühlerbündel der Verdichterbauart Abb. 188. Eine neuere Bauart von BBC, ohne auswechselbare Bündel mit einzeln auswechselbaren Rohren, zeigt Abb. 336, in der 7 Kühler in einem gemeinsamen Kühlerkasten untergebracht sind. Weitere Kühlerausführungen siehe Abb. 190 und 192.

Die Rohrquerschnitte der Kühlrohre sollen mit Rücksicht auf die Möglichkeit der Bildung von Ablagerungen aus dem Wasser im Rohrinnern und mit Rücksicht auf Reinigungsmöglichkeit nicht zu knapp bemessen werden. Die lichte Rohrweite sollte darum möglichst nicht unter 16 bis 18 mm gehalten werden. Die Rohre müssen im Betrieb in regelmäßigen Zeitabständen überprüft und gereinigt werden. Etwa im Betrieb schadhaft gewordene Rohre müssen durch Stopfen verschlossen werden, um das Eindringen von Wasser in die Maschine zu verhindern.

Die Wanddicke der Rohre soll nicht zu gering gehalten werden (etwa 1,25 bis 1,50 mm), um den Rohren genügend Steifigkeit zu geben und einen zu raschen Verschleiß zu vermeiden. Zur Verhinderung von Vibrationen der Rohre im Betrieb der Maschine müssen die Rohre, besonders bei größerer Rohrlänge, mehrfach abgestützt werden, da sonst die Rohre an den Einsatzstellen oder in deren Nähe frühzeitig zu Bruch gehen.

V. Lagerung der Gebläse und Verdichter.

Im allgemeinen wird bei Kreiselgebläsen und Kreiselverdichtern die zweifach gelagerte Welle angewandt. Für Sonderbauarten einstufiger Gebläse, deren Antrieb durch Turbine erfolgt, setzt man mitunter das Gebläselaufrad aus Gründen der Vereinfachung fliegend auf die Turbinenwelle. Im letzteren Fall muß bei Bemessung der Turbinenwelle Rücksicht auf die zusätzliche Beeinflussung des Axialschubes, der kritischen Drehzahl u. dgl. durch das Gebläselaufrad genommen werden. Für die Ausbildung der Lager von Gebläsen und Verdichtern und für die Art der Schmierung gelten die gleichen Gesichtspunkte wie für den Turbinenbau. Bei hohen Drehzahlen sind im allgemeinen druckölgeschmierte Gleitlager in Anwendung, bei niedrigen Drehzahlen und kleineren und mittleren Leistungen werden auch Ringschmierlager angewandt, und zwar bis 1500 U/min gewöhnlich in ungekühlter, bis zu 3000 U/min in gekühlter Bauart, sowie Rollen- und Kugellager, die den Vorteil gedrungener Bauart der Maschine ergeben.

Die richtige Wellenlage gegenüber dem feststehenden Teil wird durch das Spurlager gewährleistet, das gleichzeitig zur Aufnahme des auftretenden Axialschubes dient. Dieses Spurlager wird bei kleinen bis mittleren Maschinen bei kleinen Axialschüben häufig als Bundlager mit einem oder mehreren Bunden ausgebildet, bei großen Maschinen hingegen meist als Blocklager (Michell-Lager) mit sich selbsttätig im Betrieb in ihrer Lage einstellenden Drucksteinen.

Ein Auslaufen des Spurlagers im Betrieb äußert sich in einer axialen Verschiebung des Läufers gegenüber dem Gehäuse, wodurch der Läufer zum Anlaufen an den Gehäuseteilen kommen kann, wenn die Axialverschiebung zunimmt und die Größe des ursprünglichen Axialspieles zwischen Läufer und Gehäuse erreicht hat. Um das Bedienungspersonal rechtzeitig auf dieses Gefahrenmoment hinzuweisen, empfiehlt sich das Einschalten eines akustischen Signales (Alarmscheibe oder dgl.), das anspricht, sobald die Axialverschiebung ein bestimmtes, jedoch noch genügend weit unter der äußerst zulässigen Verschiebung liegendes Maß erreicht hat.

VI. Innere und äußere Dichtung.

a) Einleitung.

Zur Abdichtung der umlaufenden Teile gegenüber den feststehenden Gehäuseteilen werden bei Kreiselgebläsen und Kreiselverdichtern im allgemeinen reibungslose Dichtungen, d. h. Dichtungen, die frei von mechanischer Reibung sind, angewendet, da die Geschwindigkeiten der bewegten Teile gegenüber den feststehenden Teilen meist so hoch sind, daß eine unmittelbare Berührung nicht zulässig ist. Dichtungen, die die Aufgabe haben, zwischen den einzelnen Stufen mehrstufiger Maschinen abzudichten, bezeichnet man als *innere Dichtungen*, während die Abdichtung der Welle auf Saugseite und Druckseite nach außen als *äußere Dichtung* bezeichnet wird. Zu den äußeren Dichtungen gehört auch die Abdichtung des Ausgleichkolbens, der die Aufgabe hat, den Axialschub einer Maschine möglichst weitgehend auszugleichen.

Je nach Art der Ausbildung kann man (nach TRUTNOVSKY [114]) derartige reibungsfreie Dichtungen unterscheiden nach (Abb. 337)

1. Spaltdichtung mit Abrundung der Kanten (Mündung) (Abb. 337a),
2. Spaltdichtung mit scharfen Kanten (Abb. 337b und c),
3. Labyrinthspaltdichtung (Abb. 337d),
4. Labyrinthdichtung (Abb. 337e).

Die Wirkungsweise dieser reibungsfreien Dichtungen ist folgende: Unter der Druckdifferenz strömt eine gewisse, möglichst klein zu haltende Gasmenge durch die Dichtung, wobei je nach Konstruktion der Dichtung die Strömung durch Kontraktion, Wirbelbildung und Reibung beeinflußt wird.

Die Aufgabenstellung für die zweckmäßige Durchbildung derartiger Dichtungen ist, eine Strömungsform zu finden, die mit möglichst großen Verlusten arbeitet, damit bei gewissen Spielen, die aus konstruktiven oder betrieblichen Gründen nicht weiter verringert werden können, die durchtretende Menge (Leckmenge) möglichst klein wird. Mittel zum Erreichen dieses Zieles sind plötzliche Erweiterungen und Verengungen und plötzliche Richtungsänderungen, die die Wirbelbildung begünstigen.

Die wirkungsvollste Dichtung ist die Labyrinthdichtung. Diese wird daher für Kreiselgebläse und Kreiselverdichter auch meistens angewandt. Können während des Betriebes axiale Verschiebungen der Läufer, z. B. infolge von Wärmedehnungen, eintreten, so kommt an Stelle der Labyrinthdichtung die Labyrinthspaltdichtung in Anwendung. Bei Abdichtung sehr niedriger Drücke, z. B. für Windgebläse mit niedrigem Enddruck, wendet man aus Gründen der Vereinfachung die einfache Spaltdichtung an, da hierbei die Verluste nur gering sind.

b) Theorie der Spaltdichtung.

Herrscht vor dem Spalt der Druck p (bzw. P) und hinter dem Spalt der Druck p_0, dann tritt durch den Spaltquerschnitt F theoretisch (unter Vernachlässigung von Reibung und Kontraktion) die Luft- bzw. Gasmenge

$$\left[\text{für } \frac{p_0}{p} > \beta\right] \quad G_0 = F \sqrt{2g \frac{\varkappa}{\varkappa - 1} P \gamma \left[\left(\frac{p_0}{p}\right)^{\frac{2}{\varkappa}} - \left(\frac{p_0}{p}\right)^{\frac{\varkappa+1}{\varkappa}}\right]} \text{ kg/s,} \qquad (49)$$

$$\left[\text{für } \frac{p_0}{p} < \beta\right] \quad G_0 = F \sqrt{g \varkappa \left(\frac{2}{\varkappa+1}\right)^{\frac{\varkappa+1}{\varkappa-1}} P \gamma} \text{ kg/s.} \qquad (50)$$

Hierbei ist

$$\beta = \left(\frac{2}{\varkappa+1}\right)^{\frac{\varkappa}{\varkappa-1}}. \qquad (51)$$

Für Luft gilt $\varkappa = 1{,}4$; $\beta = 0{,}53$.

Die Menge G_0 ist hiernach abhängig vom Spaltquerschnitt F und vom Druck P vor der Dichtung und für $p_0/p > \beta$ außerdem noch vom Verhältnis p_0/p. Die einfache Spaltdichtung wird nur angewandt bei $p_0/p > \beta$, d. h. bei kleinem Verhältnis p/p_0.

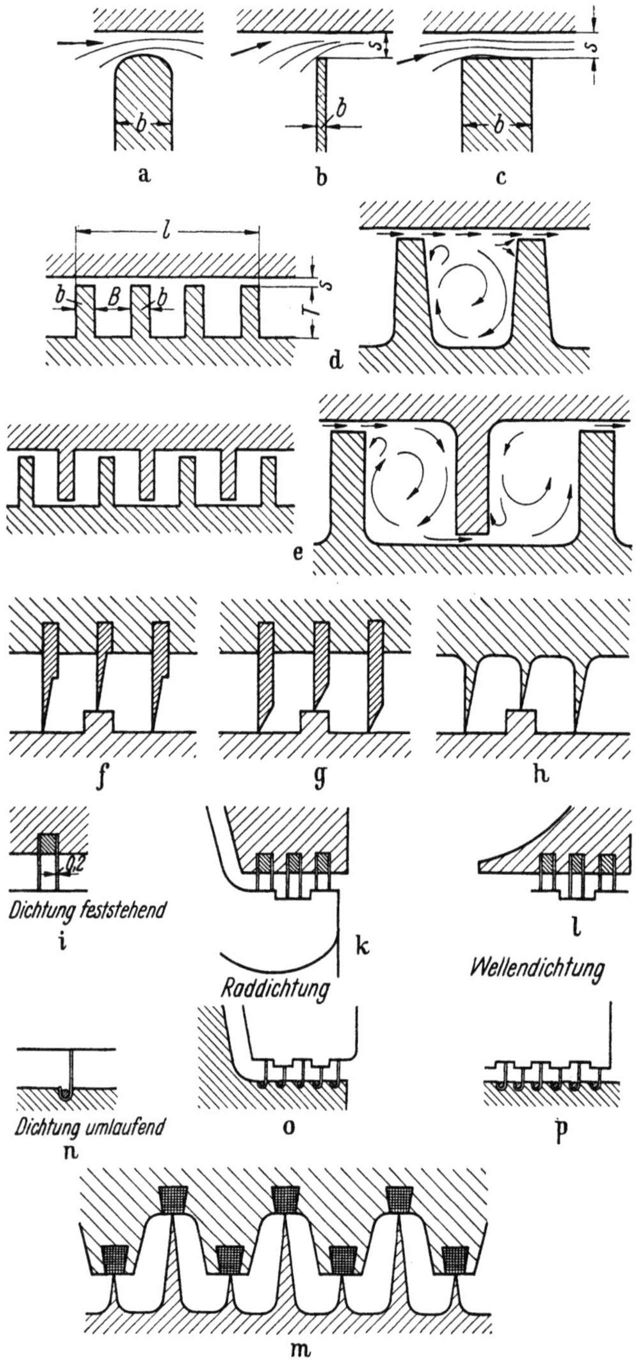

Die wirkliche, durch den Spaltquerschnitt F austretende Luft- bzw. Gasmenge ist infolge Reibung und Kontraktion kleiner. Sie beträgt G kg/s, so daß $G = \mu G_0$, wobei μ der Reibung und Kontraktion Rechnung trägt. Dieser Ausflußkoeffizient ist nicht konstant, sondern, wie Versuche von HARTMANN [115] (Messung von Stopfbuchsverlusten) gezeigt haben, für einen bestimmten Spalt von dem durchtretenden Gewicht abhängig, und zwar derart, daß mit zunehmendem Durchtrittsgewicht auch μ zunimmt.

Außerdem hängt der Ausflußkoeffizient μ von der Form des Spaltes, insbesondere der Kantenausbildung ab.

Die Kontraktion eines aus einem dünnen Spalt austretenden Strahles ist, je nach Ausbildung des Spaltes, sehr verschieden und hängt in hohem Maße vom Verhältnis $\frac{\text{Dichtungsdicke } b}{\text{Spaltweite } s}$ ab. Ist b/s klein und die Kante an der Einschnürungsstelle scharf, dann ergibt sich eine starke Kontraktion (Abb. 337 b), ist jedoch b/s groß, dann ergibt sich ein verhältnismäßig langer Spalt (Abb. 337 c), und die Strömung legt sich gegen Ende des Spaltes wieder an die Wand an. Die einzelnen Stromröhren erweitern sich dabei und wirken wie erweiterte Düsen, so daß bei entsprechend hohem Druckgefälle sogar überkritische Geschwindigkeit im Spalt herrschen kann. Hieraus erkennt man die Wichtigkeit kleinstmöglicher Blechdicken b. Ebenso wichtig zum Bilden hoher Einschnürung ist die Kantenschärfe (Abb. 337 b), abgerundete Kanten wirken wie Mündungen (Abb. 337 a). Da die für Ausführungen von Dichtungen in Frage kommenden Spiele sehr klein sind (Größenordnung 0,1 mm), muß man sehr geringe Blechdicken b für die Dichtungen anwenden, um die Wirkung gemäß Abb. 337 b zu erreichen. Da aber andererseits aus konstruktiven Gründen und aus Gründen der Haltbarkeit derartiger Dichtungen gewisse

Abb. 337.
Ausbildungsmöglichkeiten reibungsfreier Dichtungen. Erläuterung im Text.

Mindestblechdicken eingehalten werden müssen, erweist sich als sehr geeignetes Dichtungselement die zugeschärfte Spitze, da sie beiden Forderungen nach Kantenschärfe und einer gewissen Dicke bei geeigneter Ausbildung Rechnung trägt.

Bewährte Ausführungen zeigen Abb. 337f–h, die eine vollkommen scharfe Kante an der Drosselstelle aufweisen. Bei diesen befinden sich die Dichtungsspitzen im ruhenden Teil der Maschine. Diese Spitzen laufen gegen den umlaufenden Teil (Welle, Laufrad, Ausgleichkolben); sie werden im allgemeinen aus Metall (Messing, Aluminium, Zink, Blei, Weißbronze oder dgl., je nach Verwendungszweck) hergestellt, entweder durch Einstemmen von Blechstreifen (Abb. 337f und g), die nach dem Einsetzen in die zugehörigen Dichtungseinsätze nachgedreht und zugeschärft werden, oder durch Herausdrehen aus dem Vollen (Abb. 337h). Bei Verwendung von Stahlblechen finden Ausführungen nach Abb. 337i bis l Anwendung, wobei das Stahlblech eine Dicke von etwa 0,2 mm hat. Man kann die Dichtungsspitzen auch auf dem laufenden Teil unterbringen, die dann aus dem Stahl der umlaufenden Teile herausgearbeitet werden (Abb. 337m). Als Gegenwerkstoff im ruhenden Teil, gegen den die Stahlspitzen des Läufers laufen, hat sich Kohle bewährt, die in Nuten eingesetzt wird. Man kann auch in den umlaufenden Teil eingestemmte Stahlbleche nach Abb. 337n bis p verwenden.

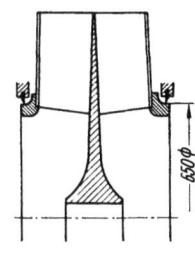

Abb. 338. Laufraddichtung eines zweistufigen Gebläses.

Zahlenbeispiel (Abb. 338).

Laufraddichtung eines zweistufigen Windgebläses. Abdichtung durch je eine Dichtungsspitze.

Ansaugegewicht des Gebläses	$G_s = 100\,000$ kg/h
Ansaugedruck des Gebläses	$p_s = 1,0$ ata $= p_0$
Ansaugetemperatur des Gebläses	$t_s = 20°$ C
Enddruck des Gebläses	$p_D = 1,15$ ata
Druck hinter Laufrad = Druck vor Dichtung	$\left.\begin{array}{l}p_2\\p\end{array}\right\} = 1,1$ ata
Temperatur vor Dichtung	$t = 30°$ C
Dichtungsdurchmesser	650 mm
Dichtungsspiel	0,1 mm
Spaltquerschnitt	$F = 2\pi \cdot 0,650 \cdot 0,0001 = 4,08 \cdot 10^{-4}$ m²
	$p_0/p = 0,91 > 0,53$, $p/p_0 = 1,1$
theoretische Ausflußgeschwindigkeit	$w_0 = 127$ m/s
theoretische Leckmenge nach Gl. (49)	$G_0 = 0,0643$ kg/s $= 231,5$ kg/h
Ausflußkoeffizient	$\mu = 0,65$
wirkliche Leckmenge	$G = \mu G_0 = 150$ kg/h $= 0,15\%$ von G_s.

Der Leckverlust beträgt bei 0,1 mm Spiel nur 0,15% des angesaugten Luftgewichtes G_s. Haben sich die Dichtungen im Betrieb auf 0,3 mm ausgeschlagen, dann ist der Leckverlust $\approx 0,45\%$. Dieser Verlust ist immer noch erträglich. Hieraus ersieht man, daß für Gebläse niedriger Verdichtungsverhältnisse die einfache Spaltdichtung vollkommen am Platze ist, da sie hierfür bereits eine sehr wirksame Dichtung ist. Für kleine Druckunterschiede $p_0/p > 0,9$, wie im vorliegenden Fall, kann übrigens mit genügender Genauigkeit gesetzt werden $v = v_0$, so daß

$$w_0 = \sqrt{2gv(P - P_0)} \quad [\text{m/s}], \tag{52}$$

$$G_0 = F\sqrt{\frac{2g}{v}(P - P_0)} \quad [\text{kg/s}]. \tag{53}$$

c) Theorie der Labyrinthdichtung.

Die Labyrinthdichtung besteht aus einer Reihe von Kammern, die durch enge Spalten miteinander in Verbindung stehen. Unter der Druckdifferenz $p - p_0$ der Drücke vor und hinter der Dichtung bildet sich von der Seite höheren nach der Seite niedrigen Druckes eine Strömung in der Labyrinthdichtung aus. In den Kammern stellen sich im Beharrungszustand Drücke ein, die vom Eintritt zum Austritt hin abfallen. In dem engen Dichtungsspalt wird das zwischen zwei Kammern vorhandene Druckgefälle in Geschwindigkeitsenergie umgesetzt, in der hinter der Spitze befindlichen Kammer wird die Geschwindigkeitsenergie durch plötzliche Erweiterung des Kanals, Umlenkung und Wirbelbildung möglichst vollständig vernichtet. Es sei zunächst angenommen, daß in den einzelnen Kammern eine vollständige Vernichtung der jeweiligen Geschwindigkeitsenergie erfolgt. Durch die Spalten, die der Reihe nach mit I, II, III, ... $n-1$, n bezeichnet seien, strömt bei Beharrung das gleiche Gewicht. Werden zunächst Kontraktion und Reibung im Spalt vernachlässigt, so liefert die Bedingung für Kontinuität

$$G_{\mathrm{I}} = G_{\mathrm{II}} = \cdots = G_n = \frac{F_{\mathrm{I}} w_{0\mathrm{I}}}{v_{\mathrm{I}}} = \frac{F_{\mathrm{II}} w_{0\mathrm{II}}}{v_{\mathrm{II}}} = \frac{F_{\mathrm{III}} w_{0\mathrm{III}}}{v_{\mathrm{III}}} = \cdots = \frac{F_n w_n}{v_n} \, [\mathrm{kg/s}]. \tag{54}$$

Es bezeichnen $h_{t_{\mathrm{I}}}$, $h_{t_{\mathrm{II}}}$, ... die adiabatischen Wärmegefälle, die den Geschwindigkeiten $w_{0_{\mathrm{I}}}$, $w_{0_{\mathrm{II}}}$, ... in den Spalten I, II, ... entsprechen und die miteinander durch die Beziehung

$$h_{t_{\mathrm{I}}} = A \frac{w_{0\mathrm{I}}^2}{2g}; \qquad h_{t_{\mathrm{II}}} = A \frac{w_{0\mathrm{II}}^2}{2g} \tag{55}$$

verknüpft sind, wobei vorausgesetzt ist, daß das Verhältnis des Druckes hinter und vor einer Kammer stets größer als $\beta = \left(\frac{2}{\varkappa+1}\right)^{\frac{\varkappa}{\varkappa-1}}$ ist.

Dann folgt, wenn $F_{\mathrm{I}} = F_{\mathrm{II}} = F_{\mathrm{III}} = \ldots$

$$\frac{h_{t_{\mathrm{I}}}}{h_{t_{\mathrm{II}}}} = \frac{w_{0\mathrm{I}}^2}{w_{0\mathrm{II}}^2} = \frac{v_{\mathrm{I}}^2}{v_{\mathrm{II}}^2}; \qquad \frac{h_{t_{\mathrm{II}}}}{h_{t_{\mathrm{III}}}} = \frac{v_{\mathrm{II}}^2}{v_{\mathrm{III}}^2}; \qquad \ldots; \qquad \frac{h_{t_{n-1}}}{h_{t_n}} = \frac{v_{n-1}^2}{v_n^2}. \tag{56}$$

Entsprechend der mit absinkendem Druck verbundenen Volumenzunahme muß das in der einzelnen Stufe verarbeitete Druckgefälle nach der letzten Stufe hin stetig zunehmen, so daß die letzte Stufe das größte Druckgefälle zu verarbeiten hat.

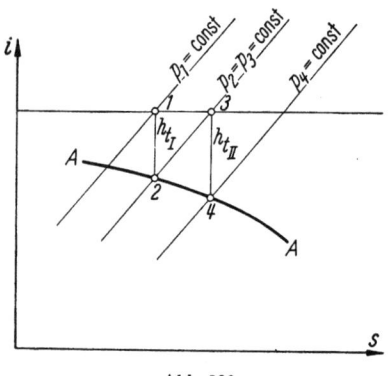

Abb. 339.

Geht man vom Zustand (p, t) vor der Dichtung aus (Abb. 339, Punkt 1) und wählt man das in Spalt I zu verarbeitende Gefälle $h_{t_{\mathrm{I}}}$ (Strecke 1—2), so ist gegeben

$$w_{0_{\mathrm{I}}} = \sqrt{\frac{2gh_{t_{\mathrm{I}}}}{A}}$$

und die durch die Dichtung strömende Leckmenge

$$G_0 = \frac{F w_{0_{\mathrm{I}}}}{v_{\mathrm{I}}}.$$

Dieses Wärmegefälle wird in der nachgeschalteten Kammer vollständig verdrosselt, so daß der Wärmeinhalt im Punkt 3 zu Beginn der Entspannung im Spalt II wieder auf dem Ausgangswert i_1 liegt. Der Endpunkt (Punkt 4) der Entspannung im Spalt II liegt auf der Kurve A—A, die durch die Gleichung

$$\frac{h_{t_{\mathrm{I}}}}{h_{t_i}} = \frac{v_{\mathrm{I}}^2}{v_i^2} \tag{56a}$$

nach festgelegtem $h_{t_{\mathrm{I}}}$ gegeben ist (Abb. 339). Die Zustandsänderung in der Labyrinthdichtung ist durch die Zickzacklinie 1—2—3—4 ... gekennzeichnet. Durch Festlegen des Arbeitsgefälles einer Stufe und, bei festgelegtem Spiel der Dichtungen, auch der Leckmenge, ist die erforderliche Stufenzahl mit dieser Zickzackkonstruktion bestimmbar. Einem anderen Wert $h_{t_{\mathrm{I}}}'$ gehört eine andere Kurve A'—A' zu, eine andere Zickzacklinie und eine andere Stufenzahl. Im allgemeinen geht man bei der Konstruktion einer Labyrinthdichtung vom Ende der Dichtung aus und legt das Druckverhältnis der letzten Labyrinthspitze durch Annahme fest. Durch Konstruktion

Theorie der Labyrinthdichtung. 257

der Zickzacklinie vom Endpunkt aus ergibt sich dann aus dem Zusammentreffen dieser Linie mit dem durch den Zustand (p, t) gegebenen Punkt die mindest erforderliche Stufenzahl (Abb. 340, und 341).

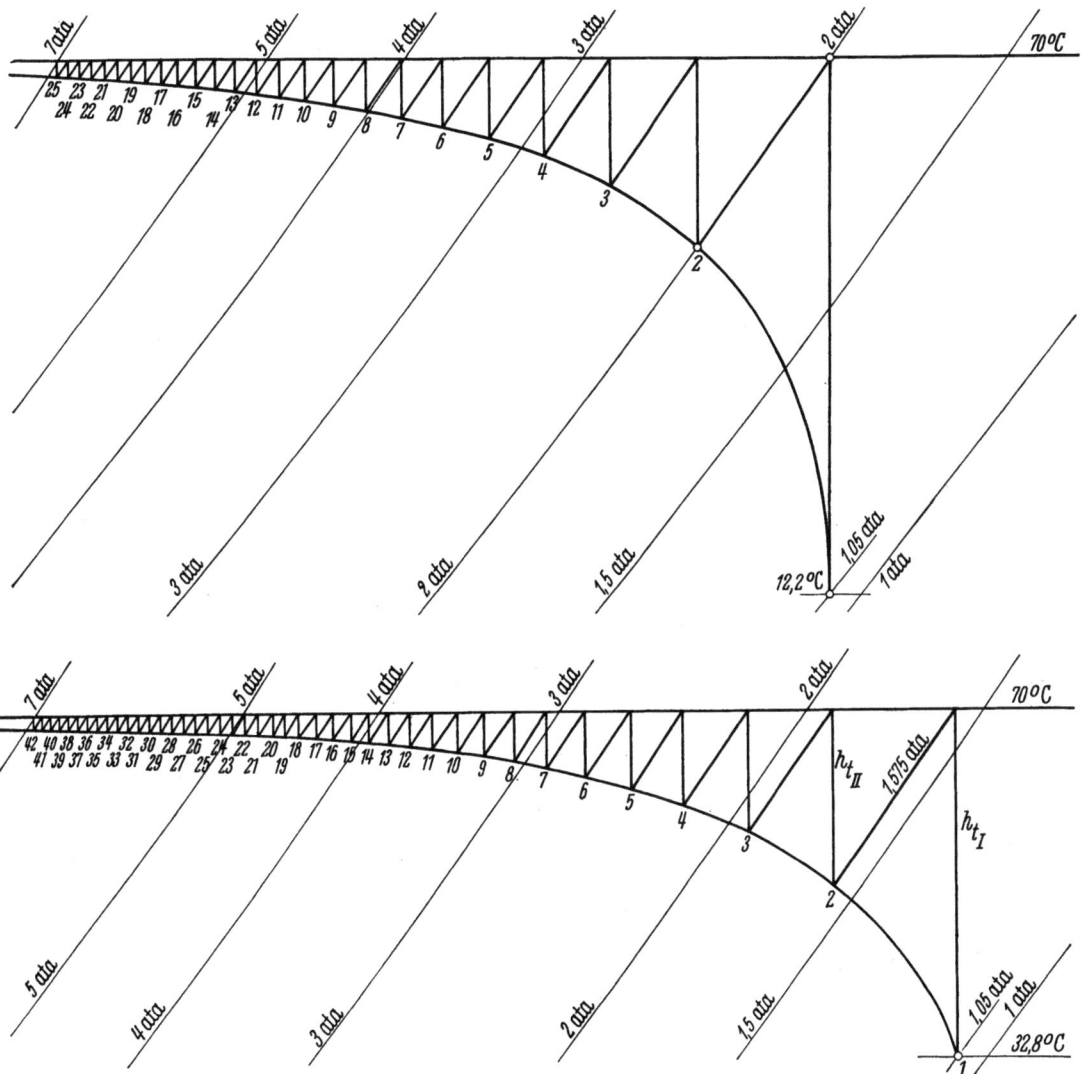

Abb. 340 u. 341. Drosselvorgang in Labyrinthdichtungen, dargestellt im i, s-Diagramm.

Sind die Druckverhältnisse p/p_0 einer Labyrinthdichtung nicht sehr groß, wie z. B. bei den Wellen- und Laufraddichtungen einstufiger Gebläse oder im Inneren zwischen den Stufen von mehrstufigen Kreiselgebläsen und Kreiselverdichtern, dann erhalten die Dichtungen nur wenig Dichtungsspitzen und Labyrinthkammern. Man kann dann in Annäherung sagen, daß vor und hinter jedem Dichtungsspalt ein gleicher Druckunterschied besteht $(p - p_0)/n$, wenn n die Zahl der Spalten ist, und daß in jedem Spalt angenähert das gleiche Wärmegefälle

$$h_t = \frac{i - i_0}{n} = \frac{w_0^2}{2g} A \tag{57}$$

verarbeitet wird.

Die theoretische Leckmenge ist dann

$$G_0 = \frac{F w_0}{v_m},$$

Kluge, Kreiselgebläse

wobei
$$w_0 = \sqrt{\frac{2gh_t}{A}} = \sqrt{2gv_m\left(\frac{P-P_0}{n}\right)}, \qquad (58)$$

$$v_m \approx \frac{2pv}{p+p_0} = \frac{2Pv}{P+P_0}, \qquad (59)$$

so daß die theoretische Leckmenge unter diesen Vereinfachungen

$$G_0 = F\sqrt{\frac{2g}{v_m}\frac{(P-P_0)}{n}} = F\sqrt{\frac{g(P^2-P_0^2)}{Pvn}}. \qquad (60)$$

Diese Gleichung gibt eine Beziehung zwischen Anfangszustand, Endzustand, Stufenzahl und Leckmenge.

Zahlenbeispiel: Leckverluste an den Laufraddichtungen s. Zahlentafel 8. Leckverluste an den Wellendichtungen s. Zahlentafel 9.

Zahlentafel 8.

Leckverluste an den Laufraddichtungen eines Kreiselverdichters zur Verdichtung von Luft.

$V_S = 40000$ m³/h; $G_S = 46600$ kg/h $\triangleq 12{,}95$ kg/s; $p_S = 1{,}0$ ata; $t_S = 20°$ C; $p_D = 7{,}0$ ata.

Laufrad	Druck vor Dichtung p ata	Druck hinter Dichtung p_0 ata	Spez.Vol. vor Dichtung v m³/kg	Anzahl der Spitzen n	Dichtungs-spiel s mm	Dichtungs-durchmesser D mm	Spalt-querschnitt F m²	Theoret. Leckmenge G_0 kg/h	Wirkliche Leckmenge G_w kg/h	Leckverlust $q = G_w/G_S$ %
1	1,32	1,0	0,718	3	0,1	606	0,00019	110	77	0,165
2	1,835	1,475	0,595	3	0,1	572	0,0001795	122	85,5	0,1835
3	2,37	1,95	0,424	3	0,1	527	0,0001655	145	101,5	0,218
4	3,02	2,58	0,364	3	0,1	502	0,0001575	153	107	0,23
5	3,69	3,2	0,264	3	0,1	446	0,00014	197	138	0,296
6	4,45	3,94	0,236	3	0,1	438	0,0001375	181	127	0,272
7	5,18	4,7	0,214	3	0,1	426	0,0001338	180	126	0,27
8	5,96	5,4	0,161	3	0,1	410	0,0001288	215	150,5	0,323
9	6,78	6,24	0,151	3	0,1	402	0,0001260	214,5	150	0,322

Zahlentafel 9.

Leckverluste an den Wellendichtungen eines Kreiselverdichters.

$V_S = 40000$ m³/h; $G_S = 46600$ kg/h $\triangleq 12{,}95$ kg/s; $p_S = 1{,}0$ ata; $t_S = 20°$ C; $p_D = 7{,}0$ ata.

Dich-tung	Druck vor Dichtung p ata	Druck hinter Dichtung p_0 ata	Spez.Vol. vor Dichtung v m³/kg	Anzahl der Spitzen n	Dichtungs-spiel s mm	Dichtungs-durchmesser D mm	Spalt-querschnitt F m²	Theoret. Leckmenge G_0 kg/h	Wirkliche Leckmenge G_w kg/h	Leckverlust $q = G_w/G_S$ %
0—1	1,0	1,0	0,86	12	0,1	212	0,0000665			
1—2	1,475	1,32	0,671	4	0,1	260	0,0000815	30,5	21,4	0,046
2—3	1,95	1,835	0,479	4	0,1	273	0,0000815	31,6	22,1	0,0474
3—4	2,58	2,37	0,394	4	0,1	278	0,0000872	49,8	34,9	0,0748
4—5	3,2	3,02	0,292	4	0,1	273	0,0000815	50,3	35,2	0,0755
5—6	3,94	3,69	0,25	4	0,1	270	0,0000847	66,3	46,5	0,0998
6—7	4,7	4,45	0,226	4	0,1	263	0,0000825	67,7	47,4	0,1015
7—8	5,4	5,18	0,1725	4	0,1	258	0,000081	73,5	51,5	0,1105
8—9	6,24	5,96	0,150	4	0,1	250	0,0000785	85,5	59,8	0,1285
AK—0	1,1	1,0	0,94	7	0,1	203	0,0000638	12,25	8,57	0,0184

d) Labyrinthspaltdichtung.

Die Labyrinthspaltdichtung ist ein Mittelding zwischen Spaltdichtung und Labyrinthdichtung. In den engen Spalten wird unter dem Druckgefälle Geschwindigkeit erzeugt, die teils in den nachgeschalteten Kammern verwirbelt wird, teils aber auch in einem an der glatten Wand entlang strömenden Faden erhalten bleibt.

Betrachtet man eine solche Dichtung als ein rauhes Rohr, dessen Rauhigkeit durch die Dichtungsspitzen gegeben ist, so ist unter Anwendung der Beziehungen für die Rohrreibung

$$\Delta p = \lambda \frac{l}{d_{\text{hydr}}} \frac{w_m^2}{2g} \gamma = \lambda \frac{l}{2s} \frac{w_m^2}{2g} \gamma, \tag{61}$$

$$Re = \frac{d_{\text{hydr}} w_m}{\nu} = \frac{2 s w_m}{\nu}, \tag{62}$$

wenn
- l Länge der Dichtung in m,
- s Spaltweite in m,
- d Durchmesser der Dichtung in m,
- $d_{\text{hydr}} = \frac{4F}{U} = \frac{4\pi d s}{2\pi d} = 2s$ hydraulischer Durchmesser des Labyrinthspaltes in m,
- w_m mittlere Strömungsgeschwindigkeit in m/s,
- λ Widerstandszahl,
- Δp Druckabfall in kg/m²,
- γ Wichte in kg/m³,
- ν kinematische Zähigkeit in m²/s.

Bei dieser Art der Darstellung tritt die Zahl der Dichtungsspitzen nicht mehr in Erscheinung, sondern nur die Länge der Dichtung und die Spaltweite. Die Widerstandszahl λ ist abhängig von der REYNOLDSschen Zahl Re.

Untersuchungen über die Widerstandszahlen und die Wirkung von Labyrinthspalten wurden von TRUTNOVSKY [114] durchgeführt. Abb. 342 zeigt Vergleichsversuche über die Widerstandszahlen einer glatten Spaltdichtung und einer Labyrinthspaltdichtung gleicher Baulänge und gleichen Spiels. Das Bemerkenswerte ist, daß bis zu einem bestimmten Druckunterschied bzw. bis zu einer bestimmten Re-Zahl (Re_{gr}) der glatte Spalt eine bessere Abdichtung bietet, während bei höheren Re-Zahlen der Labyrinthspalt besser abdichtet. Der Übergang der laminaren in die turbulente Strömung beim glatten Spalt (Punkt 27) und der Beginn der voll ausgebildeten turbulenten Strömung sind scharf ausgeprägt. Beim Labyrinthspalt tritt dieser Übergang wesentlich früher, d. h. bei kleineren Re-Zahlen, auf.

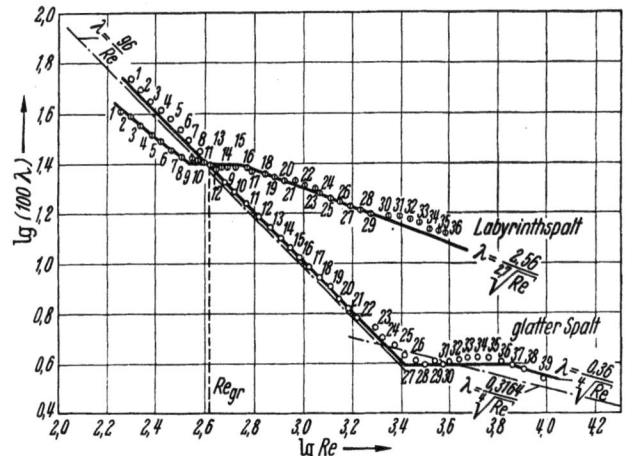

Abb. 342. Vergleich der Widerstandszahlen eines glatten Spaltes und eines Labyrinthspaltes in Abhängigkeit von der REYNOLDSschen Zahl Re.
$d_a = 49{,}990$ mm, $d_i = 49{,}675$ mm, $L = 50{,}2$ mm, $s = 0{,}1575$ mm, $F = 24{,}657$ mm²; Labyrinthspalte $z = 52$ mm, $b = 0{,}15$ mm, $B = 0{,}832$ mm, $T = 0{,}84$ mm. Bezgl. B und T vgl. Abb. 337 d.

Im *laminaren Gebiet* sind die Abdichtungsverhältnisse von Labyrinthspaltdichtungen gleicher Länge um so besser, je kleiner die Kammerbreite B, d. h. je mehr sich der Labyrinthspalt dem glatten Spalt nähert.

Im *turbulenten Gebiet* zeigt sich ein wesentlicher Einfluß der Kammerbreite B. Bei gleicher Baulänge l der Dichtung gibt es eine günstigste Kammerbreite B_{opt}, die von der Weite s des Spaltes abhängt. Hingegen scheint die Kammertiefe T von geringem Einfluß zu sein.

Die günstigsten Kammerbreiten B_{opt} von Labyrinthspaltdichtungen der untersuchten Länge $l = 50{,}5$ mm und bei verschiedener Spaltweite sind nach diesen Versuchen

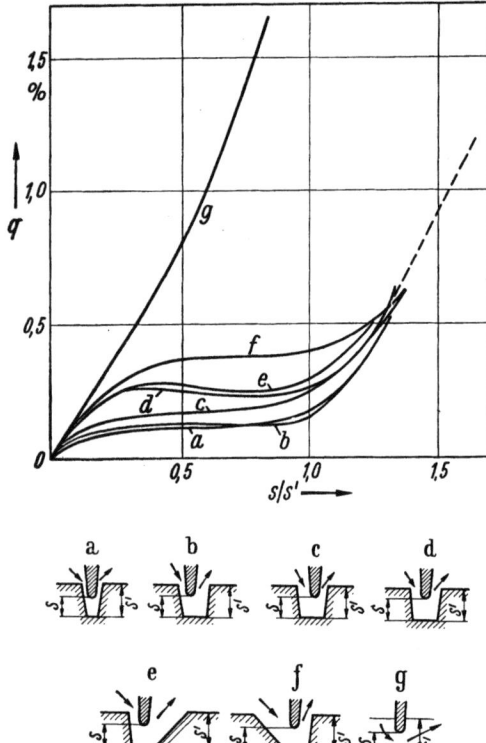

Abb. 343. Ergebnisse quantitativer Messungen an verschiedenen Dichtungen.

Spaltweite s mm	B_{opt} mm	$\dfrac{B_{opt}}{s}$
0,0725	0,187	2,6
0,115	0,73	6,3
0,1575	1,12	7,1

Labyrinthspaltdichtungen mit sehr kleiner Kammerbreite zeigen bezüglich ihrer Lässigkeit ein spaltähnliches Verhalten, während Labyrinthspaltdichtungen mit größerer Kammerbreite sich in ihrem Verhalten der reinen Labyrinthdichtung annähern.

Ein anschauliches Bild über den Verlauf der Strömung in Labyrinthspaltdichtungen bzw. Labyrinthdichtungen gewinnt man durch qualitative Untersuchungen über die Wirbelbildung und Strömung an vergrößerten Modellen [116].

Die Ergebnisse quantitativer Messungen mit Luft an Dichtungen zeigt Abb. 343 (nach Versuchen von KELLER). Es wird hier eine Labyrinthspaltdichtung mit Labyrinthdichtungen, bei denen die Dichtungsspitzen noch um einen gewissen Betrag in die Gegenrille hereinragen, verglichen. Die Spaltweite ist bei allen Dichtungen gleich. Der günstige Einfluß der Labyrinthwirkung geht aus dem Verlauf der Kurven deutlich hervor.

Bemerkenswert sind in diesem Zusammenhang die Versuche von GRÜNAGEL [117] an einem mit Schaufelreihen besetzten Kanal rechteckigen Querschnitts, bei dem zwei gegenüberliegende Seiten im Abstand h mit Blechen gleicher Teilung t besetzt waren. Geändert wurden die Strömungsgeschwindigkeit der durchströmenden Luft, die lichte Kanalbreite s, die gegenseitige Versetzung v der beiden Schaufelreihen und der Neigungswinkel α der Schaufeln gegen die Zuströmrichtung (Abb. 344). Es zeigt sich in Übereinstimmung mit den Versuchen von TRUTNOVSKY ein großer Einfluß der REYNOLDSschen Zahl, die hier gebildet wurde als $Re = ws/\nu$ und der Größen t/s $\left(\dfrac{\text{Schaufelteilung}}{\text{Kanalweite}}\right)$, der Versetzung v der Schaufelreihen und besonders des Neigungswinkels α der Schaufeln.

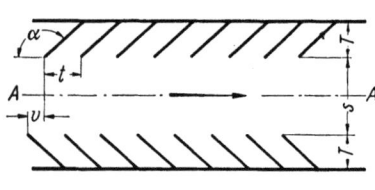

Abb. 344. Kanal, mit schräggestellten Schaufelreihen besetzt.

Die Widerstandszahlen λ in Abhängigkeit von Re zeigen teils ansteigenden, teils abfallenden Verlauf, je nach Größe des Winkels α. Diese Abhängigkeit ist bei gleichem α um so größer, je kleiner s ist. Die Verschiebung v beeinflußt die Ergebnisse, insbesondere bei kleinen Kanalweiten s. Die Widerstandszahl λ ist am größten bei der Verschiebung $v = 0$.

Eine besonders starke Abhängigkeit zeigt λ vom Neigungswinkel α (Abb. 345) nach GRÜNAGEL, wobei $Re = \text{const} = 100000$. λ steigt zunächst mit α langsam an, erreicht dann in starkem Anstieg bei etwa 140° einen Höchstwert, um danach wieder ebenso rasch abzufallen. Der Unterschied zwischen λ bei kleinen und großen Winkeln beträgt etwa das 15fache! Aus diesen Ergebnissen, die durch andere Versuche bestätigt wurden, folgt die für Labyrinthspaltdichtungen bemerkenswerte Tatsache, daß durch Neigen der Dichtungsspitzen entgegengerichtet der Strömung die Widerstandszahlen ganz wesentlich erhöht werden können. Wie HARTMANN [115] gezeigt hat, besteht bei derartigen, beiderseits mit schrägen Schaufeln besetzten Wänden bei kleiner Weite s eine gegenseitige Beeinflussung der beiden gegenüberstehenden Schaufelreihen. Führt man nämlich zwischen beiden Wänden (Abb. 344) in der Mitte (Achse $A-A$) eine Trennwand ein, so daß zwei Labyrinthspaltdichtungen mit schrägstehenden Spitzen entstehen, so fällt der Widerstandswert auf etwa $1/4$ des Wertes gegen vorher ab. Da aber die Widerstandszahl λ bei Anordnung nach Abb. 344 ohne Zwischenwand bei unter $\alpha = 140°$ geneigten Schaufeln etwa 15mal so groß ist wie bei senkrecht stehenden Schaufeln ($\alpha = 90°$), so erhält man beim einfachen Ringspalt durch Schrägstellen der Schaufeln unter 140° immerhin eine Erhöhung der Widerstandszahl λ auf etwa das Vierfache gegenüber senkrecht stehenden Spitzen.

e) Vorausberechnung der Lässigkeit von Dichtungen.

Die genaue Vorausberechnung der im Betrieb einer Maschine zu erwartenden Leckverluste ist deshalb nicht möglich, weil keine absolute Sicherheit über das tatsächliche Vorhandensein der vorgeschriebenen Dichtungsspiele im Betriebszustand der Maschine besteht. Die Erfahrung lehrt, daß das tatsächliche Spiel im Betrieb bei betriebswarmer Maschine ein anderes, und zwar

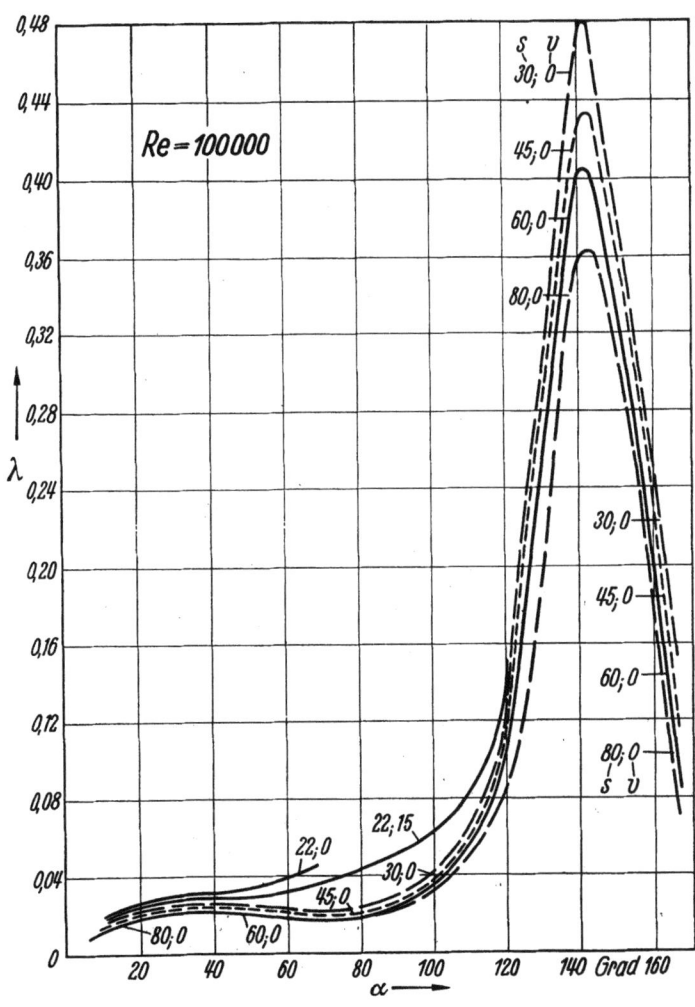

Abb. 345.
Widerstandsbeiwert λ in Abhängigkeit vom Schaufelwinkel α für $Re = 100000 = $ const.

meist ein geringeres ist als das im erkalteten Zustand bei geöffneter Maschine vor oder nach dem Betrieb feststellbare Dichtungsspiel. Man kann nämlich unter bestimmten Verhältnissen nach dem Lauf einer Maschine, deren Dichtungen vor dem Lauf nachweisbar ein meßbares Spiel aufwiesen, feststellen, daß die betreffenden Spitzen im Lauf ganz fein, ohne eine meßbare Abnutzung nachträglich zu zeigen, angelaufen sein müssen, da man Spuren des Dichtungswerkstoffes (z. B. Messing) als feine Abzeichnung auf der Welle aufgetragen findet, so daß die betreffenden Dichtungen im Betrieb sehr dichtschließend gewesen sein müssen. Die Ursache liegt in Wärmedehnungen von Welle, Laufrädern, Dichtungen und Gehäuseteilen, die sich gegenseitig beeinflussen, und in leichtem Verwerfen der Dichtungsringe und Einsatzkörper unter Temperatureinfluß, besonders wenn diese Körper Formen haben, die leicht zum Verziehen neigen, z. B. halbringförmige Spitzenträger, die im Betrieb unter Wärmeeinfluß das Bestreben zeigen, sich in der Teilfuge nach der Wellenmitte hin zusammenzukneifen, so daß sich die Spitzen an diesen Stellen durch Berühren mit der Welle im Betrieb abnutzen und bei nachträglichem Vermessen der erkalteten Maschine ein Klaffen der Dichtungsspitzen gegenüber der Welle in der Teilfuge festgestellt werden kann, was ein größeres Spitzenspiel vortäuscht, als es bei betriebswarmer Maschine im Betrieb infolge Wiederzusammenziehens des Spitzenträgers tatsächlich ist. Es besteht also auch bei genau vorgeschriebenen Spielen keine vollkommne Sicherheit über das tatsächliche Spiel während des Betriebes.

Sobald die Dichtungen leicht zum Anlaufen kommen, was möglich ist, wenn z. B. die Dichtungen etwas zu eng eingepaßt wurden oder wenn der Lauf der Maschine aus irgendeinem Grund etwas unruhig geworden ist, dann wird aus der scharfen Spitze (Abb. 337f) ein Spalt endlicher Breite b (Abb. 337c) ohne scharfe Kanten. Es ändert sich dabei sowohl die Spaltweite s als auch die Kontraktion des Strahles. Durch beide Faktoren wird aber die Leckmenge wesentlich beeinflußt.

Die Rechnungen der Leckverluste von Labyrinthdichtungen müssen sich daher mit auf praktische Erfahrungen über die bei den betreffenden Maschinen durch Konstruktion und Werkstattausführung erreichbaren Spiele stützen. Sind diese bekannt, so können, je nach Dichtungsart, die im vorstehenden gemachten Ausführungen über die Berechnung derartiger Dichtungen unter Berücksichtigung der mitgeteilten Forschungsergebnisse über Versuche an Dichtungen Anwendung finden.

f) Gemessene Dichtungsverluste an Maschinen im Betrieb.

Ein genaues Bild über den wirklichen Leckverlust einer Dichtung gibt der Versuch an der Maschine im Betrieb. Die inneren Dichtungen einer Maschine sind allerdings im Betrieb einer experimentellen Untersuchung nicht zugänglich, jedoch können an den äußeren Dichtungen, deren wichtigste der Ausgleichkolben ist, einwandfreie Messungen durchgeführt werden.

Eingehende Messungen der Ausgleichkolbenverluste an Verdichtern verschiedener Größe (Druckverhältnis 7 bis 8) ergaben Leckverluste von 0,5 bis 2%, je nach Maschinengröße:

große Maschinen $V_S = 80000$ bis 100000 m³/h, $q_{AK} \approx 0,5\%$,
mittlere Maschinen $V_S = 40000$ bis 50000 m³/h, $q_{AK} \approx 1,0\%$,
kleine Maschinen $V_S = 10000$ bis 15000 m³/h, $q_{AK} \approx 2,0\%$.

Bei allen untersuchten Maschinen (Kreiselverdichtern zum Verdichten von Luft für Bergwerksbetriebe) war der Anfangsdruck 1,0 ata, der Enddruck 7,0 bis 8,0 ata. Die Bauarten der Ausgleichkolben waren ähnlich und hatten die gleiche Zahl von Dichtungsspitzen und Labyrinthkammern entsprechend der Ausführung Abb. 337f. Die Spitzenzahl betrug 24. Das Spitzenspiel der Dichtungen war beim Einbau des Läufers vor der Inbetriebnahme etwa 0,1 mm.

g) Ausführungsbeispiele für innere und äußere Dichtung.

1. Innere Dichtung.

Die inneren Dichtungen haben die Aufgabe, zwischen den einzelnen Stufen von mehrstufigen Gebläsen oder Verdichtern möglichst vollkommen abzudichten. Die abzudichtenden Drücke bzw. Druckverhältnisse sind im allgemeinen nicht sehr hoch und die Platz- und Raumverhältnisse im allgemeinen sehr begrenzt, da die Länge dieser Dichtungen die Baulängen der Maschinen beeinflußt. Man begnügt sich daher bei den inneren Dichtungen mit nur wenig Dichtungsspitzen, die meist als Labyrinthdichtungen ausgebildet werden. Auf der Saugseite der Laufräder erfolgt die Abdichtung auf einem ziemlich großen Durchmesser am Radeinlauf auf der Deckscheibe. Diese Dichtung, die als „Laufraddichtung" bezeichnet sei, erfordert besonders sorgfältige Beachtung. Bei kleinem Dichtungsspiel von etwa 0,1 mm und bei richtiger Stellung der Dichtungsspitzen gegenüber den Eindrehungen der Deckscheibe sind zwar die Leckverluste dieser Dichtung nicht erheblich. Dieser Verlust kann jedoch beträchtlich werden, wenn das Dichtungsspiel infolge irgendwelcher Betriebszustände, z. B. unruhigen Laufes der Welle, größer geworden ist, insbesondere dann, wenn gleichzeitig durch eine Axialverschiebung des Läufers die Dichtungsspitzen nicht mehr auf den zugehörigen Dichtungsflächen der Welle auflaufen. Auf der Druckseite der Laufräder erfolgt die Dichtung im allgemeinen auf dem Wellenumfang. Der Leckverlust dieser Dichtung ist bei geringem Spiel von 0,1 mm sehr gering, da der Dichtungsdurchmesser hier klein ist.

Diese Dichtung wird als „Wellendichtung" bezeichnet. Ausführungsbeispiele für innere Dichtung an Welle und Laufrad zeigt Abb. 346.

2. Äußere Dichtung.

Die äußeren Dichtungen haben die Aufgabe, den umlaufenden Teil gegenüber dem feststehenden Teil nach außen hin abzudichten. Zu den äußeren Dichtungen gehören die Wellenabdichtungen auf Saug- und Druckseite, die vielfach als Stopfbuchsen bezeichnet werden, und der Ausgleichkolben, der zum Ausgleich des Axialschubes dient.

α) Wellenabdichtungen.

Die abzudichtenden Drücke der Stopfbuchsen sind gering, wenn der Anfangsdruck (Saugdruck) in der Nähe des äußeren Umgebungsdruckes liegt, wie dies bei Kreiselgebläsen und Kreiselverdichtern häufig der Fall ist, die zur Verdichtung von Luft im Bergbau und anderen Industrien eingesetzt sind, und wenn die Maschine auf der Druckseite einen Ausgleichkolben hat, dessen Ausgleichraum nahezu den Druck der äußeren Umgebung aufweist.

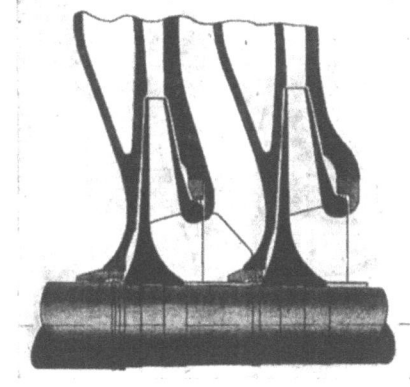

Abb. 346. Innere Dichtungen. Wellendichtungen und Laufraddichtungen.

In diesem Fall ist die Wellenabdichtung auf Saugseite wie auf Druckseite sehr einfach, und es genügt hierfür eine Labyrinthstopfbuchse mit einer geringen Zahl von Labyrinthen. Beispiele für die Ausbildung von derartigen Stopfbuchsen an Kreiselgebläsen und Kreiselverdichtern zum Verdichten von Luft zeigen Abb. 347a. Können im Betrieb Unterdrücke im Saugstutzen auf-

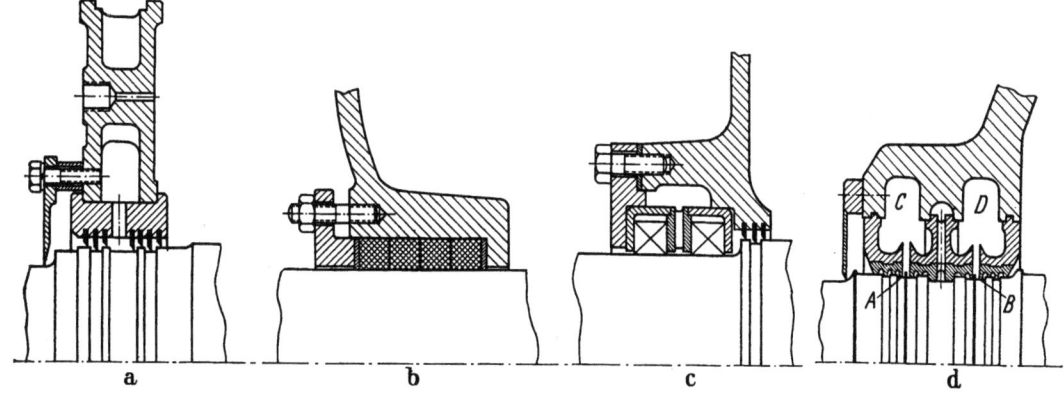

Abb. 347. Äußere Dichtungen; saugseitige und druckseitige Stopfbuchsen. a Labyrinthdichtung für Luftgebläse. b Asbestschnurdichtung für Gasgebläse. c Kohleringdichtung für Gasgebläse. d Flüssigkeitsdichtung für Gasgebläse.

treten, z. B. durch die Regelung der Maschine, dann wendet man zum Vermeiden größerer Stopfbuchsverluste eine größere Zahl von Labyrinthen für diese Stopfbuchsen an.

Anders liegen die Verhältnisse, wenn nicht Luft, sondern Gase zu verdichten sind, die mit der Umgebung nicht in Berührung treten dürfen. Dieser Bedarfsfall erfordert eine vollkommen dichte Stopfbuchse, und dieser Fall liegt vor bei Verdichtern zum Verdichten von Kokereigas, Synthesegas und ähnlichen. Für diese Art Abdichtung genügt die Labyrinthstopfbuchse allein im allgemeinen nicht, da ihre Wirkungsweise auf einem gewissen Leckverlust beruht.

Zur Abdichtung von Gasen haben sich daher Stopfbuchsen nach Abb. 347b bis d bewährt. Abb. 347b stellt eine Asbestschnurdichtung für Gasgebläse geringen Enddruckes dar, Abb. 347c eine Kohleringdichtung für Gasgebläse geringen und mittleren Enddruckes und Abb. 347d eine Dichtung, die aus einer Labyrinthdichtung und einer Flüssigkeitsabdichtung zusammengesetzt ist, wobei die Sperrflüssigkeit (Wasser oder Öl) in der Mitte der Stopfbuchse unter Druck zugeführt und die Leckmenge durch Abspritzringe an den Stellen *A* und *B* abgespritzt und aus den entsprechenden Räumen *C* und *D* abgeführt wird. Für die Abdichtung höherer Drücke hat sich

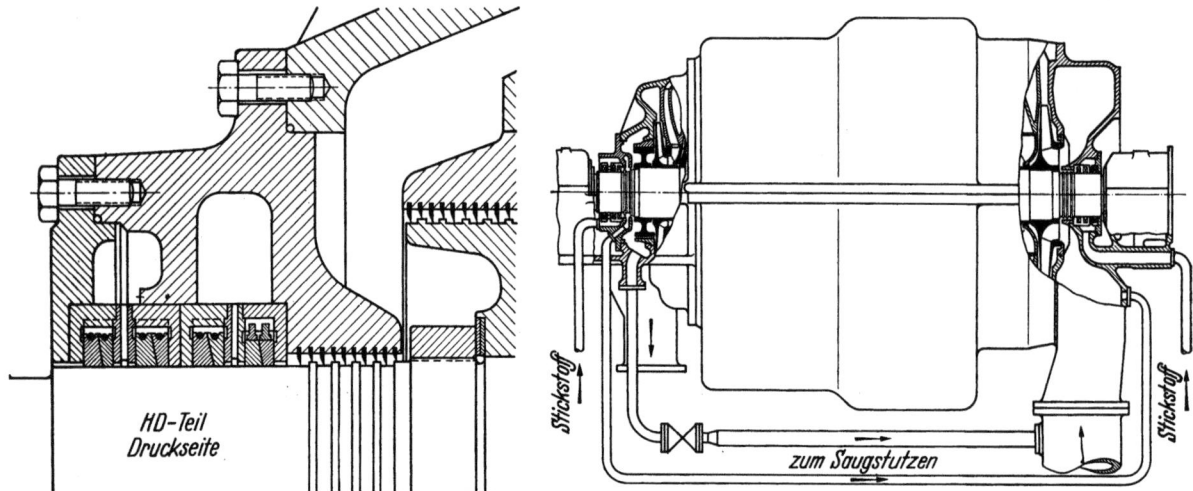

Abb. 348. Kohleringdichtung mit mehreren Teilkammern.   Abb. 349. Kohlering-Dichtung mit Sperrgas bzw. Absaugung.

die Kohleringstopfbuchse mit einer größeren Zahl von Teilkammern gut bewährt. Abb. 348 zeigt die Abdichtung eines Gaskreiselverdichters durch Kohleringstopfbuchse. Durch geeignete Leckgas- bzw. Sperrgasführung (Abb. 349) kann die Wirkung derartiger Kohlestopfbuchsen noch erheblich verbessert werden.

β) Ausgleichkolben.

Über die Ausführungen und Einzelheiten dieser Dichtungen s. S. 243.

VII. Kupplungen.

Ein wichtiges Verbindungsglied ist die zwischen Antriebsmaschine und Arbeitsmaschine zwischengeschaltete Kupplung. Die Kupplung hat die Aufgabe, die Leistung störungsfrei zu übertragen. Dies erfordert bei den im allgemeinen hohen Drehzahlen der Kreiselmaschinen sorgfältigste und genaueste Bearbeitung der beiden Kupplungshälften und der Verbindungselemente, genaues Auswuchten der Kupplungsteile und sorgfältiges Ausrichten bei der Montage.

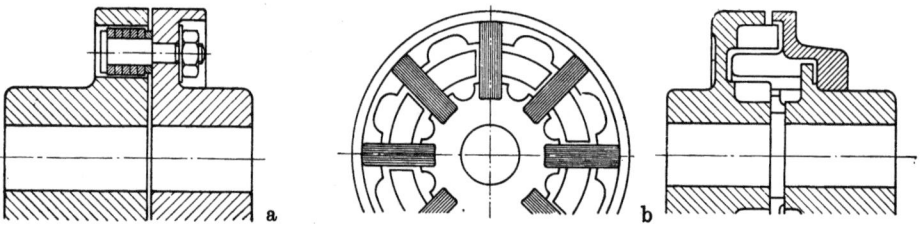

Abb. 350. Ausführungsbeispiele elastischer flexibler Kupplungen. a Lederbolzenkupplung. b Lederklotz- bzw. Gummiklotzkupplung (EUPEX-Kupplung).

Eine vollkommen starre Kupplung der Wellen der Antriebsmaschine und der Arbeitsmaschine ist nicht ratsam, da infolge von Wärmedehnungen, Abnutzung, Fundamentsenkungen oder dgl. Verlagerungen eintreten können und mit gewissen axialen Verschiebungen der Wellen während des Betriebes stets gerechnet werden muß. Die Kupplung muß also axiale Verschiebungen der

Kupplungen. 265

Wellen aufnehmen und soll auch gewisse radiale und winklige Verlagerungen zulassen. Eine Kupplung mit diesen Eigenschaften bezeichnet man als „flexible Kupplung". Darüber hinaus ist es von Vorteil, wenn die Kupplung elastisch ist, so daß sie dämpfend wirkt auf etwaige im Betrieb

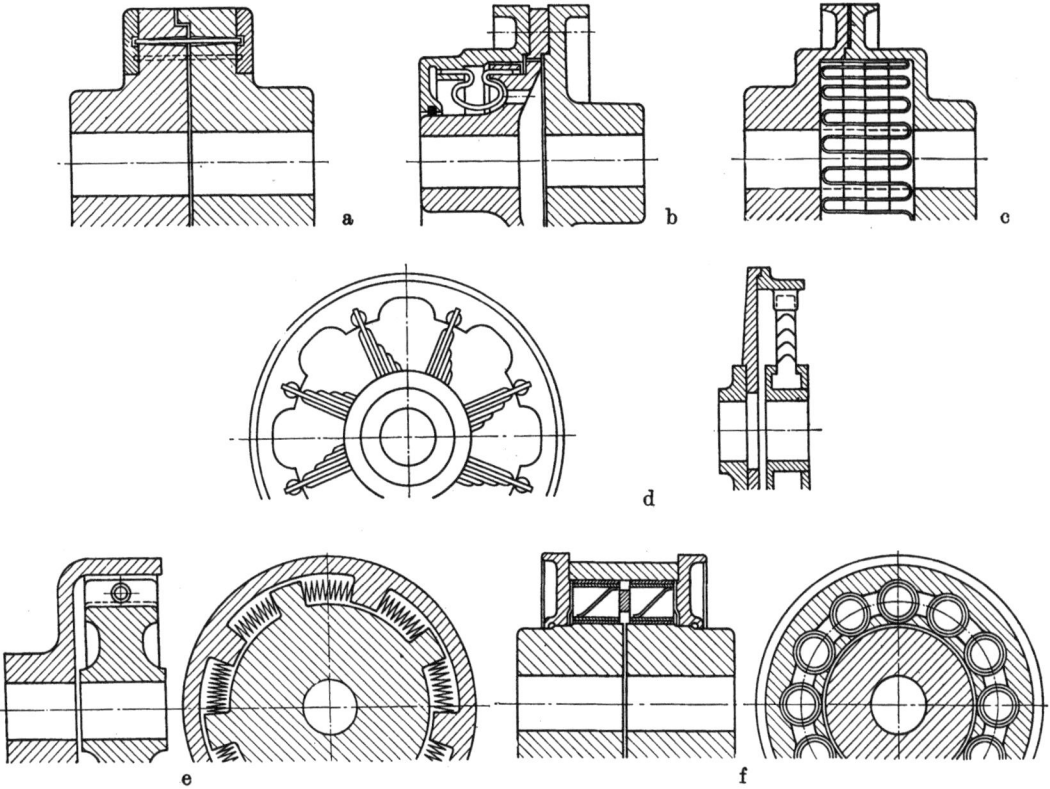

Abb. 351. a Federbolzenkupplung (FORST-Kupplung). b Schlangenfederkupplung (VOITH-MAURER-Kupplung). c Schlangenfederkupplung (BIBBY-Kupplung). d Blattfederkupplung. e Schraubenfederkupplung. f Ringfederkupplung (DELI-Kupplung).

auftretende Vibrationen und Erschütterungen, damit diese nicht von einer Maschine auf die mit ihr gekuppelte Maschine übertragen werden. Die Kupplung soll im Bedarfsfall eine schnelle Trennung der miteinander gekuppelten Maschinen gestatten.

Ausführungsbeispiele elastischer flexibler Kupplungen sind in Abb. 350 und 351 dargestellt. Die Elastizität dieser Kupplungen wird dadurch erreicht, daß die beiden Kupplungsteile durch elastische Glieder (Leder- oder Gummipakete, Federn) miteinander verbunden werden. Leder oder Gummi als elastisches Zwischenglied wird bei der einfachen, noch häufig angewandten Lederbolzenkupplung (Abb. 350a) in Form von Manschetten, bei der sogenannten Eupex-Kupplung (Abb. 350b) in Form von Klötzern benutzt. Bei den übrigen dargestellten Kupplungen dienen als elastische Zwischenglieder Stahlfedern, die in verschiedenster Weise ausgebildet sind (Abb. 351a bis h).

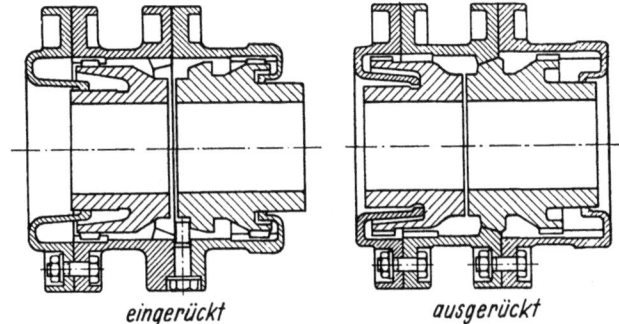

Abb. 352. FAST-Kupplung.

Ausführungsbeispiele von unelastischen flexiblen Kupplungen zeigen Abb. 352 bis 354. Beide Kupplungshälften sind in Abb. 352 am äußeren Umfang verzahnt. In diese Verzahnung greift eine innenverzahnte Kupplungshülse. Die Verzahnung gestattet eine Verschiebung und Verlagerung der Wellen. Abb. 353 und 354 sind ähnliche Ausführungsarten.

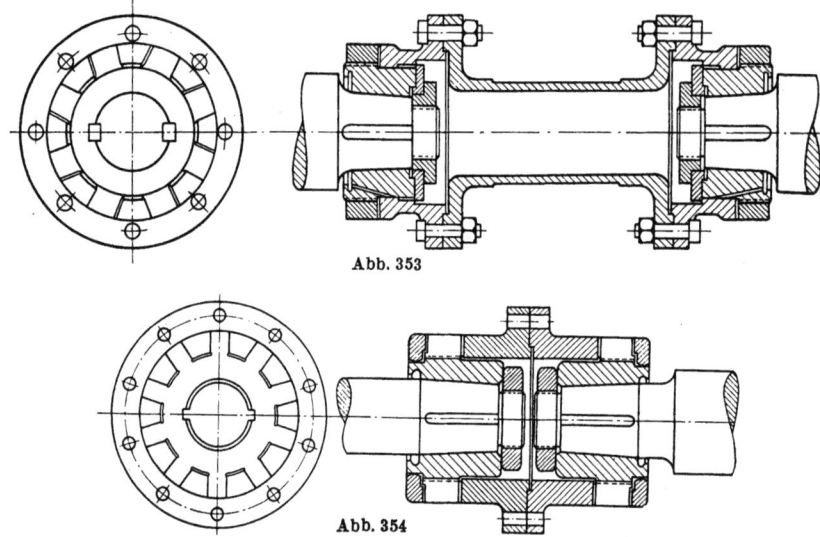

Abb. 353 u. 354. Ausführungsbeispiele unelastischer flexibler Kupplungen.

Eine weitere Gruppe von Kupplungen, die für den Kreiselgebläse- und Kreiselverdichterbau zunehmende Bedeutung gewinnt, bilden die auf Erfindungen von Prof. FÖTTINGER zurückgehenden hydraulischen Kupplungen, bei denen die Kraftübertragung durch eine Flüssigkeit erfolgt,

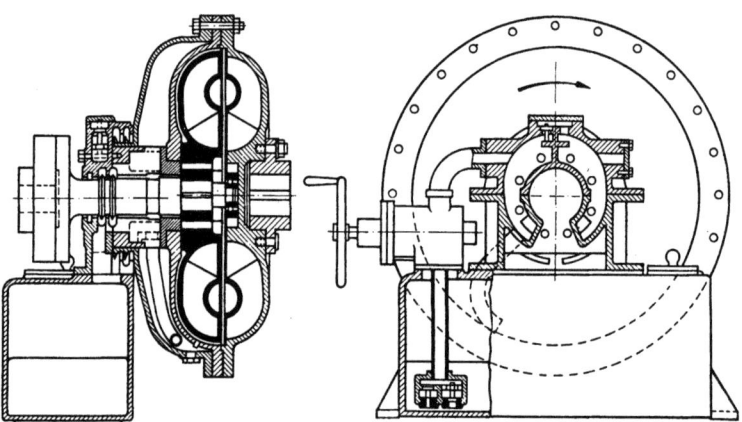

Abb. 355. Ölhydraulische Regelkupplung (VOITH-Kreiselkupplung).

die in geschlossenem Kreislauf zwischen einem Pumpenrad auf der treibenden Welle und einem Turbinenrad auf der getriebenen Welle umläuft. Zwischen treibender und getriebener Welle ergibt sich ein gewisser, als Schlupf bezeichneter Drehzahlunterschied. Die Drehzahl der angetriebenen Welle kann bei gleichbleibender Drehzahl der antreibenden Welle in einfacher Weise dadurch geändert werden, daß die umgewälzte Ölmenge durch Zu- oder Abführen von Öl mittels einer besonderen Hilfspumpe geändert wird. Durch vollständiges Entleeren der Kupplung im Betrieb kann die angetriebene Welle bis zum Stillstand heruntergeregelt werden und umgekehrt. Diese Betriebseigenschaften machen die hydraulische Kupplung, FÖTTINGER-Kupplung genannt, besonders geeignet als Regelkupplung für Verdichterantriebe, wenn der Antrieb durch in der Drehzahl nicht regelbare Elektromotoren erfolgt. Abb. 355 zeigt einen Schnitt durch eine FÖTTINGER-Kupplung.

VIII. Getriebe.

Im allgemeinen wird man bestrebt sein, die Antriebsmaschine mit der gleichen Drehzahl zu betreiben wie die Arbeitsmaschine (Kreiselgebläse und Kreiselverdichter). Meist ist dies auch durchführbar, wenn die Antriebsmaschine eine Turbine ist, da für die Turbine ähnliche strömungstechnische und konstruktive Gesichtspunkte gelten wie für Kreiselgebläse und Kreiselverdichter. Aber auch bei Turbinenantrieb ist es in besonderen Fällen ratsam, für Antriebsmaschine und Arbeitsmaschine verschiedene Drehzahl zu wählen, z. B. erfordert ein Kreiselgebläse für eine große Ansaugemenge und geringe Druckerhöhung einen großen Raddurchmesser und eine niedrige Umfangsgeschwindigkeit, daher eine niedrige Gebläsedrehzahl. Die Kupplungsleistung ist dabei, entsprechend der geringen Druckerhöhung, gering. Für eine kleine Turbinenleistung ist aber bei den gebräuchlichen Dampfdruckgefällen eine hohe Drehzahl der Turbine von Vorteil, sowohl aus Gründen des Wirkungsgrades, also des Dampfverbrauches der Turbine, als auch aus Gründen des Werkstoff- und Arbeitsaufwandes für die Turbine und damit des Turbinenpreises. Man wird daher in einem solchen Fall eine schnellaufende Turbine als Antriebsmaschine des langsamlaufenden Gebläses wählen und zwischen beide ein Untersetzungsgetriebe schalten.

Bei elektromotorischem Antrieb ist es in vielen Fällen unzweckmäßig und häufig ganz unmöglich, unmittelbaren Antrieb zu wählen, ohne ein Getriebe zwischenzuschalten, da die Drehzahlen der im allgemeinen Verwendung findenden Elektromotoren bei 1500 bzw. 3000 U/min, hingegen die Drehzahlen der Gebläse und Verdichter, je nach Ansaugemenge und Druckerhöhung, im Bereich von 1500 bis 20000 U/min, in Sonderfällen auch noch unterhalb und oberhalb dieses Bereiches, liegen. Es ist daher nur für einen Teil auftretender Bedarfsfälle die Motordrehzahl unmittelbar gleich der normalen Gebläse- bzw. Verdichterdrehzahl (Kreiselverdichter großer Ansaugeleistung, Abb. 183 und 184, Kreiselgebläse großer Ansaugeleistung, Abb. 101 und 140). Für einen Teil von Bedarfsfällen kann man noch durch Wahl der Stufenzahl und der Laufraddurchmesser die Gebläse- bzw. Verdichterdrehzahl der Motordrehzahl anpassen, so daß auch hier unmittelbarer Motorantrieb möglich ist, z. B. mehrstufige Gasgebläse (vgl. S. 136). In vielen Fällen ist aber unmittelbarer Antrieb durch Motor ohne bedeutenden Mehraufwand an Baustoff und Leistung nicht möglich und darum unzweckmäßig. Es erfordert z. B. ein Kreiselverdichter zum Verdichten von 25000 m³/h Luft von 1,0 ata auf 8 ata eine Verdichterdrehzahl von etwa 5000 bis 5500 U/min bei neun- bis elfstufiger eingehäusiger Bauart, wie sie heute für Bergbauzwecke ausschließlich Anwendung findet. Bei unmittelbarem Motorantrieb würde bei 3000 U/min ein Vielfaches der Stufenzahl erforderlich sein. Die größere Zahl erforderlicher Laufräder würde daher nur in mehrgehäusiger Bauart unterzubringen sein.

Ein einstufiges Gebläse für eine kleine Ansaugemenge (etwa 5000 m³/h) zur Verdichtung von Luft von 1 ata auf etwa 1,8 ata erfordert einen kleinen Laufraddurchmesser von etwa 330 bis 350 mm und eine sehr hohe Drehzahl von etwa 20000 U/min. Dieses Gebläse ist mit einer niedrigen Drehzahl, z. B. 3000 U/min, gar nicht ausführbar, sondern erfordert in jedem Fall die Zwischenschaltung eines Übersetzungsgetriebes, das von der Motordrehzahl auf die Gebläsedrehzahl übersetzt.

Die für praktische Bedarfsfälle benötigten Übersetzungen können meistens in einstufigen Getrieben untergebracht werden. Die hohen Drehzahlen und Umfangsgeschwindigkeiten stellen an die Getriebe erhöhte Anforderungen bezüglich Güte des Werkstoffes und der Bearbeitung. Lager und Verzahnung müssen reichlich mit Drucköl versorgt werden, das zweckmäßigerweise durch eine Ölpumpe, die zwangläufig mit dem Getriebe gekuppelt ist, geliefert wird, so daß die Ölförderung niemals ausbleiben kann, solange das Getriebe läuft. Die Getriebe sollen möglichst geräuschlos im Betrieb arbeiten. Aus Gründen der Geräuschdämpfung wählt man gern starkwandige gußeiserne Gehäuse für die Getriebe. Es werden aber auch Getriebegehäuse in geschweißter Bauart ausgeführt, die den Vorteil geringen Baugewichtes haben.

Die Umfangsgeschwindigkeiten, bezogen auf Teilkreis der Turbogetriebe, liegen im Bereich von 40 bis 80 m/s. Für die Ritzel findet ein Stahl einer Festigkeit von 75 bis 85 kg/mm² Anwendung. Die Radkörper kleiner Getriebe werden aus Stahl von 60 bis 70 kg/mm² Festigkeit hergestellt. Die Radkörper großer Getriebe werden gegossen und erhalten eine Stahlbandage von 60 bis 70 kg/mm² Festigkeit.

Als Verzahnung hat sich die Pfeilverzahnung mit Lücke zwischen den beiden Zahnschrägen gut bewährt.

Ausgeführte Getriebe, die zur Übersetzung der Motordrehzahl auf die Gebläse- bzw. Verdichterdrehzahl dienen, zeigen die Abb. 103 und 108.

Bemerkenswert ist die Getriebebauart (Abb. 102), bei der das Getriebegehäuse die Spirale des Gebläses trägt und die Ritzelwelle des Getriebes das Gebläselaufrad in fliegender Anordnung.

IX. Fundamente.

a) Aufgabe und Belastung des Fundamentes.

Das Maschinenfundament ist ein Bauwerk, das die Aufgabe hat, die Maschine zu tragen, die Lage der Maschine im Betrieb zu sichern und einen sicheren Dauerbetrieb zu gewährleisten. Um diese Forderungen zu erfüllen, muß das Fundament allen auftretenden Belastungen standhalten.

Auf das Fundament wirken im Betrieb der Maschine

1. statische Kräfte, die durch das Maschinengewicht und durch die Art der Auflagerung der Maschine auf dem Fundament gegeben sind,

2. dynamische Kräfte, die beim Umlaufen der Maschine bzw. bei Belastungsänderungen ausgelöst werden.

Einzelne Belastungsstöße können bei Kreiselgebläsen und Kreiselverdichtern im Betrieb auftreten beim Pumpen der Maschinen (s. S. 67) oder auch beim plötzlichen Anfahren einer Maschine, z. B. durch Kurzschlußmotor (Anfahrstoß).

Dynamische Beanspruchungen durch in regelmäßiger Zeitfolge wechselnde Kräfte treten praktisch bei jeder Maschinenart auf. Bei Kolbenmaschinen, die im allgemeinen selten zum Antrieb von Kreiselgebläsen und Kreiselverdichtern verwendet werden, ergeben sich solche periodisch

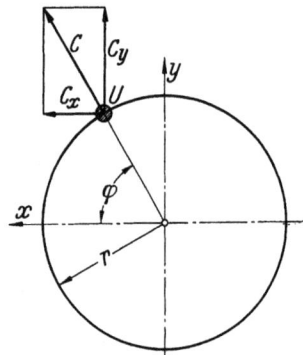

Abb. 356. Wirkung einer Unwucht bei einem gleichförmig umlaufenden Körper.

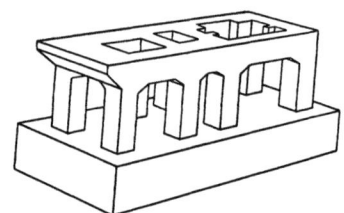

Abb. 357. Rahmenartig ausgebildetes Kreiselverdichterfundament.

wechselnde Kräfte durch die Massenwirkungen der bewegten Massen und durch die zeitlich veränderlichen Arbeitskräfte. Bei gleichförmig umlaufenden Maschinen (Kreiselgebläse, Kreiselverdichter, Turbinen, Elektromotoren, Getriebe) ergeben sich periodisch wechselnde Kräfte durch Unwuchten der Läufer, mit denen im Betrieb stets bis zu einem gewissen Grade gerechnet werden muß.

Hat der Läufer einer gleichförmig umlaufenden Maschine die Unwucht U [kg] am Hebelarm r, so entspricht dieser Unwucht bei der Winkelgeschwindigkeit ω eine Fliehkraft $C = U r \omega^2 / g$, deren Richtung sich mit dem Umlauf der Welle dauernd ändert und die in die waagerechte Komponente (Abb. 356)

$$C_x = \frac{U}{g} r \omega^2 \cos \varphi \qquad (63\,\mathrm{a})$$

und in die senkrechte Komponente

$$C_y = \frac{U}{g} r \omega^2 \sin \varphi \qquad (63\,\text{b})$$

zerlegt werden kann. Es ergeben sich also durch die Unwucht U waagerechte und lotrechte periodische Kräfte C_x und C_y, die in den Lagern entsprechende periodische Kräfte hervorrufen, die über das Maschinengehäuse auf das Fundament übertragen werden. Die Frequenz dieser periodischen Kräfte ist gleich der Maschinenfrequenz.

b) Fundamentschwingungen.

Das Fundament mit der auf ihr fest verankerten Maschine ist in Verbindung mit der Federung des Baugrundes unterhalb des Fundamentes ein schwingungsfähiges System von einer durch die Größe der Massen und die Beschaffenheit des Baugrundes bestimmten Eigenschwingungszahl. Bei rahmenartig ausgebildeten Fundamenten (Abb. 357) können auch einzelne Fundamentteile in Schwingungen geraten. Die Forderung nach einem einwandfreien Dauerbetrieb einer Maschinenanlage verlangt Schwingungsfreiheit des Fundamentes und seiner Teile bei allen im Betrieb auftretenden Betriebszuständen und -drehzahlen.

Fällt die Frequenz der Erregung mit der Eigenfrequenz des Fundamentes auf seiner elastischen Unterlage oder mit der Eigenfrequenz eines Fundamentteiles zusammen, dann besteht Resonanz und damit die Gefahr des Auftretens unzulässig hoher Schwingungsausschläge. Um die Möglichkeit der Resonanz auszuschließen, müssen die Eigenfrequenzen des Fundamentes und seiner Teile genügend weit außerhalb der Betriebsfrequenzbereiche der Maschine liegen, und zwar entweder oberhalb oder unterhalb von diesen letzteren. Dies kann durch geeignete Bemessung der Fundamente erreicht werden. Resonanzgefahr besteht auch, wenn die Eigenschwingungszahl des Fundamentes oder eines Teiles desselben gleich der kritischen Drehzahl der Maschinenwelle ist und wenn diese kritische Drehzahl unterhalb der Betriebsdrehzahlen liegt, also zum Zweck des Erreichens der Betriebsdrehzahlen durchfahren werden muß. Es ist daher zu empfehlen, die Eigenschwingungszahl des Fundamentes und die kritische Drehzahl der Maschine verschieden hoch zu wählen.

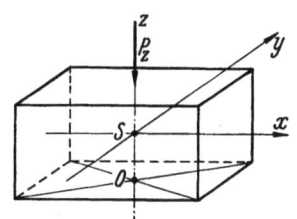

Abb. 358. Fundament durch senkrechte, durch den Schwerpunkt gehende dynamische Kräfte belastet.

Das Entstehen der Fundamentschwingungen soll hier nur andeutungsweise behandelt werden. Im übrigen sei auf das einschlägige Schrifttum [118] verwiesen.

Der einfachste Fall ergibt sich durch Wirken einzelner, stoßartiger oder auch periodischer dynamischer *Kräfte in senkrechter Richtung*, die durch den Schwerpunkt des Fundamentes hindurchgehen (Abb. 358), der mit dem Schwerpunkt der Grundfläche des Fundamentes in einer gemeinsamen senkrechten Achse z liegend vorausgesetzt ist.

Ist m die Masse des gesamten Fundamentes, einschließlich der darauf aufgestellten Maschine,
 z der senkrechte Ausschlag der im Schwerpunkt S vereinigt gedachten Masse m zur Zeit t,
 c die Federkonstante des Baugrundes, wobei vorausgesetzt ist, daß die Federung masselos ist,
 $A \sin \omega t$ die erregende periodische Kraft, in der durch den Schwerpunkt gehenden z-Achse wirkend,

dann lautet die Bewegungsgleichung

$$\frac{m\,d^2 z}{d t^2} + c z = A \sin \omega t. \qquad (64)$$

Es ist dies die Gleichung der erzwungenen Schwingungen des Massensystems. Die Gleichung der Eigenschwingungen lautet

$$\frac{m\,d^2 z}{d t^2} + c z = 0. \qquad (65)$$

Die Lösung dieser Gleichung lautet

$$z = C \cos \varrho\, t. \qquad (66)$$

Mit dieser folgt aus Gl. (65) die Eigenfrequenz der lotrechten Eigenschwingungen des Fundamentes

$$\varrho = \sqrt{\frac{c}{m}}, \tag{67}$$

und die Eigenschwingungszahl des Fundamentes

$$n_e = \frac{30}{\pi}\sqrt{\frac{c}{m}}. \tag{68}$$

Hierbei ist vorausgesetzt, daß keinerlei Dämpfung wirksam ist. In Wirklichkeit ist aber eine Dämpfung vorhanden, mit deren Berücksichtigung die Gleichungen der erzwungenen und der freien Schwingungen lauten

[erzwungene Schwingung] $\qquad m\dfrac{d^2 z}{d t^2} + k\dfrac{d z}{d t} + c z = A \sin \omega t, \tag{69}$

[Eigenschwingung] $\qquad m\dfrac{d^2 z}{d t^2} + k\dfrac{d z}{d t} + c z = 0. \tag{70}$

Hierbei ist $k\,dz/dt$ die Dämpfungskraft.

Die Lösung der Gl. (70) lautet

$$z = \frac{z_0}{2\gamma}\,e - \frac{k}{2m}t\,(e^{\gamma t} - e^{-\gamma t}), \tag{71}$$

wobei

$$\gamma = \sqrt{\left(\frac{k}{2m}\right)^2 - \frac{c}{m}} = \sqrt{\frac{c}{m}}\sqrt{\frac{k^2}{4mc} - 1} \tag{72}$$

und z_0 die Geschwindigkeit zur Zeit $t = 0$ ist.

Unter Wirkung der in der z-Richtung durch den Schwerpunkt S des Fundamentes und durch den Schwerpunkt O der Auflagefläche des Fundamentes hindurchgehenden dynamischen Kräfte wird das Fundament in Richtung der z-Achse in Schwingungen versetzt.

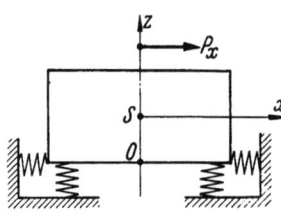

Abb. 359. Fundament durch waagerechte, nicht durch den Schwerpunkt gehende dynamische Kräfte belastet.

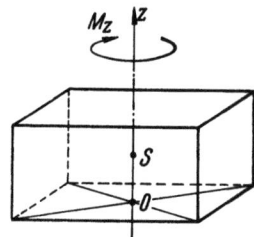

Abb. 360. Dynamische Momente um die senkrechte Schwerachse des Fundamentes.

Wirken auf ein Fundament in einer der beiden Hauptachsen *waagerechte Kräfte* (Abb. 359), so wird im allgemeinen die waagerechte elastische Hauptachse nicht durch den Schwerpunkt hindurchgehen. Unter Wirkung dieser Kräfte und unter den in Abb. 359 dargestellten Verhältnissen wird das Fundament in Pendelschwingungen versetzt, die man sich aus Drehschwingungen und Verschiebeschwingungen zusammengesetzt denken kann. Es gibt für diese Pendelschwingungen, wie E. RAUSCH [*118*] nachgewiesen hat, zwei Drehpole, die auf der senkrechten Schwerlinie (z-Achse) liegen, zu denen zwei Pendelschwingungen als freie Eigenschwingungen des Fundamentes gehören. Die gesamte Masse m kann man in diesen Drehpolen in zwei Teilmassen m_1 und m_2 zerlegen, die in dynamischem Sinn der Gesamtmasse entsprechen (gleicher Gesamtschwerpunkt, gleiches Gesamtträgheitsmoment). Hierdurch werden die waagerechten Schwingungen des Fundamentes auf die waagerechten Schwingungen je eines Massenpunktes zurückgeführt.

In beliebiger Richtung auf das Fundament wirkende dynamische Kräfte lassen sich nach den drei Hauptrichtungen x, y, z zerlegen und damit auf die obigen Fälle zurückführen. Das gleiche gilt für irgendwelche Momentwirkungen um die x-Achse und um die y-Achse.

Dynamische Momente um die senkrechte Schwerachse (z-Achse) führen zu Drehschwingungen des Fundamentes auf seiner Auflagerfläche (Abb. 360).

Bedeutet Θ das Massenträgheitsmoment des gesamten Fundamentes einschließlich der Maschine um die z-Achse,
φ den Drehwinkel um die z-Achse,
α die Federkonstante,
$M = \alpha\varphi$ das Federmoment in der Auflagefläche des Fundamentes,

so ist die Gleichung der Eigenschwingungen

$$\Theta \frac{d^2 \varphi}{d t^2} + \alpha\, \varphi = 0, \tag{73}$$

deren Lösung die Eigenfrequenz

$$\varrho = \sqrt{\frac{\alpha}{\Theta}}.$$

und die Eigenschwingungszahl

$$n_e = \frac{30}{\pi} \sqrt{\frac{\alpha}{\Theta}} \tag{74}$$

ergibt.

Schwingungen von Rahmenfundamenten. Die Fundamente von Kreiselgebläsen und Kreiselverdichtern werden, wie die Turbinenfundamente, meist mit Rücksicht auf das Unterbringen der Rohrleitungen rahmenartig ausgebildet (Abb. 357). Es besteht bei dieser Konstruktion auch die Möglichkeit des Auftretens von Schwingungen innerhalb des Rahmenwerkes.

Das Rahmenwerk besteht aus Querrahmen und Längsbalken. Die Querrahmen müssen zur Aufnahme der von auftretenden Fliehkräften herrührenden Kraftkomponenten besonders kräftig gehalten werden.

Für die Schwingungsberechnung solcher Rahmenwerke pflegt man im allgemeinen die Annahme zu treffen, daß die Längsbalken nur schwach sind und daß die Querrahmen daher hinsichtlich der auftretenden Schwingungen getrennt betrachtet werden können.

c) Gesichtspunkte für die Konstruktion und Herstellung der Fundamente.

Kreiselgebläse bzw. Kreiselverdichter und ihre Antriebsmaschinen erhalten ein gemeinsames Fundament, das mit Rücksicht auf das Unterbringen von Rohrleitungen, Kühlern, Kondensatoren u. dgl. rahmenartig ausgebildet wird (Abb. 357). Dieses Fundament besteht aus einer Tischplatte, einer Grundplatte und aus diese beiden Platten verbindenden Stützen.

Bei den im allgemeinen in Anwendung kommenden hohen Gebläse- bzw. Verdichterdrehzahlen kann das Rahmenwerk des Fundamentes im allgemeinen nicht so steif ausgebildet werden, daß die Eigenschwingungsfrequenzen des Fundamentes hoch über den erregenden Frequenzen liegen.

Unter Einfluß von periodischen erregenden Kräften, die von Unwuchten herrühren, kann nach dem Vorstehenden das Fundament sowohl in lotrechte wie auch in waagerechte Schwingungen versetzt werden.

Die konstruktive Durchbildung des Fundamentes hat in Zusammenarbeit zwischen dem Maschineningenieur und dem Bauingenieur zu erfolgen.

Für die Fundamentberechnung sind für den Bauingenieur erforderlich

1. das Belastungsschema des Fundamentes,
2. Angabe der umlaufenden Massen,
3. die Maschinendrehzahlen,
4. die kritischen Drehzahlen der Wellen im Betriebszustand,
5. das Anfahrmoment.

Bei der Erstellung des Fundamentes sind folgende Fragen zu beachten:

Die Baugrundverhältnisse und die Grundwasserverhältnisse unter dem zu errichtenden Fundament sind durch Bohrungen von 10 bis 25 m Tiefe unter Grundplattenunterkante und durch dynamische Versuche über die Federungseigenschaften des Bodens zu untersuchen. Das Fundament soll nur auf gewachsenem Boden (Fels, Kies, grober Sand, fester Ton usw.) aufgestellt werden. Bei nicht einwandfreiem Baugrund und bei Grundwasser bis in die Nähe der Fundamentsohle ist eine Pfahlgründung erforderlich. Der meist angewandte Baustoff für das Fundament ist Stahlbeton. Die Würfelfestigkeit des Betons soll mindestens 160 kg/cm² betragen, der Elastizitätsmodul des Betons $E_b = 300\,000$ kg/cm². Möglichst alle Zug- und Schubspannungen sollen durch Stahleinlagen aufgenommen werden. Die Stahlbewehrung soll mindestens 30 kg/m³ betragen. Die Grundplatte des Fundamentes soll möglichst stark ausgebildet sein, und das Gewicht dieser Grundplatte soll möglichst nicht kleiner sein als die Gewichte von Maschine, Tischplatte und Stützen zusammengenommen. Das Fundament soll in ununterbrochenem Betonierungsvorgang hergestellt werden.

Die Maschine muß in senkrechter wie in waagerechter Richtung kraftschlüssig mit dem Fundament verbunden werden. Dies geschieht in senkrechter Richtung durch Anker, in waagerechter Richtung durch Aufsattelungen.

Zur Vermeidung der Schwingungsübertragung vom Fundament auf benachbarte Gebäudeteile ist eine Trennung von Gebäude und Fundament durch seitliche Fugen erforderlich. Die wirksamste Trennung ist der Luftspalt, der jedoch im Betrieb in einwandfreiem Zustand gehalten werden muß. Im Betrieb muß außerdem sorgfältig darauf geachtet werden, daß kein Öl von der in Betrieb befindlichen Maschine auf das Fundament läuft und in den Beton eindringt, da dieser hierdurch zerstört wird.

Das Fundament eines Kreiselverdichters, der durch Motor über Getriebe angetrieben wird, zeigt Abb. 357.

X. Rohrleitungsführung.

Da Kreiselgebläse und Kreiselverdichter in der Lage sind, große Luft- bzw. Gasmengen zu verarbeiten, nehmen die Rohrleitungen (Saugleitung, Druckleitung, Kühlwasserleitungen) gegenüber den verhältnismäßig kleinen Maschinenabmessungen einen erheblichen Raum ein, denn man ist zur Vermeidung größerer Rohrleitungswiderstände und Verluste an das Einhalten gewisser Geschwindigkeiten in den Leitungen gebunden. (Saugleitung 15 bis 20 m/s, Druckleitung 20 bis 25 m/s, Kühlwasserleitung 2,5 m/s.) Die zweckmäßige Unterbringung und Führung der Leitungen erfordert daher besondere Beachtung.

Die Saugleitungen und die Druckleitungen von Gebläsen werden mitunter aus bestimmten Gründen nach oben geführt. Es bedeutet keine konstruktiven Schwierigkeiten, die Stutzenstellung der Gebläse dieser gewählten Rohrleitungsführung anzupassen. Diese Rohrleitungsführung hat aber den Nachteil, daß das Gewicht der Rohrleitungen und Armaturen, soweit diese nicht besonders abgestützt sind, auf die Gebläse wirkt und daß die Gebläse sehr schwer zugänglich sind. Sollen z. B. die Gebläse zum Reinigen der Laufräder geöffnet werden, was bei Förderung ungereinigten Gases sehr häufig vorkommen kann, dann ist es jeweils erforderlich, einen Teil der Rohrleitungen abzubauen, so daß unter diesen Verhältnissen das Öffnen eines Gebläses zu einer sehr langwierigen Arbeit wird.

Wesentlich günstiger liegen die Verhältnisse beim Anordnen der Rohrleitungen nach unten, so daß der Raum oberhalb der Gebläse jederzeit mit dem Kran befahren werden kann und die Gehäuse leicht zugänglich sind und im Bedarfsfalle in kürzester Zeit ohne Abbau irgendwelcher Leitungen geöffnet und geschlossen werden können. Die Rohrleitungsführung erfordert dann besondere Kanäle zur Aufnahme der Rohrleitungen oder noch besser unterkellerte Maschinenräume.

Bei Kreiselverdichtern ist die Unterkellerung allgemein üblich, schon wegen des Unterbringens des Kondensators unmittelbar unter der Turbine bei Turbinenantrieb. Dann erfordert der Kondensator so geräumige Keller, daß es keine Schwierigkeiten bereitet, sämtliche Rohrleitungen (für Frischdampf, Abdampf, Kühlwasser, Öl sowie für Saug- und Druckluft) unterzubringen, einschließlich aller Hilfsmaschinen, so daß bei Beachtung dieser Gesichtspunkte ein übersichtlicher Maschinenraum mit durch den Kran jederzeit zugänglichen Maschinen geschaffen werden kann.

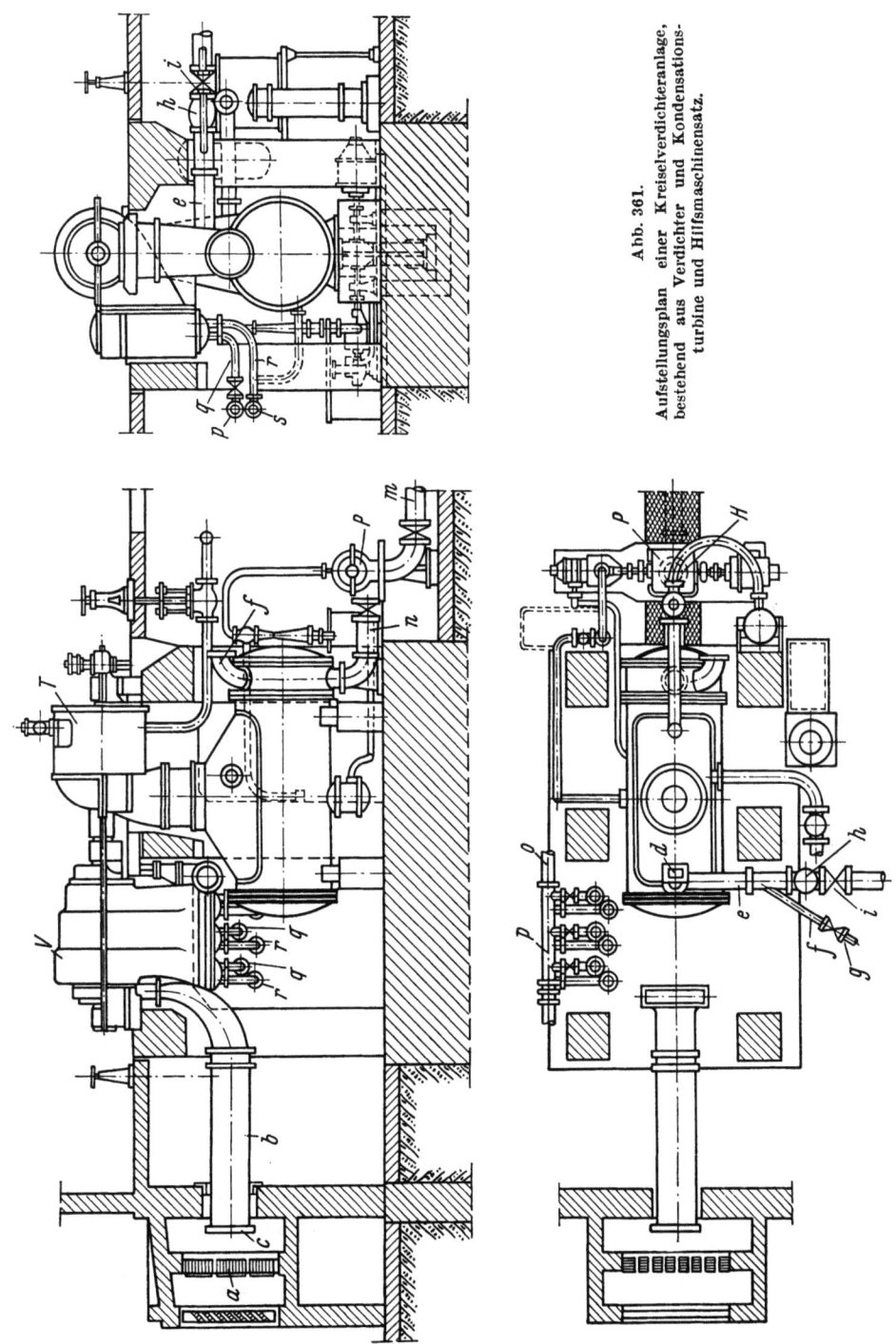

Abb. 361. Aufstellungsplan einer Kreiselverdichteranlage, bestehend aus Verdichter und Kondensationsturbine und Hilfsmaschinensatz.

Ein Beispiel einer Luftverdichteranlage auf einer Zeche zeigt Abb. 361. Der Antrieb des Kreiselverdichters V (links) erfolgt durch Frischdampf-Kondensationsturbine T (rechts). Ein tiefer Keller, dessen Flur zu ebener Erde liegt, gestattet übersichtliche Rohrleitungsführung und gute

Zugänglichkeit aller Teile. Im Maschinenhauskeller ist genügend Raum vorhanden, um den Kondensatordeckel auszufahren und die Rohre des Kondensators bei Bedarf auszuwechseln. Der Hilfsmaschinensatz, bestehend aus Kühlwasserpumpe, Kondensatpumpe, Strahlwasserpumpe und aus Hilfsturbine (wahlweise Elektromotor) als Antriebsmaschine, ist auf Kellerflur quer zur Achse der Hauptmaschine aufgestellt (in der Abb. rechts unten), durch die Montageöffnung in der Maschinenhausdecke jederzeit zugänglich durch den Kran. Die Dampfleitungen liegen gut isoliert in halber Höhe, so daß sie den Durchgang nicht stören.

Die Luft wird über ein Filter a durch das unter Maschinenflur liegende Rohrstück b angesaugt. In der Saugleitung befindet sich die zur Luftmengenmessung erforderliche Blende c, hier als Einlaufblende ausgebildet und möglichst normgerecht eingebaut. Ein normgerechter Einbau der Blende ist infolge beschränkten Raumes nicht immer möglich. Man sollte aber beim Planen und Legen der Rohrleitungen bestrebt sein, die Forderungen normgerechten Einbaues im Interesse möglichst genauer Messungen möglichst weitgehend zu erfüllen, d. h. man sollte genügend lange, gerade Rohrstrecken vor und hinter den Meßblenden wählen.

Die Druckluft tritt am Druckstutzen d des Verdichters in die unter Flur an der Decke verlegte Druckluftleitung e des Netzes. Die Ausblaseleitung f dient zum Anfahren des Verdichters über das Anfahrventil g, solange der Verdichter noch nicht aufs Netz arbeitet (Rückschlagklappe h oder Absperrschieber i in Druckleitung noch geschlossen). Auf die gleiche Abblaseleitung f kann eine vorgesehene automatische Abblaseregelung, die zum Fahren von unterhalb der Pumpgrenze gelegenen Betriebspunkten des Verdichters dient, arbeiten. Die Regelung betätigt das automatische Abblaseventil und führt die überschüssige Luft durch f ins Freie.

Die Kühlwasserlieferung zum Kühlen des Kondensators und des Verdichters erfolgt durch eine gemeinsame Kühlwasserpumpe P, die zum Hilfsmaschinensatz H gehört, die auf Kellerflur aufgestellt ist. Der Kühlwasserbedarf des Verdichters beträgt nur einen Teil des Bedarfs des Kondensators. Die Widerstände im Wasserweg des Kondensators und des Verdichters werden möglichst einander angepaßt. Das Kühlwasser gelangt in Leitung m vom Kühlturm zur Pumpe P und wird durch Leitung n dem Kondensator und durch Leitung o dem Verdichter zugeführt. Vom Verteiler p tritt das Kühlwasser von unten durch q in die einzelnen Zwischenkühler des Verdichters ein und ebenfalls nach unten durch r aus nach der Sammelleitung s. Die Kühlwasser-Sammelleitungen werden zweckmäßigerweise in Kanälen verlegt. Die zweckmäßige und sinngemäße Unterbringung der zahlreichen Kleinleitungen (Ölzuführungs- und -abführungsleitungen, Kondenswasserleitungen, Strahlwasserleitungen usw. bereitet meist keine besonderen Schwierigkeiten.

H. Montage und Betrieb.

a) Werksmontage.

Nach dem Fertigstellen der Gebläse- und Verdichtereinzelteile in den mechanischen Werkstätten (Bearbeiten und Abpressen der Gehäuse, Bearbeiten der Zwischenböden, der Dichtungseinsätze, der Lager usw., Bearbeiten der Wellen, Laufrad- und Deckscheiben, Schlagen der Schaufeln, Nieten der Laufräder, Schleudern, Wuchten und Aufziehen der Laufräder auf die Wellen und Wuchten der fertigen Läufer, Fertigstellen der Kühler und Kühlergehäuse und Abpressen derselben) erfolgt der Zusammenbau der Maschinen in den Montagehallen. In die beiden Gehäusehälften (Ober- und Unterteil) werden die Zwischenböden eingebaut und anschließend in diese die Dichtungseinsätze. Nach Einbau der Lager wird der Läufer eingelegt, und nach diesem wird die endgültige Lage der Dichtungsspitzen in den Dichtungseinsätzen gegenüber dem Läufer festgelegt. Nachdem diese Maße aufgenommen sind, werden auf der Bank die Nuten in die Dichtungseinsätze eingedreht, die Dichtungsringe eingestemmt und fertig bearbeitet. Die fertigen Dichtungseinsätze werden nun in die montierte Maschine eingesetzt und nötigenfalls an den Dichtungsspitzen durch Nachziehen so weit nachgearbeitet, daß die erforderlichen radialen Spiele zwischen Dichtungsspitzen und Läufer vorhanden sind.

Werden keine feststehenden Dichtungen, sondern umlaufende Dichtungen angewandt, so sind die entsprechenden Nacharbeiten am Läufer durch Nachdrehen der Spitzen vorzunehmen. Das Einstellen des richtigen radialen Spieles in den Dichtungsspitzen zwischen Läufer und feststehendem Teil ist sehr wichtig. Zu geringes Spiel führt zu einem Anlaufen der Spitzen und kann zu unruhigem Lauf und unter Umständen zu starker Wärmeentwicklung und zu einem Verziehen der Welle führen und im äußersten Fall zu einem Festfahren der Maschine. Zu großes radiales Spiel ergibt größere Leckverluste, die den Wirkungsgrad der Maschine verschlechtern. Bei scharfen Dichtungsspitzen aus Messing oder Aluminium kann, je nach Größe der Maschine, das radiale Spiel in kaltem Zustand der Maschine 0,10 bis 0,15 mm betragen. Im Falle eines Anlaufens der Spitzen werden diese ohne Betriebsstörung selbsttätig abgeschliffen.

Im Falle von Stahlspitzen genügt im allgemeinen ein solch geringes Spiel nicht; man pflegt in diesem Fall etwa 0,3 mm radiales Spiel zu geben.

Sehr wichtig ist auch die Kontrolle des axialen Spieles zwischen sämtlichen umlaufenden und feststehenden Teilen. Da im Betrieb mit Wärmedehnungen des Läufers und des Gehäuses und mit Abnutzungen der Lagerstellen (Spurlager), ja im Ausnahmefall auch mit einem Auslaufen des Spurlagers infolge außergewöhnlicher Umstände gerechnet werden muß, ohne daß dabei der Läufer an Gehäuseteilen anlaufen und dabei zerstört werden darf, muß das axiale Spiel genügend groß sein. Je nach Maschinengröße wählt man ein axiales Spiel zwischen Läufer und Gehäuseteilen von 5 bis 7 mm.

Nach der Werksmontage kommt die Maschine aufs Prüffeld zur Werkserprobung.

b) Prüffelderprobung.

Nach der werkstattmäßigen Fertigstellung erfolgt die Prüffelderprobung. Diese dient der mechanischen Erprobung, der Feststellung von etwaigen Fehlern in der Konstruktion, in der Werkstoffherstellung und in der werkstattmäßigen Fertigung sowie, wenn möglich, dem Nachweis der gewährleisteten Leistungen und der Untersuchung sonstiger interessierenden Fragen, deren Klärung später nach endgültiger Inbetriebnahme schwer oder überhaupt nicht möglich ist.

Die Prüffelduntersuchung ist besonders wichtig für Neukonstruktionen, da, wie bereits ausgeführt, im Kreiselgebläse- und Kreiselverdichterbau eine genaue Vorausberechnung der erstrebten Wirkung hinsichtlich Ansaugemenge, Enddruck und Wirkungsgrad nicht möglich ist und somit der Prüffeldversuch eine endgültige Bestätigung für die bei der Berechnung der Maschine getroffenen Annahmen und Voraussetzungen erbringen muß.

Als Antriebsmaschinen für das Prüffeld eignen sich in der Drehzahl regelbare Elektromotoren oder Dampfturbinen.

Zum Zweck der Untersuchungen wird die Maschine mit allen den Meßstellen versehen, die für die beabsichtigten Messungen erforderlich sind, wie Messung der Antriebsleistung, Messung der angesaugten und verdichteten Luftmengen in Saug- und Druckleitung durch normgerecht eingebaute Blenden, der am Ausgleichkolben entweichenden Leckluftmenge sowie der den einzelnen Zwischenkühlern zugeführten Wassermengen, die durch Schieber eingestellt werden können. Zum Zweck der Druck- und Temperaturmessungen ist die Maschine an zahlreichen Stellen angebohrt, die nach dem Probelauf wieder verschlossen werden.

Nicht immer ist es möglich, die Maschine auf dem Prüffeld unter gleichen Bedingungen zu betreiben und zu untersuchen, unter denen sie später laufen soll und für die sie ausgelegt und bestimmt ist; sei es, daß auf dem Prüffeld nicht die gleichen Ansauge- und Kühlverhältnisse geschaffen werden können, sei es, daß später ein Gas zu verdichten ist, dessen Wichte von Luft wesentlich abweicht, mit der der Prüffeldversuch durchzuführen ist, sei es, daß die Antriebsleistung der zu prüfenden Maschine so hoch ist, daß eine Vollasterprobung mit Rücksicht auf die Versuchskosten oder auch mit Rücksicht auf die zur Verfügung stehende begrenzte Leistung der auf dem Prüffeld vorhandenen Antriebsmaschinen nicht möglich ist. In all diesen Fällen ist man gezwungen, aus den unter abweichenden Verhältnissen durchgeführten Prüffeldversuchen und den daraus gewonnenen Ergebnissen Umrechnungen und Rückschlüsse auf die später im Betrieb unter Gewährleistungsverhältnissen mit der gleichen Maschine erreichbaren Wirkungen zu ziehen.

Die verschiedenen Einflüsse abweichender Betriebsgrößen werden im folgenden beschrieben:

1. Einfluß abweichender Drehzahl.

Weicht die Versuchsdrehzahl n von der Gewährleistungsdrehzahl n' ab, während alle übrigen Betriebsverhältnisse (p_S, t_S, γ_S) mit den Gewährleistungsverhältnissen übereinstimmen, so ergibt sich beim Versuch bei Drehzahl n die Kennlinie K (Abb. 362). Die der gewährleisteten Drehzahl n' entsprechende Kennlinie K' kann bei kleinen Drehzahlabweichungen aus K ermittelt werden durch Umrechnen der Versuchspunkte $1, 2, \ldots$ unter Zugrundelegung des Näherungsgesetzes, daß bei Drehzahländerung die Ansaugemengen proportional, die Verdichtungsarbeiten mit dem Quadrat und die Antriebsleistungen mit der dritten Potenz der Drehzahl beeinflußt werden.

Für *ungekühlte Maschinen* kann man daher für Punkt *1* und *1'* der Kennlinie K und K' angenähert schreiben:

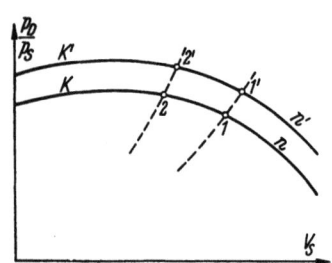

Abb. 362. Einfluß abweichender Drehzahl n auf den Verlauf der Kennlinie K. n' und K'-Werte der Gewährleistung.

$$\frac{n'}{n} = \frac{V_{1'}}{V_1}, \tag{1}$$

$$\left(\frac{n'}{n}\right)^2 = \frac{h_{ad_{1'}}}{h_{ad_1}} = \frac{\left[\left(\frac{p_D}{p_S}\right)_{1'}^{\frac{\varkappa-1}{\varkappa}} - 1\right]}{\left[\left(\frac{p_D}{p_S}\right)_{1}^{\frac{\varkappa-1}{\varkappa}} - 1\right]} \tag{2a}$$

oder

$$\left(\frac{p_D}{p_S}\right)_{1'} = \left[\left(\frac{n'}{n}\right)^2 \left\{\left(\frac{p_D}{p_S}\right)_1^{\frac{\varkappa-1}{\varkappa}} - 1\right\} + 1\right]^{\frac{\varkappa}{\varkappa-1}}, \tag{2b}$$

$$\left(\frac{n'}{n}\right)^3 = \frac{N_{1'}}{N_1}. \tag{3}$$

Handelt es sich um kleine Verdichtungsverhältnisse, so kann angenähert geschrieben werden

$$\left(\frac{n'}{n}\right)^2 \approx \left(\frac{p_D}{p_S}\right)_{1'} \bigg/ \left(\frac{p_D}{p_S}\right)_1 = \frac{p_{D_{1'}}}{p_{D_1}}. \tag{2c}$$

Für *gekühlte Maschinen* gilt entsprechend

$$\frac{n'}{n} = \frac{V_{1'}}{V_1}, \tag{4}$$

$$\left(\frac{n'}{n}\right)^2 = \frac{h_{is_{1'}}}{h_{is_1}} = \ln\left(\frac{p_D}{p_S}\right)_{1'} \bigg/ \ln\left(\frac{p_D}{p_S}\right)_1, \tag{5a}$$

oder

$$\left(\frac{p_D}{p_S}\right)_{1'} = \left(\frac{p_D}{p_S}\right)_1^{\left(\frac{n'}{n}\right)^2}, \tag{5b}$$

$$\left(\frac{n'}{n}\right)^3 = \frac{N_{1'}}{N}. \tag{6}$$

Es sei ausdrücklich darauf hingewiesen, daß diese Gesetze nur bei kleineren Drehzahländerungen angenähert Gültigkeit haben. Bei großen Drehzahlabweichungen treten ziemliche Abweichungen ein (vgl. S. 89/90 bez. Gebläse und S. 161 bez. Verdichter). Für die Antriebsleistung tritt außerdem noch die Beeinflussung durch Änderung des Wirkungsgrades mit der Drehzahl hinzu.

In obigen Gleichungen bedeuten h_{ad} und h_{is} die adiabatische bzw. isothermische Verdichtungsarbeit zum Verdichten eines kg Gases von p_S auf p_D.

2. Einfluß abweichenden Enddruckes.

Weicht der Enddruck p_D bei Versuch vom Gewährleistungsdruck p'_D ab, sei es infolge Abweichen der Ansaugetemperatur, der Drehzahl oder aus anderen Gründen, dann kann für den

Gewährleistungspunkt bei sonst hinsichtlich Ansaugemenge und Ansaugedruck eingehaltenen Gewährleistungsverhältnissen die Antriebsleistung bei kleinen Abweichungen zwischen p_D und p'_D in folgender Weise umgerechnet werden (Abb. 363).

Ungekühlte Maschinen:

$$\frac{N_{1'}}{N_1} = \frac{\left(\frac{p_D}{p_S}\right)_{1'}^{\frac{\varkappa-1}{\varkappa}} - 1}{\left(\frac{p_D}{p_S}\right)_1^{\frac{\varkappa-1}{\varkappa}} - 1}, \quad (7)$$

Gekühlte Maschinen:

$$\frac{N_{1'}}{N_1} = \frac{\ln\left(\frac{p_D}{p_S}\right)_{1'}}{\ln\left(\frac{p_D}{p_S}\right)_1}. \quad (8)$$

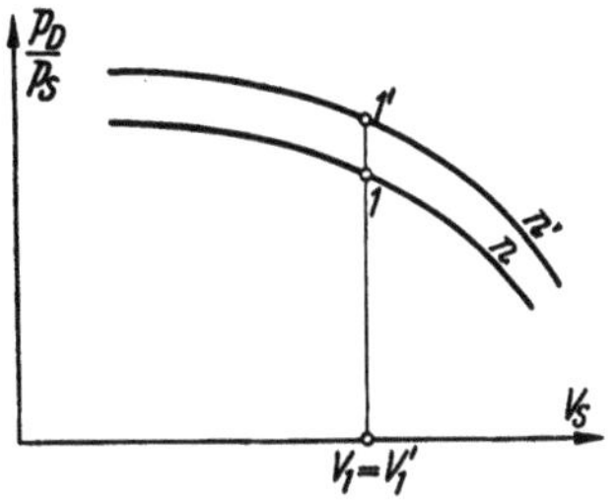

Abb. 363. Einfluß abweichenden Enddruckes auf den Verlauf der Kennlinie.

3. Einfluß abweichender Ansaugemenge.

Weicht die Ansaugemenge V_S bei Versuch vom gewährleisteten Ansaugevolumen V'_S ab, dann kann, bei sonst eingehaltenen Gewährleistungsverhältnissen, die Antriebsleistung umgerechnet werden nach

$$\frac{N'}{N} = \frac{V'_S}{V_S}. \quad (9)$$

4. Einfluß abweichenden spez. Gewichtes.

Nicht immer ist es möglich, Prüffeldversuche mit dem gleichen Gas durchzuführen, für das die betreffende Maschine bestimmt ist, so daß sich selbst bei Einhalten der vorgesehenen Ansaugeverhältnisse (Ansaugedruck, Ansaugetemperatur) abweichende Verhältnisse beim Prüffeldversuch infolge anderen spez. Gewichts des Gases ergeben.

Bezeichnet γ_1 das spez. Gewicht bei Versuch, $\gamma_{1'}$ das bei Gewährleistung, dann verhält sich bei gleicher Drehzahl (gleicher $\sum u^2$) und gleicher Ansaugemenge

bei *ungekühlter Maschine* ($h_{\mathrm{ad}_1} = h_{\mathrm{ad}_{1'}}$)

$$\frac{\gamma_{1'}}{\gamma_1} = \frac{\left[\left(\frac{p_D}{p_S}\right)_{1'}^{\frac{\varkappa-1}{\varkappa}} - 1\right]}{\left[\left(\frac{p_D}{p_S}\right)_1^{\frac{\varkappa-1}{\varkappa}} - 1\right]}, \quad (10)$$

oder

$$\left(\frac{p_D}{p_S}\right)_{1'} = \left\{\left[\left(\frac{p_D}{p_S}\right)_1^{\frac{\varkappa-1}{\varkappa}} - 1\right]\frac{\gamma_{1'}}{\gamma_1} + 1\right\}^{\frac{\varkappa}{\varkappa-1}}, \quad (11)$$

bei *gekühlter Maschine* ($h_{\mathrm{is}_1} = h_{\mathrm{is}_{1'}}$)

$$\frac{\gamma_{1'}}{\gamma_1} = \frac{\ln\left(\frac{p_D}{p_S}\right)_{1'}}{\ln\left(\frac{p_D}{p_S}\right)_1} \quad (12)$$

oder

$$\left(\frac{p_D}{p_S}\right)_{1'} = \left(\frac{p_D}{p_S}\right)_1^{\frac{\gamma_{1'}}{\gamma_1}}. \quad (13)$$

Nur bei kleinen Abweichungen der Wichte können diese Beziehungen angewandt werden. Bei großen Abweichungen der Wichte ergeben sich in den höheren Stufen Abweichungen in den Volumina und in den Geschwindigkeiten, wodurch in solchen Fällen das Gesamtergebnis der Maschine beeinflußt wird.

5. Einfluß abweichender Ansaugetemperatur.

Die Ansaugetemperatur beeinflußt die Wichte des Gases im Saugzustand. Bei von der Gewährleistung abweichenden Ansaugetemperaturen sind die im vorigen Abschnitt (4) gemachten Ausführungen sinngemäß anzuwenden.

Bei gekühlten Maschinen ist hierbei jedoch zu beachten, daß sich der Einfluß geänderter Ansaugetemperatur im wesentlichen nur auf die erste von der Kühlung noch nicht beeinflußte Radgruppe bzw. Stufe auswirkt. Die Eintrittstemperaturen der übrigen Radgruppen bzw. Stufen sind durch die Kühlwassertemperatur, Kühlwassermenge und durch die Kühlflächen bestimmt.

6. Einfluß abweichender Kühlwasserverhältnisse.

Bei gekühlten Maschinen beeinflußt die Kühlwassertemperatur die Rückkühltemperatur des Gases hinter jedem Kühler und damit sowohl das Volumen als auch die Wichte des Gases vor der dem Kühler folgenden Radgruppe. Die Volumenänderung vor dieser Radgruppe bewirkt eine Verschiebung des Betriebspunktes a auf der zugehörigen Kennlinie dieser Radgruppe (Abb. 364) nach Punkt b, wobei eine höhere Kühlwassertemperatur und daher eine schlechtere Rückkühlung des Kühlers, d. h. eine höhere Ansaugetemperatur der Radgruppe, angenommen ist. Die abweichende (im vorliegenden Fall niedrigere) Wichte im Saugzustand der betrachteten Radgruppe wirkt außerdem im Sinne einer Verringerung des Druckverhältnisses der betrachteten Radgruppe (Punkt c), so daß das Gesamtverdichtungsverhältnis eines gekühlten Verdichters, je nach Bauart (Kühlerzahl usw.), durch abweichende Kühlwassertemperatur in zweifacher Richtung beeinflußt wird. Bei in der Drehzahl regelbaren Maschinen ist man in der Lage, durch entsprechende Verstellung der Drehzahl diesen Einfluß des Kühlwassers auszugleichen. Bei in der Drehzahl nicht regelbarem Antrieb besteht diese Möglichkeit nicht.

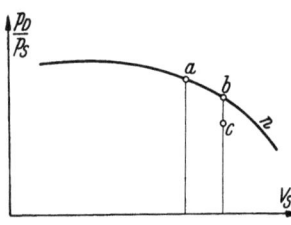

Abb. 364. Einfluß abweichender Kühlwasserverhältnisse auf den Verlauf der Kennlinie.

Durch die abweichende Kühlwassertemperatur wird auch die Antriebsleistung eines Verdichters beeinflußt (vgl. S. 158). Bei schlechterer Rückkühlung haben die den Kühlern nachgeschalteten Gruppen größere Volumina zu verdichten, wozu eine größere Verdichtungsarbeit erforderlich ist. Die Mehrarbeit durch schlechtere Rückkühlung ist, je nach Bauart einer Maschine, verschieden. Diese Mehrarbeit wird im allgemeinen bei Abgabe der Gewährleistung vom Erbauer der Maschine in Form einer Korrekturkurve niedergelegt.

Außer durch die Kühlwassertemperatur wird die Rückkühlung auch von der Kühlwassermenge beeinflußt. Bei kleinen Abweichungen in der Kühlwassermenge ist allerdings der Einfluß nicht erheblich. Bei Abnahmeversuchen ist aber darauf zu achten, daß die für die Kühler vorgesehene Kühlwassermenge vorhanden ist.

c) Montage.

Auf die fertigen Fundamente werden zunächst die Grundplatten der Antriebs- und der Arbeitsmaschine aufgestellt. Auf diesen finden anschließend die Gehäuseunterteile Aufstellung. Nach Einbau der inneren Einbauten (Lagerschalen, Zwischenböden usw.) werden die Läufer eingelegt und die Gehäuse und die Läufer ausgerichtet, so daß die Läufer genau in einer Achse liegen und die Kupplungshälften in richtiger Weise miteinander in Eingriff stehen.

Nun erfolgt das Vergießen der Maschine und der Antriebsmaschine mit dem Fundament, nachdem zuvor die Gehäuseoberteile zur Herbeiführung der richtigen Belastung des Fundamentes aufgelegt und die Wellen in ihrer Lage nochmals überprüft und die Gehäuse erforderlichenfalls nochmals nachgerichtet wurden. Anschließend folgt die Fertigstellung der Maschine im Inneren

(Einbau der Dichtungen usw.). Nach Säubern der Teilfuge in Ober- und Unterteil und nach Bestreichen der Teilfugen zwischen den einzelnen Stufen wie auch gegen die äußere Umgebung mit einer dünnen Schicht einer Dichtungsmasse wird das Gehäuseoberteil aufgelegt und durch Anziehen der Teilfugenschrauben mit dem Unterteil fest verbunden, so daß es im Betrieb vollkommen dicht ist.

Im Anschluß an die Montage der Maschine folgt das Fertigstellen sämtlicher Rohrleitungen (Saugleitung, Druckleitung, Kühlwasserzu- und -abflußleitungen, Ölleitungen, Entwässerungsleitungen, Ausgleichleitung usw.) und der Einbau der erforderlichen Armaturen (Absperrorgane, Sicherungsorgane usw.) und Meßinstrumente. Gleichzeitig parallel zu diesen Arbeiten laufen die entsprechenden Arbeiten bei der Antriebsmaschine. Rohrleitungen müssen möglichst spannungsfrei verlegt werden. Irgendwelche Schübe von Rohrleitungen müssen durch geeignete Unterstützungen abgefangen werden.

Zum Schluß folgt das Durchspülen und Säubern der Ölleitungen mit Spülöl zum Beseitigen restlicher Unsauberkeiten.

d) Inbetriebsetzen.

Vor dem Inbetriebsetzen sind eine Reihe von Vorbereitungen zu treffen, die zur Gewährleistung eines einwandfreien Betriebes erforderlich sind. Hierzu gehören:

Entwässern der Gehäuse, Anstellen der Hilfsmaschinen (Pumpensatz zur Kühlwasserversorgung des Verdichters und, bei Turbinenantrieb, des Kondensators und zur Förderung des Kondensates, Hilfspumpe zum Versorgen der Lager von Antriebs- und Arbeitsmaschine mit genügend Schmieröl während der Anfahrzeit, während der die Hauptölpumpe noch nicht oder nur ungenügend fördert;

Durchspülen der Gebläse- bzw. Verdichtergehäuse bei Gasgebläsen und Gasverdichtern mit indifferentem Gas (Kohlensäure, Stickstoff, Rauchgase u. dgl.) zum Beseitigen von im Gehäuseinnern enthaltener Luft und Sperren der Stopfbuchsen mit Sperrgas;

Betätigen der Hauptabsperrorgane (Saugschieber, Druckschieber, Umblase- bzw. Abblaseschieber) des Verdichters nach besonderer Vorschrift, je nach Art des vorgesehenen Anfahrbetriebes. Ist eine Umblase- bzw. Abblaseleitung vorhanden, so ist es empfehlenswert, während des Anfahrens bei geschlossener Druckleitung über diese zu fahren.

Das Anfahren der Antriebsmaschine (Turbine, Motor) erfolgt nach besonderer Vorschrift. Bei Turbinenantrieb wird der Maschinensatz zweckmäßigerweise langsam angefahren und durch allmähliches Steigern der Drehzahl unter dauernder Überwachung sämtlicher Lager und des Laufes der Maschine hochgefahren. Das gleiche gilt bei Antrieb durch in der Drehzahl regelbaren Motor. Die kritischen Drehzahlen, d. h. die Eigenschwingungszahlen, die durch Vorausberechnung bekannt sind, sind hierbei schnell zu durchfahren, soweit sie unterhalb des normalen Drehzahlbereiches der Maschine liegen.

Bei Antrieb durch Kurzschlußmotoren erstreckt sich der Anfahrvorgang auf eine sehr kurze Zeitspanne, im allgemeinen wenige Sekunden oder auch nur Bruchteile von Sekunden. Innerhalb dieser kurzen Anfahrzeit werden sämtliche umlaufenden Massen aus dem Stillstand bis auf die volle Drehzahl gebracht. Diese Antriebsart erfordert eine erhöhte Aufmerksamkeit beim Anfahren und besondere Beobachtung der Lager während des Anfahrens und während der Zeit nach dem Anfahren bis zum Erreichen des Beharrungszustandes.

Nachdem die Maschine auf volle Drehzahl gebracht ist, kann sie allmählich durch Betätigen der Absperrorgane belastet werden und schließlich aufs Netz geschaltet werden.

Nach der ersten Inbetriebsetzung ist es ratsam, die Maschine nach mehrstündiger Betriebszeit nochmals abzustellen, die Lager zu öffnen und das Tragbild der Lager zu prüfen und diese nötigenfalls etwas nachzuarbeiten. Alsdann kann die Maschine, wenn sonst keine Störungen zu verzeichnen sind, wieder angefahren und in Dauerbetrieb genommen werden.

e) Probebetrieb und Abnahme.

Nach erstmaliger Inbetriebnahme und daran anschließender Überprüfung aller Lager kann die Maschine in Probebetrieb genommen werden, der meist vertraglich vereinbart ist und unter

Überwachung durch das Montagepersonal zum Anlernen und Schulen des Bedienungspersonals vorgenommen wird. Die Dauer des Probebetriebes beträgt bei großen Anlagen gewöhnlich 8 bis 14 Tage.

Etwaige während des Probebetriebes noch festgestellte Mängel werden im Anschluß an den Probebetrieb beseitigt.

Die Abnahme wird seitens des Bestellers nach dem Probebetrieb bzw. nach Durchführung eines Abnahmeversuches zum Nachweis der vertraglich festgelegten gewährleisteten Leistungen der Maschine ausgesprochen.

Der Abnahmeversuch soll möglichst unter Gewährleistungsverhältnissen durchgeführt werden. Da dies meist aus Gründen der klimatischen Verhältnisse und aus Gründen der Einstellungenauigkeiten nicht vollkommen möglich ist, werden Umrechnungskurven für von der Gewährleistung abweichende Zustände (Dampfeintrittszustand, Ansauge- und Endzustand des Verdichters, Kühlwassereintrittstemperatur) benutzt, die vom Lieferanten bereits bei Angebotsabgabe oder bei Bestellung abgegeben und vom Besteller anerkannt werden.

Die Durchführung und Auswertung der Abnahmeversuche wird meist in die Hände einer neutralen Stelle (Überwachungsverein, wissenschaftliches Institut oder dgl.) gelegt, die dann auch das für die Messungen erforderliche Personal und die Meßinstrumente stellt. Die Durchführung und Auswertung erfolgt nach den Regeln für Abnahmeversuche [88]. Besteller und Lieferer erhalten von dem Abnehmer einen Bericht über die durchgeführten Messungen und Rechnungsergebnisse, auf Grund deren der Besteller die endgültige Abnahme ausspricht bzw. etwaige Änderungswünsche an den Lieferer heranträgt.

Darüber hinaus ist der Lieferer innerhalb der vertraglich festgelegten Gewährleistungszeit verpflichtet, alle auftretenden Mängel zu beheben, soweit sie auf Konstruktions-, Werkstoff-, Fertigungs- oder Montagefehler zurückzuführen sind.

f) Betriebsführung und Betriebsüberwachung.

Während des Laufes ist die Maschine durch fachkundiges Personal durch Beobachten und Aufschreiben der Betriebszustände der Maschine in regelmäßigen Zeitabständen zu überwachen. Hierzu gehören in erster Linie die Beobachtungen und Messungen der Lagertemperaturen, des Öldruckes, der Luft- bzw. Gastemperaturen und -drücke an den Zwischenkühlern und am Druckstutzen der Maschine, der Kühlwasserein- und -austrittstemperaturen und des Druckes am Ausgleichkolben. Wichtig ist auch die Beobachtung des Standes des Schubanzeigegerätes, das eine Veränderung der axialen Lage des Läufers durch Ausschlag anzeigt. Auch die Ruhe des Laufes der Maschine ist zu überwachen. Tritt im Lauf eine Unruhe auf, so ist sofort die Ursache hierzu zu suchen und erforderlichenfalls die Maschine abzustellen. Selbstregistrierende Instrumente gestatten eine weitere Kontrolle und geben durch ihre Aufzeichnungen ein klares Bild über zeitliche Änderungen irgendwelcher Betriebszustände.

Die Ansaugefilter müssen während des Betriebes immer in ordnungsgemäßem Zustand gehalten werden, damit möglichst wenig Verunreinigungen in das Maschineninnere gelangen und dort die Kühlflächen und die Kanäle der Laufräder und Leitvorrichtungen zusetzen. Gleiche Sorgfalt erfordert das Sauberhalten des Öles. In den Ölkreislauf eingebaute Filter sorgen für dauernde Abscheidung von Verunreinigungen. Auch der Beschaffenheit des Wassers ist im Hinblick auf mögliche Abscheidungen in den Kühlern Beachtung zu schenken.

Die Sicherheitsvorrichtungen (Schnellschluß der Antriebsturbine, Alarmvorrichtungen u. dgl.) sind von Zeit zu Zeit zu erproben.

Die Kühler müssen in regelmäßigen Zeitabständen ausgebaut und auf Luft- bzw. Gasseite wie auf Wasserseite sorgfältig gereinigt werden.

Eine gründliche Überprüfung der gesamten Maschine in Abständen von 1 bis 2 Jahren ist zu empfehlen. Hierbei wird die Maschine geöffnet, und alle Maschinenteile (Läufer, Dichtungen, Lager usw.) werden gründlich nachgesehen und nötigenfalls ausgewechselt. Durch derartige Überprüfungen werden entstehende Schäden frühzeitig erkannt und durch deren Beseitigung größere Schäden und längere Betriebsstörungen vermieden.

g) Betriebsstörungen.

Bei sachgemäßer Ausführung und ordnungsgemäßer Wartung sind Betriebsstörungen an Kreiselgebläsen und Kreiselverdichtern verhältnismäßig selten und die Schäden meistens unerheblich. Folgende Störungen können auftreten.

1. Unruhiger Lauf.

Für eine im Betrieb auftretende Unruhe des Laufes einer Kreiselmaschine können verschiedene Ursachen bestehen, nämlich:

Unwucht des Läufers, z. B. durch einseitige Ablagerungen, vergrößertes Lagerspiel infolge Ausarbeitens der Traglager,

Wellenschwingungen oder Fundamentschwingungen infolge auftretender Resonanz zwischen den Eigenschwingungen und den erregenden Kräften,

Achsenverlagerungen infolge von Fundamentsenkungen,

Anstreifen und Anlaufen der Dichtungsspitzen am Läufer bzw. am Gehäuse,

Lockern der Laufradscheiben im Lauf infolge zu geringen Schrumpfsitzes,

Einseitiges Verziehen der Welle des Läufers infolge ungleicher Erwärmung

und andere.

Zur Beseitigung der Unruhe muß die Ursache für die beobachtete Unruhe des Läufers der Maschine gesucht und behoben werden.

2. Schäden am Läufer.

Am Läufer können Schäden durch Fremdkörper entstehen, die in die Beschaufelung geraten sind.

Weitere Störungen sind möglich durch seitliches Anlaufen der Laufräder am Gehäuse, beispielsweise infolge Auslaufens des Spurlagers.

Die Welle des Läufers kann durch starkes Anlaufen der radialen Dichtungsspitzen starke Rillen erhalten und krumm werden.

Abb. 365.
Schäden an dem Läufer eines Gassaugers.

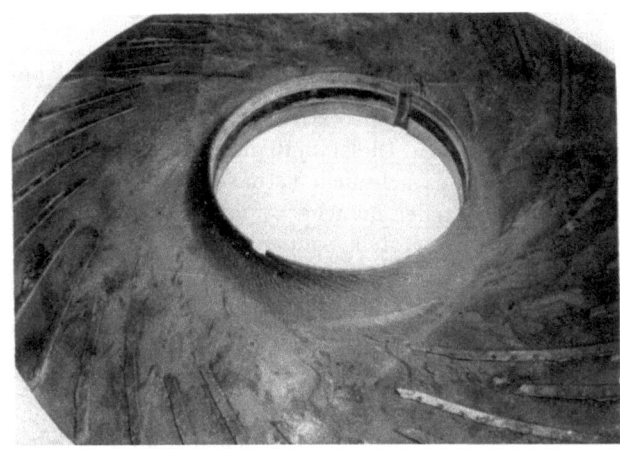
Abb. 366. Schäden an dem Läufer eines Gasverdichters durch Einwirkung von aus dem Zwischenkühler mitgerissenem Kondenswasser in Verbindung mit Schwefelwasserstoff im Gas.

Eine weitere Möglichkeit von Läuferschäden, die aber sehr selten ist, besteht in Überbeanspruchung infolge Überdrehzahl, die bei Turbinenantrieb infolge Durchgehens der Antriebsturbine bei gleichzeitigem Versagen des Schnellschlusses eintreten kann. Führen derartige Überbeanspruchungen zur Zerstörung des Läufers, so sind damit gleichzeitig noch andere größere Schäden am Gehäuse verbunden.

Außer diesen durch mechanische Einflüsse bedingten Schäden können noch Läuferschäden durch Korrosion und Erosion entstehen, insbesondere bei Verdichtung aggressiver feuchter Gase (Abb. 365) [*119*].

Besondere Beachtung erfordern bei Verdichtern mit Zwischenkühlung diejenigen Laufräder, die unmittelbar hinter den Zwischenkühlern liegen, an denen Wasser ausfällt (Abb. 366), das mit dem Gasstrom mitgerissen wird und die Schaufeln und Radscheiben auswäscht. Die Läufer solcher Maschinen müssen in regelmäßigen Zeitabständen überprüft und nötigenfalls in den angegriffenen und geschwächten Teilen rechtzeitig erneuert werden.

Eine weitere Möglichkeit zu Schadensfällen bildet die interkristalline Korrosion, die besonders dort zu beobachten ist, wo ein unter Zugspannung stehender Werkstoff gleichzeitig dem Einfluß bestimmter, schwach korrodierender Flüssigkeiten ausgesetzt wird [*119*]. Der Bildung der interkristallinen Korrosion sucht man durch Verwenden möglichst alterungsbeständiger Werkstoffe entgegenzuwirken.

3. Lagerschäden.

Lagerschäden können eintreten durch Ölmangel (Versagen der Ölpumpe) oder durch erhöhte Belastung (bei Spurlagern durch erhöhten Axialschub) oder durch verunreinigtes Öl. Eine Störung am Lager macht sich immer sofort durch Ansteigen der Lagertemperaturen bemerkbar, so daß man bei sorgfältiger Beobachtung der Lagertemperaturen eine Störung noch rechtzeitig erkennen und die Maschine noch vor Entstehen größerer Schäden abstellen kann. Wertvoll sind zum Verhüten von Schadensfällen noch besondere Sicherungs- bzw. Alarmeinrichtungen (gegen absinkenden Öldruck, gegen Auslaufen des Spurlagers u. a.).

Bei rechtzeitiger Feststellung entstehender Lagerschäden sind darum die Schäden meistens gering, und sie beschränken sich im allgemeinen auf Ablaufen des Lagermetalls, dem durch Nachschaben bzw. durch Neuausguß abgeholfen werden kann, und unter Umständen auf geringes Angreifen der Lagerzapfen, die dann nachgearbeitet werden müssen.

Bei Rollen- und Kugellagern können Störungen durch Schmiermittelmangel (Fett- oder Ölmangel) entstehen, die, wenn sie nicht sofort bemerkt werden, zur vollständigen Zerstörung des Lagers (Zerstörung des Käfigs, Festsetzen der Rollen und Kugeln) führen können. Da Rollen- und Kugellager, je nach Belastung und Drehzahl, nur eine gewisse Betriebsstundenzahl aushalten können, müssen derartige Lager rechtzeitig durch neue Lager ausgewechselt werden.

4. Schäden an den Kühlern.

An den Kühlern können Schäden durch starke Verunreinigung auf Luft- (bzw. Gas-) und Wasserseite entstehen. Diesen muß durch regelmäßiges Reinigen vorgebeugt werden.

Trotzdem läßt es sich nicht vermeiden, daß im Laufe der Zeit Rohre an den Einwalzstellen oder an anderen Stellen undicht werden. Derartige undichte Rohre können durch Abpressen der einzelnen Rohre festgestellt werden. Ist ein sofortiges Auswechseln solcher schadhaften Rohre nicht möglich, dann müssen diese durch Stopfen verschlossen werden, um das Eindringen von Wasser in die Maschine zu vermeiden.

Werden bei aggressiven Gasen bzw. bei aggressivem Wasser die Kühlerrohre angegriffen, so müssen sie, falls kein geeigneterer Werkstoff zur Verfügung steht, von Zeit zu Zeit erneuert werden.

5. Schäden an den Gehäusen.

An den Gehäusen von Gebläsen und außengekühlten Verdichtern treten Schäden im allgemeinen nicht auf. Die Gehäuse der innengekühlten Verdichter sind empfindlicher. Infolge von ungleichmäßigen Wärmedehnungen können Risse auftreten, durch die das Wasser aus den Kühlräumen in das Verdichterinnere gelangen kann. Derartige schadhafte Gehäuseteile müssen abgedichtet oder ausgewechselt werden.

J. Sonderfragen.

a) Geräuschminderung und Schalldämpfung.

1. Allgemeines.

Wie die Erfahrung lehrt, treten beim Lauf von Kreiselgebläsen und Kreiselverdichtern stets Geräusche auf, die, je nach den Verhältnissen, sehr verschieden sein können. Einen vollkommen geräuschlosen Lauf von Maschinen gibt es überhaupt nicht. Im allgemeinen ist es möglich, die auftretenden Geräusche durch geeignete Maßnahmen (geeignete Konstruktion), geeignete Rohrleitungsführung usw.) so niedrig zu halten, daß sie weder die Maschinenüberwachung und Bedienung noch die Umgebung stören. Es sind jedoch auch viele Fälle bekannt, in denen mit dem Lauf der Maschinen derart störende Geräusche verbunden waren, daß sie den Aufenthalt in der Nähe der Maschinen auf längere Zeit sehr erschwerten und eine Verständigung in Maschinennähe unmöglich machten, ja daß bisweilen die auftretenden Geräusche in weitem Umkreis außerhalb des Maschinenhauses sehr störend empfunden wurden.

Die Anforderungen, die an eine Maschinenanlage bezüglich der mit dem Lauf der Maschinen als zulässig erachteten Geräusche gestellt werden, sind zunächst ziemlich verschieden. In großen Industriewerken treten im allgemeinen mit der Betriebsführung verbundene Geräusche aller Art auf, so daß hier ein bestimmtes Maschinengeräusch als selbstverständlich und normal angesehen wird. Es gibt jedoch auch Fälle, in denen besondere Forderungen geräuscharmen Laufes gestellt werden (Maschinen, die in Wohnräumen oder in deren Nähe Aufstellung finden, Maschinen für Laboratoriumszwecke und wissenschaftliche Institute, Maschinenanlagen in Krankenhäusern u. dgl.). In allen Fällen ist es erforderlich, sich vor der Erstellung derartiger Anlagen ein Bild zu machen von der Höhe der für den betreffenden Bedarfsfall als höchstzulässig erachteten Geräusche, um in richtiger Weise bei der Konstruktion, Aufstellung und Rohrleitungsführung hierauf Rücksicht nehmen zu können. Es sei jedoch bemerkt, daß man sich auf Grund der Erfahrungen wohl ziemlich gut im voraus ein ungefähres Bild über die später im Betrieb vermutlich auftretenden Geräusche machen kann, daß es jedoch nicht möglich ist, deren Stärke mit absoluter Sicherheit im voraus genau anzugeben.

2. Entstehen der Geräusche.

Um die Geräuschbildung von vornherein, d. h. vor der Erstellung einer Maschinenanlage, beurteilen zu können, muß man Klarheit über das Entstehen der Geräusche haben. Im allgemeinen setzt sich ein Geräusch einer Maschinenanlage aus vielen einzelnen Geräuschen zusammen, da eine solche meistens aus einer Reihe einzelner Maschinen (Antriebsmaschinen, Arbeitsmaschinen, Zwischengliedern, wie Getriebe, Kupplungen u. dgl., Hilfsmaschinen usw.) und jede einzelne Maschine wiederum aus vielen einzelnen Elementen (Laufräder, Leiträder, Lager usw.) besteht, die beim Lauf alle zur Geräuschbildung in mehr oder weniger hohem Maße beitragen. Schließlich sind die einzelnen Maschinen durch Bauelemente (Rohrleitungen, Fundamente usw.) vielfach miteinander verkettet, die zur Bildung von Geräuschen oder zur Verstärkung von in den einzelnen Maschinen entwickelten Geräuschen beitragen können. Das Geräusch einer in Betrieb befindlichen Maschinenanlage setzt sich daher aus sämtlichen einzelnen Maschinengeräuschen und deren Verbindungselementen nach einem besonderen Additionsgesetz zusammen [129]. Die Forderung nach geräuscharmem Lauf einer Maschinenanlage ist daher gleichzeitig die Forderung nach geräuscharmem Lauf sämtlicher zugehörigen Maschinen und Bauelemente dieser Anlage. Im folgenden werden nur die Geräusche behandelt, die mit dem Kreiselgebläse bzw. dem Kreiselverdichter unmittelbar oder mittelbar zusammenhängen, während über die von den Antriebsmaschinen (von Elektromotoren [120], von Dampfturbinen, von Hilfsmaschinen der Kondensation, Übersetzungsgetrieben) herrührenden Geräusche, für deren Verhütung bzw. Bekämpfung Sinngemäßes gilt, aus Raummangel nicht näher gesprochen werden kann.

Die bei Kreiselgebläsen und Kreiselverdichtern während des Betriebes auftretenden Geräusche können unterteilt werden in solche, die im Maschineninnern entstehen und auf irgendeinem Wege ganz oder teilweise in die äußere Umgebung gelangen, und in solche, die außerhalb der Maschinen am Gehäuse oder in den Zu- und Ableitungen (Rohrleitungen und Armaturen) entstehen. Letztere sind nachträglich meist auf ziemlich einfache Weise zu beheben. Zunächst soll von den im Innern entstehenden Geräuschen gesprochen werden. Auf dem Weg vom Saugstutzen zum Druckstutzen der Maschine wird die Luft (bzw. das Gas) bis zum Laufradeintritt beschleunigt und trifft dort nach starker Umlenkung auf die Schaufelkante am Eintritt. Hier entstehen feine Wirbel und

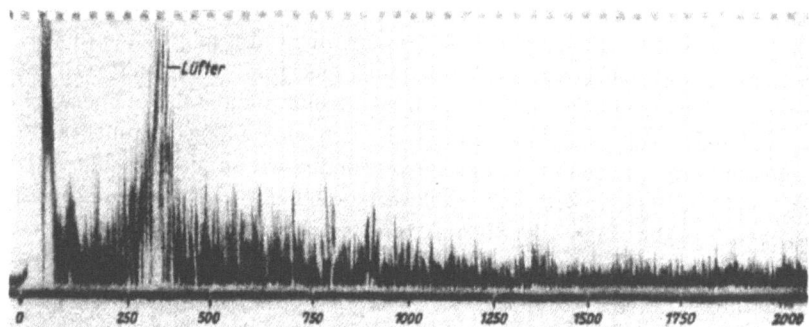

Abb. 367a. Gleichmäßiges Schallspektrum eines Lüftergeräusches.

Wirbelstraßen. Auch am Laufradaustritt und in den Leitschaufeln, Diffusoren und Spiralen, insbesondere den Zungen der Spiralen, treten derartige Wirbelbildungen auf, wie auch bei jeder starken Umlenkung. Jede Wirbelbildung ist aber mit Luftverdichtungen und Luftverdünnungen und mit der Bildung von Schallwellen verbunden, so daß mit dem Entstehen und Verschwinden von Wirbeln auch Schallwellen entstehen und verschwinden. Die Klangfarbe eines Geräusches von Wirbelstraßen hängt von dem Abstand benachbarter Wirbel in ihrer Fortpflanzungsrichtung und auch in der dazu senkrechten Richtung ab. Diese beiden Größen werden wieder beeinflußt von der Strömungsgeschwindigkeit der Luft relativ zur Schaufel bzw. zur Wand. Es ergibt sich daher für ein umlaufendes Laufrad und für die zugehörige Leitvorrichtung ein aus vielen Frequenzen bestehendes Geräusch. Abb. 367a zeigt ein Geräuschspektrum eines Lüfters nach LÜBCKE [121]. Die Lautstärke der tieferen Frequenzen ist hier am größten, während die der höheren Frequenzen stetig abfällt. Trifft die von einer Laufradschaufel ausgehende Wirbelstraße auf ein Hindernis, z. B. eine feststehende Leitschaufel oder die Zunge der Spirale eines Spiralgehäuses, so entstehen wiederum Wirbel und Schallwellen. Bei einem Spiralgehäuse treffen die von den z_I Schaufeln des mit der Drehzahl n umlaufenden Laufrades ausgehenden Wirbelstraßen einmal je Umdrehung auf die Zunge der Spirale. Es entsteht dadurch ein Ton der Frequenz

$$f_1 = \frac{n}{60} z_I \text{ [Hz]}.$$

Der gleiche Ton entsteht, wenn sich von einem Hindernis vor Schaufeleintritt eine Wirbelstraße gegen die umlaufenden Schaufelkanten bewegt.

Treffen die z_I Wirbelstraßen des Laufrades auf z_{II} gleichmäßig am Umfang verteilte Leitschaufeln hinter dem Laufrad, dann entsteht ein Ton der Frequenz

$$f_2 = \frac{n}{60} z_I z_{II} \text{ [Hz]}. \tag{1}$$

Befinden sich vor dem Laufrad i Führungsrippen in gleichem Abstand, von denen sich Wirbelstraßen ablösen, die von den Schaufelkanten des Laufrades durchschnitten werden, dann entsteht ein Ton der Frequenz

$$f_3 = \frac{n}{60} i\, z_I \text{ [Hz]}. \tag{2}$$

Es können sich daher dem Grundton eines Laufrades noch mehr oder weniger stark ausgeprägte Obertöne überlagern (Abb. 367b, nach LÜBCKE [*121*]).

Beim mehrstufigen Gebläse und Verdichter überlagern sich die Einflüsse der einzelnen Räder. Da deren Schaufelzahl verschieden sein kann, setzt sich das Geräusch dieser Maschinen aus einer Reihe von Tönen verschiedener Frequenzen zusammen.

Diese Geräusche können sich bei offener Saugleitung ungestört in die Umgebung ausbreiten, bei geschlossenen Leitungen können sie sich in den Leitungen fortpflanzen oder durch die Wandung des Gehäuses oder der Leitung hindurch auf die Umgebung übertragen werden.

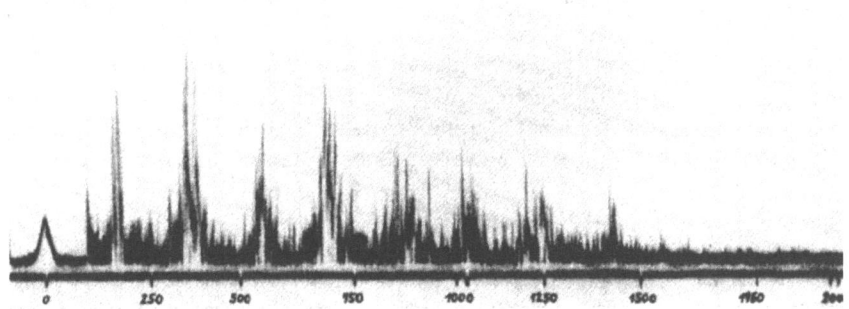

Abb. 367b. Linien-Schallspektrum eines Lüfterklanges.

Die Gehäusewand (dünnwandiges geschweißtes Gehäuse) und die Wände der Rohrleitungen (dünne Blechleitungen, insbesondere rechteckigen Querschnitts) können auch unter der Einwirkung der Luftströmung in mechanische Schwingungen geraten und dadurch zur Bildung störender Geräusche beitragen.

Schließlich sei noch auf die Möglichkeit der Geräuschbildung in Armaturen (Absperrschiebern, Drossel- und Regelorganen) hingewiesen. Hier können durch starke Umlenkungen bei hohen Geschwindigkeiten und durch scharfe Kanten starke Wirbelbildungen entstehen, verbunden mit bisweilen sehr unangenehmen Geräuschen.

3. Messen von Maschinengeräuschen.

Das menschliche Ohr ist verschieden empfindlich gegenüber verschieden hohen Frequenzen. Zur Wahrnehmung tiefer und sehr hoher Frequenzen wird ein wesentlich größerer Schalldruck P benötigt als für Frequenzen von 1000 bis 3000 Hz. Das Ohr ist auch gegenüber Frequenzänderungen des Schalls empfindlich. Als Maß für die Stärke eines Geräusches benutzt man die Lautstärke L (gemessen in phon):

$$L \approx 10 \lg \frac{J}{J_0} = 20 \lg \frac{P}{P_0}. \qquad (3)$$

Hierbei ist

J herrschende Schallstärke in W/cm²,
J_0 Schallstärke, bei der gerade ein Toneindruck entsteht, d. h. an der Hörschwelle,
P herrschender Schalldruck.

Die Schallstärke J kann durch Messen des Schalldruckes P oder der Schallschnelle v bestimmt werden:

$$J = \frac{P^2}{\varrho \cdot c} = v^2 \cdot \varrho \cdot c, \qquad (4)$$

wobei

ϱ Dichte des Mediums,
c Schallgeschwindigkeit.

Die Lautstärke eines Geräusches kann mit Hilfe eines Geräuschmessers bestimmt werden, in dem jedoch nur der gesamte Schalleindruck erfaßt werden kann. Zur Klärung der Einzelursachen eines Geräusches bedarf es einer Frequenzzerlegung, für die verschiedene Verfahren entwickelt worden sind (Oktavsieb, Tonfrequenzspektrometer, Suchtonverfahren [*122* und *123*].

4. Maßnahmen zum Vermeiden von Maschinengeräuschen.

Nach zahlreichen Versuchen von LÜBCKE an einstufigen Lüftergebläsen nimmt die Lautstärke mit der Umfangsgeschwindigkeit der Laufräder sehr stark zu nach dem Gesetz

$$L = a \lg u + c, \qquad (5)$$

wobei
  u die Umfangsgeschwindigkeit des Laufrades,
  a und c Konstanten, abhängig von Bauart,

sind (a zwischen 50 und 70).

Der Schalldruck wächst hiernach mit der 2,5- bis 3,5ten Potenz der Umfangsgeschwindigkeit.

Hiernach ist ein Mittel zum Herabsetzen von Geräuschen die Anwendung geringer Geschwindigkeiten. Dies ist aber in den meisten Fällen nicht möglich. Man muß daher bei der Konstruktion der Laufräder und Leiträder bestrebt sein, die Geräusche auf ein kleinstmögliches Maß herabzudrücken durch Vermeiden scharfer Kanten am Schaufeleintritt der Lauf- und Leiträder und der Zungen der Spiralen und durch möglichst weitgehendes Unterdrücken der Bildung von Wirbelstraßen.

Das Gebläse- bzw. Verdichtergehäuse muß in der Wanddicke so kräftig gehalten werden, daß weder Erschütterungen noch Körperschall auf die Leitungen und Gebäude übertragen werden können (gußeiserne Gehäuse, Blechgehäuse mit starker Verrippung); in besonderen Fällen körperschallgedämpfte Aufstellung auf besonderen Federn (Stahlfedern, Gummi u. dgl.).

Das Hauptaugenmerk muß auf die Wahl und Anordnung der Rohrleitungen und Kanäle gelegt werden. Die Rohrquerschnitte sind so zu wählen, daß keine hohen Strömungsgeschwindigkeiten entstehen (Saugleitung 15 bis 20 m/s, Druckleitung 20 bis 25 m/s). Plötzliche Umlenkungen sind durch gut ausgerundete Krümmer zu vermeiden. Die Wanddicke der Rohre ist so zu wählen,

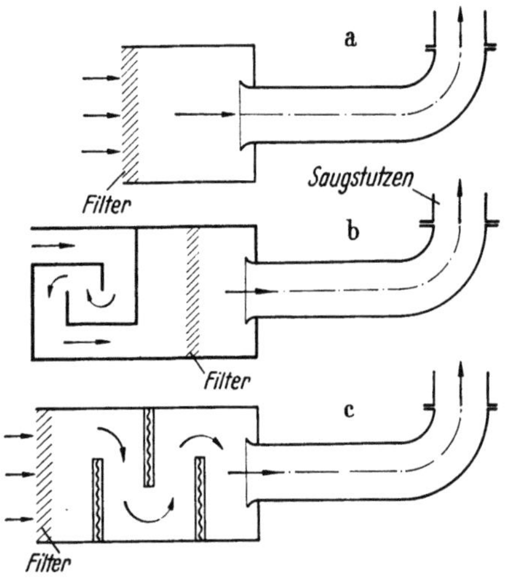

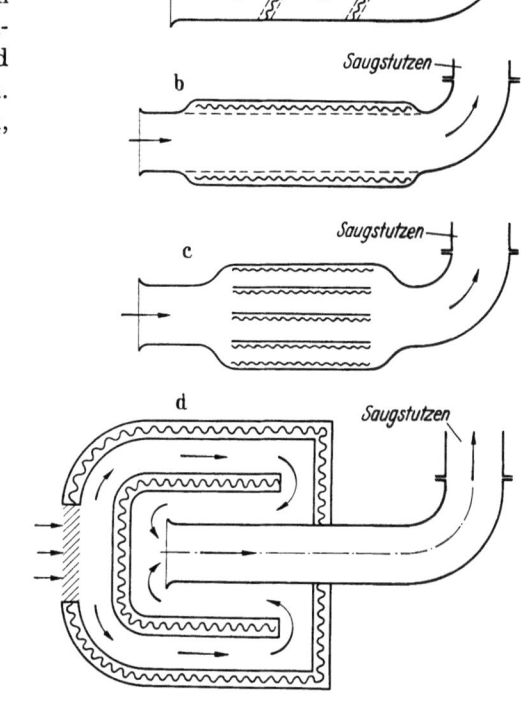

Abb. 368a—c. Schalldämpfende Räume vor der Öffnung der Saugleitung. Erläuterung im Text.

Abb. 369a—d. Anwendung schallschluckender Verkleidungen. Erläuterung im Text.

daß keine Schwingungen der Rohrwandungen entstehen können (dünne Blechleitungen, insbesondere rechteckigen Querschnitts, sind nicht sehr geeignet, können aber wirksam durch Aufschweißen von Rippen versteift werden). Besonders geeignet sind gußeiserne Rohrleitungen. Eiserne Rohre (gußeiserne und schmiedeeiserne Rohre) sind nicht porig, sie lassen daher auch nicht den Schall durch Poren nach außen hindurchtreten. An den Verbindungsstellen (Flanschverbindungen) ist durch geeignete Dichtungen darauf zu achten, daß der Schall an diesen Stellen nicht ins Freie treten kann.

Vielfach steht bei Luftgebläsen und Luftverdichtern die Saugleitung mit dem Maschinenraum oder mit der freien Umgebung in Verbindung, so daß durch diese Öffnung der Schall ungehindert in die Umgebung treten kann. In diesen Fällen empfiehlt es sich, schalldämpfende Räume vor der Öffnung der Saugleitung vorzusehen (Abb. 368) oder noch besser durch Anwenden schallschluckender Verkleidungen auf den Innenwänden der Rohrleitungen und Kanäle die Schallenergie zu vermindern (Abb. 369). Die schallschluckende Verkleidung ist hierbei durch die Wellenlinien angedeutet. Abb. 369a, mit schräggestellten schalldämpfenden Wänden, ergibt zusätzlich Widerstand und Umlenkungen, die bei Abb. 369b vermieden

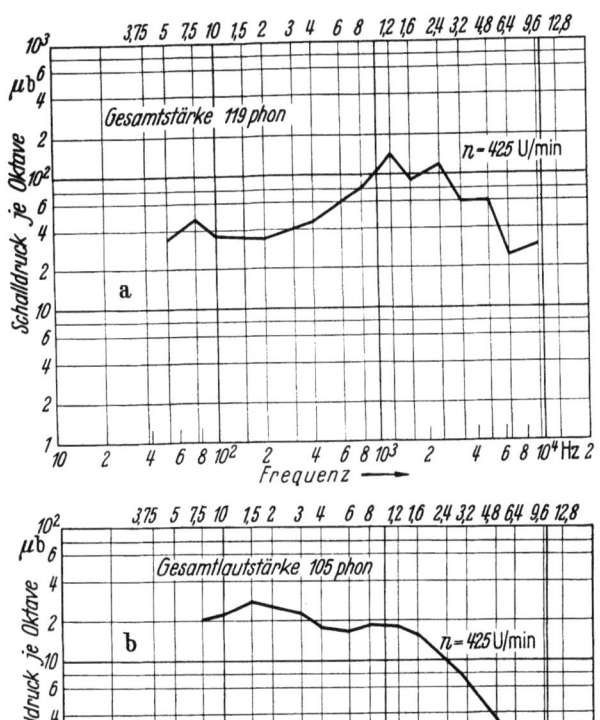

Abb. 370. Frequenzspektrum des Ansauggeräusches eines Gebläses.
a Glatte Ansaugleitung von 6,5 m Länge.
b Nach Anbringen des Schallabsorptionsrohres

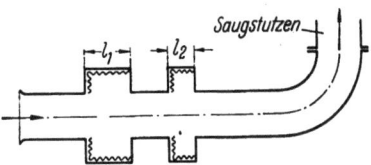

Abb. 371.
Interferenzkammern zum Auslöschen bestimmter Strömungsfrequenzen.

sind. Bei Anordnen nach Abb. 369c werden auch die Stromfäden im Kanalinnern wirksam gedämpft. Geschwindigkeitserhöhungen werden hierbei durch Vergrößern des Querschnitts vermieden.

Eine besonders wirksame Schalldämpfung am Lufteintritt erreicht man durch Anordnen von schalldämpfenden Wänden nach Abb. 369d.

Versuche über die Schalldämpfung eines derartigen Schallabsorptionsrohres (W. WILLMS [124]), das zur Schalldämpfung in der Saugleitung eines großen Radialgebläses angewandt wurde, zeigen, daß es bei richtiger Bemessung eines solchen Rohres gelingt, die störenden Ansauggeräusche ganz entscheidend herabzusetzen. Die Grundfrequenz des Geräusches liegt bei $f = 1130$ Hz (entsprechend $n = 3070$ U/min, $z = 22$ Schaufeln, $f = zn/60 = 1130$ Hz). Das an der Öffnung der Saugleitung vor Einbau des Absorptionsrohres gemessene Geräusch der Hauptfrequenz $f = 1130$ Hz (Abb. 370a) ist nach Anbringen des Absorptionsrohres (Abb. 370b) praktisch beseitigt. Das übrigbleibende Geräusch rührt von Einflüssen anderer Maschinen her. Das Absorptionsrohr ist ähnlich Abb. 369c ausgeführt, und der Querschnitt ist durch waagerechte und senkrechte Längswände unterteilt. Über die Berechnung solcher Absorptionsrohre siehe MORSE [125] und WILLMS [124].

Durch Verwenden plötzlicher Querschnittserweiterungen bestimmter Länge l gelingt es, bestimmte Störungsfrequenzen durch Interferenzwirkung auszulöschen. Bei größeren Frequenzbereichen empfiehlt es sich, mehrere derartige Interferenzkammern verschiedener Länge $l_1, l_2, \ldots$ (Abb. 371) hintereinanderzuschalten.

Die Schalldämpfung durch schallschluckende Auskleidung geschieht durch porige oder mitschwingende Stoffe, je nach dem Frequenzbereich der Hauptstörung. Abb. 372a und b zeigen den Verlauf der Schallschluckzahl poriger und mitschwingender Verkleidungen in Abhängigkeit

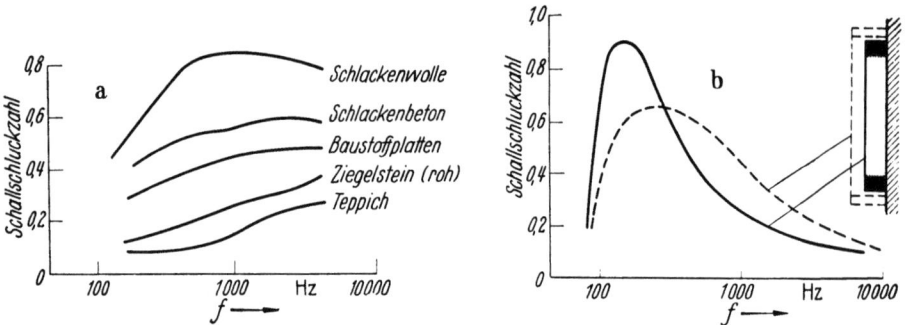

Abb. 372a u. b. Verlauf der Schallschluckzahl poriger (a) und mitschwingender (b) Verkleidungen.

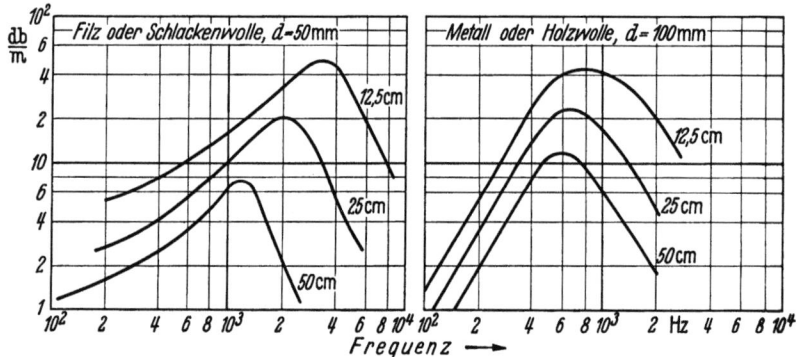

Abb. 373. Dämpfungskurven von Schallabsorptionskanälen verschiedener Höhe bei verschiedener Auskleidung.

von der Frequenz nach LÜBCKE. Dämpfungskurven von Schallabsorptionskanälen verschiedener Höhe bei verschiedener Auskleidung nach Versuchen von WILLMS zeigt Abb. 373 [124].

Für die wirksame Abdämpfung von Geräuschen in Druckleitungen und Abblaseleitungen gilt sinngemäß das gleiche wie oben für Saugleitungen ausgeführt.

5. Nachträgliches Beseitigen von Maschinengeräuschen.

Das Zusammensetzen einer Maschinenanlage aus einer Anzahl von Maschinen und Maschinenteilen, die von einer Reihe verschiedener Ersteller an der Baustelle erstmalig zu einer Einheit zusammengebaut werden, hat zur Folge, daß mitunter trotz aller im voraus für notwendig erachteten Maßnahmen bei der Inbetriebnahme störende Geräusche auftreten, die beseitigt werden müssen. In diesen Fällen sind zunächst Untersuchungen über die Entstehungsursache und über die Lautstärke und den Frequenzbereich der Störungen anzustellen und danach unter Berücksichtigung des oben Ausgeführten Änderungen zu veranlassen, die geeignet erscheinen, die Störung wirksam zu bekämpfen und zu beheben.

b) Wandrauhigkeit bei Kreiselgebläsen und Kreiselverdichtern.

In Strömungsmaschinen hat man es meist mit turbulenten Strömungen zu tun. Daher schreibt man die auftretenden Reibungsverluste in der Form

$$H_v = \zeta \frac{w^2}{2g} = \frac{\Delta p}{\gamma}, \tag{6}$$

wobei die Widerstandszahl ζ abhängig ist von der REYNOLDSschen Zahl Re und von der Wandrauhigkeit k/d:

$$\zeta = f\left(Re, \frac{k}{d}\right). \tag{7}$$

Hierbei ist d [m] der hydraulische Durchmesser der meist unrunden Kanäle der betrachteten Strömungsmaschine und k [m] die Höhe der Wandrauhigkeit.

Die Widerstandszahl ζ in Abhängigkeit von der REYNOLDSschen Zahl für Oberflächen verschiedener Rauhigkeit muß in sinngemäßer Übertragung der an Rohren und Platten gewonnenen Versuchsergebnisse in logarithmischer Darstellung ähnlich verlaufen wie der Widerstandskoeffizient λ in Abhängigkeit von Re (Abb. 8, S. 16).

Im Gebiet kleiner Re-Zahlen fallen die ζ-Werte rauher Oberfläche mit denen glatter Oberfläche zusammen; es ist in diesem Gebiet für den Strömungsverlauf vollkommen gleichgültig, ob die Oberfläche glatt oder rauh ist. Hier ist die Grenzschicht dicker als die Wanderhebungen, so daß diese nicht in die Strömung hineinragen und diese nicht stören. Da die Grenzschicht bei höheren Re-Zahlen dünner wird, finden sich Grenzwerte, bei denen die Höhe der Wanderhebung gleich der Grenzschichtdicke ist, und dies bei um so niedrigeren Re-Zahlen, je rauher die Wand ist.

Für Re-Zahlen oberhalb dieser Grenzwerte ist ζ um so größer, je größer die Rauhigkeit der Wand ist. Für große Re-Werte ist ζ hierbei für eine bestimmte Rauhigkeit nahezu unabhängig von Re.

Da der Strömungsvorgang in der Grenzschicht in erster Linie durch die Größe der Wanderhebung und weniger durch die Kanalform beeinflußt wird, kann man für diese Grenzschicht eine REYNOLDSsche Zahl bilden (SÖRENSEN [14]), in der als Länge die Wanderhebung k enthalten ist

$$Re_k = \frac{k\,w}{\nu}. \tag{8}$$

Diese Größe Re_k bezeichnet man nach HOERNER als die Kornkennzahl [126]. Die Kornkennzahl ist eine konstante Größe. Für die Strömung im geraden Rohr ergibt sie sich aus Versuchen zu $Re_k \approx 100$. Bei der Düse liegen die Verhältnisse günstiger als beim geraden Rohr. Aus Versuchen kann man diese mit $Re_k \approx 150$ angeben.

An Diffusoren liegen bisher nur wenig Versuche über die Wandrauhigkeit vor. Es ist anzunehmen, daß hier die Verhältnisse viel ungünstiger liegen als beim Rohr und bei der Düse, da am Diffusoreintritt die höchsten Geschwindigkeiten liegen, denen die höchsten Re-Zahlen zugehören. Am Diffusoreintritt ist aber die Grenzschicht noch wenig ausgebildet und daher noch sehr dünn. SÖRENSEN rechnet für Diffusoren mit Kornkennzahlen von $Re_k \approx 50$.

Messungen über die Oberflächenbeschaffenheit und Rauhigkeit von im Strömungsmaschinenbau üblichen Oberflächenformen hat SÖRENSEN [14] durchgeführt. Zahlentafel 10 zeigt die Ergebnisse dieser Messungen. Die Oberflächenbeschaffenheit derartiger Flächen ist sehr unregelmäßig. Durch Polieren kann man die Wanderhebungen bis auf 0,001 mm herabsetzen.

Zahlentafel 10.
Oberflächenbeschaffenheit und Rauhigkeit von im Strömungsmaschinenbau üblichen Oberflächenformen nach Sörensen [14].

Pumpenschaufel, Silumin, von Hand geglättet	$k = 0{,}0156$ mm
Glatte Rotgußoberfläche	$k = 0{,}0564$ mm
Sehr rauhe Rotgußoberfläche	$k = 0{,}206$ mm
Turbinenschaufel, poliert, neu	$k \approx 0{,}001$ mm
Turbinenschaufel, geschliffen, neu	$k \approx 0{,}002$ mm
Turbinenschaufel, gefräst, neu	$k = 0{,}022$ mm
Turbinenschaufel, gezogen, neu	$k = 0{,}012$ mm
Turbinenschaufel, gefräst, angerostet	$k = 0{,}018$ mm
Turbinenschaufel, Blech, stark angerostet	$k = 0{,}058$ mm
Turbinenschaufel, Blech, stark angerostet	$k = 0{,}078$ mm

Für eine Strömungsmaschine sind im allgemeinen die Strömungsgeschwindigkeiten durch die Konstruktion bzw. durch die Betriebsforderungen gegeben. Es können dann mit Hilfe der Kornkennzahlen Re_k diejenigen Grenzrauhigkeiten k ermittelt werden, die der Oberfläche zu geben sind, wenn der Einfluß der Rauhigkeit der Wand nicht in Erscheinung treten soll, d. h. wenn die Wand glatt sein soll.

Für verschiedene Laufräder von ausgeführten Kreiselgebläsen und Kreiselverdichtern sind in Zahlentafel 11 [128] die Drücke p und die Temperaturen t am Ein- und Austritt von Laufrad und Diffusor angegeben und hierfür die kinematischen Zähigkeiten v am Ein- und Austritt ermittelt. Aus den angegebenen Strömungsgeschwindigkeiten und den ermittelten kinematischen Zähigkeiten v sind unter Zugrundelegung einer Kornkennzahl $Re_k \approx 50$ bzw. 80 die Grenzrauhigkeitszahlen $k = v\,Re_k/w$ für Ein- und Austritt berechnet. (Dieser Wert Re_k ist unsicher, da für Diffusoren bisher Versuche fehlen.) Man erkennt, daß die Grenzrauhigkeiten in Laufrädern und Diffusoren von Gebläsen und Verdichtern bei Anwendung der in Zahlentafel 11 angeführten Geschwindigkeiten sich in den Grenzen von $\approx 0{,}001$ bis $0{,}02$ mm bewegen. Besonders empfindlich ist jeweils der Eintritt, und dies um so mehr, je höher die Strömungsgeschwindigkeit gewählt ist. Der Vergleich einer ND- und einer HD-Stufe eines Kreiselverdichters zeigt außerdem die durch den höheren Druck bedingte wesentlich höhere Empfindlichkeit der HD-Stufe.

Zahlentafel 11.
Grenzrauhigkeiten in Laufrädern und Diffusoren von Gebläsen und Verdichtern [128].

		Druck		Temperatur		kinematische Zähigkeit		Strömungsgeschwindigkeit		Kornkennzahl	Grenzrauhigkeit $k = \dfrac{v\,Re_k}{w}$	
		Eintr.	Austr.	Eintr.	Austr.	Eintr.	Austr.	Eintr.	Austr.	Re_k	Eintr.	Austr.
		p_e ata	p_a ata	t_e °C	t_a °C	$10^6\,v_e$ m²/s	$10^6\,v_a$ m²/s	m/s	m/s		mm	mm
Kreiselgebläse												
ND-Gebläse	Laufrad	1,0	1,07	20	27	15,6	15,3	80,0	40,0	50 (80)	0,00975 (0,0156)	0,0191
	Diffusor	1,07	1,1	27	31	15,3	15,1	105,0	30,0	50	0,00729	0,02515
MD-Gebläse	Laufrad	1,0	1,33	20	52	15,6	14,1	125,0	75,0	50 (80)	0,00624 (0,010)	0,0094
	Diffusor	1,33	1,5	52	68	14,1	13,6	190,0	40,0	50	0,00377	0,017
HD-Gebläse	Laufrad	1,0	1,7	20	65	15,6	11,8	170,0	95,0	50 (80)	0,00459 (0,00735)	0,00621
	Diffusor	1,7	2,0	65	85	11,8	11,1	245,0	40,0	50	0,00241	0,01387
Kreiselverdichter												
ND-Stufe	Laufrad	1,0	1,37	20	56	15,6	13,9	150	100	50 (80)	0,00520 (0,0083)	0,00695
	Diffusor	1,37	1,55	56	73	13,9	13,5	195	40	50	0,00356	0,0169
HD-Stufe	Laufrad	8,5	9,4	65	79	2,36	2,29	90	55	50 (80)	0,00131 (0,0021)	0,00208
	Diffusor	9,4	9,8	79	85	2,29	2,26	140	35	50	0,000818	0,00323

Die Strömungskanäle in den Laufrädern und Diffusoren sind durch teils bearbeitete, teils unbearbeitete Flächen begrenzt. Für die bearbeiteten Flächen (Laufradscheibe, Deckscheibe, gefräste Schaufel) kann aus den Versuchen an Turbinenschaufeln ein Wert $k = 0{,}02$ mm eingesetzt werden, für unbearbeitete Blechschaufeln im Zustand des gewalzten Bleches $k = 0{,}04$, für bearbeitete Leitschaufeln und Diffusoren $k = 0{,}02$, für unbearbeitete Leitschaufeln und Diffusoren (rauhe Gußoberfläche) $k \approx 0{,}2$ mm.

Aus diesen Zahlenwerten ersieht man beim Vergleich mit Zahlentafel 11, daß für Laufschaufel und Diffusor die Grenzrauhigkeiten größtenteils niedriger liegen als die tatsächlichen Rauhigkeiten der im allgemeinen verwendeten Oberflächen, so daß diese Flächen nicht als strömungstechnisch glatt bezeichnet werden können. Will man strömungstechnisch glatte Wände haben, so muß die Oberflächenbeschaffenheit entsprechend verbessert werden.

In diesem Zusammenhang sei hingewiesen auf den Einfluß der Erhebungen von Nieten. Nietköpfe stören die Strömung ganz erheblich. Daher müssen die zur Verbindung von Laufradscheibe, Deckscheibe und Schaufeln verwendeten Nieten sorgfältig versenkt und abgeschliffen werden.

c) Reynoldssche Zahlen der Strömung in den Kanälen der Laufräder und Leitvorrichtungen von Kreiselgebläsen und Kreiselverdichtern.

Zahlentafel 12.

Reynoldssche Zahlen der Strömung in den Kanälen der Laufräder und Leitvorrichtungen eines zweistufigen Kreiselgebläses.

$V_S = 45000$ m³/h; $P_D/P_S = 1{,}52$; $n = 3000$ U/min; 2 Laufräder, Dmr. 1250 mm.

Laufradeintritt	Druck vor Stufe	ata	1,0	1,23
	Temperatur vor Stufe	°C	20	46
	Wichte vor Stufe	kg/m³	1,165	1,32
	Kinematische Zähigkeit ν_1	10^{-6} m²/s	15,4	14,75
	Hydraulischer Durchmesser des Laufradkanals am Eintritt $d_{\text{hydr}_1} = \dfrac{4F_1}{U_1}$	m	0,0861	0,0847
	Relative Eintrittsgeschwindigkeit w_1	m/s	114,5	110,5
	Reynolds-Zahl am Eintritt $Re_1 = \dfrac{d_{\text{hydr}_1} w_1}{\nu_1}$	—	640000	634000
Laufradaustritt	Druck hinter Rad	ata	1,154	1,48
	Temperatur hinter Rad	°C	39	60
	Wichte hinter Rad	kg/m³	1,265	1,515
	Kinematische Zähigkeit ν_2	10^{-6} m²/s	15,05	13,4
	Hydraulischer Durchmesser des Laufradkanals am Austritt $d_{\text{hydr}_2} = \dfrac{4F_2}{U_2}$	m	0,151	0,1475
	Relative Austrittsgeschwindigkeit w_2	m/s	64	56,3
	Reynolds-Zahl am Austritt $Re_2 = \dfrac{d_{\text{hydr}_2} w_2}{\nu_2}$	—	643000	618000
Diffusoreintritt	Hydraulischer Durchmesser am Diffusoreintritt $d_{\text{hydr}_3} = \dfrac{4F_3}{U_3} = \dfrac{4\pi d_3 \cdot b_3}{\pi d_3 \cdot 2} = 2 b_3$	m	0,142	0,134
	Radiale Geschwindigkeitskomponente c_{3m}	m/s	46,5	41
	Reynolds-Zahl am Diffusoreintritt $Re_3 = \dfrac{d_{\text{hydr}_3} c_{3m}}{\nu_3}$	—	439000	410000
	Kinematische Zähigkeit ν_3	m²/s	15,05	13,4
Diffusoraustritt	Hydraulischer Durchmesser am Diffusoraustritt $d_{\text{hydr}_4} = \dfrac{4F_4}{U_4} = \dfrac{4\pi d_4 \cdot b_4}{\pi d_4 \cdot 2} = 2 b_4$	m	0,1804	
	Radiale Geschwindigkeitskomponente c_{4m}	m/s	26,2	
	Reynolds-Zahl am Diffusoraustritt $Re_4 = \dfrac{d_{\text{hydr}_4} c_{4m}}{\nu_4}$	—	321000	
	Kinematische Zähigkeit ν_4	10^{-6} m²/s	14,75	
	Druck hinter Stufe	ata	1,23	
	Temperatur hinter Stufe	°C	46	
	Wichte hinter Stufe	kg/m³	1,32	
	Kinematische Zähigkeit $\nu_5 = \nu_6 = \nu_7$	10^{-6} m²/s	14,75	
Rückführkanal	Hydraulischer Durchmesser $d_{\text{hydr}_5} = \dfrac{4F_5}{U_5}$	m	0,127	
	Reynolds-Zahl $Re_5 = \dfrac{d_{\text{hydr}_5} w_5}{\nu_5}$	—	321000	
	Geschwindigkeit im Kanal an Stelle 5	m/s	37,3	
	Hydraulischer Durchmesser $d_{\text{hydr}_6} = \dfrac{4F_6}{U_6}$	m	0,1555	
	Geschwindigkeit im Kanal an Stelle 6	m/s	27,6	
	Reynolds-Zahl $Re_6 = \dfrac{d_{\text{hydr}_6} w_6}{\nu_6}$	—	291000	
	Hydraulischer Durchmesser $d_{\text{hydr}_7} = \dfrac{4F_7}{U_7}$	m	0,1325	
	Geschwindigkeit im Kanal an Stelle 7	m/s	38,2	
	Reynolds-Zahl $Re_7 = \dfrac{d_{\text{hydr}_7} w_7}{\nu_7}$	—	343000	

292 Sonderfragen.

Zahlentafel 13.
Reynoldssche Zahlen der Strömung in den Kanälen der Laufräder und Leitvorrichtungen eines neunstufigen außengekühlten Kreiselverdichters.

		1	2	3	4	5	6	7	8	9
Druck vor Stufe	ata	1,0	1,54	2,11	2,93	3,81	4,95	6,16	7,275	8,63
Temperatur vor Stufe	°C	20	73	45	79	45	71	100	45	62
Wichte vor Stufe	kg/m³	1,165	1,533	2,27	2,84	4,09	4,91	5,65	7,81	8,8
Hydraulischer Durchmesser des Laufradkanals am Eintritt $d_{hydr_1} = \frac{4F_1}{U_1}$	m	0,0934	0,091	0,0816	0,076	0,0644	0,0593	0,0566	0,0519	0,05
Relative Eintrittsgeschwindigkeit w_1	m/s	151	144	127	122	111	107	103	93	90
REYNOLDS-Zahl am Eintritt $Re_1 = \frac{d_{hydr_1} w_1}{\nu_1}$	—	903 000	975 000	1 215 000	1 260 000	1 510 000	1 520 000	1 950 000	1 950 000	1 965 00
Druck hinter Rad	ata	1,36	1,966	2,655	3,55	4,57	5,75	6,92	8,175	9,48
Temperatur hinter Rad	°C	64	109	73	107	67	92	117	57	76
Wichte hinter Rad	kg/m³	1,378	1,755	2,62	3,19	4,59	5,38	6,05	8,45	9,28
Hydraulischer Durchmesser des Laufradkanals am Austritt $d_{hydr_2} = \frac{4F_2}{U_2}$	m	0,0961	0,0687	0,0583	0,0535	0,0465	0,0445	0,044	0,039	0,0374
Relative Austrittsgeschwindigkeit w_2	m/s	97	93	84	79	73	67	63	56	54
REYNOLDS-Zahl am Austritt $Re_2 = \frac{d_{hydr_2} w_2}{\nu_2}$	—	635 000	505 000	622 000	610 000	767 000	747 000	745 000	928 000	905 000
Hydraulischer Durchmesser am Diffusoreintritt $d_{hydr_3} = \frac{4F_3}{U_3} = \frac{4\pi d_3 b_3}{\pi d_3 2} = 2b_3$	m	0,124	0,1	0,08	0,072	0,06	0,06	0,06	0,05	0,05
Radiale Geschwindigkeitskomponente c_{3m}	m/s	68,5	68	60,5	58	52	49	45	40	39
REYNOLDS-Zahl am Diffusoreintritt $Re_3 = \frac{d_{hydr_3} c_{3m}}{\nu_3}$	—	577 500	537 500	622 000	603 000	702 500	737 500	725 000	850 000	875 000
Hydraulischer Durchmesser am Diffusoraustritt $d_{hydr_4} = \frac{4F_4}{U_4} = \frac{4\pi d_4 b_4}{\pi d_4 2} = 2b_4$	m	0,194	0,154	0,122	0,118	0,0946	0,0946	0,108	0,0506	
Radiale Geschwindigkeitskomponente c_{4m}	m/s	29,7	31	29	23,6	23,6	20,5	15,8	14,4	
REYNOLDS-Zahl am Diffusoraustritt $Re_4 = \frac{d_{hydr_4} c_{4m}}{\nu_4}$	—	425 000	405 000	480 000	423 000	535 000	503 000	465 000	568 000	
Druck hinter Stufe	ata	1,54	2,18	2,93	3,86	4,95	6,16	7,3	8,63	9,9
Temperatur hinter Stufe	°C	73	117	79	115	71	100	125	62	82
Wichte hinter Stufe	kg/m³	1,52	1,91	2,84	3,4	4,91	5,65	6,26	8,8	9,53
Hydraulischer Durchmesser $d_{hydr_5} = \frac{4F_5}{U_5}$	m	0,137	0,302	0,1075	0,19	0,088	0,088	0,151	0,085	
REYNOLDS-Zahl $Re_5 = \frac{d_{hydr_5} w_5}{\nu_5}$	—	518 000	481 000	575 000	515 000	728 000	698 000	600 000	695 000	
Hydraulischer Durchmesser $d_{hydr_6} = \frac{4F_6}{U_6}$	m	0,172	0,302	0,152	0,195	0,129	0,129	0,17	0,1055	
REYNOLDS-Zahl $Re_6 = \frac{d_{hydr_6} w_6}{\nu_6}$	—	433 000	512 000	471 000	643 000	560 000	533 000	605 000	657 000	
Hydraulischer Durchmesser $d_{hydr_7} = \frac{4F_7}{U_7}$	m	0,145	0,18	0,137	0,13	0,101	0,101	0,124	0,088	
REYNOLDS-Zahl $Re_7 = \frac{d_{hydr_7} w_7}{\nu_7}$	—	540 000	739 000	578 000	740 000	805 000	740 000	850 000	953 000	

Reynoldssche Zahlen der Strömung in den Kanälen.

Die Kanäle in den Laufrädern und Leitvorrichtungen von Kreiselgebläsen und Kreiselverdichtern haben meist Rechteck- oder Trapezquerschnitt. Der hydraulische Durchmesser eines solchen Kanals ist nach Gl. (17), S. 16

$$d_{hydr} = 4F/U.$$

Sind die Zustände (Druck, Temperatur) und die Strömungsgeschwindigkeiten an verschiedenen Stellen der Kanäle bekannt, so lassen sich die REYNOLDSschen Zahlen hierfür nach Gl. (10), S. 15, errechnen:

$$Re = \frac{d_{hydr} w}{\nu}.$$

Für ein ausgeführtes zweistufiges Kreiselgebläse und für einen ausgeführten neunstufigen außengekühlten Kreiselverdichter sind in Zahlentafel 12 und 13 die REYNOLDSschen Zahlen für jede Stufe für verschiedenecharakteristische Punkte gemäß Abb. 374 und 375 errechnet:

Punkt *1:* Laufradeintritt,
Punkt *2:* Laufradaustritt,
Punkt *3:* Diffusoreintritt,
Punkt *4:* Diffusoraustritt,
Punkt *5:* Eintritt im Rückführkanal,
Punkt *6:* Mitte vom Rückführkanal,
Punkt *7:* Austritt aus Rückführkanal.

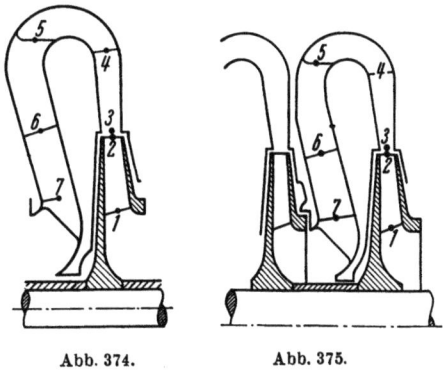

Abb. 374.   Abb. 375.

← Abb. 376.
Betrieb eines mehrstufigen Gebläses vom Zeitpunkt des Anfahrens bis zur Beharrung: Ansteigen der Temperatur und Abnehmen des Druckverhältnisses. 7stufiges Gebläse; Antrieb durch Elektromotor.
$n = 4300$ U/min; $t_S = 16°$ C.

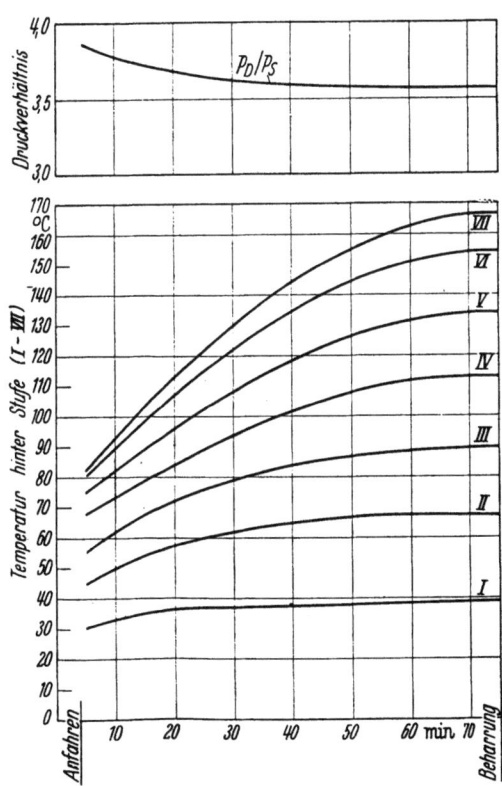

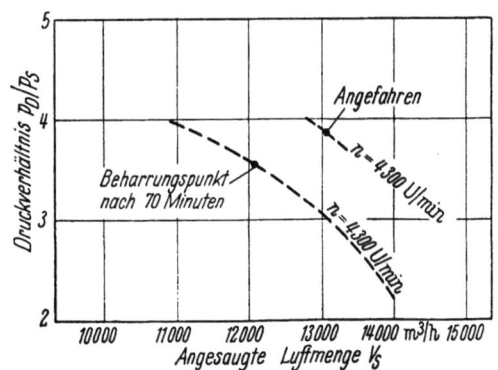

Abb. 377.
Betrieb eines mehrstufigen Gebläses vom Zeitpunkt des Anfahren bis zur Beharrung: Rückgang der angesaugten Luftmenge.

Die höchsten REYNOLDSschen Zahlen liegen jeweils am Laufradeintritt.

Bei dem Verdichter (Zahlentafel 13) nehmen die Strömungsgeschwindigkeiten in Richtung höherer Stufen ab. Da aber die Zähigkeiten in stärkerem Maße zunehmen, steigen die REYNOLDSschen Zahlen in Richtung höherer Stufen an.

d) Betrieb vom Anfahren bis zum Erreichen des Beharrungszustandes.

Nach dem Anfahren einer Maschine vergeht noch eine gewisse Zeit, bis der Beharrungszustand erreicht ist, da die Maschine sich erst allmählich durchwärmt.

Den Anfahrzustand eines ungekühlten mehrstufigen Gebläses bei Vakuumbetrieb, das für hohe Verdichtung bestimmt ist, zeigt Abb. 376. Die Temperaturen hinter den einzelnen Stufen sind hierbei durch blanke Glasthermometer, die in den Luftstrom eingeführt sind, gemessen. Die Temperaturen steigen an, um sich allmählich dem Beharrungszustand zu nähern, der aber nach Ablauf einer Stunde noch nicht erreicht ist. Im gleichen Maß, wie die Temperaturen steigen, nehmen die Verdichtungsverhältnisse der einzelnen Stufen und daher auch das gesamte Verdichtungsverhältnis der Maschine ab. Beim Anfahren der Maschine wird bei 4300 U/min ein Verdichtungsverhältnis von 3,85 erreicht, nach Verlauf einer Stunde ein Verdichtungsverhältnis von 3,55 bei gleicher Drehzahl. Auch die angesaugte Luftmenge geht zurück, wie Abb. 377 zeigt.

Schrifttumsverzeichnis.

Abschnitt A.

[1a] RATEAU, A.: Kreiselgebläse für hohen Druck. Z. VDI Bd. 51 (1907) S. 1296/1305.
[1b] MITTER, H.: Versuche an einem Turbinengebläse der Bauart C. H. Jaeger. Z. VDI Bd. 54 (1910) S. 218/27.
[1c] MITTER, H.: Der Turbinengebläse- und Turbinenkompressorenbau von C. H. Jaeger. Z. VDI Bd. 58 (1914) S. 1573/78, 1593/1600, 1620/26, 1639/46, 1662/67, insbes. S. 1594.
[1d] LANGER: Versuche an einem 4000pferdigen, elektrisch angetriebenen Turbinenkompressor der Bauart Pokorny & Wittekind. Z. VDI Bd. 55 (1911) S. 173/77.

Abschnitt B.

[2] *Schrifttum aus der Wärmelehre.*
    SCHÜLE, W.: Technische Thermodynamik. Berlin: Springer 1930.
    PLANCK, M.: Theorie der Wärme (= Bd. 5 der Einführung in die theoretische Physik). Leipzig: S. Hirzel 1932.
    SCHMIDT, E.: Einführung in die technische Thermodynamik. 5. Aufl. Berlin: Springer 1953.
    BOŠNJAKOVIC, F.: Technische Thermodynamik, Teil I und II (= Bd. XI der Wärmelehre und Wärmewirtschaft in Einzeldarstellungen). Dresden und Leipzig: Th. Steinkopff, Teil I (8. Aufl.) 1948, Teil II (2. Aufl.) 1951.
    BLASIUS, H.: Wärmelehre, 5. Aufl. Hamburg: Boysen u. Maasch 1949.
    NUSSELT, W.: Technische Thermodynamik, 3. Aufl., Teil 1 u. 2. Berlin: de Gruyter 1950 bzw. 1951.
    EWING, I. A.: Thermodynamics for Engineers 1936.
    KIEFER, P. J. u. M. C. STUART: Principles of engineering Thermodynamics 1930.
    KEENAN, I. H.: Thermodynamics 1941.
    ZEMANSKY, M. W.: Heat and Thermodynamics 1943.
    HOARE, F. E.: Textbook of Thermodynamics 1944.
    SCHMIDT, E.: Thermodynamics, 4. Aufl. Berlin/Göttingen/Heidelberg: 1950.
    MÜLLER u. POUILLET: Lehrbuch der Physik, Bd. 3: Thermodynamik. Braunschweig: F. Vieweg 1926.
    GEIGER u. SCHEEL: Handbuch der Physik, Bd. VII. Berlin: Springer 1927.
    WIEN u. HARMS: Handbuch der Experimentalphysik, Bd. VIII u. IX. Leipzig: Akademische Verlagsgesellschaft 1929.

[3] HINZ, A.: Thermodynamische Grundlagen der Kolben- und Turbokompressoren. Berlin: Springer 1927.

[4] *Schrifttum aus der Strömungslehre und Strömungsforschung.*
    PRANDTL, L.: Abriß der Strömungslehre, 3. Aufl. Braunschweig: F. Vieweg 1942.
    PRANDTL, L.: Führer durch die Strömungslehre, 3. Aufl. Braunschweig: F. Vieweg 1949.
    PRANDTL, L. u. O. TIETJENS: Hydro- und Aeromechanik, Bd. I und II. Berlin: Springer 1929 u. 1931.
    FORCHHEIMER, PH.: Hydraulik, 3. Aufl. Leipzig: B. G. Teubner 1930.
    AUERBACH-HORT: Handbuch der physikalischen und technischen Mechanik, Bd. V, Bd. VI. Leipzig: J. A. Barth 1928.
    FUCHS-HOPF-WEINIG, Aerodynamik, 3 Bände. Berlin: Springer 1934/1940.
    KAUFMANN, W.: Angewandte Hydromechanik, 2 Bände. Berlin: Springer 1934.
    LAMB, H.: Lehrbuch der Hydrodynamik. Leipzig: B. G. Teubner 1931.
    BETZ, A.: Mechanik unelastischer und elastischer Flüssigkeiten. Hütte I. Berlin: Ernst & Sohn 1949.
    BUSEMANN, A.: Hydrodynamik in A. FÖPPL, Vorlesungen über Techn. Mechanik, Bd. IV. 9. Aufl. München: Oldenbourg 1942.
    FERRI, A.: Elements of Aerodynamics of Supersonic Flows. New York: Macmillan Co. 1949.
    SAUER, R.: Theoretische Einführung in die Gasdynamik. 2. Aufl. Berlin: Springer 1951.
    GEIGER u. SCHEEL: Handbuch der Physik, Bd. VII. Berlin: Springer 1927.
    WIEN u. HARMS: Handbuch der Experimentalphysik, Bd. IV, 3. Teil. Leipzig: Akademische Verlagsgesellschaft 1930.
    PRAŠIL, FR.: Technische Hydrodynamik, 2. Aufl. Berlin: Springer 1926.
    ECK, B.: Technische Strömungslehre, 3. Aufl. Berlin/Göttingen/Heidelberg: Springer 1949.

[5] SCHILLER, L.: Untersuchungen über laminare und turbulente Strömung. VDI-Forsch.-Heft 248. Berlin: VDI-Verlag 1922.
    SCHILLER, L.: Z. angew. Math. Mech. Bd. 2 (1922) S. 96.

[6] BLASIUS, H.: Das Ähnlichkeitsgesetz bei Reibungsvorgängen in Flüssigkeiten. VDI-Forsch.-Heft 131. Berlin: VDI-Verlag 1913, S. 1—39.

[7] HERMANN, R. u. TH. BURBACH: Strömungswiderstand und Wärmeübergang in Rohren. Diss. Univ. Leipzig 1930.
[8] STANTON u. PANNEL: Similarity of motion in relation to the surface friction of fluids. Phil. Trans. (A), Bd. 214 (1914) S. 199.
[9] ECK, B.: Technische Strömungslehre. 3. Aufl. Berlin/Göttingen/Heidelberg: Springer 1949.
[10] PRANDTL, L.: Abriß der Strömungslehre. 3. Aufl. Braunschweig: F. Vieweg 1942.
[11] HOPF, L.: Die Messung der hydraulischen Rauhigkeit. Z. angew. Math. Mech. Bd. 3 (1923) S. 329.
[12] NIKURADSE, J.: Gesetzmäßigkeiten der turbulenten Strömung in glatten Rohren. VDI-Forsch.-Heft 356. Berlin: VDI-Verlag 1932.
[13] PRANDTL, L.: Neuere Ergebnisse der Turbulenzforschung. Z. VDI Bd. 77 (1933) S. 105/14, insbes. S. 112.
[14] SÖRENSEN, E.: Wandrauhigkeitseinfluß bei Strömungsmaschinen. Forsch. Ing.-Wes. Bd. 8 (1937) S. 25 bis 29.
[15] FÖTTINGER: Strömungen in Dampfkesselanlagen. Mittlg. Nr. 73 der Vereinigung der Großkesselbesitzer.
[16] RIFFART, A.: Versuche mit Verdichtungsdüsen (Diffusoren). VDI-Forsch.-Heft 257. Berlin: VDI-Verlag 1922.
[17] DÖNCH, F.: Untersuchungen über divergente und konvergente turbulente Strömungen mit kleinen Öffnungswinkeln. VDI-Forsch.-Heft 282. Berlin: VDI-Verlag 1926.
[18] NIKURADSE, J.: Untersuchungen über die Strömung des Wassers in konvergenten und divergenten Kanälen. VDI-Forsch.-Heft 289. Berlin: VDI-Verlag 1929.
[19] PETERS: Energie-Umsetzung in Querschnittserweiterungen bei verschiedenen Zulaufbedingungen. Ing.-Archiv Bd. 2 (1931) S. 92.
[20] ANDRES, K.: Versuche über die Umsetzung von Wassergeschwindigkeit in Druck. VDI-Forsch.-Heft 76. S. 1/34. Berlin: VDI-Verlag 1909.
[21] WEDERNIKOFF: Luftströmung im flachen erweiterten Kanal. Bericht des zentralen Aero-Hydrodynamischen Institutes in Moskau, H. 21. Moskau: 1926.
[22] HOCHSCHILD, H.: Versuche über die Strömungsvorgänge in erweiterten und verengten Kanälen. VDI-Forsch.-Heft 114, S. 1/53. Berlin: VDI-Verlag 1912.
[23] POLZIN, J.: Strömungsuntersuchungen an einem ebenen Diffusor. Ing.-Archiv Bd. 11 (1940) S. 361.
[24] POHLHAUSEN, K.: Zur näherungsweisen Integration der Differentialgleichung der laminaren Grenzschicht. Z. angew. Math. Mech. Bd. 1 (1921) S. 252/68.
[25] BETZ, A.: Strömungen von Gasen bei hohen Geschwindigkeiten. Z. VDI Bd. 92 (1950) S. 201/06.
[26] NEUMANN, E. u. F. LUSTWERK: Supersonic Diffusors for Wind Tunnels. Mech. Engng. Bd. 70 (1948) S. 1014.
[27] KLUGE, F.: Strömungsforschung und Strömungsmaschinen in USA. Brennstoff/Wärme/Kraft Bd. 1 (1949) S. 242/44.

Abschnitt C I.

[28] *Werke über Kreiselgebläse und Kreiselverdichter.*
    ECK-KEARTON: Turbo-Gebläse und Turbo-Kompressoren. Berlin: Springer 1929.
    OSTERTAG, P.: Kolben- und Turbo-Kompressoren, 3. Aufl. Berlin: Springer 1923.
    BAER, H.: Turbogebläse und Turbokompressoren. Leipzig: B. G. Teubner 1924 S. 104.
    HINZ, A.: Thermodynamische Grundlagen der Kolben- und Turbokompressoren. Berlin: Springer 1927.
    ECK, B.: Ventilatoren, 2. Aufl. Berlin/Göttingen/Heidelberg: Springer 1952.
    PFLEIDERER, C.: Kreiselpumpen für Flüssigkeiten und Gase. 3. Aufl. Berlin/Göttingen/Heidelberg: Springer 1949.
[29] FÖPPL, A.: Vorlesungen über technische Mechanik. München: R. Oldenbourg 1949.
[30] BOCK, E.: Leitfaden der technischen Mechanik. Chemnitz: Adam.
[31] KUCHARSKI, W.: Strömungen einer reibungsfreien Flüssigkeit. München: R. Oldenbourg 1918.
[32] SPANNHAKE, W.: Hydraulische Probleme, Mitteilungen des Institutes für Strömungsmaschinen. T. H. Karlsruhe, H. 1, 1930.
[33] GRUN, W.: Beiträge zur Theorie und Konstruktion der Leit- und Laufvorrichtungen für Turbo-Pumpen, insbesondere für Turbo-Gebläse und -Kompressoren. Diss. T. H. Hannover 1907.
[34] PFLEIDERER, C.: Die Kreiselpumpen für Flüssigkeiten und Gase. 3. Aufl. Berlin: Springer 1949.
[35] FISCHER, K.: Untersuchung der Strömung in einer Kreiselpumpe. Diss. T. H. München 1930.
[36a] OSBORNE, W. u. D. MORELLI: Heat and Flow Observations on a High Efficiency Free Centrifugal Impeller. ASME Annual Meeting, 1949, New York.
[36b] GRÜNAGEL, E.: Flüssigkeitsbewegung in umlaufenden Radialrädern. VDI-Forsch.-Heft 405. Berlin: VDI-Verlag 1940.
[36c] STIESS, W.: Mitt. Inst. f. Strömungsmaschinen T. H. Karlsruhe. Bd. 3 (1933).
[36d] OERTLI, H.: Untersuchung der Wasserströmung durch ein rotierendes Zellenrad. Diss. Zürich 1923.
[37a] PFLEIDERER, C.: Untersuchungen auf dem Gebiet der Kreiselradmaschinen. VDI-Forsch.-Heft 295. Berlin: VDI-Verlag 1927.
[37b] KRANZ, H.: Strömung in Spiralgehäusen. VDI-Forsch.-Heft 370. Berlin: VDI-Verlag 1935.
[38] ECK, B. u. I. KEARTON: Turbo-Gebläse und Turbo-Kompressoren. Berlin: Springer 1929.
[39] STODOLA, A.: Dampf- und Gasturbinen. 6. Aufl. Berlin: Springer 1924.
[40] KÁRMÁN, TH. V.: Über laminare und turbulente Reibung. Z. angew. Math. Mech. Bd. 1 (1921) S. 233/52.

[41] KEMPF: Innsbrucker Vorträge S. 168.

[42] Versuche von Zumbusch, mitgeteilt von SCHULTZ-GRUNOW:
SCHULTZ-GRUNOW, F.: Der Reibungswiderstand rotierender Scheiben. Z. angew. Math. Mech. Bd. 15 (1935) S. 191.

[43] UNWIN, W. C.: Experiments of the Friction of Disks Rotated in Fluid. Proc. of Inst. of Civil Engrs. Vol. 80 (1885) pp. 221/31.
GIBSON, A. H. u. A. RYAN: Resistance of Rotation of Disks in Water at High Speeds. Proc. of Inst. of Civil Engrs. Vol. 179 (1910) pp. 313/31.
LE CONTE, JOSEPH N.: Friction of Flat Disks Rotated in Water. Journal of Electricity, Power and Gas Vol. 25 (1910) pp. 483/88.
CHURCH, A. H. u. S. A. GERTZ: Resistance to Rotation of Disks in Liquid. ASME Paper No. 49-A-103 1949. American Society of Mech. Engrs., New York.

[44] MELDAHL, A.: Der Einfluß der Kompressibilität des Fördermittels auf die Eigenschaften eines Zentrifugalgebläses. BBC-Nachrichten Aug./Sept. 1941 S. 200.

[45] BAER, H.: Dampfturbinen und Turbokompressoren. Technische Leitfäden Bd. 20. Leipzig: B. G. Teubner 1924.

[46] NIEDERSCHUH, E.: Untersuchung der Laufradverluste eines einstufigen Turbogebläses. Wärme Bd. 58 (1935) S. 31/35 und 49/53.

[47] SCHULTZ: Das Förderhöhenverhältnis radialer Kreiselpumpen. Z. angew. Math. Mech. Bd. 8 (1928) S. 17.

[48] GRÜNAGEL, E.: Kantenwiderstand von Schaufelreihen. Forsch.-Ing.-Wes. Bd. 9 (1938) S. 187/96.

[49] PFLEIDERER, C.: Vorausbestimmung der Kennlinien schnelläufiger Kreiselpumpen. Berlin: VDI-Verlag 1938.

[50] KELLER: Axialgebläse vom Standpunkt der Tragflügel-Theorie. Mitt. Inst. f. Aerodynamik ETH. Zürich: Gebr. Leemann 1934.

[51] KLUGE, F.: Druckumsetzung und Wirkungsgrad in ein- und mehrstufigen Kreiselgebläsen bei hohen Umfangsgeschwindigkeiten. Forsch.-Ing.-Wes. Bd. 11 (1940) S. 228/37.

[52a] KLUGE, F.: Wege zur Drehzahlsteigerung im Maschinenbau. Technische Mitteilungen des Hauses der Technik Essen, Heft 14 (1939), Jahrgang 1938/39, S. 463/76.

[52b] BETZ, A., Strömungen von Gasen bei hohen Geschwindigkeiten. Z. VDI Bd. 92 (1950) S. 201/06.

[52c] PFLEIDERER, C.: Die Überschallgrenze bei Kreiselverdichtern. Z. VDI Bd. 92 (1950) S. 129/33.

Abschnitt C II.

[53] KLUGE, F.: Turbogebläse zur Verdichtung von Luft und Gas. Demag-Nachrichten. Bd. 14 B (1940) Nr. 1.

[54] WEISE, A.: Höhenflug. Z. VDI. Bd. 81 (1937) S. 1177/81.

[55] V. D. NÜLL, W. u. H. PFAU: Auslegung und Gestaltung der Flugmotorenlader. Z. VDI Bd. 85 (1941) S. 763/73.

[56] LEIST, K.: Laderantrieb durch Abgasturbinen. Luftf.-Forschung Bd. 14 (1937) S. 238/43.

[57] SCHMIDT, F. A. F.: Thermodynamische Untersuchungen über Abgasturboaufladung und grundsätzliche Versuche an einer Abgasturbine. Luftf.-Forschung Bd. 14 (1937) S. 233/37.

[58] V. D. NÜLL, W.: Abgasturbolader für Flugmotoren. Z. VDI Bd. 85 (1941) S. 847/57.

[59] V. D. NÜLL, W. u. H. PFAU: Antrieb und Regelung der Flugmotorenlader. Z. VDI Bd. 85 (1941) S. 981/89.

[60] V. D. NÜLL, W.: Ladeeinrichtungen ausländischer Flugmotoren. Luftwissen Bd. 4 (1937) S. 169/86.

Abschnitt D.

[61] SCHATTSCHNEIDER, M.: Turbo-Hochofen- und Stahlwerksgebläseanlagen. BBC-Mitteilungen Bd. 11 (1927) H. 6, S. 135/40.

[62] SCHATTSCHNEIDER, M.: Entwurf und Ausführung von Turbogebläsen für Hüttenwerke. Stahl und Eisen Bd. 51 (1931) S. 1361/70.

[63] KÖCKRITZ, H.: Antriebsarten von Hochofenturbogebläsen großer Leistung. BBC-Nachrichten Bd. 19 (1932) H. 6, S. 103/07.

[64] SCHATTSCHNEIDER, M.: Die Hochofenturbogebläse für die russischen Eisen- und Stahlwerke Magnitogorsk und Kusnek. BBC-Nachrichten Bd. 19 (1932) H. 3, S. 41/48.

[65] KLUGE, F.: Das Turbogebläse im Hochofen- und Stahlwerksbetrieb. Stahl u. Eisen Bd. 62 (1942) S. 561/67, 588/91 u. 608/12.

[66] NOACK, G.: Winderhitzung und Winderzeugung in Hüttenwerken. BBC-Nachrichten Bd. 29 (1942) S. 7.

[67] THÖNNESSEN, F.: Turbogebläse oder Gasgebläse für die Hochofen-Windversorgung. Stahl u. Eisen Bd. 63 (1943) S. 609/17.

[68] FROITZHEIM, H.: Betriebserfahrungen mit Gaskolbengebläsen. Stahl u. Eisen Bd. 51 (1931) S. 1417/32.

[69] STEFFES, M.: Leistungs- und Verbrauchsversuche an einer Hochofengebläsemaschine. Stahl u. Eisen Bd. 63 (1943) S. 105/09.

[70] ENGEL, L.: Neuzeitliche Großkolbenmaschine in Hütten- und Bergwerksanlagen. Stahl u. Eisen Bd. 60 (1940) S. 897/904.

Abschnitt E I bis E III.

[71] KLUGE, F.: Turboverdichter zur Preßlufterzeugung. Demag-Nachrichten Bd. 15 (1941) H. 1, und Zeitschrift komprimierte und flüssige Gase 1942, S. 25/31, 37/42 und 49/53.

- [72] GRUN, W. u. F. KLUGE: Großkreiselverdichter. Z. VDI Bd. 85 (1941) S. 157/62.
- [73] GRUN, W.: 7000 kW Turbokompressor. Z. VDI Bd. 77 (1933) S. 691.
- [74] AEG-Mitteilungen 1940 S. 22f.
- [75] GILLI, R.: Der Turbokompressor Isotherm. BBC-Nachrichten Bd. 28 (1941) S. 108f.
- [76a] LENDORFF, B.: Bauarten und Anwendungsgebiete der Kompressoren. Escher-Wyss, Zürich. Sonderheft Kompressoren und Pumpen.
- [76b] LENDORFF, B.: Neuzeitliche Turboverdichter. Escher-Wyss, Zürich. Sonderheft Forschung an Turbomaschinen.
- [76c] LENDORFF, B.: Neue Turboverdichter mit Zwischenkühlung. Escher-Wyss-Mitteilungen Bd. 11 (1938 Nr. 1.
- [77] GHH, Oberhausen: Turbokompressoren und Turbogebläse.
- [78] HINZ, A.: Vergleich zwischen Kolben- und Kreiselverdichtern. Z. VDI Bd. 81 (1937) S. 687/94.
- [79] KLUGE, F.: Kreiselverdichter für technische Gase. Z. VDI Bd. 88 (1944) S. 657/67.
- [80] PETER, R.: Wärmepumpen zum Eindampfen. Escher-Wyss-Sonderheft: Kompressoren und Pumpen S. 36/49.
- [81] OSTERTAG, A.: Heizen mit Wärmepumpen. Escher-Wyss-Sonderheft: Kompressoren und Pumpen S. 50 bis 63.
- [82] WENDE, W. u. G. SCHMITTEL: Die Wärmepumpe in der Energie-Wirtschaft. Wärme Bd. 65 (1942) S. 376 bis 381.
- [83] VOIGT, H.: Kompressoren für große Kälteleistungen. Z. VDI Bd. 71 (1927) S. 1145/53.
- [84] OSTERTAG, P.: Kälteprozesse, 2. Aufl. Berlin: Springer 1933.
- [85] PLANK, R.: Klima-Anlagen in Bergwerken. Z. VDI Bd. 83 (1939) S. 1021/29.
- [86] KLUGE, F.: Preßluftversorgung, Klimatisierung und Kühlung von Gruben. Demag-Nachr. Bd. 17 (1943).
- [87a] KLUGE, F.: Vakuum-Kreiselverdichter. Z. VDI Bd. 86 (1942) S. 623/28.
- [87b] KLUGE, F.: Der Entnahme- und Zweidruckkreiselverdichter. Technik Bd. 3 (1948) S. 75/80.
  KLUGE, F.: The Rotary Compressor for Mixed Pressures. Engineers Digest 9 (1948) S. 263/65.
- [87c] KARRER, W.: Die Gasturbinenversuchsanlage der Maschinenfabrik Oerlikon. Schweiz. Bauzeitung Jg. 66 (1948) S. 291/96.
  STROEHLEN, R.: Die Gasturbine. Stand der Entwicklung im Ausland. Z. VDI Bd. 90 (1948) S. 357/65.
- [87d] KELLER, C.: Closed Cycle Gas Turbine. Escher-Wyss-AK-Development 1945—1949. Mech. Eng. Bd. 72 (1950) S. 30.
- [87e] KLUGE, F.: Zur Verbesserung der Druckluftwirtschaft der Ruhrzechen. Technik Bd. 4 (1949) S. 137/42.
- [87f] KLUGE, F.: Der Kreiselverdichter auf dem Weltmarkt. Konstruktion Bd. 2 (1950) 129/37.
- [87g] KLUGE, F.: Die Konstruktion der Kreiselverdichter. Konstruktion Bd. 2 (1950) S. 265/75.
- [88] VDI-Verdichter-Regeln DIN 1945, Regeln für Abnahme- und Leistungsversuche an Verdichtern. Berlin: VDI-Verlag 1934.
  VDI-Durchfluß-Meßregeln DIN 1952, Regeln für die Durchflußmessung mit genormten Düsen, Blenden u. Venturidüsen, 6. Ausg. Düsseldorf: Dtsch. Ing.-Verlag 1948.

Abschnitt F.
- [89] Escher-Wyss-Nachrichten 1941 S. 23, Bild 1.
- [90] LENDORFF, B.: Escher-Wyss-Mitteilungen Bd. 5 (1932) S. 96/99.
- [91] LÜTHI, A.: Escher-Wyss-Mitteilungen Bd. 7 (1934) S. 130/33.
- [92] KLUGE, F.: Regelung von Kreiselverdichtern. Z. VDI Bd. 84 (1940) S. 837/43.
- [93] WÜNSCH, G. u. H. RÜHLE: Meßgeräte im Industriebetrieb. Berlin: Springer 1936 S. 14; WÜNSCH, G.: Regler für Druck und Menge. München und Berlin: R. Oldenbourg 1930 S. 50 und Z. VDI Bd. 81 (1937) S. 1057/64.
- [94] LÜTHI, A.: Escher-Wyss-Mitteilungen Bd. 5 (1932) S. 19/23.
- [95] LÜTHI, A.: Spezialregler für Dampfturbinen und Kompressoren. Escher-Wyss-Mitteilungen Bd. 13 (1940).
- [96] BLASIG, K.: Regelung von Turbokompressoren mit dem Strahlrohrregler. Stahl u. Eisen Bd. 53 (1933) S. 375/79.
- [97] LÜTHI, A.: Regulierung von Leuchtgasgebläsen. Escher-Wyss-Mitteilungen Bd. 7 (1934) Nr. 5.
- [98] HOLLECK, B.: Selbsttätige elektrische Regelung des Dampfkreiselverdichters. AEG-Mitteilungen (1938) S. 477f.

Abschnitt G.
- [99] GRÜBLER, M.: Der Spannungszustand in rotierenden Scheiben veränderlicher Breite. Z. VDI Bd. 50 (1906) S. 535/37.
- [100] KELLER, K.: Schweiz. Bauzeitung Bd. 54 (1909) S. 307.
- [101] DONATH: Die Berechnung rotierender Scheiben und Ringe. Berlin: Springer 1912.
- [102] STODOLA, A.: Dampf- und Gasturbinen. 6. Aufl. S. 334f. Berlin: Springer 1924.
- [103] STRAUSS, E.: Untersuchung zur Festigkeitsberechnung hochbeanspruchter umlaufender Scheiben. Diss.
- [104] HOLZER, H.: Die Berechnung der Drehschwingungen und ihre Anwendung im Maschinenbau. Berlin 1921.
- [105] KUTZBACH, K.: Gemeinsame Probleme des Maschinenbaus. Z. VDI Bd. 59 (1915) S. 849/54, 890/94 u. 918/23, insbes. S. 920f.

[106] TREFFTZ, E.: Zur Berechnung der Schwingungen von Kurbelwellen. Aachener Vorträge auf dem Gebiet der Aerodynamik und verwandter Gebiete. Berlin: Springer 1930.
[107] KLUGE, F.: Zur Ermittlung kritischer Drehzahlen von Kurbelwellen. Ing.-Archiv Bd. 2 (1931) S. 121.
[108] KLUGE, F.: Bestimmung kritischer Drehschwingungszahlen durch Versuch und Rechnung. Forsch. Ing.-Wes. Bd. 5 (1934) S. 257/308.
[109] SCHUNCK, TH.: Ing.-Archiv Bd. 4 (1933).
[110] GRAMMEL, R.: Das kritische Torsionsmoment kreiszylindrischer Drähte (Wellen). Ing.-Archiv Bd. 1 (1930) S. 243/44.
[111] STODOLA, A.: Dampf- und Gasturbinen. 6. Aufl. Berlin: Springer 1924.
[112] STODOLA, A.: Dampf- und Gasturbinen. 6. Aufl. Berlin: Springer 1924, S. 381.
[113] OSCHATZ, H.: Wege zum Auswuchten umlaufender Massen. Z. VDI Bd. 87 (1943) S. 761/65.
[114] TRUTNOVSKY, K.: Labyrinthspalte und ihre Anwendung. Forsch. Ing.-Wes. Bd. 8 (1937) S. 132.
[115] HARTMANN: Messung von Stopfbüchsverlusten. Forsch. Ing.-Wes. Bd. 13 (1942) S. 166.
[116] KELLER, C.: Labyrinth-Strömung bei Turbomaschinen. Escher-Wyss-Mitteilungen Bd. 8 (1935) S. 160.
[117] GRÜNAGEL, E.: Kantenwiderstand an Schaufelreihen. Forsch. Ing.-Wes. Bd. 9 (1938) S. 187/96.
[118] RAUSCH, E.: Maschinenfundamente und andere dynamische Bauaufgaben 1.–3. Teil. Berlin: VDI-Verlag 1936–1942.

Abschnitt H und I.

[119] THOMANN, E.: Schäden an Läufern von Turbogassaugern. Mitt. Forsch.-Anst. GHH-Konzern.
[120] LÜBCKE, E. u. H. PLATTNER: Wege zur Geräuschminderung an elektrischen Maschinen. Siemens-Zeitschrift (1935) S. 157/64.
[121] LÜBCKE, E.: Gesundheitsingenieur Bd. 60 (1937) S. 577/81., Abb. 5.
[122] LÜBCKE, E.: Elektrotechnik und Maschinenbau (1936) S. 457/64.
[123] LÜBCKE, E.: Geräuscherscheinungen bei elektrischer Energie-Umsetzung. Siemens-Zeitschrift (1936) S. 204/17.
[124] WILLMS, W.: Eine wirksame Schalldämpfung für das Ansauggeräusch von Gebläsen. Mitt. Forsch.-Anst. GHH-Konzern 1942 S. 193f.
[125] MORSE, P. M.: Journ. Acoust. Soc. Am. Bd. 11 (1939) S. 205.
[126] HOERNER, S.: Bauarten, Eigenschaften und Leistungen von Windkanälen. Z. VDI Bd. 80 (1936) S. 949/57.
[127] FLEMMING, H.: Bestimmung der Oberflächengüte. Z. VDI Bd. 80 (1936) S. 792/93.
[128] KLUGE, F.: Betrachtungen zur Wahl der Schaufelform und -winkel von Radialverdichtern. Zeitschrift für komprimierte und flüssige Gase 1944 S. 25/35 u. 37/45.
[129] ZELLER, W.: Technische Lärmabwehr. Berlin: VDI-Verlag 1944.

Sachverzeichnis.

Abblaseregelung 210.
Abgasturbolader 102.
Abnahmeversuch 199, 279, 280.
Abschaltregelung 217.
Abstufung der Laufräder 112, 115, 143.
Abwärmeverwertung 196.
Abweichen von Gewährleistungsbedingungen, Umrechnung 276.
aggressive Gase, Verdichtung 105.
Anwendungsgebiete d. Gebläse u. Verdichter 4, 5, 6.
Arbeitsprozeß d. Luftverdichters 7.
Aufladegebläse 6, 101, 102.
Aufstellungsplan einer Verdichteranlage 273.
Ausgleichkolben 134, 242.
Auspumpen von Behältern 189.
Außenkühlung 4, 5, 151, 167.
Aussetzerregelung 213.
Austauschverlust 71.
axiale Bauart 2, 3, 27, 103.
Axialschub 99, 134, 242.

Behälter, Auspumpen 189.
Beharrungszustand 294.
Bernoullische Gleichung 14, 24, 27.
Betriebsführung u. -überwachung 280.
Betriebsstörungen 281.
Betriebsverhalten 1, 205.
Biegeschwingungen 240.
Blasiussches Gesetz 15, 16.
Brüdenverdichtung 180.

Coriolisbeschleunigung 36.

Dampfverdichter 6, 177, 181.
Deckblech 235.
Deckscheibe 95, 224, 225, 232, 235, 237.
—, Beanspruchung 232.
—, Verformung 237.
—, Werkstoff 235.
Dichte, veränderliche (Strömung) 23.
Dichtung 253.
—, äußere 263.
—, innere 262.
—, Lässigkeit 255, 258, 261, 262.
Dichtungsspitzen, radiales Spiel 275.
Dichtungsverluste 262.

Diffusor, Ablösungsvorgang 22.
—, Erweiterungswinkel 19, 47.
— mit Leitschaufeln 49, 50.
—, schaufelloser 44, 50, 54, 64, 246.
—, Spirale 50, 247.
—, Wirkungsgrad 20.
— regelung 218.
— strömung 16, 17.
Distanzbuchsen 241.
Drall 14, 20, 44.
Drehkolbenverdichter 3.
Drehschaufelregelung, saugseitige 206.
Drehschwingungen 240.
Drehzahlregelung 206, 207.
Drehzahlsteigerung 94, 129.
Drosselklappenregelung, saugseitige 206, 208.
Drosselregelung 207.
Druckabfall (Rohrleitung) 15.
Druckglocke 109.
Druckhöhe, adiabatische 28, 74.
—, isothermische 28.
—, polytropische 74.
Druckleitung, Geschwindigkeit 272.
Drucklufterzeugung 173, 184.
Druckrohr, konisches 56.
Druckumsetzungszahl 84, 128, 139, 162.
Druckverhältnis, kritisches 24, 25.
Druckzahl 31, 63, 84, 93, 128, 139, 162.
Düsenströmung 16, 17, 24.

einflutige Bauart 96.
Einspritzkühlung 152.
— beim Dampfverdichter 155, 181.
elastische Welle 239.
Entnahmeverdichter 197.
Entspannungsturbine 212, 213.
Eulersche Hauptgleichung 29, 33.

Ferngasverdichter 6, 135.
Flächensatz 14, 44, 67.
Flugmotorenlader 101.
Förderhöhe 27.
—, theoretische 28.
—, wirkliche 73.
—, innere 74.
—, gesamte 74.
Fördermenge, geänderte 63.
Förderzahl 84, 163.
Föttinger-Kupplung 266.

Fundament 268.
— schwingungen 269.

Gasgebläse 103.
Gassauger 135.
Gasturbinenprozesse 198.
Gehäuse 248.
— kühlung 3, 4, 9, 147, 163.
— schäden 282.
— zahl 4, 138, 168.
Geräuschminderung 283, 286.
Geräuschspektrum 284.
Geschwindigkeitspotential 14.
Geschwindigkeitsverteilung 17.
Getriebe 267.
Gleichdruckrad 27.
Grenzrauhigkeit 289, 290.

Hochofengebläse 5, 130.
hydraulischer Durchm. 16, 78.

Impulssatz 14.
Inbetriebsetzen 279.
Innenkühlung 3, 4, 6, 147, 163.

Kälteverdichter 5, 6 181.
Kennlinie, theoretische 32, 122.
—, wirkliche 77, 88.
—, aus Versuch 83, 127, 161.
Kennzahlen 84, 94, 128, 162.
Kohleringdichtung 264.
Kolbenverdichter 1, 3, 174, 176.
kombinierte Innen- u. Außenkühlung 5, 7, 150, 164.
Kontinuitätsbedingung 13, 23.
Kornkennzahl 289.
Kreiselgebläse 1, 2, 27, 110.
Kreiselverdichter 1, 2, 138.
kritische Drehzahl 239, 241.
kritisches Druckverhältnis 24, 25
Krümmerströmung 23.
Kühler 251.
— anordnung 173.
— schäden 282.
— zahl 158, 169.
Kühlrohrquerschnitt 252.
Kühlung 147.
—, Wirkungsgrad 158.
Kühlwasserleitung, Geschwindigkeit 272.
Kupplungen 264.
Kupplungsleistung 75, 157.

Labyrinthdichtung 255.
Labyrinthspaltdichtung 259.

Sachverzeichnis.

Lager (für Welle) 252.
Lagerschäden 282.
Laminar-Strömung 15.
Lauf, unruhiger 281.
Läuferschäden 281.
Laufradaustritt, Verhältnisse bei geänderter Fördermenge 64.
Laufradbefestigung 242.
— dichtung 262.
— eintritt, Verhältnisse bei geänderter Fördermenge 63, 80.
—, Strömung im — 33, 34, 57, 291.
—, Verluste 69.
— scheibe 225, 232, 234, 237.
— —, Beanspruchung 232.
— —, Verformung 237.
— —, Werkstoff 234.
Laufräder, 33, 57, 111.
—, Anzahl 3.
—, Abstufung 112, 115, 143.
—, Bauart 224.
—, Beanspruchung 226, 232.
Laval-Düse 24, 25.
Leckverlust (Dichtung) 255, 258, 261, 262.
leichte Gase, Verdichtung 5, 115, 176.
Leistungen, Begriffe 74, 156.
Leitschaufel 65, 68, 246.
—, bewegliche 218.
— eintritt, Stoßverluste 82.
Leitvorrichtungen 44, 111, 248.
—, Strömung 59, 291.
—, Verluste 69.
Luftgebläse 98.

Machsche Zahl 25, 63.
Mantelkühlung 176, 177.
Mehraufwand an Verdichtungsarbeit 71.
mehrflutige Bauart 96.
mehrstufige Gebläse 96, 110.
Minderleistung beim Laufrad 58.
Mollier-i, x-Diagramm 154, 187.
Montage 274, 278.

Nietbeanspruchung 233.
Nietwerkstoff 235.
Nutzarbeit, technische 8.
Nutzleistung 74, 157.

Oberflächenkühlung 147.
Oberflächenrauhigkeit 289.

Parallelarbeiten 219, 221, 222, 223.
Pfeilradmotor 184.
Polytropenexponent, Ermittlung 11.
Potentiallinien 14.
Potentialströmung 14.
Probebetrieb 279.
Prüffeldversuch 203, 275.
Pumpgrenze 67, 161, 205, 210, 217.
—, Regelung zum Verstellen 217.

Pumpverhütungsvorrichtungen 210.
P, V-Diagramm, Arbeitsprozeß 8.

Radeinlauf 55.
radiale Bauart 2, 3, 27, 103.
Radreibung 60, 70, 116, 156.
Reaktionsgrad 31, 63.
Regelung 205.
— auf gleichbl. Ansaugegewicht 208.
— — — Enddruck 207, 210.
— — — Entnahmedruck 209.
— — — Leistungsaufnahme 210.
— — — Menge 208, 211.
— im instabilen Gebiet 210, 215.
— im stabilen Gebiet 206.
Regelkupplung, ölhydraulische 266.
reibungsbehaftete Strömung 14, 39, 57.
reibungsfreie Strömung 13, 27.
Reynoldssche Zahl 15.
Rohr, rauhes 16.
Rohrleitungsführung 272.
Rohrströmung 15.
Rotationsverdichter 1, 3.
Rückführkanal 111, 248.
Rückkühlung, vollkommene 147.
—, unvollkommene 158.
Rückströmturbine 212.
rückwärtsgekrümmte Schaufel 30, 225, 233.
Rückwärtslauf bei Gebläsen 101.

Saugleitung, Geschwindigkeit 272.
Schalldämpfung 283, 286.
Schallgeschwindigkeit 25, 63.
Schäden im Betrieb 281, 282.
Schaufel, Ausführung 225.
— beanspruchung 233.
— dicke, endliche 40.
— werkstoff 235.
— winkel, Einfluß auf Förderhöhe 30.
— zahl, endliche 42.
Schleudern von Laufrädern 235.
Schnelläufigkeit 85.
Spaltdichtung 253.
Spaltüberdruck 30.
Spaltverluste 70, 156.
spez. Drehzahl 85.
Spiel, axiales, zwischen Läufer u. Gehäuse 275.
Spiel, radiales, der Dichtungsspitzen 275.
Spiralgehäuse 50, 59, 66, 247.
Spülluftgebläse 6, 100.
Spurlager 134, 244, 252.
Stahlwerksgebläse 5, 130.
Stopfbuchsabdichtung durch Sperrgas 177, 194.
— — Sperröl 177, 184.
— — Sperrwasser 105, 108.
Stoßverluste 80.
Strahltriebwerke 102.
Stromlinien 13, 39, 47, 48, 51, 53.

Stufenzahl 113, 138, 168.
technische Nutzarbeit 8.
Teilfugen-Dichtung 250.
Temperaturwirkungsgrad 75, 120.
Thermoverdichter 177.
Totraumbildung 57, 58, 59.
T, s-Diagramm, Arbeitsprozeß 10, 72, 186.
— für Luft 12.
turbulente Strömung 15, 21.

Überdruckrad 27.
überkritisch laufende Welle 239.
Überschalldiffusor 24, 26.
Umblaseregelung 212.
Umgehungsregelung 207.
Umlenkkanal 111, 248.
Umrechnung bei Abweichen von Gewährleistungsbedingungen 276.
Umschaltregelung 218.
Umwälzpumpe f. hohe Drücke 106.
Unterschalldüse 24.

Vakuum-Kreiselverdichter 6, 188, 192.
— —, Anfahren 196.
— —, Regelung 210.
— —, Wirkungsgrad 194.
Verdichtungsarbeit, gesamte 8.
— der einzelnen Stufe 9.
Verdichtungsstoß 25, 96.
Verdichtungsverhältnis, erzielbares 96.
Verengungsfaktor 40.
Vergleichsprozesse 10.
Verluste, hydraulische 69.
—, mechanische 71.
verunreinigte Gase, Förderung 104.
Volumenzahl 84.
vorwärtsgekrümmte Schaufel 30, 225.

Wärmebilanz 73, 155.
Wärmeleitung 72.
Wärmepumpe 177.
Wärmestrahlung 72.
Wandrauhigkeit 16, 288, 289.
Wellen 238.
Wellenlager 252.
Werksmontage 274.
Werkstoffe 234.
Widerstandszahl λ 15.
Wirkungsgrad der Kühlung 158.
Wirkungsgrade, Definition 75, 119, 157.
Wirtschaftlichkeit d. Verdichteranlage 174.

Zerschleudern von Laufrädern 235.
Zirkulation 14.
Zuschalten zum Netz 220.
Zweidruckverdichter 197.
zweiflutige Bauart 96, 100, 217.
Zwischenböden 112, 249.
Zwischenbuchsen 241.
Zwischenkühler 3, 4, 9, 250.

721/17/51

SPRINGER-VERLAG / BERLIN · GÖTTINGEN · HEIDELBERG

Axialkompressoren und Radialkompressoren. Von Dr. Ing. **B. Eckert,** Daimler-Benz A. G., Stuttgart-Untertürkheim. Mit etwa 400 Abbildungen. Etwa 480 Seiten. 1953. (In Vorbereitung.)

Strömungsmaschinen. Von Dr.-Ing., Dr.-Ing. E. h. **Carl Pfleiderer** Professor an der Techn. Hochschule Braunschweig. Mit 200 Abbildungen. XII, 383 Seiten. 1952. Ganzleinen DM 36,—

Die Kreiselpumpen für Flüssigkeiten und Gase. Wasserpumpen, Ventilatoren, Turbogebläse, Turbokompressoren. Von Dr.-Ing. **Carl Pfleiderer,** Professor an der Technischen Hochschule Braunschweig. Dritte, neubearbeitete Auflage. Mit 353 Textabbildungen. XI, 518 Seiten. 1949.
DM 51,—; Ganzleinen DM 54,60

Ventilatoren. Entwurf und Betrieb der Schleuder- und Schraubengebläse. Von Dr.-Ing. **Bruno Eck.** Zweite, verbesserte Auflage. Mit 344 Abbildungen. XI, 304 Seiten. 1952. Ganzleinen DM 36,—

Die Dampfturbine im Betriebe. Errichtung · Betrieb · Störungen. Von E. A. **Kraft.** Professor, Dipl.-Ing., Dr.-Ing. habil., Dr. techn. h. c., Zagreb (Jugoslawien). Zweite, neubearbeitete und erweiterte Auflage. Mit 301 Abbildungen. VIII, 357 Seiten. 1952. Ganzleinen DM 60,—

Kolbenverdichter. Einführung in Arbeitsweise, Bau und Betrieb von Luft- und Gasverdichtern mit Kolbenbewegung. Von Dipl.-Ing. **Ch. Bouché,** Direktor der Ingenieurschule Beuth, Berlin. Zweite, neubearbeitete und erweiterte Auflage. Mit 184 Textabbildungen. VI, 160 Seiten. 1950. DM 12,—

Einführung in die theoretische Gasdynamik. Von Dr. **Robert Sauer,** o. Professor für Mathematik und analytische Mechanik an der Technischen Hochschule München. Zweite Auflage. Mit 107 Textabbildungen. VIII, 174 Seiten. 1951. DM 16,50

Gasdynamik. Von Dr. **Klaus Oswatitsch,** Dozent an der kgl. Technischen Hochschule in Stockholm, früherer wissenschaftlicher Mitarbeiter am Kaiser-Wilhelm-(Max-Planck-)Institut für Strömungsforschung in Göttingen. Mit 300 Textabbildungen und 3 Tafeln. XIII, 456 Seiten. 1952. (Springer-Verlag, Wien.) Ganzleinen DM 78,—

Zu beziehen durch jede Buchhandlung

SPRINGER-VERLAG / BERLIN · GÖTTINGEN · HEIDELBERG

Die selbsttätige Regelung. Theoretische Grundlagen mit praktischen Beispielen. Von Professor Dr.-Ing. **A. Leonhard**, Stuttgart. Mit 254 Abbildungen. IX, 284 Seiten. 1949. DM 24,—; Ganzleinen DM 27,—

Technische Schwingungslehre. Von Dr.-Ing. **Karl Klotter**, o. Professor an der Technischen Hochschule Karlsruhe. Z w e i t e , umgearbeitete und ergänzte Auflage.
   1. B a n d : **Einfache Schwinger und Schwingungsmeßgeräte.** Mit 360 Abbildungen. XVI, 399 Seiten. 1951.   Ganzleinen DM 46,50
   2. B a n d : **Schwinger von mehreren Freiheitsgraden.**   In Vorbereitung.

Mechanische Schwingungen. Von **J. P. den Hartog**, Professor of Mechanical Engineering Massachusetts Institute of Technology. Z w e i t e Auflage. Übersetzt und bearbeitet nach der dritten amerikanischen Auflage von **Gustav Mesmer**, Professor für Mechanik an der Technischen Hochschule Darmstadt. Mit 299 Abbildungen. XVI, 427 Seiten. 1952.   Ganzleinen DM 42,—

Berechnung mechanischer Schwingungen. Von Dipl.-Ing., Dr. techn. **Fritz Söchting**, tit. a. o. Professor an der Technischen Hochschule in Wien. Mit 140 Textabbildungen. X, 325 Seiten. 1951. (Springer-Verlag, Wien.)   Ganzleinen DM 32,70

Die Grundlagen der angewandten Thermodynamik. Von Dr.-Ing. habil. **Kurt Nesselmann**, Wiesbaden. Mit 311 Abbildungen und 5 Diagrammen im Text. XI, 320 Seiten. 1950.   Ganzleinen DM 18,—

Leitfaden der technischen Wärmelehre nebst Anwendungsbeispielen. Von Dr.-Ing. habil. **Hugo Richter**, Gummersbach. Mit 384 Abbildungen, 1 Diagramm und 104 Zahlentafeln im Text und Anhang. XII, 617 Seiten. 1950.   Ganzleinen DM 34,50

Technische Thermodynamik. Einführung in Grundlagen und Anwendung. Von Dr. techn. **Anton Pischinger**, Dipl.-Ing., o. Professor an der Technischen Hochschule in Graz. Mit 179 Textabbildungen und 7 Tafeln. VIII, 231 Seiten. 1951. (Springer-Verlag, Wien.)   Steif geheftet DM 16,80; Ganzleinen DM 19,80

Physikalisches Wörterbuch. Herausgegeben von **Wilhelm H. Westphal**, Berlin. Zwei Teile in einem Band. Mit etwa 10 500 Stichwörtern und 1595 Textfiguren. VII, 1628 Seiten 4°. 1952.   In Halbfranz gebunden DM 148,—

Zu beziehen durch jede Buchhandlung

If you have any concerns about our products,
you can contact us on
ProductSafety@springernature.com

In case Publisher is established outside the EU,
the EU authorized representative is:
**Springer Nature Customer Service Center GmbH
Europaplatz 3, 69115 Heidelberg, Germany**

Printed by Libri Plureos GmbH
in Hamburg, Germany